MONOGRAFÍAS DEL SEMINARIO MATEMÁTICO "GARCÍA DE GALDEANO"

Número **26**, 2003

Polinomios hipergeométricos clásicos y q-polinomios

$$P_n(s)_q = D_n\, {}_4\varphi_3\left(\begin{matrix} q^{-n}, q^{s_1+s_2+s_3+s_4+2\mu+n-1}, q^{s_1-s}, q^{s_1+s+\mu} \\ q^{s_1+s_2+\mu}, q^{s_1+s_3+\mu}, q^{s_1+s_4+\mu} \end{matrix} \,\middle|\, q\,,\, q \right)$$

Renato Álvarez-Nodarse

FICHA CATALOGRÁFICA

ÁLVAREZ-NODARSE, Renato

Polinomios hipergeométricos clásicos y q-polinomios / Renato Álvarez-Nodarse. — Zaragoza : Prensas Universitarias de Zaragoza, : Departamento de Matemáticas, Universidad de Zaragoza, 2003

[14], VI, 341 p.; 25 cm. — (Monografías del Seminario Matemático «García de Galdeano»; 26)

ISBN 84-7733-637-7

1. Polinomios. I. Prensas Universitarias de Zaragoza. II. Título. III. Serie

512.62

D.L.: Z-1460-2003

Imprime: Servicio de Publicaciones
Universidad de Zaragoza

La edición de este volumen ha sido subvencionada parcialmente por el Vicerrectorado de Investigación de la Universidad de Zaragoza.

Polinomios hipergeométricos clásicos y q-polinomios

R. Álvarez-Nodarse

Departamento de Análisis Matemático
Universidad de Sevilla
Apdo. 1160, E-41080 Sevilla
e
Instituto Carlos I de Física Teórica y Computacional
Universidad de Granada E-18071, Granada

E-Mail: `ran@us.es` WWW: `http://merlin.us.es/~renato/`

Palabras clave y frases: polinomios clásicos, polinomios hipergeométricos, q-polinomios, funciones hipergeométricas básicas, ecuaciones en diferencias, polinomios en redes no uniformes.
Clasificación de la AMS (MOS) 2000: **33C45, 33D45, 42C05.**

Resumen: Este libro es una revisión de la teoría de los polinomios hipergeométricos y, en particular, de los q-polinomios desde el punto de vista de las ecuaciones diferenciales o en diferencias de segundo orden. Se consideran las familias de polinomios clásicos (Jacobi, Laguerre, Hermite, Hahn, Meixner, Kravchuk y Charlier) así como algunas familias de q-polinomios en redes no uniformes: polinomios de Askey-Wilson, los q-análogos de los polinomios de Racah y duales de Hahn, los polinomios q-clásicos (la q-tabla de Hahn), describiendo en muchos casos sus principales características, propiedades espectrales, etc. También se incluye un breve capítulo con algunas aplicaciones en otras áreas.

Abstract: This book is a review of the theory of the hypergeometric polynomials and, in particular, of the q-polynomials by using the approach based on the fact that these polynomials are the solutions of certain second order differential or difference equations. There are considered the families of classical orthogonal polynomials (Jacobi, Laguerre, Hermite, Hahn, Meixner, Kravchuk and Charlier) as well as some families of q-polynomials in non-uniform lattices: Askey-Wilson polynomials, the q-analogues of the Racah and Dual Hahn and the q-classical polynomials (q-Hahn tableau), obtaining in many cases their principal characteristics and main data. Also a brief chapter with some applications to other problems is included.

A mi familia

y a A. F. Nikiforov y V. B. Uvarov,
indiscutibles maestros de los q-polinomios

El señor Fourier opina que la finalidad de las matemáticas consiste en su utilidad pública y en la explicación de los fenómenos naturales; pero un filósofo como él debería haber sabido que la finalidad única de la ciencia es *rendir honor al espíritu humano* y que, por ello, una cuestión de números vale tanto como una cuestión sobre el sistema del mundo.

C. G. J. Jacobi

Agradecimientos

Quisiera agradecer a los Drs. M. Alfaro (Universidad de Zaragoza), N. M. Atakishiyev (Universidad Autónoma de México), J. S. Dehesa (Universidad de Granada), F. Marcellán (Universidad Carlos III de Madrid), J. C. Medem (Universidad de Sevilla), A. F. Nikiforov (Instituto *M.V. Keldysh* de Matemática Aplicada de la Academia de Ciencias de Rusia), A. Ronveaux (Facultés Universitaires N-D de la Paix, Namur) y Yu. F. Smirnov (Universidad Autónoma de México) por sus comentarios sobre este trabajo, así como a I. Area, J. Arvesú, R. Costas-Santos, S. Lewanowicz, J. L. Varona y R. Yáñez por ayudarme a corregir muchas de las erratas[1] del mismo. También quiero hacer constar mi agradecimiento a todos aquellos que escucharon pacientemente mis charlas, en especial a J. C. Petronilho y N. R. Quintero, así como a mis compañeros de Sevilla Guillermo Curbera, Antonio Durán y Juan Carlos Medem por su constante apoyo en estos últimos años. Y como no, a Manolo Alfaro y especialmente a Marisa Rezola por su paciencia a la hora de enviar el manuscrito a la imprenta. Finalmente, pero no por ello menos importante, quiero agradecer a mi familia y especialmente a Niurka por el tiempo que les he quitado durante la realización de este libro.

Parte de la investigación plasmada en este libro ha sido financiada por los proyectos INTAS n° 93-219-ext y 2000-272, DGES n° PB 96-0120-C03-01, PAI n° FQM-0207, DGES n° BFM 2000-0206-C04-02, PAI n° FQM-0262.

[1] Para futuras correcciones el lector puede visitar la WWW: `http://merlin.us.es/~renato/q-libro` donde iré incorporando las erratas que vayan apareciendo.

Índice general

Prefacio

Este libro es el fruto de varios años de trabajo e investigaciones en el tema de polinomios ortogonales y q-polinomios. Los comienzos se remontan al año 1990 cuando el Prof. Yuri F. Smirnov me aceptó como estudiante para realizar mi tesis de Master en Física Matemática en la Universidad Estatal "M. V. Lomonosov" de Moscú (MΓU). Desde aquellos tiempos hasta hoy ha "llovido mucho" como se suele decir; si bien la teoría de polinomios clásicos no ha cambiado mucho desde entonces, el que escribe sí. Desde aquel "lejano" 1990, cuando por primera vez tuve que lidiar con las funciones especiales, y en particular los polinomios ortogonales, conocí un método, que tras una década de estudio sigue siendo para mi gusto el más sencillo. Se trataba del método que desarrollaron dos grandes físicos y matemáticos soviéticos (hoy rusos tendríamos que decir): Arnold F. Nikiforov y Vasily B. Uvarov. La sencillez de su manera de abordar la teoría de los polinomios ortogonales, y en particular los polinomios discretos sigue asombrándome hoy día.

Luego tuve que trabajar con una clase especial de estos objetos: los q-polinomios. Fué justo entonces donde la simplicidad del método "ruso" se puso en evidencia. Hay muchas formas de tratar este tema, pero ninguna es de tanta belleza y simplicidad como la aproximación NU (Nikiforov-Uvarov). Ello queda patente cuando se comparan los trabajos pioneros de Askey y Wilson y sus colaboradores con los de Nikiforov, Uvarov y sus seguidores más cercanos Natig M. Atakishiyev y Serguei K. Suslov. Lo que los primeros tardaban varias páginas en probar haciendo uso de la extraordinaria maquinaria de las series hipergeométricas básicas, los segundos lo conseguían en apenas unos renglones usando las técnicas más básicas del análisis real y complejo y yendo, en muchos casos, más lejos que sus colegas americanos.

Cuando acabé mi tesis moscovita, comenzé a preparar la tesis doctoral con Francisco Marcellán en la Universidad Carlos III de Madrid. Durante esos años Paco amplió mi espectro de problemas pasando a estudiar familias más generales de polinomios y otros problemas relacionados. Escrita la tesis doctoral en 1996, decidí retomar algunos de los problemas que no llegué a resolver en Moscú sobre la teoría de los q-polinomios. También he de reconocer que me ayudaron a ello varias personas donde he de destacar al propio Paco, a Nikiforov, a Atakishiyev y a Jesús S. Dehesa, un colega de Granada con quien también he tenido una colaboración profesional muy intensa. Así en 1997, escribí una primera aproximación de este libro con apenas 120 páginas que iba a ser publicada en la Academia de Ciencias de Zaragoza, pero entre una cosa y otra no se publicó.

El tiempo pasó y otros problemas atrajeron mi atención, pero ahora casi todos rondando el tema de los q-polinomios: problemas de conexión y linealización, caracterización de las familias, tema que siempre estuvo "dándome vueltas" en la cabeza a lo largo de varios años hasta que descubrí la tesis doctoral de Juan Carlos Medem, hoy en el Departamento de Análisis Matemático de la Universidad de Sevilla al cual pertenezco desde octubre de 1998. Con la ayuda inestimable de Juan Carlos logré adentrarme en una técnica alternativa, razonablemente sencilla y muchas de las cuestiones se aclararon y resolvieron, entre ellas la clasificación de las familias ortogonales, no llevada a cabo por Nikiforov y Uvarov, y el problema de caracterización. No obstante siempre la idea de retomar el "viejo" algoritmo NU rondaba mi mente. Este año, otro colega, Manuel Alfaro, de Zaragoza, me comunicó que se podía publicar finalmente el manuscrito como una monografía del Seminario García de Galdeano. Así que comencé a incluir todos aquellos resultados que consideraba interesantes de tratar bajo el enfoque NU, y así surgió una segunda versión que ya contaba con más de 250 páginas. Tras varias relecturas, discusiones y correcciones nació este ejemplar que ahora se publica.

Esta es más o menos la historia de este libro. En él hay de todo un poco. Desde una historia, bastante incompleta por supuesto, de los polinomios ortogonales, hasta el estudio detallado de unas pocas decenas de familias de polinomios ortogonales. Aquel que lo lea verá que no es una mera repetición de la obra magna de Nikiforov y Uvarov, escrita en colaboración con Suslov, el famoso *Classical Orthogonal Polynomials of a Discrete Variable* publidado por Springer-Verlag en 1991, versión ampliada y mejorada de su primera edición en ruso de 1985, sino que hay una variedad de temas que estos autores no trataron, así como faltan otros muchos que sí estudiaron en detalle. Es este libro, por tanto, una visión muy personal de la teoría de polinomios ortogonales tal y como me hubiese gustado estudiarla en un principio: las propiedades generales usando la técnica funcional magistralmente descrita por Chihara en su libro *An Introduction to Orthogonal Polynomials*, y los polinomios clásicos siguiendo las ideas originales de Nikiforov y Uvarov.

Para terminar debo aclarar que tanto este libro como yo mismo, somos deudores de otros tantos libros, artículos y autores, muchos de los cuales están plasmados en la bibliografía al final del mismo. También muchos colegas han manifestado su interés preguntando por la suerte de aquel primer manuscrito, si se había publicado, si podían hacerse con una copia. A todos ellos, y en especial a Nikiforov y Uvarov a los que les he dedicado este libro, mis más sincera gratitud.

Sevilla, 11 de mayo de 2003

Renato Álvarez Nodarse

Introducción

> La ciencia está formada por hechos, como la casa está construida de piedra, pero una colección de hechos no es una ciencia, así como un montón de piedras no es una casa.
>
> H. Poincaré
>
> En *"La Science et l'hypothèse"*

Es conocida la importancia de las funciones especiales de la *Física-Matemática* y en particular de los polinomios ortogonales en las más diversas áreas de la ciencia actual. Precisamente el estudio sistemático de dichas funciones comienza a finales del siglo XVIII cuando se intentaban resolver problemas de mecánica celeste. Dichas funciones son solución de la conocida ecuación diferencial de tipo hipergeométrico:

$$\tilde{\sigma}(x)y'' + \tilde{\tau}(x)y' + \lambda y = 0, \tag{1}$$

donde $\tilde{\sigma}(x)$ y $\tilde{\tau}(x)$ son polinomios de grados a lo más 2 y 1, respectivamente. Una aproximación de la ecuación anterior consiste en sustituir las derivadas por sus correspondientes aproximaciones en una red uniforme (ver capítulo **4**). Ello conduce a la ecuación *discreta* de tipo hipergeométrico

$$\tilde{\sigma}(x)\frac{1}{h}\left[\frac{y(x+h)-2y(x)+y(x-h)}{h}\right] + \frac{\tilde{\tau}(x)}{2}\left[\frac{y(x+h)-y(x-h)}{h}\right] + \lambda y(x) = 0, \tag{2}$$

que aproxima la ecuación original (1) en una *red uniforme* con paso $\Delta x = h$ hasta un orden de $O(h^2)$ [185]. Generalmente se estudia el caso $h = 1$, que nos conduce a la ecuación equivalente escrita en términos de los operadores en diferencias finitas progresivas Δ y regresivas ∇ con paso $\Delta x = h = 1$,

$$\begin{gathered} \sigma(x)\Delta\nabla y(x) + \tau(x)\Delta y(x) + \lambda y(x) = 0, \\ \Delta f(x) \equiv f(x+1) - f(x), \qquad \nabla f(x) \equiv f(x) - f(x-1), \end{gathered} \tag{3}$$

donde $\sigma(x) = \tilde{\sigma}(x) - \frac{1}{2}\tilde{\tau}(x)$, $\tau(x) = \tilde{\tau}(x)$. La ecuación (3) se denomina *ecuación en diferencias de tipo hipergeométrico* y sus soluciones son los conocidos polinomios de variable *discreta* [185, 189]. Nótese que en (3) los coeficientes $\sigma(x)$ y $\tau(x)$ son polinomios de grados a lo más 2 y 1.

Otra posibilidad consiste en *discretizar* (1) en una red no uniforme lo cual nos conduce a los q-polinomios (ver capítulo **5**) que son las soluciones polinómicas de la ecuación de tipo hipergemétrico en la red *no uniforme* $x(s) = c_1(q)[q^s + q^{-s-\mu}] + c_3(q)$:

$$\tilde{\sigma}(x(s))\frac{\Delta}{\Delta x(s-\frac{1}{2})}\frac{\nabla y(s)}{\nabla x(s)} + \frac{\tilde{\tau}(x)}{2}\left[\frac{\Delta y(s)}{\Delta x(s)} + \frac{\nabla y(s)}{\nabla x(s)}\right] + \lambda y(s) = 0, \tag{4}$$

$$\Delta f(s) = f(s) - f(s-1), \quad \nabla f(s) = f(s+1) - f(s),$$

A las familias de polinomios ortogonales soluciones de cualquiera de las ecuaciones (1), (3) y (4) les denominaremos *polinomios ortogonales hipergeométricos.*

El principal objetivo de este trabajo es exponer desde un único punto de vista la teoría de los polinomios ortogonales hipergeométricos. El algoritmo utilizado fue propuesto por Nikiforov y Uvarov para los polinomios *discretos* [189], y generalizado más tarde a los q-polinomios [187] (ver además [185]). Para la completitud del trabajo hemos incluido las principales demostraciones modificando muchas de ellas.

El trabajo está dividido en dos partes. La primera parte comprende cuatro capítulos. En el capítulo **1** se da una breve introducción histórica, en el capítulo **2** se enumeran algunas de las propiedades comunes a todas las familias de polinomios ortogonales, en los capítulos **3** y **4** se consideran los polinomios hipergeométricos *continuos* (Jacobi, Laguerre, Hermite y Bessel) y *discretos* (Hahn, Meixner, Kravchuk y Charlier), respectivamente. La analogía de las demostraciones para estos dos casos permiten construir la teoría de los polinomios en redes no uniformes como una generalización natural de ambos. La segunda parte contiene tres capítulos: en el capítulo **5** se desarrolla la teoría general de los q-polinomios hipergeométricos en la red $x(s) = c_1(q)[q^s + q^{-s-\mu}] + c_3(q)$ y se consideran algunos de los ejemplos más representativos. En el capítulo **6** se estudian las familias de q-polinomios en la red exponencial lineal $x(s) = c_1 q^s + c_3$, que incluye, en particular, las familias *clásicas* de q-polinomios: la denominada q-tabla de Hahn. En el capítulo **7** estudiaremos las propiedades espectrales medias de los q-polinomios y finalmente, en el capítulo **8**, consideraremos el problema de conexión y linealización, la aplicación de los polinomios clásicos y los q-polinomios en la teoría de representación de grupos y q-álgebras así como algunas aplicaciones de los polinomios clásicos a la Mecánica Cuántica.

Capítulo 1

Introducción histórica

> Y quizás, la posterioridad me agradecerá por haberle mostrado que nuestros predecesores no lo sabían todo.
>
> P. Fermat
>
> En *"Elementary Number Theory" de D. M. Burton*

En este apartado intentaremos dar una breve introducción histórica de los polinomios ortogonales.

1.1. Las familias clásicas

Los polinomios ortogonales corresponden a una pequeña parte de una gran familia de funciones especiales. Su historia se remonta al siglo XVIII y está estrechamente relacionada con la resolución de problemas de inmediata aplicación práctica. Uno de estos problemas estaba relacionado con la, por entonces joven, teoría de la gravedad de Newton. Entre los numerosos problemas relacionados con la teoría de la gravitación universal estaba el de encontrar las componentes de las fuerzas de atracción gravitacional entre cuerpos no esféricos. Usando la ley de gravitación de Newton éstas vienen dadas por

$$f_{x_i} = -G \iiint \rho(\xi_1, \xi_2, \xi_3) \frac{x_i - \xi_i}{r^3} \, d\xi_1 d\xi_2 d\xi_3, \qquad i = 1, 2, 3 \tag{1.1}$$

donde, x_1, x_2 y x_3 son las coordenadas cartesianas en $\mathbb{R}^3$ y

$$r = \sqrt{(x_1 - \xi_1)^2 + (x_2 - \xi_2)^2 + (x_3 - \xi_3)^2}.$$

Un inconveniente de la fórmula anterior es que precisamos trabajar con tres funciones. Una forma de eliminar el problema era introducir la función potencial. De hecho, era bien conocido en el siglo XVIII que la fuerza de atracción entre dos cuerpos podía ser determinada a partir de la *función potencial* $V(x, y, z)$. Además, la misma era fácil de calcular conociendo la distribución de masa —digamos su densidad ρ— en el interior del cuerpo mediante la fórmula

$$V(x_1,x_2,x_3) = G\iiint \frac{\rho(\xi_1,\xi_2,\xi_3)}{r}\,d\xi_1 d\xi_2 d\xi_3 \quad\Longrightarrow\quad f_{x_i} = \frac{\partial V}{\partial x_i} \tag{1.2}$$

y, por tanto, calculando la integral es posible encontrar la función V. Esto, sin embargo, es complicado ya que es necesario conocer a priori la distribución de masa de los cuerpos, la cual es, en general, desconocida y además hay que unirle el hecho de que el cálculo directo de la integral (1.2) suele ser muy engorroso —se trata de una integral triple que hay que integrar en un volumen acotado pero con forma arbitraria—. Otra posibilidad era resolver la *ecuación del potencial* para puntos exteriores al cuerpo: la ecuación de Laplace

$$\frac{\partial^2 V}{\partial x^2} + \frac{\partial^2 V}{\partial y^2} + \frac{\partial^2 V}{\partial z^2} = 0.$$

Esta noción del potencial y su relación con las fuerzas fue tratado por distintos matemáticos de la talla de Daniel Bernoulli, Euler y Lagrange.

Adrien M. Legendre

Vamos a describir una forma de calcular directamente las integrales (1.1) en un caso especial: la atracción que un cuerpo de revolución ejerce sobre otros cuerpos. Este problema interesó a Adrien—Marie Legendre (1752–1833). Éste, en un artículo de 1782 titulado *Sur l'attraction des sphéroides* (aunque publicado en 1785), probó un teorema muy interesante que establece que, si se conoce el valor de la fuerza de atracción de un cuerpo de revolución en un punto exterior situado en su eje, entonces se conoce en todo punto exterior. Así redujo el problema al estudio de la componente radial $P(r,\theta,0)$, cuya expresión es

$$P(r,\theta,0) = \iiint \frac{(r-r')\cos\gamma}{(r^2-2rr'\cos\gamma+r'^2)^{\frac{3}{2}}} r'^2 \operatorname{sen}\theta' d\theta' d\phi' dr',$$

donde $\cos\gamma = \cos\theta\,\cos\theta' + \operatorname{sen}\theta\operatorname{sen}\theta'\,\cos\phi'$.

¿Cómo resolvió Legendre el problema? Legendre desarrolló la función integrando

$$(r^2-2rr'\cos\gamma+r'^2)^{-\frac{3}{2}} = r^{-3}\left[1-\left(2\frac{r'}{r^2}\cos\gamma - \frac{r'^2}{r^2}\right)\right]^{-\frac{3}{2}}$$

y usando la fórmula de binomio de Newton obtuvo

$$\frac{(r-r')\cos\gamma}{(r^2-2rr'\cos\gamma+r'^2)^{\frac{3}{2}}} = \frac{1}{r^2}\left\{1+3P_2(\cos\gamma)\frac{r'^2}{r^2}+5P_4(\cos\gamma)\frac{r'^4}{r^4}+\cdots\right\}.$$

Así,

$$P(r,\theta,0) = \frac{4\pi}{r^2}\sum_{n=0}^{\infty}\frac{2n-3}{2n-1}P_{2n}(\cos\theta)\frac{1}{r^{2n}}\int_0^{\frac{\pi}{2}} R^{2n+3}(\theta')P_{2n}(\cos\theta')\operatorname{sen}\theta' d\theta',$$

donde $R(\theta')$ es el valor de r' en un θ' y se conoce como la *función de las curvas meridianas.*

Las funciones $P_2, P_4, \ldots$ son funciones racionales enteras —polinomios— de $\cos\gamma$, que hoy se conocen como polinomios de Legendre y se expresan mediante la fórmula

$$P_n(x) = \frac{(2n-1)!!}{n!}\left[x^n - \frac{n(n-1)}{2(2n-1)}x^{n-2} + \frac{n(n-1)(n-2)(n-3)}{2\cdot 4\cdot (2n-1)(2n-3)}x^{n-4} + \cdots\right].$$

Dos años más tarde en su segundo artículo escrito en 1784 (publicado en 1787) Legendre dedujo algunas de las propiedades de las funciones $P_{2n}(x)$. Una es de particular importancia

$$\int_0^1 \pi(x^2)P_{2m}(x)dx = 0 \qquad \text{grado}\,\pi < m,$$

es decir, ¡los P_{2n} eran ortogonales! También obtuvo la expresión

$$\int_0^1 x^n P_{2m}(x)dx = \frac{n(n-2)\cdots(n-2m+2)}{(n+1)(n+3)\cdots(2n+2m+1)}, \qquad \forall n < 2m$$

de donde se deduce la propiedad de ortogonalidad en su forma habitual

$$\int_0^1 P_{2n}(x)P_{2m}(x)dx = \frac{1}{4m+1}\delta_{n,m},$$

siendo $\delta_{m,n}$ el símbolo de Kronecker definido por

$$\delta_{m,n} = \begin{cases} 1, & n = m \\ 0, & n \neq m \end{cases}. \tag{1.3}$$

Usando ésta, Legendre muestra que "toda" función $f(x^2)$ se expresa como

$$f(x^2) = \sum_{n=0}^{\infty} c_n P_{2n}(x),$$

estando determinados unívocamente los coeficientes c_n. Había nacido la primera familia de polinomios ortogonales de la historia. En ese mismo trabajo, Legendre probó que los ceros de P_n eran reales, distintos entre sí, simétricos respecto al origen y menores, en valor absoluto que 1. En su cuarto artículo sobre el tema (escrito en 1790, aunque publicado tres años más tarde) introdujo los polinomios de grado impar y prueba la ortogonalidad general

$$\int_0^1 P_n(x)P_m(x)dx = \frac{2}{2n+1}\delta_{n,m},$$

así como la ecuación diferencial lineal que satisfacen dichos polinomios $P_n(x)$

$$(1-x^2)P_n''(x) - 2xP_n'(x) + n(n+1)P_n(x) = 0.$$

Legendre también introduce los *polinomios asociados de Legendre* $P_n^m(x)$ que se expresan a través de los polinomios P_n de la forma $P_n^{(m)}(x) = (1-x^2)^{m/2}P_n^{(m)}(x)$, donde $P_n^{(m)}(x)$ denota las m-ésimas derivadas de P_n, y que son soluciones de la ecuación de Laplace en coordenadas esféricas tras aplicar el método de separación de variables.

Los polinomios de Legendre fueron considerados también por Pierre—Simon Laplace (1749–1827) quien en 1782 introdujo las funciones esféricas —que están directamente relacionadas con los polinomios de Legendre— y demostró varios resultados relativos a ellas. También es destacable otro resultado publicado en 1826 —*Mémoire sur l'attraction des spheroides* (Corresp. sur l'Ecole Royale Polytech. III, 361–385)— por el francés Olinde Rodrigues (1794–1851). Se trata de una fórmula para expresar los polinomios de Legendre,

$$P_n(x) = \frac{1}{2^n n!} \frac{d^n (x^2-1)^n}{dx^n},$$

conocida hoy día como *fórmula de Rodrigues.*

Charles Hermite

La siguiente familia, en orden de aparición, fue la de los polinomios de Hermite H_n llamados así en honor a Charles Hermite (1822–1901) quien los estudió junto con el caso de varias variables en su ensayo *Sur un nouveau développement en série des fonctions* (C. R. Acad. Sci. Paris, I) en 1864 (ver Œuvres, Gauthier-Villars, 1908, Tome II, 293–308), aunque el primero en considerarlos, en un contexto de teoría de las probabilidades, fue Laplace en 1810 en su *Mécanique céleste.* En este caso la ortogonalidad se expresa respecto a la función e^{-x^2} soportada en la recta real. Luego el ruso Pafnuti Lvovich Chebyshev (1821–1894) realizó un estudio detallado de los mismos en 1859 —véase su artículo *Sur le développement des fonctions à une seule variable* (Oeuvres, Tom I, 501-508, Chelsea Pub. Co.)—.

En su trabajo Hermite estaba interesado en el desarrollo es series de funciones en $\mathbb{R}$

$$F(x) = A_0 H_0 + A_1 H_1 + \cdots A_n H_n + \cdots, \qquad H_n \in \mathbb{P}_n,$$

con el objetivo de generalizarlos al caso de varias variables. Curiosamente construye los polinomios H_n a partir de la expresión

$$\frac{d^n e^{-x^2}}{dx^n} = e^{-x^2} H_n,$$

es decir utiliza una fórmula análoga a la de Rodrigues, obteniendo

$$(-1)^n H_n = (2x)^n - \frac{n(n-1)}{2} x^{n-2} + \cdots + \frac{n!}{(n-2k)!k!} (2x)^{n-2k} + \cdots,$$

en particular, deduce las propiedades

$$H_{n+1} + 2x H_n + 2n H_{n-1} = 0, \quad H_n' = -(2n) H_{n-1}$$

y la ecuación diferencial lineal que satisfacen dichos polinomios

$$H_n''(x) - 2xH_n'(x) + 2nH_n(x) = 0.$$

Finalmente, prueba la ortogonalidad

$$\int_{-\infty}^{\infty} H_n(x)H_m(x)e^{-x^2}dx = 2^n n!\sqrt{\pi}\delta_{n,m}.$$

La próxima familia, conocida como polinomios de Laguerre L_n^α, deben su nombre a Edmond Nicolás Laguerre (1834–1886). Estos polinomios ya eran parcialmente conocidos por Niels Henrik Abel (1802–1829) y Joseph-Louis Lagrange (1736–1813), aunque es nuevamente Chebyshev el primero en realizar un estudio detallado de los mismos en 1859 en el trabajo antes citado y que continuó el matemático ruso Konstantin Aleksandrovich Posse (1847–1928) en 1873. El caso general para $\alpha > -1$ fue estudiado por Yulian Vasilevich Sojotkin (1842–1827) en 1873, y no es hasta 1879 que Laguerre los introduce —caso particular $\alpha = 0$— cuando estudiaba la integral $\int_x^\infty e^{-x}x^{-1}dx$, mediante su desarrollo en fracciones continuas.

Nicolás Laguerre

En particular, Laguerre, en su memoria *Sur l'intégrale* $\int_x^\infty e^{-x}/x\,dx$ (Bull. Soc. Math. France, VII, 1879) (ver Œvres, Gauthier-Villars, 1898, 428–437), prueba, entre otras cosas, la relación entre la integral $\int_x^\infty e^{-x}/xdx$, y la fracción continua

$$\int_x^\infty \frac{e^{-x}}{x}dx = \cfrac{e^{-x}}{x+1-\cfrac{1}{x+3-\cdots}} = e^{-x}\frac{\phi_m(x)}{L_m(x)},$$

donde los denominadores $L_m(x)$ son las soluciones polinómicas de la ecuación diferencial de Laguerre $xy'' + (x+1)y' - my = 0$, $m = 0, 1, 2, \ldots$, que no son más que los hoy conocidos polinomios clásicos de Laguerre. Para ello, Laguerre parte de la identidad

$$\int_x^\infty \frac{e^{-t}}{t}dt = \frac{1}{x} - \frac{1}{x^2} + \cdots + (-1)^{n+1}\frac{(n-1)!}{x^n} + (-1)^n \int_x^\infty \frac{e^{-t}}{t^{n+1}}dt$$

y deduce, tras diversas consideraciones, que

$$\int_x^\infty \frac{e^{-t}}{t}dt = e^{-x}\frac{\phi_m(x)}{L_m(x)} + (-1)^n \int_x^\infty \frac{e^{-t}}{t^{n+1}}dt,$$

donde los L_n satisfacen la ecuación diferencial lineal

$$xL_n'' + (1-x)L_n' + nL_n = 0,$$

de la cual, usando el método de las series de potencias, deduce que

$$L_n(x) = x^n + n^2x^{n-1} + \frac{n^2(n-1)^2}{2!}x^{n-2} + \cdots + \frac{n^2(n-1)^2\cdots(n-k+1)^2}{k!}x^{n-k} + \cdots + n!.$$

A continuación obtiene muchas propiedades de los L_n: que satisfacen la relación de recurrencia

$$L_{n+1}(x) = (x + 2n + 1)L_n(x) - n^2 L_{n-1}(x),$$

la ortogonalidad

$$\int_0^\infty L_n(x)L_m(x)e^{-x}dx = \frac{\Gamma(n+1)}{n!}\delta_{n,m},$$

que los ceros de los L_n eran reales, no negativos y simples.

Años más tarde, en 1880, otro estudiante de Chebyshev, Nikolai Yakovlevich Sonin (1849–1915) continúa el estudio comenzado por Sojotkin sobre los polinomios con $\alpha > -1$, probando, entre otras cosas una relación de ortogonalidad más general,

$$\int_0^\infty L_n^\alpha(x)L_m^\alpha(x)x^\alpha e^{-x}dx = \frac{\Gamma(n+\alpha+1)}{n!}\delta_{n,m},$$

y una ecuación del tipo

$$x(L_n^\alpha)'' + (\alpha + 1 - x)(L^\alpha)_n' + nL_n^\alpha = 0.$$

Es quizá por ello que a los polinomios $L_n^\alpha(x)$ también se les conoce como polinomios de Laguerre–Sonin.

Antes de pasar a nuestra última familia *clásica* debemos hacer una breve incursión en la teoría de las ecuaciones diferenciales de segundo orden. Las ecuaciones diferenciales ordinarias surgieron en el siglo XVIII como una respuesta directa a problemas físicos. Fenómenos más complicados condujeron a los matemáticos a las ecuaciones en derivadas parciales las cuales se intentaron resolver por el método de separación de variables y convirtiéndolas en ecuaciones diferenciales ordinarias. Por ejemplo: los polinomios de Legendre satisfacen una ecuación diferencial que es el resultado de la aplicación del método de separación de variables a la ecuación del potencial expresada en coordenadas esféricas. En la mayoría de los casos las ecuaciones así obtenidas no eran resolubles explícitamente y fue preciso recurrir a soluciones en series infinitas, o sea, las funciones especiales y, entre otros, a los hoy conocidos polinomios ortogonales.

Leonhard Euler

Leonhard Euler (1707–1783), en la segunda mitad del siglo XVIII, desarrolló el método de integración de ecuaciones diferenciales ordinarias mediante series de potencias que usamos en la actualidad. Una de las ecuaciones consideradas por él fue —ver el *Instituciones Calculi Integralis* (1769)— la conocida hoy día como ecuación diferencial hipergeométrica

$$x(1-x)y'' + [\gamma - (\alpha + \beta + 1)x]y' - \alpha\beta y = 0$$

cuya solución es

$$\text{(1.4)} \qquad \mathrm{F}(\alpha,\beta;\gamma|x) \equiv {}_2\mathrm{F}_1\left(\begin{matrix}\alpha,\beta\\ \gamma\end{matrix}\,\middle|\, x\right) = 1 + \frac{\alpha\cdot\beta}{1\cdot\gamma}x + \frac{\alpha(\alpha+1)\cdot\beta(\beta+1)}{1\cdot 2\cdot\gamma(\gamma+1)}x^2 + \cdots.$$

No obstante, fue Carl Friederich Gauss (1777–1855) en su famoso ensayo de 1813 *Disquisitiones generales circa seriem infinitam ...*, (Werke, II (1876), 123-162) sobre funciones hipergeométricas quien realizó el estudio más completo de la serie anterior. En este ensayo Gauss no hizo uso de la ecuación diferencial que sí utilizó más tarde en material inédito —*Disquisitiones generales circa seriem infinitam ...*, (Werke, III (1876), 207-229)—.

Gauss reconoció que, para ciertos valores de α, β y γ, la serie incluía, entre otras, casi todas las funciones elementales. Por ejemplo

$$(1+z)^a = \mathrm{F}(-a, b; b \mid -z), \qquad \log(1+z) = z\mathrm{F}(1,1;2 \mid -z),$$

etc. Incluso comprobó que algunas de las funciones *trascendentales*,[1] como la famosa función de Bessel J_n, se podían expresar también como función hipergeométrica, e.g.,

Carl F. Gauss

$$J_n(z) = \frac{z^n}{2^n n!} \lim_{\substack{\lambda\to\infty \\ \mu\to\infty}} \mathrm{F}\left(\lambda, \mu; n+1 \,\middle|\, -\frac{z^2}{4\lambda n}\right).$$

También Gauss estableció la convergencia de la serie e introdujo la notación $\mathrm{F}(a,b\,;c|x)$ que convive todavía con la notación moderna ${}_2\mathrm{F}_1\left(\begin{matrix} a,b \\ c \end{matrix} \,\middle|\, x\right)$. El primero en publicar la conexión entre la función y la ecuación diferencial hipergeométrica fue Ernst Eduard Kummer (1810–1893) [151] en 1836, quien, además, dio una lista de 24 soluciones de la ecuación.

Otro trabajo importante de Gauss fue su *Methodus nova integrali um valores per approximationen inveniendi*, (Werke III, 163–196) donde demuestra una fórmula de cuadratura para el cálculo aproximado (y eficiente) de integrales que constituye una de las aplicaciones más importantes de los polinomios ortogonales. En concreto, Gauss "recuperó" los ceros de los polinomios de Legendre cuando buscaba dónde deberían estar los del polinomio de interpolación (de Lagrange) para obtener la mayor precisión posible al integrar entre 0 y 1, aunque no utilizó la ortogonalidad de los polinomios (hecho que probablemente desconocía) sino la función hipergeométrica ${}_2F_1$. La construcción de la fórmula de cuadraturas, tal y como la conocemos hoy usando la ortogonalidad, se debe a nuestro próximo personaje, Karl Gustav Jacob Jacobi —*Über Gauss' neue Methode die werthe der Integrale näherungsweise zu finden* J. Reine Angew. Math., **1** (1826) 301-308— (1804–1851), otro de los grandes matemáticos del siglo XIX.

Jacobi fue uno de los más grandes matemáticos del siglo XIX y no sólo por sus aportaciones puramente teóricas, sino por su interés por resolver díficiles problemas de inmediata aplica-

[1] Las funciones trascendentales son aquellas funciones analíticas que "trascienden a la potencia". Entre ellas están casi todas las funciones elementales (exceptuando las potencias) y las funciones especiales como la función hipergeométrica, las funciones de Bessel, etc.

ción práctica —las famosas ecuaciones de Hamilton–Jacobi de la Mecánica, o sus trabajos en Mecánica de Fluidos, por ejemplo—. Es notable su célebre frase:

> *El señor Fourier opina que la finalidad de las matemáticas consiste en su utilidad pública y en la explicación de los fenómenos naturales; pero un filósofo como él debería haber sabido que la finalidad única de la ciencia es rendir honor al espíritu humano y que, por ello, una cuestión de números vale tanto como una cuestión sobre el sistema del mundo*

que quizá dio comienzo a esa absurda batalla de hoy día por la prioridad entre la Matemática "platónica" o pura —basada en la idea de que *la Matemática debe ser independiente de toda utilidad inmediata*— y la Matemática "aplicada".

Karl Jacobi

Fiel a esa idea platónica, Jacobi introduce una nueva familia que generaliza los polinomios de Legendre a partir de la función hipergeométrica de Gauss, sin importarle sus posibles aplicaciones —recordemos que las familias anteriores habían aparecido de uno u otro modo relacionadas con aplicaciones físicas o matemáticas—. Así, en su artículo póstumo de 1859, *Untersunshungen über die Differentialgleichung de hypergeometrischen Reihe* (J. Reine Angew. Math. **56** 149–165), definió la familia de polinomios

$$P_n^{\alpha,\beta}(x) = \frac{\Gamma(n+\alpha+1)}{\Gamma(\alpha+1)n!}\,{}_2\mathrm{F}_1\left(\begin{matrix} -n, n+\alpha+\beta+1 \\ \alpha+1 \end{matrix} \,\middle|\, \frac{1-x}{2} \right),$$

para la que demostró, entre otras, una propiedad de ortogonalidad en el intervalo $[-1,1]$ con respecto a la función peso $\rho(x) = (1-x)^\alpha(1+x)^\beta$, $\alpha > -1$, $\beta > -1$, o sea,

$$\int_{-1}^{1} P_n^{\alpha,\beta}(x) P_m^{\alpha,\beta}(x)\, \rho(x) dx = \delta_{m,n} \frac{2^{\alpha+\beta+1}\Gamma(n+\alpha+1)\Gamma(n+\beta+1)}{(2n+\alpha+\beta+1)\Gamma(n+\alpha+\beta+1)n!},$$

donde $\Gamma(x)$ denota la función Gamma de Euler. Es fácil comprobar, como veremos más adelante (ver, por ejemplo, [72, 189, 225]), que tanto los polinomios de Laguerre como los de Hermite también se pueden escribir como una función hipergeométrica no de Gauss, sino de las funciones hipergeométricas generalizadas ${}_p\mathrm{F}_q$.

Los polinomios de Jacobi, Laguerre y Hermite constituyen lo que hoy día se conocen como polinomios ortogonales clásicos. Curiosamente en los ejemplos anteriores descubrimos que al parecer todos ellos tienen ciertas características comunes dentro de las que destaca la ecuación diferencial de segundo orden.

Además de las familias anteriores, conocidas como familias clásicas continuas (ya que satisfacen una ecuación diferencial), existen otras denominadas comúnmente familias "discretas" ya que o su ortogonalidad viene dada mediante sumas, o bien, son solución de una ecuación en diferencias. El caso más sencillo lo constituyen los polinomios de Chebyshev discretos introducidos por Chebyshev en 1858 en un breve trabajo titulado *Sur une nouvelle série*, (Oeuvres, Tom I, 381–384, Chelsea Pub. Co.) y que luego amplió en su ensayo *Sur l'interpolation des valeurs équidistantes* (Oeuvres, Tom II, 219–242, Chelsea Pub. Co.) de 1875 cuyo principal objetivo era construir buenas tablas de fuego para la artillería rusa. Siguiendo las ideas expuestas por Chebyshev, M. P. Kravchuk en 1929 introdujo una nueva familia: los polinomios de Kravchuk. La idea es la siguiente: interpolar una función cuando a los valores dados de la función se les asignan unos *pesos* de acuerdo con alguna ley determinada de probabilidad. En otras palabras, sean $x_0, x_1, \ldots, x_N$ diferentes valores de la variable independiente de una función $f(x)$ y sean $y_0, y_1, \ldots, y_N$ los correspondientes valores de la función. Se trata de encontrar los coeficientes A_m del desarrollo $y \approx A_0P_0(x) + \ldots + A_kP_k(x)$, $(k < N)$ determinados por la condición

$$\sum_{i=0}^{N-1} \rho(x_i)[y_i - A_0P_0(x_i) - \cdots - A_kP_k(x_i)]^2 = \text{mínimo}, \quad x_{i+1} = x_i + i,$$

y donde P_m es un polinomio de grado m determinado por la condición de ortogonalidad y normalización (polinomios ortonormales)

$$\sum_{i=0}^{N-1} \rho(x_i)P_k(x_i)P_m(x_i) = \delta_{k,m}, \qquad \rho(x_i) > 0, \quad \sum_{i=0}^{N-1} \rho(x_i) = 1. \tag{1.5}$$

En el caso $\rho(x) = 1/N$, $x = 0, 1, \ldots, N-1$ (distribución uniforme), este problema conduce a los polinomios discretos de Chebyshev, mientras que el caso $\rho(x) = \binom{n-1}{x}p^xq^{n-1-x}$, $x = 0, 1, 2, \ldots, N-1$ (distribución binomial) conduce a los polinomios de Kravchuk. Otros casos corresponden a las distribuciones de Poisson $\rho(x) = \mu^x e^{-\mu}/x!$, $x = 0, 1, 2, \ldots$ (polinomios de Charlier), de Pascal $\rho(x) = \mu^x/(\Gamma(\gamma + x)x!)$, $x = 0, 1, 2, \ldots$ (polinomios de Meixner) y de Pólya o hipergeométrica $\rho(x) = \Gamma(N + \alpha - x)\Gamma(\beta + x + 1)/(\Gamma(N - x)x!)$, $x = 1, 2, \ldots, N-1$ (polinomios de Hahn, de los cuales los de Chebyshev son un caso particular). Estas cuatro familias constituyen lo que hoy conocemos como polinomios clásicos discretos[2].

Más tarde, se introdujeron numerosas familias de polinomios, muchas de las cuales fueron clasificadas utilizando las funciones hipergeométricas apareciendo así la *Tabla de Askey* y las relaciones límites entre las diferentes familias [138].

Una generalización de la función hipergeométrica de Gauss (1.4) fue realizada por Eduard Heine (1821–1881) en 1846–1847 [121, 122]. Heine en [121, 122] introdujo la serie

$$1 + \frac{(1-q^\alpha)(1-q^\beta)}{(1-q)(1-q^\gamma)} z + \frac{(1-q^\alpha)(1-q^{\alpha+1})(1-q^\beta)(1-q^{\beta+1})}{(1-q)(1-q^2)(1-q^\gamma)(1-q^{\gamma+1})} z^2 + \cdots,$$

[2]Nótese que las funciones peso ρ de los polinomios *discretos* corresponden a las densidades de las diferentes distribuciones discretas de probabilidad más conocidas (ver tabla 1.1 y [185, Sección 4.6, pág. 206-212])

Tabla 1.1: Polinomios clásicos discretos y distribuciones de probabilidad

Polinomios discretos	Distribución de Probabilidad
Polinomios de Chebyshev	Distribución Uniforme $\rho(x) = 1, \quad x = 0, \ldots N-1$
Polinomios de Kravchuk	Distribución Binomial $\rho(x) = \frac{(n-1)(n-2)\cdots(n-x)}{1\cdot 2\cdots x} p^x q^{n-1-x}, \quad x = 0, \ldots, N$
Polinomios de Charlier	Distribución de Poisson $\rho(x) = \frac{\mu^x e^{-\mu}}{x!}, \; x = 0, 1, \ldots$
Polinomios de Meixner	Distribución Geométrica y de Pascal $\rho(x) = \frac{\mu^x}{\Gamma(\gamma+x)x!}, \quad x = 0, 1, \ldots$
Polinomios de Hahn	Distribución Hipergeométrica y de Pólya $\rho(x) = \frac{\Gamma(N+\alpha-x)\Gamma(\beta+x+1)}{\Gamma(N-x)x!}, \quad x = 0, \ldots, N-1$

la cual se reduce a (1.4) en el límite $q \to 1$ y se conoce como la serie de Heine ${}_2\varphi_1$. Precisamente utilizando este tipo de series, conocidas hoy día como series hipergeométricas básicas (que generalizan a la serie original de Heine), se han introducido y estudiado en los últimos años diversas familias de polinomios: los q-polinomios que estudiaremos más adelante (para más detalles consultar [105]).

1.2. Teoría general. Stieltjes y Chebyshev

Como hemos visto en la sección anterior los polinomios ortogonales están estrechamente relacionados con las ecuaciones diferenciales y teoría de aproximación (en particular por su relación con las fracciones continuas). Esta conexión, y en especial la segunda, conducen al nacimiento de la teoría general sobre polinomios ortogonales.

Veamos, en primer lugar, la relación entre los polinomios ortogonales y la teoría de las fracciones continuas. Aquí cabe destacar los trabajos de Thomas Jan Stieltjes Jr. (1856–1894), quien consideró las fracciones continuas

$$\cfrac{1}{c_1 z + \cfrac{1}{c_2 + \cfrac{1}{c_3 z + \cdots \cfrac{1}{c_{2n} + \cfrac{1}{c_{2n+1} z + \ddots}}}}} ,$$

con la condición $c_k > 0$ $(k = 1, 2, \ldots)$, conocida hoy en día como la fracción continua de Stieltjes o S-fracción. Esta fracción se puede, mediante un cambio de variable, transformar en la J-fracción

$$\cfrac{a_0^2}{z - b_0 - \cfrac{a_1^2}{z - b_1 - \cfrac{a_2^2}{z - b_2 - \cdots - \cfrac{a_{n-1}^2}{z - b_{n-1} - \cfrac{a_n^2}{z - b_n - \ddots}}}}} ,$$

con $a_0^2 = 1/c_1, b_0 = -1/(c_1 c_2)$ y

$$a_n^2 = \frac{1}{c_{2n-1} c_{2n}^2 c_{2n+1}}, \quad b_n = -\frac{1}{c_{2n} c_{2n+1}} - \frac{1}{c_{2n+1} c_{2n+2}}, \quad n = 1, 2, \ldots .$$

Thomas Stieltjes Jr.

Si suponemos que $a_k = 0$, para todo $k \geq n + 1$ entonces tendremos una función racional $f_n(z)$ de la forma

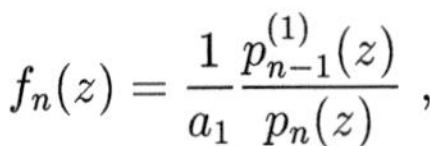

$$f_n(z) = \frac{1}{a_1} \frac{p_{n-1}^{(1)}(z)}{p_n(z)} ,$$

donde los polinomios denominadores $p_n(z)$ y los numeradores $p_{n-1}^{(1)}(z)$ son soluciones de la relación de recurrencia a tres términos

$$z\, r_n(z) = a_{n+1} r_{n+1}(z) + b_n r_n(z) + a_n r_{n-1}(z), \quad n \geq 0 ,$$

con las condiciones iniciales $r_{-1}(z) = 0$, $r_0(z) = 1$ y $r_{-1}(z) = 1$, $r_0(z) = 0$, respectivamente.

Stieltjes en su famoso ensayo *Recherches sur les fractions continues* (Ann. Fac. Sci. Univ. Toulouse, **8** (1894) 1-122, **9** (1895) 1-47) publicado póstumamente en dos partes en 1894 y 1895 desarrolló la teoría general de las S-fracciones cuando $c_k > 0$ para todo k. Uno de los aspectos fundamentales de dicha teoría es que los denominadores $p_n(x)$ formaban una sucesión de polinomios ortonormales, o sea, que la sucesión de polinomios $(p_n)_n$ con grado $P_n = n$ era tal que

$$\int_0^\infty p_n(x)p_m(x)\,d\mu(x) = \delta_{n,m}, \qquad n,\, m = 0, 1, 2, \ldots,$$

donde $\delta_{n,m}$ es el símbolo de Kronecker y μ una medida positiva soportada en $[0,\infty)$. Además demostró que tales polinomios tenían ceros con unas propiedades muy interesantes: todos eran reales y simples, y los ceros de p_n entrelazaban con los ceros de $p_{n-1}^{(1)}$ y con los de p_{n-1}.

A partir de la relación de recurrencia y para el caso de las J-fracciones, Stieltjes demostró que existía un funcional $\mathcal{L}$ lineal y positivo tal que, $\mathcal{L}(p_n p_m) = 0$ para $n \neq m$, lo cual se puede interpretar como una versión primitiva del famoso Teorema de Favard[3] que asegura lo siguiente:

Teorema (Favard 1935 [96]) Supongamos que una sucesión de polinomios $(p_n)_n$ satisface una relación de recurrencia a tres términos de la forma

$$z\,p_n(z) = a_{n+1}p_{n+1}(z) + b_n p_n(z) + a_n p_{n-1}(z), \qquad n \geq 0\ ,$$

con $a_{k+1} > 0$ y $b_k \in \mathbb{R}$ $(k = 0, 1, 2, \ldots)$ y las condiciones iniciales $p_{-1}(z) = 0$ y $p_0(z) = 1$. Entonces, dichos polinomios p_n son ortonormales en $L^2(\alpha)$ para cierta medida positiva sobre la recta real, o sea, existe una función real no decreciente α con un número infinito de puntos de crecimiento efectivo tal que, para todo $n, m = 0, 1, 2, \ldots$ se tiene que

$$\int_{-\infty}^\infty p_n(x)p_m(x)d\alpha(x) = \delta_{m,n},$$

donde, como antes, $\delta_{m,n}$ es el símbolo de Kronecker (1.3). El *Recherches* de Stieltjes no sólo constituyó un trabajo esencial en la teoría de fracciones continuas sino que representó el primer trabajo dedicado a la naciente teoría general de polinomios ortogonales. Además de ello, en él Stieltjes introduce lo que se conoce actualmente como problema de momentos (dada una sucesión $(\mu_n)_n$, encontrar una medida $\mu(x)$ tal que $\mu_k = \int x^n d\mu(x)$) así como una extensión de la integral de Riemann (la integral de Riemann-Stieltjes) que le permitió un tratamiento más general de la ortogonalidad.

Además de los trabajos de Stieltjes debemos destacar también los del matemático ruso Pafnuti Lvovich Chebyshev. Chebyshev estudió un ingente número de problemas relacionados con los polinomios ortogonales, llegando a ellos al tratar de resolver problemas aplicados. Por ejemplo, sus investigaciones en 1854 sobre algunos mecanismos que transformaban la energía de rotación en energía de traslación le llevaron al problema de mejor aproximación. Así en su memoria *Théorie des mécanismes connus sous le nom de parallélogrammes* (Oeuvres, Tomo I, Chelsea Pub. Co. 111-145) Chebyshev planteó el problema de encontrar la mejor aproximación

[3] Aunque este teorema es atribuido a Favard ya había sido demostrado antes por O. Perron (1929), A. Wintner (1929), M. H. Stone (1932), J. Sherman (1935) y I. P. Natanson (1935), indistintamente (ver [170]).

polinómica uniforme de una función continua f, o sea, dada la función continua f definida en cierto intervalo (a, b), encontrar dentro del conjunto $\mathbb{P}_n$ de todos los polinomios de grado a lo sumo n el polinomio p_n de grado n tal que el máximo de $|f(x) - p_n(x)|$ sea mínimo en dicho intervalo. De esa manera introdujo los hoy conocidos *polinomios de Chebyshev de primera especie* $T_n(x)$ que son la solución al problema extremal de encontrar los polinomios mónicos $p_n(x) = x^n + \cdots$ tales que $\max |p_n(x)|$ en el intervalo $[-1, 1]$ sea mínimo, encontrando la solución

$$\min_{p_n \in \mathbb{P}_n} \max_{x \in [-1,1]} |p_n(x)| = \frac{1}{2^{n-1}}, \quad p_n(x) = \frac{1}{2^{n-1}} T_n(x) = \frac{1}{2^{n-1}} \cos(n \arccos x), \quad x \in [-1, 1].$$

Estos polinomios forman un sistema ortogonal con respecto a la función peso $\rho(x) = 1/\sqrt{1 - x^2}$ y coinciden con los polinomios de Jacobi $P_n^{-\frac{1}{2}, -\frac{1}{2}}$.

Pafnuti Chebyshev

Debemos destacar que Chebyshev obtuvo numerosos resultados sobre los polinomios ortogonales. En 1859, desde diferentes consideraciones, estudió otros sistemas de polinomios ortogonales como los de Hermite y Laguerre. Sin embargo, él no los introdujo a partir de la relación de ortogonalidad sino a partir del desarrollo en serie de potencias para las fracciones continuas de la forma

$$\int_a^b \frac{\rho(x) dx}{z - x}.$$

Chebyshev también estudió el problema de momentos y fórmulas de cuadratura e introdujo la primera familia de polinomios *discretos*: los ya mencionados polinomios discretos de Chebyshev.

Por estas razones tanto a Stieltjes como a Chebyshev se les consideran los padres de la teoría de polinomios ortogonales que estaba por llegar a principios del siglo XX quedando consolidada en 1939 con la aparición de la monografía *Orthogonal Polynomials* de Gabor Szegő [225]. En esta excelente monografía, aparte de presentar una teoría general sobre polinomios ortogonales, se incluyen gran cantidad de resultados sobre las familias clásicas y se inicia la teoría de Szegő de polinomios sobre la circunferencia unidad.

1.3. Las funciones generatrices

Muchas de las familias de polinomios ortogonales fueron descubiertos a partir de las funciones generatrices. Por *función generatriz* de la sucesión de polinomios $(P_n)_n$ se entiende una función $\mathcal{F}$ de dos variables que se puede representar mediante una serie formal infinita de la forma

$$\mathcal{F}(x, w) = \sum_{n=0}^{\infty} a_n P_n(x) w^n,$$

donde la sucesión $(a_n)_n$ es conocida.

Las funciones generatrices ya eran conocidas por Jacobi quien demostró que para los polinomios $P_n^{\alpha,\beta}(x)$, se verificaba

$$\frac{2^{\alpha+\beta}}{R(1-w+R)^{\alpha}(1+w+R)^{\beta}} = \sum_{n=0}^{\infty} P_n^{\alpha,\beta}(x) w^n,$$

donde $R = \sqrt{1-2wx+w^2}$. Nótese que todos los términos de la sucesión $(a_n)_n$ son exactamente igual a 1.

Análogamente, para los polinomios de Laguerre y Hermite se tienen las expresiones

$$\frac{e^{-xw/(1-w)}}{(1-w)^{\alpha+1}} = \sum_{n=0}^{\infty} L_n^{\alpha}(x) w^n \tag{1.6}$$

y

$$e^{2xw-w^2} = \sum_{n=0}^{\infty} \frac{1}{n!} H_n(x) w^n, \tag{1.7}$$

respectivamente.

En 1934, J. Meixner [176] consideró el problema de la determinación de todos los sistemas de polinomios ortogonales cuyas funciones generatrices tuvieran la forma

$$A(w)e^{xG(w)} = \sum_{n=0}^{\infty} f_n(x) w^n, \quad A(w) = \sum_{n=0}^{\infty} a_n w^n, \quad G(w) = \sum_{n=1}^{\infty} g_n w^n, \tag{1.8}$$

donde $a_0 \neq 0$, $g_1 \neq 0$ y f_n son polinomios de grado n con coeficientes principales[4] $(n!)^{-1} a_0 g_1^n$. De aquí en adelante, y sin pérdida de generalidad, vamos a suponer que $a_0 = g_1 = 1$ y que P_n son los polinomios $P_n(x) = n! f_n(x)$.

Meixner probó que a la sucesión $(P_n)_n$ le corresponde una función generatriz de la forma (1.8) si y sólo si, los polinomios $(P_n)_n$ satisfacen una relación de recurrencia de la forma

$$P_{n+1}(x) = [x - (dn+f)]P_n(x) - n(gn+h)P_{n-1}(x), \quad n \neq 0 ,$$

donde $g \neq 0$, $g + h > 0$. Además demostró que existían cinco clases distintas de polinomios ortogonales que cumplían la condición (1.8). A saber:

1. Los polinomios de Hermite ($d = f = g = 0$), ortogonales en $(-\infty, \infty)$

$$P_n(x) = \left(\frac{h}{2}\right)^{n/2} H_n\left(\frac{x}{\sqrt{2h}}\right),$$

y cuya función generatriz viene dada por (1.7).

[4]El coeficiente principal de un polinomio es el coeficiente de la mayor potencia del mismo, i.e., si $p_n(x) = a_n x^n + \cdots$, a_n es el coeficiente principal.

2. Los polinomios de Laguerre ($d \neq 0$, $d^2 - 4g = 0$, $f = (h+g)g^{-\frac{1}{2}}$), ortogonales en $[0, \infty)$

$$P_n(x) = (-1)^n g^{n/2} n! L_n^{h/g}\left(\frac{x}{\sqrt{g}}\right),$$

y cuya función generatriz viene dada por (1.6).

3. Los polinomios discretos de Charlier ($d \neq 0$, $g = 0$, $f = h/d$), ortogonales en $[0, \infty)$ y que fueron introducidos inicialmente por C.V.L. Charlier en 1905–1906 [71] al estudiar ciertos problemas relacionados con mediciones astrónomicas

$$P_n(x) = d^n C_n^{h/d^2}\left(\frac{x}{\sqrt{d}}\right).$$

Para estos polinomios la función generatriz viene dada por la fórmula

$$e^{-ax}(1+w)^x = \sum_{n=0}^{\infty} C_n^{(a)}(x)\frac{w^n}{n!}.$$

4. Los polinomios discretos de Meixner (obtenidos por primera vez por Meixner en [176]) ($d^2 - 4g > 0$, $f = (2(g+h))/(d+\rho)$, $\rho = \sqrt{d^2 - 4g}$) ortogonales en $[0, \infty)$

$$P_n(x) = \left(\frac{c\rho}{\gamma - 1}\right)^n M_n^{1+h/g,\gamma}\left(\frac{x}{\sqrt{\rho}}\right),$$

donde $d > 0$ y $\gamma = (d-\rho)/(d+\rho)$. En este caso la función generatriz tiene la forma

$$\left(1 - \frac{w}{\gamma}\right)^x (1-w)^{-x-\beta} = \sum_{n=0}^{\infty} M_n^{\beta,\gamma}(x)\frac{w^n}{n!}.$$

La relación de ortogonalidad para estos polinomios requiere que $\beta > 0$, $0 < |\gamma| < 1$.

5. Finalmente si $d^2 - 4g < 0$, se obtienen unos polinomios discretos (llamados polinomios de Meixner de segunda especie o polinomios de Meixner–Pollaczek) ortogonales en $(-\infty, \infty)$ con respecto a una función peso compleja.

1.4. Otras familias de polinomios ortogonales

Otras familias de polinomios ortogonales son las siguientes:

1. Los polinomios de Hahn introducidos por W. Hahn [119] como caso límite de los q-polinomios de Hahn en 1949 y estudiados en detalle por Karlin y McGregor [134] en 1961 (quienes le dieron el nombre). Estos polinomios corresponden al caso de la ecuación (1.5) cuando los valores $\rho(x_i)$ están determinados por la distribución de Pólya: $\rho(x) = \Gamma(\alpha + N - x)\Gamma(\beta + 1 + x)/(\Gamma(N-x)\Gamma(1+x))$, $\alpha > -1$, $\beta > -1$.

2. Los *polinomios duales de Hahn* que fueron introducidos por Karlin y McGregor [134] en 1961 a partir de la propiedad *dual de ortogonalidad* (véase [185, págs. 38-39]). La idea principal es la siguiente: la relación de ortogonalidad para los polinomios discretos

$$\sum_{i=0}^{N-1} \rho(x_i)P_n(x_i)P_m(x_i) = d_n^2\delta_{n,m}\ , \tag{1.9}$$

donde los puntos de interpolación x_i (cuyo conjunto es, comúnmente, denominado *red*) no tienen por qué ser necesariamente equidistantes, se puede escribir en la forma matricial

$$\sum_{i=0}^{N-1} C_{ni}C_{mi} = \delta_{n,m},\ \text{donde}\ C_{ni} = \frac{P_n(x_i)\sqrt{\rho(x_i)}}{d_n}. \tag{1.10}$$

Esta propiedad se puede interpretar como la ortogonalidad de la matriz C con elementos C_{ni} respecto al segundo índice (ortogonalidad de las filas). Si ahora exigimos que la matriz C sea ortogonal respecto al primer índice (ortogonalidad de las columnas) obtenemos la expresión

$$\sum_{n=0}^{N-1} C_{ni}C_{nj} = \delta_{i,j},\quad \text{ó}\quad \sum_{n=0}^{N-1} P_n(x_i)P_n(x_j)\frac{1}{d_n^2} = \frac{1}{\rho(x_i)}\delta_{i,j}\ , \tag{1.11}$$

que es conocida como relación dual de ortogonalidad. Si tomamos en (1.9) como P_n a los polinomios de Hahn en una red uniforme, o sea, $x_i = i,\ i = 1, 2, \ldots, N-1$, la ecuación (1.11) nos conduce a los polinomios duales de Hahn que son ortogonales en una red no uniforme $x(i) = i(i+1)$.

La propiedad de ortogonalidad *discreta* en redes no uniformes se puede escribir de la forma

$$\sum_{i=0}^{N-1} \rho(i)P_n(i)P_m(i)\Delta x(i-\tfrac{1}{2}) = d_n^2\delta_{n,m}\ ,$$

donde $\Delta x(i) = x(i+1) - x(i)$ (ver capítulo **5**).

3. Otro ejemplo de polinomios ortogonales son los *polinomios de Racah* que fueron introducidos por Askey y Wilson [41] en 1979 al estudiar ciertas funciones hipergeométricas generalizadas. Un caso particular de estos polinomios ($6j$ símbolos) habían sido introducidos por Racah [198] en 1941 en relación con el estudio de los espectros atómicos. Esta familia de polinomios, junto a los ya mencionados polinomios duales de Hahn, son casos particulares de los polinomios en redes no uniformes [182].

Existen muchas otras familias de polinomios ortogonales, por ejemplo los polinomios considerados en la tabla de Askey y su q-análogo [138], los polinomios de Bernstein-Szegő, Freud, etc. (consultar e.g. las monografías [72, 99, 225, 231]).

1.5. Los teoremas de caracterización

Para concluir esta introducción histórica, veamos uno de los problemas más importantes en la teoría de los polinomios ortogonales: los teoremas de caracterización, e.g. los teoremas que nos indican las principales propiedades que caracterizan a las familias clásicas de polinomios ortogonales. Ya hemos mencionado antes que una propiedad común a las tres familias clásicas de polinomios ortogonales (Hermite, Laguerre y Jacobi) es la ecuación diferencial de segundo orden que satisfacen. S. Bochner [56] en 1929 probó que los únicos polinomios ortogonales que satisfacían una ecuación diferencial del tipo

$$\sigma(x)\frac{d^2}{dx^2}P_n(x) + \tau(x)\frac{d}{dx}P_n(x) + \lambda_n P_n(x) = 0\,, \tag{1.12}$$

donde σ y τ son polinomios de grado a lo sumo 2 y exactamente 1, respectivamente, y λ_n es una constante, eran los polinomios clásicos, o sea, los polinomios de Jacobi ($\sigma(x) = (1-x^2)$), Laguerre ($\sigma(x) = x$) y Hermite ($\sigma(x) = 1$)[5] y, aparentemente, una nueva familia cuando $\sigma(x) = x^2$. Estos últimos, denominados polinomios de Bessel, a diferencia de las tres familias anteriores no corresponden a un caso definido positivo, es decir, la medida de ortogonalidad no es positiva. Aunque estos polinomios habían sido considerados por muchos matemáticos (e.g. Burchnall y Chaundy en 1931 [65]), fueron H. L. Krall y O. Frink quienes los "presentaron" formalmente en 1949 en su artículo *A new class of orthogonal polynomials* (Trans. Amer. Math. Soc. **65**) [146] y les dieron el nombre por su relación con las funciones de Bessel. En ese magnífico trabajo estudiaron un sinnúmero de propiedades y probaron la ortogonalidad respecto a una función peso en la circunferencia unidad $\mathbb{T}$ sin embargo no encontraron ninguna función "peso"(necesariamente signada) sobre la recta real. El problema fue finalmente resuelto A. Durán en 1990 en [89] donde desarrolla un método general para encontrar explícitamente funciones muy regulares con momentos dados; como aplicación encontró las primeras medidas signadas sobre $\mathbb{R}$ y $(0, +\infty)$ respecto a las cuales los polinomios de Bessel eran ortogonales.

Otra caracterización (la más antigua) se debe a Sonin quien, en 1887, probó que los únicos polinomios ortogonales que satisfacían la propiedad de que sus derivadas P_n' también eran ortogonales eran los polinomios de Jacobi, Laguerre y Hermite. Esta propiedad fue redescubierta W. Hahn en 1935 quien también recuperó los polinomios de Bessel no considerados por Sonin[6]. Dos años más tarde, el mismo Hahn probó un resultado más general que contenía al anterior: si la sucesión de polinomios ortogonales $(P_n)_n$ era tal que la sucesión de sus $k-$ésimas derivadas $(P_n^{(k)})_n$, para cierto $k \in \mathbb{N}$, también era ortogonal entonces $(P_n)_n$ era alguna de las sucesiones de polinomios ortogonales clásicos.

---

[5]Estas tres familias de polinomios son ortogonales con respecto a una función peso definida en $\mathbb{R}$ (ver Tabla 1.2).

[6]El caso Bessel también fue estudiado por H.L. Krall [144].

Tabla 1.2: Los polinomios ortogonales clásicos.

SPO $P_n(x)$	función $\sigma(x)$	función peso	intervalo de ortogonalidad
Laguerre	$\sigma(x) = x$	$x^\alpha e^{-x}$	$[0, \infty)$
Hermite	$\sigma(x) = 1$	e^{-x^2}	$(-\infty, \infty)$
Jacobi	$\sigma(x) = 1 - x^2$	$(1-x)^\alpha (1+x)^\beta$	$[-1, 1]$
Bessel	$\sigma(x) = x^2$	$\rho_0^\alpha(z) = 2^{\alpha+1} \sum_{m=0}^{\infty} \frac{(-2)^m}{\Gamma(m+\alpha+1) z^m}$	$\mathbb{T} = \{z = e^{i\theta} : \theta \in [0, 2\pi)\}$

Nikolai Sonin

La tercera caracterización fue propuesta por F. Tricomi [229] quien conjeturó y parcialmente demostró (para más detalle ver [4, 72]) que sólo los polinomios ortogonales clásicos se podían expresar en términos de una fórmula tipo Rodrigues

$$P_n(x) = \frac{B_n}{\rho(x)} \frac{d^n}{dx^n} [\rho(x)\sigma^n(x)], \quad n = 0, 1, 2, \dots , \tag{1.13}$$

donde ρ es una función no negativa en cierto intervalo y σ es un polinomio independiente de n. La demostración rigurosa de este resultado fue dada por Cryer en 1969 [70] aunque ya E.H. Hildebrandt en 1931 [126] tenía varios resultados en esa dirección. Otra caracterización consiste en que los únicos polinomios ortogonales respecto a una función peso ρ solución de la ecuación diferencial de Pearson

$$[\rho(x)\sigma(x)]' = \tau(x)\rho(x), \quad \text{grado } \sigma \leq 2, \text{ grado } \tau = 1 ,$$

eran los clásicos (Jacobi, Laguerre y Hermite) que fue probada por Hildebrandt en 1931 [126]. El caso discreto fue considerado por primera vez por E.H. Hildebrandt [126] en 1931 siendo resuelto completamente por P. Lesky [155] en 1962. Precisamente esta última caracterización traducida al espacio dual de los funcionales permitió a F. Marcellán y sus colaboradores obtener una forma unificada de probar todas las caracterizaciones así como varias completamente nuevas no sólo para los polinomios clásicos [171], sino para el caso "discreto" [101] (Hahn, Meixner, etc.). Una revisión de los teoremas de caracterización la podemos encontrar en diversos trabajos, por ejemplo, en [4, 43, 72, 171].

Una extensión "evidente" de los polinomios clásicos se debe a H.L. Krall quien en 1938 estudió el problema de la determinación de soluciones polinómicas de una ecuación diferencial de orden $2n$ ($n = 1$ conduce a los polinomios clásicos como ya vimos), encontrando condiciones

Tabla 1.3: Los polinomios de Krall.

P_n	función peso	intervalo de ortogonalidad
tipo Laguerre	$e^{-x} + M\delta(x)$	$[0, \infty)$
tipo Legendre	$\frac{\alpha}{2} + \frac{\delta(x-1)}{2} + \frac{\delta(x+1)}{2}$	$[-1, 1]$
tipo Jacobi	$(1-x)^{\alpha} + M\delta(x)$	$[0, 1]$

necesarias y suficientes. En 1940 clasificó todas las ecuaciones de cuarto orden con soluciones polinómicas [145]. En 1978, A.M. Krall [145] estudió estos nuevos polinomios (no clásicos) y los denominó polinomios tipo-Legendre, tipo-Laguerre y tipo-Jacobi (ver tabla 1.3)

Nótese que los polinomios obtenidos son ortogonales respecto a medidas obtenidas a partir de las clásicas mediante la adición de una o dos masas de Dirac (más detalles se pueden encontrar en [13, 14]). Este problema inició las investigaciones en un nuevo campo de las funciones especiales: los polinomios semiclásicos [123, 172]. La generalización de este problema al caso de los polinomios "discretos" desembocó en una conjetura propuesta por R. Askey en 1990 y resuelta por H. Bavinck y H. van Haeringen en 1994 e independientemente por R. Álvarez-Nodarse y F. Marcellán un año más tarde [11]. Un estudio más general de este tipo de polinomios así como las relaciones límites entre los distintos polinomios de tipo Krall (tanto continuos como discretos) fue hecho en [13]. Otra generalización de los polinomios ortogonales clásicos son los polinomios ortogonales respecto a un producto escalar de tipo Sobolev introducidos por D. C. Lewis [156] (ver además [169]).

En otra dirección, W. Hahn en 1949 [119] propuso el siguiente problema: Sea $L_{q,w}$ el operador lineal

$$L_{q,w}f(x) = \frac{f(qx+w) - f(x)}{(q-1)x + w}, \qquad q, w \in \mathbb{R}^{+}. \tag{1.14}$$

Encontrar todas las sucesiones de polinomios ortogonales (P_n) tales que:

1. $(L_{q,w}P_n)_n$ sea también una sucesión de polinomios ortogonales.

2. $L_{q,w}P_n(x)$ satisfaga una ecuación de la forma

   $$\sigma(x)L_{q,w}^{2}P_n(x) + \tau(x)L_{q,w}P_n(x) + \lambda P_n(x) = 0, \qquad \forall n \geq 0,$$

   donde grado $\sigma \leq 2$ y grado $\tau = 1$.

3. $P_n(x)$ se pueda expresar de la forma

$$\rho(x)P_n(x) = L_{q,w}^n[X_0(x) \cdot X_1(x) \cdots X_n(x)\rho(x)],$$

donde X_0 es un polinomio independiente de n, $X_{i+1}(x) = X_i(qx+w)$ y ρ es independiente de n.

4. Los momentos μ_n asociados a la sucesión $(P_n)_n$, definidos por $\mu_n = \int_{-\infty}^{\infty} x^n d\alpha(x)$, satisfacen una relación de recurrencia de la forma:

$$\mu_n = \frac{a+bq^n}{c+dq^n}\mu_{n-1}, \quad ad - bc \neq 0 \ .$$

Nótese que cuando $w = 0$ y $q \to 1$, $L_{q,w} \to d/dx$. Los polinomios que satisfacen las propiedades anteriores con $w = 0$ se denominan polinomios q-clásicos.

En ese mismo trabajo Hahn da la respuesta para el funcional $L_{q,0} \equiv \Theta_q$ correspondiente al caso $q \in (0,1)$ y $w = 0$. El caso $q = 1$ y $w = 1$ conduce directamente a los polinomios discretos antes mencionados y fue resuelto por P. Lesky en 1962. El caso $w = 0$ y $q \to 1$ obviamente se transforma en el caso clásico estudiado por el mismo Hahn en 1935-1939. Aunque su artículo de 1949 es oscuro y prácticamente no contiene ninguna demostración, en él Hahn encuentra la familia más general de polinomios que pertenecían a la clase antes mencionada ($w = 0$), que son los hoy conocidos q-polinomios grandes de Jacobi y en particular los q-polinomios que llevan su nombre: q-polinomios de Hahn y que constituyen una familia finita[7].

Un hecho sorprendente fue que aparte de las tres caracterizaciones anteriores de Hahn no se conocía ninguna otra caracterización de estas familias. Este lapso fue cubierto recientemente por J. C. Medem en un trabajo en conjunto con R. Álvarez-Nodarse y F. Marcellán [175], donde se prueban además de las cuatro caracterizaciones las siguientes:

Teorema *Sea $\mathcal{L}$ un funcional regular y $(P_n)_n$ la sucesión de polinomios ortogonales asociada y sea $q \in \mathbb{C} \setminus \{q : |q| = 1\}$ y $\Theta_q = L_{q,0}$. Las siguientes afirmaciones son equivalentes:*
(a) $\mathcal{L}$ satisface la ecuación distribucional $\Theta_q(\phi\mathcal{L}) = \psi\mathcal{L}$, con grado($\phi$) ≤ 2 y grado(ψ) $= 1$.

(b) Existen dos polinomios $\phi^{(k)}$ y $\psi^{(k)}$ de grados a más 2 y exactamente 1, respectivamente, y una sucesión de constantes $\widehat{\lambda}_n^{(k)} \in \mathbb{C} \setminus \{0\}$, $n \geq 1$ $\widehat{\lambda}_0^{(k)} = 0$, tal que $\phi^{(k)}\Theta_q\Theta_{q^{-1}}Q_n^{(k)} + \psi^{(k)}\Theta_{q^{-1}}Q_n^{(k)} = \widehat{\lambda}_n^{(k)}Q_n^{(k)}$ con $Q_n^{(k)} = C_{nk}\Theta_q^k P_{n+k}$ ($C_{n,k}$ es tal que $Q_n^{(k)} = x^n + \cdots$).

(c) Existe un polinomios ϕ de grado a lo sumo 2, y tres sucesiones $(a_n)_n$, $(b_n)_n$, $(c_n)_n$, $c_n \neq 0$ tales que $\phi\Theta P_n = a_n P_{n+1} + b_n P_n + c_n P_{n-1}$.

[7]Un caso particular de estos polinomios había sido considerado por A. A. Markov en 1884.

(d) Existe un polinomio ϕ^* de grado a lo sumo 2, y tres sucesiones $(a_n^\star)_n$, $(b_n^\star)_n$, $(c_n^\star)_n$, $c_n^\star \neq 0$ tales que $\phi^*\Theta_{q^{-1}}P_n = a_n^\star P_{n+1} + b_n^\star P_n + c_n^\star P_{n-1}$.

(e) Existen dos sucesiones $(e_n)_n$, $(h_n)_n$ tales que $P_n = Q_n + e_n Q_{n-1} + h_n Q_{n-2}$ con $Q_n = \frac{q-1}{q^{n+1}-1}\Theta_q P_{n+1}$.

Finalmente, mencionaremos que J.C. Medem en 1996 dio otras caracterizaciones para una clase más general: los polinomios q-semiclásicos basando sus demostraciones en el marco de los funcionales lineales siguiendo una idea que comenzó P. Maroni en los 80 para el caso “continuo”.

Retrocediendo unos años, en 1985, G. E. Andrews y R. Askey [21] descubrieron que todas las familias de polinomios ortogonales clásicos podían obtenerse como casos límites de los polinomios de q-Racah o los polinomios de Askey-Wilson [138], definidos mediante las series hipergeométricas básicas [105] ${}_4\varphi_3$ que conllevó a la aparición de la q-Tabla de Askey [138]. Más tarde, la teoría de los q-polinomios fue desarrollada por un sinnúmero de autores destacando los trabajos de R. Askey, J. A. Wilson, T. H. Koornwinder, D. Stanton, M. E. H. Ismail, T. S. Chihara, W. A. Al-Salam, A. F. Nikiforov, V. B. Uvarov, N. M. Atakishiyev, S. K. Suslov, entre otros (ver, por ejemplo, [21, 42, 43, 105, 138, 141, 185, 224]). Dichos polinomios se pueden expresar como series hipergeométricas básicas (para un estudio detallado de las series básicas ver [105]) y no son más que casos particulares de los *polinomios en redes no uniformes* introducidos por Nikiforov y Uvarov en 1983 [187] (ver además [43, 185, 190] y el capítulo **5** del presente libro). La ortogonalidad *continua* para los polinomios en redes no uniformes fué considerada por Atakishiyev y Suslov en [46, 49].

Richard Askey

Aparentemente la clasificación de los q-polinomios según la q-tabla de Askey contenía todas las familias posibles de q-polinomios, no obstante quedaba la cuestión de si realmente todas las soluciones de la ecuación en diferencias de tipo de hipergeométrico —ver ecuación (4) de la página 2— tenía como solución todas las familias conocidas de q-polinomios. En una continuación del trabajo [175], R. Álvarez-Nodarse y J. C. Medem [15] descubrieron que incluso dentro de la clase de Hahn (lo que equivale a trabajar en la red exponencial lineal $x(s) = c_1 q^s + c_3$) la clasificación de Nikiforov-Uvarov (Tabla de Nikiforov y Uvarov) contiene dos familias nuevas y no contenidas en el q-esquema de Askey. Actualmente continua abierto el problema de caracterización en la red general —conociéndose sólo algunos resultados parciales (aunque muy interesantes) debidos a A. Grunbaüm y L. Haine usando técnicas biespectrales [116]—, así como una clasificación completa de todas las familias en la red general $x(s) = c_1(q)q^s + c_2(q)q^{-s} + c_3(q)$.

Arnold F. Nikiforov

Para más información sobre este tema véase [43, 72, 105, 138, 185, 224] y las referencias de los mismos.

Para concluir, mencionaremos que más detalles sobre la historia de los polinomios ortogonales y las funciones especiales se pueden encontrar en las referencias [4, 33, 94, 72, 69, 105, 115, 189, 222, 224, 225, 231, 234, 238, 239].

1.6. Aplicaciones

Una aplicación muy interesante de los polinomios ortogonales clásicos de Jacobi, Laguerre y Hermite, fue descubierta por Stieltjes y está estrechamente ligada al problema del equilibrio electrostático (ver [234] y las referencias del mismo). Este problema se divide en dos: cuando el intervalo donde se encuentran las cargas es un intervalo acotado y cuando no lo es.

I. Caso de un sistema de cargas en un intervalo acotado. Supongamos que tenemos n cargas unitarias $x_1, x_2, \dots, x_n$ distribuidas en $[-1, 1]$ y colocamos dos cargas extra en los extremos; una carga $p > 0$ en $x = 1$ y otra $q > 0$ en $x = -1$. Supongamos que la energía de interacción entre las cargas está regida por una ley logarítmica (electrostática bidimensional) expresada mediante la fórmula

$$L = -\log D_n(x_1, x_2, \dots, x_n) + p \sum_{i=1}^{n} \log \frac{1}{|1 - x_i|} + q \sum_{i=1}^{n} \log \frac{1}{|1 + x_i|},$$

donde el *discriminante* $D_n(x_1, x_2, \dots, x_n)$ de $x_1, x_2, \dots, x_n$ viene dado por

$$D_n(x_1, x_2, \dots, x_n) = \prod_{1 \le i < j \le n} |x_i - x_j|.$$

Teorema (Stieltjes 1885–1889) La energía alcanzará un mínimo cuando $x_1, x_2, \dots, x_n$ sean los ceros del polinomio de Jacobi $P_n^{(2p-1,2q-1)}(x)$.

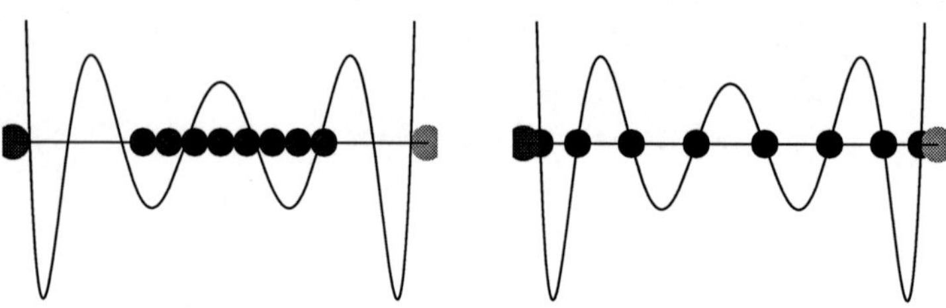

Figura 1.1: Cargas positivas en el conductor y polinomios de Jacobi: a la derecha la distribución inicial y a la izquierda la posición de equilibrio.

Este teorema nos da la interpretación electrostática de los ceros de los polinomios para un intervalo acotado. Imaginemos que tenemos el sistema de cargas como se muestra en la figura 1.1, izquierda. Al considerar un sistema de cargas unitarias del mismo signo, éstas se repelerán. En el caso de un intervalo acotado las cargas, al estar ligadas a él, se mantendrán en su interior. Curiosamente, usando la electróstatica bidimensional, las cargas se distribuyen de forma que en el equilibrio ocupen los lugares de los ceros de los polinomios de Jacobi que hemos representado en la figura 1.1, derecha.

No ocurre igual en el caso de que el intervalo no sea acotado pues las cargas se pueden ir al infinito (como de hecho ocurriría si se dejaran libres). Por ello, en el caso de intervalos no acotados se tienen que introducir condiciones extras que aseguren que las cargas no se alejan al infinito.

II. Caso de un sistema de cargas en un intervalo no acotado. Supongamos que tenemos n cargas unitarias distribuidas en el intervalo $[0,\infty)$ y colocamos una carga extra $p>0$ en el origen $x=0$. Para prevenir que las cargas se puedan ir al infinito exigiremos que se cumpla una condición extra para el *centroide* de las cargas

$$\frac{1}{n}\sum_{k=1}^{n} x_k \leq K,$$

con K cierto número positivo. En este caso la energía vendrá dada por la expresión

$$L = -\log D_n(x_1,\ldots,x_n) + p\sum_{k=1}^{n}\log\frac{1}{x_k}.$$

Teorema La expresión anterior junto con la condición para el centroide tiene un mínimo cuando $x_1, x_2, \ldots, x_n$ son los ceros del polinomio de Laguerre $L_n^{(2p-1)}(c_n x)$, donde $c_n = (n+2p-1)/K$.

Si ahora colocamos las n cargas unitarias distribuidas en el intervalo $(-\infty,\infty)$ e imponemos que el *momento de inercia* satisfaga la condición

$$\frac{1}{n}\sum_{k=1}^{n} x_k^2 \leq L, \qquad L>0\ ,$$

entonces tenemos el siguiente resultado:

Teorema La expresión $-\log D_n(x_1,x_2,\ldots,x_n)$ con la condición sobre el momento de inercia tendrá un mínimo cuando $x_1,x_2,\ldots,x_n$ son los ceros del polinomio de Hermite $H_n(d_n x)$, donde $d_n=\sqrt{(n-1)/2L}$.

Otras interpretaciones electrostáticas de ceros se deben a Hendriksen y van Rossum para los polinomios de Bessel [124] y Forrester y Rogers [98].

Un hecho sorprendente relacionado con esta interpretación electrostática es el siguiente: Si consideramos que la carga total en el caso del intervalo $[-1,1]$ es 1, y hacemos tender el número de dichas cargas a infinito observamos que las cargas p y q de los extremos es despreciable con respecto a la carga interior y por tanto, la distribución asintótica de los ceros de los polinomios de Jacobi es independiente de los parámetros α y β de los mismos, luego podemos obtenerla a partir de cualquiera de sus "subfamilias". Así, por ejemplo, si tomamos los polinomios de Chebyshev de primera especie ($\alpha = \beta = 1/2$) cuyos ceros son $x_j = \cos[(2j-1)\pi/(2n)]$, $j = 1,2,\ldots,n$, tendremos para el número de ceros $N_n(a,b)$ en el intervalo $[a,b]$ la siguiente estimación

$$\frac{N_n(a,b)}{2n} = \sum_{a \leq \cos\frac{(2j-1)\pi}{2n} \leq b} \frac{1}{n} = \frac{1}{\pi}\int_a^b \frac{1}{\sqrt{1-x^2}}dx + o(1),$$

conocida como la distribución arcoseno y que resulta característica para toda una amplísima clase de polinomios ortogonales $[-1,1]$, como, por ejemplo, la conocida clase de Nevai. En realidad este hecho no es una casualidad sino que es una consecuencia de la estrecha interrelación que existe entre la teoría de polinomios ortogonales y la teoría del potencial y es una de las principales líneas de investigación del momento.

En otra dirección, precisamente la ecuación diferencial que las familias clásicas (y otras) satisfacen da pie a una de sus principales aplicaciones: su aparición para describir los más importantes modelos cuánticos tanto relativistas como no relativistas. Por citar algunos mencionaremos el oscilador cuántico (polinomios de Hermite o Laguerre y Jacobi), el átomo de hidrógeno y la interación entre los piones y el núcleo atómico (polinomios de Laguerre y Jacobi), etc.

Como ejemplo veamos las ecuaciones estacionarias de Schrödinger para el átomo de hidrógeno (caso no relativista) y de Klein-Gordon para un *pion* (caso relativista) en un potencial de Coulomb, i.e.,

$$\Delta_{\vec{r}}\psi_S + 2\left(E_S + \frac{1}{r}\right)\psi_S = 0, \qquad \Delta_{\vec{r}}\psi_{KG} + \left[\left(E_{KG} + \frac{\mu}{r}\right)^2 - 1\right]\psi_{KG} = 0,$$

respectivamente, donde $\Delta_{\vec{r}}$ es el laplaciano en $\mathbb{R}^3$, E representa la energía del sistema y ψ es la función de onda que caracteriza por completo al sistema. Utilizando que el potencial es central, y por tanto tiene simetría esférica, podemos separar variables en coordenadas esféricas obteniendo las siguientes soluciones

$$\psi_S(r,\theta,\phi) = \sqrt{\frac{n!}{(n+l+1)^2(n+2l+1)!}}\exp\left(-\frac{2r}{n+l+1}\right)\left(\frac{2r}{n+l+1}\right)^{l+1} \times$$
$$L_n^{2l+1}\left(\frac{2r}{n+l+1}\right)Y_{l,m}(\theta,\phi),$$

para la primera, y para la segunda

$$\psi_{KG} = \sqrt{\frac{an!}{(n+\nu+1)(n+2\nu+1)!}} e^{-2ar} (2ar)^{\nu+1} L_n^{2\nu+1}(2ar) Y_{l,m}(\theta,\phi),$$

con $\nu = -\frac{1}{2} + \sqrt{(l+\frac{1}{2})^2 - \mu^2}$, $a = \sqrt{1 - [1 - \mu^2/(2(n+l+1)^2)]^2}$ y L_n^α los polinomios clásicos de Laguerre. En ambos casos $n = 0, 1, 2, \ldots$, $l = 0, 1, 2, \ldots$, $m = -l, -l+1, \ldots, l$ y $Y_{l,m}$ representa a los armónicos esféricos que son proporcionales a los polinomios de Jacobi $P_{l-m}^{m,m}(\cos\theta)$. Finalmente, para ambos sistemas se obtienen los siguientes valores de la energía E

$$E_S = -\frac{1}{2(n+l+1)^2}, \qquad E_{KG} = 1 - \frac{\mu^2}{2(n+l+1)^2}.$$

En ambos casos se tiene un espectro discreto de energía que concuerda muy bien con los hechos experimentales. Destaquemos que en el caso del átomo de hidrógeno estos valores explicaron perfectamente la llamada serie de Balmer, físico suizo que en 1885 descubrió para las frecuencias ω de las líneas del espectro de rayas del átomo de hidrógeno la fórmula $\omega = R\left(1/2^2 - 1/k^2\right)$, $k = 3, 4, \ldots$ y R cierta constante. Precisamente los intentos de explicar este fenómeno dieron un impulso definitivo a la aparición de la teoría cuántica. (Bohr (1913), Pauli (1929) y Schrödinger (1929)).

Otra aplicación importante de los polinomios ortogonales relacionada con lo anterior es en el cálculo de las entropías de sistemas cuánticos, en particular para los osciladores y átomos de hidrógeno. Esta cantidad viene definida por integrales de la forma

$$E_\beta(p_n) = -\int x^\beta p_n^2(x) \log\left(p_n^2(x)\right) \omega(x) dx ,$$

donde p_n son polinomios ortogonales respecto a la función peso ω ($d\mu(x) = \rho(x)dx$), y $\beta \in \mathbb{R}$. En general el valor para la entropía no se conoce para casi ninguna familia de polinomios (exceptuando los polinomios de Chebyshev de primera y segunda especie [81, 243]) y muchos de los resultados son resultados asintóticos [23]. Gran parte de esta teoría ha sido desarrollada por J. S. Dehesa y sus colaboradores (para más detalles consultar [79]). También es importante destacar que los polinomios "discretos" están intrínsecamente ligados con procesos cuánticos, particularmente los polinomios de Hahn, Meixner, Meixner-Pollaczek y Kravchuk.

Como conclusión de este apartado de aplicaciones debemos resaltar el uso de los polinomios ortogonales en las más diversas ramas de la ciencia. Por ejemplo: en la teoría de la aproximación númerica de las integrales (ya en el siglo XIX existían los trabajos de Gauss, Christoffel, Stieltjes, entre otros); en procesos de nacimiento y muerte (Lederman y Reuter en 1954, Karlin y McGregor en 1957); en la teoría de representación de grupos de Lie (Vilenkin 1968) y de las q-álgebras (Koornwinder 1990) (en particular los grupos $O(3)$, $SU(2)$ y $SU(1,1)$ y sus q-análogos) —ver además [183], [185, Capítulo 5, pág. 221–282]—; en teoría de compresión de la información [185, Sección 4.1, pág. 170-179], fórmulas de cuadratura [185, Sección 4.1 pág. 170–179], etc.

1.7. Un comentario acerca de la bibliografía

En la actualidad hay un sinfín de publicaciones dedicadas a los polinomios ortogonales (por ejemplo en la bibliografía recopilada hasta 1940 habían aparecido 1952 trabajos de 643 autores [214]). Hoy en día existen excelentes monografías dedicadas al estudio de los polinomios ortogonales. Por mencionar algunas de ellas, y sin pretender que la lista sea completa, podemos mencionar, por ejemplo, las siguientes:

- *Orthogonal Polynomials* por G. Szegő [225], que es la primera monografía dedicada por entero a este tema y que recoge las principales ideas y técnicas matemáticas, estudiando en particular los polinomios de la clase de Szegő, entre otros muchos.

- *Higher Transcendental Functions* por A. Erdélyi, A. Magnus, F. Oberhettinger y F. Tricomi [94]. En esta excelente monografía *enciclopédica* de tres volúmenes están recogidos una gran cantidad de resultados sobre funciones especiales y, en particular, el volumen 2 está dedicado en su mayor parte a los polinomios ortogonales, tanto las familias continuas como las discretas.

- *Orthogonal Polynomials: Estimates, asymptotic formulas, and series of polynomials orthogonal on the unit circle and on an interval* por Ya. L. Geronimus [111]. Dedicado en gran parte al estudio de los polinomios ortogonales en la circunferencia unidad y fórmulas asintóticas.

- *Orthogonal Polynomials* por G. Freud [99] dedicado al estudio de los polinomios desde un punto de vista formal, o sea, propiedades generales, conexión con el problema de momentos, fracciones continuas, etc.

- *Special Functions* por E. D. Rainville [201], donde se consideran con gran detalle las principales familias de polinomios clásicas y algunas de las funciones especiales más conocidas.

- *Special Functions and its Applications* por N. N. Lebedev [153]. Monografía clásica que describe gran parte de las funciones especiales y polinomios clásicos así como muchas de sus aplicaciones a problemas de física matemática e ingeniería.

- *Orthogonal Polynomials and Special Functions* por R. Askey [33]. Monografía ya clásica del tema donde se consideran diferentes problemas del análisis clásico y el papel que las funciones especiales jugaron en la resolución de los mismos.

- *Bessel Polynomials* por E. Grosswald [115] dedicado al estudio de las funciones y los polinomios de Bessel y sus propiedades.

- *An introduction to orthogonal polynomials* por T. S. Chihara [72]. Excelente revisión del tema utilizando técnicas de funcionales lineales y que incluye gran cantidad de resultados relativos a los ceros, problema de momentos, etc.

- *Классические Ортогональные Многочлены* (Polinomios ortogonales clásicos, en ruso) por P. K. Suetin [222]. Una excelente monografía donde se estudian con gran detalle las familias clásicas de Jacobi, Laguerre y Hermite.

- *Orthogonal polynomials in two variables* por P. K. Suetin [223]. Este libro aborda de una manera muy elegante la teoría de polinomios ortogonales en dos variables reales.

- *The Functions of Mathematical Physics* por H. Hochstadt [127] dedicada al estudio de algunas de las funciones de la física-matemática con una motivación física.

- *Asymptotics for Orthogonal Polynomials* por W. Van Assche [231], dedicado por completo al estudio de las propiedades asintóticas de los polinomios.

- *Special Functions of Mathematical Physics* por A. F. Nikiforov y V. B. Uvarov [189], dedicada a las aplicaciones físicas de los polinomios y donde se introducen estos a partir de la ecuación diferencial de tipo hipergeométrico. Esta monografía es una magnífica introducción al tema.

- *Classical Orthogonal Polynomials of a Discrete Variable* por A. F. Nikiforov, S. K. Suslov y V. B. Uvarov [185], la única, hasta el momento, dedicada al estudio detallado de los polinomios ortogonales de variable discreta en redes, tanto uniformes como no uniformes, y sus aplicaciones.

- *Special Functions and the Theory of Group Representations* por N.Ja. Vilenkin [237] y *Representations of Lie Groups and Special Functions* por N. Ja. Vilenkin y A. U. Klimyk [238], ambos dedicados al estudio de las funciones especiales, polinomios clásicos *continuos y discretos*, así como los q-polinomios utilizando la teoría de la representación de grupos y álgebras.

- *Basic Hypergeometric Series* por G. Gasper y M. Rahman, magnífica introducción a las series q-hipergeométricas (o series básicas) con muchas incursiones en la teoría de q-polinomios.

- *General Orthogonal Polynomials* por H. Stahl y V. Totik [221] dedicado a los aspectos más generales y formales de la teoría de polinomios ortogonales con muchas incursiones en el análisis complejo, teoría del potencial y propiedades asintóticas.

- *Rational Approximations and Orthogonality* por E. M. Nikishin y V. N. Sorokin [191] dedicado al estudio de la aproximación racional y los polinomios ortogonales con muchas incursiones en la teoría de números, teoría del potencial, aproximación simultánea, etc.

- *Special Functions* por N. M. Temme [228] dedicada al estudio detallado de las funciones especiales de la física matemática.

- *The Askey-scheme of hypergeometric orthogonal polynomials and its q-analogue* por R. Koekoek y R. F. Swarttouw [138] que es una recopilación de muchas de las familias de q-polinomios según el esquema de Askey, así como de algunas de sus características más relevantes.

- *Fourier Series in Orthogonal Polynomials* por B. Osilenker [194] dedicado a las series de Fourier de polinomios ortogonales, teoremas generales de convergencia en L^2, L^p, etc.

- *Integrals and Series* por A. P. Prudnikov, Yu. A. Brychkov y O. I. Marichev [197]. Estos manuales contienen una gran cantidad de integrales y series que involucran las funciones especiales y los polinomios ortogonales.

- *Special Functions* por G. Andrews, R. Askey y R. Roy [22]. Este libro contiene una revisión de la teoría de las funciones especiales con especial énfasis en las funciones y series hipergeométricas así como sus q-análogos.

Una colección más completa de los textos y manuales relacionados con los polinomios ortogonales se puede encontrar en la OPSF's Newsletter Volumen 7, Number 2, February 1997, del *SIAM Activity Group on Orthogonal Polynomials and Special Functions.* Se puede acceder a este número en la páguinas:

- `ftp://euler.us.es/pub/newsletter/` y

- `http://www.mathematik.uni-kassel.de/~koepf/siam.html`

o directamente de la `OP-SF NET`: The Electronic News Net of the SIAM Activity Group on Orthogonal Polynomials and Special Functions, editada por Martin Muldoon en

- `http://math.nist.gov/opsf/booklist.html`

Capítulo 2

Propiedades generales de los polinomios ortogonales

Man muss immer generalisieren.
(Uno debe siempre generalizar).
C. Jacobi
En *"The Mathematical Experience" de P. J. Davis y R. Hersh*

En este capítulo estudiaremos algunas de las propiedades comunes a todas las familias de polinomios ortogonales. Para más detalles ver, por ejemplo, [72, 99, 189, 222, 225].

2.1. Propiedad de ortogonalidad. La función peso

Sea α una función no decreciente en (a, b) $(\alpha(x) \neq const)$ y tal que si el intervalo (a, b) es no acotado, o sea si $a = -\infty$, entonces $\lim_{x\to-\infty} \alpha(x) > -\infty$ y si $b = \infty$, entonces $\lim_{x\to\infty} \alpha(x) < \infty$. Diremos que una función f pertenece al espacio $L^p_\alpha[a, b]$ si

$$\int_a^b |f(x)|^p d\alpha(x) < \infty.$$

Cuando $p = 1$ escribiremos simplemente $f \in L_\alpha[a, b]$.

Definiremos el producto escalar de dos funciones f y g pertenecientes a $L^2_\alpha[a, b]$ como la integral de Stieltjes-Lebesgue

$$\langle f, g\rangle = \int_a^b f(x)g(x)d\alpha(x). \tag{2.1}$$

Para una función α prefijada de antemano, la ortogonalidad respecto a la distribución $d\alpha$ vendrá definida por la relación

$$\langle f, g\rangle = 0 \ ,$$

y diremos que f y g son ortogonales, o que, f es ortogonal a g respecto a la distribución $d\alpha$. Si α es absolutamente continua en el intervalo (a, b), el producto escalar (2.1) se puede reescribir como la integral de Lebesgue

$$\langle f, g\rangle = \int_a^b f(x)g(x)\rho(x)dx \ , \tag{2.2}$$

donde ρ es una función medible no negativa tal que $0 < \int_a^b \rho(x)dx < \infty$. A la función ρ la llamaremos función peso.

Consideremos ahora el *espacio vectorial* $L^2_\alpha(a, b)$. Definamos en este espacio el producto escalar (2.1) y la norma de un vector mediante la expresión $||f|| = \sqrt{\langle f, f\rangle}$. Si $||f|| = 0$ diremos que f es el vector nulo. Si $||f|| = 1$ diremos que f es un vector normalizado. Si f no es nula entonces para cierto valor $\lambda \neq 0$ el vector λf es un vector normalizado.

2.2. Funcionales lineales

La propiedad de ortogonalidad $\langle f, g\rangle = 0$ se puede escribir en términos de *funcionales lineales*. Para ello definamos, por ejemplo, el funcional $\mathcal{L}$ de la siguiente forma

$$\mathcal{L} : L_\alpha(a, b) \mapsto \mathbb{C}, \qquad \mathcal{L}[f] = \int_a^b f(x)d\alpha(x) \ , \tag{2.3}$$

donde α es, como antes, una función no decreciente y no exactamente igual a una constante. Luego, la propiedad de ortogonalidad $\langle f, g\rangle = 0$ es equivalente a $\mathcal{L}[f \cdot g] = 0$. Nótese que $\mathcal{L}$ es lineal pues se cumple que

$$\mathcal{L}[a\, f + b\, g] = a\mathcal{L}[f] + b\mathcal{L}[g],$$

cualesquiera sean las constantes $a,\ b \in \mathbb{C}$ y las funciones integrables f y g.

En adelante consideraremos el espacio vectorial $\mathbb{P}$ de los polinomios haciendo énfasis en los polinomios ortogonales con respecto a un funcional lineal $\mathcal{L}$. Además denotaremos por $\mathbb{P}_n$ el espacio de los polinomios de grado menor o igual que n.
Definiremos los momentos μ_n del funcional $\mathcal{L}$ mediante

$$\mathcal{L}[x^k] = \mu_k \quad k = 0, 1, 2, \dots \ . \tag{2.4}$$

Nótese que, utilizando la linealidad del funcional $\mathcal{L}$, podemos escribir la acción de $\mathcal{L}$ sobre cualquier polinomio de la siguiente forma

$$\mathcal{L}\left[\sum_{k=0}^{n} c_k x^k\right] = \sum_{k=0}^{n} c_k \mu_k.$$

Es decir, si conocemos todos los momentos del funcional $\mathcal{L}$, podemos conocer el resultado de aplicar $\mathcal{L}$ a cualquier polinomio π de $\mathbb{P}$.

Esta última propiedad nos induce a dar una definición más general de la ortogonalidad usando funcionales lineales $\mathcal{L}$ definidos a partir una sucesión de momentos $(\mu_n)_n$.

Definición 2.2.1 *Diremos que $\mathcal{L}$ es un funcional de momentos determinado por una sucesión de números complejos $(\mu_n)_n$, donde μ_n se denomina momento de orden n, si $\mathcal{L}$ es lineal en el espacio de los polinomios y $\mathcal{L}[x^n] = \mu_n$, $n = 0, 1, 2, \ldots$.*

Definición 2.2.2 *Dada una sucesión de polinomios $(P_n)_n$, diremos que $(P_n)_n$ es una sucesión de polinomios ortogonales con respecto a $\mathcal{L}$ si se cumple que:*

1. *P_n es un polinomio de grado n,*
2. *$\mathcal{L}[P_n P_m] = 0, \quad m \neq n$, para todo $n, m = 0, 1, 2, \ldots$,*
3. *$\mathcal{L}[P_n^2] \neq 0$, para todo $n = 0, 1, 2, \ldots$.*

Nótese que en el caso $d\alpha(x) = \rho(x)dx$, siendo ρ una función continua y no negativa en todo $\mathbb{R}$, la tercera condición es inmediata.

Si una sucesión de polinomios cumple las condiciones anteriores lo denotaremos mediante SPO. La sucesión se llamará ortonormal si, para todo n, la norma $\mathcal{L}[P_n^2] = 1$. La sucesión se llamará sucesión de polinomios ortogonales mónicos (SPOM) si el coeficiente principal a_n de $P_n(x) = a_n x^n + \cdots$, es igual a uno, o sea, para todo $n \geq 0$, $P_n(x) = x^n + b_n x^{n-1} + \cdots$.

Los siguientes teoremas son una consecuencia de las definiciones anteriores [72, Capítulo I, Sección 2, págs. 8-10].

Teorema 2.2.1 *Sea $\mathcal{L}$ un funcional lineal y $(P_n)_n$ una sucesión de polinomios tal que* grado$(P_n) = n$. *Las siguientes afirmaciones son equivalentes:*

1. *$(P_n)_n$ es una SPO respecto a $\mathcal{L}$.*
2. *$\mathcal{L}[\pi P_n] = 0$, para todo polinomio π de grado $m < n$,*
   $\mathcal{L}[\pi P_n] \neq 0$, si π es un polinomio de grado n.
3. *$\mathcal{L}[x^m P_n(x)] = K_n \delta_{n,m}$, donde $K_n \neq 0$, $m = 0, 1, \ldots, n$.*

Demostración: Demostremos que $1 \Longrightarrow 2$. Como P_n es un polinomio de grado exactamente n (ver definición 2.2.2), el conjunto de polinomios $(P_k)_{k=0}^m$ es una base del espacio $\mathbb{P}_m$ de los polinomios de grado a lo sumo m. Luego, existen los números $c_0, c_1, \ldots, c_m$, $c_m \neq 0$, tales que

$$\pi(x) = \sum_{k=0}^{m} c_k P_k(x), \qquad m < n, \qquad c_m \neq 0.$$

Entonces, de la linealidad de $\mathcal{L}$ y de la definición 2.2.2, obtenemos que $\mathcal{L}[\pi P_n] = 0$, para todo $m < n$. Además, para $m = n$, $\mathcal{L}[\pi P_n] = c_n \mathcal{L}[P_n^2] \neq 0$. Para demostrar que $2 \Longrightarrow 3$ sustituimos $\pi(x) = x^m$ en 2. Finalmente, para demostrar que $3 \Longrightarrow 1$ es suficiente utilizar el hecho de que todo polinomio P_m se puede escribir como una combinación lineal de los polinomios $1, x, \ldots, x^m$, o sea, existen unos $c_{m,0}, \ldots, c_{m,m}$, $c_{m,m} \neq 0$ tales que $P_m(x) = \sum_{k=0}^{m} c_{m,k} x^k$. Ahora bien, para $m < n$ tenemos, utilizando la linealidad de $\mathcal{L}$ y 3, que

$$\mathcal{L}[P_m P_n] = \mathcal{L}\left[\sum_{k=0}^{m} c_{m,k} x^k P_n\right] = \sum_{k=0}^{m} c_{m,k} \underbrace{\mathcal{L}[x^k P_n]}_{=0} = 0.$$

Además,

$$\mathcal{L}[P_n^2] = \mathcal{L}\left[\sum_{k=0}^{n} c_{n,k} x^k P_n\right] = \sum_{k=0}^{n} c_{n,k} \mathcal{L}[x^k P_n] = c_{n,n} \mathcal{L}[x^n P_n] \neq 0.$$

por lo que de 3 se deducen los tres puntos de la definición 2.2.2. ∎

Teorema 2.2.2 *Sea $(P_n)_n$ una SPO respecto a $\mathcal{L}$. Entonces, para cualquier polinomio π de grado n se tiene*

$$\pi(x) = \sum_{k=0}^{n} c_k P_k(x), \qquad \textit{donde} \quad c_k = \frac{\mathcal{L}[\pi P_k]}{\mathcal{L}[P_k^2]}, \qquad k = 0, 1, \ldots, n.$$

Además, cada polinomio P_n de la SPO está determinado de manera única, salvo un factor multiplicativo.

A los coeficientes c_k del desarrollo anterior se le denominan *coeficientes de Fourier* de π en la base $(P_n)_n$.

Demostración: Para demostrar que $c_k = \mathcal{L}[\pi P_k]/\mathcal{L}[P_k^2]$, es suficiente desarrollar π en la base $(P_k)_{k=0}^n$ del espacio $\mathbb{P}_n$ y utilizar la linealidad del funcional $\mathcal{L}$. Demostremos ahora la unicidad de los polinomios P_n. Supongamos que existe otro polinomio Q_n, ortogonal a los polinomios $P_0, \ldots, P_{n-1}$, de grado exactamente n, y tal que $Q_n(x) \neq \alpha_n P_n(x)$, donde α_n es cierta constante. Entonces, $\mathcal{L}[P_k Q_n] = 0$ para todo $k < n$, y por tanto, todos los coeficientes de Fourier de Q_n son iguales a cero excepto el coeficiente c_n, luego $Q_n(x) = c_n P_n(x)$, lo cual contradice nuestra hipótesis. ∎

Una consecuencia inmediata de este teorema es que una SPO queda completamente determinada si prefijamos la sucesión de los coeficientes principales a_n de P_n. Evidentemente para una SPO mónica, $a_n = 1$, mientras que para una ortonormal $a_n = (\mathcal{L}[P_n^2])^{-\frac{1}{2}}$.

2.3. Existencia de una SPO

Definamos el determinante Δ_n

$$\Delta_n = \begin{vmatrix} \mu_0 & \mu_1 & \cdots & \mu_n \\ \mu_1 & \mu_2 & \cdots & \mu_{n+1} \\ \vdots & \vdots & \ddots & \vdots \\ \mu_n & \mu_{n+1} & \cdots & \mu_{2n} \end{vmatrix}.$$

Teorema 2.3.1 *Sea $\mathcal{L}$ el funcional de momentos asociado a la sucesión $(\mu_n)_n$. Una sucesión de polinomios $(P_n)_n$ será una SPO si y sólo si $\Delta_n \neq 0$ para todo n. Además, el coeficiente principal a_n ($P_n(x) = a_n x^n + \cdots$) viene dado por la fórmula $a_n = K_n \Delta_{n-1}/\Delta_n$.*

Demostración: Sea $\mathcal{L}$ el funcional asociado a la sucesión $(\mu_n)_n$. Sea $(P_n)_n$ una SPO con

$$P_n(x) = \sum_{k=0}^{n} c_{n,k} x^k.$$

Entonces, la propiedad de ortogonalidad $\mathcal{L}[P_n(x)x^m] = \delta_{m,n}K_n$, $m = 0, 1, \ldots, n$, se transforma en el sistema lineal de ecuaciones

$$\mathcal{L}\left[\sum_{k=0}^{n} c_k x^k x^m\right] = \sum_{k=0}^{n} c_{n,k}\mu_{m+k} = \delta_{m,n}K_n, \quad m = 0, 1, \ldots, n.$$

Ahora bien, si existe la SPO ésta es única (salvo un factor constante) por lo que el sistema anterior tiene solución única y, por tanto, $\Delta_n \neq 0$. También se cumple lo contrario, o sea, si $\Delta_n \neq 0$, entonces el sistema de ecuaciones tiene solución única y por tanto existe una sucesión de polinomios $\mathcal{L}$ tal que $\mathcal{L}[P_n(x)x^m] = \delta_{m,n}K_n$ y dicha sucesión, según el teorema 2.2.1, es una SPO. Además, utilizando la regla de Cramer para calcular $c_{n,n}$ obtenemos que $a_n = K_n\Delta_{n-1}/\Delta_n$. ∎

No toda sucesión de momentos μ_n nos define una sucesión de polinomios ortogonales. Por ejemplo, las sucesiones $(\mu_k)_k$ tales que $\mu_0 = 0$, o $\mu_0 = \mu_1 = \mu_2$ no conducen a ninguna sucesión de polinomios ortogonales (ver [72, pág. 8]). Ahora bien, si $\mathcal{L}$ está definido por (2.3) donde $d\alpha(x) = \rho(x)dx$; ($\rho(x) > 0$) entonces se puede comprobar que existe la correspondiente sucesión de polinomios ortogonales.

Definición 2.3.1 *Un funcional de momentos $\mathcal{L}$ se dice definido positivo si $\mathcal{L}[\pi] > 0$ para cualquier polinomio π no negativo y no estrictamente igual a cero en todo el eje real (o sea, $\pi(x) \geq 0$, para todo $x \in \mathbb{R}$).*

Teorema 2.3.2 *Todo funcional $\mathcal{L}$ definido positivo tiene momentos μ_n reales y existe una SPOM $(P_n)_n$ asociada a $\mathcal{L}$ compuesta por polinomios reales.*

Demostración: Efectivamente, si $\mathcal{L}$ es definido positivo $\mu_{2k} = \mathcal{L}[x^{2k}] > 0$, para todo $k \geq 0$. Demostremos que $\mathcal{L}[x^{2k+1}]$ es real. Para ello notemos que $\mathcal{L}[(x+1)^2] > 0$, luego

$$\underbrace{\mathcal{L}[x^2]}_{>0} + 2\mathcal{L}[x] + \underbrace{\mathcal{L}[1]}_{>0} > 0.$$

Por tanto, $\mathcal{L}[x]$ es real. Supongamos que los momentos μ_{2k-1}, $k = 1, 2, \ldots, n$, son todos reales. Entonces, como $\mathcal{L}[(x+1)^{2k+2}] > 0$,

$$0 < \mathcal{L}[(x+1)^{2k+2}] = \sum_{j=0}^{2k+2} \binom{2k+2}{j} \mu_{2k+2-j},$$

de donde se deduce que μ_{2k+1} es real. Luego la sucesión $(\mu_n)_n$ es real. Construyamos ahora la SPOM asociada a $\mathcal{L}$ aplicando el proceso de ortogonalización de Gram-Schmidt a las potencias x^k, $k = 0, 1, 2, \ldots$. Así tenemos para $n = 0$, $P_0 = 1$ y, evidentemente, $\mathcal{L}[1] > 0$. Construyamos el polinomio de grado 1, $P_1(x) = x + a$, tal que

$$\mathcal{L}[P_1 P_0] = 0, \quad \text{o sea,} \quad \mathcal{L}[x] + a\mathcal{L}[1] = 0, \quad \text{luego} \quad a = -\frac{\mu_1}{\mu_0}.$$

Nótese que tanto P_0 como P_1 son polinomios reales. Supongamos que hemos construido los polinomios $P_0, \ldots, P_n$ y que todos tienen coeficientes reales y construyamos el polinomio P_{n+1} de la forma

$$P_{n+1}(x) = x^{n+1} + \sum_{k=0}^{n} c_k P_k(x).$$

La ortogonalidad $\mathcal{L}[P_m P_{n+1}] = 0$, $m = 0, 1, \ldots, n$ nos permiten encontrar los valores de los coeficientes $c_k = -\mathcal{L}[x^{n+1} P_k(x)]$ para $k = 0, 1, \ldots, n$ los cuales, al ser P_k un polinomio real, son reales. Además, $\mathcal{L}[P_{n+1}^2] \neq 0$. Todo ello nos indica que P_{n+1}, por construcción, es un polinomio real y ortogonal a los polinomios anteriores. Luego, por inducción concluimos que existe una SPOM asociada al funcional $\mathcal{L}$ constituida por polinomios reales. Es fácil comprobar que el proceso de Gram-Schmidt descrito anteriormente nos conduce a la siguiente expresión para los polinomios mónicos P_n

$$P_n(x) = \frac{1}{\Delta_{n-1}} \begin{vmatrix} \mu_0 & \mu_1 & \cdots & \mu_n \\ \mu_1 & \mu_2 & \cdots & \mu_{n+1} \\ \vdots & \vdots & \ddots & \vdots \\ \mu_{n-1} & \mu_n & \cdots & \mu_{2n-1} \\ 1 & x & \cdots & x^n \end{vmatrix}, \quad \Delta_{-1} \equiv 1, \quad n = 0, 1, 2, \ldots .$$

También es evidente de la fórmula anterior que la sucesión $(P_n)_n$ es una SPOM y que además está compuesta por polinomios con coeficientes reales. Para ello basta notar que si multiplicamos la expresión anterior por x^k, $k = 0, 1, \ldots n-1$, y usamos la linealidad del determinante (por filas) obtenemos $\mathcal{L}[x^k P_n] = 0$ ya que el determinante obtenido tiene dos filas iguales. ■

Nota 2.3.1 *Es importante destacar que si $\alpha(x)$ sólo tiene un número finito de puntos de crecimiento (como por ejemplo es el caso de las familias de Hahn y Kravchuk que consideraremos más adelante), por ejemplo N, el proceso de ortogonalización de Gram-Schmidt descrito anteriormente nos conduce a una familia finita $(P_n)_{n=0}^{N-1}$ [72, 189, 185, 225]. Ello es consecuencia de que aunque el propio polinomio P_N está definido, $\mathcal{L}[P_N^2]=0$. En otras palabras, el proceso de ortogonalización de Gram-Schmidt termina en el paso N.*

Es evidente que en el caso de una familia de polinomios ortogonales respecto a un funcional definido positivo se cumple que la norma $K_n = \mathcal{L}[P_n^2] > 0$. En adelante, denotaremos por $d_n^2 \equiv K_n$, a la norma de los polinomios ortogonales asociados a un funcional definido positivo.

Teorema 2.3.3 *Un funcional lineal $\mathcal{L}$ es definido positivo si y sólo si $\Delta_n > 0$ para todo $n \geq 0$.*

Demostración: Demostremos primero que si el funcional de momentos $\mathcal{L}$ es tal que $\Delta_n > 0$ para todo $n \geq 0$ entonces $\mathcal{L}$ es definido positivo. Para ello utilizaremos el hecho de que todo polinomio no negativo π se puede escribir de la forma $\pi(x) = q^2(x)+r^2(x)$, siendo q, r polinomios reales de grado m y l, respectivamente. Como $\Delta_n > 0$ para todo $n \geq 0$, el teorema 2.3.1 nos asegura que existe una SPOM $(P_n)_n$ asociada a $\mathcal{L}$. Además, $\mathcal{L}[P_n^2] = \mathcal{L}[x^n P_n] = \Delta_n/\Delta_{n-1} > 0$. Entonces, cualquiera sea π, tendremos $q(x) = \sum_{k=0}^{m} c_k P_k(x)$, $r(x) = \sum_{k=0}^{l} d_k P_k(x)$ y, por tanto,

$$\mathcal{L}[\pi] = \mathcal{L}[q^2+r^2] = \sum_{k=0}^{m} c_k^2 \mathcal{L}[P_k^2] + \sum_{k=0}^{l} d_k^2 \mathcal{L}[P_k^2] > 0.$$

Luego, $\mathcal{L}$ es definido positivo. Para demostrar que si $\mathcal{L}$ es definido positivo entonces $\Delta_n > 0$ para todo $n \geq 0$, es suficiente notar que

$$0 < \mathcal{L}[P_n^2] = \frac{\Delta_n}{\Delta_{n-1}}, \quad n \geq 0,$$

siendo los P_n los polinomios mónicos de la correspondiente SPOM asociada a nuestro funcional definido positivo cuya existencia nos la garantiza el teorema 2.3.2. Pero como $\Delta_{-1} = \Delta_0 = 1$, entonces, por inducción, $\Delta_n > 0$, para todo $n \geq 0$. ■

Nota 2.3.2 *Aquí debemos mencionar que no cualquier funcional es definido positivo. De hecho puede ocurrir que, como ya hemos mencionado antes, sólo exista una sucesión finita de polinomios ortogonales asociada a un determinado funcional. Ello ocurre cuando se tiene una medida discreta soportada en un número finito de puntos como es el caso de los polinomios de Hahn y Kravchuk que estudiaremos más adelante. Estos casos "patológicos" no representan un problema en nuestro estudio unificado y sólo hay que recordar que la familia de polinomios ortogonales correspondiente sólo tiene sentido para un número finito de elementos.*

Teorema 2.3.4 *Sea $\widehat{\mathbb{P}}_n$ el espacio de los polinomios mónicos de grado a lo sumo n y sea $\mathcal{L}$ un funcional definido positivo, entonces*

$$\min_{p\in\widehat{\mathbb{P}}_n} \mathcal{L}[p^2] = d_n^2,$$

donde $d_n^2 = \mathcal{L}[\widehat{P}_n^2]$ es el cuadrado de la norma del $n-$ésimo polinomio mónico ortogonal $\widehat{P}_n$ respecto a $\mathcal{L}$. Además el mínimo se alcanza para $p = \widehat{P}_n$.

Demostración: Utilizando los teoremas 2.2.1 y 2.2.2 tenemos

$$\mathcal{L}\left[\left(\sum_{k=0}^{n} c_k P_k\right)\left(\sum_{m=0}^{n} c_m P_m\right)\right] = \sum_{k=0}^{n} c_k^2 d_k^2 = d_n^2 + \sum_{k=0}^{n-1} c_k^2 d_k^2,$$

donde, por ser p y P_n polinomios mónicos $c_n = 1$, y además $d_i^2 > 0$ para $i = 0, 1, \ldots n$. Obviamente el mínimo de la suma anterior se alcanza para $c_k = 0$, $k = 0, 1, \ldots n-1$ de donde se deduce el resultado. ■

Como corolario evidente de lo anterior se obtiene $\min_{p\in\widehat{\mathbb{P}}_n} \mathcal{L}[p^2] = \dfrac{\Delta_n}{\Delta_{n-1}}$.

2.4. La relación de recurrencia a tres términos

Una de las principales características de las SPO es que satisfacen una relación de recurrencia a tres términos (RRTT). Así, tenemos el siguiente[1]

Teorema 2.4.1 *Sea $(P_n)_n$ una sucesión de polinomios ortogonales con respecto a un funcional lineal $\mathcal{L}$. Entonces la SPO $(P_n)_n$ satisface una relación de recurrencia a tres términos de la forma*

$$xP_n(x) = \alpha_n P_{n+1}(x) + \beta_n P_n(x) + \gamma_n P_{n-1}(x). \tag{2.5}$$

Generalmente se suele imponer que $P_{-1}(x) = 0$ y $P_0(x) = 1$, con lo que una SPO queda determinada de forma única conocidas las sucesiones $(\alpha_n)_n$, $(\beta_n)_n$ y $(\gamma_n)_n$.

Demostración: Utilizando los teoremas 2.2.1 y 2.2.2 para una SPO $(P_n)_n$ tenemos que el polinomio $xP_n(x)$ de grado $n+1$ se puede desarrollar en serie de Fourier

$$xP_n(x) = \sum_{k=0}^{n+1} c_{n,k} P_k(x), \qquad c_{n,k} = \frac{\mathcal{L}[xP_nP_k]}{\mathcal{L}[P_k^2]}.$$

Pero $c_{n,k} = 0$ para todo $0 \le k < n-1$, de donde se concluye que la SPO satisface una relación de recurrencia a tres términos de la forma

$$xP_n(x) = \alpha_n P_{n+1}(x) + \beta_n P_n(x) + \gamma_n P_{n-1}(x), \tag{2.6}$$

[1] Debemos destacar que este resultado es válido siempre y cuando la forma bilineal asociada al producto escalar (2.1) que define la ortogonalidad de los polinomios sea Hankel, es decir si la forma bilineal $\langle f, g\rangle$ cumple que, $\langle f, g\rangle = \langle g, f\rangle = \langle 1, fg\rangle$, cualesquiera sean las funciones f, g. Es evidente que si estamos trabajando con productos escalares (2.1) donde $d\alpha(x) = \rho(x)dx$ es absolutamente continua, y la función peso $\rho(x) > 0$, tendremos que $\langle f, g\rangle = \langle g, f\rangle = \langle 1, fg\rangle$ y los funcionales asociados a ellos serán definidos positivos y Hankel. Existen casos de formas bilineales definidas positivas pero no Hankel, cuyas familias de polinomios ortogonales asociadas no satisfacen relaciones de recurrencia a tres términos: por ejemplo los polinomios de tipo Sobolev, ver e.g. [137].

donde los coeficientes α_n, β_n, y γ_n se expresan mediante las fórmulas

$$(2.7) \qquad \alpha_n = \frac{\mathcal{L}[xP_nP_{n+1}]}{\mathcal{L}[P_{n+1}^2]}, \quad \beta_n = \frac{\mathcal{L}[xP_nP_n]}{\mathcal{L}[P_n^2]}, \quad \gamma_n = \frac{\mathcal{L}[xP_nP_{n-1}]}{\mathcal{L}[P_{n-1}^2]}. \qquad \blacksquare$$

Como el cálculo de los coeficientes mediante las expresiones anteriores puede ser muy engorroso, vamos a describir un algoritmo alternativo. Para ello, desarrollemos los polinomios en la forma:

$$P_n(x) = a_n x^n + b_n x^{n-1} + c_n x^{n-2} + \cdots .$$

Sustituyendo esta expresión en (2.5) e igualando los coeficientes de las potencias x^{n+1}, x^n y x^{n-1} obtenemos los valores α_n, β_n y γ_n.

$$(2.8) \qquad \alpha_n = \frac{a_n}{a_{n+1}}, \quad \beta_n = \frac{b_n}{a_n} - \frac{b_{n+1}}{a_{n+1}}, \quad \gamma_n = \frac{c_n - \alpha_n c_{n+1}}{a_{n-1}} - \frac{b_n}{a_{n-1}}\beta_n.$$

Otra forma de obtener γ_n, es calculando directamente $c_{n,n-1}$. Es fácil comprobar usando la ortogonalidad que

$$(2.9) \qquad \gamma_n = \frac{a_{n-1}}{a_n}\frac{d_n^2}{d_{n-1}^2}.$$

En general el cálculo de β_n ó γ_n puede resultar complicado. Por ello, si alguno de los dos es conocido y además se cumple que para cierto x_0 y para todo n, $P_n(x_0) \neq 0$, la relación (2.5) nos da una cuarta ecuación para calcular los coeficientes. Si la SPO es mónica (SPOM), o sea, $a_n = 1$, para todo $n \geq 0$, entonces $\alpha_n = 1$, $\gamma_n = d_n^2/d_{n-1}^2$ y haciendo $x = x_0$ en (2.5) obtenemos para β_n la expresión

$$(2.10) \qquad \beta_n = x_0 - \frac{P_{n+1}(x_0)}{P_n(x_0)} - \gamma_n \frac{P_{n-1}(x_0)}{P_n(x_0)}.$$

Existe el recíproco de (2.5). O sea, dada una sucesión de números $\beta_n \in \mathbb{R}$ y $\gamma_n > 0$ y una sucesión de polinomios mónicos que satisface (2.5) existe una distribución $d\alpha$ respecto a la cual dicha sucesión de polinomios constituyen una SPOM. Este resultado, como ya mencionamos anteriormente, se conoce como Teorema de Favard [72]. Enunciemos y demostremos el Teorema de Favard en el lenguaje de los funcionales lineales.

Teorema 2.4.2 (Favard) *Sea $(\beta_n)_{n=0}^{\infty}$ y $(\gamma_n)_{n=0}^{\infty}$ dos sucesiones cualesquiera de números reales con $\gamma_{n-1} \neq 0$ para todo $n = 1, 2, \ldots$ y sea $(P_n)_{n=0}^{\infty}$ una sucesión de polinomios mónicos definidos mediante la relación*

$$(2.11) \qquad P_n(x) = (x - \beta_{n-1})P_{n-1}(x) - \gamma_{n-1}P_{n-2}(x), \quad n = 1, 2, 3, \ldots ,$$

donde $P_{-1} = 0$ y $P_0(x) = 1$. Entonces, existe un único funcional de momentos $\mathcal{L}$ tal que

$$\mathcal{L}[1] = \gamma_0, \qquad \mathcal{L}[P_n\, P_m] = \delta_{n,m}K_n, \quad K_n \neq 0.$$

Además, $\mathcal{L}$ es definido positivo si y sólo si $\gamma_n > 0$ para todo $n = 0, 1, 2, \ldots$

Demostración: Definamos el funcional $\mathcal{L}$ por inducción en $\mathbb{P}_n$. Así, sea

$$\mathcal{L}[1] = \mu_0 = \gamma_0, \qquad \mathcal{L}[P_n] = 0, \quad n = 1, 2, 3, \ldots \tag{2.12}$$

Entonces, utilizando la relación de recurrencia (2.11), podemos calcular todos los momentos del funcional de la siguiente forma: como $\mathcal{L}[P_n] = 0$, tenemos

$$0 = \mathcal{L}[P_1] = \mathcal{L}[x - \beta_0] = \mu_1 - \beta_0\gamma_0, \quad \text{luego} \quad \mu_1 = \beta_0\gamma_0,$$

$$0 = \mathcal{L}[P_2] = \mathcal{L}[(x - \beta_1)P_1 - \gamma_1 P_0] = \mu_2 - (\beta_0 + \beta_1)\mu_1 + (\beta_0\beta_1 - \gamma_1)\gamma_0,$$

de donde se obtiene μ_2, etc. Continuando este proceso podemos encontrar todos los momentos μ_n, recurrentemente, y estos están completamente determinados. El próximo paso consiste en utilizar (2.11) y (2.12), de las cuales deducimos que

$$x^k P_n(x) = \sum_{i=n-k}^{n+k} d_{n,i} P_i(x) .$$

Por tanto, el funcional es tal que $\mathcal{L}[x^k P_n] = 0$ para todo $k = 1, 2, \ldots, n-1$. Finalmente,

$$\mathcal{L}[x^n P_n] = \mathcal{L}[x^{n-1}(P_{n+1} + \beta_n P_n + \gamma_n P_{n-1})] = \gamma_n \mathcal{L}[x^{n-1} P_{n-1}],$$

luego, $\mathcal{L}[x^n P_n] = \gamma_n\gamma_{n-1}\cdots\gamma_0 \neq 0$. De la expresión anterior es evidente que $\mathcal{L}$ es definido positivo y $(P_n)_{n=0}^{\infty}$ es su correspondiente familia de polinomios ortogonales mónicos si y sólo si para todo $n \geq 0$, $\gamma_n > 0$. ■

2.5. La fórmula de Christoffel-Darboux

Como un corolario de (2.5) se obtiene la conocida fórmula de Christoffel-Darboux:

Teorema 2.5.1 *Si $(P_n)_n$ es una sucesión de polinomios ortogonales que satisface la relación de recurrencia a tres términos (2.5). Entonces se cumple que*

$$\mathrm{Ker}_n(x, y) \equiv \sum_{m=0}^{n} \frac{P_m(x)P_m(y)}{d_m^2} = \frac{\alpha_n}{d_n^2} \frac{P_{n+1}(x)P_n(y) - P_{n+1}(y)P_n(x)}{x - y}, \quad n \geq 1 . \tag{2.13}$$

Demostración: La demostración de este resultado es muy sencilla. La idea es la siguiente: escribamos la relación (2.5) para las sucesiones de polinomios $(P_n)_n$ en las variables x e y, respectivamente

$$xP_k(x) = \alpha_k P_{k+1}(x) + \beta_k P_k(x) + \gamma_k P_{k-1}(x),$$

$$yP_k(y) = \alpha_k P_{k+1}(y) + \beta_k P_k(y) + \gamma_k P_{k-1}(y),$$

donde α_k, β_k y γ_k vienen dados por la fórmula (2.7). Multiplicando la primera ecuación por $P_k(y)$, la segunda por $P_k(x)$ y substrayendo ambas obtenemos

$$(x - y)\frac{P_k(x)P_k(y)}{d_k^2} = A_k - A_{k-1},$$

donde

$$A_k = \frac{\alpha_k}{d_k^2}[P_{k+1}(x)P_k(y) - P_{k+1}(y)P_k(x)].$$

Sumando esta expresión desde $k = 0$ hasta $k = n$ y teniendo en cuenta que el segundo miembro es una suma telescópica obtenemos el resultado deseado. ■

Si hacemos tender $y \to x$, obtenemos la fórmula *confluente* de Christoffel-Darboux

$$\text{(2.14)} \qquad \mathrm{Ker}_n(x,x) \equiv \sum_{m=0}^{n} \frac{P_m^2(x)}{d_m^2} = \frac{\alpha_n}{d_n^2}[P'_{n+1}(x)P_n(x) - P_{n+1}(x)P'_n(x)] \quad n \geq 1\,.$$

Proposición 2.5.1 *Los polinomios núcleos satisfacen la siguiente propiedad* reproductora

$$\text{(2.15)} \qquad \mathcal{L}[p(x)\mathrm{Ker}_n(x,y)] = p(y), \qquad \forall p(x) \in \mathbb{P}_n.$$

Demostración: La demostración es inmediata. Como $p(x) \in \mathbb{P}_n$, entonces podemos desarrollar p en la base $(P_n)_n$, es decir $p(x) = \sum_{k=0}^{n} c_k P_k(x)$, luego

$$\mathcal{L}\left[\sum_{k=0}^{n} c_k P_k(x) \sum_{m=0}^{n} \frac{P_m(x)P_m(y)}{d_m^2}\right] = \sum_{k=0}^{n}\sum_{m=0}^{n} \frac{c_k P_m(y)}{d_m^2}\mathcal{L}[P_k(x)P_m(x)] = \sum_{k=0}^{n} c_k P_k(y) = p(y).$$

■

Los polinomios núcleos son útiles en distintos contextos de la teoría de polinomios ortogonales. Además de tener la notable propiedad reproductora (2.15) son la solución del siguiente problema extremal.

Teorema 2.5.2 *Sea $\mathcal{L}$ un funcional definido positivo y sea (a,b) su soporte. Sea Π_n el espacio de los polinomios $p(x)$ de grado a lo sumo n tales que $p(x_0) = 1$, $x_0 \in (a,b)$. Entonces*

$$\min_{p \in \Pi_n} \mathcal{L}[p^2] = \frac{1}{\mathrm{Ker}_n(x_0,x_0)},$$

y se alcanza para $p_{min}(x) = \mathrm{Ker}_n(x,x_0)/\mathrm{Ker}_n(x_0,x_0)$, donde Ker_n denota los polinomios núcleos de los correspondientes polinomios ortogonales respecto a $\mathcal{L}$.

Demostración: Usando el teorema 2.2.2 tenemos $p(x) = \sum_{k=0}^{n} c_k P_k(x)/d_k$, de donde $\mathcal{L}[p^2] = \sum_{k=0}^{n} c_k^2$. Por otro lado, usando la condición $p(x_0) = 1$, tenemos $p(x_0) = \sum_{k=0}^{n} c_k \; P_k(x_0)/d_k$. Luego, usando la desigualdad de Cauchy-Bunyakovsky tenemos

$$1 \leq \left(\sum_{k=0}^{n} c_k^2\right)\left(\sum_{m=0}^{n} \frac{P_k(x_0)^2}{d_k^2}\right) \quad \Longrightarrow \quad \left(\sum_{k=0}^{n} c_k^2\right) \geq \left(\mathrm{Ker}_n(x_0,x_0)\right)^{-1},$$

y la igualdad sólo tiene lugar si $c_k = \lambda P_k(x_0)/d_k^2$. Así, $\min_{p\in\Pi_n} \mathcal{L}[p^2] = \min_{p\in\Pi_n} \sum_{k=0}^{n} c_k^2 = [\mathrm{Ker}_n(x_0,x_0)]^{-1}$, de donde además se sigue que $\lambda = (\mathrm{Ker}_n(x_0,x_0))^{-1}$, y por tanto el mínimo se alcanza para $c_k = P_k(x_0)(d_k^2)^{-1}\,(\mathrm{Ker}_n(x_0,x_0))^{-1}$. ■

2.6. Propiedades de los ceros

En esta sección vamos a enunciar algunos de los resultados más generales relativos a los ceros de los polinomios ortogonales respecto a un funcional definido positivo (y, como caso particular, a aquellas SPO respecto a funciones peso ρ positivas).

Definición 2.6.1 *Sea (a,b) un intervalo real. Diremos que un funcional es definido positivo en (a,b) si $\mathcal{L}[\pi] > 0$ para cualquier polinomio π no negativo y no idénticamente nulo en (a,b). Al mayor conjunto (a,b) tal que $\mathcal{L}$ sea definido positivo en él se le denomina soporte de $\mathcal{L}$.*

Teorema 2.6.1 *Sea (a,b) el soporte de $\mathcal{L}$ definido positivo y $(P_n)_n$ una SPO respecto a $\mathcal{L}$. Entonces:*

1. *Todos los ceros de P_n son reales, simples y están localizados en (a,b).*
2. *Dos polinomios consecutivos P_n y P_{n+1} no pueden tener ningún cero en común.*
3. *Denotemos por $x_{n,j}$ a los ceros del polinomio P_n, (consideraremos en adelante que $x_{n,1} < x_{n,2} < \cdots < x_{n,n}$). Entonces $x_{n+1,j} < x_{n,j} < x_{n+1,j+1}$, es decir, los ceros de P_n y P_{n+1} entrelazan unos con otros.*

Demostración: Sin pérdida de generalidad consideraremos el caso cuando los P_n son mónicos. Sea $\mathcal{L}$ definido positivo y sea (a,b) su soporte. Como $\mathcal{L}[P_n \cdot 1] = 0$, ello indica que P_n cambia de signo dentro de (a,b). Denotemos por $x_1, \ldots, x_k$ los ceros de P_n de multiplicidad impar que están dentro del intervalo (a,b) y sea p el polinomio $p(x) = (x-x_1)\cdots(x-x_k)$. Es evidente que $p(x)P_n(x) > 0$, en (a,b). Luego $\mathcal{L}[pP_n] > 0$, y por tanto grado $p = k \geq n$. Pero k es el número de ceros de P_n por lo que $k \leq n$. Ello implica que $k = n$ y por tanto todos los ceros de P_n son simples, reales y están en el interior del soporte de $\mathcal{L}$. Luego, 1 queda demostrado. Para demostrar 2 utilizaremos la relación de recurrencia a tres términos. Supongamos que a es un cero de P_n y P_{n+1}. Entonces de (2.5) se deduce que a también es un cero de P_{n-1}. Continuando este proceso obtenemos que a es un cero de $P_0 = 1$ lo cual es una contradicción. Finalmente, demostremos la propiedad de entrelazamiento de los ceros de P_n y P_{n+1}. Nótese que de la fórmula confluente de Christoffel-Darboux (2.14) evaluada en $x_{n+1,j}$ se obtiene que $P'_{n+1}(x_{n+1,j})P_n(x_{n+1,j}) > 0$. Al ser $x_{n+1,j}$ y $x_{n+1,j+1}$ dos ceros consecutivos del polinomio P_{n+1}, por el teorema de Rolle P'_{n+1} se anula al menos una vez en el interior del intervalo $I_j = (x_{n+1,j}, x_{n+1,j+1})$. Ahora bien, al ser los ceros de P_{n+1} simples, entonces los signos de $P'_{n+1}(x_{n+1,j})$ y $P'_{n+1}(x_{n+1,j+1})$ son no nulos y distintos por lo que de la desigualdad obtenida se deduce que los signos de $P_n(x_{n+1,j})$ y $P_n(x_{n+1,j+1})$ también son no nulos y distintos entre sí. Luego, el teorema de Bolzano nos asegura que P_n se anula al menos una vez en el intervalo $I_j = (x_{n+1,j}, x_{n+1,j+1})$. Pero hay precisamente n intervalos I_k y P_n sólo tiene n ceros, entonces existe un único cero de P_n entre dos ceros consecutivos de P_{n+1}. ■

Los ceros de los polinomios ortogonales juegan un papel importante en el cálculo númerico de integrales. A continuación deduciremos la fórmula de cuadraturas gaussianas de la que ya hablamos en la introducción histórica. El objetivo de una fórmula de cuadratura gaussiana es poder calcular las integrales del tipo $\int_a^b \pi(x)\,d\alpha(x)$, ($\alpha(x)$ es una función no decreciente) de forma que la fórmula

$$\int_a^b f(x)\,d\alpha(x) = \sum_{k=1}^{n} \lambda_{nk} f(x_k), \tag{2.16}$$

sea exacta cuando $f(x)$ sea un polinomio de grado a lo sumo $2n-1$. En la fórmula anterior λ_{nk} son ciertas constantes, independientes de f, y $x_k \in [a,b]$, $k=1,2,..,n$ ciertos números reales del intervalo $[a,b]$.

Para probar que existe una fórmula del tipo anterior vamos a definir un polinomio $Q_m(x) = x^j P_n(x)$, con $j<n$ y $P_n(x) = (x-x_1)\cdots(x-x_n)$. Sustituyendo Q_m en (2.16) obtenemos

$$\int_a^b Q_m(x)d\alpha(x) = \int_a^b x^j P_n(x)d\alpha(x) = \sum_{k=1}^{n} \lambda_{nk} x_k^j P(x_k) = 0,$$

para todos los $j = 0,1,2,\dots n-1$. Luego los polinomios $P_n(x)$ son los polinomios ortogonales respecto a $\rho(x)$ en $[a,b]$ y x_k, $k=1,2,..,n$ sus ceros, que además están todos en (a,b) —que es el soporte de $d\alpha(x)$ (ver definición (2.3))—. Luego hemos probado el siguiente

Teorema 2.6.2 *Dada una función α no decreciente en (a,b), existen ciertos números $(\lambda_{nk})_{k=1}^n$, tales que la* fórmula de cuadratura

$$\int_a^b \pi(x)\,d\alpha(x) = \sum_{k=1}^{n} \lambda_{nk}\pi(x_k), \tag{2.17}$$

es cierta cualquiera sea el polinomio π de grado a lo sumo $2n-1$, siendo los x_k, $k=1,2,..,n$ los ceros del $n-$ésimo polinomio ortogonal respecto a $d\alpha(x)$.

Vamos a calcular ahora los $(\lambda_{nk})_{k=1}^n$ de la fórmula (2.17). Para ello sustituimos el polinomio $\pi(x) = P_n(x)P_{n-1}(x)/(x-x_k)$ en (2.17),

$$\lambda_{nk} = \frac{1}{P_n'(x_k)P_{n-1}(x_k)} \int_a^b \frac{P_n(x)}{(x-x_k)} P_{n-1}(x)d\alpha(x) = \frac{\alpha_{n-1}^{-1} d_{n-1}^2}{P_n'(x_k)P_{n-1}(x_k)} = \frac{1}{\mathrm{Ker}_{n-1}(x_k,x_k)}.$$

Para probar la segunda igualdad hemos usado que $P_n(x)/(x-x_k) = a_n/a_{n-1}P_{n-1}(x) + q_{n-2}(x)$. La última igualdad es inmediata a partir de la fórmula confluente de Christoffel-Darboux (2.14). Nótese que de lo anterior se deduce que $\lambda_{nk} > 0$ para todo $k = 1,2,..,n$. Por ello, existirán ciertos números, no necesariamente únicos, $y_1, y_2, \dots, y_{n-1}$, tales que $\lambda_{nk} = \alpha(y_k) - \alpha(y_{k-1})$, ($y_0 = a$, $y_n = b$).

Teorema 2.6.3 (de separación de ceros de Chebyshev-Markov-Stieltjes) *Sean los números $(x_k)_{k=1}^n$, los ceros del polinomio ortogonal P_n, y sean $(y_k)_{k=1}^n$, los números definidos anteriormente. Entonces se cumple que, para todo $k = 1,2,\dots,n-1$*

$$\alpha(x_k+0)-\alpha(a) < \alpha(y_k+0)-\alpha(a) = \lambda_{n1}+\cdots+\lambda_{nk} < \alpha(y_{k+1}-0)-\alpha(a) < \alpha(x_{k+1}-0)-\alpha(a).$$

O sea, los ceros de P_n están separados por las cantidades y_k, $x_k < y_k < x_{k+1}$, $k = 1,2,\dots,n-1$.

La demostración de este teorema se puede encontrar en [225, §3.41-§3.413]. Por completitud la incluiremos aquí.

Demostración: Ante todo, construyamos un polinomio π de grado $2n-2$, tal que, para cada k fijo $(1 \le k \le n-1)$, se cumpla

$$\pi(x_j) = \begin{cases} 1, & j = 1, 2, \ldots, k \\ 0, & j = k+1, \ldots, n \end{cases}$$

y $\pi'(x_j) = 0$, $j \ne k$, donde, como antes, x_k son los ceros del polinomio ortogonal P_n.

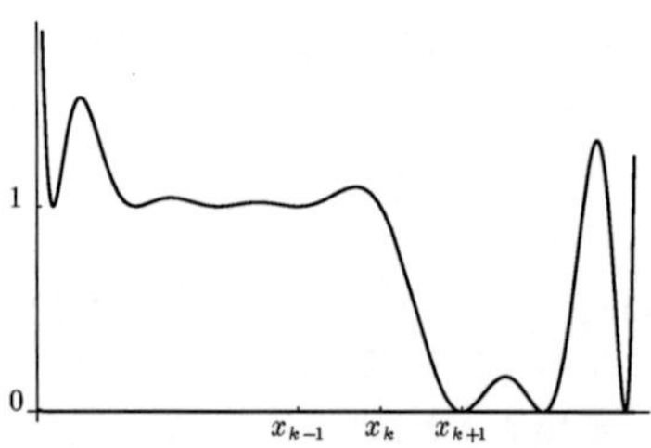

Figura 2.1: El polinomio π.

Nótese que dicho polinomio π es único. Por el teorema de Rolle π' se anula al menos una vez en el interior de cada uno de los intervalos abiertos (x_1, x_2), ..., (x_{k-1}, x_k), (x_{k+1}, x_{k+2}), ..., (x_{n-1}, x_n), y, por tanto, tiene al menos $n-2$ ceros, que junto a los $n-1$ ceros impuestos por condición, nos indica que π' tiene $2n-3$ ceros, de donde se concluye que todos los ceros de π' son reales y simples. Luego, π es una función monótona entre dos ceros de π', en particular entre el cero del intervalo (x_{k-1}, x_k) y x_{k+1}, y por tanto en $[x_k, x_{k+1}]$. Además, como $\pi(x_k) = 1$, y $\pi(x_{k+1}) = 0$, π es decreciente en $[x_k, x_{k+1}]$, y tendremos que

$$\begin{cases} \pi(x) \ge 1, & a \le x \le x_k, \\ \pi(x) \ge 0 & x_k, \le x \le b\,. \end{cases}$$

Las dos desigualdades anteriores se deben a que todos los ceros de π' son simples, y por tanto son extremos locales de π, de hecho al ser π decreciente en $[x_k, x_{k+1}]$ y $\pi'(x_{k+1}) = 0$ y $\pi(x_{k+1}) = 0$, en x_{k+1} hay un mínimo local. Utilizando este hecho y lo anterior se tienen las desigualdades mencionadas (ver figura 2.1).

Sustituyendo este polinomio π, en la fórmula de cuadratura (2.17), tenemos

$$\lambda_{n1} + \cdots + \lambda_{nk} = \int_a^b \pi(x)\, d\alpha(x) > \int_a^{x_k+0} \pi(x)\, d\alpha(x) > \int_a^{x_k+0} d\alpha(x) = \alpha(x_k+0) - \alpha(a).$$

Para probar la desigualdad restante, basta aplicar el mismo razonamiento a la familia de polinomios $(-1)^n P_n(-x)$, ortogonales respecto a la distribución $d(-\alpha(-x))$ (ver el apartado **2.8**), cuyos ceros están localizados ahora en el interior del intervalo $[-b, -a]$ y son los opuestos a los de P_n. ∎

Una consecuencia inmediata del teorema anterior es el siguiente teorema de separación.

Teorema 2.6.4 *Si la función $\alpha(x)$ que define una familia de polinomios ortogonales es constante en un abierto $(c,d) \subset (a,b)$, entonces los polinomios ortogonales respecto a la distribución $d\alpha(x)$, tienen a lo sumo un cero en (c,d).*

Demostración: Supongamos que en el interior de (c,d) hay más de un cero, digamos que hay dos x_k y x_{k+1}. Entonces, en el intervalo $(x_k, x_{k+1}) \subset (c,d)$ tendremos que $\alpha(x_k+0) < \alpha(x_{k+1}-0)$ lo que indica que $\alpha(x)$ no puede ser constante en (x_k, x_{k+1}) y por tanto tampoco lo será en (c,d) lo cual es una contradicción. ∎

Este teorema es de mucha utilidad en el caso cuando $\alpha(x)$ sea una función escalonada pues nos dice que entre cada uno de los puntos donde $\alpha(x)$ tiene un salto hay como mucho un cero de los correspondientes polinomios. Ejemplo de tales funciones son las que conllevan a los ya mencionados polinomios ortogonales clásicos discretos de Hahn, Meixner, Kravchuk y Charlier, respectivamente.

Antes de concluir este apartado debemos mencionar que a partir de la RRTT se puede obtener también información sobre las propiedades medias de ceros de los polinomios ortogonales. Sobre este particular existen una gran cantidad de trabajos donde se deben destacar los trabajos de Dehesa [74, 73, 78], Nevai [179], Nevai y Dehesa [180], entre otros (ver además [231]).

2.7. Propiedades medias de los ceros de los polinomios ortogonales a partir de la RRTT

En este apartado vamos a describir como se puede estudiar la distribución de los ceros de los polinomios ortogonales a partir de la relación de recurrencia a tres términos. Concretamente veremos las propiedades globales exactas de ceros.

Dado un polinomio $P_n(x)$, los momentos μ_m de la distribución de ceros $\rho_n(x)$ definida por

$$\rho_n(x) = \frac{1}{n}\sum_{i=1}^{n} \delta(x - x_{n,i}), \tag{2.18}$$

vienen dados por la expresión

$$\mu_0 = 1, \quad \mu_m'^{(n)} = \int_a^b x^m \rho_n(x)\, dx, \quad m = 1, 2, \ldots, n. \tag{2.19}$$

En ambas fórmulas $(x_{n,i})_{i=1}^{n}$ denotan los ceros del polinomio $P_n(x)$.

Definición 2.7.1 *Las matrices de Jacobi son matrices simétricas de la forma*

$$J_{n+1} = \begin{pmatrix} \bar\beta_0 & \bar\alpha_0 & 0 & 0 & \ldots & 0 & 0 \\ \bar\alpha_0 & \bar\beta_1 & \bar\alpha_1 & 0 & \ldots & 0 & 0 \\ 0 & \bar\alpha_1 & \bar\beta_2 & \bar\alpha_2 & \ldots & 0 & 0 \\ \vdots & \vdots & \vdots & \vdots & \ddots & \vdots & \vdots \\ 0 & 0 & 0 & 0 & \ldots & \bar\alpha_{n-1} & \bar\beta_n \end{pmatrix}.$$

Es conocido que dichas matrices de Jacobi están asociadas a una sucesión de polinomios ortonormales $\bar{P}_n(x)$, que satisfacen la RRTT (2.5) con $\gamma_n = \alpha_{n-1}$ y que escribiremos de la forma

$$x\bar{P}_n(x) = \bar{\alpha}_n \bar{P}_{n+1}(x) + \bar{\beta}_n \bar{P}_n(x) + \bar{\alpha}_{n-1}\bar{P}_{n-1}(x).$$

En este capítulo estamos estudiando el caso de los polinomios mónicos, que satisfacen la RRTT (2.5) con $\alpha_n = 1$ que escribiremos convenientemente de la forma

$$xP_n(x) = P_{n+1}(x) + a_{n+1}P_n(x) + b_n^2 P_{n-1}(x). \tag{2.20}$$

La matriz asociada a dichos polinomios es una matriz tridiagonal (no simétrica) de la forma

$$T_{n+1} = \begin{pmatrix} a_1 & 1 & 0 & 0 & \dots & 0 & 0 \\ b_1^2 & a_2 & 1 & 0 & \dots & 0 & 0 \\ 0 & b_2^2 & a_3 & 1 & \dots & 0 & 0 \\ \vdots & \vdots & \vdots & \vdots & \ddots & \vdots & \vdots \\ 0 & 0 & 0 & 0 & \dots & b_n^2 & a_{n+1} \end{pmatrix}.$$

Para las dos normalizaciones anteriores tenemos $\bar{\beta}_n = a_{n+1}$ y $\bar{\alpha}_{n-1}^2 = b_n^2$. La conexión entre las matrices definidas anteriormente y los polinomios ortogonales es evidente pues cualquiera de las dos RRTT anteriores se puede escribir en la forma matricial

$$x\begin{pmatrix} P_0(x) \\ P_1(x) \\ \vdots \\ P_n(x) \end{pmatrix} = M\begin{pmatrix} P_0(x) \\ P_1(x) \\ \vdots \\ P_n(x) \end{pmatrix} + P_{n+1}(x)\begin{pmatrix} 0 \\ 0 \\ \vdots \\ 1 \end{pmatrix},$$

donde M denota las matrices J_{n+1} en el caso de los polinomios ortonormales $\bar{P}_n$ o a T_{n+1} en el caso de los polinomios mónicos. Es evidente de la relación anterior que los autovalores de la matrices J_{n+1} y T_{n+1} son los mismos y coinciden con los ceros del polinomio $P_{n+1}(x)$.

El estudio de las propiedades medias de los autovalores de las matrices tridiagonales de Jacobi ha sido desarrollado por Dehesa en [74, 73, 75, 77, 78] y ofrece un método sencillo y eficaz para estudiar las propiedades de los ceros de las familias de polinomios ortogonales recuperando en muchos casos los resultados de los autores antes mencionados y otros nuevos (como el caso de los momentos asintóticos de los polinomios de Hahn y Bessel) —ver [10]—. Dicho método se basa en el siguiente teorema [74, 78]:

Teorema 2.7.1 *Sea $(P_n)_n$ una sucesión de polinomios definidas mediante la relación de recurrencia*

$$\begin{aligned} &P_n(x) = (x - a_n)P_{n-1}(x) - b_{n-1}^2 P_{n-2}(x), \quad n \geq 1, \\ &P_{-1}(x) = 0, \quad P_0(x) = 1, \end{aligned} \tag{2.21}$$

caracterizada por las sucesiones $(a_n)_n$ *y* $(b_n)_n$*, y sean las cantidades* $\mu_m'^{(n)}$ *definidas en (2.19) los momentos espectrales no normalizados a la unidad del polinomio* $P_N(x)$*, correspondientes a la densidad discreta de ceros (2.18). Entonces,*

$$\begin{aligned}\mu_m'^{(n)} &= \sum_{(m)} F(r_1', r_1, \ldots, r_j, r_{j+1}') \sum_{i=1}^{n-t} a_i^{r_1'} (b_i^2)^{r_1} a_{i+1}^{r_2'} (b_{i+1}^2)^{r_2} \ldots (b_{i+j-1}^2)^{r_j} a_{i+j}^{r_{j+1}'} \\ &= \frac{1}{n} \sum_{(m)} F(r_1', r_1, \ldots, r_j, r_{j+1}') \sum_{i=1}^{n-t} \left[\prod_{k=1}^{j+1} a_{i+k-1}^{r_k'} \right] \left[\prod_{k=1}^{j} (b_{i+k-1}^2)^{r_k} \right],\end{aligned} \tag{2.22}$$

donde $m = 1, 2, \ldots, N$ *y* $\sum_{(m)}$ *es la suma sobre todas las particiones* $(r_1', r_1, \ldots, r_{j+1}')$ *de* m *tales que:*

1. $R' + 2R = m$*, donde* R *y* R' *se expresan mediante las fórmulas* $R = \sum_{i=1}^{j} r_i$ *y* $R' = \sum_{i=1}^{j-1} r_i'$*, o, equivalentemente,*

$$\sum_{i=1}^{j-1} r_i' + 2 \sum_{i=1}^{j} r_i = m \tag{2.23}$$

2. *Si* $r_s = 0,\ 1 < s < j$*, entonces* $r_k = r_k' = 0$ *para cada* $k > s$ *y*

3. $j = m/2$ *o* $j = (m-1)/2$ *si* m *es par o impar, respectivamente.*

En la fórmula (2.22) el coeficiente F *se define mediante la expresión*

$$\begin{aligned}&F(r_1', r_1, r_2', \ldots, r_{p-1}', r_{p-1}, r_p') = \\ &= m \frac{(r_1' + r_1 - 1)!}{r_1'! r_1!} \left[\prod_{i=2}^{p-1} \frac{(r_{i-1} + r_i' + r_i - 1)!}{(r_{i-1} - 1)! r_i! r_i'!} \right] \frac{(r_{p-1} + r_p' - 1)!}{(r_{p-1} - 1)! r_p'!},\end{aligned} \tag{2.24}$$

donde se supone que $r_0 = r_p = 1$ *y* $F(r_1', r_1, r_2', r_2 \ldots, r_{p-1}', 0, 0) = F(r_1', r_1, r_2', r_2 \ldots, r_{p-1}')$*. Además, en (2.22),* t *denota el número de las* r_i *diferentes de cero involucradas en cada partición de* m*.*

La demostración del lema anterior se basa en el cálculo de los momentos mediante la expresión [74, 73] $\mu_m'^{(n)} = \mathrm{Tr}[M^m]$, o sea, son la traza de las potencias correspondientes de la matriz M. Es fácil comprobar la veracidad de la fórmula para los primeros momentos ($m = 1, 2, 3$). No obstante, el caso general es mucho más complicado y su demostración la omitiremos [74, 75, 73].

Utilizando la fórmula (2.22) se obtienen las siguientes expresiones para los primeros momentos:

$$\begin{aligned}&\mu_1' = \frac{1}{n} \sum_{i=1}^{n} a_i, \quad \mu_2' = \frac{1}{n} \sum_{i=1}^{n} a_i^2 + 2 \sum_{i=1}^{n-1} b_i^2, \quad \mu_3' = \frac{1}{n} \sum_{i=1}^{n} a_i^3 + 3 \sum_{i=1}^{n-1} b_i^2 (a_i + a_{i+1}) \\ &\mu_4' = \frac{1}{n} \left[\sum_{i=1}^{n} a_i^4 + 4 \sum_{i=1}^{n-1} b_i^2 (a_i^2 + a_i a_{i+1} + a_{i+1}^2 + \tfrac{1}{2} b_i^2) + 4 \sum_{i=1}^{n-2} b_i^2 b_{i+1}^2 \right].\end{aligned} \tag{2.25}$$

Recientemente, se ha descubierto [199, 109, 110, 152] que los momentos determinados en (2.22) se pueden representar en términos de los polinomios de Lucas de primera especie en varias variables, cada una de las cuales depende de los coeficientes de recurrencia (a_n, b_n).

2.8. Paridad de las SPO

Sea $(P_n)_n$ una sucesión de polinomios ortogonales en $(-a, a)$ respecto a una función peso ρ par, o sea, $\rho(-x) = \rho(x)$. Para dicha sucesión será válido lo siguiente $(m \neq n)$

$$\int_{-a}^{a} P_n(x)P_m(x)\rho(x)dx = \int_{-a}^{a} P_n(-x)P_m(-x)\rho(x)dx = 0.$$

Pero, como antes ya hemos señalado, una función peso determina la sucesión $(P_n)_n$. Luego $P_n(-x) = K_nP_n(x)$, de donde igualando los coeficientes principales de ambos se deduce que $K_n = (-1)^n$, es decir

$$P_n(-x) = (-1)^n P_n(x). \tag{2.26}$$

Esta ecuación nos asegura que si el polinomio es de grado par, entonces sólo contiene potencias pares y si es de grado impar, potencias impares, o sea,

$$P_{2n}(x) = S_n(x^2), \qquad P_{2n+1}(x) = xR_n(x^2),$$

donde S_n y R_n son polinomios de grado n. Utilizando la propiedad de ortogonalidad de $(P_n)_n$ respecto a ρ encontramos $(m \neq n)$

$$\int_{-a}^{a} P_{2n}(x)P_{2m}(x)\rho(x)dx = \int_{0}^{a^2} S_n(t)S_m(t)\frac{\rho(\sqrt{t})}{\sqrt{t}}dt = 0,$$

así como

$$\int_{-a}^{a} P_{2n+1}(x)P_{2m+1}(x)\rho(x)dx = \int_{0}^{a^2} R_n(t)R_m(t)\rho(\sqrt{t})\sqrt{t}dt = 0.$$

Por lo tanto los polinomios S_n son ortogonales en $(0, a^2)$ respecto a la función peso $\dfrac{\rho(\sqrt{t})}{\sqrt{t}}$ y los R_n son ortogonales en $(0, a^2)$ respecto a la función peso $\rho(\sqrt{t})\sqrt{t}$.

2.9. Series de Fourier de polinomios ortogonales

En este apartado vamos a considerar brevemente las series de Fourier de polinomios ortogonales en el espacio $L^2_\alpha[a, b]$, es decir trabajaremos en el espacio de las funciones f tales que

$$||f||^2 = \int_{a}^{b} |f(x)|^2 d\alpha(x) < \infty.$$

La norma en el espacio $L^2_\alpha[a, b]$ la denotaremos por $||f|| = \sqrt{\langle f, f\rangle}$.

Consideraremos el desarrollo de cualquier función $f \in L^2_\alpha[a,b]$ en la correspondiente serie de Fourier de polinomios *ortonormales*, es decir, el desarrollo de la forma

$$f(x) = \sum_{n=0}^{\infty} a_n p_n(x), \qquad a_n = \int_{\mathbb{R}} f(x) p_n(x) d\alpha(x), \qquad \|p_n\| = 1. \tag{2.27}$$

Los coeficientes a_n del desarrollo anterior se denominan *coeficientes de Fourier* de la función f en la base $(p_n)_n$. En adelante denotaremos por $s_n(x)$ a la suma parcial de la serie anterior, i.e.,

$$s_n(x) = \sum_{k=0}^{n} a_k p_k(x). \tag{2.28}$$

Teorema 2.9.1 *Sea $\mathbb{P}_n$ el espacio de los polinomios de grado menor o igual que n. Entonces, el $\min_{q \in \mathbb{P}_n} ||f-q||^2 = ||f||^2 - \sum_{k=0}^{n} a_k^2$ y se alcanza cuando $q(x) = s_n(x)$.*

Demostración: Sea q un polinomio cualquiera. Entonces $q(x) = \sum_{k=0}^{n} c_k p_k(x)$ y por tanto,

$$\langle q, q \rangle = \left\langle \sum_{k=0}^{n} c_k p_k(x), \sum_{m=0}^{n} c_m p_m(x) \right\rangle = \sum_{k=0}^{n} c_k^2,$$

$$\langle f, q \rangle = \left\langle \sum_{k=0}^{\infty} a_k p_k(x), \sum_{m=0}^{n} c_m p_m(x) \right\rangle = \sum_{k=0}^{n} a_k c_k.$$

Luego,

$$||f-q||^2 = ||f||^2 - 2\langle f, q\rangle + ||q||^2 = ||f||^2 - 2\sum_{k=0}^{n} a_k c_k + \sum_{k=0}^{n} c_k^2 = ||f||^2 + \sum_{k=0}^{n} (a_k - c_k)^2 - \sum_{k=0}^{n} a_k^2.$$

Por tanto, $||f-q||^2 \geq ||f||^2 - \sum_{k=0}^{n} a_k^2$. Luego el mínimo de la norma $||f-q||^2$ sobre el espacio de los polinomios $\mathbb{P}_n$ es $||f||^2 - \sum_{k=0}^{n} a_k^2$, que corresponde al caso cuando $c_k = a_k$ para $k = 0, 1, \ldots, n$, es decir cuando $q(x) = s_n(x)$, tal y como se quería demostrar. ■

El teorema anterior se puede reformular de la forma:

Teorema 2.9.1 *Dada una función de $L^2_\alpha[a,b]$, la mejor aproximación de f mediante una serie de polinomios es aquella correspondiente a los polinomios ortogonales respecto a $d\alpha(x)$.*

Un corolario evidente del teorema anterior es la desigualdad de Bessel

$$\sum_{k=0}^{n} a_k^2 \leq ||f||^2 \implies \sum_{k=0}^{\infty} a_k^2 \leq ||f||^2, \tag{2.29}$$

de donde deducimos además que $\lim_{n \to \infty} a_n = 0$.

Nótese que una condición necesaria y suficiente para que la serie de Fourier (2.27) tienda a la función en norma $||\cdot||$ es que $||f||^2 = \sum_{k=0}^{\infty} a_k^2$. Esta igualdad se denomina comúnmente igualdad de Parseval y es, en general, muy complicada de comprobar. Veamos algunas condiciones suficientes para la convergencia de $s_n(x)$ a f.

Teorema 2.9.2 *Si f es una función continua en un intervalo cerrado y acotado entonces la serie de Fourier (2.27) converge en L_α^2 a f.*

Demostración: Como f es continua en un intervalo I cerrado y acotado (compacto) entonces, el teorema de Weierstrass nos asegura que f se puede aproximar en dicho intervalo tanto como se quiera mediante un polinomio Q_n, es decir que para todo $\epsilon > 0$ tan pequeño como se quiera existe un $n \in \mathbb{N}$ tal que para todo $x \in I$ se tiene $|f(x) - Q_n(x)| < \epsilon$. En otras palabras, existe una sucesión $(Q_n)_n$ de polinomios que converge uniformemente a f. Pero entonces por el teorema 2.9.1 tenemos

$$||f(x) - s_n(x)||^2 \le ||f(x) - Q_n(x)||^2 = \int_{\mathbb{R}} |f(x) - Q_n(x)|^2 d\alpha(x) < \epsilon^2 d_0^2,$$

de donde deducimos que $\lim_{n\to\infty} ||f - s_n|| = 0$. ■

Existen condiciones más generales sobre las funciones f o las distribuciones $d\alpha(x)$ que aseguran la convergencia en norma L_α^2 (ver e.g. [194]).

Teorema 2.9.3 *Sea $\phi_f(x) = [f(x) - f(y)]/(x - y)$. Si $\phi_f(x) \in L_\alpha^2$ y la sucesión de polinomios ortonormales $p_n(x)$ es acotada para cierto $x \in [a, b]$ con $\text{sop}(d\alpha(x)) \in [a, b]$, entonces $s_n(x)$ converge puntualmente a $f(x)$ en $[a, b]$.*

Antes de demostrar el teorema enunciaremos y probaremos los siguientes lemas.

Lema 2.9.1 *Para las sumas parciales (2.28) se tiene que $s_n(x) = \int_{\mathbb{R}} f(t)\text{Ker}_n(x,t)d\alpha(t)$.*

Demostración:

$$s_n(x) = \sum_{k=0}^{n} a_k p_k(x) = \sum_{k=0}^{n} \left(\int_{\mathbb{R}} f(t)p_k(t)d\alpha(t)\right) p_k(x) = \int_a^b f(t)\text{Ker}_n(x,t)d\alpha(t).$$ ■

Si usamos ahora la propiedad reproductora (2.15) tenemos $\int_{\mathbb{R}} 1 \cdot \text{Ker}_n(x,t)d\alpha(t) = 1$ de donde obtenemos

$$e_n(f) \equiv f(x) - s_n(x) = \int_{\mathbb{R}} [f(x) - f(t)]\text{Ker}_n(x,t)d\alpha(t). \tag{2.30}$$

Ahora bien, usando la fórmula de Christoffel-Darboux (2.13) obtenemos

$$\begin{aligned} e_n(f) = \ & \alpha_n \int_{\mathbb{R}} [f(x) - f(t)] \frac{p_{n+1}(x)p_n(t) - p_n(x)p_{n+1}(t)}{x - t} \\ = \ & \alpha_n \left[a_n(\phi_f)p_{n+1}(x) - a_{n+1}(\phi_f)p_n(x)\right], \end{aligned} \tag{2.31}$$

donde $a_k(\phi_f(x))$ denota al $n-$ésimo coeficiente de Fourier de la función $\phi_f(x)$.

Lema 2.9.2 *Si* $\text{sop}(d\alpha(x)) \in [a,b]$ *acotado entonces el coeficiente* α_n *de la relación de recurrencia (2.5) correspondiente a la sucesión ortonormal de polinomios* $(p_n)_n$ *está acotado. Concretamente,* $0 \leq \alpha_n \leq c = \text{máx}\{|a|,|b|\}$.

Demostración: Usando (2.7) tenemos $\alpha_n = \int_{\mathbb{R}} x p_n(x) \cdot p_{n+1}(x) d\alpha(x)$. Luego la desigualdad de Cauchy-Bunyakovsky nos conduce a

$$\alpha_n^2 \leq \int_a^b x^2 p_n^2(x) d\alpha(x) \int_a^b p_{n+1}^2(x) d\alpha(x) \leq c^2 \int_a^b p_n^2(x) d\alpha(x) \int_a^b p_{n+1}^2(x) d\alpha(x) = c^2,$$

de donde, usando que $\alpha_n > 0$ se sigue el resultado. ■

Demostración del teorema 2.9.3: En primer lugar, como $\phi_f \in L^2_\alpha$ entonces $\lim\limits_{n\to\infty} a_n(\phi_f) = 0$. Además, por condición del teorema para todo n, $|p_n(x)| \leq M$ en $[a,b]$. Entonces, usando (2.31) tenemos

$$|f(x) - s_n(x)| = |\alpha_n [a_n(\phi_f) p_{n+1}(x) - a_{n+1}(\phi_f) p_n(x)]| \leq c(|a_n| + |a_{n+1}|)M,$$

por tanto, $\lim\limits_{n\to\infty} e_n(f) = 0$. ■

Para finalizar este apartado demostraremos el siguiente

Teorema 2.9.4 *Para que* $\phi_f(x) \in L^2_\alpha$ *es suficiente que* f *sea una función de la clase de Lipschiz con exponente 1, o sea, que para todos* x, $y \in [a,b]$ *exista un* $M > 0$ *tal que* $|f(x) - f(y)| \leq M|x-y|$.

Demostración: En efecto, $\displaystyle\int_{\mathbb{R}} \left|\frac{f(x)-f(t)}{x-t}\right|^2 d\alpha(x) \leq M^2 \int_a^b d\alpha(x) < +\infty$. ■

Para más información sobre este tema el lector puede consultar [189, §8, pág. 55] o la monografía [194].

2.10. Apéndice: La función Gamma de Euler

Una de las funciones que con más frecuencia encontraremos es la función Gamma de Euler o Γ, definida, en general, mediante la integral de Euler [3, 239]

$$\Gamma(z) = \int_0^\infty e^{-t} t^{z-1} dt, \quad \Re(z) > 0.$$

Esta función fue definida por Euler en 1729 como límite de un producto de donde se puede deducir la integral anterior (considerada también por Euler en 1772) aunque su nombre y notación se deben a Legendre quien la estudió en detalle en 1814. En particular, Euler probó que

$$\Gamma(z) = \frac{1}{z} \prod_{n=1}^{\infty} \left[\left(1 + \frac{1}{n}\right)^z \left(1 + \frac{z}{n}\right)^{-1} \right] = \lim_{n\to\infty} \frac{1 \cdot 2 \cdots (n-1)}{z(z+1)\cdots(z+n-1)} z^n. \tag{2.32}$$

Dicha función satisface las ecuaciones funcionales

$$\Gamma(z+1) = z\Gamma(z), \quad \Gamma(1-z)\Gamma(z) = \frac{\pi}{\operatorname{sen} \pi z},$$

y además, cumple la propiedad

$$\Gamma(z)\Gamma(z+\tfrac{1}{2}) = \sqrt{\pi}\, 2^{1-2z}\Gamma(2z).$$

Utilizando las expresiones anteriores se concluye que $\Gamma(\frac{1}{2}) = \sqrt{\pi}$. Además,

$$\Gamma(n+1) = n! = n(n-1)\cdots(2)(1), \qquad \forall n \in \mathbb{N}.$$

La siguiente fórmula asintótica de la función Γ es de gran utilidad (ver [193, fórmula 8.16, pág. 88])

$$\Gamma(ax+b) \sim \sqrt{2\pi} e^{-ax}(ax)^{ax+b-\frac{1}{2}}, \quad x >> 1, \tag{2.33}$$

donde por $a(x) \sim b(x)$ entenderemos $\lim\limits_{x\to\infty} \dfrac{a(x)}{b(x)} = 1$. Otra *función* muy relacionada con la función Γ es el símbolo de Pochhammer $(a)_k$ definido por [3]

$$(a)_0 = 1, \;\; (a)_k = a(a+1)(a+2)\cdots(a+k-1), \;\; k = 1, 2, 3, \dots \;. \tag{2.34}$$

Es muy sencillo comprobar que

$$(a)_k = \frac{\Gamma(a+k)}{\Gamma(a)}.$$

Unas funciones muy relacionadas con los símbolos de Pochhammer son los polinomios de Stirling definidos por

$$(x)^{[k]} = x(x-1)\cdots(x-k+1) = (-1)^k(-x)_k. \tag{2.35}$$

Finalmente, definiremos los coeficientes binomiales

$$\binom{n}{k} = \frac{n!}{(n-k)!k!} = \frac{(-1)^k(-n)_k}{k!}. \tag{2.36}$$

El mismo Euler en su maravilloso *Introductio in Analysin Infinitorum* de 1748 intrudujo[2] lo que luego serían los "q-shifted factorials" factoriales q-desplazados

$$(a;q)_n = (1-a)(1-aq)(1-aq^2)\cdots(1-aq^{n-1}).$$

Cien años más tarde aparecería toda una rama del análisis dedicada a este nuevo mundo "q", las q-series básicas de Heine en 1846, aparecerían el q-análogo de la función gamma, Γ_q de Thomae en 1869[3]

$$\Gamma_q(s) = (1-q)^{1-s}\frac{(q;q)_\infty}{(q^s;q)_\infty}, \quad 0 < q < 1, \tag{2.37}$$

el q-cálculo de Jackson de 1910, etc. Para más detalles sobre el q-cálculo véase el libro *Quantum Calculus* de V. Kac y P. Cheung [132].

[2] También Euler introdujo el producto infinito $(q;q)_\infty = \prod_{k=1}^\infty (1-q^k)$ que constituye la función generatriz para el número $p(n)$ de las particiones de un entero positivo n en enteros positivos.

[3] Heine la había considerado pero sin el factor $(1-q)^{1-s}$ en 1847.

Capítulo 3

Los polinomios ortogonales clásicos

El arte de la Matemática consiste en encontrar ese caso especial que contiene todos los gérmenes de la generalidad.

D. Hilbert

En *"Mathematical Maxima and Minima"* de *N. Rose*

3.1. La ecuación diferencial hipergeométrica

En esta sección vamos a estudiar los polinomios ortogonales clásicos definidos sobre el eje real. Como hemos mencionado en el apartado **1.5**, existen varias caracterizaciones de los polinomios ortogonales clásicos. Al final de este capítulo demostraremos algunas de ellas no obstante comenzaremos por estudiar estos polinomios partiendo de la caracterización de Bochner [56], o sea, vamos a definir los polinomios ortogonales clásicos como las soluciones polinómicas de la siguiente ecuación diferencial de segundo orden

$$\sigma(x)y'' + \tau(x)y' + \lambda y = 0, \tag{3.1}$$

donde σ y τ son polinomios de grados a lo sumo 2 y 1, respectivamente. La razón de emplear esta caracterización se debe a que el método utilizado en este apartado se basa en el estudio de las soluciones polinómicas de (3.1) y será fácilmente generalizable al caso de los polinomios en redes no uniformes. Este algoritmo *clásico* está descrito con detalle en [185, 189].

La ecuación (3.1) usualmente se denomina *ecuación diferencial hipergeométrica* y a las soluciones polinómicas de la misma *polinomios hipergeométricos*. La razón fundamental de esta denominación está en la denominada *propiedad de hipergeometricidad* que consiste en que las soluciones y de la ecuación (3.1) son tales que sus m-ésimas derivadas $y^{(m)} \equiv y_m$ satisfacen una ecuación del mismo tipo. En efecto, si derivamos (3.1) m veces obtenemos que y_m satisface una ecuación de la forma[1]

$$
(3.2)\qquad \begin{gathered}
\sigma(x)y_m'' + \tau_m(x)y_m' + \mu_m y_m = 0, \\
\tau_m(x) = \tau(x) + m\sigma'(x), \quad \mu_m = \lambda + \sum_{i=0}^{m-1} \tau_i'(x) = \lambda + m\tau'(x) + m(m-1)\frac{\sigma''(x)}{2}.
\end{gathered}
$$

Además, es evidente que grado $\tau_m \leq 1$ y que μ_m es una constante.

Para probar lo anterior vamos a usar la inducción. Derivando una vez la ecuación (3.1) tenemos

$$\sigma y_1'' + [\tau(x) + \sigma'(x)]y_1' + (\lambda + \tau')y_1 = 0.$$

Llamando $\tau_1(x) = \tau(x) + \sigma'(x)$ y $\mu_1 = \lambda + \tau'$, obtenemos

$$\sigma y_1'' + \tau_1(x)y_1' + \mu_1 y_1 = 0,$$

donde obviamente σ y τ_1 son polinomios de grados a lo sumo 2 y 1, respectivamente. Suponiendo que las $m-1$ derivadas satisfacen entonces la ecuación

$$(3.3)\qquad \sigma(x)y_{m-1}'' + \tau_{m-1}(x)y_{m-1}' + \mu_{m-1}y_{m-1} = 0,$$

y derivando obtenemos

$$
(3.4)\qquad \begin{gathered}
\sigma(x)y_m'' + \tau_m(x)y_m' + \mu_m y_m = 0, \\
\tau_m(x) = \tau_{m-1}(x) + \sigma'(x), \quad \mu_m = \mu_{m-1} + \tau_{m-1}'.
\end{gathered}
$$

Luego

$$\tau_m(x) = \tau_{m-1}(x) + \sigma'(x) = \tau_{m-2}(x) + 2\sigma'(x) = \cdots = \tau_0(x) + m\sigma'(x), \quad \tau_0(x) = \tau(x).$$

Ahora bien, como

$$\mu_m - \mu_{m-1} = \tau_{m-1}' \implies \sum_{k=1}^{m}(\mu_k - \mu_{k-1}) = \sum_{k=1}^{m} \tau_{k-1}' \implies \mu_m - \mu_0 = \sum_{k=1}^{m} \tau_{k-1}'.$$

Usando ahora que $\mu_0 = \lambda$ y $\tau_{k-1}' = \tau' + (k-1)\sigma''$, obtenemos el resultado deseado. Nótese que $\tau_n' = \tau' + n\sigma''$.

Una propiedad muy importante de la ecuación hipergeométrica es que toda solución de (3.2) es necesariamente de la forma $y_m = y^{(m)}$ siendo y solución de (3.1). Para demostrarlo usaremos nuevamente la inducción. Supongamos que y_k es solución de

$$\sigma(x)y_k'' + [\tau(x) + k\sigma'(x)]y_k' + \left(\lambda + \sum_{i=0}^{k-1}\tau_i'\right)y_k = 0$$

[1]En este capítulo vamos a usar la notación original de Nikiforov y Uvarov. En particular usaremos μ_m para denotar los autovalores de la ecuación diferencial (3.2) y no los momentos (2.4).

y supongamos que y_k no se puede expresar como y'_{k-1}, siendo y_{k-1} solución de la ecuación

$$\sigma(x)y''_{k-1} + [\tau(x) + (k-1)\sigma'(x)]y'_{k-1} + \left(\lambda + \sum_{i=0}^{k-2} \tau'_i\right) y_{k-1} = 0.$$

Como $\mu_{k-1} \neq 0$, tendremos que la ecuación anterior se transforma en

$$y_{k-1} = -\frac{1}{\mu_{k-1}}[\sigma y''_{k-1} + \tau_{k-1}y'_{k-1}].$$

Derivando la ecuación anterior una vez tendremos que

$$\sigma(x)(y'_{k-1})'' + [\tau(x) + k\sigma'(x)](y'_{k-1})' + \mu_k(y'_{k-1}) = 0.$$

Luego $y'_{k-1} = y_k$ lo cual es una contradicción. El caso $m = 1$ se obtiene directamente si ponemos $k = 1$ y por tanto[2] $k - 1 = 0$.

La propiedad de hipergeometricidad nos permite encontrar una fórmula explícita para los polinomios que satisfacen la ecuación (3.1).

3.1.1. La ecuación en forma autoadjunta y sus consecuencias

Comenzaremos escribiendo (3.1) y (3.2) en su forma *simétrica o autoconjugada*

$$[\sigma(x)\rho(x)y']' + \lambda\rho(x)y = 0, \qquad [\sigma(x)\rho_m(x)y'_m]' + \mu_m\rho_m(x)y_m = 0, \tag{3.5}$$

donde ρ y ρ_m son funciones de simetrización que satisfacen las ecuaciones diferenciales de primer orden (conocidas como ecuaciones de Pearson)

$$[\sigma(x)\rho(x)]' = \tau(x)\rho(x), \quad [\sigma(x)\rho_m(x)]' = \tau_m(x)\rho_m(x). \tag{3.6}$$

Si ρ es conocida entonces, utilizando las ecuaciones anteriores, obtenemos para ρ_m la expresión

$$\rho_m(x) = \sigma^m(x)\rho(x). \tag{3.7}$$

Teorema 3.1.1 *Las soluciones polinómicas de la ecuación (3.2) se expresan mediante la fórmula de Rodrigues*

$$P_n^{(m)}(x) = \frac{A_{nm}B_n}{\rho_m(x)} \frac{d^{n-m}}{dx^{n-m}}[\rho_n(x)], \tag{3.8}$$

donde $B_n = P_n^{(n)}/A_{nn}$ *y*[3]

$$A_{nm} = A_m(\lambda)\Big|_{\lambda=\lambda_n} = \frac{n!}{(n-m)!}\prod_{k=0}^{m-1}[\tau' + \tfrac{1}{2}(n+k-1)\sigma'']. \tag{3.9}$$

Además, el autovalor μ_m *de (3.2) es*

$$\mu_m = \mu_m(\lambda_n) = -(n-m)[\tau' + \tfrac{1}{2}(n+m-1)\sigma'']. \tag{3.10}$$

[2]Esta propiedad fue observada por Nikiforov y Uvarov, ver e.g. [189, Capítulo I, §2].

[3]Usando la expresión (3.11) podemos obtener una expresión alternativa $A_{nm} = (-n)_m \prod_{k=0}^{m-1} \frac{\lambda_{n+k}}{(n+k)}$.

Demostración: Para demostrar el teorema vamos a escribir la ecuación autoconjugada para las derivadas de la siguiente forma

$$\rho_m(x)y_m = -\frac{1}{\mu_m}[\rho_{m+1}(x)y_{m+1}]',$$

luego

$$\rho_m(x)y_m = \frac{A_m}{A_n}\frac{d^{n-m}}{dx^{n-m}}\left[\rho_n(x)y_n\right], \quad A_m = (-1)^m\prod_{k=0}^{m-1}\mu_k, \quad A_0 = 1.$$

Como estamos buscando soluciones polinómicas, $y \equiv P_n$, tenemos que $P_n^{(n)}$ es una constante; por tanto, para las derivadas de orden m, $P_n^{(m)}$, obtenemos la expresión

$$P_n^{(m)}(x) = \frac{A_{nm}B_n}{\rho_m(x)}\frac{d^{n-m}}{dx^{n-m}}[\rho_n(x)],$$

donde $A_{nm} = A_m(\lambda)\Big|_{\lambda=\lambda_n}$ y $B_n = P_n^{(n)}/A_{nn}$. Como $P_n^{(n)}$ es una constante, de (3.2) obtenemos que $\mu_n = 0$, luego, usando la expresión (3.2) $\mu_n = \lambda_n + n\tau'(x) + n(n-1)\sigma''(x)/2 = 0$ deducimos que el valor de λ_n en (3.1) se expresa mediante la fórmula[4]

$$\lambda \equiv \lambda_n = -n\tau' - \frac{n(n-1)}{2}\sigma''. \tag{3.11}$$

Sustituyendo (3.11) en (3.2) obtenemos el valor de $\mu_{nm} = \mu_m(\lambda_n)$

$$\mu_{nm} = \mu_m(\lambda_n) = -(n-m)[\tau' + \tfrac{1}{2}(n+m-1)\sigma''], \tag{3.12}$$

de donde, usando que $A_{nm} = A_m(\lambda_n) = (-1)^m\prod_{k=0}^{m-1}\mu_{nk}$, deducimos el valor de la constante A_{nm}. ■

Nota 3.1.1 *Es importante destacar que en la prueba hemos asumido que* $\mu_{nk} \neq 0$ *para* $k = 0, 1, \ldots, n-1$. *De la expresión explícita (3.12) deducimos que para que ello ocurra es suficiente que* $\tau' + n\sigma''/2 \neq 0$ *para todo* $n = 0, 1, 2, \ldots$. *Nótese que esta condición es equivalente a* $\lambda_n \neq 0$ *para todo* $n \in \mathbb{N}$. *Además, de ella se deduce que* $\tau_n' \neq 0$ *para todo* $n \in \mathbb{N}$. *Esta condición se conoce como condición de regularidad del funcional de momentos asociado a los polinomios clásicos [171].*

Cuando $m = 0$ la fórmula (3.8) se convierte en la conocida fórmula de Rodrigues para los polinomios clásicos (ver caracterización de las SPOC)

$$P_n(x) = \frac{B_n}{\rho(x)}\frac{d^n}{dx^n}[\sigma^n(x)\rho(x)], \quad n = 0, 1, 2, \ldots \tag{3.13}$$

La fórmula (3.11) determina los autovalores λ_n de (3.1) y es conocida como condición de *hipergeometricidad* [185].

[4]Esta misma expresión se puede obtener también sustituyendo en (3.1) el polinomio de grado n e igualando los coeficientes de x^n.

Hasta ahora sólo nos ha interesado encontrar soluciones polinómicas de la ecuación diferencial (3.1). Si también queremos que dichas soluciones sean ortogonales tenemos que exigir algunas condiciones complementarias. Veamos cómo a partir de las ecuaciones diferenciales simetrizadas (3.5) podemos demostrar la ortogonalidad de las soluciones polinómicas respecto a la función peso ρ.

Teorema 3.1.2 *Supongamos que*

$$x^k\sigma(x)\rho(x)\Big|_a^b = 0, \qquad \textit{para todo } k \geq 0. \tag{3.14}$$

Entonces las soluciones polinómicas P_n de la ecuación (3.1) constituyen una SPO respecto a la función peso ρ definida por la ecuación $[\sigma(x)\rho(x)]' = \tau(x)\rho(x)$, o sea, se cumple que

$$\int_a^b P_n(x)P_m(x)\rho(x)dx = \delta_{n,m}d_n^2, \tag{3.15}$$

donde $\delta_{n,m}$ es el símbolo de Kronecker y d_n denota la norma de los polinomios P_n.

Demostración: Sean P_n y P_m dos de las soluciones polinómicas de (3.1). Partiremos de las ecuaciones simetrizadas para P_n y P_m,

$$[\sigma(x)\rho(x)P_n'(x)]' + \lambda_n\rho(x)P_n(x) = 0, \qquad [\sigma(x)\rho(x)P_m'(x)]' + \lambda_m\rho(x)P_m(x) = 0.$$

Multiplicando la primera por P_m y la segunda por P_n, restando ambas e integrando en $[a,b]$ obtenemos

$$\begin{aligned}(\lambda_n - \lambda_m)\int_a^b P_n(x)P_m(x)\rho(x)dx &= \\ &= \int_a^b \Big([\sigma(x)\rho(x)P_m'(x)]'P_n(x) - [\sigma(x)\rho(x)P_n'(x)]'P_m(x)\Big)dx \\ &= \sigma(x)\rho(x)[P_n(x)P_m'(x) - P_n'(x)P_m'(x)]\Big|_a^b = \sigma(x)\rho(x)W[P_n(x),P_m(x)]\Big|_a^b .\end{aligned}$$

Pero el Wronskiano $W(P_n, P_m)$ es un polinomio en x; por tanto, si exigimos que $x^k\sigma(x)\rho(x)$ se anule en $x = a$ y $x = b$ (para todo $k \geq 0$) obtendremos ($\lambda_n \neq \lambda_m$) que los polinomios P_n y P_m son ortogonales respecto a la función peso ρ. Usualmente los valores de a y b se escogen de forma que ρ sea positiva en el intervalo $[a,b]$. Una elección puede ser tomar a y b como las raíces de $\sigma(x) = 0$, si éstas existen [189]. ■

De forma análoga, utilizando la ecuación (3.5) para las derivadas $y_k \equiv P_n^{(k)}$, se puede demostrar que las $k-$ésimas derivadas de los polinomios hipergeométricos también son ortogonales, es decir, que

$$\int_a^b P_n^{(k)}(x)P_m^{(k)}(x)\rho_k(x)dx = \delta_{n,m}d_{kn}^2. \tag{3.16}$$

Finalmente, para calcular la norma d_n de los polinomios podemos utilizar la fórmula de Rodrigues. En efecto, sustituyéndo (3.13) en (3.15) tenemos

$$d_n^2 = B_n \int_a^b P_n(x) \frac{d^n}{dx^n}[\sigma^n(x)\rho(x)]dx,$$

de donde integrando por partes y usando que $P_n^{(n)} = n!a_n$ concluimos que

(3.17) $$d_n^2 = B_n(-1)^n n! a_n \int_a^b \sigma^n(x)\rho(x)dx.$$

3.2. La relación de recurrencia a tres términos

Una consecuencia de la propiedad de ortogonalidad es que los polinomios satisfacen una relación de recurrencia a tres términos

(3.18) $$xP_n(x) = \alpha_n P_{n+1}(x) + \beta_n P_n(x) + \gamma_n P_{n-1}(x),$$

donde α_n, β_n y γ_n vienen dadas por (2.8).

Antes de dar una expresión general para los coeficientes α_n y β_n necesitamos conocer los coeficientes principales a_n y b_n del polinomio P_n ($P_n(x) = a_n x^n + b_n x^{n-1} + \cdots$).

Para calcular a_n usamos que, por un lado $P_n^{(n)}(x) = n!a_n$ y por el otro, utilizando la fórmula de Rodrigues (3.8) $P_n^{(n)}(x) = B_n A_{nn}$, por tanto,

(3.19) $$a_n = \frac{B_n A_{nn}}{n!} = B_n \prod_{k=0}^{n-1} [\tau' + \tfrac{1}{2}(n+k-1)\sigma''].$$

Para calcular b_n utilizaremos la fórmula de Rodrigues para la $n-1$-ésima derivada de P_n: $P_n^{(n-1)}(x) = A_{nn-1} B_n \tau_{n-1}(x)$, de donde obtenemos la igualdad

$$P_n^{(n-1)}(x) = n!a_n x + (n-1)!b_n = A_{nn-1} B_n \tau_{n-1}(x).$$

Luego,

(3.20) $$b_n = \frac{n\tau_{n-1}(0)}{\tau'_{n-1}} a_n.$$

Obsérvese que, al ser $\tau'_n \neq 0$ (ver la nota 3.1.1), b_n está definido para cualquier n.

Usando las expresiones (2.8) así como (3.20) deducimos

$$\alpha_n = \frac{a_n}{a_{n+1}} = \frac{B_n}{B_{n+1}} \frac{\tau' + (n-1)\frac{\sigma''}{2}}{(\tau' + (2n-1)\frac{\sigma''}{2})(\tau' + (2n)\frac{\sigma''}{2})},$$

$$\beta_n = \frac{n\tau_{n-1}(0)}{\tau'_{n-1}} - \frac{(n+1)\tau_n(0)}{\tau'_n}.$$

Es importante destacar que

$$\tau_n(\beta_n) = n\frac{\tau(0)\sigma'' - \tau'\sigma'(0)}{\tau'_{n-1}}. \tag{3.21}$$

Vamos a dar una expresión alternativa para γ_n sin usar la norma de los polinomios[5]. Para ello igualamos los coeficientes de x^{n-2} en la ecuación diferencial (3.1). Ello nos conduce a la expresión

$$\begin{aligned} c_n = & -\frac{(n-1)[\tau(0)+(n-2)\sigma'(0)]b_n + n(n-1)\sigma(0)a_n}{(n-2)[\tau' + (n-3)\frac{\sigma''}{2}] + \lambda_n} \\ = & -\frac{n(n-1)[\tau_{n-2}(0)\tau_{n-1}(0) + \sigma(0)\tau'_{n-1}]}{\tau'_{n-1}(\lambda_n - \lambda_{n-2})} a_n. \end{aligned} \tag{3.22}$$

Luego nos resta sustituir la expresión anterior en la fórmula[6] (2.7)

$$\gamma_n = \frac{c_n - \alpha_n c_{n+1}}{a_{n-1}} - \frac{b_n}{a_{n-1}}\beta_n.$$

Para concluir notemos que si definimos el operador lineal $\mathcal{L}$

$$\mathcal{L} : L_\alpha(a,b) \mapsto \mathbb{C}, \quad \mathcal{L}[f] = \int_a^b f(x)\rho(x)dx \ , \quad \rho(x) > 0, \quad \forall x \in (a,b), \tag{3.23}$$

éste es definido positivo en $[a,b]$ y los polinomios P_n son ortogonales respecto a $\mathcal{L}$. Por lo tanto, para dichos polinomios son válidos los resultados expuestos en el teorema 2.6.1.

3.3. Consecuencias de la fórmula de Rodrigues

La primera consecuencia inmediata de la fórmula de Rodrigues es que $\tau(x)$ debe ser necesariamente un polinomio de grado exactamente uno. En efecto, si calculamos el polinomio de grado 1 utilizando la fórmula de Rodrigues (3.13) obtenemos

$$P_1(x) = \frac{B_1}{\rho(x)}[\sigma(x)\rho(x)]' = B_1\tau(x),$$

y por tanto τ es un polinomio de grado exactamente uno.

Si escribimos la fórmula de Rodrigues (3.8) para las derivadas[7] $P_{n+m}^{(m)}$ con $n=1$ tenemos

$$P_{1+m}^{(m)}(x) = \frac{A_{m+1\,m}}{\rho_m(x)}[\rho_{m+1}(x)]' = \frac{A_{m+1\,m}}{\rho_m(x)}[\sigma(x)\rho_m(x)]' = A_{m+1\,m}\tau_m(x),$$

es decir, τ_m es de grado exactamente uno (pues los polinomios $P_{n+m}^{(m)}$ son ortogonales). Por tanto $\tau'_m \neq 0$ para todos $m \in \mathbb{N}$ lo cual es la condición de regularidad (existencia de la SPO) mencionada en la nota 3.1.1.

[5]En muchos casos, especialmente para los q-polinomios el cálculo de la norma es algo engorroso.

[6]Recordar que $P_n(x) = a_n x^n + b_n x^{n-1} + c_n x^{n-2} + \cdots$.

[7]Hemos usado $P_{n+m}^{(m)}$ en vez de $P_n^{(m)}$ pues estos son polinomios de grado exactamente n en x mientras que los últimos no. Obviamente ellos también son solución de la ecuación (3.2) y satisfacen la fórmula de Rodrigues (3.8) cambiando n por $n+m$.

Tomemos ahora $m = 1$ en la fórmula (3.8). Realizando unos cálculos directos deducimos que

$$P_n'(x) = \frac{A_{n1}B_n}{\rho_1(x)}\frac{d^{n-1}}{dx^{n-1}}[\rho_n(x)] = \frac{-\lambda_n B_n}{\rho_1(x)}\frac{d^{n-1}}{dx^{n-1}}[\rho_{1_{n-1}}(x)].$$

Luego

$$P_n'(x) = \frac{-\lambda_n B_n}{\bar{B}_{n-1}}\bar{P}_{n-1}(x), \tag{3.24}$$

donde $\bar{P}_{n-1}$ denota al polinomio ortogonal respecto a la función peso $\rho_1(x) = \sigma(x)\rho(x)$.

3.3.1. Las fórmulas de estructura

Si escribimos la fórmula de Rodrigues (3.8) para el polinomio de grado $n+1$, utilizando la ecuación de Pearson $[\sigma(x)\rho_n(x)]' = \tau_n(x)\rho_n(x)$ vemos que

$$\begin{aligned} P_{n+1}(x) = & \frac{B_{n+1}}{\rho(x)}\frac{d^{n+1}}{dx^{n+1}}[\sigma^{n+1}(x)\rho(x)] = \frac{B_{n+1}}{\rho(x)}\frac{d^n}{dx^n}[\tau_n(x)\rho_n(x)] \\ = & \frac{B_{n+1}}{\rho(x)}\left[\tau_n(x)\frac{d^n\rho_n(x)}{dx^n} + n\tau_n'\frac{d^{n-1}\rho_n(x)}{dx^{n-1}}\right]. \end{aligned}$$

Utilizando ahora que $P_n'(x) = \dfrac{-\lambda_n B_n}{\sigma(x)\rho(x)}\dfrac{d^{n-1}\rho_n(x)}{dx^{n-1}}$, obtenemos la fórmula de diferenciación

$$\sigma(x)P_n'(x) = \frac{\lambda_n}{n\tau_n'}\left[\tau_n(x)P_n(x) - \frac{B_n}{B_{n+1}}P_{n+1}(x)\right]. \tag{3.25}$$

La fórmula anterior es fácil de transformar en la siguiente fórmula equivalente

$$\sigma(x)P_n'(x) = \frac{\lambda_n}{n\tau_n'}\left[\left(\tau_n(x) + \frac{B_n}{B_{n+1}}(x-\beta_n)\right)P_n(x) - \frac{B_n}{B_{n+1}}\gamma_n P_{n-1}(x)\right], \tag{3.26}$$

para ello basta usar la relación de recurrencia (2.5) para despejar P_{n+1}.

Si ahora en la fórmula (3.25) desarrollamos τ_n y utilizamos la relación de recurrencia (2.5) para descomponer los sumandos de la forma xP_n obtenemos el siguiente teorema

Teorema 3.3.1 *Los polinomios ortogonales $P_n(x)$, soluciones de la ecuación (3.1), satisfacen la siguiente relación de estructura*

$$\sigma(x)P_n'(x) = \widetilde{\alpha}_n P_{n+1}(x) + \widetilde{\beta}_n P_n(x) + \widetilde{\gamma}_n P_{n-1}(x), \quad n \geq 0, \tag{3.27}$$

donde

$$\widetilde{\alpha}_n = \frac{\lambda_n}{n\tau_n'}\left[\alpha_n\tau_n' - \frac{B_n}{B_{n+1}}\right], \quad \widetilde{\beta}_n = \frac{\lambda_n}{n\tau_n'}\left[\beta_n\tau_n' + \tau_n(0)\right], \quad \widetilde{\gamma}_n = \frac{\lambda_n\gamma_n}{n} \neq 0. \tag{3.28}$$

Las expresiones (3.28) anteriores para los coeficientes de la relación de estructura pueden reescribirse usando las fórmulas explícitas para los coeficientes de la relación de recurrencia de la siguiente forma

$$\widetilde{\alpha}_n = n\frac{\sigma''}{2}\alpha_n, \qquad \widetilde{\beta}_n = \frac{\lambda_n}{\tau_n'\tau_{n-1}'}[\tau(0)\sigma'' - \tau'\sigma'(0)] = \frac{\lambda_n}{n\tau_n'}\tau_n(\beta_n), \quad \widetilde{\gamma}_n = \frac{\lambda_n\gamma_n}{n}. \tag{3.29}$$

Pasemos a continuación a probar otra fórmula de estructura.

Teorema 3.3.2 *Sea* $Q_n(x) \equiv P_{n+1}'(x)/(n+1)$. *Entonces los polinomios ortogonales mónicos* P_n, *soluciones de la ecuación (3.1), satisfacen la siguiente relación de estructura*

$$P_n(x) = Q_n + \delta_n Q_{n-1} + \epsilon_n Q_{n-2}. \tag{3.30}$$

Demostración: Como $(P_n)_n$ es una familia ortogonal tenemos

$$P_n(x) = \sum_{m=0}^{n} c_{nm}Q_m(x) = \sum_{m=0}^{n} \frac{c_{nm}}{m+1}P_{m+1}'(x),$$

donde

$$c_{nm} = \frac{1}{(m+1)(d_m')^2}\int_a^b P_n(x)P_{m+1}'(x)\underbrace{\sigma(x)\rho(x)}_{\rho_1(x)}\,dx = 0, \quad \forall m \leq n-3,$$

pues grado $\sigma \leq 2$. Aquí d_m' denota la norma del polinomio Q_m. ∎

Para encontrar los valores de δ_n y ϵ_n calculamos las integrales

$$\delta_n = \frac{\displaystyle\int_a^b P_n(x)Q_{n-1}(x)\sigma(x)\rho(x)dx}{\displaystyle\int_a^b Q_{n-1}^2(x)\sigma(x)\rho(x)dx}, \qquad \epsilon_n = \frac{\displaystyle\int_a^b P_n(x)Q_{n-2}(x)\sigma(x)\rho(x)dx}{\displaystyle\int_a^b Q_{n-2}^2(x)\sigma(x)\rho(x)dx}.$$

Comencemos por el denominador de la primera

$$\int_a^b Q_{n-1}^2(x)\sigma(x)\rho(x)dx = \frac{1}{n^2}\int_a^b P_n'[\sigma(x)P_n'(x)]\rho(x)dx = \frac{\widetilde{\gamma}_n}{n^2}\int_a^b P_n'P_{n-1}(x)\rho(x)dx = \frac{\widetilde{\gamma}_n d_{n-1}^2}{n},$$

donde hemos usado la fórmula de estructura (3.27) y que los polinomios son mónicos. Análogamente, para el numerador obtenemos

$$\int_a^b P_n(x)[Q_{n-1}(x)\sigma(x)]\rho(x)dx = \frac{\widetilde{\beta}_n d_n^2}{n}.$$

Finalmente, para la integral $\int_a^b P_n(x)Q_{n-2}(x)\sigma(x)\rho(x)dx$ obtenemos $\widetilde{\alpha}_{n-1}d_n^2/(n+1)$. Combinando todas estas expresiones junto a las expresiones (3.28) tenemos

$$\delta_n = \frac{n\widetilde{\beta}_n}{\lambda_n}, \qquad \epsilon_n = \frac{(n-1)\widetilde{\alpha}_{n-1}\gamma_n}{\lambda_{n-1}}. \tag{3.31}$$

3.4. Representación integral

Supongamos que $\rho_n(z) = \rho(z)\sigma^n(z)$ es una función analítica en el interior y la frontera del recinto limitado por cierta curva cerrada C del plano complejo que rodea al punto $z = x$. Entonces, utilizando la fórmula integral de Cauchy [82] obtenemos

$$\rho_n(x) = \frac{1}{2\pi i} \int_C \frac{\rho_n(z)}{z - x} dz, \tag{3.32}$$

de donde se deduce la representación integral

$$P_n(x) = \frac{B_n}{2\pi i\, \rho(x)} \frac{d^n}{d\, x^n} \int_C \frac{\rho_n(z)}{z - x} dz = \frac{n! B_n}{2\pi i\, \rho(x)} \int_C \frac{\rho_n(z)}{(z - x)^{n+1}} dz. \tag{3.33}$$

Utilizando la representación anterior, Nikiforov y Uvarov desarrollaron un método unificado para tratar los polinomios clásicos y diversas funciones especiales. Más detalles se pueden encontrar en [189].

3.4.1. Las funciones generatrices

Como aplicación de la fórmula integral encontremos las funciones generatrices de los polinomios clásicos. El objetivo es, dada una sucesión númerica $(A_n)_n$ y una sucesión de polinomios $(P_n)_n$ encontrar una función $\Phi(x, t)$ tal que,

$$\Phi(x, t) = \sum_{n=0}^{\infty} A_n P_n(x) t^n. \tag{3.34}$$

Obviamente la serie anterior puede no converger prefijado un valor cualquiera del parámetro t, por ello asumiremos que t es lo suficientemente pequeño para que la serie converja en una región de las x lo suficientemente amplia.

Usando (3.33) tenemos

$$\Phi(x, t) = \frac{1}{2\pi i\, \rho(x)} \int_C \frac{\rho(z)}{z - x} \sum_{n=0}^{\infty} (B_n n! A_n) \left[\frac{t\sigma(z)}{z - x}\right]^n dz.$$

Escojamos B_n de forma que $B_n n! A_n = 1$ para todo n. En esas condiciones, usando que para $|t\sigma(z)| < |z - x|$ podemos sumar la serie

$$\sum_{n=0}^{\infty} \left[\frac{t\sigma(z)}{z - x}\right]^n = \frac{1}{1 - \dfrac{t\sigma(z)}{z - x}},$$

de donde deducimos que

$$\Phi(x, t) = \frac{1}{2\pi i\, \rho(x)} \int_C \frac{\rho(z)}{z - x - t\sigma(z)} dz.$$

Ahora bien, σ es un polinomio de grado a lo sumo 2, luego el integrando tiene, en general, dos ceros. Para $t \to 0$ un cero es obviamente $z = x$, luego el otro deberá tender a infinito así que escogiendo t suficientemente pequeño y el contorno lo suficiente cercano a x tendremos usando el teorema de los residuos

$$\Phi(x,t) = \frac{1}{\rho(x)} \frac{\rho(\xi)}{1 - \sigma'(\xi)t}, \tag{3.35}$$

donde ξ es el único cero cercano a z de la ecuación $z - x - \sigma(z)t$.

3.5. Los momentos de los polinomios clásicos

En este apartado vamos a considerar brevemente una forma de obtener una relación para los momentos fácilmente generalizable al caso de los polinomios en redes no uniformes. Seguiremos la idea original de [50].

Teorema 3.5.1 *Sea* $\mu \in \mathbb{C}$. *Se definen los* momentos generalizados *como*

$$C_{\nu,\mu}(z) = \int_a^b (s - z)^\mu \rho_\nu(s) ds. \tag{3.36}$$

Si se cumple la condición de frontera

$$\sigma(s)\rho_\nu(s)(s - z)^\mu \Big|_a^b = 0, \tag{3.37}$$

entonces los momentos generalizados verifican la siguiente relación de recurrencia a tres términos

$$\mu\sigma(z) C_{\nu,\mu-1}(z) + [\tau_\nu(z) + \mu\sigma'(z)] C_{\nu,\mu}(z) + \left(\tau'_\nu + \frac{1}{2}\mu\sigma'' \right) C_{\nu,\mu+1}(z) = 0. \tag{3.38}$$

Demostración: Partimos de la ecuación de Pearson $[\sigma(x)\rho(x)]' = \tau(x)\rho(x)$ y de los desarrollos

$$\sigma(s) = \sigma(z) + \sigma'(z)(s - z) + \frac{1}{2}\sigma'' \cdot (s - z)^2, \quad \tau_\nu(s) = \tau_\nu(z) + \tau'_\nu \cdot (s - z), \qquad z \in \mathbb{C}.$$

Luego, como

$$\frac{d}{ds}[\sigma(s)\rho_\nu(s)(s - z)^\mu] = (\sigma(s)\rho_\nu(s))'(s - z)^\mu + \mu(s - z)^{\mu-1}\sigma(s)\rho_\nu(s) =$$

$$= \tau_\nu(s)\rho_\nu(s)(s - z)^\mu + \mu(s - z)^{\mu-1}\sigma(s)\rho_\nu(s) =$$

$$= [\tau_\nu(z) + \tau'_\nu \cdot (s - z)]\rho_\nu(s)(s - z)^\mu + \mu(s - z)^{\mu-1}\rho_\nu(s) \left[\sigma(z) + \sigma'(z)(s - z) + \frac{1}{2}\sigma'' \cdot (s - z)^2 \right],$$

tenemos

$$\begin{aligned} \frac{d}{ds}[\sigma(s)\rho_\nu(s)(s - z)^\mu] &= \mu\sigma(z)\rho_\nu(s)(s - z)^{\mu-1} + \\ &+ [\tau_\nu(z) + \mu\sigma'(z)]\rho_\nu(s)(s - z)^\mu + \left[\tau'_\nu + \frac{1}{2}\mu\sigma'' \right] \rho_\nu(s)(s - z)^{\mu+1}. \end{aligned} \tag{3.39}$$

Integrando (3.39) entre a y b y usando (3.36) y (3.37), obtenemos el resultado deseado. ■

En particular, para $\nu = 0$, $\mu = p \in \mathbb{N}$, $z = 0$ y $\sigma(0) = 0$, obtenemos, de (3.38), la siguiente relación de recurrencia a dos términos

$$[\tau(0) + p\sigma'(0)]C_p + \left(\tau' + \frac{1}{2}p\sigma''\right) C_{p+1} = 0. \tag{3.40}$$

para los momentos clásicos

$$C_p \equiv C_{0,p}(0) = \int_a^b s^p \rho(s) ds.$$

3.6. Los teoremas de caracterización

En este apartado vamos a profundizar en uno de los aspectos importantes de la teoría clásica de polinomios ortogonales: Los teoremas de caracterización. Comenzaremos dando la definición de polinomios ortogonales clásicos.

Definición 3.6.1 *Sea la sucesión de polinomios ortogonales $(P_n)_n$. Se dice que $(P_n)_n$ es una sucesión de polinomios ortogonales clásica si la sucesión de sus derivadas $(P'_n)_n$ es ortogonal.*

Esta definición se debe a Sonin que fue además el primero en probar en 1887 que las únicas familias que satisfacían dicha propiedad eran los polinomios de Jacobi, Laguerre y Hermite (y más adelante, ya en el siglo XX, los polinomios de Bessel) aunque redescubierta por Hahn en 1935. Nótese que la definición es aparentemente ambigua pues no se dice nada de la medida de ortogonalidad de los polinomios ni de sus derivadas, no obstante en ella está contenida toda la información necesaria para encontrar a dichas familias. En este apartado sólo consideraremos el caso cuando la medida es positiva y está soportada en el eje real, es decir excluiremos el caso Bessel. Además por sencillez vamos a dar una definición equivalente (como probaremos más adelante).

Definición 3.6.2 *Sea σ y τ dos polinomios de grado a lo sumo 2 y exactamente 1, respectivamente, con ceros reales y distintos y sea ρ una función tal que*

$$[\sigma(x)\rho(x)]' = \tau(x)\rho(x), \qquad \left| \int_a^b x^k \rho(x) dx \right| < +\infty, \tag{3.41}$$

donde (a, b) es cierto intervalo de la recta real donde $\rho > 0$. Diremos que una familia de polinomios ortogonales $(P_n)_n$ es clásica si es ortogonal respecto a la función ρ solución de la ecuación (3.41).

Nuestra nueva definición es ahora más concreta pues nos está diciendo cual es la medida de ortogonalidad. Ante todo notemos que hemos impuesto que $\tau(x) = Ax + B$ sea de grado uno $(A \neq 0)$, luego tenemos sólo tres grados de libertad:

1. $\sigma(x) = (x-a)(b-x)$, $x \in [a, b]$ que haciendo el cambio de variables $x = (b-a)/2t+(a+b)/2$ podemos escribir en el intervalo $[-1, 1]$, $\sigma(x) = 1 - t^2$.

2. $\sigma(x) = (x - a)$, $x \in [a, \infty)$ que haciendo el cambio lineal $t = -(x - a)/A$ podemos escribir en el intervalo $[0, \infty)$, $\sigma(x) = x$ y $\tau(x) = -x + B$.

3. $\sigma(x) = 1$, $x \in \mathbb{R}$.

Caso 1. En este caso tenemos

$$\log(\sigma\rho) = \int \frac{\tau(x)}{\sigma(x)}\,dx, \qquad \tau(x) = Ax + B, \quad \sigma(x) = 1 - x^2.$$

Ahora bien,

$$\int \frac{\tau(x)}{\sigma(x)}\,dx = \int \frac{Ax + B}{(1 - x)(1 + x)}dx = -\frac{A + B}{2}\log(1 - x) - \frac{A - B}{2}\log(1 + x) + C,$$

por tanto

$$\rho(x) = (1 - x)^{-(A+B)/2-1}(1 + x)^{-(A-B)/2-1}.$$

Sea $\alpha = -(A+B)/2-1$ y $\beta = -(A-B)/2-1$, luego $A = -(\alpha+\beta+2)$, $B = \beta-\alpha$, por tanto para nuestra primera familia tendremos

$$\begin{aligned} &\sigma(x) = 1 - x^2, \quad \tau(x) = -(\alpha + \beta + 2)x + (\beta - \alpha), \\ &\rho(x) = (1 - x)^{\alpha}(1 + x)^{\beta}, \quad \alpha, \beta > -1, \quad I = [-1, 1]. \end{aligned} \tag{3.42}$$

La restrición $\alpha, \beta > -1$ se debe a la imposición de que los momentos de la fución peso ρ son finitos, es decir, que para todo $k \geq 0$, $C_k = \int_{-1}^{1} x^k(1 - x)^{\alpha}(1 + x)^{\beta}dx < +\infty$. Nótese además que $\sigma(x)\rho(x) = 0$ para $x = a$ y $x = b$.

Caso 2. En este caso tenemos[8]

$$\int \frac{\tau(x)}{\sigma(x)}\,dx = \int \frac{-x+B}{x}dx = -x + B\log(x) + C \implies x\rho(x) = e^{-x}x^B \implies \rho(x) = e^{-x}x^{B-1}.$$

Sea $\alpha = B - 1$, luego

$$\sigma(x) = x, \quad \tau(x) = -x + \alpha + 1, \quad \rho(x) = x^{\alpha}e^{-x}, \quad \alpha > -1, \quad I = [0, \infty). \tag{3.43}$$

La restrición $\alpha > -1$ se debe a la imposición de que los momentos de la fución peso ρ son finitos, es decir que, para todo $k \geq 0$, $C_k = \int_0^{\infty} x^k x^{\alpha} e^{-x}dx < +\infty$. Nótese además que $\sigma(0)\rho(0) = 0$ y $\lim\limits_{x\to\infty} x^k\sigma(x)\rho(x) = 0$.

[8]Nótese que en el caso general $\tau(x) = Ax + B$ obtendríamos $\rho(x) = e^{Ax}x^{B-1}$, pero la restricción de que los momentos sean finitos implica necesariamente $A < 0$. Lo mismo ocurre en el caso 3 cuando $\sigma = 1$.

Caso 3. Este caso es el más sencillo y se puede reducir al caso $\sigma(x) = 1$, $\tau(x) = -2x$

$$\int \frac{\tau(x)}{\sigma(x)} dx = \int -2x dx = -x^2 + C \quad \Longrightarrow \quad \rho(x) = e^{-x^2}.$$

Luego

$$\sigma(x) = 1, \quad \tau(x) = -2x, \quad \rho(x) = e^{-x^2}, \quad I = \mathbb{R}. \tag{3.44}$$

Nótese además que $\sigma(0)\rho(0) = 0$ $\lim\limits_{x\to\pm\infty} x^k\sigma(x)\rho(x) = 0$.

Antes de pasar a considerar las distintas consecuencias de la definición anterior vamos a probar que incluso sin resolver la ecuación de Pearson (3.41) se tiene que su solución es tal que

$$\lim_{x\to a} x^k\sigma(x)\rho(x) = \lim_{x\to b} x^k\sigma(x)\rho(x) = 0. \tag{3.45}$$

Para el caso 1 es evidente al ser $\sigma(1) = \sigma(-1) = 0$. El segundo caso es evidente en $x = 0$ pero no para $x \to \infty$. En este caso hacemos

$$\int_0^t [x^k\sigma(x)\rho(x)]' dx = x^k\sigma(x)\rho(x)\Big|_0^t = \int_0^t [kx^{k-1}\sigma(x)\rho(x) + x^k\tau(x)\rho(x)]dx,$$

donde hemos derivado el integrando y usado la ecuación de Pearson. Como sabemos que $\sigma(0) = 0$ y que los momentos están acotados, tenemos que existe el límite de la última integral y por tanto el límite $\lim_{x\to b} x^k\sigma(x)\rho(x) = A_k$, $|A_k| < +\infty$. Ahora bien

$$A_{k+1} = \lim_{x\to b} x^{k+1}\sigma(x)\rho(x) = \lim_{x\to b} xA_k,$$

de donde deducimos que $A_k = 0$.

El caso 3, $\sigma(x) = 1$ se resuelve análogamente.

Los polinomios ortogonales definidos mediante (3.42), (3.43) y (3.44) se denominan polinomios de Jacobi, Laguerre y Hermite, respectivamente.

Proposición 3.6.1 *Si $(P_n)_n$ es una familia clásica según la definición 3.6.2 entonces la sucesión $(P_n')_n$ es una familia de polinomios ortogonales respecto a $\sigma(x)\rho(x)$.*

Demostración: Como la familia $(P_n)_n$ es ortogonal tenemos para todo $k < n$

$$\begin{aligned} 0 = \int_a^b P_n(x)x^{k-1}\tau(x)\rho(x)dx &= \int_a^b P_n(x)x^{k-1}[\sigma(x)\rho(x)]' dx \\ &= P_n(x)x^{k-1}\rho(x)\sigma(x)\Big|_a^b - \int_a^b [P_n(x)x^{k-1}]'\sigma(x)\rho(x)dx, \end{aligned}$$

donde hemos usado la ecuación (3.41), que grado $\tau = 1$, e integrado por partes. Si ahora usamos la condición (3.45) tenemos

$$0 = \int_a^b P_n'(x)x^{k-1}[\sigma(x)\rho(x)]dx + (k-1)\int_a^b P_n(x)[x^{k-2}\sigma(x)]\rho(x)dx, \quad k < n.$$

Usando nuevamente la ortogonalidad de $(P_n)_n$ tenemos que la última integral se anula y, por tanto, para todo $k < n$

$$\int_a^b P_n'(x)x^{k-1}[\sigma(x)\rho(x)]dx = 0,$$

luego $(P_n')_n$ es una sucesión de polinomios ortogonales respecto a $\rho_1(x) = \sigma(x)\rho(x)$. ■

Corolario 3.6.1 *Si $(P_n)_n$ es clásica entonces $(P_n')_n$ también es clásica.*

Demostración: En efecto, por la proposición anterior $(P_n')_n$ es ortogonal respecto a $\rho_1(x) = \sigma(x)\rho(x)$. Además

$$[\sigma(x)\rho_1(x)]' = \sigma'(x)\rho_1(x) + \sigma(x)[\sigma(x)\rho(x)]' = [\tau(x) + \sigma'(x)]\rho_1(x) = \tau_1(x)\rho_1(x),$$

con grado $\tau_1 = 1$. ■

Corolario 3.6.2 *Si $(P_n)_n$ es clásica entonces $(P_n^{(k)})_n$ también es clásica y además es ortogonal respecto a la función $\rho_k(x) = \sigma^k(x)\rho(x)$ que es solución de la ecuación de Pearson*

$$[\sigma(x)\rho_k(x)]' = \tau_k(x)\rho_k(x), \qquad \tau_k(x) = \tau(x) + k\sigma'(x).$$

La demostración de este resultado es inmediata del corolario anterior usando inducción.

Proposición 3.6.2 *Si $(P_n)_n$ es una familia clásica entonces $(P_n)_n$ es solución de la ecuación diferencial lineal de segundo orden*

$$\sigma(x)P_n''(x) + \tau(x)P_n'(x) + \lambda_n P_n(x) = 0, \qquad \lambda_n = -n\left(\tau' + (n-1)\frac{\sigma''}{2}\right). \tag{3.46}$$

Demostración: Como $(P_n)_n$ es clásica entonces sus derivadas son también clásicas y además para todo $k < n$ usando (3.45)

$$\begin{aligned} 0 = & \int_a^b P_n'(x)(x^k)'[\sigma(x)\rho(x)]dx = -\int_a^b x^m[P_n'(x)\sigma(x)\rho(x)]'dx \\ = & \int_a^b x^m[\sigma(x)P_n''(x) + \tau(x)P_n'(x)]\rho(x)dx. \end{aligned}$$

Luego del punto 3 del teorema 2.2.1 deducimos que $\sigma(x)P_n''(x) + \tau(x)P_n'(x) = -\lambda_n P_n$, es decir $\sigma(x)P_n''(x) + \tau(x)P_n'(x)$ es, salvo constante multiplicativa, el polinomio $P_n(x)$. Finalmente, para encontrar λ_n igualamos las potencias x^n en (3.46).

Corolario 3.6.3 *Si $(P_n)_n$ es una familia clásica entonces $(P_n^{(k)})_n$ es solución de la ecuación diferencial lineal de segundo orden*

$$\begin{aligned} &\sigma(x)[P_n^{(k)}(x)]'' + \tau_k(x)[P_n^{(k)}(x)]' + \mu_{nk}P_n^{(k)}(x) = 0, \\ &\mu_{nk} = \lambda_n + k\tau' + \tfrac{1}{2}k(k-1)\sigma'', \quad \tau_k(x) = \tau(x) + k\sigma'(x). \end{aligned} \tag{3.47}$$

La demostración nuevamente se basa en la inducción, el corolario 3.6.2 y la proposición 3.6.2. Una consecuencia inmediata de la ecuación diferencial (3.47) es la fórmula de Rodrigues (3.13)

$$P_n(x) = \frac{B_n}{\rho(x)} \frac{d^n}{dx^n}[\sigma^n(x)\rho(x)], \quad n = 0, 1, 2, \dots , \tag{3.48}$$

donde $\rho(x)$ es solución de la ecuación (3.41).

Además, de la fórmula de Rodrigues se deduce fácilmente la ecuación de Pearson (ver apartado **3.3**). Tal y como vimos allí,

$$P_1(x) = \frac{B_1}{\rho(x)}[\sigma(x)\rho(x)]' \quad \Longrightarrow [\sigma(x)\rho(x)]' = \rho(x) \underbrace{B_1 P_1(x)}_{\tau(x)},$$

y por tanto τ es un polinomio de grado exactamente uno. Luego, las soluciones de la ecuación diferencial (3.46) que se expresan mediante la forma (3.48) son ortogonales respecto a una función $\rho(x)$ es solución de la ecuación (3.41). Hemos probado la siguiente proposición

Proposición 3.6.3 *Si una familia de polinomios ortogonales $(P_n)_n$ se expresa mediante la fórmula de Rodrigues (3.48), entonces $(P_n)_n$ es clásica.*

El conjunto de todas las proposiciones y corolarios de este apartado se puede resumir en el siguiente Teorema de caracterización.

Teorema 3.6.1 *Los siguientes enunciados son equivalentes:*

1. *$(P_n)_n$ es una familia clásica según la definición 3.6.2*

2. *$(P_n)_n$ es ortogonal y la sucesión de sus derivadas $(P_n')_n$ también es ortogonal*

3. *$(P_n)_n$ es ortogonal y la sucesión de sus $k-$ésimas derivadas $(P_n^{(k)})_n$ también es ortogonal*

4. *$(P_n)_n$ es solución de la ecuación diferencial de tipo hipergeométrico*

$$\sigma(x)P_n''(x) + \tau(x)P_n'(x) + \lambda_n P_n(x) = 0$$

5. *$(P_n)_n$ se expresa mediante la fórmula de Rodrigues* $P_n(x) = \dfrac{B_n}{\rho(x)} \dfrac{d^n}{dx^n}[\sigma^n(x)\rho(x)]$.

3.7. Los polinomios de Hermite, Laguerre y Jacobi

3.7.1. Parámetros principales

Comenzaremos escribiendo los principales parámetros de las sucesiones de polinomios ortogonales mónicos clásicos (SPOMC). Para más detalles ver [72, 189]. Los polinomios ortogonales en la recta real, que son solución de una ecuación del tipo (3.1), se pueden clasificar en tres grandes familias en función del grado del polinomio σ (τ siempre es un polinomio de grado 1) [56, 189]. Cuando σ es un polinomio de grado cero los polinomios correspondientes se denominan *polinomios de Hermite* $H_n(x)$, cuando σ es de grado 1, *polinomios de Laguerre* $L_n^\alpha(x)$ y cuando σ es de grado 2 con dos raíces simples, *polinomios de Jacobi* $P_n^{\alpha,\beta}(x)$, respectivamente. En las tablas 3.1 y 3.2 están representados los principales parámetros de dichas familias, en las cuales $(a)_n$ denota al símbolo símbolo de Pochhammer (2.34). Para los polinomios σ se han escogido las llamadas *formas canónicas.* El caso Bessel, que corresponde a σ polinomio de grado 2 con una raíz múltiple, tiene una diferencia fundamental con las demás familias de polinomios clásicos: constituye un caso no definido positivo. Es por ello que no lo vamos a considerar en este apartado y le dedicaremos toda una sección a ellos. De hecho comprobaremos que son ortogonales sobre la circunferencia unidad del plano complejo. La restantes propiedades estudiadas: ecuación diferencial hipergeométrica, fórmula de Rodrigues, fórmulas de estructura, etc. se obtienen de igual forma que los casos anteriores.

3.7.2. Representación hipergeométrica

De la fórmula de Rodrigues[9] (3.8) se puede obtener la representación de los polinomios de Hermite, Laguerre y Jacobi en términos de la función hipergeométrica de Gauss ${}_2F_1$ [189] definida en el caso más general de forma

$$(3.49)\qquad {}_p\mathrm{F}_q\left(\begin{matrix} a_1, a_2, \dots, a_p \\ b_1, b_2, \dots, b_q \end{matrix}\,\middle|\, x\right) = \sum_{k=0}^{\infty} \frac{(a_1)_k (a_2)_k \cdots (a_p)_k}{(b_1)_k (b_2)_k \cdots (b_q)_k} \frac{x^k}{k!}.$$

De esta manera encontramos que

$$(3.50)\qquad \begin{aligned} H_{2m}(x) &= (-1)^m \left(\frac{1}{2}\right)_m {}_1\mathrm{F}_1\left(\begin{matrix} -m \\ \frac{1}{2} \end{matrix}\,\middle|\, x^2\right), \\ H_{2m+1}(x) &= (-1)^m \left(\frac{3}{2}\right)_m x\, {}_1\mathrm{F}_1\left(\begin{matrix} -m \\ \frac{3}{2} \end{matrix}\,\middle|\, x^2\right), \end{aligned}$$

$$(3.51)\qquad L_n^\alpha(x) = \frac{(-1)^n \Gamma(n+\alpha+1)}{\Gamma(\alpha+1)} {}_1\mathrm{F}_1\left(\begin{matrix} -n \\ \alpha+1 \end{matrix}\,\middle|\, x\right),$$

$$(3.52)\qquad P_n^{\alpha,\beta}(x) = \frac{2^n (\alpha+1)_n}{(n+\alpha+\beta+1)_n} {}_2\mathrm{F}_1\left(\begin{matrix} -n, n+\alpha+\beta+1 \\ \alpha+1 \end{matrix}\,\middle|\, \frac{1-x}{2}\right).$$

[9] Para ello basta usar la regla de Leibniz para calcular la n-ésima derivada de un producto $(f \cdot g)^{(n)} = \sum_{k=0}^{n} \binom{n}{k} f^{(k)} \cdot g^{(n-k)}$. Otra posibilidad es usar series de potencias y el método de coeficientes indeterminados de Euler.

Tabla 3.1: Clasificación de las SPO Clásicas.

$P_n(x)$	$H_n(x)$	$L_n^{\alpha}(x)$	$P_n^{\alpha,\beta}(x)$
$\sigma(x)$	1	x	$1-x^2$
$\tau(x)$	$-2x$	$-x+\alpha+1$	$-(\alpha+\beta+2)x+\beta-\alpha$
λ_n	$2n$	n	$n(n+\alpha+\beta+1)$
$\rho(x)$	e^{-x^2}	$x^{\alpha}e^{-x}$ $\alpha>-1$	$(1-x)^{\alpha}(1+x)^{\beta}$ $\alpha,\beta>-1$
$\rho_n(x)$	e^{-x^2}	$x^{n+\alpha}e^{-x}$	$(1-x)^{n+\alpha}(1+x)^{n+\beta}$

Casos particulares

1. Los polinomios de Legendre $P_n(x)=P_n^{0,0}(x)$.

2. Los polinomios de Chebyshev de primera especie $T_n(x)$
$$T_n(x)=P_n^{-\frac{1}{2},-\frac{1}{2}}(x)=\frac{1}{2^{n-1}}\cos[n\arccos(x)].$$

3. Los polinomios de Chebyshev de segunda especie $U_n(x)$
$$U_n(x)=P_n^{\frac{1}{2},\frac{1}{2}}(x)=\frac{1}{2^n}\frac{\operatorname{sen}[(n+1)\arccos(x)]}{\operatorname{sen}[\arccos(x)]}.$$

4. Los polinomios de Gegenbauer $G_n^{\lambda}(x)=P_n^{\lambda-\frac{1}{2},\lambda-\frac{1}{2}}(x)$, $\lambda>-\frac{1}{2}$.

3.7.3. Funciones generatrices

Las expresiones[10] siguientes se deducen fácilmente a partir de la fórmula (3.35)

$$\sum_{n=0}^{\infty}\frac{(-1)^n2^n}{n!}H_n(x)t^n=e^{t^2-2tx},\qquad \sum_{n=0}^{\infty}\frac{(-1)^n}{n!}L_n^{\alpha}(x)t^n=\frac{e^{-\frac{tx}{1-t}}}{(1-t)^{\alpha+1}},\tag{3.53}$$

$$\sum_{n=0}^{\infty}\frac{(-1)^n(\alpha+\beta+1)_n}{n!}P_n^{\alpha,\beta}(x)t^n=\frac{2^{\alpha+\beta}}{R(1-2t+R)^{\alpha}(1+2t+R)^{\beta}},\tag{3.54}$$

con $R=\sqrt{1+4t(t+x)}$.

Por completitud vamos a mostrar como se puden obtener usando un método alternativo [130] que se puede extender al caso discreto.

[10] Recuérdese que los polinomios son mónicos.

Tabla 3.2: Parámetros de las SPO Mónicas ($a_n = 1$).

$P_n(x)$	$H_n(x)$	$L_n^\alpha(x)$	$P_n^{\alpha,\beta}(x)$
B_n	$\dfrac{(-1)^n}{2^n}$	$(-1)^n$	$\dfrac{(-1)^n}{(n+\alpha+\beta+1)_n}$
b_n	0	$-n(n+\alpha)$	$\dfrac{n(\alpha-\beta)}{2n+\alpha+\beta}$
d_n^2	$\dfrac{n!\sqrt{\pi}}{2^n}$	$\Gamma(n+\alpha+1)n!$	$\dfrac{2^{\alpha+\beta+2n+1}n!\Gamma(n+\alpha+1)\Gamma(n+\beta+1)}{\Gamma(n+\alpha+\beta+1)(2n+\alpha+\beta+1)(n+\alpha+\beta+1)_n^2}$
α_n	1	1	1
β_n	0	$2n+\alpha+1$	$\dfrac{\beta^2-\alpha^2}{(2n+\alpha+\beta)(2n+2+\alpha+\beta)}$
γ_n	$\dfrac{n}{2}$	$n(n+\alpha)$	$\dfrac{4n(n+\alpha)(n+\beta)(n+\alpha+\beta)}{(2n+\alpha+\beta-1)(2n+\alpha+\beta)^2(2n+\alpha+\beta+1)}$
$\widetilde{\alpha}_n$	0	0	$-n$
$\widetilde{\beta}_n$	0	n	$\dfrac{2(\alpha-\beta)n(n+\alpha+\beta+1)}{(2n+\alpha+\beta)(2n+2+\alpha+\beta)}$
$\widetilde{\gamma}_n$	n	$n(n+\alpha)$	$\dfrac{4n(n+\alpha)(n+\beta)(n+\alpha+\beta)(n+\alpha+\beta+1)}{(2n+\alpha+\beta-1)(2n+\alpha+\beta)^2(2n+\alpha+\beta+1)}$
δ_n	0	n	$\dfrac{2n(\alpha-\beta)}{(2n+\alpha+\beta)(2n+2+\alpha+\beta)}$
ϵ_n	0	0	$-\dfrac{4n(n-1)(n+\alpha)(n+\beta)}{(2n+\alpha+\beta-1)(2n+\alpha+\beta)^2(2n+\alpha+\beta+1)}$

Caso Hermite $H_n(x)$

Comenzaremos probando la fórmula $\sum_{n=0}^{\infty} 2^n/n!\, H_n(x)t^n = e^{2xt-t^2}$, que se obtiene de (3.53) al cambiar x por $-x$. Comenzaremos escribiendo la función generatriz $\Phi(x,t) = \exp(2xt - t^2)$ mediante la expresión

$$\Phi(x,t) = \sum_{n=0}^{\infty} \frac{2^n}{n!} g_n(x) t^n, \tag{3.55}$$

donde $(g_n)_n$ es una sucesión de polinomios a determinar. Un sencillo cálculo nos muestra que

$$\frac{\partial}{\partial t}\Phi(x,t) = (2x-2t)e^{2xt-t^2} = 2(x-t)\Phi(x,t).$$

De aquí deducimos que $\Phi(x,0)=1$ y $\Phi_t(x,0)=2x$, por tanto, usando el desarrollo en serie de Taylor en t de $\Phi(x,t)$ y comparándolo con (3.55) se tiene que $g_0(x)=1$ y $g_1(x)=x$. Ahora sustituimos (3.55) en la ecuación diferencial anterior lo que nos da

$$\sum_{n=0}^{\infty}\frac{2^n}{n!}g_n(x)nt^{n-1}-2(x-t)\sum_{n=0}^{\infty}\frac{2^n}{n!}g_n(x)t^n=0,$$

o, equivalentemente,

$$\sum_{n=1}^{\infty}\frac{2^n}{(n-1)!}g_n(x)t^{n-1}-2x\sum_{n=0}^{\infty}\frac{2^n}{n!}g_n(x)t^n+\sum_{n=0}^{\infty}\frac{2^{n+1}}{n!}g_n(x)t^{n+1}=0.$$

Igualando los coeficientes de las potencias de t a cero tenemos

$$t^0:\quad 2g_1(x)-2xg_0(x)=0,$$

$$t^1:\quad 4g_2(x)-4xg_1(x)+2g_0(x)=0,$$

$$t^n:\quad 2g_{n+1}(x)-2xg_n(x)+ng_{n-1}(x)=0,\qquad n\geq 2.$$

Ahora bien, como $g_0(x)=1=H_0(x)$ y $g_1(x)=x=H_1(x)$, entonces comparando las relaciones anteriores con la relación de recurrencia a tres términos para los polinomios mónicos de Hermite obtenemos que $g_n(x)=H_n(x)$.

Caso Laguerre $L_n^{\alpha}(x)$

Para probar la expresión (3.53) para los polinomios de Laguerre seguiremos la misma estrategia de antes: escribimos la función $\Phi(x,t)=\exp(-tx/(1-t))(1-t)^{-\alpha-1}$ en la forma

$$\Phi(x,t)=\sum_{n=0}^{\infty}\frac{(-1)^n}{n!}g_n(x)t^n, \tag{3.56}$$

donde $(g_n)_n$ es una sucesión de polinomios a determinar. A continuación calculamos la derivada de Φ respecto a t que reescribiremos convenientemente en la forma

$$(1-t)^2\frac{\partial}{\partial t}\Phi(x,t)+[(x-\alpha-1)+(\alpha+1)t]\Phi(x,t)=0. \tag{3.57}$$

De las expresiones anteriores se deduce que $\Phi(x,0)=1$ y $\Phi_t(x,0)=-(x-\alpha-1)$, por tanto, usando el desarrollo en serie de Taylor en t de $\Phi(x,t)$ y comparándolo con (3.56) deducimos que $g_0(x)=1$ y $g_1(x)=x-\alpha-1$. A continuación sustituimos (3.56) en (3.57)

$$(1-t)^2\sum_{n=0}^{\infty}\frac{(-1)^n}{n!}g_n(x)nt^{n-1}+[(x-\alpha-1)+(\alpha+1)t]\sum_{n=0}^{\infty}\frac{(-1)^n}{n!}g_n(x)t^n=0,$$

o, equivalentemente,

$$\sum_{n=1}^{\infty}\frac{(-1)^n}{(n-1)!}g_n(x)t^{n-1}-2\sum_{n=1}^{\infty}\frac{(-1)^n}{(n-1)!}g_n(x)t^n+\sum_{n=1}^{\infty}\frac{(-1)^n}{(n-1)!}g_n(x)t^{n+1}$$
$$+(x-\alpha-1)\sum_{n=0}^{\infty}\frac{(-1)^n}{n!}g_n(x)t^n+(\alpha+1)\sum_{n=0}^{\infty}\frac{(-1)^n}{n!}g_n(x)t^{n+1}=0.$$

Igualando los coeficientes de las potencias de t a cero tenemos

$$t^0: \quad -g_1(x) + (x - \alpha - 1)g_0(x) = 0 \quad \Longrightarrow \quad g_1(x) = x - \alpha - 1,$$

$$t^1: \quad g_2(x)(\alpha + 3 - x)g_1(x) + (\alpha + 1)g_0(x) = 0,$$

$$t^n: \quad g_{n+1}(x) + (2n + \alpha + 1 - x)g_n(x) + n(n + \alpha)g_{n-1}(x) = 0, \qquad n \geq 2.$$

Como $g_0(x) = 1 = L_0^\alpha(x)$ y $g_1(x) = x - \alpha - 1 = L_1^\alpha(x)$, entonces comparando las relaciones anteriores con la relación de recurrencia a tres términos para los polinomios mónicos de Laguerre obtenemos que $g_n(x) = L_n^\alpha(x)$.

Caso Jacobi $P_n^{\gamma-\frac{1}{2},\gamma-\frac{1}{2}}(x)$

Finalmente consideraremos el caso Jacobi. Por sencillez vamos a restringirnos aquí al caso de los polinomios de Gegenbauer $G_n^\gamma(x) := P_n^{\gamma-\frac{1}{2},\gamma-\frac{1}{2}}(x)$. El caso general es análogo.

Comenzaremos definiendo la siguiente función generatriz $\Phi(x,t) = (1 - 2xt + t^2)^{-\gamma}$, que escribiremos mediante la serie

$$\Phi(x,t) = \sum_{n=0}^{\infty} \frac{2^n(\gamma)_n}{n!} g_n(x) t^n, \tag{3.58}$$

donde $(g_n)_n$ es una sucesión de polinomios a determinar y $(\gamma)_n$ es el símbolo de Pochhammer.

En este caso tenemos

$$(1 - 2xt + t^2)\frac{\partial}{\partial t}\Phi(x,t) = 2\gamma(x - t)\Phi(x,t).$$

Nótese que de las expresiones anteriores deducimos que $\Phi(x,0) = 1$ y $\Phi_t(x,0) = 2\gamma x$, por tanto, usando el desarrollo en serie de Taylor en t de $\Phi(x,t)$ deducimos que $g_0(x) = 1$ y $g_1(x) = x$. A continuación sustituimos (3.58) en la ecuación diferencial anterior y obtenemos

$$(1 - 2xt + t)^2 \sum_{n=0}^{\infty} \frac{2^n(\gamma)_n}{n!} g_n(x) n t^{n-1} + 2\gamma(t - x) \sum_{n=0}^{\infty} \frac{2^n(\gamma)_n}{n!} g_n(x) t^n = 0,$$

o, equivalentemente,

$$\sum_{n=1}^{\infty} \frac{2^n(\gamma)_n}{(n-1)!} g_n(x) t^{n-1} - 2x \sum_{n=1}^{\infty} \frac{2^n(\gamma)_n}{(n-1)!} g_n(x) t^n + \sum_{n=1}^{\infty} \frac{2^n(\gamma)_n}{(n-1)!} g_n(x) t^{n+1}$$
$$-2\gamma x \sum_{n=0}^{\infty} \frac{2^n(\gamma)_n}{n!} g_n(x) t^n + 2\gamma \sum_{n=0}^{\infty} \frac{2^n(\gamma)_n}{n!} g_n(x) t^{n+1} = 0.$$

Igualando los coeficientes de las potencias de t a cero tenemos

$$t^0: \quad 2(\gamma)_1 g_1(x) - 2\gamma x g_0(x) = 0,$$

$$t^1: \quad 4\gamma(\gamma + 1)g_2(x) - 4\gamma(\gamma + 1)x g_1(x) + 2\gamma g_0(x) = 0,$$

$$t^n: \quad 4(\gamma)_{n+1} g_{n+1}(x) - 4(\gamma)_n(\gamma + n)x g_n(x) + n(n + 2\gamma - 1)(\gamma)_{n-1} g_{n-1}(x) = 0, \qquad n \geq 2.$$

Esta última es equivalente a

$$g_{n+1}(x)+\frac{n(n+2\gamma-1)}{4(\gamma+n)(\gamma+n-1)}g_{n-1}(x)=xg_n(x).$$

Como $g_0(x)=1=C_0^\gamma(x)$ y $g_1(x)=x=C_1^\gamma(x)$, entonces comparando las relaciones anteriores con la relación de recurrencia a tres términos para los polinomios mónicos de Jacobi $P_n^{\gamma-\frac{1}{2},\gamma-\frac{1}{2}}(x)$ obtenemos que $g_n(x)=P_n^{\gamma-\frac{1}{2},\gamma-\frac{1}{2}}(x)=C_n^\gamma(x)$. Así pues,

$$\frac{1}{(1-2xt+t^2)^\gamma}=\sum_{n=0}^{\infty}\frac{2^n(\gamma)_n}{n!}C_n^\gamma(x)t^n.$$

El caso $\gamma=\frac{1}{2}$ corresponde a los polinomios de Legendre $P_n(x)=C_n^{\frac{1}{2}}(x)=P_n^{0,0}(x)$. En este caso tenemos

$$\frac{1}{\sqrt{1-2xt+t^2}}=\sum_{n=0}^{\infty}\frac{2^n(\frac{1}{2})_n}{n!}P_n(x)t^n.$$

3.7.4. Otras características

Como consecuencia de las representaciones hipergeométricas anteriores podemos obtener los valores de los polinomios en los extremos del intervalo de ortogonalidad. Estos valores también pueden ser obtenidos a partir de la fórmula de Rodrigues (3.8) aplicando la regla de Leibniz para calcular la *n-ésima* derivada de un producto de funciones.

$$H_{2n}(0)=\frac{(-1)^n(2n)!}{2^{2n}n!},\quad H_{2n+1}(0)=0,\quad L_n^\alpha(0)=\frac{(-1)^n\Gamma(n+\alpha+1)}{\Gamma(\alpha+1)},$$
(3.59)
$$P_n^{\alpha,\beta}(1)=\frac{2^n(\alpha+1)_n}{(n+\alpha+\beta+1)_n},\quad P_n^{\alpha,\beta}(-1)=\frac{(-1)^n2^n(\beta+1)_n}{(n+\alpha+\beta+1)_n}.$$

Utilizando la fórmula (3.24) encontramos las ecuaciones ($\nu=1,2,3,\ldots$, $n=0,1,2,\ldots$)

(3.60) $$(H_n(x))^{(\nu)}=\frac{n!}{(n-\nu)!}H_{n-\nu}(x),$$

(3.61) $$(L_n^\alpha(x))^{(\nu)}=\frac{n!}{(n-\nu)!}L_{n-\nu}^{\alpha+\nu}(x),$$

(3.62) $$(P_n^{\alpha,\beta}(x))^{(\nu)}=\frac{n!}{(n-\nu)!}P_{n-\nu}^{\alpha+\nu,\beta+\nu}(x),$$

donde $(P_n(x))^{(\nu)}$ denota la $\nu-$ésima derivada de $P_n(x)$.

Debido a que las funciones peso de los polinomios de Hermite y Gegenbauer son funciones pares, podemos aplicar los resultados obtenidos en el apartado **2.8** que nos permiten obtener las siguientes relaciones

$$H_{2m}(x) = L_m^{-\frac{1}{2}}(x^2), \qquad H_{2m+1}(x) = xL_m^{\frac{1}{2}}(x^2)\ ,$$

(3.63)
$$G_{2m}^{\lambda}(x) = P_{2m}^{\lambda-\frac{1}{2},\lambda-\frac{1}{2}}(x) = \frac{1}{2^m}P_m^{\lambda-\frac{1}{2},-\frac{1}{2}}(2x^2-1),$$

$$G_{2m+1}^{\lambda}(x) = P_{2m+1}^{\lambda-\frac{1}{2},\lambda-\frac{1}{2}}(x) = \frac{1}{2^m}x\,P_m^{\lambda-\frac{1}{2},\frac{1}{2}}(2x^2-1).$$

Además, de la fórmula de Rodrigues se puede encontrar la siguiente propiedad de simetría para los polinomios de Jacobi

(3.64)
$$P_n^{\beta,\alpha}(-x) = (-1)^n P_n^{\alpha,\beta}(x).$$

Como consecuencia de la representación hipergeométrica para los polinomios de Jacobi se deducen las siguientes expresiones

(3.65)
$$P_{n-1}^{\alpha,\beta+1}(x) = \frac{(2n+\alpha+\beta)(1-x)}{2n(\alpha+n)}\frac{d}{dx}P_n^{\alpha,\beta}(x) + \frac{(2n+\alpha+\beta)}{2(\alpha+n)}P_n^{\alpha,\beta}(x),$$

(3.66)
$$P_{n-1}^{\alpha+1,\beta}(x) = \frac{(2n+\alpha+\beta)(x+1)}{2n(\beta+n)}\frac{d}{dx}P_n^{\alpha,\beta}(x) - \frac{(2n+\alpha+\beta)}{2(\beta+n)}P_n^{\alpha,\beta}(x).$$

3.7.5. Los momentos de los polinomios clásicos

Para obtener los momentos de los polinomios clásicos usaremos las expresiones (3.38) y (3.40).

Comenzaremos por los polinomios de Jacobi. En este caso tenemos que la relación de recurrencia (3.38) para los momentos $C_n := C_{0,n}(0)$ se transforma en

$$nC_{n-1} + (\beta-\alpha)C_n - (\alpha+\beta+n+2)C_{n+1} = 0,$$

además

$$C_0 = \int_{-1}^{1}(1-x)^{\alpha}(1+x)^{\beta}dx = \frac{2^{\alpha+\beta+1}\Gamma(\alpha+1)\Gamma(\beta+1)}{\Gamma(\alpha+\beta+2)}.$$

La solución de esta ecuación en diferencias para $\alpha \neq \beta$ es

(3.67)
$$C_n = (-1)^n 2^{\alpha+\beta+1}\frac{\Gamma(\alpha+1)\Gamma(\beta+1)}{\Gamma(\alpha+\beta+2)}\,{}_2\mathrm{F}_1\left(\begin{array}{c} -n,\ \alpha+1 \\ \alpha+\beta+2 \end{array}\middle|\, 2\right).$$

Si $\alpha=\beta$, entonces tenemos la relación de recurrencia

$$nC_{n-1} - (\alpha+\beta+n+2)C_{n+1} = 0,$$

de donde se deduce que todos los momentos impares son nulos, i.e.,

$$C_{2n-1} = 0, \qquad C_{2n} = \frac{2^{2\alpha-n+1}\Gamma^2(\alpha+1)(2n-1)!!}{\Gamma(2\alpha+2)(\alpha+\frac{3}{2})_n} = \frac{\sqrt{\pi}\,\Gamma(\alpha+1)(2n-1)!!}{2^n\Gamma(\alpha+n+\frac{3}{2})}.$$

La expresión anterior también se deduce fácilmente de la fórmula (3.67) sustituyendo los valores $\alpha=\beta$ y usando la identidad [165]

$$ {}_2\mathrm{F}_1\left(\begin{array}{c} -n,\, \alpha+1 \\ 2\alpha+2 \end{array}\bigg| 2\right) = \begin{cases} 0, & \text{si } n \text{ impar}, \\ \dfrac{\left(\frac{1}{2}\right)_{n/2}}{\left(\alpha+\frac{3}{2}\right)_{n/2}}, & \text{si } n \text{ par}. \end{cases} $$

Si en vez de sustituir en (3.38) el valor $z=0$ sustituimos $z=1$ obtenemos para los momentos $C_n(1)=\int_{-1}^{1}(x-1)^n(1-x)^\alpha(1+x)^\beta dx$ de los polinomios de Jacobi, la relación de recurrencia

$$ 2(\alpha+n+1)C_n(1)+(\alpha+\beta+2n+2)C_{n+1}(1)=0, $$

luego

$$ C_n(1)=\frac{(-1)^n 2^{\alpha+\beta+1}(\alpha+1)_n\Gamma(\alpha+1)\Gamma(\beta+1)}{(\frac{\alpha+\beta}{2}+1)_n\Gamma(\alpha+\beta+2)}. $$

En el caso Laguerre tenemos que la relación de recurrencia (3.40) para los momentos $C_n := C_{0,n}(0)$ es

$$ (\alpha+n+1)C_n - C_{n-1}=0, \quad \text{luego} \quad C_n=(\alpha+1)_nC_0, \qquad C_0=\int_0^\infty x^\alpha e^{-x}dx=\Gamma(\alpha+1), $$

de donde deducimos que $C_n=\Gamma(\alpha+n+1)$.

Finalmente, para los polinomios de Hermite tenemos que $\sigma(0)\neq 0$, así que tenemos que usar (3.38) cuando $z=0$. Ello nos conduce a la relación $nC_{n-1}-2C_{n+1}=0$ para los momentos $C_n:=C_{0,n}(0)$. De ella deducimos que, como $C_1=0$, entonces todos los momentos impares son nulos, lo cual es evidente ya que la función peso es una función par. Además, como $C_0=\sqrt{\pi}$, entonces

$$ C_{2m}=\frac{(2m-1)!!}{2^m}\sqrt{\pi}=\frac{(2m)!}{2^{2m}m!}\sqrt{\pi}, \qquad C_{2m+1}=0. $$

3.7.6. Los polinomios núcleos

En esta sección vamos a calcular el valor de los polinomios núcleos $\mathrm{Ker}_{n-1}(x,y)$, definidos por la expresión

$$ \mathrm{Ker}_{n-1}(x,y)=\sum_{m=0}^{n-1}\frac{P_m(x)P_m(y)}{d_m^2}, $$

evaluados en ciertos valores particulares de x e y. La demostración de estos resultados es inmediata utilizando la fórmula de Christoffel-Darboux (2.13), los valores en los extremos (3.59) y las fórmulas de diferenciación (3.25).

- Núcleos de los polinomios de Hermite:

$$ \mathrm{Ker}^H_{2m-1}(x,0)=\frac{(-1)^{m-1}}{\sqrt{\pi}(m-1)!}\,L^{\frac{1}{2}}_{m-1}(x^2)=\frac{(-1)^{m-1}}{2\sqrt{\pi}(m-1)!}\frac{H'_{2m}(x)}{x}, $$

$$ \mathrm{Ker}^H_{2m}(x,0)=\frac{(-1)^m}{\sqrt{\pi}(m)!}\,L^{\frac{1}{2}}_{m}(x^2)=\frac{(-1)^m}{\sqrt{\pi}(m)!}\frac{H_{2m}(x)}{x}, $$

$$\text{Ker}^{H}_{2m-1}(0,0) = \frac{2}{\pi}\frac{\Gamma(m+\frac{1}{2})}{\Gamma(m)} = \frac{(2m-1)!}{2^{2m-2}\sqrt{\pi}(m-1)!^2}, \quad \text{Ker}^{H}_{2m}(0,0) = \frac{2}{\pi}\frac{\Gamma(m+\frac{3}{2})}{\Gamma(m+1)} = \frac{(2m+1)!}{2^{2m}\sqrt{\pi}\, m!^2}.$$

- Núcleos de los polinomios de Laguerre:

$$\text{Ker}^{L}_{n-1}(x,0) = \frac{(-1)^{n-1}}{\Gamma(\alpha+1)n!}\,(L^{\alpha}_{n})'(x), \quad \text{Ker}^{L}_{n-1}(0,0) = \frac{(\alpha+1)_n}{\Gamma(\alpha+2)(n-1)!}.$$

- Núcleos de los polinomios de Jacobi:

$$\text{Ker}^{J,\alpha,\beta}_{n-1}(x,-1) = \eta^{\alpha,\beta}_{n}\tfrac{d}{dx}P^{\alpha-1,\beta}_{n}(x) = n\eta^{\alpha,\beta}_{n}P^{\alpha,\beta+1}_{n-1}(x), \tag{3.68}$$

$$\text{Ker}^{J,\alpha,\beta}_{n-1}(x,1) = (-1)^{n+1}\eta^{\beta,\alpha}_{n}\tfrac{d}{dx}P^{\alpha,\beta-1}_{n}(x) = n(-1)^{n+1}\eta^{\beta,\alpha}_{n}P^{\alpha+1,\beta}_{n-1}(x), \tag{3.69}$$

donde por $\eta^{\alpha,\beta}_{n}$ y $\eta^{\beta,\alpha}_{n}$ denotaremos las cantidades

$$\eta^{\beta,\alpha}_{n} = \frac{(-1)^{n-1}\Gamma(2n+\alpha+\beta)}{2^{\alpha+\beta+n}n!\Gamma(\alpha+n)\Gamma(\beta+1)}, \quad \eta^{\beta,\alpha}_{n}\frac{(-1)^{n-1}\Gamma(2n+\alpha+\beta)}{2^{\alpha+\beta+n}n!\Gamma(\alpha+1)\Gamma(\beta+n)}.$$

Usando (3.68)-(3.69) tenemos

$$\text{Ker}^{J,\alpha,\beta}_{n-1}(-1,-1) = \frac{\Gamma(\beta+n+1)\Gamma(\alpha+\beta+n+1)}{2^{\alpha+\beta+1}(n-1)!\Gamma(\beta+1)\Gamma(\beta+2)\Gamma(\alpha+n)},$$

$$\text{Ker}^{J,\alpha,\beta}_{n-1}(-1,1) = \frac{(-1)^{n-1}\Gamma(\alpha+\beta+n+1)}{2^{\alpha+\beta+1}(n-1)!\Gamma(\beta+1)\Gamma(\alpha+1)}.$$

Utilizando la relación de simetría (3.64) para los polinomios de Jacobi obtenemos

$$\text{Ker}^{J,\alpha,\beta}_{n-1}(1,1) = \text{Ker}^{J,\beta,\alpha}_{n-1}(-1,-1).$$

Si utilizamos las relaciones (3.65)-(3.66) podemos encontrar para los núcleos otras fórmulas equivalentes

$$\text{Ker}^{J,\alpha,\beta}_{n-1}(x,-1) = \widetilde{\eta}^{\alpha,\beta}_{n}\left[(1-x)\frac{dP^{\alpha,\beta}_{n}(x)}{dx} + n\,P^{\alpha,\beta}_{n}(x)\right],$$

$$\text{Ker}^{J,\alpha,\beta}_{n-1}(x,1) = (-1)^{n+1}\widetilde{\eta}^{\beta,\alpha}_{n}\left[(1+x)\frac{d\,P^{\alpha,\beta}_{n}(x)}{dx} - n\,P^{\alpha,\beta}_{n}(x)\right],$$

donde por $\widetilde{\eta}^{\alpha,\beta}_{n}$ y $\widetilde{\eta}^{\beta,\alpha}_{n}$ denotaremos las cantidades

$$\widetilde{\eta}^{\alpha,\beta}_{n} = \frac{(-1)^{n+1}\Gamma(2n+\alpha+\beta+1)}{2^{\alpha+\beta+n+1}n!\Gamma(\alpha+n+1)\Gamma(\beta+1)}, \quad \widetilde{\eta}^{\beta,\alpha}_{n} = \frac{(-1)^{n+1}\Gamma(2n+\alpha+\beta+1)}{2^{\alpha+\beta+n+1}n!\Gamma(\alpha+1)\Gamma(\beta+n+1)}.$$

3.8. Los polinomios de Bessel

Vamos a considerar en este apartado los polinomios de Bessel generalizados de grado n que denotaremos por $y_n(x,a)$. El caso $a=0$ corresponde a los polinomios de Bessel estudiados por diversos autores (ver por ejemplo [115, 146]). Estos polinomios no constituyen un caso definido positivo por lo que le dedicaremos un tratamiento mas cuidadoso.

Comenzaremos escribiendo la ecuación diferencial que verifican

$$x^2\frac{d^2y}{dx^2}+((a+2)x+2)\frac{dy}{dx}=n(n+a+1)y, \qquad a\neq -2. \tag{3.70}$$

Nótese que la ecuación anterior es del tipo (3.1) con $\sigma(x)=x^2$ y $\tau(x)=(a+2)x+2$, por lo que muchas de las propiedades de sus soluciones polinómicas serán análogas a las de los polinomios de Jacobi, Laguerre, y Hermite. En particular, satisfacen una relación de recurrencia a tres términos, una fórmula de Rodrigues, relaciones de estructura, etc.

Al igual que en los casos anteriores derivando consecutivamente la ecuación (3.70) obtenemos la ecuación para las derivadas m-ésimas $y_n^{(m)}(x,a)$ de los polinomios de Bessel

$$x^2\frac{d^2y_n^{(m)}}{dx^2}+[2+(a+2+2m)x]\frac{d\,y_n^{(m)}}{dx}=(n-m)(n+m+a+1)y_n^{(m)}. \tag{3.71}$$

3.8.1. Fórmula de Rodrigues y fórmula explícita

Para encontrar el factor de simetrización de la ecuación (3.70) utilizaremos la ecuación de Pearson (3.41). Así

$$(x^2\rho(x))'=[2+(a+2)x]\rho(x), \tag{3.72}$$

de donde deducimos $\rho(x)=x^a e^{-2/x}$. En el caso particular cuando $a=0$ obtenemos $\rho(x)=e^{-2/x}$. Entonces, la fórmula de Rodrigues tiene la forma

$$y_n^{(m)}(x,a)=\frac{\Gamma(n+a+1)}{\Gamma(2n+a+1)}\frac{n!}{(n-m)!}\frac{\Gamma(n+a+m+1)}{\Gamma(n+a+1)}\frac{e^{2/x}}{x^{2m+a}}\frac{d^{n-m}}{dx^{n-m}}(x^{2n+a}e^{-2/x}),$$

donde hemos escogido $B_n=\Gamma(n+a+1)/\Gamma(2n+a+1)$ de forma que los polinomios $y_n(x,a)$ sean mónicos. Con esta elección

$$A_{nm}=\frac{n!}{(n-m)!}(n+a+1)\cdots(n+a+m)=\frac{n!}{(n-m)!}\frac{\Gamma(n+a+m+1)}{\Gamma(n+a+1)},$$

y, por tanto, las soluciones polinómicas de (3.71) se expresan mediante la fórmula

$$\begin{aligned} y_n^{(m)}(x,a) &= \frac{\Gamma(n+a+1)}{\Gamma(2n+a+1)}\frac{n!}{(n-m)!}\frac{\Gamma(n+a+m+1)}{\Gamma(n+a+1)}\frac{1}{x^{2m+a}e^{-2/x}}\frac{d^{n-m}}{dx^{n-m}}[x^{2n+a}e^{-2/x}] \\ &= \frac{\Gamma(n+a+1)}{\Gamma(2n+a+1)}\frac{n!}{(n-m)!}\frac{\Gamma(n+a+m+1)}{\Gamma(n+a+1)}\frac{e^{2/x}}{x^{2m+a}}\frac{d^{n-m}}{dx^{n-m}}(x^{2n+a}e^{-2/x}). \end{aligned}$$

En particular, cuando $m = 0$ tenemos

$$y_n(x,a) = \frac{\Gamma(n+a+1)}{\Gamma(2n+a+1)} \frac{e^{2/x}}{x^a} \frac{d^n}{dx^n}(x^{2n+a}e^{-2/x}). \tag{3.73}$$

A partir de la fórmula de Rodrigues (3.73), se deduce fácilmente la siguiente fórmula explícita

$$\begin{aligned} y_n(x,a) &= \sum_{k=0}^{n} \binom{n}{k} \frac{2^n\Gamma(n+a+k+1)}{\Gamma(2n+a+1)} \left(\frac{x}{2}\right)^k = \frac{2^n}{(a+n+1)_n} \sum_{k=0}^{n} \frac{(-n)_k(a+n+1)_k}{k!} \left(-\frac{x}{2}\right)^k \\ &= \frac{2^n}{(a+n+1)_n} \, {}_2\mathrm{F}_1\left(\begin{array}{c} -n, a+n+1 \\ - \end{array} \middle| -\frac{x}{2} \right), \end{aligned}$$

para todo $n \in \mathbb{N}$. El caso $a = 0$ nos da

$$y_n(x) = \frac{2^n}{(n+1)_n} \, {}_2\mathrm{F}_1\left(\begin{array}{c} -n, n+1 \\ - \end{array} \middle| -\frac{x}{2} \right).$$

Por completitud mostraremos como la expresión anterior puede ser obtenida[11] a partir la ecuación diferencial (3.70) usando el método de los coeficientes indeterminados de Euler. Vamos a buscar la solución de (3.70) en la forma $y_n(x,a) = \sum_{k=0}^{\infty} a_k x^k$. Entonces,

$$\begin{aligned} 0 = \; & x^2 \sum_{k=2}^{\infty} k(k-1)a_k x^{k-2} + [(a+2)x+2] \sum_{k=1}^{\infty} k a_k x^{k-1} - n(n+a+1) \sum_{k=0}^{\infty} a_k x^k \\ = \; & \sum_{k=0}^{\infty} \left[k(k-1)a_k x^k + (a+2)k a_k x^k + 2k a_k x^{k-1} - n(n+a+1)a_k x^k \right] \\ = \; & \sum_{k=0}^{\infty} \{ [k(k-1) + (a+2)k - n(n+a+1)] a_k + 2(k+1)a_{k+1} \} \, x^k = 0, \end{aligned}$$

de donde, igualando coeficientes, obtenemos para $k \geq 0$

$$a_{k+1} = \frac{n(n+a+1) - k(k+a+1)}{2(k+1)} a_k = \frac{(n-k)(n+k+a+1)}{2(k+1)} a_k.$$

Por tanto, en general se tiene la siguiente formula de recurrencia

$$a_{k+1} = \frac{(n-k)\cdots n\,(n+k+a+1)\cdots(n+a+1)}{2^{k+1}(k+1)!} a_0 = \frac{1}{2^k} \binom{n}{k} \frac{\Gamma(n+a+k+1)}{\Gamma(n+a+1)} a_0.$$

Como queremos polinomios mónicos, tenemos que $a_n = 1$, luego $a_0 = 2^n/(a+n+1)_n$ de donde se deduce el resultado. Nótese que $a_k = 0$ para todo $k > n$, por lo que efectivamente la ecuación (3.70) tiene como soluciones los polinomios de Bessel generalizados.

---

[11]Obviamente este método puede ser aplicado en el caso de los polinomios de Hermite, Laguerre y Jacobi para obtener las correspondientes representaciones como series hipergeométricas.

3.8.2. Ortogonalidad

Ante todo notemos que para los polinomios de Bessel no es cierta la condición (3.14) para ningún valor de a y b reales, por lo que la técnica de antes no es aplicable en este caso. Para demostrar la ortogonalidad de los polinomios de Bessel debemos considerar dos casos: cuando a es un entero no negativo y cuando a es real mayor que -2.

Vamos a comenzar considerando el caso $a \in \mathbb{N} \cup \{0\}$, el cual se puede resolver usando la misma función $\rho(x) = x^a e^{-2/x}$ de antes. El caso general lo consideraremos más adelante.

Teorema 3.8.1 *Sea $a \in \mathbb{N} \cup \{0\}$. Entonces, las soluciones polinómicas $y_n(x,a)$ de la ecuación (3.70) constituyen una familia de polinomios ortogonales en la circunferencia unidad $\mathbb{T}$ respecto a la función peso $x^a e^{-2/x}$, en otras palabras*

$$\frac{1}{2\pi i}\int_{\mathbb{T}} y_n(x,a)y_m(x,a)x^a e^{-2/x}dx = \frac{(-1)^{n+a+1}n!\Gamma(n+a+1)}{\Gamma(2n+a+1)\Gamma(2n+a+2)}\delta_{n,m},$$

donde $\delta_{n,m}$ es el símbolo de Kronecker.

<u>Demostración</u>: Sea la integral

$$I_m = \frac{1}{2\pi i}\int_{\mathbb{T}} x^m y_n(x,a)x^a e^{-2/x}dx \qquad \text{para} \quad m \leq n.$$

Si usamos la fórmula de Rodrigues, $y_n(x,a) = B_n e^{2/x}/x^a(x^{2n+a}e^{-2/x})^{(n)}$, y la sustituimos en la expresión anterior e integramos por partes, obtenemos

$$\begin{aligned} I_m &= \frac{\Gamma(n+a+1)}{\Gamma(2n+a+1)}\frac{1}{2\pi i}\int_{\mathbb{T}} x^m \frac{d^n}{dx^n}(x^{2n+a}e^{-2/x})dx \\ &= -\frac{\Gamma(n+a+1)}{\Gamma(2n+a+1)}\frac{1}{2\pi i}\int_{\mathbb{T}} x^{m-1}\frac{d^{n-1}}{dx^{n-1}}(x^{2n+a}e^{-2/x})dx, \end{aligned}$$

puesto que la función $x^m y_n(x,a)x^a e^{-2/x}$ es continua en $\mathbb{T}$. Continuando este proceso deducimos que, para todo $m < n$, $I_m = 0$. Finalmente, para $m = n$, tenemos

$$I_n = \frac{(-1)^n n!\Gamma(n+a+1)}{\Gamma(2n+a+1)}\frac{1}{2\pi i}\int_{\mathbb{T}} x^{2n+a}e^{-2/x}dx.$$

Usando el teorema de los residuos obtenemos, finalmente

$$I_m = \begin{cases} 0, & \text{si} \quad m < n; \\ \dfrac{(-1)^{n+a+1}2^{2n+a+1}n!\Gamma(n+a+1)}{\Gamma(2n+a+1)\Gamma(2n+a+2)}, & \text{si} \quad m = n. \end{cases}$$

Nótese que al ser la familia de polinomios mónicos, entonces $d_n^2 = I_n$. ∎

Como hemos visto la función $x^a e^{-2/x}$ es una "*buena*" función peso sólo en el caso cuando a es entero no negativo. Es por ello que el caso general necesita desarrollarse con más detalle. Demostremos ahora un resultado más general. Concretamente, demostremos que los polinomios de Bessel son ortogonales respecto a la función peso

$$\widetilde{\rho}(x) = \frac{1}{2\pi i}\sum_{k=0}^{\infty}\frac{\Gamma(a+2)}{\Gamma(a+k+1)}\left(-\frac{2}{x}\right)^k,$$

que coincide con la anterior sólo cuando $a = -1$ ó 0. Para ello vamos a calcular las cantidades

$$I_m = \int_{\mathbb{T}} x^m y_n(x,a)\widetilde{\rho}(x)dx, \qquad m = 0, 1, \dots n,$$

y comprobaremos que $I_m = 0$ si $m < n$ y distinta de cero para $m = n$.

$$\begin{aligned} I_m &= \int_{\mathbb{T}}\left[\frac{2^n}{(a+n+1)_n}\sum_{k=0}^{n}\frac{(-n)_k(a+n+1)_k}{k!}\left(-\frac{x}{2}\right)^k\right]\left[\frac{1}{2\pi i}\sum_{l=0}^{\infty}\frac{\Gamma(a+2)}{\Gamma(a+l+1)}\left(-\frac{2}{x}\right)^l\right]x^m\,dx \\ &= \frac{2^n\Gamma(a+2)}{(a+n+1)_n}\sum_{k=0}^{n}\left[\frac{(-n)_k(a+n+1)_k(-1)^k2^{-k}}{k!}\frac{1}{2\pi i}\left(\int_{\mathbb{T}}\sum_{l=0}^{\infty}\frac{(-1)^l2^lx^{m+k-l}}{\Gamma(a+l+1)}dx\right)\right]. \end{aligned}$$

Usando el teorema de Cauchy la integral entre paréntesis da

$$\frac{1}{2\pi i}\int_{\mathbb{T}}\sum_{l=0}^{\infty}\frac{(-1)^l2^l}{\Gamma(a+l+1)}x^{m+k-l}\,dx = \frac{(-1)^{k+m+1}2^{k+m+1}}{\Gamma(a+m+k+1)},$$

luego

$$\begin{aligned} I_m &= \frac{2^{m+n+1}\Gamma(a+2)(-1)^{m+1}}{(a+n+1)_n\Gamma(a+m+2)}\sum_{k=0}^{n}\frac{(-n)_k(a+n+1)_k}{k!(a+m+2)_k} \\ &= \frac{2^{m+n+1}\Gamma(a+2)(-1)^{m+1}}{(a+n+1)_n\Gamma(a+m+2)}\,{}_2\mathrm{F}_1\left(\begin{matrix}-n, a+n+1\\ a+m+2\end{matrix}\,\middle|\,1\right) \\ &= \frac{2^{m+n+1}\Gamma(a+2)(-1)^{m+1}m!}{(a+n+1)_n\Gamma(a+m+n+2)(m-n)!}, \end{aligned}$$

donde la hemos usado la identidad de Gauss

$${}_2\mathrm{F}_1\left(\begin{matrix}\alpha,\beta\\ \gamma\end{matrix}\,\middle|\,1\right) = \frac{\Gamma(\gamma)\Gamma(\gamma-\alpha-\beta)}{\Gamma(\gamma-\alpha)\Gamma(\gamma-\beta)}.$$

Puesto que $m!/(m-n)! = m(m-1)\dots(m-n+1)$, $I_m = 0$ si $m < n$. Además $I_n \neq 0$, más aún, como los polinomios son mónicos, entonces $I_n = d_n^2$, así hemos probado el siguiente

Teorema 3.8.2 *Sea $a \in \mathbb{R}$. Entonces, las soluciones polinómicas $y_n(x,a)$ de la ecuación (3.70) son una familia de polinomios ortogonales con respecto a la función peso*

$$\widetilde{\rho}(x) = \frac{1}{2\pi i}\sum_{k=0}^{\infty}\frac{\Gamma(a+2)}{\Gamma(a+k+1)}\left(-\frac{2}{x}\right)^k,$$

y se tiene

$$\int_{\mathbb{T}} y_n(x,a)y_m(x,a)\widetilde{\rho}(x)dx = \frac{2^{2n+1}\Gamma(a+2)(-1)^{n+1}n!\Gamma(a+n+1)}{\Gamma(a+2n+1)\Gamma(a+2n+2)}\delta_{n,m}.$$

Es evidente que la ortogonalidad también se tiene al integrar en cualquier curva cerrada que contenga al cero en el interior.

Para los polinomios de Bessel sigue siendo válida la fórmula (3.40), luego tenemos la siguiente relación de recurrencia

$$(a+n+2)C_{n+1}+2C_n=0, \quad \text{luego} \quad C_n=\frac{(-2)^{n+1}}{(a+2)_n}, \quad \text{pues} \quad C_0=\int_{\mathbb{T}}\widetilde{\rho}(x)dx=-2.$$

3.8.3. Relaciones de recurrencia y estructura

Veamos algunas propiedades que verifican los polinomios de Bessel generalizados. La primera es la relación de recurrencia a tres términos, consecuencia de la ortogonalidad

$$xy_n(x,a)=\alpha_n y_{n+1}(x,a)+\beta_n y_n(x,a)+\gamma_n y_{n-1}(x,a). \tag{3.74}$$

Usando la fórmula explícita de los polinomios de Bessel deducimos que

$$a_n=1, \quad b_n=\frac{2n}{a+2n}, \quad c_n=\frac{4n(n-1)}{2(a+2n)(a+2n-1)}.$$

Por tanto, usando (2.8) obtenemos

$$\alpha_n=1, \quad \beta_n=\frac{-2a}{(2n+a)(2n+a+2)}, \quad \gamma_n=-\frac{4n(n+a)}{(2n+a)^2(2n+a+1)(2n+a-1)}.$$

Nótese que aunque γ_n no se anula para ningún $a>0$, γ_n no es positivo para todo $n\in\mathbb{N}$, luego el Teorema de Favard 2.4.2 nos asegura que estos polinomios no pueden ser ortogonales respecto a una medida positiva (funcional definido positivo).

La primera relación de estructura es (3.27)

$$\sigma(x)y_n'(x,a)=\widetilde{\alpha}_n y_{n+1}(x,a)+\widetilde{\beta}_n y_n(x,a)+\widetilde{\gamma}_n y_{n-1}(x,a), \quad n\geq 0$$

donde, usando (3.28) obtenemos

$$\widetilde{\alpha}_n=n, \quad \widetilde{\beta}_n=-\frac{4n(n+a+1)}{(2n+a+1)(2n+a+2)}, \quad \widetilde{\gamma}_n=\frac{4n(n+a)(n+a+1)}{(2n+a)^2(2n+a+1)(2n+a-1)}.$$

En los cálculos anteriores hemos usado que $\tau_n(x)=\tau(x)+n\sigma'(x)=(a+2n+2)x+2$, por tanto, $\tau_n(\beta_n)=2(1-a)$ y $\tau_n'=a+2+2n$. Además, $\lambda_n=-n(n+a+1)$.

Veamos ahora la otra fórmula de estructura para los polinomios de Bessel. Sea $Q_n(x,a)=y_{n+1}(x,a)/(n+1)$ entonces los polinomios ortogonales mónicos satisfacen la siguiente relación de estructura (3.30)

$$y_n(x,a)=Q_n+\delta_n Q_{n-1}+\varepsilon_n Q_{n-2}.$$

Si usamos ahora las expresiones (3.31) obtenemos

$$\delta_n = \frac{4}{(2n+a)(2n+a+2)}, \qquad \varepsilon_n = \frac{4n(n-1)}{(2n+a-1)(2n+a+1)(2n+a)^2}.$$

Otras fórmulas son la fórmula de diferenciación

$$\frac{d}{dx} y_n(x,a) = n y_{n-1}(x, a+2), \tag{3.75}$$

y la relación (3.26)

$$x^2 \frac{d}{dx} y_n(x,a) = n\left[x - \frac{2}{2n+a}\right] y_n(x,a) + \frac{4n(n+a)}{(2n+a)^2(2n+a-1)} y_{n-1}(x,a). \tag{3.76}$$

3.8.4. Los polinomios núcleos y la función generatriz

Usando las propiedades anteriores es fácil encontrar las siguientes expresiones para los polinomios núcleos de los polinomios de Bessel

$$\mathrm{Ker}^a_{n-1}(x,0) = \frac{(2n+a)^2(2n+a-1)y_n(0,a)}{4n(n+a)d^2_{n-1}} \left[n y_n(x,a) - x y_n'(x,a)\right], \tag{3.77}$$

y

$$\mathrm{Ker}^a_{n-1}(0,0) = \frac{(2n+a)^2(2n+a-1)(y_n(0,a))^2}{4(n+a)d^2_{n-1}}, \tag{3.78}$$

donde $y_n(0,a) = 2^n/(n+a+1)_n$. Finalmente, usando (3.35) tenemos

$$\Phi(x,t) = \frac{1}{x^a \exp(-2/x)} \frac{\xi^a \exp(-2/\xi)}{1-2\xi t}, \qquad \xi = \frac{1-\sqrt{1-4tx}}{2t},$$

que junto con la condición $A_n B_n n! = 1$, nos da

$$\frac{2^a \exp\left(\frac{1-\sqrt{1-4tx}}{x}\right)}{\sqrt{1-4tx}(1+\sqrt{1-4tx})^a} = \sum_{n=0}^{\infty} \frac{(a+n+1)_n}{n!} y_n(x,a) t^n.$$

3.8.5. Propiedades de los ceros

Como los polinomios de Bessel no constituyen un caso definido positivo, vamos a estudiar algunas de las principales propiedades de sus ceros. En adelante denotaremos por $\xi_k^{(n)}$ al k-ésimo cero del polinomio de Bessel de grado n.

Teorema 3.8.3 *Los polinomios de Bessel* $y_n(x,a)$ *verifican*

(a) Todos los ceros $\xi_k^{(n)}$ *son simples.*

(b) Dos polinomios consecutivos $y_n(x)$ *e* $y_{n+1}(x)$ *no tienen ceros comunes.*

(c) Para todo $a>0$*, se tiene la siguiente desigualdad:* $\dfrac{2}{n(n+a+1)} < |\xi_k^{(n)}| < \dfrac{2n}{2n+a}$.

Demostración: Comenzamos por el apartado (a). Si ξ fuera un cero múltiple de $y_n(x)$, entonces $y_n(\xi) = y_n'(\xi) = 0$. Por otro lado, usando la relación de estructura (3.76) deducimos, que si ξ es un cero de $P_n(x)$ y $P_n'(x)$, entonces también lo es de $P_{n-1}(x)$. Continuando el proceso deducimos que es un cero de $P_0(x)$ lo cual es una contradicción. El apartado (b) se deduce trivialmente de la relación de recurrencia. Finalmente, probemos (c). Para ello usamos un teorema de Kakeya (ver [115, pág. 77])

Teorema (Kakeya). Sea $f(z) = \sum_{k=0}^{n} b_k z^k$ un polinomio con coeficientes positivos y sea $m = \min_j b_j/b_{j+1}$ y $M = \max_j b_j/b_{j+1}$. Entonces, los ceros ξ_k de $f(z)$ satisfacen la desigualdad $m \leq |\xi_k| < M$, para todo $k = 1, 2, \ldots n$.

Usando lo anterior, y la fórmula explícita de los polinomios de Bessel tenemos que $b_j > 0$ y además la sucesión

$$B_j = \frac{b_j}{b_{j+1}} = \frac{2(j+1)}{(n-j)(n+a+j+1)},$$

crece para $j = 0, 1, \ldots n-1$, luego

$$\frac{2}{n(n+a+1)} \leq \frac{b_j}{b_{j+1}} \leq \frac{2n}{2n+a+1)} < 1,$$

de donde se deduce la afirmación del teorema. ∎

3.9. Propiedades globales de los ceros

El caso de los polinomios de Jacobi, Laguerre, Hermite y Bessel ha sido estudiado por diversos autores utilizando diversas técnicas del análisis clásico e.g. [26, 62, 67, 63, 64, 73, 92, 100, 108, 109, 110, 152, 180, 230, 231, 232, 233, 244, 245, 247, 248]. En este apartado vamos a describir dos formas de estudiar las propiedades globales de los ceros de los polinomios clásicos.

3.9.1. Estudio a partir de la ecuación diferencial de grado 2

Veamos como a partir de la ecuación diferencial[12] se pueden estudiar las propiedades espectrales de sus soluciones polinómicas. Nos centraremos, por simplicidad, en el caso de una ecuación diferencial de orden 2 (los clásicos, como ya hemos dicho antes, satisfacen este tipo de ecuaciones). En adelante por $x_{n,i}$, $i = 1, 2, \ldots, n$ denotaremos a los n ceros reales y simples del polinomio $P_n(x)$.

Para calcular los momentos de cualquier orden (2.19)

$$\mu_k = \frac{1}{n} \sum_{i=1}^{n} x_{n,i}^k, \quad k = 0, 1, 2, \ldots,$$

[12]Ya en el apartado **2.7** hemos visto como se pueden generar los momentos de la distribución de ceros a partir de la relación de recurrencia a tres términos.

podemos utilizar el algoritmo general propuesto por Buendía, Dehesa y Gálvez [64]. Este método es muy general pero los cálculos son extremadamente tediosos. Por ello suelen ser utilizados para calcular los momentos de orden bajo. Para calcular la densidad de la distribución de ceros (2.18)

$$\rho_n(x) = \frac{1}{n}\sum_{i=1}^{n}\delta(x - x_{n,i}),$$

alrededor del origen utilizaremos la aproximación *semiclásica o WKB* propuesta por Arriola, Dehesa, Yáñez y Zarzo, entre otros [26, 247, 248]. Pasemos a describir los fundamentos de ambos algoritmos.

Los momentos de la distribución de ceros

En primer lugar describamos un algoritmo general para calcular los momentos μ_k de la distribución de ceros de las soluciones polinómicas de una ecuación diferencial de grado 2. Este método es válido, en general, para las ecuaciones diferenciales de orden arbitrario [64]. Nosotros nos limitaremos a estudiar brevemente el caso de una ecuación diferencial de segundo orden.

Sea la ecuación diferencial de segundo orden

$$\widetilde{\sigma}(x)\frac{d^2}{dx^2}P_n(x) + \widetilde{\tau}(x)\frac{d}{dx}P_n(x) + \widetilde{\lambda}_n(x)P_n(x) = 0, \tag{3.79}$$

donde

$$\widetilde{\sigma}(x) = \sum_{j=0}^{c_2} a_j^{(2)}x^j = a_0^{(2)} + a_1^{(2)}x + a_2^{(2)}x^2 + a_3^{(2)}x^3 + \cdots + a_{c_2}^{(2)}x^{c_2},$$
$$\widetilde{\tau}(x) = \sum_{j=0}^{c_1} a_j^{(1)}x^j = a_0^{(1)} + a_1^{(1)}x + a_2^{(1)}x^2 + a_3^{(1)}x^3 + \cdots + a_{c_1}^{(1)}x^{c_1},$$
$$\widetilde{\lambda}_n(x) = \sum_{j=0}^{c_0} a_j^{(0)}x^j = a_0^{(0)} + a_1^{(0)}x + a_2^{(0)}x^2 + \cdots + a_{c_0}^{(0)}x^{c_0},$$

y $a_j^{(k)}$, $k = 0, 1, 2$, $j = 1, 2, \ldots, c_j$ son ciertas constantes que, en general, dependen de n. Supondremos que todos los ceros de $P_n(x)$ son simples, lo cual es válido para los casos que vamos a considerar. Escribamos el polinomio $P_n(x)$ de la forma

$$P_n(x) = \prod_{l=1}^{n}(x - x_l) = \sum_{k=0}^{n}(-1)^k\xi_k x^{n-k}, \quad \xi_0 = 1,$$

$$\xi_k = \frac{(-1)^k}{k!}\mathcal{Y}_k(-y_1, -y_2, -2y_3, \ldots, -(k-1)!y_n),$$

donde $\mathcal{Y}_k$ denota los, conocidos en la teoría de números, polinomios de Bell [204] y los y_r están definidos por $y_r = \sum_{i=1}^{n} x_{n,i}^r$. Para los primeros valores ξ_k tenemos [64, 204]

$$
\begin{aligned}
\xi_1 &= y_1, \\
\xi_2 &= \tfrac{1}{2}\left(y_1^2 - y_2\right), \\
\xi_3 &= \tfrac{1}{6}\left(y_1^3 - 3y_1y_2 + 3y_3\right), \\
\xi_4 &= \tfrac{1}{24}\left(y_1^4 - 6y_1y_2 + 8y_1y_3 + 3y_2^2 - 6y_4\right).
\end{aligned}
\tag{3.80}
$$

Derivando $P_n(x)$ obtenemos, para las derivadas $P_n'(x)$ y $P_n''(x)$, las expresiones

$$P_n'(x) = \sum_{k=0}^{n} \prod_{\substack{l=1 \\ l \neq k}}^{n} (x - x_l) = \sum_{k=0}^{n} (-1)^k (n-k) \xi_k x^{n-k-1},$$

$$P_n''(x) = \sum_{k=0}^{n} \sum_{\substack{m=1 \\ l \neq k}}^{n} \prod_{\substack{l=1 \\ l \neq k \\ k \neq m}}^{n} (x - x_l) = \sum_{k=0}^{n} (-1)^k (n-k)(n-k-1) \xi_k x^{n-k-2}.$$

Sustituyendo dichas expresiones en la ecuación diferencial (3.79), obtenemos

$$
\begin{aligned}
\sum_{k=0}^{n} \Bigg[\sum_{j=0}^{c_0} a_j^{(0)} (-1)^k \xi_k \, x^{n-k+j} + \sum_{j=0}^{c_1} a_j^{(1)} (-1)^k \xi_k (n-k) x^{n-k-1+j} + \\
+ \sum_{j=0}^{c_2} a_j^{(2)} (-1)^k \xi_k (n-k)(n-k-1)\, x^{n-k-2+j} \Bigg] = 0.
\end{aligned}
\tag{3.81}
$$

Sea $q = \text{máx}(c_0, c_1 - 1, c_2 - 2)$. Completemos los coeficientes polinómicos de (3.79) de la siguiente manera

$$
\begin{aligned}
\widetilde{\sigma}(x) &= \sum_{j=0}^{q+2} a_j^{(2)} x^j = a_0^{(2)} + a_1^{(2)} x + a_2^{(2)} x^2 + a_3^{(2)} x^3 + \cdots + a_{q+2}^{(2)} x^{q+2}, \\
\widetilde{\tau}(x) &= \sum_{j=0}^{q+1} a_j^{(1)} x^j = a_0^{(1)} + a_1^{(1)} x + a_2^{(1)} x^2 + a_3^{(1)} x^3 + \cdots + a_{q+1}^{(1)} x^{q+1}, \\
\widetilde{\lambda}_n(x) &= \sum_{j=0}^{q} a_j^{(0)} x^j = a_0^{(0)} + a_1^{(0)} x + a_2^{(0)} x^2 + \cdots + a_q^{(0)} x^q,
\end{aligned}
$$

pudiendo ocurrir que algunos de los nuevos coeficientes $a_k^{(i)}$ sean nulos. Ahora (3.81) se puede escribir de forma compacta como

$$\sum_{k=0}^{n} \sum_{i=0}^{2} \sum_{j=0}^{q+i} a_j^{(j)} (-1)^k \frac{(n-k)!}{(n-k-i)!)} \xi_k \, x^{n-k+j-i} = 0. \tag{3.82}$$

Comparando los coeficientes de las potencias de mayor orden ($k = 0$) en (3.82) obtenemos la condición

$$\sum_{i=0}^{2} a_{i+q}^{(i)} \frac{n!}{(n-i)!} = 0,$$

que es una condición necesaria para que la ecuación diferencial (3.79) admita soluciones polinómicas ya que en ella sólo intervienen sus coeficientes. Si comparamos ahora los coeficientes de las potencias x^{n+q-s}, $s = 1, 2, \ldots$, obtenemos las ecuaciones

$$\sum_{m=0}^{s}\sum_{i=0}^{2}\frac{(n+m-s)!}{(n+m-s-i)!)}a_{i+q-m}^{(i)}(-1)^{s-m}\xi_{s-m}=0, \qquad s>1.$$

Como vemos, la expresión anterior nos da una fórmula recurrente para calcular el valor de ξ_s, conocidos los $s-1$ valores anteriores ξ_k, $k = 1, 2, .., s-1$. Despejando el valor ξ_s obtenemos la fórmula (ver [64, §2, Ec. (13) pág. 226])

$$\xi_s = -\frac{\displaystyle\sum_{m=1}^{s}(-1)^m\xi_{s-m}\sum_{i=0}^{2}\frac{(n-s+m)!}{(n-s+m-i)!}a_{i+q-m}^{(i)}}{\displaystyle\sum_{i=0}^{2}\frac{(n-s)!}{(n-s-i)!}a_{i+q}^{(i)}}. \tag{3.83}$$

Esta expresión, junto con (3.80), nos permite calcular los valores y_k para cualquier k y, por tanto, los momentos $\mu_k = y_k/n$ de cualquier orden de la distribución de ceros (2.19) de los polinomios $P_n(x)$, soluciones de (3.79). No obstante, como se deduce de las relaciones (3.80), esta técnica de encontrar los momentos sólo es óptima para los momentos de orden bajo, ya que dichas relaciones son altamente no lineales. Existen otros procedimientos alternativos para calcular los momentos de orden superior que no vamos a considerar aquí (ver [64] y las referencias contenidas en el mismo.)

La densidad WKB de la distribución de ceros

Pasemos a continuación a describir la aproximación *semiclásica o WKB* [26, 247, 248], que nos permitirá obtener una aproximación de la densidad de la distribución real $\rho_n(x)$ (2.18). Partiremos, al igual que antes, de la ecuación diferencial de grado 2 (3.79). Realizando el cambio en la variable dependiente

$$P_n(x) = u(x)\exp\left(-\frac{1}{2}\int\frac{\widetilde{\tau}(x)}{\widetilde{\sigma}(x)}dx\right),$$

podemos escribir la ecuación (3.79) en su forma auto-adjunta

$$\frac{d^2}{dx^2}u(x) + S(x)u(x) = 0, \tag{3.84}$$

donde la función $S(x)$ tiene la forma

$$S(x) = \frac{1}{4\widetilde{\sigma}(x)^2}\left\{2\widetilde{\sigma}(x)[2\widetilde{\lambda}(x) - \widetilde{\tau}'(x)] + \widetilde{\tau}(x)[2\widetilde{\sigma}'(x) - \widetilde{\tau}(x)]\right\}. \tag{3.85}$$

Nótese que $P_n(x)$ y $u(x)$ tienen los mismos ceros. Para que las soluciones de (3.84), y, por tanto, de (3.79), tengan más de un cero en un intervalo dado es preciso que $S(x) > 0$ en dicho intervalo. Ello es consecuencia del siguiente teorema de comparación de Sturm [55, 68, 125]:

Teorema 3.9.1 *(Teorema de comparación de Sturm)*
Sean $u_1(x)$ y $u_2(x)$ soluciones no triviales de $u_1''(x)+p(x)u_1(x)=0$ y $u_2''(x)+q(x)u_2(x)=0$, respectivamente, y $p(x)\geq q(x)$. Entonces $u_1(x)$ se anula, al menos una vez, entre dos ceros consecutivos de $u_2(x)$.

Si consideramos la ecuación $u''(x)+q(x)u(x)=0$, con $q(x)\leq 0$, entonces las soluciones no triviales $u(x)$ no pueden tener más que un cero. La demostración es por reducción al absurdo. Supongamos que las soluciones $u(x)$ se anulan más de una vez entre dos ceros consecutivos de la solución de $u_0''(x)=0$, correspondiente al caso $p(x)\equiv 0\geq q(x)$, entonces según el Teorema de comparación de Sturm la solución $u_0(x)\equiv 1$ de $u_0''(x)=0$ se tendrá que anular al menos una vez entre los ceros consecutivos de $u(x)$, lo cual es una contradicción. ■

En adelante nos interesaremos por los intervalos I donde $S(x)>0$, pues si $S(x)\leq 0$ sólo tenemos, a lo sumo, un cero y, por tanto, no tiene sentido hablar de la densidad de la distribución de ceros. Continuaremos transformando la ecuación diferencial (3.84) realizando la *sustitución de Liouville* definida mediante las expresiones

$$\frac{d\phi(x)}{dx}=\sqrt{S(x)},\ \text{o}\ \phi(x)=\int_{x_0}^{x}\sqrt{S(x)}dx,\qquad V(\phi)\equiv v(x)=\sqrt[4]{S(x)}\,u(x).$$

Esta sustitución se aplica, en general, para transformar las ecuaciones del tipo (3.84) en ecuaciones de la forma $v''(\phi)+f(\phi)v(\phi)=0$, donde $f(\phi)$ es *cercana* a una constante. En nuestro caso al realizar la sustitución de Liouville en (3.84) obtenemos la ecuación

$$V''(\phi)+[1+\delta(\phi)]V(\phi)=0,\quad V''(\phi)\equiv\frac{d^2V(\phi)}{d\phi^2}, \tag{3.86}$$

donde

$$\delta(\phi)\equiv\epsilon(x)=\frac{1}{4[S(x)]^2}\left\{\frac{5[S'(x)]^2}{4[S(x)]}-S''(x)\right\}=\frac{P(x,n)}{Q(x,n)}, \tag{3.87}$$

y $P(x,n)$, $Q(x,n)$ son polinomios en x y n. La solución de (3.86) si $\epsilon(x)\ll 1$ es, en primera aproximación, igual a $V_0(x)=C_1\operatorname{sen}(\phi+C_2)$ (solución de la ecuación $V_0''(\phi)+V_0(\phi)=0$). Para demostrar este resultado podemos escribir la ecuación integral equivalente a (3.86) que se obtiene aplicando el método de variación de las constantes [93] a (3.87)

$$V(\phi)=C_1\operatorname{sen}(\phi+C_2)-\int_{\phi_0}^{\phi}\delta(u)V(u)\operatorname{sen}(\phi-u)du.$$

Esta ecuación se puede resolver por métodos iterativos. Es decir, para obtener la solución de la ecuación integral podemos sustituir la primera aproximación $V_0(\phi)=C_1\operatorname{sen}(\phi+C_2)$ por $V(\phi)$ en la expresión de la derecha y obtenemos la función $V_1(\phi)$. Luego, se sustituye la función $V_1(\phi)$ por $V(\phi)$ en la expresión de la derecha y obtenemos una $V_2(\phi)$, y así sucesivamente. Para poder despreciar los términos de orden superior y restringirnos sólo al valor aproximado $V(\phi)\approx V_0(\phi)$

es necesario que la diferencia entre las primera y segunda aproximaciones V_0 y V_1 cumplan con la condición

$$|V_1(\phi) - V_0(\phi)| = |C_1| \int_{\phi_0}^{\phi} |\delta(u)|\, du \ll 1.$$

En general se verifica que, para los casos a considerar, el grado de $P(x,n)$ es menor que el de $Q(x,n)$, y, por tanto, en cualquier intervalo acotado la condición es válida si n es suficientemente grande (recuérdese que $S(x) > 0$). Para el caso de intervalos no acotados es preciso que

$$\lim_{n\to\infty} \int_{\phi_0}^{\infty} \left| \frac{nP(x,n)}{Q(x,n)} \right| du < \infty.$$

Antes de continuar nuestro estudio de los ceros vamos a convencernos de que podemos utilizar, en vez de la solución exacta V su primera aproximación V_0. Es decir, que el comportamiento de los ceros de ambas es prácticamente el mismo. Para ello nuevamente vamos a remitirnos al Teorema de comparación de Sturm. Sea $\omega = \max_{x\in I} |\delta(\phi)|$. Consideremos las ecuaciones.

$$U_-'' + (1-\omega)U_- = 0, \qquad U_+'' + (1+\omega)U_+ = 0, \qquad V'' + [1+\delta(\phi)]V = 0.$$

Utilizando el Teorema de comparación de Sturm deducimos que entre dos ceros de U_- habrá, al menos, un cero de V y U_+, y entre dos ceros de V habrá, al menos, un cero de U_+. Pero las soluciones de U_+ y U_- son $A\,\mathrm{sen}(\sqrt{1\pm\omega}\,\phi + B)$, respectivamente. Además, cuando $|\delta(\phi)| \ll 1$, $\omega \ll 1$ ambas son prácticamente iguales y, por tanto, sus ceros tienen el mismo comportamiento. Todo ello nos indica que, en primera aproximación, podemos considerar que las propiedades espectrales de la función V y las de V_0 son prácticamente iguales y en el límite $n \to \infty$ ambas coinciden. Luego, la función $u(x)$, solución de la ecuación (3.84), es, en primera aproximación, igual a

$$u(x) = \frac{C_1}{\sqrt[4]{S(x)}}\,\mathrm{sen}(\phi(x) + C_2).$$

Ahora, ya estamos en condiciones de escribir la solución del problema planteado. Ante todo, notemos que $\dfrac{d\phi(x)}{dx} = \sqrt{S(x)} > 0$, o sea, la función $\phi(x)$ es una función creciente en I. Ordenemos los ceros de $u(x)$ en sentido creciente: $x_1 < x_2 < \cdots < x_k < \cdots < x_\nu$ (suponemos que $u(x)$ tiene ν ceros y además como los ceros de $u(x)$ y los de $P_n(x)$ son los mismos, $\nu \to \infty$ si $n \to \infty$). De la expresión anterior deducimos que los ceros x_k de $u(x)$ son tales que $\phi(x_k) = k\pi - C_2$, $k = 1, 2, \ldots, \nu$, donde, sin pérdida de generalidad, hemos supuesto que $\phi(x_1) = \pi - C_2$. Esta relación nos indica que los ceros de $u(x)$ distan en π unidades unos de otros. Además, la función $N(x) = \phi(x)/\pi$ tiene la propiedad $N(x_{k+i}) - N(x_i) = k$, es decir $N(x)$ nos da el número de ceros acumulados de la función $u(x)$ y, por tanto, de $P_n(x)$ y tiene el sentido de una función de distribución. Luego, la densidad de la distribución de ceros de $P_n(x)$ en la aproximación semiclásica o WKB la podemos expresar mediante la fórmula $\rho_{\text{WKB}}(x) = 1/\pi\sqrt{S(x)}$, $x \in I \subseteq \mathbb{R}$.

Todo lo anterior se puede resumir en el siguiente

Teorema 3.9.2 *Sean $S(x)$ y $\epsilon(x)$ las funciones (3.85) y (3.87)*

$$S(x) = \frac{1}{4\widetilde{\sigma}(x)^2}\left\{2\widetilde{\sigma}(x)[2\widetilde{\lambda}(x) - \widetilde{\tau}'(x)] + \widetilde{\tau}(x)[2\widetilde{\sigma}'(x) - \widetilde{\tau}(x)]\right\},$$

$$\delta(\phi) \equiv \epsilon(x) = \frac{1}{4[S(x)]^2}\left\{\frac{5[S'(x)]^2}{4[S(x)]} - S''(x)\right\}.$$

Si $\epsilon(x) \ll 1$[13] entonces la aproximación semiclásica o WKB de la densidad de la distribución de ceros $\rho_n(x)$ (2.18) de las soluciones de la ecuación diferencial de segundo orden (3.79) es

$$\rho_{\text{WKB}}(x) = \frac{1}{\pi}\sqrt{S(x)}, \qquad x \in I \subseteq \mathbb{R}, \tag{3.88}$$

en cualquier intervalo I donde la función $S(x)$ sea positiva.

Existen condiciones bastante generales que nos aseguran que la aproximación *WKB* es una buena aproximación de la densidad de la distribución de ceros, lo cual es equivalente a que exista el límite:

$$\lim_{n\to\infty} \frac{1}{n}\sum_{k=1}^{n} \delta(x - x_{n,k}) = \rho(x), \qquad \text{para cierta } \rho(x) \in \mathrm{C}(\mathbb{R})$$

en el sentido de las distribuciones. Para más detalle véase los trabajos [245, 249] y las referencias contenidas en los mismas.

Si queremos comparar esta distribución $\rho_{\text{WKB}}(x)$ con la real $\rho_n(x)$, es evidente que el candidato más adecuado para aproximar a $\rho_n(x)$ es la función $\rho_{\text{WKB}}(x)/n$ pues el cociente $N(x)/n$ representa la proporción de los ceros menores que un x fijo.

Por comodidad vamos a definir la $\rho_{\text{WKB}}(x)$ de la siguiente forma equivalente

$$\rho_{\text{WKB}}(x) = \frac{1}{2\pi\widetilde{\sigma}(x)}\sqrt{2\widetilde{\sigma}(x)[2\widetilde{\lambda}(x) - \widetilde{\tau}'(x)] + \widetilde{\tau}(x)[2\widetilde{\sigma}'(x) - \widetilde{\tau}(x)]}. \tag{3.89}$$

Densidad WKB de los polinomios clásicos

Polinomios de Jacobi

Comenzaremos calculando la densidad asintótica de los ceros mediante la aproximación WKB para los polinomios de Jacobi $P_n^{\alpha,\beta}(x)$. Para ello utilizamos la ecuación diferencial de segundo orden (3.79), donde

$$\widetilde{\sigma}(x) = (1 - x^2), \quad \widetilde{\tau}(x) = \beta - \alpha - (\alpha + \beta + 2)x, \quad \widetilde{\lambda}_n = n(n + \alpha + \beta + 1).$$

[13]Ello es equivalente a exigir que $\sup_{x\in I}|\epsilon(x)| \ll 1$.

Luego, (3.88) nos conduce a la expresión $\rho^J_{\text{WKB}}(x) =$

$$= \frac{\sqrt{n^2\,(4-4x^2)+4n\,(1+\alpha+\beta)\,(1-x^2)+4-\alpha^2(1+x)^2-2\alpha\,(1+\beta)\,(x^2-1)-\beta\,(\beta-2\beta x-2+(\beta+2)\,x^2)}}{\pi(1-x^2)}.$$

En el caso particular de los polinomios de Legendre $P_n(x) \equiv P_n^{0,0}(x)$, tenemos

$$\rho_{\text{WKB}}(x) = \frac{\sqrt{1+n\,(1+n)\,(1-x^2)}}{\pi\,(1-x^2)}.$$

Obviamente, en ambos casos, cuando n tiende a infinito obtenemos el resultado clásico [92]

$$\lim_{n\to\infty} \frac{1}{n}\rho^J_{\text{WKB}}(x) = \frac{1}{\pi\sqrt{1-x^2}}, \qquad -1 \le x \le 1. \tag{3.90}$$

Polinomios de Laguerre

Pasemos a considerar el caso de los polinomios de Laguerre $L_n^\alpha(x)$. Para dichos polinomios tenemos

$$\widetilde{\sigma}(x) = x, \quad \widetilde{\tau}(x) = \alpha + 1 - x, \quad \widetilde{\lambda}_n = n\,.$$

Luego, (3.88) nos conduce a la expresión

$$\rho^L_{\text{WKB}}(x) = \frac{\sqrt{1-\alpha^2+2\,x+2\,\alpha\,x+4\,n\,x-x^2}}{2\pi x}.$$

Nótese que si ahora hacemos el cambio, $x = n\,y$, la expresión anterior se convierte en

$$\rho^L_{\text{WKB}}(n\,y) = \frac{\sqrt{(4-y)y^{-1} + \dfrac{1-\alpha^2+2n\,y(\alpha+1)y}{n^2y^2}}}{2\pi}.$$

Luego, tomando límites cuando $n \to \infty$ obtenemos la siguiente expresión clásica [62, 73, 108, 180, 248] para la densidad de los ceros[14]

$$\rho^L_{\text{WKB}}(y) = \frac{1}{2\pi}(4-y)^{1/2}y^{-1/2}, \qquad 0 < y < 4\,. \tag{3.91}$$

Polinomios de Hermite

En el caso de los Hermite tenemos

$$\rho^H_{\text{WKB}}(x) = \frac{\sqrt{2n+1-x^2}}{\pi},$$

luego

$$\rho^H_{\text{WKB}}(y) = \lim_{n\to\infty} \frac{1}{\sqrt{n}}\rho^H_{\text{WKB}}(\sqrt{n}y) = \frac{1}{\pi}\sqrt{2-y^2}, \qquad -\sqrt{2} < y < \sqrt{2}\,. \tag{3.92}$$

En el caso de los polinomios de Bessel no podemos usar la expresión (3.88) puesto que los ceros de la mismos son complejos y la teoría desarrollada solo vale para ceros reales. En este caso habrá que usar el método basado en la relación de recurrencia que desarrollaremos a continuación.

[14] Recuérdese que $y = x/n$.

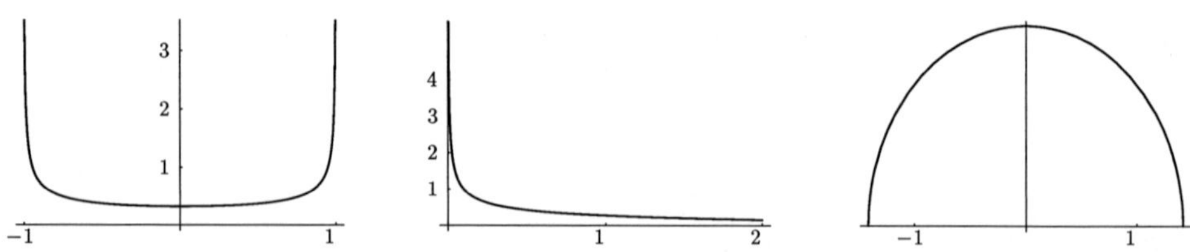

Figura 3.1: Densidad de ceros de los polinomios de Jacobi (izquierda), Laguerre (centro) y Hermite (derecha)

3.9.2. Densidad asintótica a partir de la relación de recurrencia

Sea la relación de recurrencia a tres términos (2.21) que satisface cierta familia de polinomios mónicos

$$P_n(x) = (x - a_n)P_{n-1}(x) - b_{n-1}^2 P_{n-2}(x), \quad P_{-1}(x) = 0, \quad P_0(x) = 1, \quad n \geq 1,$$

donde los coeficientes de recurrencia a_n y b_n^2 están definidos mediante las expresiones

$$a_n = \frac{\sum_{i=0}^{\theta} c_i n^{\theta-i}}{\sum_{i=0}^{\beta} d_i n^{\beta-i}} \equiv \frac{Q_\theta(n)}{Q_\beta(n)}, \qquad b_n^2 = \frac{\sum_{i=0}^{\alpha} e_i n^{\alpha-i}}{\sum_{i=0}^{\gamma} f_i n^{\gamma-i}} \equiv \frac{Q_\alpha(n)}{Q_\gamma(n)}. \tag{3.93}$$

Supondremos que los parámetros que definen a a_n y b_n^2 son reales y que los e_i y f_i son tales que $b_n^2 \neq 0$, para $n \geq 1$. Entonces, el Teorema de Favard 2.4.2 nos asegura que estamos en presencia de una familia de polinomios ortogonales $(P_n)_n$. Además, a esta clase de polinomios con una RRTT con coeficientes de la forma (3.93) pertenecen todos los polinomios clásicos, tanto continuos como discretos.

Teorema 3.9.3 (Dehesa) *Sea $(P_n)_n$ un sistema de polinomios definidos a partir de la relación de recurrencia (2.21), caracterizada por las sucesiones $(a_n)_n$ y $(b_n)_n$. Sean ρ, ρ^* y ρ^{**} las densidades asintóticas de la distribución de los ceros del polinomio P_n definidas por*

$$\rho(x) = \lim_{n\to\infty} \rho_n(x), \quad \rho^*(x) = \lim_{n\to\infty} \rho_n\left(\frac{x}{n^{\frac{1}{2}(\alpha-\gamma)}}\right), \quad \rho^{**}(x) = \lim_{n\to\infty} \rho_n\left(\frac{x}{n^{(\theta-\beta)}}\right), \tag{3.94}$$

donde ρ_n viene dada por (2.18), y los momentos correspondientes a las funciones ρ, ρ^*, y ρ^{**} son

$$\mu_m' = \lim_{n\to\infty} \mu_m'^{(n)}, \quad \mu_m'' = \lim_{n\to\infty} \frac{\mu_m'^{(n)}}{n^{\frac{m}{2}(\alpha-\gamma)}}, \quad \mu_m''' = \lim_{n\to\infty} \frac{\mu_m'^{(n)}}{n^{m(\theta-\beta)}}. \tag{3.95}$$

Entonces, de acuerdo con el comportamiento asintótico de sus ceros, la familias de polinomios $(P_n)_n$, se pueden dividir en las siguientes siete clases:

1. *Clase $\theta < \beta$ y $\alpha < \gamma$. Lo distribución de ceros de los polinomios pertenecientes a esta clase está caracterizada por las magnitudes*

$$\mu_0' = 1, \qquad \mu_m' = 0, \qquad m = 1, 2, \ldots$$

2. *Clase $\theta < \beta$ y $\alpha = \gamma$. Para los polinomios de esta clase se tiene que*

$$\mu_{2m}' = \left(\frac{e_0}{f_0}\right)^m \binom{2m}{m}, \quad \mu_{2m+1}' = 0, \quad m = 0, 1, 2, \ldots$$

3. *Clase $\theta \leq \beta$ y $\alpha > \gamma$. Los polinomios de esta clase son tales que*

$$\mu_{2m}'' = \frac{1}{m(\alpha - \gamma) + 1} \left(\frac{e_0}{f_0}\right)^m \binom{2m}{m}, \quad \mu_{2m+1}'' = 0, \quad m = 0, 1, 2, \ldots$$

4. *Clase $\theta = \beta$ y $\alpha < \gamma$. En este caso se tiene que*

$$\mu_m' = \left(\frac{c_0}{d_0}\right)^m, \quad m = 0, 1, 2, \ldots$$

5. *Clase $\theta = \beta$ y $\alpha = \gamma$. Para los polinomios de esta clase se tiene que*

$$\mu_m' = \sum_{i=0}^{[\frac{m}{2}]} \left(\frac{c_0}{d_0}\right)^{m-2i} \left(\frac{e_0}{f_0}\right)^i \binom{2i}{i} \binom{m}{2i}, \quad m = 0, 1, 2, \ldots$$

6. *Clase $\theta > \beta$ y $\alpha \leq \gamma$. Para los polinomios pertenecientes a esta clase se tiene que*

$$\mu_m''' = \frac{1}{m(\theta - \beta) + 1} \left(\frac{c_0}{d_0}\right)^m, \quad m = 0, 1, 2, \ldots$$

7. *Clase $\theta > \beta$ y $\alpha > \gamma$. Aquí hay que distinguir tres casos:*

   a) *Caso $\theta - \beta > \frac{1}{2}(\alpha - \gamma)$. Los polinomios de esta subclase son tales que (véase el caso 6)*

$$\mu_m''' = \frac{1}{m(\theta - \beta) + 1} \left(\frac{c_0}{d_0}\right)^m, \quad m = 0, 1, 2, \ldots$$

   b) *Caso $\theta - \beta = \frac{1}{2}(\alpha - \gamma)$. Para los polinomios de esta subclase se tiene que*

$$\mu_m''' = \frac{1}{m(\theta - \beta) + 1} \sum_{i=0}^{[\frac{m}{2}]} \left(\frac{c_0}{d_0}\right)^{m-2i} \left(\frac{e_0}{f_0}\right)^i \binom{2i}{i} \binom{m}{2i}, \quad m = 0, 1, 2, \ldots$$

   c) *Caso $\theta - \beta < \frac{1}{2}(\alpha - \gamma)$. Los polinomios de esta subclase son tales que (véase el caso 3)*

$$\mu_{2m}'' = \frac{1}{m(\alpha - \gamma) + 1} \left(\frac{e_0}{f_0}\right)^m \binom{2m}{m}, \quad \mu_{2m+1}'' = 0, \quad m = 0, 1, 2, \ldots$$

Figura 3.2: Clasificación de los polinomios ortogonales en función de sus propiedades espectrales medias

$$
\begin{array}{lll}
\theta < \beta & \begin{cases} \alpha < \gamma & (1) \\ \alpha = \gamma & (2) \end{cases} & \\
\theta \leq \beta & \begin{cases} \alpha > \gamma & (3) \end{cases} & \\
\theta = \beta & \begin{cases} \alpha < \gamma & (4) \\ \alpha = \gamma & (5) \end{cases} & \\
\theta > \beta & \begin{cases} \alpha \leq \gamma & (6) \\ \alpha > \gamma & \begin{cases} \theta - \beta > \frac{1}{2}(\alpha - \gamma) & 7(a) \\ \theta - \beta = \frac{1}{2}(\alpha - \gamma) & 7(b) \\ \theta - \beta < \frac{1}{2}(\alpha - \gamma) & 7(c) \end{cases} \end{cases} &
\end{array}
$$

El teorema anterior caracteriza completamente las familias de polinomios que satisfacen una relación de recurrencia a tres términos (2.21) cuyos coeficientes a_n y b_n^2 son funciones racionales de n (grado del polinomio). Como mencionamos anteriormente, este teorema fue probado en el ámbito de las matrices tridiagonales. Es importante destacar aquí que para su demostración sólo se precisa del lema 2.7.1 sin imponer ninguna condición adicional sobre los coeficientes de la relación de recurrencia. Este hecho será de importancia en los ejemplos a considerar.

La demostración de este teorema se puede encontrar en [78].

Finalmente, vamos a enunciar otro teorema que, aunque menos general, complementa al anterior (aunque no aporta resultados nuevos) y que sólo es válido para familias *infinitas* de polinomios ortogonales.

Teorema 3.9.4 (Nevai y Dehesa [180]) *Sean $\mathbb{R}$ y $\mathbb{R}^+$ respectivamente el conjunto de los números reales y el de los reales positivos. Sea $\phi : \mathbb{R}^+ \mapsto \mathbb{R}^+$ una función no decreciente tal que, para todo $t \in \mathbb{R}$ se cumpla que $\lim_{x\to\infty} \phi(x+t)/\phi(x) = 1$. Supongamos, además, que existen dos números a y $b \geq 0$ tales que los coeficientes en la relación de recurrencia (2.21) satisfagan las relaciones*

$$\lim_{n\to\infty} \frac{a_n}{\phi(n)} = a, \qquad \lim_{n\to\infty} \frac{b_n}{\phi(n)} = \frac{b}{2}.$$

Entonces, si x_{nk} son los ceros del polinomio $P_n(x)$, para cada m natural se tiene

$$\lim_{n\to\infty} \frac{\displaystyle\sum_{k=1}^{n} x_{nk}^m}{\displaystyle\int_0^n [\phi(t)]^m dt} = \sum_{j=0}^{[\frac{m}{2}]} b^{2j} a^{m-2j} 2^{-2j} \binom{2j}{j} \binom{m}{2j} = a^m \, {}_2F_1\left(\begin{matrix} -\frac{m}{2}, \frac{1-m}{2} \\ 1 \end{matrix} \,\middle|\, \frac{b^2}{a^2} \right). \tag{3.96}$$

3.9.3. Aplicación a los polinomios clásicos

Polinomios de Jacobi

Como los polinomios de Jacobi satisfacen una relación de recurrencia a tres términos, también podemos echar mano de los teoremas 3.9.3 y 3.9.4. En efecto, como para los polinomios de Jacobi los coeficientes a_n y b_n^2 de la relación de recurrencia (2.21) se expresan mediante las fórmulas

$$\begin{aligned} a_{n+1} &= \frac{\beta^2-\alpha^2}{(2n+\alpha+\beta)(2n-2+\alpha+\beta)}, \\ b_n^2 &= \frac{4n(n+\alpha)(n+\beta)(n+\alpha+\beta)}{(2n+\alpha+\beta-1)(2n+\alpha+\beta)^2(2n+\alpha+\beta+1)}, \end{aligned} \tag{3.97}$$

y por tanto,

$$a_n = \frac{\beta^2-\alpha^2}{4n^4} + O\left(\frac{1}{n^3}\right), \quad b_n^2 = \frac{4}{16} + O\left(\frac{1}{n}\right).$$

Luego, el teorema 3.9.3 nos indica que estamos en presencia de una familia de polinomios de la clase 2 con los parámetros $\theta = 0$, $\beta = 2$, $\alpha = \gamma = 4$, y $(e_0, f_0) = (4, 16)$. Por tanto, los momentos asintóticos de la densidad ρ de la distribución de ceros se expresa por

$$\mu'_{2m} = \left(\frac{1}{2}\right)^{2m} \binom{2m}{m}, \quad \mu'_{2m+1} = 0, \quad m = 0, 1, 2, \ldots \tag{3.98}$$

que caracterizan a la función densidad (3.90) obtenida anteriormente.[15] Utilicemos ahora el teorema 3.9.4. En este caso, escogemos $\phi(n) = 1$, por tanto $a = 0$, $b = 1$, luego el teorema 3.9.4 nos conduce a la expresión

$$\lim_{n\to\infty} \frac{1}{n}\sum_{k=1}^{n} x_{nk}^m = \sum_{j=0}^{[\frac{m}{2}]} b^{2j} a^{m-2j} 2^{-2j} \binom{2j}{j}\binom{m}{2j} = \left(\frac{1}{2}\right)^{2k}\binom{2k}{k}, \quad \text{si } m = 2k$$

y 0 en si $m = 2k + 1$, i.e., coincide con (3.98).

Finalmente, para calcular los momentos espectrales para cada n podemos utilizar cualquiera de los métodos aquí descritos, o bien a partir de la ecuación diferencial (3.79), mediante las expresiones (3.83) y (3.80), o bien a partir de la ecuación de recurrencia, es decir utilizando (2.22). Ello nos conduce a las siguientes expresiones

$$\mu_1'^{(n)} = \frac{\beta-\alpha}{2n+\alpha+\beta},$$

$$\mu_2'^{(n)} = \frac{4n^3+4n^2(\alpha+\beta-1)+2n\left((\alpha-2)\alpha+(\beta-2)\beta\right)+(\alpha+\beta)\left(\alpha^2+(\beta-1)\beta-\alpha(1+2\beta)\right)}{(2n-1+\alpha+\beta)(2n+\alpha+\beta)^2},$$

[15]En este caso estamos en presencia de un problema de momentos determinado (intervalo acotado).

$$\mu_3^{\prime(n)} = -\frac{1}{(-2+2n+\alpha+\beta)\,(2n+\alpha+\beta-1)\,(2n+\alpha+\beta)^3}\times$$
$$\Big[(\alpha-\beta)\,(16n^4+4n^2\,(\alpha+\beta-2)\,(4\alpha+4\beta-1)+4n^3\,(7\alpha+7\beta-6)+$$
$$(\alpha+\beta)^2\,(2+(\alpha-3)\,\alpha-3\beta-2\alpha\beta+\beta^2)+2n\,(\alpha+\beta)\,(4+\alpha\,(2\alpha-9)-9\beta+2\alpha\beta+2\beta^2))\Big].$$

Polinomios de Laguerre

Consideremos ahora los polinomios de Laguerre. En este caso los coeficientes a_n y b_n^2 de la relación de recurrencia (2.21) se expresan mediante las fórmulas

$$a_{n+1} = 2n + \alpha - 1, \quad b_n^2 = n(n+\alpha). \tag{3.99}$$

Luego, pertenecen a la clase $7b$ descrita en el teorema 3.9.3 con parámetros $\theta = 1$, $\beta = 0$, $\alpha = 2$, $\gamma = 0$, y $(c_0, d_0) = (2, 1)$, $(e_0, f_0) = (1, 1)$, respectivamente y sus momentos espectrales asintóticos son

$$\mu_m''' = \frac{1}{m+1}\sum_{i=0}^{[\frac{m}{2}]} 2^{m-2i}\binom{2i}{i}\binom{m}{2i} = \frac{1}{m+1}\binom{2m}{m}, \quad m = 0, 1, 2, \dots, \tag{3.100}$$

que caracterizan un caso especial de la distribución Beta [131, Vol. 2, p. 210]. Concretamente,

$$\rho\left(\frac{x}{n}\right) = \frac{1}{2\pi}\left(\frac{x}{n}\right)^{-\frac{1}{2}}\left(4 - \frac{x}{n}\right)^{\frac{1}{2}}, \quad 0 \le \frac{x}{n} \le 4, \tag{3.101}$$

y coincide con (3.91). Obviamente si utilizamos el teorema 3.9.4 obtenemos el mismo resultado. Para ello basta utilizar como función $\phi(n) = n$ y notar que entonces $a = b = 2$.

Finalmente, para los momentos espectrales de los polinomios de Laguerre las ecuaciones (3.83) y (3.80), o (2.22) nos conducen a

$$\mu_1^{\prime(n)} = n + \alpha, \quad \mu_2^{\prime(n)} = (n+\alpha)\,(2n+\alpha-1)\,,$$
$$\mu_3^{\prime(n)} = (n+\alpha)\left(5n^2 + n\,(5\alpha-6) + \alpha^2 - 3\alpha + 2\right),$$
$$\mu_4^{\prime(n)} = (n+\alpha)\left(14n^3 + n^2\,(21\alpha-29) + n\,(\alpha-2)\,(9\alpha-11) + (\alpha-3)\,(\alpha-2)\,(\alpha-1)\right).$$

Polinomios de Hermite

Para los polinomios de Hermite $H_n(x)$ tenemos

$$a_n = 0, \quad b_n^2 = \frac{n}{2}. \tag{3.102}$$

Por tanto tienen la forma (3.93) con los parámetros $\theta = \beta = 0$, $\alpha = 1$ y $\gamma = 0$, así como $(e_0, f_0) = (1/2, 1)$. Luego pertenecen a cualquiera de las dos clases 3 y $7c$ descritas en el teorema 3.9.3, luego su distribución asintótica de ceros $\rho^{**}(x) = \lim_{n\to\infty}\rho\,(x/n)$ tiene los momentos

$$\mu_{2m}'' = \frac{1}{m+1}\left(\frac{1}{\sqrt{2}}\right)^{2m}\binom{2m}{m}, \quad \mu_{2m+1}'' = 0, \quad m = 0, 1, 2, \dots, \tag{3.103}$$

que corresponden a un caso especial de la distribución Beta [131, Vol. 2, p. 210]: la distribución semicircular. Por tanto la densidad de ceros se expresa como

$$\rho\left(\frac{x}{\sqrt{2n}}\right) = \frac{1}{\pi\sqrt{n}}\sqrt{1-\left(\frac{x}{\sqrt{2n}}\right)^2}, \quad -1 \le \frac{x}{\sqrt{2n}} \le 1, \tag{3.104}$$

que coincide con la obtenida usando otros métodos —comparar con la expresión (3.91) obtenida en el apartado anterior— por distintos autores [62, 73, 180, 108, 231].

Del teorema 2.7.1 se sigue la siguiente expresión para los momentos pares

$$\mu_{2m}^{\prime(n)} = \frac{2}{n}\sum_{p=1}^{k}\left(\sum_{(2m)} F(0, r_1, 0, r_2, \ldots, 0, r_p)\right)\sum_{i=1}^{n-p}\prod_{k=1}^{p}\left[\frac{i+k-1}{2}\right]^{r_k},$$

y $\mu_{2n+1}^{\prime(n)} = 0$ para los momentos impares, luego

$$\mu_1^{\prime(n)} = 0, \quad \mu_2^{\prime(n)} = \frac{n-1}{2}, \quad \mu_3^{\prime(n)} = 0, \quad \mu_4^{\prime(n)} = \frac{(n-1)(2n-3)}{4},$$

$$\mu_5 = 0, \quad \mu_6 = \frac{5n^3 - 20n^2 + 32n - 15}{8},$$

para los primeros seis momentos.

Polinomios de Bessel

Los polinomios de Bessel $B_n^\alpha(x)$ satisfacen una relación de recurrencia del tipo (2.21) donde

$$a_n = -\frac{2\alpha}{(2n+\alpha)(2n+\alpha-2)}, \quad b_n^2 = -\frac{4n(n+\alpha)}{(2n+\alpha+1)(2n+\alpha)^2(2n+\alpha-1)}. \tag{3.105}$$

Por tanto,

$$a_n = -\frac{2\alpha}{4n^2} + O\left(\frac{1}{n^3}\right), \quad b_n^2 = -\frac{1}{4n^2} + O\left(\frac{1}{n^3}\right).$$

Estos coeficientes son del tipo (3.93) con parámetros $\theta = 0$, $\beta = 2$, $\alpha = 2$ y $\gamma = 4$. Luego los polinomios de Bessel pertenecen a la clase 1 del teorema 3.9.3 y, por tanto, sus momentos asintóticos son

$$\mu_0' = 1, \quad \mu_m' = 0, \quad m = 1, 2, \ldots, \tag{3.106}$$

que corresponden a la densidad "Delta" de Dirac

$$\rho(x) = \delta(x). \tag{3.107}$$

Finalmente, usando el teorema 2.7.1 tenemos

$$\mu_m^{\prime(n)} = \frac{1}{n}\sum_{(m)} F(r_1', r_1, \ldots, r_j, r_{j+1}')\sum_{i=1}^{n-s}\prod_{k=1}^{j+1}\left[\frac{-2\alpha}{[2(i+k-2)+\alpha][2(i+k-2)+\alpha]}\right]^{r_k'} \times$$

$$\prod_{k=1}^{j}\left[\frac{-4(i+k-1)(i+k-1+\alpha)}{[2(i+k-1)+\alpha]^2[2(i+k-1)+\alpha-1][2(i+k-1)+\alpha+1]}\right]^{r_k},$$

para el momento de orden m, de donde se deducen las siguientes expresiones

$$\mu_1'^{(n)} = -\frac{2}{2n+\alpha}, \quad \mu_2'^{(n)} = \frac{4(n+\alpha)}{(2n+\alpha-1)(2n+\alpha)^2},$$

$$\mu_3'^{(n)} = \frac{-8\alpha(n+\alpha)}{(2n+\alpha-1)(2n+\alpha-2)(2n+\alpha)^3},$$

para los primeros tres momentos.

Capítulo 4

Los polinomios de variable discreta

> Cada problema que resuelvo se convierte en una regla la cual luego sirve para resolver nuevos problemas.
>
> R. Descartes
>
> En *"Discours de la Méthode"*

4.1. La ecuación en diferencias de tipo hipergeométrico

En este capítulo vamos a estudiar los polinomios ortogonales clásicos de variable *discreta* definidos sobre el eje real. En el apartado anterior hemos considerado las soluciones polinómicas de la ecuación diferencial hipergeométrica

$$\widetilde{\sigma}(x)y'' + \widetilde{\tau}(x)y' + \lambda y = 0, \tag{4.1}$$

donde $\widetilde{\sigma}$ y $\widetilde{\tau}$ son polinomios de grados a lo sumo 2 y 1, respectivamente.

Supongamos que queremos resolver númericamente la ecuación (4.1). La manera más sencilla consiste en discretizar (4.1) en una red uniforme. Para ello dividimos el intervalo $[a, b]$ donde queremos encontrar la solución y aproximamos las derivadas primera y segunda mediante las expresiones

$$y'(x) \sim \frac{1}{2}\left[\frac{y(x+h)-y(x)}{h} + \frac{y(x)-y(x-h)}{h}\right],$$

$$y''(x) \sim \frac{1}{h}\left[\frac{y(x+h)-y(x)}{h} - \frac{y(x)-y(x-h)}{h}\right].$$

Esquemáticamente estamos usando una red equidistante como la que se muestra en la figura 4.1. Si sustituimos las expresiones anteriores para las derivadas en (4.1) obtenemos una ecuación en

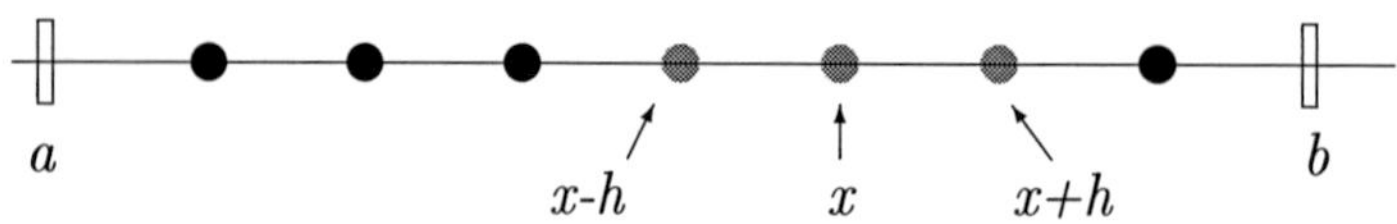

Figura 4.1: Discretización en una red uniforme

diferencias de la forma

$$\begin{aligned} \widetilde{\sigma}(x)\frac{1}{h}\left[\frac{y(x+h)-y(x)}{h}-\frac{y(x)-y(x-h)}{h}\right]+ \\ +\frac{\widetilde{\tau}(x)}{2}\left[\frac{y(x+h)-y(x)}{h}+\frac{y(x)-y(x-h)}{h}\right]+\lambda y(x)=0. \end{aligned} \tag{4.2}$$

Es sencillo comprobar que (4.2) aproxima la ecuación original (4.1) en una red uniforme con paso $\Delta x = h$ hasta un orden de $O(h^2)$.

Con un cambio lineal de las variables $x \to hx$, y de las funciones $y(hx) \to y(x)$, $\widetilde{\sigma}(hx)h^{-2} \to \widetilde{\sigma}(x)$, $\widetilde{\tau}(hx)h^{-1} \to \widetilde{\tau}(x)$, la ecuación (4.2) puede ser reescrita en la forma

$$\sigma(x)\Delta\nabla y(x)+\tau(x)\Delta y(x)+\lambda y(x)=0, \tag{4.3}$$

donde $\sigma(x)=\widetilde{\sigma}(x)-\frac{1}{2}\widetilde{\tau}(x)$, $\tau(x)=\widetilde{\tau}(x)$ y Δ y ∇ son los operadores lineales definidos por

$$\Delta f(x)=f(x+1)-f(x),\quad \nabla f(x)=f(x)-f(x-1).$$

conocidos como[1] *operadores en diferencias finitas progresivas y regresivas*, respectivamente.

En adelante vamos a utilizar algunas propiedades elementales de ambos operadores que enunciaremos en el siguiente lema cuya demostración omitiremos[2].

Lema 4.1.1 *Los operadores en diferencias finitas Δ y ∇ cumplen las siguientes propiedades:*

1. $\Delta f(x)=\nabla f(x+1)$.
2. $\Delta\nabla f(x)=\nabla\Delta f(x)$.
3. $\Delta[f(x)g(x)]=f(x)\Delta g(x)+g(x+1)\Delta f(x)$.
4. *Los análogos de la fórmula de Leibniz*

$$\nabla^n[f(x)g(x)]=\sum_{k=0}^{n}\binom{n}{k}\nabla^k[f(x)]\nabla^{n-k}[g(x-k)],$$

$$\Delta^n[f(x)g(x)]=\sum_{k=0}^{n}\binom{n}{k}\Delta^k[f(x+n-k)]\Delta^{n-k}[g(x)],$$

siendo $\binom{n}{k}$ los coeficientes binomiales definidos en (2.36).

[1]En general $\Delta_h f(x)=f(x+h)-f(x)$ y $\nabla_h f(x)=f(x)-f(x-h)$.

[2]Las demostraciones suelen ser directas o bien por inducción lo cual el lector puede comprobar fácilmente.

5. *Se cumplen las fórmulas*

$$\nabla^n[f(x)] = \sum_{k=0}^{n}(-1)^k\binom{n}{k}f(x-k), \quad \Delta^n[f(x)] = \sum_{k=0}^{n}(-1)^k\binom{n}{k}f(x+n-k).$$

6. *Las fórmulas de suma por partes, donde* $x_{i+1} = x_i + 1$

$$\sum_{x_i=a}^{b-1} f(x_i)\Delta g(x_i) = f(x)g(x)\Big|_a^b - \sum_{x_i=a}^{b-1} g(x_i+1)\Delta f(x_i) \ ,$$

$$\sum_{x_i=a}^{b-1} f(x_i)\nabla g(x_i) = f(x)g(x)\Big|_{a-1}^{b-1} - \sum_{x_i=a}^{b-1} g(x_i-1)\nabla f(x_i).$$

7. *Si* P_n *es un polinomio de grado* n *entonces* $\Delta P_n(x)$ *y* $\nabla P_n(x)$ *son polinomios de grado* $n-1$ *y, por tanto,* $\Delta^n P_n(x) = \nabla^n P_n(x) = P_n^{(n)} = n!a_n$*, donde* a_n *es el coeficiente principal de* P_n*.*

A la ecuación (4.3) se le denomina *ecuación en diferencias de tipo hipergeométrico* y sus soluciones polinómicas se conocen como polinomios discretos de tipo hipergeométrico. Además, las soluciones y de la ecuación (4.3) cumplen con la propiedad de que sus *k-ésimas diferencias finitas*, $\Delta^k y \equiv y_k$, satisfacen una ecuación del mismo tipo. Dicha propiedad también se conoce como *propiedad de hipergeometricidad.*

Para comprobar esta afirmación hacemos actuar el operador Δ k veces consecutivas sobre (4.3) y encontramos que y_k satisface una ecuación de la forma[3] ($\mu_0 = \lambda$)

$$\sigma(x)\Delta\nabla y_k + \tau_k(x)\Delta y_k + \mu_k y_k = 0,$$

(4.4)

$$\tau_k(x) = \tau_{k-1}(x+1) + \Delta\sigma(x), \qquad \mu_k = \mu_{k-1} + \Delta\tau_{k-1}(x).$$

De hecho, se puede comprobar que cualquier solución de (4.4) es la k-ésima diferencia $\Delta^k y$ de una solución y de (4.3). La demostración es completamente análoga a la del caso clásico y la omitiremos (ver e.g. [189, Capítulo II, §2.1]).

A partir de (4.4) mediante un cálculo sencillo se tiene

(4.5) $$\tau_k(x) = \tau(x+k) + \sigma(x+k) - \sigma(x),$$

(4.6) $$\mu_k = \lambda + k\Delta\tau(x) + \tfrac{1}{2}k(k-1)\Delta^2\sigma(x),$$

En efecto, para demostrar (4.5) basta escribir $\tau_k(x) = \tau_{k-1}(x+1) + \Delta\sigma(x)$ de la forma $\tau_k(x) + \sigma(x) = \tau_{k-1}(x+1) + \sigma(x+1)$. Si continuamos el proceso de manera recurrente obtenemos el

[3]Nuevamente por μ_m denotaremos los autovalores de la ecuación en diferencias (4.4) y no los momentos (2.4).

resultado deseado. Nótese además que de la expresión (4.5) se deduce que τ_k es un polinomio en x a lo sumo de grado 1. Para deducir (4.6) basta comprobar que $\Delta\tau_k(x) = \Delta\tau(x) + k\Delta^2\sigma(x)$, lo cual es evidente a partir de $\tau_k(x) = \tau_{k-1}(x+1) + \Delta\sigma(x)$ si aplicamos Δ a ambos miembros y utilizamos la propiedad de que $\Delta\tau_k(x)$ y $\Delta^2\sigma(x)$ son independientes de x. Es decir,

$$\Delta\tau_k(x) = \Delta\tau_{k-1}(x) + \Delta^2\sigma(x) = \cdots = \Delta\tau(x) + k\Delta^2\sigma(x),$$

y por tanto (4.4) nos conduce a la expresión

$$\mu_m - \mu_{m-1} = \Delta\tau(x) + (m-1)\Delta^2\sigma(x),$$

de la cual, sumando desde $m = 0$ hasta k, obtenemos (4.6).

En adelante usaremos la siguiente notación, muy útil, para τ, τ_k y σ

$$\sigma(x) = \frac{\sigma''}{2}x^2 + \sigma'(0)x + \sigma(0), \quad \tau(x) = \tau' x + \tau(0), \quad \tau_k(x) = \tau_k' x + \tau_k(0). \tag{4.7}$$

Usando (4.5), deducimos que

$$\tau_k' = \tau' + \sigma'' k, \qquad \tau_k(0) = \tau(0) + \tau' k + \sigma' k + \frac{\sigma''}{2}k^2. \tag{4.8}$$

4.1.1. La ecuación autoadjunta y sus consecuencias

La propiedad de hipergeometricidad, al igual que en el caso continuo, es de gran importancia pues nos permite encontrar explícitamente una fórmula para los polinomios que satisfacen la ecuación en diferencias (4.3). Para ello, al igual que antes, escribimos (4.3) y (4.4) en su forma *simétrica o autoconjugada*

$$\Delta[\sigma(x)\rho(x)\nabla y] + \lambda\rho(x)y = 0, \qquad \Delta[\sigma(x)\rho_k(x)\nabla y_k] + \mu_k\rho_k(x)y_k = 0, \tag{4.9}$$

donde ρ y ρ_k son funciones de simetrización que satisfacen las ecuaciones en diferencias de primer orden de tipo Pearson

$$\Delta[\sigma(x)\rho(x)] = \tau(x)\rho(x), \qquad \Delta[\sigma(x)\rho_k(x)] = \tau_k(x)\rho_k(x). \tag{4.10}$$

Si ρ es conocida, utilizando las ecuaciones anteriores obtenemos para ρ_k la expresión

$$\rho_k(x) = \rho(x+k)\prod_{m=1}^{k}\sigma(x+m). \tag{4.11}$$

En efecto, la ecuación $\Delta[\sigma(x)\rho_k(x)] = \tau_k(x)\rho_k(x)$ la podemos reescribir, usando (4.4), de la forma

$$\frac{\sigma(x+1)\rho_k(x+1)}{\rho_k(x)} = \tau_k(x) + \sigma(x) = \tau_{k-1}(x+1) + \sigma(x+1) = \frac{\sigma(x+2)\rho_{k-1}(x+2)}{\rho_{k-1}(x+1)}.$$

O sea, $\dfrac{\rho_k(x)}{\sigma(x+1)\rho_{k-1}(x+1)}$ es una función periódica de período 1 que, sin pérdida de generalidad, podemos tomar igual a 1. Luego, $\rho_k(x) = \sigma(x+1)\rho_{k-1}(x+1)$, de donde por inducción se sigue (4.11).

Teorema 4.1.1 *Las soluciones polinómicas de la ecuación (4.4) se expresan mediante la fórmula de Rodrigues*

$$\Delta^k P_n(x) = \frac{A_{nk}B_n}{\rho_k(x)}\nabla^{n-k}[\rho_n(x)], \tag{4.12}$$

donde $B_n = P_n^{(n)}/A_{nn}$ *y*[4]

$$A_{nk} = A_k(\lambda_n) = \frac{n!}{(n-k)!}\prod_{m=0}^{k-1}[\tau' + \tfrac{1}{2}(n+m-1)\sigma'']. \tag{4.13}$$

Además, el autovalor μ_m *de (4.4) se expresa mediante la fórmula*

$$\mu_{nk} = \mu_k(\lambda_n) = -(n-k)\left(\Delta\tau(x) + \frac{(n+k-1)}{2}\Delta^2\sigma(x)\right), \tag{4.14}$$

Demostración: Para encontrar una expresión explícita de las soluciones de la ecuación (4.3) vamos a escribir la ecuación autoconjugada para las diferencias finitas de la siguiente forma

$$\rho_k(x)y_k(x) = -\frac{1}{\mu_k}\Delta[\sigma(x)\rho_k(x)\nabla y_k(x)] =$$
$$= -\frac{1}{\mu_k}\nabla[\sigma(x+1)\rho_k(x+1)\nabla y_k(x+1)] = -\frac{1}{\mu_k}\nabla[\rho_{k+1}(x)y_{k+1}(x)],$$

donde hemos usado (4.11). De lo anterior se concluye que

$$\rho_k(x)y_k = \frac{A_k}{A_n}\nabla^{n-k}[\rho_n(x)y_n], \qquad A_k = (-1)^k\prod_{m=0}^{k-1}\mu_m, \qquad A_0 = 1.$$

Como estamos buscando soluciones polinómicas, $y \equiv P_n$, tenemos que $\Delta^n P_n(x)$ es una constante. Por tanto, para las diferencias finitas de orden k, $\Delta^k P_n(x)$, obtenemos la expresión

$$\Delta^k P_n(x) = \frac{A_{nk}B_n}{\rho_k(x)}\nabla^{n-k}[\rho_n(x)],$$

donde $A_{nk} = A_k(\lambda)|_{\lambda=\lambda_n}$ y $B_n = \Delta^n P_n/A_{nn}$. Como $P_n^{(n)} = n!a_n$ es constante, de (4.4) se deduce que $\mu_n = 0$, luego $\lambda_n + n\Delta\tau(x) + n(n-1)\Delta^2\sigma(x)/2 = 0$, de donde obtenemos que el autovalor λ_n de (4.3) es

$$\lambda \equiv \lambda_n = -n\tau' - \frac{n(n-1)}{2}\sigma''. \tag{4.15}$$

Nótese que $\Delta\tau(x) = \tau'$ y $\Delta^2\sigma(x) = \sigma''$. Sustituyendo la expresión anterior (4.15) en (4.4) obtenemos el valor de $\mu_{nk} = \mu_k(\lambda_n)$ (4.14). Para obtener A_{nm} utilizamos la fórmula $A_{nk} = (-1)^k\prod_{m=0}^{k-1}\mu_{nm}$, y valores de μ_{nk} obtenidos antes. ∎

La fórmula (4.15) determina los autovalores y es conocida como condición de *hipergeometricidad* de la ecuación en diferencias (4.3). Otra forma de deducir (4.15) consiste en sustituir el polinomio P_n en (4.3) e igualar los coeficientes de la potencia x^n.

[4]Usando la expresión (4.15) podemos obtener la expresión alternativa $A_{nm} = (-n)_m\prod_{k=0}^{m-1}\frac{\lambda_{n+k}}{(n+k)}$.

Nota 4.1.1 *Aquí, como en el caso "continuo", también hemos asumido que $\mu_{nk} \neq 0$ para $k = 0, 1, \dots, n-1$. De la expresión explícita (4.14) deducimos que para que ello ocurra es suficiente que $\tau' + n\sigma''/2 \neq 0$ para todo $n = 0, 1, 2, \dots$. Esto también se traduce en una condición de regularidad [101].*

Cuando $k = 0$ la fórmula (4.12) se convierte en el análogo discreto de la fórmula de Rodrigues para los polinomios de variable discreta

$$P_n(x) = \frac{B_n}{\rho(x)} \nabla^n \left[\rho(x+n) \prod_{m=1}^{n} \sigma(x+m) \right], \qquad n = 0, 1, 2, \dots \; . \tag{4.16}$$

Hasta ahora, como en el caso continuo, sólo nos ha interesado encontrar soluciones polinómicas de la ecuación en diferencias (4.3). Si también queremos que dichas soluciones sean ortogonales tenemos que exigir algunas condiciones extra. Análogamente, a partir de las ecuaciones (4.9) podemos demostrar la ortogonalidad de las soluciones polinómicas respecto a la función peso ρ.

Teorema 4.1.2 *Supongamos que*

$$x^k \sigma(x) \rho(x) \Big|_a^b = 0, \qquad \text{para todo } k \geq 0. \tag{4.17}$$

Entonces las soluciones polinómicas P_n de la ecuación (4.3) son ortogonales, dos a dos, respecto a la función peso ρ definida por la ecuación $\Delta[\sigma(x)\rho(x)] = \tau(x)\rho(x)$, es decir

$$\sum_{x_i=a}^{b-1} P_n(x_i) P_m(x_i) \rho(x_i) = \delta_{n,m} d_n^2, \tag{4.18}$$

donde, como antes, $\delta_{n,m}$ es el símbolo de Kronecker y d_n es la norma de P_n.

Demostración: Sean P_n y P_m dos de las soluciones polinómicas de (4.3). Escribamos las ecuaciones simetrizadas para P_n y P_m,

$$\Delta[\sigma(x)\rho(x)\nabla P_n(x)] + \lambda_n \rho(x) P_n(x) = 0, \qquad \Delta[\sigma(x)\rho(x)\nabla P_m(x)] + \lambda_m \rho(x) P_m(x) = 0.$$

Multiplicando la primera por P_m y la segunda por P_n, restando ambas, sumando en $x_i \in [a, b]$ y utilizando la fórmula de la suma por partes obtenemos

$$\begin{aligned}
&(\lambda_n - \lambda_m) \sum_{x_i=a}^{b-1} P_n(x_i) P_m(x_i) \rho(x_i) = \\
&= \sum_{x_i=a}^{b-1} \Big(\Delta[\sigma(x_i)\rho(x_i)\nabla P_m(x_i)] P_n(x_i) - \Delta[\sigma(x_i)\rho(x_i)\nabla P_n(x_i)] P_m(x_i) \Big) \\
&= \sigma(x)\rho(x)[P_n(x)\nabla P_m(x) - \nabla P_n(x) P_m(x)] \Big|_a^b = \sigma(x)\rho(x) W_D[P_n(x), P_m(x)] \Big|_a^b .
\end{aligned}$$

Pero el Wronskiano discreto $W_D(P_n, P_m)$ es un polinomio en x, por tanto, si exigimos la condición que $x^k\sigma(x)\rho(x)$ se anule en $x = a$ y $x = b$ para todo $k \geq 0$, obtendremos $(\lambda_n \neq \lambda_m)$ que P_n y P_m son ortogonales respecto a la función peso ρ. Generalmente a y b se escogen de forma que ρ sea positiva en el intervalo $[a, b-1]$. Una elección puede ser tomar a y b de tal manera que $\sigma(a) = 0$ y $\sigma(b-1) + \tau(b-1) = 0$ [185, 189]. ∎

Para calcular la norma de los polinomios discretos podemos utilizar el algoritmo descrito en [185, Capítulo 2, Sección **2.3.4**, pág. 28-30], que nos conduce a la expresión

$$d_n^2 = (-1)^n A_{nn} B_n^2 \sum_{x_i=a}^{b-n-1} \rho_n(x_i). \tag{4.19}$$

La demostración de la fórmula anterior consiste en sustituir en (4.18) P_n por su expresión mediante la fórmula de tipo Rodrigues (4.16) y aplicar la fórmula de suma por partes.[5]

Como conclusión de esta sección queremos destacar que por *Polinomios Ortogonales de Variable Discreta* se entienden aquellos polinomios que satisfacen una relación de ortogonalidad discreta, es decir de la forma (4.18), en vez de la integral habitual (3.15). Además son solución de una ecuación en diferencias (4.3), en vez de una diferencial (3.1). No obstante estos polinomios están definidos para todos los valores de la variable x, y no sólo en los nodos de la red x_i. Es conocido que algunas soluciones de la ecuación discreta (4.3) satisfacen una ortogonalidad *continua* (ver [46, 138]). En nuestro trabajo no vamos a considerar ejemplos de dichas familias, para más detalles recomendamos consultar los trabajos [189, 46] (ver además el apartado **5.4** del presente trabajo).

4.2. La relación de recurrencia a tres términos

Una consecuencia de esta propiedad es que los polinomios satisfacen una relación de recurrencia a tres términos.

$$xP_n(x) = \alpha_n P_{n+1}(x) + \beta_n P_n(x) + \gamma_n P_{n-1}(x). \tag{4.20}$$

Calculemos una expresión general para los coeficientes α_n y β_n. Para ello necesitamos (ver (2.8)), conocer los coeficientes principales a_n y b_n del polinomio P_n $(P_n(x) = a_n x^n + b_n x^{n-1} + \cdots)$.

Primero, notemos que $\Delta^n[x^n] = \kappa_n$ es constante. Por tanto,

$$\kappa_{n+1} = \Delta^{n+1}[x^{n+1}] = \Delta^n[(x+1)^{n+1} - x^{n+1}] = (n+1)\kappa_n.$$

Como $\kappa_1 = 1$ obtenemos $\kappa_n = n!$. Luego, $\Delta^n P_n(x) = n! a_n$ y coincide, como ya habíamos notado, con $P_n^{(n)}$. Además, utilizando el análogo discreto de la fórmula de Rodrigues (4.12),

[5] Ver la demostración del resultado análogo en el caso de polinomios en redes no uniformes (apartado **5.4**).

$\Delta^n P_n(x) = B_n A_{nn}$ y, por tanto, utilizando (4.13) obtenemos para a_n la expresión

$$a_n = B_n \prod_{k=0}^{n-1} [\tau' + \tfrac{1}{2}(n+k-1)\sigma''], \qquad a_0 = B_0. \tag{4.21}$$

Para calcular la expresión de b_n sustituimos en (4.3) el polinomio $P_n(x) = a_n x^n + b_n x^{n-1} + c_n x^{n-1} + \cdots$, e igualamos los coeficientes de las potencias[6] x^{n-1}. Así, tenemos

$$b_n = -\frac{n(n-1)\sigma'(0) + n\tau(0) + n(n-1)\frac{\tau'}{2}}{\lambda_n + (n-1)\tau' + (n-1)(n-2)\frac{\sigma''}{2}},$$

que usando (4.8) nos conduce a la expresión

$$b_n = \left[\frac{n\tau_{n-1}(0)}{\tau'_{n-1}} - \frac{n(n-1)}{2} \right] a_n. \tag{4.22}$$

Esta misma fórmula se puede obtener por un procedimiento análogo al del caso continuo[7]. Obsérvese que al ser τ un polinomio de grado uno, $\tau'_n \neq 0$ y por tanto b_n está definido para cualquier n. Finalmente, igualando los coeficientes de x^{n-2} obtenemos

$$c_n = -(n-1)\frac{n\left[\sigma(0) + \frac{\tau(0)}{2} + \frac{(n-2)}{6}\tau' + \frac{(n-2)(n-3)}{12}\frac{\sigma''}{2}\right] a_n + \left[\tau(0) + (n-2)\sigma'(0) + \frac{(n-2)}{2}\tau'\right] b_n}{\lambda_n - \lambda_{n-2}}.$$

Así, obtenemos

$$\alpha_n = \frac{a_n}{a_{n+1}} = \frac{B_n}{B_{n+1}} \frac{\tau' + (n-1)\frac{\sigma''}{2}}{(\tau' + (2n-1)\frac{\sigma''}{2})(\tau' + (2n)\frac{\sigma''}{2})},$$

$$\beta_n = \frac{n\tau_{n-1}(0)}{\tau'_{n-1}} - \frac{(n+1)\tau_n(0)}{\tau'_n} + n, \quad \text{y} \quad \gamma_n = \frac{c_n - \alpha_n c_{n+1}}{a_{n-1}} - \frac{b_n}{a_{n-1}}\beta_n.$$

Además, si definimos el operador lineal $\mathcal{L}$

$$\mathcal{L} : L_\alpha(a, b-1) \mapsto \mathbb{C}, \quad \mathcal{L}[f] = \sum_{x_i=a}^{b-1} f(x_i)\rho(x_i), \quad \rho(x_i) > 0, \quad \forall x_i \in [a, b-1], \tag{4.23}$$

éste es definido positivo en $[a, b-1]$ y, por lo tanto, para dichos polinomios son válidos los resultados expuestos en el teorema 2.6.1. Además, como estos polinomios son ortogonales respecto a distribuciones $\alpha(x)$ escalonadas, entonces para los ceros de los mismos tiene lugar el teorema de separación 2.6.4, es decir, entre los puntos s y $s+1$, hay a lo sumo un cero de p_n.

---

[6] Si igualamos los coeficientes de las potencias x^n obtenemos nuevamente la expresión para λ_n.

[7] Otra demostración de esta fórmula la encontraremos más adelante en el apartado dedicado a los q-polinomios de los cuales son estos un caso particular.

4.3. Consecuencias de la fórmula de Rodrigues

Del análogo discreto de la fórmula de Rodrigues (4.12) se pueden obtener las mismas propiedades que en el caso continuo. En primer lugar, si calculamos el polinomio de grado 1 utilizando la fórmula de Rodrigues (4.12), así como (4.10) encontramos

$$P_1(x) = \frac{B_1}{\rho(x)}\nabla[\rho_1(x)] = \frac{B_1}{\rho(x)}\nabla[\sigma(x+1)\rho(x+1)] = B_1\tau(x).$$

Por tanto, τ es un polinomio de grado exactamente uno. Además, usando el mismo razonamiento que en el caso continuo tenemos que $\Delta^m P_{m+1}(x) = B_m A_{m+1,m}\tau_m(x)$ de donde se deduce que $\tau'_m \neq 0$, para todo $m \in \mathbb{N}$.

Tomemos ahora $k = 1$ en la fórmula (4.12). Realizando unos cálculos directos obtenemos

$$\Delta P_n(x) = \frac{A_{n1}B_n}{\rho_1(x)}\nabla^{n-1}[\rho_n(x)] = \frac{-\lambda_n B_n}{\rho_1(x)}\nabla^{n-1}[\rho_{1_{n-1}}(x)].$$

Luego,

$$\Delta P_n(x) = \frac{-\lambda_n B_n}{\bar{B}_{n-1}}\bar{P}_{n-1}(x), \tag{4.24}$$

donde $\bar{P}_{n-1}$ denota el $(n-1)$-ésimo polinomio ortogonal respecto a la función peso $\rho_1(x) = \sigma(x+1)\,\rho(x+1)$.

4.3.1. Las fórmulas de estructura

Recordemos que para τ_n estamos utilizando el siguiente desarrollo en potencias (4.8)

$$\tau_n(x) = \tau'_n x + \tau_n(0), \qquad \tau'_n = \Delta\tau(x) + n\Delta^2\sigma(x) = \tau' + n\sigma''. \tag{4.25}$$

Si escribimos ahora (4.12) para el polinomio de grado $n+1$ utilizando la ecuación de Pearson $\Delta[\sigma(x)\rho_n(x)] = \tau_n(x)\rho_n(x)$ obtenemos

$$\begin{aligned} P_{n+1}(x) = {} & \frac{B_{n+1}}{\rho(x)}\nabla^{n+1}[\rho_{n+1}(x)] = \frac{B_{n+1}}{\rho(x)}\nabla^n[\tau_n(x)\rho_n(x)] \\ = {} & \frac{B_{n+1}}{\rho(x)}\left[\tau_n(x)\nabla^n[\rho_n(x)] + n\tau'_n\nabla^{n-1}\rho_n(x-1)\right]. \end{aligned}$$

Pero $\nabla P_n(x) = \Delta P_n(x-1) = \dfrac{-\lambda_n B_n}{\sigma(x)\rho(x)}\nabla^{n-1}[\rho_n(x-1)]$, de donde se sigue la fórmula

$$\sigma(x)\nabla P_n(x) = \frac{\lambda_n}{n\tau'_n}\left[\tau_n(x)P_n(x) - \frac{B_n}{B_{n+1}}P_{n+1}(x)\right]. \tag{4.26}$$

Usando la identidad $\Delta\nabla = \Delta - \nabla$, y la ecuación en diferencias (4.3), la fórmula anterior se puede escribir como

$$[\sigma(x)+\tau(x)]\Delta P_n(x) = \frac{\lambda_n}{n\tau'_n}\left\{[\tau_n(x) - n\tau'_n]P_n(x) - \frac{B_n}{B_{n+1}}P_{n+1}(x)\right\}.$$

Las dos fórmulas anteriores se conocen como fórmulas de diferenciación para los polinomios clásicos discretos.

Aquí, al igual que en el caso continuo, podemos utilizar la relación de recurrencia (2.5) para despejar P_{n+1} y obtener sendas expresiones que relacionan las diferencias ΔP_n y ∇P_n con los polinomios P_n y P_{n-1}.

Si en la fórmula (4.26) desarrollamos τ_n en potencias (4.25) y utilizamos la relación de recurrencia (2.5) para descomponer los sumandos del tipo xP_n obtenemos el siguiente

Teorema 4.3.1 *Las soluciones polinómicas de la ecuación (4.3) satisfacen las siguiente fórmulas de estructura ($n \geq 0$)*

$$\sigma(x)\nabla P_n(x) = \widetilde{\alpha}_n P_{n+1}(x) + \widetilde{\beta}_n P_n(x) + \widetilde{\gamma}_n P_{n-1}(x), \tag{4.27}$$

donde

$$\widetilde{\alpha}_n = \frac{\lambda_n}{n\tau_n'}\left[\alpha_n\tau_n' - \frac{B_n}{B_{n+1}}\right], \quad \widetilde{\beta}_n = \frac{\lambda_n}{n\tau_n'}\left[\beta_n\tau_n' + \tau_n(0)\right], \quad \widetilde{\gamma}_n = \frac{\lambda_n\gamma_n}{n} \neq 0,$$

y

$$[\sigma(x) + \tau(x)]\Delta P_n(x) = \widehat{\alpha}_n P_{n+1}(x) + \widehat{\beta}_n P_n(x) + \widehat{\gamma}_n P_{n-1}(x), \tag{4.28}$$

donde $\widehat{\alpha}_n = \widetilde{\alpha}_n$, $\widehat{\beta}_n = [\widetilde{\beta}_n - \lambda_n]$ *y* $\widehat{\gamma}_n = \widetilde{\gamma}_n$.

La segunda fórmula de estructura (4.28) se obtiene a partir de (4.27) y (4.3) usando la identidad $\Delta\nabla = \Delta - \nabla$ y la ecuación en diferencias (4.3).

Nótese que los coeficientes $\widetilde{\alpha}_n$ y $\widetilde{\beta}_n$ admiten las expresiones equivalentes $\widetilde{\alpha}_n = n\alpha_n\sigma''/2$ y $\widetilde{\beta}_n = \dfrac{\lambda_n}{\tau_n'\tau_{n-1}'}\left[\sigma''\left((n-1)\,n\sigma'' + 2\,\tau'\right) + n\left(-2\sigma'(0) + (2n-1)\,\sigma''\right)\tau'\right] = \dfrac{\lambda_n}{n\tau_n'}\tau_n(\beta_n)$.

Al igual que en el caso continuo, los polinomios clásicos discretos satisfacen una fórmula de estructura del tipo (3.30).

Teorema 4.3.2 *Sea* $Q_n(x) \equiv \Delta P_{n+1}(x)/(n+1)$. *Entonces los polinomios ortogonales mónicos* $P_n(x) = x^n + \cdots$, *soluciones de la ecuación (3.1), satisfacen la siguiente relación de estructura*

$$P_n(x) = Q_n + \delta_n Q_{n-1} + \epsilon_n Q_{n-2}. \tag{4.29}$$

Demostración: Realizaremos una prueba distinta a la del caso continuo que se adaptará muy fácilmente al caso de las redes no uniformes. Partiremos de la primera relación de estructura (4.27) y le aplicamos el operador Δ

$$\Delta\sigma(x)\Delta P_n(x) + \sigma(x)\Delta\nabla P_n(x) = \widetilde{\alpha}_n\Delta P_{n+1}(x) + \widetilde{\beta}_n\Delta P_n(x) + \widetilde{\gamma}_n\Delta P_{n-1}(x).$$

Vamos a transformar el primer miembro eliminando el segundo sumando del mismo usando la ecuación en diferencias (4.3), lo que nos da

$$[\Delta\sigma(x) - \tau(x)](\Delta P_n(x) - \lambda_n P_n(x)) = \widetilde{\alpha}_n\Delta P_{n+1}(x) + \widetilde{\beta}_n\Delta P_n(x) + \widetilde{\gamma}_n\Delta P_{n-1}(x). \tag{4.30}$$

Ahora bien, $\Delta\sigma(x)-\tau(x)$ es un polinomio de grado uno

$$\Delta\sigma(x)-\tau(x)=(\sigma''-\tau')x+\left(\frac{\sigma''}{2}+\sigma'(0)-\tau(0)\right),$$

así que nos aparece el término $x\Delta P_n(x)$. Para eliminarlo haremos uso de la relación de recurrencia a la que convenientemente aplicaremos el operador Δ, es decir tenemos

$$x\Delta P_n(x)=\Delta P_{n+1}(x)+\beta_n\Delta P_n(x)+\gamma_n P_{n-1}(x)-P_n(x).$$

Sustituyendo lo anterior en nuestra fórmula inicial (4.30) obtenemos la siguiente igualdad

$$\begin{aligned}(\lambda_n+\sigma''-\tau')P_n(x)= &\ (\sigma''-\tau'-\widetilde{\alpha}_n)\Delta P_{n+1}(x)\\ &+\left[(\sigma''-\tau')(\beta_n-1)+\tfrac{\sigma''}{2}+\sigma'(0)-\tau(0)-\widetilde{\beta}_n\right]\Delta P_n(x)\\ &+[(\sigma''-\tau')\gamma_n-\widetilde{\gamma}_n]\Delta P_{n+1}(x).\end{aligned}$$

Pero $\lambda_n+\sigma''-\tau'=-(n+1)(\tau'+(n-2)\frac{\sigma''}{2})$ que es distinto de cero para todo $n\in\mathbb{N}$, luego podemos dividir la expresión anterior por ella lo que nos conduce directamente al resultado deseado pues $\sigma''-\tau'-\widetilde{\alpha}_n=-\tau'-(n-2)\sigma''/2\neq 0$. ■

Nótese que de la demostración se deducen los valores de los coeficientes δ_n y ϵ_n

$$\delta_n=-\frac{(\sigma''-\tau')(\beta_n-1)+\frac{\sigma''}{2}+\sigma'(0)-\tau(0)-\widetilde{\beta}_n}{(n+1)(\tau'+(n-2)\frac{\sigma''}{2})},$$

$$\epsilon_n=-\frac{(\sigma''-\tau')\gamma_n-\widetilde{\gamma}_n}{(n+1)(\tau'+(n-2)\frac{\sigma''}{2})}=-\frac{(n-1)\frac{\sigma''}{2}\gamma_n}{\tau'+(n-2)\frac{\sigma''}{2}},$$

donde hemos usado los valores explícitos de $\widetilde{\alpha}_n$, $\widetilde{\beta}_n$ y $\widetilde{\gamma}_n$ de los coeficientes de (4.27).

4.4. Representación integral y fórmula explícita

Supongamos que ρ_n es una función analítica en el interior y la frontera del recinto limitado por la curva cerrada C del plano complejo que contiene a los puntos $z=x,x-1,\dots,x-n$. Entonces, utilizando nuevamente la fórmula integral de Cauchy [82] obtenemos

$$\rho_n(x)=\frac{1}{2\pi i}\int_C\frac{\rho_n(z)}{z-x}dz. \tag{4.31}$$

Mediante inducción es sencillo demostrar que

$$\nabla^n\left[\frac{1}{z-x}\right]=\frac{n!}{(z-x)_{n+1}},$$

donde $(x)_m$ es, al igual que antes, el símbolo de Pochhammer (2.34). Luego, de (4.31) obtenemos

$$\nabla^n[\rho_n(x)]=\frac{n!}{2\pi i}\int_C\frac{\rho_n(z)}{(z-x)_{n+1}}dz,$$

y, por tanto, es válido el siguiente

Teorema 4.4.1 *Las soluciones polinómicas de la ecuación (4.3) admiten la siguiente representación integral*

$$P_n(x) = \frac{n!B_n}{\rho(x)\;2\pi i}\int_C \frac{\rho_n(z)}{(z-x)_{n+1}}dz, \tag{4.32}$$

donde C es una curva cerrada del plano complejo que contiene a los puntos $z = x, x-1, \dots, x-n$ y tal que ρ_n es analítica en y dentro de la misma.

A partir de (4.32) podemos encontrar una fórmula explícita para calcular los polinomios P_n. Para ello es suficiente calcular los residuos de la función integrando, cuyos únicos puntos singulares son polos simples, localizados en los puntos $x = z - l$, $l = 0, 1, \dots, n$, así

$$\operatorname{Res}\left[\frac{\rho_n(z)}{(z-x)_{n+1}}\right] = \frac{(-1)^l \rho_n(x-l)}{l!(n-l)!}.$$

Luego, (4.32) nos conduce a la siguiente expresión para los polinomios P_n [185, 189]

$$P_n(x) = B_n \sum_{m=0}^{n} \frac{n!(-1)^m}{m!(n-m)!}\frac{\rho_n(x-m)}{\rho(x)} = B_n \sum_{m=0}^{n} \frac{n!(-1)^{n+m}}{m!(n-m)!}\frac{\rho_n(x-n+m)}{\rho(x)}. \tag{4.33}$$

Si ahora utilizamos la la ecuación de Pearson (4.10) reescrita de la forma $\rho(x+1)/\rho(x) = [\sigma(x)+\tau(x)]/\sigma(x+1)$, obtenemos

$$\begin{aligned}\frac{\rho_n(x-n+m)}{\rho(x)} &= \frac{\displaystyle\prod_{l=1}^{n}[\sigma(x-n+l+m)]\prod_{l=0}^{m-1}[\sigma(x+l)+\tau(x+l)]}{\displaystyle\prod_{l=0}^{m-1}[\sigma(x+l+1)]}\\ &= \prod_{l=0}^{n-m-1}[\sigma(x-l)]\prod_{l=0}^{m-1}[\sigma(x+l)+\tau(x+l)].\end{aligned}$$

Luego, la fórmula (4.33) se puede reescribir de la forma

$$P_n(x) = B_n \sum_{m=0}^{n} \frac{n!(-1)^{n+m}}{m!(n-m)!}\prod_{l=0}^{n-m-1}[\sigma(x-l)]\prod_{l=0}^{m-1}[\sigma(x+l)+\tau(x+l)]. \tag{4.34}$$

En las fórmulas anteriores se adopta el convenio $\displaystyle\prod_{l=0}^{-1} f(l) \equiv 1$.

El caso más general corresponde cuando σ y $\sigma+\tau$ son polinomios de grado dos, i.e.,

$$\sigma(x) = A(x-x_1)(x-x_2), \quad \sigma(x)+\tau(x) = A(x-\bar{x}_1)(x-\bar{x}_2). \tag{4.35}$$

Nótese que si el grado de σ es 2, entonces el de $\sigma+\tau$ es necesariamente 2 y además en este caso ambos tienen el mismo coeficiente principal A.

Utilizando (4.34) se puede obtener una expresión para los polinomios como una función hipergeométrica generalizada ${}_3F_2$.

Teorema 4.4.2 *Las soluciones polinómicas de la ecuación (4.3) se pueden representar como funciones hipergeométricas generalizadas (3.49)*

$$(4.36)\qquad P_n(x) = A^n B_n (x_1 - \bar{x}_1)_n (x_1 - \bar{x}_2)_n \, {}_3F_2\left(\begin{matrix} -n, x_1 + x_2 - \bar{x}_1 - \bar{x}_2 + n - 1, x_1 - x \\ x_1 - \bar{x}_1, x_1 - \bar{x}_2 \end{matrix} \,\middle|\, 1 \right),$$

donde x_1, x_2 y $\bar{x}_1$, $\bar{x}_2$ son los ceros de los polinomios σ y $\sigma + \tau$, respectivamente definidos en (4.35). Además,

$$(4.37)\qquad \lambda_n = -An(x_1 + x_2 - \bar{x}_1 - \bar{x}_2 + n - 1).$$

Demostración: Ante todo sustituimos (4.35) en (4.34). Un simple cálculo nos conduce a la expresión

$$(4.38)\qquad P_n(x) = A^n B_n (-1)^n (x_1 - x)_n (x_2 - x)_n \, {}_3F_2\left(\begin{matrix} -n, x - \bar{x}_1, x - \bar{x}_2 \\ x - x_1 - n + 1, x - x_2 - n + 1 \end{matrix} \,\middle|\, 1 \right).$$

Transformemos la expresión anterior en otra más "*útil*". Para ello utilizaremos la fórmula de transformación [185, Eq. (2.7.20), pág. 52]

$$(4.39)\qquad {}_3F_2\left(\begin{matrix} -n, \; a \;, b \\ c \;, \; d \end{matrix} \,\middle|\, 1 \right) = \frac{(c-a)_n}{(c)_n} \, {}_3F_2\left(\begin{matrix} -n, \; a \;, d - b \\ a - c - n + 1 \;, \; d \end{matrix} \,\middle|\, 1 \right).$$

Aplicando (4.39) a (4.38) donde $a = x - \bar{x}_1$, $b = x - \bar{x}_2$, $c = x - x_1 - n + 1$ y $d = x - x_2 - n + 1$, obtenemos

$$P_n(x) = A^n B_n (-1)^n (x_1 - \bar{x}_1)_n (x_2 - x)_n \, {}_3F_2\left(\begin{matrix} -n, x - \bar{x}_1, \bar{x}_2 - x_2 - n + 1 \\ x_1 - \bar{x}_1, x - x_2 - n + 1 \end{matrix} \,\middle|\, 1 \right).$$

Aplicando nuevamente (4.39) a la expresión anterior con $a = x - \bar{x}_1$, $b = \bar{x}_2 - x_2 - n + 1$, $c = x - x_2 - n + 1$, $d = x - \bar{x}_1$, ésta se transforma en

$$P_n(x) = A^n B_n (-1)^n (x_1 - \bar{x}_1)_n (x_2 - \bar{x}_1)_n \, {}_3F_2\left(\begin{matrix} -n, x - \bar{x}_1, x_1 + x_2 - \bar{x}_1 - \bar{x}_2 + n - 1 \\ x_2 - \bar{x}_1, x_1 - \bar{x}_1 \end{matrix} \,\middle|\, 1 \right).$$

Finalmente, haciendo uso otra vez de (4.39) pero ahora escogiendo los parámetros de la forma $a = x_1 + x_2 - \bar{x}_1 - \bar{x}_2 + n - 1$, $b = x - \bar{x}_1$, $c = x - x_2 - n + 1$, y $d = x - \bar{x}_1$, la expresión anterior se transforma en (4.36). Para obtener λ_n sustituimos en (4.15) los valores

$$\Delta\tau(x) = \tau' = [\sigma(x) + \tau(x)]' - \sigma'(x) = A(x_1 + x_2 - \bar{x}_1 - \bar{x}_2), \quad \Delta^2\sigma(x) = \sigma'' = 2A \;,$$

que nos conducen a la expresión (4.37). ■

Nótese que, tanto (4.38) como (4.37) son invariantes con respecto a las permutaciones de x_1, x_2 y $\bar{x}_1$, $\bar{x}_2$, respectivamente.

Como ya hemos mencionado si el grado de σ es 2, $\sigma+\tau$ también es de grado dos. Por tanto debemos considerar el caso cuando σ es un polinomio de grado 1. En este caso $\sigma+\tau$ puede ser un polinomio de grado 1 o bien de grado 0. Veamos como las expresiones explícitas en ambos casos se pueden obtener del caso general tomando límites apropiados.

Caso I: grado$(\sigma+\tau)=1$. Escojamos $A=-C/x_2$ y tomemos el límite $x_2\to\infty$, $\bar{x}_2\to\infty$, de forma que $\bar{x}_2/x_2=B$, entonces (4.35), (4.36) y (4.37) se transforman en

$$\sigma(s)=C(x-x_1),\quad \sigma(s)+\tau(s)=C\,B(x-\bar{x}_1),\quad \lambda_n=C\,n(1-B),$$

$$P_n(s)=D_n\,{}_2\mathrm{F}_1\left(\begin{array}{c}-n,x_1-x\\ x_1-\bar{x}_1\end{array}\middle|\,1-\frac{1}{B}\right), \tag{4.40}$$

donde D_n es una constante de normalización.

Caso II: grado$(\sigma+\tau)=0$. Escojamos $A=-C/(\bar{x}_1\bar{x}_2)$ y tomemos el límite $x_1\to\infty$, $\bar{x}_1\to\infty$, $\bar{x}_2\to\infty$, de forma que $x_2/(\bar{x}_1\bar{x}_2)=B$, entonces (4.35), (4.36) y (4.37) se transforman en

$$\sigma(s)=C\,B(x-x_1),\quad \sigma(s)+\tau(s)=-C,\quad \lambda_n=C\,B\,n,$$

$$P_n(s)=D_n\,{}_2\mathrm{F}_0\left(\begin{array}{c}-n,x_1-x\\ —\end{array}\middle|-B\right), \tag{4.41}$$

donde D_n es una constante de normalización.

De las representaciones anteriores (4.36), (4.40) y (4.41) es fácil comprobar que P_n es un polinomio de grado exactamente n en x pues

$$(-n)_k=0,\quad \forall k>n,\quad \text{y}\quad (-x)_n=(-1)^n\sum_{k=0}^{n}\mathcal{S}_k^{(n)}x^k,$$

donde $\mathcal{S}_k^{(n)}$ son los números de Stirling de segunda especie [3].

Antes de estudiar en detalle las cuatro familias "discretas" clásicas debemos hacer dos breves comentarios.

El primero está relacionado con las funciones generatrices en el caso discreto. A este respecto debemos destacar que, en principio, la misma técnica que usamos en el capítulo anterior —ver sección **3.4**— es válida aunque su aplicación al caso general se hace bastante complicada y es más sencillo resolver caso a caso tal y como se hizo en el apartado **3.7.3**. Por esa razón no incluiremos en este apartado ningún método para la obtención de funciones generatrices en el caso discreto. De hecho la representación como función hipergeométrica de los polinomios clásicos permite de manera "*sencilla*" obtener distintas funciones generatrices para cada uno de los casos. Debemos también aclarar que de las cuatro familias que consideraremos sólo dos, los polinomios de Meixner y Charlier, constituyen familias infinitas para las cuales tiene sentido la expresión (3.34). En el caso Hahn y Kravchuk las correspondientes sumas son finitas. Así, por ejemplo, para los polinomios de Meixner y Charlier tenemos, respectivamente, las expresiones

$$\left(1-\frac{t}{\mu}\right)^{x}(1-t)^{-x-\gamma}=\sum_{n=0}^{\infty}\frac{(\mu-1)^n}{n!\mu^n}M_n^{\gamma,\mu}(x)t^n, \tag{4.42}$$

$$e^t\left(1-\frac{t}{\mu}\right)^{x}=\sum_{n=0}^{\infty}\frac{(-\mu)^{-n}}{n!}C_n^{\mu}(x)t^n. \tag{4.43}$$

Para más detalle remitimos al lector a los magníficos trabajos [72, 138].

El segundo comentario tiene que ver con los teoremas de caracterización. Ante todo, una definición

Definición 4.4.1 *Sea σ y τ dos polinomios de grado a lo sumo 2 y exactamente 1, respectivamente, con ceros reales y distintos y sea ρ una función tal que*

$$\Delta[\sigma(x)\rho(x)]=\tau(x)\rho(x), \qquad \sigma(x)\rho(x)x^k\Big|_a^b=0, \tag{4.44}$$

donde (a,b) es cierto intervalo de la recta real donde $\rho>0$. Diremos que una familia de polinomios ortogonales $(P_n)_n$ es Δ-clásica, o clásica discreta, si dicha familia es ortogonal respecto a la función ρ solución de la ecuación (4.44) anterior.

A partir de la definición anterior es fácil probar el siguiente teorema de caracterización

Teorema 4.4.3 *Los siguientes enunciados son equivalentes:*

1. *$(P_n)_n$ es una familia discreta clásica según la definición 4.4.1*
2. *$(P_n)_n$ es ortogonal y la sucesión de sus diferencias $(\Delta P_n)_n$ también es ortogonal*
3. *$(P_n)_n$ es ortogonal y la sucesión de sus $k-$ésimas diferencias $(\Delta^k P_n)_n$ también es ortogonal*
4. *$(P_n)_n$ es solución de la ecuación en diferencias de tipo hipergeométrico*
$$\sigma(x)\Delta\nabla P_n(x)+\tau(x)\Delta P_n(x)+\lambda_n P_n(x)=0$$
5. *$(P_n)_n$ se expresa mediante la fórmula de Rodrigues*
$$P_n(x)=\frac{B_n}{\rho(x)}\nabla^n\left[\rho(x+n)\prod_{k=1}^{n}\sigma(x+k)\right].$$

Nótese que prácticamente hemos demostrado el teorema pues hemos visto que de la ecuación en diferencias se pueden deducir todas las demás implicaciones. Para cerrar el círculo bastaría probar que si se tiene la definición 4.4.1 entonces la sucesión de derivadas es también ortogonal y que de ahí se deduce la ecuación en diferencias. Su prueba es totalmente análoga a la del caso continuo y la omitiremos. La razón fundamental es que volveremos a ella más adelante en el caso de los polinomios en redes no uniforme donde probaremos un caso más general.

4.5. Los polinomios *discretos* de Charlier, Meixner, Kravchuk y Hahn

En esta sección vamos a describir las principales características de las SPO clásicas mónicas discretas. Para el cálculo de las mismas podemos seguir el algoritmo antes expuesto. Para más detalle véanse las excelentes monografías [72, 185, 189].

4.5.1. Parámetros principales

Los polinomios ortogonales *discretos* en la recta real, que son solución de una ecuación del tipo (4.3), se pueden clasificar en cuatro grandes familias en función del grado del polinomio σ (τ siempre es un polinomio de grado 1) [101, 155, 189]. Cuando σ es de grado 1 existen tres posibilidades: si grado$[\sigma+\tau]=1$ *polinomios de Meixner* $M_n^{\gamma,\mu}(x)$, definidos en el intervalo $[0,\infty)$ y los *polinomios de Kravchuk* $K_n^p(x)$, definidos en un intervalo $[0,N]$, respectivamente, y si grado$[\sigma+\tau]=0$ los *polinomios de Charlier* $C_n^\mu(x)$, definidos en $[0,\infty)$. Cuando el grado de σ es 2, se obtienen los *polinomios de Hahn* $h_n^{\alpha,\beta}(x,N)$ definidos en $[0,N-1]$. En las tablas 4.1, 4.2 y 4.3 están descritos los principales parámetros de dichas familias, donde, al igual que en las tablas anteriores, $(a)_k$ es el símbolo de Pochhammer.

Tabla 4.1: Clasificación de las SPO discretas clásicas.

$P_n(x)$	Hahn $h_n^{\alpha,\beta}(x;N)$	Meixner $M_n^{\gamma,\mu}(x)$	Kravchuk $K_n^p(x)$	Charlier $C_n^\mu(x)$
$[a,b]$	$[0,N]$	$[0,\infty)$	$[0,N+1]$	$[0,\infty)$
$\sigma(x)$	$x(N+\alpha-x)$	x	x	x
$\tau(x)$	$(\beta+1)(N-1)-(\alpha+\beta+2)x$	$(\mu-1)x+\mu\gamma$	$\dfrac{Np-x}{1-p}$	$\mu-x$
$\sigma+\tau$	$(x+\beta+1)(N-1-x)$	$\mu x+\gamma\mu$	$-\dfrac{p}{1-p}(x-N)$	μ
λ_n	$n(n+\alpha+\beta+1)$	$(1-\mu)n$	$\frac{n}{1-p}$	n
$\rho(x)$	$\dfrac{\Gamma(N+\alpha-x)\Gamma(\beta+x+1)}{\Gamma(N-x)\Gamma(x+1)}$ $\alpha,\beta\geq-1\ ,\ n\leq N-1$	$\dfrac{\mu^x\Gamma(\gamma+x)}{\Gamma(\gamma)\Gamma(x+1)}$ $\gamma>0, 0<\mu<1$	$\dfrac{N!p^x(1-p)^{N-x}}{\Gamma(N+1-x)\Gamma(x+1)}$ $0<p<1, n\leq N-1$	$\dfrac{e^{-\mu}\mu^x}{\Gamma(x+1)}$ $\mu>0$
$\rho_n(x)$	$\dfrac{\Gamma(N+\alpha-x)\Gamma(n+\beta+x+1)}{\Gamma(N-n-x)\Gamma(x+1)}$	$\dfrac{\mu^{x+n}\Gamma(\gamma+n+x)}{\Gamma(\gamma)\Gamma(x+1)}$	$\dfrac{N!p^{x+n}(1-p)^{N-n-x}}{\Gamma(N+1-n-x)\Gamma(x+1)}$	$\dfrac{e^{-\mu}\mu^{x+n}}{\Gamma(x+1)}$

Tabla 4.2: Parámetros de las SPO Mónicas ($a_n = 1$).

	Hahn $h_n^{\alpha,\beta}(x;N)$	Chebyshev $t_n(x;N) = h_n^{0,0}(x;N)$
B_n	$\dfrac{(-1)^n}{(\alpha+\beta+n+1)_n}$	$\dfrac{(-1)^n}{(n+1)_n}$
b_n	$-\dfrac{n}{2}\left(\dfrac{2(\beta+1)(N-1)+(n-1)(\alpha-\beta+2N-2)}{\alpha+\beta+2n}\right)$	$-\dfrac{n(N-1)}{2}$
d_n^2	$\dfrac{n!\Gamma(\alpha+n+1)\Gamma(\beta+n+1)\Gamma(\alpha+\beta+N+n+1)}{(\alpha+\beta+2n+1)(N-n-1)!\Gamma(\alpha+\beta+n+1)(\alpha+\beta+n+1)_n^2}$	$\dfrac{n!^2(N+n)!(n+1)_n^{-2}}{(2n+1)(N-n-1)!}$
β_n γ_n	$\dfrac{(\beta+1)(N-1)(\alpha+\beta)+n(2N+\alpha-\beta-2)(\alpha+\beta+n+1)}{(\alpha+\beta+2n)(\alpha+\beta+2n+2)}$ $\dfrac{n(N-n)(\alpha+\beta+n)(\alpha+n)(\beta+n)(\alpha+\beta+N+n)}{(\alpha+\beta+2n-1)(\alpha+\beta+2n)^2(\alpha+\beta+2n+1)}$	$\dfrac{N-1}{2}$ $\dfrac{n^2(N^2-n^2)}{4(2n-1)(2n+1)}$
$\widehat{\alpha}_n$ $\widehat{\beta}_n$ $\widehat{\gamma}_n$	$-n$ $\dfrac{n(-\alpha-\beta-\alpha\beta-\beta^2-2n-2\alpha n-2\beta n-2n^2+\alpha N-\beta N)}{(\alpha+\beta+n+1)^{-1}(\alpha+\beta+2n)(\alpha+\beta+2n+2)}$ $-\dfrac{n(\alpha+\beta+n)(\alpha+\beta+n+1)(\alpha+n)(\beta+n)(\alpha+\beta+N+n)}{(n-N)^{-1}(\alpha+\beta+2n-1)(\alpha+\beta+2n)^2(\alpha+\beta+2n+1)}$	$-n$ $-\dfrac{n(n+1)}{2}$ $-\dfrac{n^2(n+1)(N^2-n^2)}{4(2n-1)(2n+1)}$
$\widetilde{\alpha}_n$ $\widetilde{\beta}_n$ $\widetilde{\gamma}_n$	$-n$ $\dfrac{n(\alpha+\alpha^2+\beta+\alpha\beta+2n+2\alpha n+2\beta n+2n^2+\alpha N-\beta N)}{(\alpha+\beta+n+1)^{-1}(\alpha+\beta+2n)(\alpha+\beta+2n+2)}$ $-\dfrac{n(\alpha+\beta+n)(\alpha+\beta+n+1)(\alpha+n)(\beta+n)(\alpha+\beta+N+n)}{(n-N)^{-1}(\alpha+\beta+2n-1)(\alpha+\beta+2n)^2(\alpha+\beta+2n+1)}$	$-n$ $\dfrac{n(n+1)}{2}$ $-\dfrac{n^2(n+1)(N^2-n^2)}{4(2n-1)(2n+1)}$
δ_n ϵ_n	$\dfrac{n(\alpha-\beta)(2N+\alpha+\beta)}{2(\alpha+\beta+2n)(\alpha+\beta+2n+2)}-\dfrac{n}{2}$ $\dfrac{n(n-1)(N-n)(\alpha+n)(\beta+n)(\alpha+\beta+N+n)}{(\alpha+\beta+2n-1)(\alpha+\beta+2n)^2(\alpha+\beta+2n+1)}$	$-\dfrac{n}{2}$ $-\dfrac{n(n-1)(N^2-n^2)}{4(2n-1)(2n+1)}$

Tabla 4.3: Parámetros de las SPO Mónicas (continuación).

	Charlier $C_n^{\mu}(x)$	Kravchuk $K_n^p(x)$	Meixner $M_n^{\gamma,\mu}(x)$
B_n	$(-1)^n$	$(-1)^n(1-p)^n$	$\dfrac{1}{(\mu-1)^n}$
b_n	$-\frac{n}{2}(2\mu+n-1)$	$-n[Np+(n-1)(\frac{1}{2}-p)]$	$\left(\dfrac{n\mu}{\mu-1}\right)\left(\gamma+\dfrac{n-1}{2}\dfrac{\mu+1}{\mu}\right)$
d_n^2	$n!\mu^n$	$\dfrac{n!N!p^n(1-p)^n}{(N-n)!}$	$\dfrac{n!(\gamma)_n\mu^n}{(1-\mu)^{\gamma+2n}}$
β_n	$n+\mu$	$Np+(1-2p)n$	$\dfrac{n(1+\mu)+\mu\gamma}{1-\mu}$
γ_n	$n\mu$	$np(1-p)(N-n+1)$	$\dfrac{n\mu(n-1+\gamma)}{(\mu-1)^2}$
$\widehat{\alpha}_n$	0	0	0
$\widehat{\beta}_n$	0	$-\dfrac{np}{1-p}$	$n\mu$
$\widehat{\gamma}_n$	$n\mu$	$pn(N-n+1)$	$\dfrac{n\mu(n-1+\gamma)}{1-\mu}$
$\widetilde{\alpha}_n$	0	0	0
$\widetilde{\beta}_n$	n	n	n
$\widetilde{\gamma}_n$	$n\mu$	$pn(N-n+1)$	$\dfrac{n\mu(n-1+\gamma)}{1-\mu}$
δ_n	0	$n(1-p)$	$\dfrac{n\mu}{1-\mu}$
ϵ_n	0	0	0

4.5.2. Representación hipergeométrica

De la fórmula de Rodrigues (4.12) o la fórmula (4.36) se puede obtener la representación de los polinomios clásicos de variable discreta en términos de la función hipergeométrica generalizada ${}_pF_q$ [185, Sección **2.7**, pág. 49]. En el caso Hahn (4.36) nos conduce inmediatamente al resultado deseado. Los restantes tres casos (Meixner, Kravchuk y Charlier) se pueden obtener como casos límites de de la misma fórmula (4.34) (ver (4.40) y (4.41)). Así, utilizando (4.36) con $x_1 = 0$, $x_2 = N + \alpha$, $\bar{x}_1 = -\beta - 1$ y $\bar{x}_2 = N - 1$ (ver la elección de σ y $\sigma + \tau$ en la tabla 4.1) obtenemos la representación hipergeométrica de los polinomios de Hahn

$$h_n^{\alpha,\beta}(x,N) = \frac{(1-N)_n(\beta+1)_n}{(\alpha+\beta+n+1)_n}\, {}_3\mathrm{F}_2\left(\begin{matrix} -x, \alpha+\beta+n+1, -n \\ 1-N, \beta+1 \end{matrix}\,\middle|\, 1\right). \tag{4.45}$$

A continuación usamos los valores de de σ y $\sigma + \tau$ para los polinomios de Meixner (ver la tabla 4.1) de donde deducimos que $x_1 = 0$, $\bar{x}_1 = -\gamma$ y $B = \mu$, por tanto (4.40) nos da

$$M_n^{\gamma,\mu}(x) = (\gamma)_n \frac{\mu^n}{(\mu-1)^n} \; {}_2\mathrm{F}_1\left(\begin{matrix} -n, -x \\ \gamma \end{matrix} \,\middle|\, 1 - \frac{1}{\mu} \right). \tag{4.46}$$

En el caso de los polinomios de Kravchuk tenemos $x_1 = 0$, $\bar{x}_1 = N$ y $B = -p(1-p)$, luego (4.40) nos da

$$K_n^p(x) = \frac{(-p)^n N!}{(N-n)!} \; {}_2\mathrm{F}_1\left(\begin{matrix} -n, -x \\ -N \end{matrix} \,\middle|\, \frac{1}{p} \right). \tag{4.47}$$

Finalmente, para los polinomios de Charlier obtenemos (ver la tabla 4.1) $x_1 = 0$, $B = -\mu$, así que usando la fórmula (4.41) obtenemos

$$C_n^{\mu}(x) = (-\mu)^n \; {}_2\mathrm{F}_0\left(\begin{matrix} -n, -x \\ - \end{matrix} \,\middle|\, -\frac{1}{\mu} \right). \tag{4.48}$$

4.5.3. Otras características

Una consecuencia de las expresiones anteriores es el cálculo de los valores de los polinomios en los extremos del intervalo de ortogonalidad. Estos valores pueden ser obtenidos también a partir del análogo discreto de la fórmula de Rodrigues (4.12).

$$M_n^{\gamma,\mu}(0) = \frac{\mu^n}{(\mu-1)^n} \frac{\Gamma(n+\gamma)}{\Gamma(\gamma)}, \quad K_n^p(0) = \frac{(-p)^n N!}{(N-n)!}, \quad C_n^{\mu}(0) = (-\mu)^n, \tag{4.49}$$

$$h_n^{\alpha,\beta}(0, N) = \frac{(-1)^n \Gamma(\beta+n+1)(N-1)!}{\Gamma(\beta+1)(N-n-1)!(n+\alpha+\beta+1)_n}, \tag{4.50}$$

$$h_n^{\alpha,\beta}(N-1, N) = \frac{\Gamma(\alpha+n+1)(N-1)!}{\Gamma(\alpha+1)(N-n-1)!(n+\alpha+\beta+1)_n}. \tag{4.51}$$

Como consecuencia de (4.24) se obtienen las fórmulas de diferenciación

$$\Delta M_n^{\gamma,\mu}(x) = n M_{n-1}^{\gamma+1,\mu}(x) \tag{4.52}$$

$$\Delta K_n^p(x, N) = n K_{n-1}^p(x, N-1), \tag{4.53}$$

$$\Delta C_n^{\mu}(x) = n C_{n-1}^{\mu}(x), \tag{4.54}$$

$$\Delta h_n^{\alpha,\beta}(x, N) = n h_{n-1}^{\alpha+1,\beta+1}(x, N-1), \tag{4.55}$$

Los polinomios de Hahn satisfacen una *propiedad de simetría* que es consecuencia de la representación hipergeométrica (o bien directamente de (4.12))

$$h_n^{\beta,\alpha}(N-1-x, N) = (-1)^n h_n^{\alpha,\beta}(x, N). \tag{4.56}$$

Además, tiene lugar la relación

$$x \nabla h_n^{\alpha-1,\beta}(x, N) = n h_n^{\alpha,\beta}(x, N) + \frac{n(n+\beta)(\alpha+\beta+n)}{(N-n-1)(\alpha+\beta+2n)(\alpha+\beta+2n-1)} h_{n-1}^{\alpha,\beta}(x, N).$$

La demostración de este resultado es inmediata a partir de la representación hipergeométrica (4.45) para los polinomios de Hahn [12].

4.5.4. Los polinomios núcleos

En esta sección vamos a calcular el valor de los polinomios núcleos $\mathrm{Ker}_{n-1}(x,y)$, definidos por la expresión

$$\mathrm{Ker}_{n-1}(x,y) = \sum_{m=0}^{n-1} \frac{P_m(x)P_m(y)}{d_m^2}, \tag{4.57}$$

y evaluados en ciertos valores particulares de x e y. La demostración de estos resultados es inmediata utilizando la fórmula de Christoffel-Darboux (2.13), los valores en los extremos (4.49)-(4.51) y la fórmula de estructura (4.27). Describamos un algoritmo general para calcular los valores de los núcleos $\mathrm{Ker}_{n-1}(x,0)$ a partir de los parámetros de los polinomios discretos clásicos (ver tablas 4.2 y 4.3) [212].

Notemos que para los polinomios clásicos, $\sigma(0)=0$. Luego, de la relación

$$\sigma(x)\nabla P_n(x) = \widetilde{\alpha}_n P_{n+1}(x) + \widetilde{\beta}_n P_n(x) + \widetilde{\gamma}_n P_{n-1}(x),$$

y la relación de recurrencia (2.5) en $x=0$ obtenemos

$$(\widetilde{\beta}_n - \widetilde{\alpha}_n\beta_n)P_n(0) = (\widetilde{\alpha}_n\gamma_n - \widetilde{\gamma}_n)P_{n-1}(0).$$

Utilizando la fórmula de Christoffel-Darboux encontramos

$$\mathrm{Ker}_{n-1}(x,0) \equiv \sum_{k=0}^{n-1} \frac{P_k(x)P_k(0)}{d_k^2} = \frac{1}{d_{n-1}^2}\frac{P_n(x)P_{n-1}(0) - P_{n-1}(x)P_n(0)}{x},$$

o la expresión equivalente

$$\mathrm{Ker}_{n-1}(x,0) = \frac{-P_n(0)}{d_{n-1}^2(\widetilde{\alpha}_n\gamma_n - \widetilde{\gamma}_n)}\left[\frac{(\widetilde{\alpha}_n\beta_n - \widetilde{\beta}_n)P_n(x) + (\widetilde{\alpha}_n\gamma_n - \widetilde{\gamma}_n)P_{n-1}(x)}{x}\right].$$

Usando nuevamente las relaciones de estructura y recurrencia (4.27) y (2.5) obtenemos la siguiente expresión para el polinomio núcleo $\mathrm{Ker}_{n-1}(x,0)$

$$\mathrm{Ker}_{n-1}(x,0) = \frac{-P_n(0)}{d_{n-1}^2(\widetilde{\alpha}_n\gamma_n - \widetilde{\gamma}_n)}\left[\widetilde{\alpha}_n P_n(x) - \frac{\sigma(x)}{x}\nabla P_n(x)\right]. \tag{4.58}$$

Utilizando el método descrito anteriormente encontramos las siguientes expresiones para los polinomios núcleos $\mathrm{Ker}_{n-1}(x,0)$ de los polinomios clásicos de variable discreta.

- Núcleos de los polinomios de Meixner

$$\mathrm{Ker}_{n-1}^M(x,0) = \frac{(-1)^{n-1}(1-\mu)^{n+\gamma-1}}{n!}\nabla M_n^{\gamma,\mu}(x), \quad \mathrm{Ker}_{n-1}^M(0,0) = \sum_{m=0}^{n-1}\frac{(\gamma)_m\mu^m(1-\mu)^\gamma}{m!}.$$

- Núcleos de los polinomios de Kravchuk:

$$\mathrm{Ker}^K_{n-1}(x,0) = \frac{(p-1)^{1-n}}{n!}\nabla K^p_n(x), \quad \mathrm{Ker}^K_{n-1}(0,0) = \sum_{m=0}^{n-1}\frac{p^m N!}{(1-p)^m m!(N-m)!}.$$

- Núcleos de los polinomios de Charlier:

$$\mathrm{Ker}^C_{n-1}(x,0) = \frac{(-1)^{n-1}}{n!}\nabla C^\mu_n(x), \quad \mathrm{Ker}^C_{n-1}(0,0) = \sum_{m=0}^{n-1}\frac{\mu^m}{m!}.$$

- Núcleos de los polinomios de Hahn:

$$\begin{aligned} &\mathrm{Ker}^{H,\alpha,\beta}_{n-1}(x,0) = \kappa_n(\alpha,\beta)\nabla h^{\alpha-1,\beta}_n(x,N), \\ (4.59)\quad & \\ &\mathrm{Ker}^{H,\alpha,\beta}_{n-1}(x,N-1) = \kappa_n(\beta,\alpha)(-1)^{n+1}\Delta h^{\alpha,\beta-1}_n(x,N), \end{aligned}$$

donde $\kappa_n(\alpha,\beta)$ denota a

$$\kappa_n(\alpha,\beta) = \frac{(-1)^{n-1}(N-1)!\Gamma(\alpha+\beta+2n)}{n!\Gamma(\beta+1)\Gamma(\alpha+n)\Gamma(\alpha+\beta+n+N)}.$$

Además,

$$\mathrm{Ker}^{H,\alpha,\beta}_{n-1}(0,0) = \sum_{m=0}^{n-1}\frac{\Gamma(m+\beta+1)\Gamma(m+\alpha+\beta+1)(2m+\alpha+\beta+1)(N-1)!^2}{m!\Gamma(\beta+1)^2(N-m-1)!\Gamma(\alpha+m+1)\Gamma(\alpha+\beta+N+m+1)},$$

$$\mathrm{Ker}^{H,\alpha,\beta}_{n-1}(0,N-1) = \sum_{m=0}^{n-1}\frac{(-1)^m\Gamma(m+\alpha+\beta+1)(2m+\alpha+\beta+1)(N-1)!^2}{m!\Gamma(\beta+1)\Gamma(\alpha+1)(N-m-1)!\Gamma(\alpha+\beta+N+m+1)},$$

y utilizando (4.56) encontramos $\mathrm{Ker}^{H,\alpha,\beta}_{n-1}(N-1,N-1) = \mathrm{Ker}^{H,\beta,\alpha}_{n-1}(0,0)$. Si empleamos la expresión (4.58) para calcular los núcleos de los polinomios de Hahn, encontramos otra representación de los mismos:

$$\begin{aligned} &\mathrm{Ker}^{H,\alpha,\beta}_{n-1}(x,0) = \theta_n(\alpha,\beta)[nh^{\alpha,\beta}_n(x,N) + (x-\alpha-N)\nabla h^{\alpha,\beta}_n(x,N)], \\ (4.60)\quad & \\ &\mathrm{Ker}^{H,\alpha,\beta}_{n-1}(x,N-1) = \theta_n(\beta,\alpha)(-1)^n[nh^{\alpha,\beta}_n(x,N) + (x+1+\beta)\Delta h^{\alpha,\beta}_n(x,N)], \end{aligned}$$

donde $\theta_n(\alpha,\beta)$ y $\theta_n(\beta,\alpha)$ denotan, respectivamente, a

$$\begin{aligned} &\theta_n(\alpha,\beta) = \frac{(-1)^n(N-1)!\Gamma(\alpha+\beta+2n+1)}{n!\Gamma(\alpha+n+1)\Gamma(\beta+1)\Gamma(\alpha+\beta+N+n+1)}, \\ (4.61)\quad & \\ &\theta_n(\beta,\alpha) = \frac{(-1)^n(N-1)!\Gamma(\alpha+\beta+2n+1)}{n!\Gamma(\alpha+1)\Gamma(\beta+n+1)\Gamma(\alpha+\beta+N+n+1)}. \end{aligned}$$

Nota 4.5.1 *Para encontrar la expresión de* $\mathrm{Ker}^{H,\alpha,\beta}_{n-1}(x,N-1)$ *en (4.59) y (4.60) a partir de la expresión para los* $\mathrm{Ker}^{H,\alpha,\beta}_{n-1}(x,0)$ *debemos realizar las siguientes operaciones*

$$\begin{aligned} \mathrm{Ker}^{H,\alpha,\beta}_{n-1}(x,N-1) &= \sum_{m=0}^{n-1}\frac{h^{\alpha,\beta}_m(x,N)h^{\alpha,\beta}_m(N-1,N)}{d^2_m} = \sum_{m=0}^{n-1}\frac{h^{\beta,\alpha}_m(N-1-x,N)h^{\beta,\alpha}_m(0,N)}{d^2_m} \\ &= \mathrm{Ker}^{\beta,\alpha}_{n-1}(N-x-1,0), \end{aligned}$$

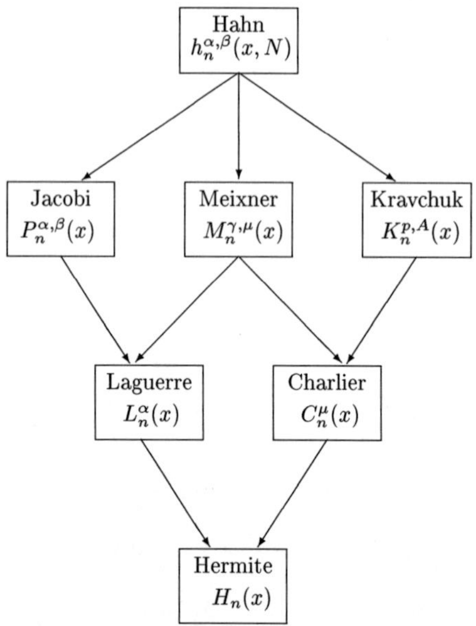

Figura 4.2: Relaciones límites de los polinomios clásicos.

donde hemos utilizado la propiedad de simetría (4.56). Por tanto, si en la expresión para el núcleo $\mathrm{Ker}_{n-1}^{H,\alpha,\beta}(x,0)$ *realizamos el cambio* $x \longleftrightarrow N-x-1$ *y* $\alpha \longleftrightarrow \beta$ *obtenemos la fórmula para el* $\mathrm{Ker}_{n-1}^{H,\alpha,\beta}(x,N-1)$*. Finalmente, utilizando la identidad*

$$\nabla h_n^{\beta,\alpha}(N-x-1,N) = -\Delta h_n^{\alpha,\beta}(x,N),$$

obtenemos la expresión deseada.

4.6. Relaciones límites entre los polinomios clásicos

Antes de concluir esta primera parte debemos recordar que existen diversas relaciones límites que involucran a los polinomios clásicos considerados. La demostración es inmediata a partir de la representación hipergeométrica o la relación de recurrencia que satisfacen dichos polinomios y se puede encontrar en diversos trabajos: [138, 185, 189]. Estas relaciones están representadas en la figura 4.2 que no es más que un fragmento de la conocida Tabla de Askey [21, 138] para los polinomios ortogonales *hipergeométricos*. Algunas de ellas son, por ejemplo,

$$\lim_{N\to\infty} \frac{2^n}{N^n} h_n^{\alpha,\beta}\left((N-1)x,N\right) = P_n^{\alpha,\beta}(2x-1), \tag{4.62}$$

$$\lim_{t\to\infty} h_n^{(1-p)t,pt}\left(x,N\right) = K_n^{p}(x,N-1). \tag{4.63}$$

$$\lim_{N\to\infty} h_n^{\frac{(1-\mu)}{\mu}N,\gamma-1}(x,N) = M_n^{\gamma,\mu}(x), \tag{4.64}$$

$$\lim_{\beta\to 0} \frac{(-1)^n\beta^n}{2^n} P_n^{\alpha,\beta}\left(1-\frac{2x}{\beta}\right) = L_n^{\alpha}(x), \tag{4.65}$$

$$\lim_{h\to 0} h^n M_n^{\alpha+1,1-h}\left(\frac{x}{h}\right) = L_n^{\alpha}(x), \tag{4.66}$$

$$\lim_{\gamma\to\infty} M_n^{\gamma,\frac{\mu}{\mu+\gamma}}(x) = C_n^{\mu}(x), \tag{4.67}$$

$$\lim_{N\to\infty} K_n^{\frac{\mu}{N}}(x) = C_n^{\mu}(x), \tag{4.68}$$

$$\lim_{\mu\to\infty} \frac{1}{(2\mu)^{\frac{n}{2}}} C_n^{\mu}((2\mu)^{\frac{n}{2}}x+\mu) = H_n(x), \tag{4.69}$$

$$\lim_{\mu\to\infty} \frac{1}{(2\alpha)^{\frac{n}{2}}} L_n^{\alpha}((2\alpha)^{\frac{n}{2}}x+\alpha) = H_n(x). \tag{4.70}$$

4.7. Propiedades de los ceros

A diferencia del caso continuo (polinomios de Jacobi, Laguerre, Hermite y Bessel) el caso discreto (Hahn, Meixner, Kravchuk y Charlier) ha necesitado de nuevos conceptos de la teoría del potencial logarítmico (análisis complejo, ver [211]) en el plano los cuales han sido introducidos muy recientemente por Rakhmanov [202] y desarrollados por Dragnev y Saff [84, 85] y Kuilijaars y Van Assche [148, 149] (para una revisión del tema véase [147]).

Aquí vamos a usar el teorema 2.7.1 para encontrar las propiedades espectrales de dichas familias[8]. Antes de comenzar recordemos que los ceros de los polinomios discretos, al ser estos definidos positivos son reales y simples, y, como ya hemos hecho notar en el capítulo 2 (ver teorema 2.6.4), están separados por los puntos de la red.

Polinomios de Charlier

Los polinomios de Charlier $c_n^{\mu}(x)$, satisfacen una relación de recurrencia a tres términos (2.21) cuyos coeficientes a_n y b_n^2 son

$$a_n = n+\mu-1, \quad b_n^2 = n\mu. \tag{4.71}$$

Luego son representantes de la clase $7a$ descrita en el teorema 3.9.3 con $\theta = 1$, $\beta = 0$, $\alpha = 1$, $\gamma = 0$ y $(c_0, e_0) = (1,1)$. Por tanto sus momentos asintóticos correspondientes a la densidad asintótica $\rho^{**}(x) = \lim_{n\to\infty} \rho(x/n)$, son

$$\mu_m''' = \frac{1}{m+1}, \quad m = 0,1,2,\ldots \tag{4.72}$$

[8]Obviamente el método WKB no es aplicable al no satisfacer estas familias una ecuación diferencial.

O sea, la densidad asintótica de los ceros *reescalados* de los polinomios de Charlier corresponden a la distribución uniforme [131, Vol 2, p. 276],

$$\rho\left(\frac{x}{n}\right)=1, \quad 0\le\frac{x}{n}\le 1. \tag{4.73}$$

Este resultado es evidente a partir del teorema 3.9.4 cuando escogemos $\phi(n)=n$, entonces tenemos $a=1$ y $b=0$, por lo que 3.9.4 nos conduce a la expresión $\lim_{n\to\infty} n^{-1}\sum_{k=1}^{n}(x_{nk}/n)^m$ $=1/(m+1)$. Este resultado ha sido encontrado también por Kuijlaars y Van Assche [148] utilizando otras técnicas. El lema 2.7.1 nos permite calcular los momentos de orden bajo

$$\mu_1^{\prime(n)}=\frac{n+2\mu-1}{2}, \quad \mu_2^{\prime(n)}=\frac{(n-1)(2n-1)}{6}+2(n-1)\mu+\mu^2,$$

$$\mu_3^{\prime(n)}=\frac{(n-1)^2 n}{4}+3(n-1)^2\mu+\frac{9(n-1)\mu^2}{2}+\mu^3,$$

$$\mu_4^{\prime(n)}=\frac{n^2(10+3n(2n-5))-1}{30}+4(n-1)^3\mu+2(n-1)(6n-7)\mu^2+8(n-1)\mu^3+\mu^4.$$

Polinomios de Meixner

Los polinomios de Meixner $m_n^{\gamma,\mu}(x)$ satisfacen una relación de recurrencia de la forma

$$a_n=\frac{(n-1)(1+\mu)+\mu\gamma}{1-\mu}, \quad b_n^2=\frac{n\mu(n-1+\gamma)}{(1-\mu)^2}. \tag{4.74}$$

Luego, el teorema 2.7.1 nos conduce a la expresión

$$\mu_m^{\prime(n)}=\frac{1}{n}\sum_{(m)}F(r_1',r_1,\ldots,r_j,r_{j+1}')\sum_{i=1}^{n-s}\prod_{k=1}^{j+1}\left[\frac{(i+k-2)(1+\mu)+\mu\gamma}{1-\mu}\right]^{r_k'}\times$$
$$\prod_{k=1}^{j}\left[\frac{(i+k-1)\mu(i+k-2+\gamma)}{(1-\mu)^2}\right]^{r_k},$$

de donde deducimos

$$\mu_1^{\prime(n)}=\frac{1+\mu-2\gamma\mu-n(1+\mu)}{2(\mu-1)},$$

$$\mu_2^{\prime(n)}=\frac{(1-3n+2n^2+\mu^2(1+6(\gamma-1)\gamma-3n+6\gamma n+2n^2)+2\mu(n-1)(6\gamma+4n-5))}{6(\mu-1)^2},$$

$$\mu_3^{\prime(n)}=\frac{1}{4(1-\mu)^3}\Big[\left(2\gamma^2\mu^2+2\gamma\mu(1+\mu)(n-1)+(1+\mu)^2(n-1)n\right)(n-1+\mu(2\gamma+n-1))+$$
$$+2\mu(n-1)(6\gamma^2\mu+3(1+\mu)(n-2)(n-1)+\gamma(4n-5+\mu(8n-13)))\Big],$$

para los primeros tres momentos, respectivamente.

Un simple vistazo a los coeficientes (a_n,b_n) de la RRTT (4.74) que satisfacen estos polinomios basta para descubrir que estos son de la forma (3.93) con parámetros $\theta=1$, $\beta=0$, $\alpha=2$ y $\gamma=0$ así como $(c_0,d_0)=(1+\mu,1-\mu)$ y $(e_0,f_0)=(\mu,(1-\mu)^2)$. Por lo tanto, los polinomios

$m_n^{\gamma,\mu}(x)$ pertenecen a la clase $7b$ del teorema 3.9.3. Luego, los momentos de la correspondiente distribución de ceros $\rho^{**}(x) = \lim_{n\to\infty} \rho(x/n)$ son

$$\mu_m''' = \frac{1}{m+1} \sum_{i=0}^{[\frac{m}{2}]} \frac{(1+\mu)^{m-2i}\mu^i}{(1-\mu)^m} \binom{2i}{i} \binom{m}{2i}, \quad m = 0, 1, 2, \dots. \tag{4.75}$$

Este resultado se obtiene además usando el teorema 3.9.4 [180] y coincide con los obtenidos por Kuijlaars y Van Assche [148].

Polinomios de Kravchuk

La relación de recurrencia de los polinomios de Kravchuk $k_n(x, p, N)$ es de la forma

$$a_n = Np + (1-2p)(n-1), \qquad b_n^2 = np(1-p)(N-n+1). \tag{4.76}$$

Luego, el teorema 2.7.1 conduce a

$$\begin{aligned} \mu_m'^{(n)} = \frac{1}{n} \sum_{(m)} F(r_1', r_1, \dots, r_j, r_{j+1}') \sum_{i=1}^{n-s} \prod_{k=1}^{j+1} [Np + (1-2p)(i+k-2)]^{r_k'} \times \\ \prod_{k=1}^{j} [(i+k-1)p(1-p)(N-i-k+2)]^{r_k}, \end{aligned} \tag{4.77}$$

de donde se deducen las siguientes expresiones

$$\mu_1'^{(n)} = -\frac{1}{2} + n\left(\frac{1}{2} - p\right) + p + Np,$$

$$\begin{aligned} \mu_2'^{(n)} &= \frac{(n-1)(2n-1)}{6} + 2(n-1)(N-n+1)p + (N-n+1)(N-2n+2)p^2, \\ \mu_3'^{(n)} &= \tfrac{1}{4}\left((n-1)^2 n + 12(n-1)^2 (N-n+1)p - 6(n-1)(N-n+1)(5n-3(N+2))p^2 - \right. \\ &\quad \left. -4(N-n+1)(6+n(5n-11)+5N-5nN+N^2)p^3\right), \\ \mu_4'^{(n)} &= \frac{1}{30}\left[n^2(10+3n(-5+2n))-1\right] + 4(n-1)^3(N-n+1)p + \\ &\quad +2(n-1)(N-n+1)(n(6N-9n+22)+7(2+N))p^2 - \\ &\quad -4(n-1)(N-n+1)(7n^2+2(2+N)(3+N)-2n(9+4N))p^3 + \\ &\quad +(N-n+1)(14n^3-(2+N)(3+N)(4+N)+n(3+N)(20+9N)-n^2(50+21N))p^4, \end{aligned}$$

para los primeros cuatro momentos.

El estudio de la densidad asintótica de ceros es más complicado al ser esta familia finita. Existen dos posibilidades: (i) $n \to \infty$ y N fijo, y (ii) $(n, N) \to \infty$, pero tal que $n/N = t \in (0, 1)$. El primer caso ($n \to \infty$ y N fijo) corresponde a polinomios no ortogonales ya que en el caso de la ortogonalidad discreta, como ya hemos discutido, si la correspondiente distribución sólo tiene un número finito de puntos de crecimiento, digamos N, la correspondiente familia solo tiene $N-1$ polinomios ortogonales. Tal es el caso de los polinomios de Kravchuk, para los cuales además los coeficientes de la RRTT (a_n, b_n) tienen la forma (3.93) con $\theta=1$, $\beta=0$, $\alpha=2$, $\gamma=0$, y $(c_0, e_0)=(1-2p, p(p-1))$. Por tanto, el teorema 3.9.3 nos dice, que para N fijo estos polinomios pertenecen a la clase $7b$. Así, los momentos de su distribución asintótica $\rho^{**}(x)=\lim_{n\to\infty}\rho(x/n)$ son

$$\mu'''_m=\frac{1}{m+1}\sum_{i=0}^{[\frac{m}{2}]}(1-2p)^{m-2i}[p(p-1)]^i\binom{2i}{i}\binom{m}{2i},\quad m=0,1,2,\ldots. \tag{4.78}$$

Obviamente este resultado es imposible de obtener usando aquellos teoremas donde la ortogonalidad juega un papel primordial como por ejemplo en [84, 85, 147, 148, 149].

En el segundo caso, cuando el grado n del polinomio es el número de puntos N de crecimiento de su medida de ortogonalidad $(d\alpha(x))$ crecen indefinidamente pero manteniendo una razón lineal $n/N=t\in(0,1)$, es mejor considerar los polinomios de Kravchuk reescalados: $N^{-n}k_n(Nx,p,N)$. En este caso los coeficientes de la relación de recurrencia son

$$a_n^*=\frac{a_n}{N}=p+\frac{(1-2p)(n-1)}{N},\qquad b_n^{*\,2}=\frac{b_n^2}{N^2}=p(1-p)\left(\frac{n}{N}\right)\left(1-\frac{n}{N}+\frac{1}{N}\right).$$

Luego, el teorema 2.7.1 nos da los siguiente valores para los momentos de la densidad discreta de ceros

$$\begin{aligned}\mu^{*\prime(n)}=\frac{1}{n}\sum_{(m)}F(r'_1,r_1,\ldots,r_j,r'_{j+1})\sum_{i=1}^{n-s}\prod_{k=1}^{j+1}\left[p+\frac{(1-2p)(i+k-2)}{N}\right]^{r'_k}\times\\ \prod_{k=1}^{j}\left[\frac{p(1-p)(i+k-1)(N-i-k+2)}{N^2}\right]^{r_k},\end{aligned} \tag{4.79}$$

de donde deducimos que los primeros momentos de la distribución asintótica de ceros $\mu_n=\lim\limits_{n\to\infty,\,n/N\to t}\mu^{*\prime(n)}$, de los polinomios de Kravchuk reescalados vienen dados por

$$\mu_1=p+\frac{t}{2}-p\,t,\quad \mu_2=-2\,p\,(-1+t)\,t+\frac{t^2}{3}+p^2\,(1-3\,t+2\,t^2)\,,$$

$$\mu_3=-3\,p\,(-1+t)\,t^2+\frac{t^3}{4}+\frac{3\,p^2\,t\,(3-8\,t+5\,t^2)}{2}+p^3\,(1-6\,t+10\,t^2-5\,t^3)\,,$$

$$\begin{aligned}\mu_4=-4\,p\,(-1+t)\,t^3+\frac{t^4}{5}+6\,p^2\,t^2\,(2-5\,t+3\,t^2)-4\,p^3\,t\,(-2+10\,t-15\,t^2+7\,t^3)+\\ +p^4\,(1-10\,t+30\,t^2-35\,t^3+14\,t^4)\,,\end{aligned}$$

que coinciden con los valores de $\mu_m=\lim\limits_{n\to\infty,\,n/N\to t}\frac{\mu_m'^{(n)}}{N^m}$, donde $\mu_m'^{(n)}$ vienen dados por (4.77).

En el caso especial $p = t = 1/2$, de (4.79) se deduce que $\mu_m = 1/(m+1)$, que corresponde a una densidad uniforme. Este mismo resultado fue obtenido indistintamente por Dragnev y Saff [84] y Kuijlaars y Rakhmanov [147] usando técnicas de teoría del potencial. Nótese que para esta familia de polinomios sólo podemos utilizar el teorema 3.9.3 y no el 3.9.4.

Polinomios de Hahn y Chebyshev

Los polinomios de Hahn $h_n^{\alpha,\beta}(x,N)$ satisfacen una relación de recurrencia (2.21) con coeficientes

$$a_n = \frac{(\beta+1)(N-1)(\alpha+\beta)+(n-1)(2N+\alpha-\beta-2)(\alpha+\beta+n)}{(\alpha+\beta+2n)(\alpha+\beta+2n-2)},$$

(4.80)

$$b_n^2 = \frac{n(N-n)(\alpha+\beta+n)(\alpha+n)(\beta+n)(\alpha+\beta+N+n)}{(\alpha+\beta+2n-1)(\alpha+\beta+2n)^2(\alpha+\beta+2n+1)},$$

y al igual que los polinomios de Kravchuk, constituyen una familia finita de polinomios ortogonales para $n < N$ (n es el grado del polinomio y N el número de puntos de crecimiento de la función de distribución $\alpha(x)$). Usando el teorema 2.7.1, obtenemos

$$\mu_m'^{(n)} = \frac{1}{n}\sum_{(m)} F(r_1', r_1, \dots, r_j, r_{j+1}') \sum_{i=1}^{n-s} \times$$

$$\prod_{k=1}^{j+1}\left[\frac{(\beta+1)(N-1)(\alpha+\beta)+(i+k-2)(2N+\alpha-\beta-3)(\alpha+\beta+i+k-1)}{(\alpha+\beta+2i+2k-4)(\alpha+\beta+2i+2k-2)}\right]^{r_k'} \times$$

$$\prod_{k=1}^{j}\left[\frac{(N-i-k+1)(\alpha+\beta+i+k-1)(\alpha+i+k-1)(\beta+i+k-1)(\alpha+\beta+N+i+k-1)}{(i+k-1)^{-1}(\alpha+\beta+2i+2k+1)(\alpha+\beta+2i+2k-2)^2(\alpha+\beta+2i+2k-3)}\right]^{r_k}.$$

Para el caso $m = 1, 2$ se obtiene

$$\mu_1'^{(n)} = \frac{-\alpha+n\,(-2+2N+\alpha-\beta)+(-1+2N)\,\beta}{2\,(2n+\alpha+\beta)},$$

$$\mu_2'^{(n)} = \frac{1}{6\,(-1+2n+\alpha+\beta)\,(2n+\alpha+\beta)^2}\times$$

$$\Big[-2n^5+n^4(4-6\alpha-6\beta)-2n^3(-4+\alpha-3N(3N+3-4\alpha)-11\beta+3(N+3\alpha)\beta)+$$
$$+(\alpha+\beta)(\alpha^2+(1+6(N-1)N)(\beta-1)\beta+\alpha(2\beta-12N-1\beta))+$$
$$+2n^2(-2+\alpha(9+(\alpha-4)\alpha)+3\beta-\alpha(-10+3\alpha)\beta-(3\alpha-8)\beta^2+$$
$$+\beta^3+6N^2(\alpha+3\beta-1)+6N(1-3\alpha+\alpha^2+2(\alpha-2)\beta-\beta^2))+$$
$$+n(-3\alpha^3-4\beta+3\alpha^2(3+4N(\beta-1)+\beta)+3\beta(6(1-N)N+\beta+$$
$$+2N(4N-5)\beta+(1-2N)\beta^2)-\alpha(4+6(N-1)N+6(2+3(N-3)N)\beta+$$
$$+3(3+2N)\beta^2))\Big].$$

Como en el caso anterior, debemos considerar dos posibilidades: (i) $n \to \infty$ y N fijo, y (ii) $(n, N) \to \infty$, tal que $n/N = t \in (0, 1)$.

En el primero nuevamente estamos en presencia de polinomios no ortogonales para $n \to \infty$. En este caso, (a_n, b_n) se comportan como (ver (4.80))

$$a_n = \frac{(2N+\alpha-\beta-2)}{4} + O\left(\frac{1}{n}\right), \qquad b_n^2 = -\frac{n^2}{16} + O(n),$$

y, por tanto, corresponden a la clase $7c$ del teorema 3.9.3 con $(e_0, f_0) = (-1, 16)$. Luego, los momentos asociados a la densidad $\rho^*(x) = \text{lím}_{n\to\infty} \rho(x/n)$ se expresan por

$$\mu''_{2m} = \frac{1}{2m+1}\left(\frac{-1}{16}\right)^m \binom{2m}{m}, \quad \mu''_{2m+1} = 0, \quad m = 0, 1, 2, \ldots \tag{4.81}$$

Nótese que los momentos anteriores no dependen de los parámetros α y β que definen el polinomio $h_n^{\alpha,\beta}(x, N)$.

Un caso particular de los polinomios de Hahn son los los polinomios discretos de Chebyshev $t_n(x, N)$ ($\alpha = \beta = 0$) En este caso los coeficientes de la relación de recurrencia (2.21) tienen la forma

$$a_n = \frac{N-1}{2}, \qquad b_n^2 = \frac{n^2(N^2-n^2)}{4(4n^2-1)}, \tag{4.82}$$

y, por tanto, los momentos espectrales tienen la forma (ver fórmula (2.22))

$$\mu_m'^{(n)} = \frac{1}{n}\sum_{(m)} F(r'_1, r_1, \ldots, r_j, r'_{j+1}) \sum_{i=1}^{n-s}\prod_{k=1}^{j+1}\left[\frac{(N-1)}{2}\right]^{r'_k} \prod_{k=1}^{j}\left[\frac{(i+k-1)^2[N^2-(i+k-1)^2]}{4[4(2i+2k-1)^2-1]}\right]^{r_k},$$

de donde se deducen las expresiones

$$\mu_1'^{(n)} = \frac{N-1}{2}, \quad \mu_2'^{(n)} = \frac{2n^2 - n^3 + n(3N-2)^2 - 6(N-1)N - 2}{24n-12},$$

$$\mu_3'^{(n)} = \frac{(N-1)\left((2-n)n^2 + (2-4n)N + (5n-4)N^2\right)}{16n-8},$$

para los tres primeros momentos.

En muchos casos, por conveniencia, se suele utilizar en vez de los t_n, los polinomios reescalados

$$T_n(x, N) \equiv \left(\frac{N-1}{2}\right)^{-n} t_n\left(\frac{N-1}{2}(x+1), N\right), \tag{4.83}$$

y cuyos coeficientes de la relación de recurrencia (2.21) son

$$a_n = 0, \qquad b_n^2 = \frac{n^2(N^2-n^2)}{(N-1)^2(4n^2-1)}. \tag{4.84}$$

Entonces, (2.22) se transforma en

$$\mu_m'^{(n)} = \frac{2}{n}\sum_{p=1}^{k}\left(\sum_{(m)} F(0, r_1, 0, r_2, \ldots, 0, r_p)\right)\sum_{i=1}^{n-p}\prod_{k=1}^{p}\left[\frac{(i+k-1)^2[N^2-(i+k-1)^2]}{(N-1)^2[4(i+k-1)^2-1]}\right]^{r_k},$$

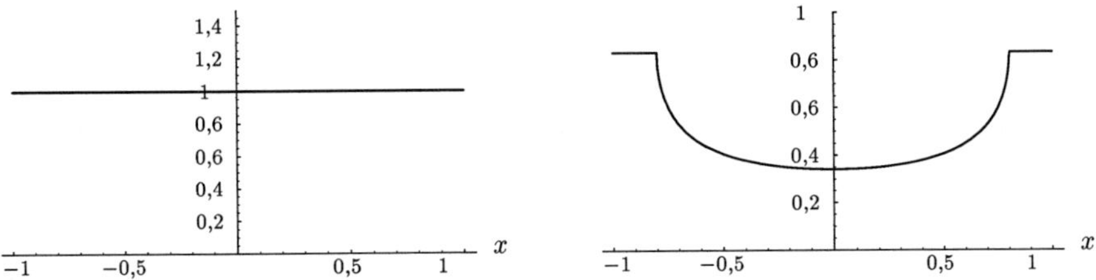

Figura 4.3: Densidad de ceros de los Polinomios de Charlier (izquierda) y Chebyshev (derecha).

si $m = 2k$ y cero si $m = 2k + 1$, de donde deducimos para los primeros momentos no nulos

$$\mu_2'^{(n)} = \frac{(n-1)(3N^2 - n^2 + n - 1)}{3(2n-1)(N-1)^2},$$

$$\mu_4'^{(n)} = \frac{(2n-3)^{-1}}{15(2n-1)^2(N-1)^4}\Big[45n^3N^4 + 98n - 200n^2 + 276n^3 - 274n^4 + 172n^5 - 60n^6 + 9n^7 + 90N^2 - \\ -360nN^2 + 510n^2N^2 - 360n^3N^2 + 150n^4N^2 - 30n^5N^2 - 45N^4 + 150nN^4 - 150n^2N^4 - 21\Big].$$

Al ser los polinomios de Chebyshev una familia finita, tenemos que considerar dos posibilidades a la hora de encontrar los momentos de su distribución asintótica. La primera consiste en prefijar N, el número de puntos de crecimiento de la medida con respecto a la cual estos son ortogonales, y hacer tender n a infinito, con lo que tendríamos el caso $n > N$ y por tanto estaríamos en presencia de polinomios no ortogonales [72, 185], o bien hacer tender $n \to \infty$ pero de tal forma que $n < N$. Esto último se puede conseguir si, por ejemplo, imponemos la condición $n/N = t \in (0, 1)$ $((n, N) \to \infty)$ [84, 85, 147, 202].

En el primer caso, o sea, $n \to \infty$ y N fijo, para los polinomios $t_n(x, N)$ tenemos

$$a_n = \frac{(N-1)}{2} + O\left(\frac{1}{n}\right), \quad b_n^2 = -\frac{n^2}{16} + O(n),$$

por tanto el teorema 3.9.3 nos dice que estos polinomios (ya no ortogonales pero que satisfacen una relación de recurrencia) pertenece a la clase $7c$. Luego, los momentos de la distribución asintótica con densidad $\rho^*(x) = \lim_{n\to\infty} \rho(x/n)$ se expresan de la forma

$$\text{(4.85)} \qquad \begin{cases} \mu''_{2m} = \dfrac{1}{2m+1}\left(\dfrac{-1}{16}\right)^m \dbinom{2m}{m}, \\ \\ \mu''_{2m+1} = 0, \end{cases} \qquad m = 0, 1, 2, \ldots.$$

Nótese la fórmula anterior coincide con la fórmula (4.81) para los polinomios de Hahn.

Consideremos ahora el segundo caso. Como ejemplo tomemos los polinomios reescalados. En este caso los coeficientes de la relación de recurrencia se comportan asintóticamente como

$$a_n = 0, \qquad b_n^2 = \frac{\left(\frac{n}{N-1}\right)^2 \left[1 - \left(\frac{n}{N}\right)^2\right]}{4\left(\frac{n}{N}\right)^2 - \frac{1}{N^2}},$$

por tanto sus momentos son

$$\mu_1 = 0, \quad \mu_2 = \frac{1}{2} - \frac{t^2}{6}, \quad \mu_3 = 0, \quad \mu_4 = \frac{3}{8} - \frac{t^2}{4} + \frac{3\,t^4}{40} \quad \mu_5 = 0,$$

$$\mu_6 = \frac{5}{16} - \frac{5\,t^2}{16} + \frac{3\,t^4}{16} - \frac{5\,t^6}{112},$$

que corresponden con la densidad asintótica de la distribución de ceros

$$\rho(x) = \begin{cases} \dfrac{1}{\pi t} \arctan\left(\dfrac{t}{\sqrt{r^2 - x^2}}\right), & x \in [-r, r], \\ \\ \dfrac{1}{2t}, & |x| \in [r, 1], \end{cases} \qquad r = \sqrt{1 - t^2},$$

obtenida por Rakhmanov en [202, Eq. (1.3) page 114] (ver además [147]) mediante técnicas de teoría del potencial.

Capítulo 5

Los polinomios hipergeométricos en redes no uniformes: los q–polinomios

Lo que conocemos no es mucho.
Lo que no conocemos es inmenso.
P. Laplace
En *"DeMorgan's Budget of Paradoxes"*

5.1. La ecuación en diferencias de tipo hipergeométrico en una red no uniforme

Consideremos una discretización de la ecuación diferencial hipergeométrica

$$\widetilde{\sigma}(x)y'' + \widetilde{\tau}(x)y' + \lambda y = 0, \tag{5.1}$$

más general que la descrita en (4.2). Para ello vamos a aproximar las derivadas y' e y'' usando una red no uniforme, es decir vamos a usar un esquema como el que se muestra en la figura 5.1 para aproximar la primera derivada:

$$y'(x) \sim \frac{1}{2}\left[\frac{y(x(s+h)) - y(x(s))}{x(s+h) - x(s)} + \frac{y(x(s)) - y(x(s-h))}{x(s) - x(s-h)}\right],$$

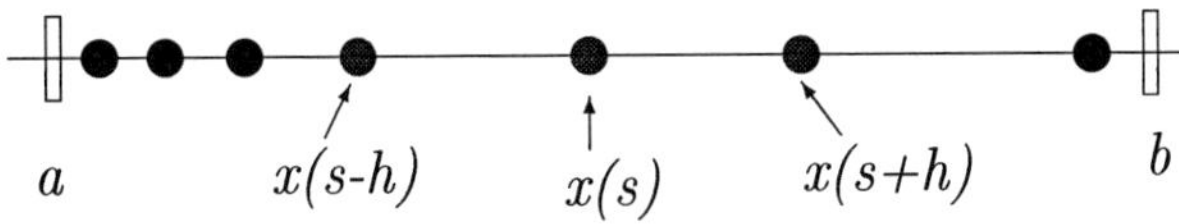

Figura 5.1: Discretización en una red no uniforme $x(s)$

Para la segunda derivada usaremos el esquema en diferencias que muestra en la figura 5.2.

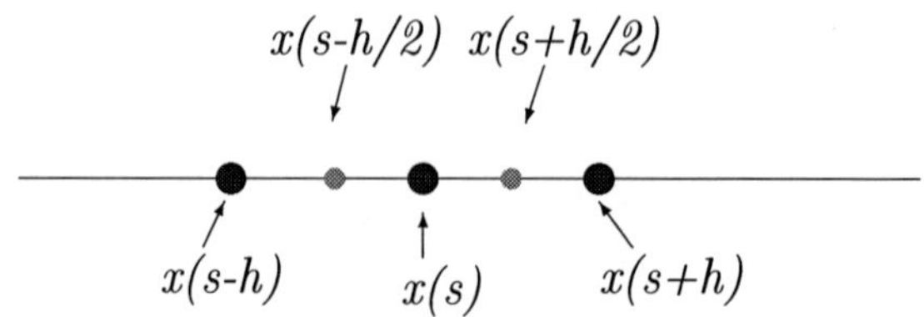

Figura 5.2: Discretización en una red no uniforme $x(s)$

Es decir, usaremos la siguiente aproximación para la segunda derivada

$$y''(x) \sim \frac{1}{x(s+\frac{h}{2})-x(s-\frac{h}{2})}\left[\frac{y(x(s+h))-y(x(s))}{x(s+h)-x(s)} - \frac{y(x(s))-y(x(s-h))}{x(s)-x(s-h)}\right].$$

La razón de escribir el factor $x(s+h/2)-x(s-h/2)$ se debe a que la diferencia generalizada

$$\frac{y(x(s+h))-y(x(s))}{x(s+h)-x(s)}$$

aproxima mejor a la primera derivada en $x(s-h/2)$, que en $x(s)$ [185, pág. 55].

En adelante llamaremos *red*, a una función $x(s) \in \mathrm{C}^2(U)$, donde U es cierto dominio del plano complejo, tal que $x(s)$, $s = 0, 1, 2, \ldots$ define un conjunto de puntos de $\mathbb{C}$ en los cuales vamos a discretizar la ecuación (5.1) y asumiremos que $x(s)$ no es constante, es decir que $\Delta x(s) \neq 0$ para todo s. Además el paso escogido $\Theta(s) \equiv \Delta x(s) \equiv x(s+h)-x(s)$, no tiene por qué ser constante y $|\Theta(s)|$ define la *distancia* entre dos puntos. Por comodidad consideraremos el caso $h = 1$. Es evidente que el caso de discretización en una red uniforme (ver las fórmulas (4.2)–(4.3) del apartado anterior) corresponde a la función $x(s) = s$.

Sustituyendo las expresiones para las derivadas en (5.1) obtenemos la ecuación en diferencias

$$\frac{\widetilde{\sigma}(x(s))}{x(s+\frac{h}{2})-x(s-\frac{h}{2})}\left[\frac{y(x(s+h))-y(x(s))}{x(s+h)-x(s)} - \frac{y(x(s))-y(x(s-h))}{x(s)-x(s-h)}\right]$$
$$+\frac{\widetilde{\tau}(x(s))}{2}\left[\frac{y(x(s+h))-y(x(s))}{x(s+h)-x(s)} + \frac{y(x(s))-y(x(s-h))}{x(s)-x(s-h)}\right] + \lambda y = 0.$$

Se puede comprobar que la ecuación anterior aproxima a la ecuación original (5.1) en la *red no uniforme* $x(s)$ hasta orden $O(h^2)$. Si ahora hacemos el cambio lineal de la variable $s \to hs$ la ecuación anterior se transforma en

$$\widetilde{\sigma}(x(s))\frac{\Delta}{\Delta x(s-\frac{1}{2})}\frac{\nabla y(s)}{\nabla x(s)} + \frac{\widetilde{\tau}(x(s))}{2}\left[\frac{\Delta y(s)}{\Delta x(s)} + \frac{\nabla y(s)}{\nabla x(s)}\right] + \lambda y(s) = 0, \tag{5.2}$$

donde $\widetilde{\sigma}(x(s))$ es un polinomio de grado, a lo sumo, dos en $x(s)$ y $\widetilde{\tau}(x(s))$, de grado uno y λ es una constante y, como antes, $\nabla f(s) = f(s) - f(s-1)$, $\Delta f(s) = f(s+1) - f(s)$.

Vamos a considerar, en vez de la ecuación (5.2), la siguiente ecuación equivalente

$$\begin{gathered}\sigma(s)\frac{\Delta}{\Delta x(s-\frac{1}{2})}\frac{\nabla y(s)}{\nabla x(s)} + \tau(s)\frac{\Delta y(s)}{\Delta x(s)} + \lambda y(s) = 0,\\ \sigma(s) = \widetilde{\sigma}(x(s)) - \tfrac{1}{2}\widetilde{\tau}(x(s))\Delta x(s-\tfrac{1}{2}), \qquad \tau(s) = \widetilde{\tau}(x(s)),\end{gathered} \tag{5.3}$$

donde por $y(s)$ denotaremos las soluciones de la ecuación anterior, o sea, $y(s) \equiv y(x(s))$. Nótese que τ es también un polinomio de grado a lo sumo 1 en $x(s)$, no así σ, que en general, no es un polinomio en $x(s)$. Nótese que (5.3) puede ser escrita en la forma equivalente

$$A_s y(s+1) + B_s y(s) + C_s y(s-1) + \lambda y(s) = 0 \tag{5.4}$$

con

$$A_s = \frac{\sigma(s) + \tau(s)\Delta x(s-\frac{1}{2})}{\Delta x(s)\Delta x(s-\frac{1}{2})}, \quad C_s = \frac{\sigma(s)}{\nabla x(s)\Delta x(s-\frac{1}{2})}, \quad B_s = -(A_s + C_s).$$

Por analogía con la ecuación (5.1), vamos a imponer que la ecuación anterior (5.3) satisfaga una propiedad similar a *la propiedad de hipergeometricidad* que satisfacían las soluciones de (5.1). Es decir, impongamos que si y es una solución de (5.3), entonces cierto análogo de las k-ésimas derivadas, las *k-ésimas diferencias finitas generalizadas* de y, que denotaremos por y_k, y que están definidas por $(y_0(s) \equiv y(s))$

$$y_k(s) = \frac{\Delta}{\Delta x_{k-1}(s)}\frac{\Delta}{\Delta x_{k-2}(s)}\cdots\frac{\Delta}{\Delta x(s)}\, y(s) \equiv \Delta^{(k)} y(s), \tag{5.5}$$

donde $x_m(s) = x(s + \frac{m}{2})$, satisfagan una ecuación del mismo tipo [43, 185, 189]. Es evidente que

$$y_k(s) = \frac{\Delta y_{k-1}(s)}{\Delta x_{k-1}(s)}, \qquad y_0(s) \equiv y(s).$$

Siguiendo el esquema de los capítulos **3** y **4** vamos a aplicar el operador $\Delta/\Delta x(s)$ a la ecuación (5.3). Así,

$$\frac{\Delta}{\Delta x(s)}\left[\sigma(s)\frac{\Delta}{\Delta x(s-\frac{1}{2})}\frac{\nabla y(s)}{\nabla x(s)}\right] + \frac{\Delta}{\Delta x(s)}\left[\tau(s)\frac{\Delta y(s)}{\Delta x(s)}\right] + \lambda\frac{\Delta}{\Delta x(s)}y(s) = 0.$$

Usando fórmula $\Delta f(s)g(s) = f(s+1)\Delta g(s) + g(s)\Delta f(s)$ y que $y_1(x) = \Delta y(s)/\Delta x(s)$, tenemos

$$\sigma(s)\frac{\Delta}{\Delta x(s)}\frac{\nabla y_1(s)}{\Delta x(s-\frac{1}{2})} + \frac{\Delta\sigma(s)}{\Delta x(s)}\frac{\Delta y_1(s)}{\Delta x(s+\frac{1}{2})} + \tau(s+1)\frac{\Delta y_1(s)}{\Delta x(s)} + \frac{\Delta\tau(s)}{\Delta x(s)}y_1(s) + \lambda y_1(s) = 0,$$

o, equivalentemente,

$$\sigma(s)\frac{\Delta}{\Delta x_1(s-\frac{1}{2})}\frac{\nabla y_1(s)}{\nabla x_1(s)} + \tau_1(s)\frac{\Delta y_1(s)}{\Delta x_1(s)} + \mu_1 y_1(s) = 0,$$

donde

$$\tau_1(s) = \frac{\Delta\sigma(s)}{\Delta x(s)} + \tau(s+1)\frac{\Delta x_1(s)}{\Delta x(s)}, \qquad \mu_1 = \lambda + \frac{\Delta\tau(s)}{\Delta x(s)}.$$

Repitiendo la operación, es fácil probar, por inducción que las $y_k(s)$ satisfacen la ecuación[1]

$$\sigma(s)\frac{\Delta}{\Delta x_k(s-\frac{1}{2})}\frac{\nabla y_k(s)}{\nabla x_k(s)} + \tau_k(s)\frac{\Delta y_k(s)}{\Delta x_k(s)} + \mu_k y_k(s) = 0,$$

$$\tau_k(s) = \frac{\Delta\sigma(s)}{\Delta x_{k-1}(s)} + \tau_{k-1}(s+1)\frac{\Delta x_k(s)}{\Delta x_{k-1}(s)}, \quad \tau_0(s) = \tau(s), \tag{5.6}$$

$$\mu_k = \mu_{k-1} + \frac{\Delta\tau_{k-1}(s)}{\Delta x_{k-1}(s)}, \quad \mu_0 = \lambda.$$

De la ecuación anterior se deduce que

$$\mu_k = \lambda + \sum_{m=0}^{k-1}\frac{\Delta\tau_m(s)}{\Delta x_m(s)}, \quad \tau_k(s) = \frac{\sigma(s+k) - \sigma(s) + \tau(s+k)\Delta x(s+k-\frac{1}{2})}{\Delta x_{k-1}(s)}. \tag{5.7}$$

Para probar la primera basta notar que

$$\sum_{k=1}^{n}(\mu_k - \mu_{k-1}) = \mu_n - \mu_0 = \mu_n - \lambda.$$

Para la segunda reescribimos la fórmula de $\tau_k(s)$ en (5.6) en la forma

$$\tau_k(s)\Delta x_k(s-\tfrac{1}{2}) + \sigma(s) = \sigma(s+1) + \tau_{k-1}(s+1)\Delta x_{k-1}(s+1-\tfrac{1}{2}). \tag{5.8}$$

Denotando $\tau_k(s)\Delta x_k(s-\frac{1}{2}) + \sigma(s)$ por $T(s,k)$, tenemos $T(s,k) = T(s+1,k-1)$, luego $T(s,k) = T(s+k,0)$, de donde se deduce el resultado.

Es evidente que para tener soluciones polinómicas de la ecuación (5.2) —y, por tanto, de (5.3)— es necesario que $\widetilde{\tau}(x(s)) \equiv \tau(s)$ sea un polinomio de grado uno. En efecto, si $y(s)$ es un polinomio de grado uno en $x(s)$, entonces $\Delta y(s) = \nabla y(s) = C$, C constante, y (5.2) se transforma en

$$\frac{C}{2}\widetilde{\tau}(x(s)) + \lambda y(s) = 0,$$

por tanto $\widetilde{\tau}(x(s))$ es un polinomio de grado uno.

Si aplicamos el mismo razonamiento a la ecuación (5.6), tendremos que para que (5.6) admita soluciones polinómicas —y, por tanto, podamos asegurar que tenga lugar la propiedad de hipergeometricidad— es necesario que $\tau_k(s)$ sea un polinomio de grado uno en $x_k(s)$.

[1]También aquí usaremos la notación original de Nikiforov y Uvarov por lo que μ_m denotará los autovalores de la ecuación en diferencias (5.6) y no los momentos (2.4).

Si imponemos ahora que $\widetilde{\sigma}(x(s))$ sea un polinomio de grado a lo más 2 en $x(s)$, podemos comprobar que no para cualquier función $x(s)$ que escojamos la ecuación (5.2) o (5.3) tiene soluciones polinómicas de tipo hipergeométrico en $x(s)$. Un sencillo cálculo (ver e.g. [43, ecuación (1.61) pág 191]) nos permite ver que, por ejemplo, si $x(s) = s^3$ lo anterior es falso. Ello nos indica que no para cualquier red tendremos familias de polinomios hipergeométricos.

Definición 5.1.1 *En aquellas redes donde $\tau_k(s)$ es un polinomio de grado a lo sumo uno en $x_k(s)$ la ecuación (5.3) se denomina* ecuación en diferencias de tipo hipergeométrico.

Así pues, nuestro interés se centrará en las ecuaciones en diferencias de tipo hipergeométrico y, por tanto, nuestro próximo objetivo es encontrar la clase más amplia de funciones $x(s)$ para las cuales se cumple la propiedad de hipergeometricidad.

5.2. La red $x(s) = c_1(q)q^s + c_2(q)q^{-s} + c_3(q)$

El objetivo de este apartado es probar el siguiente teorema:

Teorema 5.2.1 ([43, 185]) *El conjunto más amplio de funciones $x(s)$ para las cuales la ecuación (5.3) tiene como solución una familia de polinomios de tipo hipergeométrico viene dado por*

$$x(s) = c_1(q)q^s + c_2(q)q^{-s} + c_3(q), \tag{5.9}$$

donde $q \in \mathbb{C}$, y c_1, c_2, c_3 son constantes que pueden depender de q, pero son independientes de s.

Escogiendo las constantes c_1, c_2, c_3 de la forma adecuada, (5.9) se transforma, cuando $q \to 1$, en la familia de funciones (red cuadrática) [190]

$$x(s) = \widetilde{c}_1 s^2 + \widetilde{c}_2 s + \widetilde{c}_3, \tag{5.10}$$

a la que pertenecen los polinomios de Racah y los duales de Hahn [138, 185].

La demostración de que si la función $x(s)$ es de la forma (5.9) es una condición suficiente para que (5.3) tenga soluciones polinómicas de tipo hipergeométrico fue dada por Nikiforov y Uvarov en dos *preprints* de 1983 y completada en la edición rusa de 1985 de la monografía [185] y difiere de la demostración presentada en [185]. La demostración de que (5.9) también es una condición necesaria la dieron Atakishiyev, Rahman y Suslov 10 años más tarde [43].

Para demostrar el teorema anterior vamos primero a probar la siguiente proposición:

Proposición 5.2.1 *Para que $\tau_k(s)$ sea un polinomio de grado a lo más 1 en $x_k(s)$ es necesario y suficiente que $x(s)$ satisfaga las siguientes dos ecuaciones*

$$\frac{x(s+k) + x(s)}{2} = \alpha_k\, x_k(s) + \beta_k, \tag{5.11}$$

$$x(s+k)-x(s)=\gamma_k \Delta x_k(s-\tfrac{1}{2}), \tag{5.12}$$

para ciertas constantes α_k, β_k y γ_k. En particular, para $k=1$ (5.11) se convierte en

$$\frac{x(s+1)+x(s)}{2}=\alpha\, x\big(s+\tfrac{1}{2}\big)+\beta. \tag{5.13}$$

Demostración: Comenzaremos demostrando la suficiencia[2]. Demostremos que si la red viene dada por la ecuación (5.13), entonces la ecuación (5.3) tiene soluciones polinómicas de tipo hipergeométrico. Para ello nótese que si la red es tal que se cumple

$$\frac{\Delta p_n[x(s)]}{\Delta x(s)}=q_{n-1}[x(s+\tfrac{1}{2})] \quad \text{y} \quad \frac{p_n[x(s+1)]+p_n[x(s)]}{2}=r_n[x(s+\tfrac{1}{2})], \tag{5.14}$$

entonces

$$\frac{1}{2}\left[\frac{\Delta p_n[x(s)]}{\Delta x(s)}+\frac{\nabla p_n[x(s)]}{\nabla x(s)}\right]=\widetilde{q}_{n-1}[x(s)], \qquad \frac{\Delta}{\Delta x(s-\frac{1}{2})}\frac{\nabla p_n[x(s)]}{\nabla x(s)}=\widetilde{r}_{n-2}[x(s)], \tag{5.15}$$

donde p_n, q_{n-1}, r_n, $\widetilde{q}_{n-1}$ y $\widetilde{r}_{n-2}$ son polinomios de grados n, $n-1$, n, $n-1$ y $n-2$, respectivamente, en $x(s)$.

Si ahora recordamos que $\widetilde{\sigma}(x(s))$ y $\widetilde{\tau}(x(s))$ son polinomios en $x(s)$ de grado a lo sumo 2 y 1 respectivamente, concluimos que nuestra ecuación admite soluciones polinómicas puesto que entonces los operadores

$$\frac{\Delta}{\Delta x(s)}+\frac{\nabla}{\nabla x(s)} \quad \text{y} \quad \frac{\Delta}{\Delta x(s-\frac{1}{2})}\frac{\nabla}{\nabla x(s)}$$

transforman un polinomio de grado n en $x(s)$ en otros polinomios en $x(s)$ de grado $n-1$ y $n-2$, respectivamente. Notemos ahora que

$$\frac{x^n(s+1)-x^n(s)}{x(s+1)-x(s)}=\frac{x(s+1)+x(s)}{2}\frac{x^{n-1}(s+1)-x^{n-1}(s)}{x(s+1)-x(s)}+\frac{x^{n-1}(s+1)+x^{n-1}(s)}{2},$$

$$\frac{x^n(s+1)+x^n(s)}{2}=\frac{x(s+1)+x(s)}{2}\frac{x^{n-1}(s+1)+x^{n-1}(s)}{2}$$
$$+\frac{1}{4}[x(s+1)-x(s)]^2\frac{x^{n-1}(s+1)-x^{n-1}(s)}{x(s+1)-x(s)}.$$

Utilizando las dos identidades anteriores podemos comprobar, mediante inducción, que si la red $x(s)$ satisface la ecuación en diferencias (5.13): $\dfrac{x(s+1)+x(s)}{2}=\alpha\, x\big(s+\tfrac{1}{2}\big)+\beta$, donde α, β son constantes arbitrarias, entonces las propiedades (5.14) tienen lugar siempre y cuando

[2]En general es más conveniente probar la necesidad primero pues la suficiencia se deduce fácilmente de ella. No obstante, por razones históricas, hemos decidido demostrar antes la suficiencia tal y como lo hicieron Nikiforov y Uvarov en 1983 [187]. De esa forma el lector puede entender el razonamiento inicial que llevó a estos autores a deducir la ecuación en diferencias (5.2) a partir de la ecuación hipergeométrica clásica (5.1).

$[x(s+1)-x(s)]^2$ sea un polinomio de grado a lo sumo 2 en $x\big(s+\frac{1}{2}\big)$. Para comprobar esto último vamos a encontrar la solución de (5.13).

Obviamente una solución particular de (5.13) es $x(s) = \beta/(1-\alpha)$ $(\alpha \neq 1)$. La solución general de la ecuación homogénea correspondiente la buscaremos de la forma $x(s) = r^s$. Sustituyendo dicha solución en (5.13) obtenemos la ecuación característica $r - 2\alpha r^{\frac{1}{2}} + 1 = 0$, que tiene dos soluciones r_1, r_2 $(\alpha \neq 1)$ tales que $r_1 r_2 = 1$. Por lo que, denotando por q a una de dichas soluciones, por ejemplo r_1, entonces la otra será igual a $r_2 = q^{-1}$, y la solución general de (5.13) tendrá la forma

$$x(s) = c_1 q^s + c_2 q^{-s} + c_3. \tag{5.16}$$

Además, con la notación anterior es claro que $\alpha = (q^{1/2} + q^{-1/2})/2$. El caso $\alpha = 1$ nos conduce a la solución[3]

$$x(s) = \widetilde{c}_1 s^2 + \widetilde{c}_2 s + \widetilde{c}_3.$$

Esta última expresión es un caso particular de (5.16) y se puede obtener de ésta tomando el límite $q \to 1$ y escogiendo adecuadamente los valores c_1, c_2 y c_3 dependientes de q. Finalmente, un cálculo directo nos confirma que $[x(s+1)-x(s)]^2$: es un polinomio de grado a lo más 2 en $x\big(s+\frac{1}{2}\big)$ para la red (5.9)

$$[x(s+1)-x(s)]^2 = \varkappa_q^2 [x_1(s) - c_3]^2 - 4\varkappa_q^2 c_1 c_2, \qquad \varkappa_q = q^{\frac{1}{2}} - q^{-\frac{1}{2}}.$$

La suficiencia está demostrada.

Para probar la necesidad vamos a reescribir (5.7) en su forma equivalente

$$\begin{aligned}
\tau_k(s)\Delta x_k(s-\tfrac{1}{2}) &= \sigma(s+k) - \sigma(s) + \tau(s+k)\Delta x(s+k-\tfrac{1}{2}) \\
&= \tilde{\sigma}(s+k) - \tilde{\sigma}(s) + \frac{\tilde{\tau}(s)}{2}\Delta x(s-\tfrac{1}{2}) + \frac{\tilde{\tau}(s+k)}{2}\Delta x(s+k-\tfrac{1}{2}) \\
&= \frac{\tilde{\sigma}''}{2}[x(s+k)+x(s)][x(s+k)-x(s)] + \tilde{\sigma}'(0)[x(s+k)-x(s)] \\
+\frac{\tilde{\tau}'}{2}[x(s+k)\Delta x(s+k-\tfrac{1}{2}) &+ x(s)\Delta x(s-\tfrac{1}{2})] + \frac{\tilde{\tau}(0)}{2}[\Delta x(s+k-\tfrac{1}{2}) + \Delta x(s-\tfrac{1}{2})],
\end{aligned} \tag{5.17}$$

donde hemos usado la notación

$$\tilde{\sigma}(s) \equiv \tilde{\sigma}[x(s)] = \frac{\tilde{\sigma}''}{2}x^2(s) + \tilde{\sigma}'(0)x(s) + \tilde{\sigma}(0), \quad \tilde{\tau}(s) \equiv \tilde{\tau}[x(s)] = \tilde{\tau}'x(s) + \tilde{\tau}(0), \tag{5.18}$$

para los polinomios $\tilde{\sigma}$ y $\tilde{\tau}$ de la ecuación (5.2), respectivamente. Es evidente que para que τ_k sea un polinomio de grado a lo más uno en $x_k(s)$ es necesario que el segundo miembro de la expresión (5.17) tenga como factor a $\Delta x_k(s-\frac{1}{2})$ cualquiera sea la elección de los polinomios $\tilde{\sigma}(s)$ y $\tilde{\tau}(s)$ no nulos.

[3]En realidad una solución particular es $4\beta s^2$ y la general es $\widetilde{c}_2 s + \widetilde{c}_3$.

Escojamos $\tilde{\sigma}(s)$ y $\tilde{\tau}(s)$ tales que $\tilde{\sigma}''=0$ y $\tilde{\tau}'=\tilde{\tau}(0)=0$ con $\tilde{\sigma}'(0)\neq 0$. Entonces, necesariamente tendremos

$$\tau_k(s)\Delta x_k(s-\tfrac{1}{2})=\tilde{\sigma}'(0)[x(s+k)-x(s)],$$

de donde se deduce que la red debe satisfacer la ecuación

$$x(s+k)-x(s)=\gamma_k(s)\Delta x_k(s-\tfrac{1}{2}),$$

siendo $\gamma_k(s)$ un polinomio de grado a lo más 1 en $x_k(s)$ pues para esta elección de $\tilde{\sigma}(s)$ y $\tilde{\tau}(s)$ tenemos $\tau_k(s)=\tilde{\sigma}'(0)\gamma_k(s)$. Demostremos que $\gamma_k(s)$ no depende de s, o sea, es constante. Para ello regresemos a la expresión (5.17) y tomemos ahora $\tilde{\sigma}'=0$ y $\tilde{\tau}'=\tilde{\tau}(0)=0$ con $\tilde{\sigma}''\neq 0$. Usando la expresión anterior deducimos que

$$\tau_k(s)=\frac{\tilde{\sigma}''}{2}[x(s+k)+x(s)]\gamma_k(s).$$

Ahora bien, si grado $\gamma_k=1$, entonces $\tau_k(s)$ o bien es de grado mayor que 1 o bien no es ni siquiera un polinomio pues obviamente $x(s+k)+x(s)$ no es una constante (si lo fuera tomando $k=0$ deduciríamos $x(s)=const.$ lo cual es una contradicción). Luego γ_k es constante. Ahora bien, puesto que γ_k es constante entonces necesariamente $x(s+k)+x(s)$ ha de ser un polinomio de grado a lo más 1 en $x_k(s)$ y, por tanto, tenemos

$$\frac{x(s+k)+x(s)}{2}=\alpha_k\,x_k(s)+\beta_k,$$

para ciertas constantes α_k y β_k. Luego las expresiones (5.11) y (5.12) se cumplen. Falta ahora probar que estas dos expresiones son las únicas condiciones necesarias con lo cual la proposición quedaría demostrada. Para ello observemos que para $k=1$ recuperamos la fórmula (5.13) cuya solución ya hemos encontrado anteriormente. Por tanto, usando (5.16) así como la expresión

$$\Delta x(s+a)=\varkappa_q(c_1q^{s+a+\frac{1}{2}}-c_2q^{-s-a-\frac{1}{2}}),\qquad \varkappa_q=q^{\frac{1}{2}}-q^{-\frac{1}{2}},\tag{5.19}$$

obtenemos que[4]

$$\gamma_k=[k]_q=\frac{q^{\frac{k}{2}}-q^{-\frac{k}{2}}}{q^{\frac{1}{2}}-q^{-\frac{1}{2}}},\quad \alpha_k=\alpha_q(k)=\frac{q^{\frac{k}{2}}+q^{-\frac{k}{2}}}{2},\quad \beta_k=-\frac{c_3}{2}\left(q^{\frac{k}{4}}-q^{-\frac{k}{4}}\right)^2,\tag{5.20}$$

o, utilizando que $c_3=\beta/(1-\alpha)$ con $\alpha=\alpha_1$, $\beta_k=\beta[k/2]_q^2[1/2]_q^{-2}$. En adelante denotaremos por $[x]_q$ y $\alpha_q(x)$, respectivamente, a los *q-números*

$$[x]_q\equiv\frac{q^{\frac{x}{2}}-q^{-\frac{x}{2}}}{q^{\frac{1}{2}}-q^{-\frac{1}{2}}},\qquad \alpha_q(x)=\frac{q^{\frac{x}{2}}+q^{-\frac{x}{2}}}{2},\qquad x\in\mathbb{C}.\tag{5.21}$$

---

[4]Es fácil comprobar que $\gamma_k=\dfrac{x(s+k)-x(s)}{\Delta x_k(s-\frac{1}{2})}$, $\alpha_k=\dfrac{\Delta x(s+k)+\Delta x(s)}{2\Delta x_k(s)}$ y $\beta_k=(1-\alpha_k)c_3$.

Comprobemos que bajo estas condiciones τ_k es un polinomio de grado a lo más 1. Usando (5.11) y (5.12), (5.18) se transforma en

$$\tau_k(s)\Delta x_k(s-\tfrac{1}{2}) = \tilde{\sigma}''\gamma_k[\alpha_q(k)x_k(s) + (1-\alpha_q(k))c_3]\Delta x_k(s-\tfrac{1}{2}) + \tilde{\sigma}'(0)\gamma_k\Delta x_k(s-\tfrac{1}{2})$$
$$+\frac{\tilde{\tau}'}{2}[x(s+k)\Delta x(s+k-\tfrac{1}{2}) + x(s)\Delta x(s-\tfrac{1}{2})] + \frac{\tilde{\tau}(0)}{2}[\Delta x(s+k-\tfrac{1}{2}) + \Delta x(s-\tfrac{1}{2})].$$

Ahora bien,

$$\Delta x(s+k-\tfrac{1}{2}) + \Delta x(s-\tfrac{1}{2}) = 2\alpha_q(k)\Delta x_k(s-\tfrac{1}{2}),$$
$$x(s+k)\Delta x(s+k-\tfrac{1}{2}) + x(s)\Delta x(s-\tfrac{1}{2}) = [2\alpha_q(2k)x_k(s) - 2(\alpha_q(2k)-\alpha_q(k))c_3]\Delta x_k(s-\tfrac{1}{2}),$$

de donde se deduce fácilmente que $\tau_k(s)$ es un polinomio de grado a lo más uno en $x_k(s)$. ■

La proposición anterior conduce directamente al teorema 5.2.1.

Un corolario inmediato de lo anterior es la siguiente expresión para $\tau_k(s)$

$$\tau_k(s) = \tilde{\tau}_k' x_k(s) + \tilde{\tau}_k(0) = \left([2k]_q\frac{\tilde{\sigma}''}{2} + \alpha_q(2k)\tilde{\tau}'\right)x_k(s)$$
(5.22)
$$+2[k]_q(1-\alpha_q(k))c_3\frac{\tilde{\sigma}''}{2} + [k]_q\tilde{\sigma}'(0) + \alpha_q(k)\tilde{\tau}(0) + \tilde{\tau}'(\alpha_q(k)-\alpha_q(2k))c_3.$$

En particular tendremos que $\tilde{\tau}_k' = [2k]_q\tilde{\sigma}''/2 + \alpha_q(2k)\tilde{\tau}'$.

De lo anterior se deduce fácilmente a partir de (5.7) que

$$\mu_k = \lambda + [k]_q\left\{\alpha_q(k-1)\tilde{\tau}' + [k-1]_q\frac{\tilde{\sigma}''}{2}\right\}, \tag{5.23}$$

donde $\tilde{\sigma}''$ y $\tilde{\tau}'$ son los coeficientes correspondientes al desarrollo en potencias de $x(s)$ de los polinomios $\tilde{\sigma}(x(s))$ y $\tilde{\tau}(x(s))$, respectivamente (ver (5.18)).

El caso $q=1$ se deduce del anterior tomando el límite $q\to 1$. En este caso tenemos $\alpha=1$, $\alpha_k=1$, $\gamma_k=k$ y $\beta_k=\beta k^2$. Así, (5.22) se transforma en

$$\tau_k(s) = (\tilde{\sigma}''k + \tilde{\tau}')\,x_k(s) + \beta\tilde{\sigma}''k^3 + \tilde{\sigma}'(0)k + \tilde{\tau}(0) + 3\beta\tilde{\tau}'k^2. \tag{5.24}$$

Es importante destacar que en la red lineal $x(s)=s$, $\beta=0$.

Antes de pasar a demostrar una fórmula tipo Rodrigues encontremos los valores de δ_{nk} y ϵ_{nk} en el desarrollo

$$\frac{\Delta x_k^n(s)}{\Delta x_k(s)} = \delta_{nk}x^{n-1}(s+\tfrac{1}{2}) + \epsilon_{nk}x^{n-2}(s+\tfrac{1}{2}) + \cdots. \tag{5.25}$$

Para ello usaremos el siguiente lema cuya demostración es inmediata usando la fórmula del binomio de Newton.

Lema 5.2.1 $x^n(s+a) = c_1 q^{na} q^{ns} + n c_1^{n-1} q^{(n-1)a} q^{(n-1)s} + \textit{términos } q^{ks},\ k \leq n-2.$

Ante todo notemos que la propiedad (5.14) se mantiene válida para la red $x_k(s) = x(s+k/2)$, con tal de que hagamos el cambio $x(s) \longleftrightarrow x_k(s)$. Por tanto, escogiendo $p_n[x_k(s)] = x_k^n(s)$ y usando el lema anterior deducimos que

$$\Delta x_k^n(s) = x_k^n(s+1) - x_k^n(s) = [x_k(s+1) - x_k(s)](\delta_{nk} x_{k+1}^{n-1}(s) + \epsilon_{nk} x_{k+1}^{n-2}(s) + \cdots).$$

Sustituyendo en la expresión anterior las fórmulas (5.9) y (5.19) e igualando los términos en q^{ns} obtenemos que $\delta_{nk} \equiv \delta_n = [n]_q$. Igualando ahora los términos en $q^{(n-1)s}$ deducimos que

$$\epsilon_{nk} \equiv \epsilon_n = (n[n-1]_q - (n-1)[n]_q)c_3. \tag{5.26}$$

Nótese que tanto δ_{nk} como ϵ_{nk} son independientes de k. Un corolario evidente es la siguiente expresión

$$\frac{\Delta x^n(s)}{\Delta x(s)} = [n]_q x^{n-1}(s+\tfrac{1}{2}) + (n[n-1]_q - (n-1)[n]_q)c_3 x^{n-2}(s+\tfrac{1}{2}) + \cdots. \tag{5.27}$$

Lo anterior nos permite, igualando los términos en $x^n(s)$ en la ecuación (5.2), obtener la siguiente expresión para λ

$$\lambda \equiv \lambda_n = -[n]_q \left\{ \left(\frac{q^{\frac{1}{2}(n-1)} + q^{-\frac{1}{2}(n-1)}}{2} \right) \widetilde{\tau}' + [n-1]_q \frac{\widetilde{\sigma}''}{2} \right\}. \tag{5.28}$$

La fórmula anterior determina los autovalores y es conocida como condición de *hipergeometricidad* de la ecuación en diferencias (5.3) ya que es una condición necesaria y suficiente para que la ecuación (5.3) tenga soluciones polinómicas.

Es fácil comprobar que la expresión anterior se deduce de (5.23). En efecto, teniendo en cuenta que buscamos soluciones polinómicas de (5.3) entonces $\Delta^{(n)} P_n(s)_q$ es constante, luego de (5.6) se deduce que $\mu_n = 0$ de donde se sigue el resultado.

5.3. Fórmula tipo Rodrigues

La propiedad de hipergeometricidad es muy importante pues nos permite encontrar, explícitamente, una fórmula para el cálculo de los polinomios que satisfacen la ecuación en diferencias (5.3). Para ello, escribamos previamente (5.3) y (5.6) en su forma *simétrica o autoconjugada*

$$\frac{\Delta}{\Delta x(s-\frac{1}{2})} \left[\sigma(s)\rho(s) \frac{\nabla y(s)}{\nabla x(s)} \right] + \lambda \rho(s) y(s) = 0, \tag{5.29}$$

$$\frac{\Delta}{\Delta x_k(s-\frac{1}{2})} \left[\sigma(s)\rho_k(s) \frac{\nabla y_k(s)}{\nabla x_k(s)} \right] + \mu_k \rho_k(s) y_k(s) = 0, \tag{5.30}$$

donde ρ y ρ_k son soluciones de las ecuaciones en diferencias de tipo Pearson

$$\frac{\Delta}{\Delta x(s-\frac{1}{2})}[\sigma(s)\rho(s)] = \tau(s)\rho(s)\,, \qquad \frac{\Delta}{\Delta x_k(s-\frac{1}{2})}[\sigma(s)\rho_k(s)] = \tau_k(s)\rho_k(s), \tag{5.31}$$

respectivamente. Conocida la función de *simetrización* ρ podemos calcular la función ρ_k utilizando (5.6) y (5.31) [185]. En efecto, unos simples cálculos y la ayuda de la fórmula (5.6) nos conducen a

$$\begin{aligned}\frac{\sigma(s+1)\rho_k(s+1)}{\rho_k(s)} &= \sigma(s)+\tau_k(s)\Delta x_k(s-\tfrac{1}{2}) \\ &= \sigma(s+1)+\tau_{k-1}(s+1)\Delta x_{k-1}(s+\tfrac{1}{2}) = \frac{\sigma(s+2)\rho_{k-1}(s+2)}{\rho_{k-1}(s+1)},\end{aligned}$$

O sea, $\dfrac{\rho_k(s)}{\sigma(s+1)\rho_{k-1}(s+1)}$ es una función periódica de período 1 que, sin pérdida de generalidad, tomaremos igual a 1. Entonces, $\rho_k(s) = \sigma(s+1)\rho_{k-1}(s+1)$, de donde, por inducción, se sigue que

$$\rho_k(s) = \rho(s+k)\prod_{m=1}^{k}\sigma(s+m). \tag{5.32}$$

En adelante denotaremos las soluciones polinómicas de grado n en $x(s)$ de la ecuación en diferencias (5.3) por $P_n(s)_q$ y por $[n]_q!$ entenderemos los *q-factoriales* definidos mediante la fórmula

$$[n]_q! \equiv [n]_q[n-1]_q\cdots[2]_q[1]_q, \quad n\in\mathbb{N}, \qquad [0]_q!\equiv 1. \tag{5.33}$$

Nótese que si $q\to 1$, $[n]_q\to n$ y $[n]_q!\to n!$.

Una consecuencia inmediata de (5.30) es el análogo discreto de la fórmula de Rodrigues en la red (5.9) [185, 190].

Teorema 5.3.1 *Las soluciones polinómicas de (5.6) se expresan mediante la fórmula de tipo Rodrigues*

$$\frac{\Delta}{\Delta x_{k-1}(s)}\cdots\frac{\Delta}{\Delta x(s)}[P_n(s)_q] \equiv \Delta^{(k)}P_n(s)_q = \frac{A_{nk}B_n}{\rho_k(s)}\nabla_k^{(n)}\rho_n(s), \tag{5.34}$$

donde el operador $\nabla_k^{(n)}$ *está definido por*

$$\nabla_k^{(n)}f(s) = \frac{\nabla}{\nabla x_{k+1}(s)}\frac{\nabla}{\nabla x_{k+2}(s)}\cdots\frac{\nabla}{\nabla x_n(s)}f(s).$$

Además, $B_n = \Delta^{(n)}P_n/A_{nn}$, λ_n *viene dada por (5.28) y*

$$A_{nk} = \frac{[n]_q!}{[n-k]_q!}\prod_{m=0}^{k-1}\left\{\left(\frac{q^{\frac{1}{2}(n+m-1)}+q^{-\frac{1}{2}(n+m-1)}}{2}\right)\widetilde{\tau}' + [n+m-1]_q\frac{\widetilde{\sigma}''}{2}\right\}. \tag{5.35}$$

Cuando $k=0$, la fórmula (5.34) se convierte en el análogo discreto de la fórmula de Rodrigues para los polinomios de variable discreta en redes no uniformes [185] soluciones de la ecuación (5.3)

$$P_n(s)_q = \frac{B_n}{\rho(s)}\nabla^{(n)}\rho_n(s), \qquad \nabla^{(n)} \equiv \nabla_0^{(n)} = \frac{\nabla}{\nabla x_1(s)}\frac{\nabla}{\nabla x_2(s)}\cdots\frac{\nabla}{\nabla x_n(s)}. \tag{5.36}$$

Demostración: Para demostrar (5.34) vamos a escribir la ecuación autoconjugada (5.30) para las diferencias finitas de la siguiente forma (asumiremos que $\mu_k \neq 0$, para $k=0,1,\dots n-1$)

$$\begin{aligned}
\rho_k(s)y_k(s) &= -\frac{1}{\mu_k}\frac{\Delta}{\Delta x_k(s-\frac{1}{2})}\left[\sigma(s)\rho_k(s)\frac{\nabla y_k(s)}{\nabla x_k(s)}\right] \\
&= -\frac{1}{\mu_k}\frac{\nabla}{\nabla x_{k+1}(s)}\left[\sigma(s+1)\rho_k(s+1)y_{k+1}(s)\right] \\
&= -\frac{1}{\mu_k}\frac{\nabla}{\nabla x_{k+1}(s)}\left[\rho_{k+1}(s)y_{k+1}(s)\right],
\end{aligned}$$

de donde, mediante inducción, se concluye que

$$\rho_k(s)y_k(s) = \frac{A_k}{A_n}\nabla_k^{(n)}[\rho_n(s)y_n(s)], \quad \text{donde} \quad A_k = (-1)^k\prod_{m=0}^{k-1}\mu_m, \quad A_0 \equiv 1. \tag{5.37}$$

Como estamos buscando soluciones polinómicas $y(s) \equiv P_n(s)_q$, tenemos que $\Delta^{(n)}P_n(s)_q$ es una constante y, por tanto, para las diferencias finitas generalizadas de orden k, $\Delta^{(k)}P_n(s)_q$, obtenemos la expresión deseada (5.34) donde $A_{nk} = A_k(\lambda)\,|_{\lambda=\lambda_n}$ y $B_n = \Delta^{(n)}P_n/A_{nn}$. Como $\Delta^{(n)}P_n = const \neq 0$, de (5.6) se deduce que $\mu_n = 0$ y, por tanto, λ_n viene dada por (5.28) (ver (5.23)). Para deducir (5.35) utilizamos la fórmula (5.37) y sustituimos en ella los valores de $\mu_{nk} = \mu_k(\lambda_n) = \lambda_n - \lambda_k$,

$$\mu_{nk} = -[n-k]_q\left\{\left(\frac{q^{\frac{1}{2}(n+k-1)} + q^{-\frac{1}{2}(n+k-1)}}{2}\right)\widetilde{\tau}' + [n+k-1]_q\frac{\widetilde{\sigma}''}{2}\right\}. \qquad \blacksquare$$

Nótese que $\mu_{nk} \neq 0$, $k=0,1,\dots,n-1$ si y sólo si

$$\left(\frac{q^{\frac{1}{2}(n+k-1)} + q^{-\frac{1}{2}(n+k-1)}}{2}\right)\widetilde{\tau}' + [n+k-1]_q\frac{\widetilde{\sigma}''}{2} \neq 0.$$

En adelante asumiremos que $\widetilde{\sigma}$ y $\widetilde{\tau}$ son tales que

$$\left(\frac{q^{\frac{n}{2}} + q^{-\frac{n}{2}}}{2}\right)\widetilde{\tau}' + [n]_q\frac{\widetilde{\sigma}''}{2} \neq 0, \qquad \forall n \in \mathbb{N}. \tag{5.38}$$

En general puede ocurrir que la expresión anterior se anule para algún $N \in \mathbb{N}$. Entonces la fórmula de Rodrigues sólo es válida para $n = 1,2,\dots N-1$.

La fórmula de Rodrigues (5.36) se puede reescribir de la forma

$$(5.39)\qquad P_n(s)_q = \frac{B_n}{\rho(s)}\left[\frac{\delta}{\delta x(s)}\right]^n \rho_n(s-\tfrac{n}{2}), \qquad \left[\frac{\delta}{\delta x(s)}\right]^n \equiv \overbrace{\frac{\delta}{\delta x(s)}\frac{\delta}{\delta x(s)}\cdots\frac{\delta}{\delta x(s)}}^{n \text{ veces}},$$

donde $\delta f(s) = \nabla f(s+\frac{1}{2}) \equiv f(s+\frac{1}{2}) - f(s-\frac{1}{2})$. La demostración consiste en utilizar las identidades [49, 185]

$$\begin{aligned}\nabla^{(n)} f(s) &= \nabla^{(n-1)}\frac{\delta f(s-\frac{1}{2})}{\delta x(s+\frac{n}{2}-\frac{1}{2})} = \nabla^{(n-2)}\frac{\delta}{\delta x(s+\frac{n}{2}-\frac{2}{2})}\frac{\delta f(s-\frac{2}{2})}{\delta x(s+\frac{n}{2}-\frac{2}{2})} = \cdots \\ &= \left[\frac{\delta}{\delta x(s)}\right]^n [f(s-\tfrac{n}{2})].\end{aligned}$$

Análogamente,

$$(5.40)\qquad \Delta^{(k)} P_n(s)_q = \frac{A_{nk}B_n}{\rho_k(s)}\left[\frac{\delta}{\delta x_k(s)}\right]^{n-k}\rho_n(s-\tfrac{n}{2}+\tfrac{k}{2}).$$

Antes de pasar al próximo apartado vamos a demostrar el siguiente lema que nos da una expresión explícita para el operador $\nabla_k^{(n)}$.

Lema 5.3.1 *Sea $f(s)$ una función analítica sobre y en el interior de cierta curva C del plano complejo que contenga los puntos $z = s, s-1, \ldots, s-n$. Entonces*

$$(5.41)\qquad \nabla_k^{(n)} f(s) = \sum_{l=0}^{n-k}(-1)^l \frac{[n-k]_q!}{[l]_q![n-k-l]_q!}\frac{\nabla x_n(s-l+\frac{1}{2})}{\prod_{m=0}^{n-k}\nabla x_n\left(s-\frac{m+l-1}{2}\right)} f(s-l).$$

<u>Demostración:</u> Ante todo recordemos que la función $x_m(z) = x(z+\frac{m}{2})$, con $x(s)$ dada por (5.9) satisface la ecuación

$$(5.42)\qquad x(s) - x(s-t) = [t]_q \nabla x(s-\tfrac{t-1}{2}).$$

Es fácil comprobar mediante inducción que

$$\nabla_k^{(n)}\left[\frac{1}{x_n(z)-x_n(s)}\right] = \frac{[n-k]_q!}{\prod_{m=0}^{n-k}[x_n(z)-x_n(s-m)]} = \frac{[n-k]_q!}{[x_n(z)-x_n(s)]^{(n-k+1)}},$$

donde

$$[x_k(z)-x_k(s)]^{(m)} = \prod_{j=0}^{m-1}[x_k(z)-x_k(s-j)], \quad m = 0,1,2\ldots,$$

denota a las potencias generalizadas de $x(s)$. Teniendo en cuenta que f es analítica tenemos por la fórmula de Cauchy que

$$(5.43)\qquad f(s) = \frac{1}{2\pi i}\int_C \frac{f(z)x_n'(z)}{x_n(z)-x_n(s)}dz,$$

de donde

$$\nabla_k^{(n)} f(s) = \frac{[n-k]_q!}{2\pi i} \int_C \frac{f(z)x_n'(z)}{[x_n(z)-x_n(s)]^{(n-k+1)}} dz. \tag{5.44}$$

Usando el teorema de los residuos y teniendo en cuenta que las únicas singularidades del integrando son polos simples localizados en $z = s - l$, $l = 0, 1, \ldots, n-k$, obtenemos

$$\operatorname{Res}\left[\frac{f(z)x_n'(z)}{[x_n(z)-x_n(s)]^{(n-k+1)}}\right] = \frac{f(s-l)}{\displaystyle\prod_{\substack{m=0\\ m\neq l}}^{n-k} [x_n(s-l)-x_n(s-m)]}.$$

Finalmente, usando la propiedad de la red (5.42) obtenemos el resultado buscado. ■

5.4. La propiedad de ortogonalidad

Hasta ahora sólo nos ha interesado encontrar soluciones polinómicas de la ecuación diferencial (5.3). Si, además, queremos que dichas soluciones sean ortogonales tenemos que exigir algunas condiciones adicionales. De manera análoga al caso continuo o al de una red uniforme [189], a partir de las ecuaciones (5.29) podemos demostrar la ortogonalidad de las soluciones polinómicas respecto a la función peso ρ.

Teorema 5.4.1 *Sean los valores a y b tales que*

$$x^k(s-\tfrac{1}{2})\sigma(s)\rho(s)\Big|_a^b = 0, \tag{5.45}$$

para todo $k \geq 0$. Entonces, las soluciones polinómicas P_n de la ecuación (5.3) son ortogonales dos a dos respecto a la función peso ρ solución de la ecuación

$$\frac{\Delta}{\Delta x(s-\frac{1}{2})}[\sigma(s)\rho(s)] = \tau(s)\rho(s),$$

o sea, se cumple que

$$\sum_{s=a}^{b-1} P_n(s)_q P_m(s)_q \rho(s) \Delta x(s-\tfrac{1}{2}) = \delta_{n,m}\, d_n^2, \quad \Delta s = 1, \tag{5.46}$$

donde nuevamente $\delta_{n,m}$ es el símbolo de Kronecker y d_n la norma de los polinomios P_n.

<u>Demostración</u>: Escribamos las ecuaciones simetrizadas para P_n y P_m

$$\begin{aligned} &\frac{\Delta}{\Delta x(s-\frac{1}{2})}\left[\sigma(s)\rho(s)\frac{\nabla P_n(s)_q}{\nabla x(s)}\right] + \lambda_n \rho(s) P_n(s)_q = 0,\\ &\frac{\Delta}{\Delta x(s-\frac{1}{2})}\left[\sigma(s)\rho(s)\frac{\nabla P_m(s)_q}{\nabla x(s)}\right] + \lambda_m \rho(s) P_m(s)_q = 0. \end{aligned} \tag{5.47}$$

Multiplicando la primera por P_m y la segunda por P_n, restando ambas y sumando en $s \in [a,b]$, $\Delta s = 1$, $a \le s \le b-1$, obtenemos

$$(\lambda_n - \lambda_m) \sum_{s=a}^{b-1} P_n(s)_q P_m(s)_q \rho(s) \Delta x(s - \tfrac{1}{2}) =$$

$$= \sum_{s=a}^{b-1} \Delta \left(\sigma(s)\rho(s) \left[\frac{\nabla P_n(s)_q}{\nabla x(s)} P_m(s)_q - \frac{\nabla P_m(s)_q}{\nabla x(s)} P_n(s)_q \right] \right)$$

$$= \sigma(s)\rho(s) \left[P_n(s)_q \frac{\nabla P_m(s)_q}{\nabla x(s)} - \frac{\nabla P_n(s)_q}{\nabla x(s)} P_m(s)_q \right] \Bigg|_a^b = \sigma(s)\rho(s) W_q[P_n(s)_q, P_m(s)_q] \Big|_a^b .$$

Pero el Wronskiano discreto generalizado $W_Q(P_n, P_m)$ es un polinomio en $x(s - \frac{1}{2})$, lo cual es consecuencia de la propiedad (5.14) y la identidad

$$W_Q(P_n, P_m) = \frac{P_m(s)_q + P_m(s-1)_q}{2} \frac{\nabla P_n(s)_q}{\nabla x(s)} - \frac{P_n(s)_q + P_n(s-1)_q}{2} \frac{\nabla P_m(s)_q}{\nabla x(s)} .$$

Por tanto, si exigimos que $x^k(s - \frac{1}{2})\sigma(s)\rho(s)$ se anule en $s = a$ y $s = b$, $\forall k \ge 0$ (en particular nótese que para $k = 0$, $\sigma(a)\rho(a) = \sigma(b)\rho(b) = 0$), obtendremos ($\lambda_n \ne \lambda_m$) que P_n y P_m son ortogonales respecto a la función peso ρ. ∎

Nota 5.4.1 *El teorema anterior sigue siendo válido cuando $a = -\infty$ y $b = +\infty$ pero entonces la condición de contorno (5.45) tendrá que verificarse en el límite correspondiente. En el caso que a y b sean finitos, al ser $x(s)$ una función continua y, por tanto, acotada en el intervalo cerrado $[a,b]$, (5.45) se transforma en*

$$\sigma(a)\rho(a) = 0\,, \quad y \quad \sigma(b)\rho(b) = 0. \tag{5.48}$$

En general, consideraremos el caso definido positivo, o sea, cuando la función $\rho(s)\Delta x(s - \frac{1}{2})$ es positiva en el intervalo $[a, b-1]$, es decir, $\rho(a) > 0$. Esto junto a la identidad (consecuencia de la ecuación de Pearson) $\rho(s+1)\sigma(s+1) = \rho(s)[\sigma(s) + \tau(s)\Delta x(s - \frac{1}{2})]$ nos indica que (5.48) se puede transformar en $\sigma(a) = 0$ y $\sigma(b-1) + \tau(b-1)\Delta x(b - 1 - \frac{1}{2}) = 0$. El caso $a = -\infty$ requiere un estudio más detallado y no lo vamos a considerar aquí. En adelante consideraremos que $|a| < \infty$ y $b > a$, no necesariamente acotado.

Nota 5.4.2 *Aunque en este trabajo casi todos los ejemplos que vamos a considerar son ejemplos de ortogonalidad* discreta, *debemos mencionar que existen muchas familias de q-polinomios que satisfacen una relación de ortogonalidad continua, e.g. los polinomios de Askey-Wilson [42, 138]. Para deducir la propiedad de ortogonalidad continua podemos, de manera análoga, multiplicar la primera de las ecuaciones en (5.47) por P_m y la segunda por P_n, restar ambas e integrar a lo largo de una curva cerrada Γ del plano complejo tal que*

$$\int_\Gamma \Delta[\rho(z)\sigma(z)x^k(z - \tfrac{1}{2})]\, dz = 0, \qquad \forall k = 0, 1, 2, \dots\, ,. \tag{5.49}$$

Ello nos conduce inmediatamente al siguiente

Teorema 5.4.2 *Supongamos que se cumple la relación (5.49) para todo $k \geq 0$, siendo Γ cierta curva del plano complejo. Entonces, las soluciones polinómicas P_n de la ecuación (5.3) son ortogonales dos a dos respecto a la función peso $\rho(z)\Delta x(z-\frac{1}{2})$, siendo ρ una solución de la ecuación de tipo Pearson (5.31), es decir se tiene que*

$$\int_\Gamma P_n(z)_q\, P_m(z)_q\, \rho(z)\Delta x(z-\tfrac{1}{2})\, dz = \delta_{n,m}\, d_n^2.$$

En el caso de que los polinomios sean de coeficientes y variable reales es posible encontrar, en la mayor parte de los casos, una curva Γ tal que la integral anterior se transforma en una integral sobre el eje real. Utilizando el teorema anterior se demostró de una forma muy sencilla la ortogonalidad de los polinomios de Askey-Wilson [49]. Más detalle sobre este tipo de ortogonalidad se puede encontrar en [42, 46, 49, 138, 185].

Teorema 5.4.3 *Supongamos que existen dos valores a ($|a| < \infty$) y b tales que*

$$x_m^k(s-\tfrac{1}{2})\sigma(s)\rho_m(s)\Big|_a^{b-m} = 0, \tag{5.50}$$

para todo $k \geq 0$. Entonces, las soluciones polinómicas $y_{mn}(s) = \Delta^{(m)} P_n(s)_q$ de la ecuación (5.6) son ortogonales dos a dos respecto a la función peso ρ_m definida por la ecuación

$$\frac{\Delta}{\Delta x_m(s-\frac{1}{2})}\,[\sigma(s)\rho_m(s)] = \tau_m(s)\rho_m(s),$$

o sea, se cumple que

$$\sum_{s=a}^{b-m-1} y_{mn}(s)_q\, y_{ml}(s)_q\, \rho_m(s)\Delta x_m(s-\tfrac{1}{2}) = \delta_{m,l}\, d_{mn}^2, \qquad \Delta s = 1, \tag{5.51}$$

donde d_{mn} denota la norma de los polinomios y_{mn}.

La demostración de este resultado es completamente análoga a la del teorema 5.4.1 y su única diferencia consiste en utilizar la ecuación (5.30) en vez de (5.29). Al igual que en el teorema 5.4.3 debemos destacar que cuando $b = \infty$ se tiene que tomar el correspondiente límite en (5.50). Nótese además que como $\rho_m(s) = \rho(s+m)\prod_{l=1}^m \sigma(s+l)$, la condición (5.50) en $s = b-m$ se puede escribir como $x_m^k(b-\frac{1}{2})\sigma(b)\rho(b) = 0$, que es escencialmente la misma condición (5.45).

Para calcular la norma d_n^2 de los polinomios podemos utilizar el algoritmo descrito en [185, Capítulo 3, Sección **3.7.2**, pág. 104]. Por completitud vamos a dar aquí una demostración alternativa.

Teorema 5.4.4 *Sea $(P_n)_n$ una familia de polinomios ortogonales en $[a,b)$ ($|a| < \infty$), o sea, tales que se cumple (5.46). Entonces, el cuadrado de la norma d_n^2 de los polinomios P_n viene dada por la fórmula*

$$d_n^2 = (-1)^n A_{nn} B_n^2 \sum_{s=a}^{b-n-1} \rho_n(s)\Delta x_n(s-\tfrac{1}{2}). \tag{5.52}$$

Demostración: Partiremos de la definición de la norma

$$d_n^2 = \sum_{s=a}^{b-1} P_n(s)_q P_n(s)_q \rho(s) \Delta x(s - \tfrac{1}{2}),$$

y sustituiremos en ella la fórmula de tipo Rodrigues (5.36),

$$d_n^2 = B_n \sum_{s=a}^{b-1} P_n(s)_q \nabla^{(n)}[\rho_n(s)] \Delta x(s - \tfrac{1}{2}) = B_n \sum_{s=a}^{b-1} P_n(s)_q \nabla \left[\nabla_1^{(n)} \rho_n(s)\right].$$

Utilicemos ahora la fórmula de suma por partes

$$\sum_{s=a}^{b-1} f(s) \nabla g(s) = f(s)g(s)\Big|_{a-1}^{b-1} - \sum_{s=a}^{b-1} g(s-1) \nabla f(s),$$

que nos conduce a la expresión

$$d_n^2 = P_n(s)_q \nabla_1^{(n)}[\rho_n(s)]\Bigg|_{a-1}^{b-1} - B_n \sum_{s=a}^{b-1} [\nabla P_n(s)_q] \nabla_1^{(n)}[\rho_n(t)]\Bigg|_{t=s-1}.$$

El primer sumando, en virtud de (5.34) es proporcional a $\rho_1(s) = \sigma(s+1)\rho(s+1)$ y, por tanto, utilizando la condición de contorno (5.45), se anula. Reescribamos ahora el segundo sumando haciendo el cambio de $s \to s-1$. Ello nos conduce a la expresión

$$d_n^2 = -B_n \sum_{s=a-1}^{b-2} [\Delta P_n(s)_q] \nabla_1^{(n)}[\rho_n(s)].$$

Ahora utilizamos el hecho de que

$$\nabla_1^{(n)} \rho_n(s) = \frac{\nabla}{\nabla x_2(s)} \nabla_2^{(n)} \rho_n(s), \qquad \nabla x_2(s) = \nabla x(s+1) = \Delta x(s),$$

luego

$$d_n^2 = -B_n \sum_{s=a-1}^{b-2} \frac{\Delta}{\Delta x(s)} [P_n(s)_q] \nabla \left[\nabla_2^{(n)} \rho_n(s)\right].$$

Aplicando el proceso antes descrito de suma por partes, y utilizando la condición de contorno (5.45), obtenemos la igualdad

$$\begin{aligned} d_n^2 &= (-1)^k B_n \sum_{s=a-k}^{b-k-1} \left(\frac{\Delta}{\Delta x_{k-1}(s)} \cdots \frac{\Delta}{\Delta x(s)} [P_n(s)_q] \right) \nabla \left[\nabla_{k+1}^{(n)} \rho_n(s)\right] = \\ &= (-1)^k B_n \sum_{s=a-k}^{b-k-1} \Delta^{(k)}[P_n(s)_q] \nabla_k^{(n)}[\rho_n(s)] \Delta x_k(s - \tfrac{1}{2}). \end{aligned}$$

Si hacemos en la expresión anterior $k = n$ y utilizamos que $\Delta^{(n)}[P_n(s)_q] = A_{nn} B_n$ y $\nabla_n^{(n)} \rho_n(s) = \rho_n(s)$, obtenemos

$$d_n^2 = (-1)^n A_{nn} B_n^2 \sum_{s=a-n}^{b-n-1} \rho_n(s) \Delta x_n(s - \tfrac{1}{2}),$$

que inmediatamente nos conduce a (5.52) pues[5] $\rho_n(a-k)=0$ para $k=1,2,\ldots,n$. ∎

Nota 5.4.3 *Debemos destacar que una ligera modificación de la prueba del teorema anterior vale también para el caso $a=-\infty$ dando en ese caso el resultado correspondiente a tomar el límite $a\to-\infty$.*

Nótese que si $x(s)=s$ (y por tanto $q=1$) obtenemos inmediatamente la correspondiente fórmula para la norma de los polinomios discretos (4.19).

5.5. Relación de recurrencia a tres términos

Una consecuencia inmediata de la propiedad de ortogonalidad es que los polinomios satisfacen una relación de recurrencia a tres términos

$$\begin{gathered} x(s)P_n(s)_q=\alpha_n P_{n+1}(s)_q+\beta_n P_n(s)_q+\gamma_n P_{n-1}(s)_q, \\ P_{-1}(s)_q=0, \quad P_0(s)_q=1. \end{gathered} \tag{5.53}$$

donde los coeficientes α_n, β_n y γ_n se pueden calcular usando las fórmulas obtenidas en el apartado **2.4** particularizadas al caso de los polinomios en redes no uniformes. Es decir,

$$\alpha_n=\frac{a_n}{a_{n+1}}, \quad \beta_n=\frac{b_n}{a_n}-\frac{b_{n+1}}{a_{n+1}}, \quad \gamma_n=\frac{a_{n-1}}{a_n}\frac{d_n^2}{d_{n-1}^2}, \tag{5.54}$$

donde hemos usado la notación

$$P_n(s)_q=a_n x^n(s)+b_n x^{n-1}(s)+\cdots. \tag{5.55}$$

En general, el cálculo de β_n ó γ_n puede resultar complicado. Por ello, si alguno de los dos es conocido y además se cumple que $P_n(a)_q\neq 0$, para todo n (a generalmente es una raíz del polinomio σ), la relación (5.53) nos da una cuarta ecuación para calcular los coeficientes. En efecto, haciendo $s=a$ en (5.53) obtenemos para β_n la expresión

$$\beta_n=\frac{x(a)P_n(a)_q-\alpha_n P_{n+1}(a)_q-\gamma_n P_{n-1}(a)_q}{P_n(a)_q}.$$

Por completitud calculemos β_n utilizando la fórmula (5.54). Comencemos por encontrar el coeficiente b_n en el desarrollo (5.55). Para ello demostremos ante todo el siguiente lema

Lema 5.5.1

$$\Delta^{(k)}x^n(s)=\frac{[n]_q!}{[n-k]_q!}x_k^{n-k}(s)+c_3\left(n\frac{[n-1]_q!}{[n-k-1]_q!}-(n-k)\frac{[n]_q!}{[n-k]_q!}\right)x_k^{n-k-1}(s)+\cdots.$$

[5]Recuérdese que estamos interesados en el caso $|a|<\infty$.

Demostración: Para $k = 1$ es evidente por (5.27). Asumamos que es cierto para $k-1$, es decir,

$$\frac{\Delta}{\Delta x_{k-1}(s)}\cdots\frac{\Delta}{\Delta x(s)}[x^n(s)] = [n]_q\cdots[n-k+1]_q x_k^{n-k}(s) + c_3\left(n[n-1]_q\cdots[n-k]_q - (n-k)[n]_q\cdots[n-k+1]_q\right)x_k^{n-k-1}(s)+\cdots.$$

Aplicando $\Delta/\Delta x_k(s)$ y usando la fórmula (5.25) tenemos

$$\frac{\Delta}{\Delta x_k(s)}\cdots\frac{\Delta}{\Delta x(s)}[x^n(s)] = [n]_q\cdots[n-k]_q x_{k+1}^{n-k-1}(s) + \epsilon_{n-k}[n]_q\cdots[n-k+1]_q x_{k+1}^{n-k-2}(s) + c_3\left(n[n-1]_q\cdots[n-k]_q - (n-k)[n]_q\cdots[n-k+1]_q\right)[n-k-1]_q x_{k+1}^{n-k-2}(s)+\cdots.$$

Finalmente, sustituyendo el valor de ϵ_i, $i=n-k$, (5.26) obtenemos la expresión buscada. ■

Nótese que la expresión anterior para $k = n-1$ se transforma en la siguiente

$$\Delta^{(n-1)}x^n(s) = [n]_q! x_{n-1}(s) + c_3[n-1]_q!\,(n-[n]_q)\,. \tag{5.56}$$

Sea la fórmula de Rodrigues (5.34) para $k = n-1$.

$$\Delta^{(n-1)}P_n(s)_q = \frac{A_{n,n-1}B_n}{\rho_{n-1}(s)}\nabla_{n-1}^{(n)}\rho_n(s) = \frac{A_{n,n-1}B_n}{\rho_{n-1}(s)}\frac{\nabla}{\nabla x_n(s)}\rho_n(s).$$

Usando que $\rho_n(s) = \rho_{n-1}(s+1)\sigma(s+1)$, $x_n(s) = x_{n-1}(s+\frac{1}{2})$ y la ecuación de Pearson (5.31) para ρ_{n-1} obtenemos que

$$\Delta^{(n-1)}P_n(s)_q = A_{n,n-1}B_n\tau_{n-1}(s).$$

Lo anterior junto a las fórmulas (5.55) y (5.56) nos conduce a

$$a_n[n]_q! x_{n-1}(s) + a_n c_3[n-1]_q!\,(n-[n]_q) + b_n[n-1]_q! = A_{n,n-1}B_n\tilde{\tau}'_{n-1}x_{n-1}(s) + A_{n,n-1}B_n\tau_{n-1}(0).$$

Igualando los coeficientes en $x_{n-1}(s)$ deducimos $a_n = \dfrac{A_{n,n-1}B_n\tilde{\tau}'_{n-1}}{[n]_q!}$ que, usando (5.35) y $\tilde{\tau}'_k = [2k]_q\tilde{\sigma}''/2 + \alpha_q(2k)\tilde{\tau}'$ (ver (5.22)), se transforma en la expresión[6]

$$a_n = B_n\prod_{k=0}^{n-1}\left\{\alpha_q(n+k-1)\tilde{\tau}' + [n+k-1]_q\frac{\tilde{\sigma}''}{2}\right\}, \quad \text{o} \quad a_n[n]_q! = B_n A_{nn}. \tag{5.57}$$

Si ahora comparamos los términos independientes deducimos que

$$\frac{b_n}{a_n} = \frac{[n]_q\tilde{\tau}_{n-1}(0)}{\tilde{\tau}'_{n-1}} + c_3([n]_q - n).$$

En el caso $q = 1$, usando que $c_3 = \beta/(1-\alpha)$ y tomando el límite $q\to 1$ tendremos

$$a_n = B_n\prod_{k=0}^{n-1}\left\{\tilde{\tau}' + (n+k-1)\frac{\tilde{\sigma}''}{2}\right\}, \quad \text{y} \quad \frac{b_n}{a_n} = \frac{n\tilde{\tau}_{n-1}(0)}{\tilde{\tau}'_{n-1}} - \frac{n(n^2-1)}{3}\beta.$$

[6]Obviamente el coeficiente principal a_n del polinomio P_n también se puede calcular de la siguiente forma: utilizando $\Delta^{(n)}[x^n(s)] = [n]_q!$, deducimos que $\Delta^{(n)}P_n(s)_q = [n]_q! a_n$. Luego usamos nuevamente el análogo discreto de la fórmula de Rodrigues (5.34) para $k = n$, $\Delta^{(n)}P_n(s)_q = B_n A_{nn}$, y (5.35) ($a_0 = B_0$).

Es importante destacar que para la red $x(s) = s$ $(\beta = 0)$, a diferencia del caso $q \neq 1$, τ_n es un polinomio de grado uno en $x(s)$ (ver (4.25)). Usando la notación introducida para esa red, concretamente $\tau_k(s) = \tau_k' s + \tau_k(0)$ descubrimos que $\tau_k' = \tilde{\tau}_k'$ y $\tilde{\tau}_k(0) = \tau_k(0) + k\tau_k'/2$, luego para la red lineal $x(s) = s$ obtenemos la expresión (ver (4.22) del capítulo anterior)

$$\frac{b_n}{a_n} = \frac{n\tau_{n-1}(0)}{\tau_{n-1}'} - \frac{n(n-1)}{2}.$$

Así, usando las fórmulas (5.54) tendremos[7]

$$\alpha_n = \frac{B_n}{B_{n+1}} \frac{\alpha_q(n-1)\tilde{\tau}' + [n-1]_q \dfrac{\tilde{\sigma}''}{2}}{\left(\alpha_q(2n-1)\tilde{\tau}' + [2n-1]_q \dfrac{\tilde{\sigma}''}{2}\right)\left(\alpha_q(2n)\tilde{\tau}' + [2n]_q \dfrac{\tilde{\sigma}''}{2}\right)},$$

y

$$\beta_n = \frac{[n]_q \tilde{\tau}_{n-1}(0)}{\tilde{\tau}_{n-1}'} - \frac{[n+1]_q \tilde{\tau}_n(0)}{\tilde{\tau}_n'} + c_3([n]_q + 1 - [n+1]_q).$$

Tomando límites cuando $q \to 1$ o usando la expresión correspondiente obtenemos para $q = 1$

$$\alpha_n = \frac{B_n}{B_{n+1}} \frac{\tilde{\tau}' + (n-1)\tilde{\sigma}''/2}{(\tilde{\tau}' + (2n-1)\tilde{\sigma}''/2)(\tilde{\tau}' + 2n\tilde{\sigma}''/2)},$$

y

$$\beta_n = \frac{n\tilde{\tau}_{n-1}(0)}{\tilde{\tau}_{n-1}'} - \frac{(n+1)\tilde{\tau}_n(0)}{\tilde{\tau}_n'} + \beta n(n+1).$$

Para la red $x(s) = s$ nuevamente hay que poner $\beta = 0$, $\tau_k' = \tilde{\tau}_k'$ y $\tilde{\tau}_k(0) = \tau_k(0) + k\tau_k'/2$.

Como un corolario de (5.53) se obtiene la conocida fórmula de Christoffel-Darboux [72, 189] que en el caso de los polinomios en redes no uniformes tiene la forma

$$\sum_{m=0}^{n} \frac{P_m(s)_q P_m(s')_q}{d_m^2} = \frac{\alpha_n}{d_n^2} \frac{P_{n+1}(s)_q P_n(s')_q - P_{n+1}(s')_q P_n(s)_q}{x(s) - x(s')}, \quad n \geq 1. \tag{5.58}$$

Si definimos el operador lineal $\mathcal{L}$, $(\rho(s) > 0$, para todo $s \in [a, b-1])$

$$\mathcal{L} : L_\alpha(a, b-1) \mapsto \mathbb{C}, \quad \mathcal{L}[f] = \sum_{s=a}^{b-1} f(s)\rho(s)\Delta x(s - \tfrac{1}{2}), \tag{5.59}$$

éste es definido positivo en $[a, b-1]$ y, por lo tanto, para los q-polinomios ortogonales considerados son válidos los resultados expuestos en el teorema 2.6.1, es decir los ceros de $P_n(x(s))_q$ son reales y simples y entrelazan con los ceros de $P_{n-1}(x(s))_q$. Antes de continuar debemos aclarar qué entendemos por *ceros* de un q-polinomio. Entenderemos que los ceros del polinomio P_n son los valores $x(s)$ que anulan a $P_n(x(s))_q$, es decir $P_n(x(s))_q = 0$. Como $P_n(x(s))_q$ es un polinomio de grado n en $x(s)$, entonces $P_n(x(s))_q$ tiene n ceros, o sea existen los valores $x(s_1)$,$\dots x(s_n)$, tales que $P_n(x(s_i))_q = 0$, $i = 1, \dots, n$.

[7]Usando que $\alpha_q(n-1)\tilde{\tau}' + [n-1]_q\tilde{\sigma}''/2 = -\lambda_n/[n]_q$ se puede simplificar aún más la expresión.

5.6. Consecuencias de la fórmula de Rodrigues

Del análogo discreto de la fórmula de Rodrigues (5.34) se pueden obtener muchas propiedades análogas a las de los polinomios clásicos (Jacobi, Laguerre, Hermite, Hahn, Meixner, Kravchuk y Charlier) [189].

Si calculamos el polinomio de grado 1 utilizando la fórmula de Rodrigues (5.34) y (5.31), encontramos

$$P_1(s)_q = \frac{B_1}{\rho(s)}\frac{\nabla}{\nabla x_1(s)}\rho_1(s) = \frac{B_1}{\rho(s)}\frac{\Delta}{\Delta x(s-\frac{1}{2})}[\sigma(s)\rho(s)] = B_1\tau(s), \tag{5.60}$$

luego τ tiene que ser un polinomio de grado exactamente uno en $x(s)$. Análogamente, tenemos $\Delta^{(m)}P_{m+1}(s)_q = A_{m+1,m}B_m\tau_m(s)$, de donde deducimos que $\tau_m' = \tilde{\tau}_m' \neq 0$.

Tomemos ahora $k=1$ en la fórmula (5.34). Puesto que

$$\left.\frac{\nabla f(s)}{\nabla x_k(s)}\right|_{s=s-1/2} = \frac{\nabla f(s-\frac{1}{2})}{\nabla x_{k-1}(s)},$$

y $\rho_n(s-\frac{1}{2}) = \widetilde{\rho}_{n-1}(s)$ obtenemos

$$\begin{aligned} \frac{\Delta P_n(s-\frac{1}{2})_q}{\Delta x(s-\frac{1}{2})} &= \frac{\widetilde{B}_{n-1}}{\widetilde{\rho}(s)}\nabla_1^{(n-1)}\rho_n(s-\tfrac{1}{2}) = \frac{\widetilde{B}_{n-1}}{\widetilde{\rho}(s)}\frac{\nabla}{\nabla x_1(s)}\cdots\frac{\nabla}{\nabla x_{n-1}(s)}[\widetilde{\rho}_{n-1}(s)] \\ &= \widetilde{P}_{n-1}(s)_q, \end{aligned} \tag{5.61}$$

donde $\widetilde{B}_{n-1} = -\lambda_n B_n, \widetilde{\rho}(s) = \rho_1(s-\frac{1}{2}), \widetilde{\rho}_{n-1}(s) = \rho_n(s-\frac{1}{2})$ y $\widetilde{P}_{n-1}$ denota el polinomio ortogonal respecto a la función peso $\widetilde{\rho}(s) = \rho_1(s-\frac{1}{2})$.

5.6.1. Las fórmulas de diferenciación

Una consecuencia inmediata de la fórmula de Rodrigues es una fórmula de diferenciación análoga a la de los polinomios clásicos. Dicha fórmula fue obtenida en [45] partiendo de la representación integral e imponiendo condiciones de frontera análogas a las utilizadas para demostrar la ortogonalidad. Vamos a dar una demostración alternativa utilizando sólo la fórmula de Rodrigues (5.36). Esta demostración generaliza la presentada en [17] (ver además [6]) para la red $x(s) = q^s$. Ante todo, notemos que de (5.32) y (5.31) se deduce que

$$\frac{\nabla\rho_{n+1}(s)}{\nabla x_{n+1}(s)} = \frac{\nabla[\rho_n(s+1)\sigma(s+1)]}{\nabla x_n(s+\frac{1}{2})} = \frac{\Delta[\sigma(s)\rho_n(s)]}{\Delta x_n(s-\frac{1}{2})} = \tau_n(s)\rho_n(s).$$

Si ahora utilizamos el análogo de la fórmula de Rodrigues (5.36) y (5.39) obtenemos

$$\begin{aligned} P_{n+1}(s)_q &= \frac{B_{n+1}}{\rho(s)}\nabla^{(n+1)}\rho_n(s) = \frac{B_{n+1}}{\rho(s)}\nabla^{(n)}\frac{\nabla\rho_{n+1}(s)}{\nabla x_{n+1}(s)} \\ &= \frac{B_{n+1}}{\rho(s)}\nabla^{(n)}[\tau_n(s)\rho_n(s)] = \frac{B_{n+1}}{\rho(s)}\left[\frac{\delta}{\delta x(s)}\right]^n[\tau_n(s-\tfrac{n}{2})\rho_n(s-\tfrac{n}{2})]. \end{aligned} \tag{5.62}$$

Para encontrar el valor de $[\delta/\delta x(s)]^n\,[\tau_n(s-\frac{n}{2})\rho_n(s-\frac{n}{2})]$ vamos a aplicar el análogo en las redes no uniformes (5.9) de la fórmula de Leibniz para el producto de dos funciones

$$\begin{aligned}&\left[\frac{\delta}{\delta x(s)}\right]^n [f(s)g(s)] = \sum_{k=0}^{n} \frac{[n]_q!}{[k]_q![n-k]_q!}\times \\ &\left\{\left[\frac{\delta}{\delta x(s+\frac{n-k}{2})}\right]^k [f(s+\tfrac{n-k}{2})]\right\}\left\{\left[\frac{\delta}{\delta x(s-\frac{k}{2})}\right]^{n-k}[g(s-\tfrac{k}{2})]\right\}.\end{aligned} \tag{5.63}$$

La demostración de esta fórmula, válida para la red general (5.9), mediante inducción es elemental pero muy larga y la omitiremos. Teniendo en cuenta que

$$\frac{\delta\tau_n(s-\frac{n}{2}+\frac{n-1}{2})}{\delta x(s+\frac{n-1}{2})}=\tilde{\tau}_n', \qquad \left[\frac{\delta}{\delta x(s+\frac{n-k}{2})}\right]^k[\tau_n(s-\tfrac{n}{2}+\tfrac{n-k}{2})]=0, \quad \forall k\geq 2,$$

la fórmula (5.62) se transforma en

$$\begin{aligned}&P_{n+1}(s)_q=\frac{B_{n+1}}{\rho(s)}\times \\ &\left(\tau_n(s)\left[\frac{\delta}{\delta x(s)}\right]^n\rho_n(s-\tfrac{n}{2})+[n]_q\tilde{\tau}_n'\left[\frac{\delta}{\delta x(s-\frac{1}{2})}\right]^{n-1}\rho_n(s-\tfrac{n}{2}-\tfrac{1}{2})\right).\end{aligned} \tag{5.64}$$

Utilizando la fórmula de Rodrigues para las diferencias finitas generalizadas (5.40)

$$\begin{aligned}\frac{\nabla P_n(s)_q}{\nabla x(s)} &= \frac{\Delta P_n(s-1)_q}{\Delta x(s-1)}=\frac{-\lambda_n B_n}{\rho_1(s-1)}\nabla_1^{(n)}\rho_n(s-1)\\ &=\frac{-\lambda_n B_n}{\sigma(s)\rho(s)}\left[\frac{\delta}{\delta x(s-\frac{1}{2})}\right]^{n-1}\rho_n(s-\tfrac{n}{2}-\tfrac{1}{2}).\end{aligned}$$

Por tanto,

$$P_{n+1}(s)_q=\frac{B_{n+1}\tau_n(s)}{B_n}P_n(s)_q-\frac{[n]_qB_{n+1}\tilde{\tau}_n'\sigma(s)}{\lambda_nB_n}\frac{\nabla P_n(s)_q}{\nabla x(s)},$$

de donde se sigue la siguiente *fórmula de diferenciación*

$$\sigma(s)\frac{\nabla P_n(s)_q}{\nabla x(s)}=\frac{\lambda_n}{[n]_q\tilde{\tau}_n'}\left[\tau_n(s)P_n(s)_q-\frac{B_n}{B_{n+1}}P_{n+1}(s)_q\right]. \tag{5.65}$$

Pasemos a encontrar la segunda fórmula de diferenciación. Ante todo, nótese que

$$\Delta\frac{\nabla P_n(s)_q}{\nabla x(s)}=\frac{\Delta P_n(s)_q}{\Delta x(s)}-\frac{\nabla P_n(s)_q}{\nabla x(s)}. \tag{5.66}$$

Luego, utilizando la ecuación en diferencias (5.3)

$$\begin{aligned}\sigma(s)\frac{\nabla P_n(s)_q}{\nabla x(s)} &= \sigma(s)\frac{\Delta P_n(s)_q}{\Delta x(s)}-\sigma(s)\Delta\frac{\nabla P_n(s)_q}{\nabla x(s)}\\ &= [\sigma(s)+\tau(s)\Delta x(s-\tfrac{1}{2})]\frac{\Delta P_n(s)_q}{\Delta x(s)}+\lambda_n\Delta x(s-\tfrac{1}{2})P_n(s)_q,\end{aligned}$$

de donde, utilizando (5.65), obtenemos la *segunda fórmula de diferenciación*

$$
\begin{aligned}
&[\sigma(s)+\tau(s)\Delta x(s-\tfrac{1}{2})]\frac{\Delta P_n(s)_q}{\Delta x(s)} = \\
(5.67)\qquad &= \frac{\lambda_n}{[n]_q\widetilde{\tau}'_n}\left[\left(\tau_n(s)-[n]_q\widetilde{\tau}'_n\Delta x(s-\tfrac{1}{2})\right)P_n(s)_q-\frac{B_n}{B_{n+1}}P_{n+1}(s)_q\right].
\end{aligned}
$$

Si tomamos el límite cuando $q\to 1$ en (5.65) y (5.67) obtendremos los correspondientes resultados para la red cuadrática (5.10) y lineal, respectivamente.

Nótese que a diferencia de los casos anteriores, la fórmula anterior no nos conduce a ninguna fórmula de estructura del tipo (3.27). La razón fundamental se debe a que $\tau_n(x)$, en general, no es un polinomio en $x(s)$ al que podamos aplicar la relación de recurrencia (5.53). No obstante ello es cierto si la red cumple con la siguiente propiedad de "*linealidad*"

$$x(s+z)=A(z)x(s)+B(z),$$

donde $A(z)$ y $B(z)$ son ciertas funciones que son independientes de s. Obviamente la red general no es lineal, no obstante las redes $x(s)=c_1q^s+c_3$ y $x(s)=\widetilde{c}_2x+\widetilde{c}_3$ lo son. En éstas últimas es posible encontrar expresiones similares a (3.27). Más adelante consideraremos en detalle el caso de la red exponencial lineal $x(s)=c_1q^s+c_3$ que conduce a la denominada clase de Hahn de $q-$polinomios —el caso $x(s)=\widetilde{c}_2x+\widetilde{c}_3$ es equivalente a la red $x(s)=s$ considerada en el capítulo anterior—.

5.7. Representación integral

Supongamos que ρ_n es una función analítica en el interior y la frontera del recinto limitado por la curva cerrada C del plano complejo que contiene a los puntos $z=s,s-1,\ldots,s-n$ y sea $x_m(z)=x(z+\frac{m}{2})$ la función definida en (5.9). Para tales funciones $x_m(z)$ se cumple, como ya hemos visto en (5.42), que

$$x(s)-x(s-t)=[t]_q\nabla x(s-\tfrac{t-1}{2}). \qquad (5.68)$$

Entonces, utilizando la fórmula integral de Cauchy (5.43) obtenemos

$$\rho_n(s)=\frac{1}{2\pi i}\int_C\frac{\rho_n(z)x'_n(z)}{x_n(z)-x_n(s)}dz. \qquad (5.69)$$

Definiremos las potencias generalizadas en una red no uniforme $x_k(s)$, $k=0,1,2,\ldots$, mediante la fórmula

$$[x_k(z)-x_k(s)]^{(m)}=\prod_{j=0}^{m-1}[x_k(z)-x_k(s-j)],\quad m=0,1,2\ldots\,. \qquad (5.70)$$

Utilizando inducción así como la propiedad (5.68), se obtiene

$$\nabla^{(n)}_{n-k}\left[\frac{1}{x_n(z)-x_n(s)}\right]=\frac{[k]_q!}{\prod\limits_{m=0}^{k}[x_n(z)-x_n(s-m)]}=\frac{[k]_q!}{[x_n(z)-x_n(s)]^{(k+1)}}.$$

Luego, de (5.43) obtenemos

$$\nabla^{(n)}_{n-k}\rho_n(s)=\frac{[k]_q!}{2\pi i}\int_C\frac{\rho_n(z)x_n'(z)}{[x_n(z)-x_n(s)]^{(k+1)}}dz,$$

y, por tanto, es válida la siguiente representación para los polinomios P_n [43]

$$P_n(s)_q=\frac{[n]_q!B_n}{\rho(s)\;2\pi i}\int_C\frac{\rho_n(z)x_n'(z)}{[x_n(z)-x_n(s)]^{(n+1)}}dz. \tag{5.71}$$

A partir de (5.71) podemos encontrar una fórmula explícita para calcular polinomios P_n de cualquier orden. Para ello es suficiente calcular los residuos de la función integrando, cuyos únicos puntos singulares son polos simples, localizados en los puntos $z=s-l,\ \ l=0,1,\dots,n$ y cuyo valor es

$$\operatorname{Res}\left[\frac{\rho_n(z)x_n'(z)}{[x_n(z)-x_n(s)]^{(n+1)}}\right]=\frac{\rho_n(s-l)}{\prod\limits_{\substack{m=0\\ m\neq l}}^{n}[x_n(s-l)-x_n(s-m)]}.$$

Utilizando la propiedad (5.68) y haciendo el cambio $l=n-m$, obtenemos la siguiente expresión para los polinomios P_n [185, 190, 224],

$$P_n(s)_q=B_n\sum_{m=0}^{n}\frac{[n]_q!(-1)^{m+n}}{[m]_q![n-m]_q!}\frac{\nabla x(s+m-\frac{n-1}{2})}{\prod\limits_{l=0}^{n}\nabla x(s+\frac{m-l+1}{2})}\frac{\rho_n(s-n+m)}{\rho(s)}. \tag{5.72}$$

Esta expresión se puede obtener directamente a partir de la fórmula de Rodrigues (5.36) usando (5.41).

Utilizando la expresión anterior y la ecuación de Pearson (5.31) escrita en la forma

$$\frac{\rho(s+1)}{\rho(s)}=\frac{\sigma(s)+\tau(s)\Delta x(s-\frac{1}{2})}{\sigma(s+1)},$$

obtenemos

$$\begin{aligned}P_n(s)_q=\;&B_n\sum_{m=0}^{n}\frac{[n]_q!(-1)^{m+n}}{[m]_q![n-m]_q!}\frac{\nabla x(s+m-\frac{n-1}{2})}{\prod\limits_{l=0}^{n}\nabla x(s+\frac{m-l+1}{2})}\times\\ &\prod_{l=0}^{n-m-1}[\sigma(s-l)]\prod_{l=0}^{m-1}[\sigma(s+l)+\tau(s+l)\Delta x(s+l-\tfrac{1}{2})].\end{aligned} \tag{5.73}$$

La demostración de la fórmula anterior es completamente análoga a la del caso discreto descrita en detalle en el apartado anterior. En todas las fórmulas anteriores se adopta el convenio $\prod_{l=0}^{-1}f(l)\equiv 1$.

5.8. La representación como q-series hipergeométricas

El próximo paso consiste en dar una representación mediante series hipergeométricas de las soluciones de la ecuación en diferencias (5.3). En efecto, la fórmula (5.73) nos permite encontrar la representación de los polinomios P_n en términos de las *q-series hipergeométricas*. Para ello escribiremos la fórmula que define la función $x(s)$ de la siguiente forma

$$x(s) = c_1(q)[q^s + q^{-s-\mu}] + c_3(q), \text{ donde } q^\mu = \frac{c_1(q)}{c_2(q)}. \tag{5.74}$$

Nótese que $\Delta x(s-\frac{1}{2}) = B[2s+\mu]_q$, donde $B = c_1(q)q^{-\mu/2}\left(q^{\frac{1}{2}} - q^{-\frac{1}{2}}\right)^2$, $\varkappa_q = q^{\frac{1}{2}} - q^{-\frac{1}{2}}$.

Utilizando la propiedad de simetría

$$x(s) = x(-s-\mu), \quad \Delta x(s-\tfrac{1}{2}) = -\Delta x(t-\tfrac{1}{2})\Big|_{t=-s-\mu}, \tag{5.75}$$

obtenemos de (5.3) que

$$\widetilde{\sigma}(x(s)) = \tfrac{1}{2}[\sigma(-s-\mu)+\sigma(s)], \quad \widetilde{\tau}(x(s)) = \frac{\sigma(-s-\mu)-\sigma(s)}{\Delta x(s-\frac{1}{2})}. \tag{5.76}$$

Además, lo anterior nos permite reescribir la ecuación en diferencias (5.3) y la ecuación de tipo Pearson (5.31) de la siguiente forma

$$\sigma(-s-\mu)\frac{\Delta P_n(s)_q}{\Delta x(s)} - \sigma(s)\frac{\nabla P_n(s)_q}{\nabla x(s)} + \lambda_n \Delta x(s-\tfrac{1}{2})P_n(s)_q = 0\,, \tag{5.77}$$

$$\frac{\rho(s+1)}{\rho(s)} = \frac{\sigma(s)+\tau(s)\Delta x(s-\frac{1}{2})}{\sigma(s+1)} = \frac{\sigma(-s-\mu)}{\sigma(s+1)}. \tag{5.78}$$

Pasemos a considerar el caso más general de ecuaciones en diferencias del tipo (5.77) que tienen soluciones hipergeométricas.

Como hemos visto anteriormente τ es un polinomio de grado 1 en $x(s)$, luego

$$\tau(s)\Delta x(s-\tfrac{1}{2}) = q^{-2s}\sum_{k=0}^{4} b_k q^{ks}.$$

Análogamente, al ser $\widetilde{\sigma}(x(s))$ un polinomio de grado a lo más 2 en $x(s)$, de la fórmula (5.3) deducimos que $\sigma(s) = q^{-2s}p_4(q^s)$, donde p_4 es un polinomio de grado, a lo sumo, 4. Además, para tal selección de σ y τ, los polinomios $\widetilde{\sigma}(x(s))$ y $\widetilde{\tau}(x(s))$ son de grado, a lo sumo 2, y exactamente 1, respectivamente. Esto nos da ciertas restricciones para el polinomio p_4. Por ejemplo, el coeficiente principal y el término independiente de p_4 no pueden ser simultáneamente ceros pues si lo fueran, entonces $\sigma(s) = Aq^s + Bq^{-s} + C$, y (5.76) implicaría que $\tau(s) = -A + Bq^\mu/(c_1\varkappa_q)$, o sea, constante, lo cual es una contradicción.

Consideremos el caso más general, cuando p_4 es un polinomio cuyas cuatro raíces, que denotaremos por s_i, $i = 1, 2, 3, 4$, son diferentes, es decir, $p_4(s) = \widetilde{C}\prod_{i=1}^{4}(q^s - q^{s_i})$, donde $\widetilde{C}$ es una constante. Como el coeficiente principal y el término independiente no pueden ser ceros simultáneamente, los demás casos posibles se obtienen tomando límites cuando $q^{s_i} \to 0$ o $q^{s_i} \to \infty$. Como $(q^s - q^{s_i}) = (q^{\frac{1}{2}} - q^{-\frac{1}{2}})q^{\frac{1}{2}(s+s_i)}[s - s_i]_q$, entonces

$$\sigma(s) = Cq^{-2s}\prod_{i=1}^{4}(q^s - q^{s_i}) = A\prod_{i=1}^{4}[s - s_i]_q, \quad C \neq 0, \quad A = \varkappa_q^4 q^{\frac{1}{2}(s_1+s_2+s_3+s_4)}C. \tag{5.79}$$

En adelante vamos a denotar por ${}_p\varphi_q$ las *series hipergeométricas básicas* [105], definidas por

$${}_r\varphi_p\left(\begin{matrix} a_1, a_2, \dots, a_r \\ b_1, b_2, \dots, b_p \end{matrix} \,\middle|\, q\,,\, z\right) = \sum_{k=0}^{\infty}\frac{(a_1;q)_k \cdots (a_r;q)_k}{(b_1;q)_k \cdots (b_p;q)_k}\frac{z^k}{(q;q)_k}\left[(-1)^k q^{\frac{k}{2}(k-1)}\right]^{p-r+1}, \tag{5.80}$$

donde

$$(a;q)_k = \prod_{m=0}^{k-1}(1 - aq^m). \tag{5.81}$$

Teorema 5.8.1 *Las soluciones polinómicas de la ecuación (5.2) —o equivalentemente (5.3)— en la red $x(s) = c_1(q)[q^s + q^{-s-\mu}] + c_3(q)$ se expresan como una serie hipergeométrica básica*

$$P_n(s)_q = D_n\, {}_4\varphi_3\left(\begin{matrix} q^{-n}, q^{2\mu+n-1+s_1+s_2+s_3+s_4}, q^{s_1-s}, q^{s_1+s+\mu} \\ q^{s_1+s_2+\mu}, q^{s_1+s_3+\mu}, q^{s_1+s_4+\mu} \end{matrix} \,\middle|\, q\,,\, q\right), \tag{5.82}$$

con

$$\begin{aligned} D_n &= B_n\left(\frac{-A}{c_1(q)q^{\mu}\varkappa_q^5}\right)^n q^{-\frac{n}{2}(3s_1+s_2+s_3+s_4+\frac{3(n-1)}{2})}(q^{s_1+s_2+\mu};q)_n(q^{s_1+s_3+\mu};q)_n(q^{s_1+s_4+\mu};q)_n \\ &= B_n\left(\frac{-C}{c_1(q)q^{\mu}\varkappa_q}\right)^n q^{-ns_1-\frac{3n(n-1)}{4}}(q^{s_1+s_2+\mu};q)_n(q^{s_1+s_3+\mu};q)_n(q^{s_1+s_4+\mu};q)_n \end{aligned} \tag{5.83}$$

siendo s_1, s_2, s_3 y s_4 los ceros de la función σ definida en (5.79). Además,

$$\begin{aligned} \lambda_n &= -\frac{Aq^{\mu}}{c_1^2(q)\varkappa_q^4}[n]_q\,[s_1 + s_2 + s_3 + s_4 + 2\mu + n - 1]_q \\ &= -\frac{C\,q^{-n+1/2}}{\varkappa_q^2 c_1^2(q)}\,(1 - q^n)\left(1 - q^{s_1+s_2+s_3+s_4+2\mu+n-1}\right). \end{aligned} \tag{5.84}$$

<u>Demostración</u>: Partiremos de la expresión (5.73) obtenida en el apartado anterior:

$$\begin{aligned} P_n(s)_q = {} & B_n\sum_{m=0}^{n}\frac{[n]_q!(-1)^{m+n}}{[m]_q![n-m]_q!}\frac{\nabla x(s + m - \frac{n-1}{2})}{\prod_{l=0}^{n}\nabla x(s + \frac{m-l+1}{2})}\times \\ & \prod_{l=0}^{n-m-1}[\sigma(s-l)]\prod_{l=0}^{m-1}[\sigma(-s-l-\mu)]. \end{aligned} \tag{5.85}$$

Como ya hemos señalado $\sigma(s) = Cq^{-2s}\prod_{i=1}^{4}(q^s - q^{s_i})$, por tanto,

$$\sigma(s) + \tau(s)\Delta x(s - \tfrac{1}{2}) = \sigma(-s-\mu) = Cq^{2s+2\mu}\prod_{i=1}^{4}(q^{-s-\mu} - q^{s_i}).$$

Puesto que (ver (5.19)) $\nabla x(s+a) = \Delta x(s+a-1) = \varkappa_q c_1(q^{s+a-\frac{1}{2}} - q^{-s-\mu-a+\frac{1}{2}})$, entonces

$$\prod_{l=0}^{n}\nabla x(s + \tfrac{m-l+1}{2}) = c_1^{n+1}\varkappa_q^{n+1}q^{(n+1)(s-\frac{m}{2}-\frac{n}{4})}\frac{(q^{-2s-\mu};q)_{n+1}(q^{2s+\mu+1};q)_m}{(q^{2s+\mu-n};q)_m},$$

$$\begin{aligned}\nabla x(s+m-\tfrac{n-1}{2}) = & -\varkappa_q c_1 q^{-s-\mu-m+\frac{n}{2}}(1-q^{s+\frac{\mu}{2}-\frac{n}{2}+m})(1+q^{s+\frac{\mu}{2}-\frac{n}{2}+m}) \\ = & -\varkappa_q c_1 q^{-s-\mu-m+\frac{n}{2}}(1-q^{2s+\mu-n})\frac{(q^{s+\frac{\mu}{2}-\frac{n}{2}+1};q)_m(-q^{s+\frac{\mu}{2}-\frac{n}{2}+1};q)_m}{(q^{s+\frac{\mu}{2}-\frac{n}{2}};q)_m(-q^{s+\frac{\mu}{2}-\frac{n}{2}};q)_m},\end{aligned}$$

donde hemos usado la identidad $\dfrac{(q^{a+1};q)_m}{(q^a;q)_m} = \dfrac{1-q^{a+m}}{1-q^a}$. Análogamente,

$$\prod_{l=0}^{n-m-1}[\sigma(s-l)] = C^{n-m}\frac{q^{2s(n+m)-(n-m)(n-m-1)+4\binom{m}{2}}}{q^{m(s_1+s_2+s_3+s_4+4n-4)}}\prod_{i=1}^{4}\frac{(q^{s_i-s};q)_n}{(q^{s-s_i-n+1};q)_m},$$

$$\prod_{l=0}^{m-1}[\sigma(-s-l-\mu)] = C^m q^{-m(2s+2\mu+m-1)}\prod_{i=1}^{4}(q^{s+\mu+s_i};q)_m.$$

Además,

$$\frac{[n]_q!}{[m]_q![n-m]_q!} = (-1)^m q^{\frac{m}{2}(n+1)}\frac{(q^{-n};q)_m}{(q;q)_m}.$$

Sustituyendo todo lo anterior en (5.85) y usando que

$$(q^{-2s-\mu};q)_{n+1} = -q^{2s+\mu-n}(1-q^{2s+\mu-n})(q^{-2s-\mu};q)_n,$$

obtenemos

$$\begin{aligned}P_n(s)_q = & \left(\frac{-Cq^{s-\frac{3(n-1)}{4}}}{c_1\varkappa_q}\right)^n\frac{\prod_{i=1}^4(q^{s_i-s};q)_n}{(q^{-2s-\mu};q)_n}\sum_{m=0}^{n}\frac{(q^{-n};q)_m(q^{2s+\mu-n};q)_m}{(q;q)_m(q^{2s+\mu+1};q)_m}\times \\ & \frac{(q^{s+\frac{\mu}{2}-\frac{n}{2}+1};q)_m(-q^{s+\frac{\mu}{2}-\frac{n}{2}+1};q)_m}{(q^{s+\frac{\mu}{2}-\frac{n}{2}};q)_m(-q^{s+\frac{\mu}{2}-\frac{n}{2}};q)_m}\left(\prod_{i=1}^{4}\frac{(q^{s+\mu+s_i};q)_m}{(q^{s-s_i-n+1};q)_m}\right)q^{-m(s_1+s_2+s_3+s_4+2\mu+n-2)}.\end{aligned} \tag{5.86}$$

La suma en la expresión anterior no es más que la serie ${}_8\varphi_7$

$${}_8\varphi_7\left(\begin{matrix}q^{-n}, q^{2s+\mu-n}, q^{s+\frac{\mu-n}{2}+1}, -q^{s+\frac{\mu-n}{2}+1}, q^{s+s_1+\mu}, q^{s+s_2+\mu}, q^{s+s_3+\mu}, q^{s+s_4+\mu} \\ q^{2s+\mu+1}, q^{s+\frac{\mu-n}{2}}, -q^{s+\frac{\mu-n}{2}}, q^{s-s_1-n+1}, q^{s-s_2-n+1}, q^{s-s_3-n+1}, q^{s-s_4-n+1}\end{matrix}\,\middle|\, q, \frac{q^{2-n-2\mu}}{q^{s_1+s_2+s_3+s_4}}\right).$$

Sea $a = q^{2s+\mu-n}$ y $a_i = q^{s+s_i+\mu}$, $i = 1,2,3,4$. Entonces, usando la transformación de Watson para las series básicas muy bien balanceadas (very-well-poised series) [105, ecuación (2.5.1) §5.1]

$$\begin{aligned}& {}_8\varphi_7\left(\begin{matrix}q^{-n}, a, qa^{\frac{1}{2}}, -qa^{\frac{1}{2}}, a_1, a_2, a_3, a_4 \\ aq^{n+1}, a^{\frac{1}{2}}, -a^{\frac{1}{2}}, aq/a_1, aq/a_2, aq/a_3, aq/a_4\end{matrix}\,\middle|\, q, \frac{a^2q^{n+2}}{a_1a_2a_3a_4}\right) \\ & = \frac{(aq;q)_n(aq/(a_1a_2);q)_n}{(aq/a_1;q)_n(aq/a_2;q)_n}\,{}_4\varphi_3\left(\begin{matrix}q^{-n}, a_1, a_2, aq/(a_3a_4) \\ a_1a_2q^{-n}/a, aq/a_3, aq/a_4\end{matrix}\,\middle|\, q, q\right),\end{aligned} \tag{5.87}$$

para a continuación aplicar la transformación de Sears [105, Ec. (2.10.4) §2.10]

$$
(5.88)\qquad \begin{aligned} &{}_4\varphi_3\left(\begin{matrix} q^{-n}, A, B, C \\ D, E, F \end{matrix}\,\middle|\, q, q\right) = \\ &= \frac{(E/A;q)_n (F/A)_n}{(E;q)_n (F;q)_n} A^n {}_4\varphi_3\left(\begin{matrix} q^{-n}, A, D/B, D/C \\ D, Aq^{1-n}/E, Aq^{1-n}/F \end{matrix}\,\middle|\, q, q\right), \end{aligned}
$$

así como las identidades [105, ecuación (I.8) Appendix I]

$$
(q^{s-s_i-n+1};q)_n = (-1)^n q^{n(s-s_i)-\binom{n}{2}} (q^{s_i-s};q)_n,
$$

obtenemos

$$
(5.89)\qquad \begin{aligned} P_n(s)_q = B_n &\left(\frac{-C}{c_1(q) q^{\mu}(q^{\frac12} - q^{-\frac12})}\right)^n q^{-n(s_1+3(n-1)/4)} (q^{s_1+s_2+\mu};q)_n \times \\ (q^{s_1+s_3+\mu};q)_n (q^{s_1+s_4+\mu};q)_n\, &{}_4\varphi_3\left(\begin{matrix} q^{-n}, q^{2\mu+n-1+s_1+s_2+s_3+s_4}, q^{s_1-s}, q^{s_1+s+\mu} \\ q^{s_1+s_2+\mu}, q^{s_1+s_3+\mu}, q^{s_1+s_4+\mu} \end{matrix}\,\middle|\, q\,,\, q\right). \end{aligned}
$$

Usando ahora que $C = A\varkappa_q^{-4} q^{-\frac12(s_1+s_2+s_3+s_4)}$, obtenemos la fórmula (5.82).

Finalmente, para probar (5.84) es suficiente igualar los coeficientes de las potencias de mayor orden en q^s en la ecuación (5.77). ■

A partir de la última expresión (5.89) es fácil comprobar que $P_n(s)_q$ es un polinomio de grado exactamente n. Para ello basta notar que

$$
(q^{s_1-s};q)_k (q^{s_1+s+\mu};q)_k = (-1)^k q^{k(s_1+\mu+\frac{k-1}{2})} \prod_{l=0}^{k-1} \left(\frac{x(s)-c_3}{c_1} - q^{-\frac{\mu}{2}}(q^{s_1+l+\frac{\mu}{2}} + q^{-s_1-l-\frac{\mu}{2}})\right).
$$

Sustituyendo esta identidad en la fórmula (5.89) obtenemos una expresión alternativa para el coeficiente principal de $P_n(s)_q$

$$
P_n(s)_q = D_n \frac{(-1)^n q^{ns_1+n\mu+n+\binom{n}{2}} (q^{-n};q)_n (q^{s_1+s_2+s_3+s_4+n+2\mu-1};q)_n}{c_1^n (q;q)_n (q^{s_1+s_2+\mu};q)_n (q^{s_1+s_3+\mu};q)_n (q^{s_1+s_4+\mu};q)_n} x^n(s) + \dots,
$$

de donde deducimos, usando (5.83) la expresión

$$
(5.90)\qquad a_n = B_n \frac{(-1)^n C^n q^{-3n(n-1)/4}}{c_1^{2n} \varkappa_q^n} (q^{s_1+s_2+s_3+s_4+2\mu+n-1};q)_n.
$$

Nótese, además, que la ecuación (5.78) nos conduce a que ρ es una función de s_1, s_2, s_3, s_4 y μ de la forma

$$
(5.91)\qquad \rho(s) = q^{(s_1+s_2+s_3+s_4-2\mu+2)s} \prod_{i=1}^{4} \frac{\Gamma_q(s+s_i+\mu)}{\Gamma_q(s-s_i+1)},
$$

donde $\Gamma_q(s)$ es la función $q-\Gamma$ clásica[8] [105],

$$\Gamma_q(s) = (1-q)^{1-s}\frac{\prod_{k=0}^{\infty}(1-q^{k+1})}{\prod_{k=0}^{\infty}(1-q^{s+k})} = (1-q)^{1-s}\frac{(q;q)_\infty}{(q^s;q)_\infty}, \quad 0<q<1, \tag{5.92}$$

y $q^{\frac{(s-1)(s-2)}{2}}\Gamma_{q^{-1}}(s)$ si $q>1$. Luego, ρ es una función que sólo tiene polos simples y, por tanto, podemos aplicar la fórmula de Cauchy para obtener la fórmula integral (5.71).

Antes de continuar reescribamos algunas de las fórmulas vistas en los apartados anteriores usando los valores C, s_1, s_2, s_3 y s_4 que definen a σ. Por ejemplo, puesto que

$$\frac{\lambda_{n+m}}{[n+m]_q} = -\left(\frac{q^{\frac{1}{2}(n+m-1)}+q^{-\frac{1}{2}(n+m-1)}}{2}\right)\widetilde{\tau}' - [n+m-1]_q\frac{\widetilde{\sigma}''}{2},$$

entonces, sustituyendo en la expresión (5.35) para A_{nk} el valor (5.84) obtenemos

$$\begin{aligned} A_{nk} = &\ \frac{[n]_q!}{[n-k]_q!}\prod_{m=0}^{k-1}\left(-\frac{\lambda_{n+m}}{[n+m]_q}\right) \\ = &\ \frac{C^k q^{-\frac{3nk}{2}+\frac{1}{4}k(k+1)}}{c_1^{2k}\varkappa_q^{2k}}\frac{(q;q)_n}{(q;q)_{n-k}}(q^{s_1+s_2+s_3+s_4+2\mu+n-1};q)_k\,, \end{aligned} \tag{5.93}$$

por tanto (5.57) nos da la misma expresión de antes (5.90).

De las expresiones anteriores se pueden sacar numerosas conclusiones. Por ejemplo, de (5.76) se deduce que para definir una familia de polinomios es suficiente con fijar la red (parámetros c_1, c_3 y μ) y el polinomio σ ya que τ queda automáticamente prefijado. Nótese además, que la representación anterior (5.82) sólo depende de la red $x(s)$ (párametro μ) y de σ (párametros s_i, ceros de la función σ). Además, tanto σ como la expresión (5.86) son independientes de las permutaciones de los párametros s_i. Todo ello indica que, a diferencia de los casos clásicos, el papel en el caso "q" lo juega la red, de ahí la importancia y el interés de la clasificación propuesta por Nikiforov y Uvarov en 1993 [190]. Esta clasificación, a diferencia de la propuesta por Askey y desarrollada en [138] por Koekoek y Swarttouw basada en las series básicas, ha sido muy poco estudiada.

5.8.1. Una representación hipergeométrica equivalente

Definamos el *q-análogo del símbolo de Pochhammer* [190]

$$(a|q)_k = \prod_{m=0}^{k-1}[a+m]_q = \frac{\tilde{\Gamma}_q(a+k)}{\tilde{\Gamma}_q(a)}, \tag{5.94}$$

[8]Compárese esta definición con la fórmula de Euler (2.32).

donde $\tilde{\Gamma}_q(x)$ es el q-análogo de la función Γ introducido en [185] y tiene las propiedades

$$\tilde{\Gamma}_q(x+1) = [x]_q \tilde{\Gamma}_q(x), \quad (1|q)_k = \tilde{\Gamma}_q(k+1) = [k]_q! = (-1)^k q^{-\frac{k}{2}(k+1)} \varkappa_q^{-k} (q;q)_k, \qquad k \in \mathbb{N}.$$

El q-símbolo de Pochhammer cumple

$$\frac{(-1)^k \tilde{\Gamma}_q(n+1)}{\tilde{\Gamma}_q(n-k+1)} = (-k|q)_n = (-1)^k (n-k+1|q)_n, \qquad [a+k]_q = \frac{(a+1|q)_k}{(a|q)_k} [a]_q \,.$$

Esta función $\tilde{\Gamma}_q$ está ligada a la función Γ_q definida en (5.92) mediante la expresión [185]

$$\tilde{\Gamma}_q(s) = q^{-\frac{(s-1)(s-2)}{4}} \Gamma_q(s). \tag{5.95}$$

Definamos ahora la *q-función hipergeométrica* ${}_p\mathrm{F}_q(\cdot|q,z)$ mediante la expresión

$${}_r\mathrm{F}_p\left(\begin{matrix} a_1, \dots, a_r \\ b_1, \dots, b_p \end{matrix} \,\middle|\, q\,,\, z \right) = \sum_{k=0}^{\infty} \frac{(a_1|q)_k (a_2|q)_k \cdots (a_r|q)_k}{(b_1|q)_k (b_2|q)_k \cdots (b_p|q)_k} \frac{z^k}{(1|q)_k} \left[\varkappa_q^{-k} q^{\frac{1}{4}k(k-1)} \right]^{p-r+1}, \tag{5.96}$$

donde $(a|q)_k$ son los q-análogos del símbolo de Pochhammer (5.94).

Nótese que la definición (5.96) difiere de la introducida en [185, 190] mediante el factor $\left[\varkappa_q^k q^{\frac{1}{4}k(k-1)}\right]^{p-r+1}$ y ambas coinciden cuando $r = p+1$. Es evidente que

$$\lim_{q \to 1} {}_r\mathrm{F}_p\left(\begin{matrix} a_1, a_2, \dots, a_r \\ b_1, b_2, \dots, b_p \end{matrix} \,\middle|\, q\,,\, z\,\varkappa_q^{p-r+1} \right) = \sum_{k=0}^{\infty} \frac{(a_1)_k \cdots (a_r)_k}{(b_1)_k \cdots (b_p)_k} \frac{z^k}{k!} = {}_r\mathrm{F}_p\left(\begin{matrix} a_1, a_2, \dots, a_r \\ b_1, b_2, \dots, b_p \end{matrix} \,\middle|\, z \right),$$

o sea, obtenemos la función hipergeométrica clásica como límite de la q-función hipergeométrica. Además, como $(a|q)_n = (-1)^n (q^a;q)_n \, q^{-\frac{n}{4}(n+2a-1)} \varkappa_q^{-n}$, la q-función hipergeométrica ${}_{p+1}\mathrm{F}_p$ está estrechamente relacionada con las series hipergeométricas básicas ${}_{p+1}\varphi_p$ mediante la expresión [190]

$${}_{p+1}\varphi_p\left(\begin{matrix} q^{a_1}, q^{a_2}, \dots, q^{a_{p+1}} \\ q^{b_1}, q^{b_2}, \dots, q^{b_p} \end{matrix} \,\middle|\, q\,,\, z \right) = {}_{p+1}\mathrm{F}_p\left(\begin{matrix} a_1, a_2, \dots, a_{p+1} \\ b_1, b_2, \dots, b_p \end{matrix} \,\middle|\, q\,,\, t \right) \Bigg|_{t\,=\,t_0}, \tag{5.97}$$

donde $t_0 = z\, q^{\frac{1}{2}\left(\sum_{i=1}^{p+1} a_i - \sum_{i=1}^{p} b_i - 1\right)}$.

Usando la conexión anterior así como la fórmula (5.82) es fácil comprobar[9] que [190]

$$\begin{aligned} P_n(s)_q = B_n \left(\frac{A}{c_1(q) q^{-\frac{\mu}{2}} (q^{\frac{1}{2}} - q^{-\frac{1}{2}})^2} \right)^n (s_1+s_2+\mu|q)_n (s_1+s_3+\mu|q)_n \times \\ (s_1+s_4+\mu|q)_n \, {}_4\mathrm{F}_3\left(\begin{matrix} -n, 2\mu+n-1+\sum_{i=1}^{4} s_i, s_1-s, s_1+s+\mu \\ s_1+s_2+\mu, s_1+s_3+\mu, s_1+s_4+\mu \end{matrix} \,\middle|\, q\,,\, 1 \right), \end{aligned} \tag{5.98}$$

[9] En realidad la fórmula (5.98) se puede obtener directamente de (5.85) sustituyendo los valores de σ y realizando unos cálculos similares a los expuestos en la demostración del teorema (5.8.1) (los detalles se pueden

Una consecuencia inmediata de (5.98) es una expresión diferente de los polinomios P_n en términos de las potencias $x^k(s)$ [190]

$$P_n(s)_q = B_n \sum_{m=0}^{n} \left\{ \frac{1}{(1|q)_m} \prod_{k=0}^{m-1} (\lambda_n - \lambda_k)[x(k+s_1) - x(s)] \prod_{k=m}^{n-1} \frac{\sigma(-s_1-\mu-k)}{c_1(q) q^{\frac{-\mu}{2}} \varkappa_q^2 [2s_1+\mu+k]_q} \right\}.$$

5.9. Los momentos generalizados

Vamos a deducir una relación de recurrencia análoga al caso clásico para encontrar los momentos de los $q-$polinomios. Nuevamente seguiremos la idea original expuesta en [50]. Comenzaremos retomando la definición de las potencias generalizadas

$$(5.99)\qquad \begin{aligned} &[x_m(s) - x_m(z)]^{(p)} = \prod_{k=0}^{p-1} (x_m(s) - x_m(z-k)) \quad (p \in \mathbb{N}) \\ &[x_m(s) - x_m(z)]^{(0)} = 1. \end{aligned}$$

Para los momentos generalizados se cumplen las siguientes propiedades

Lema 5.9.1 *Sea $p \geq 0$ y $x(s) = c_1(q)[q^s + q^{-s-\mu}] + c_3(q)$*

1. $[x_m(s) - x_m(z)]^{(p)} = c_1^p q^{-p\mu/2} \varkappa_q^{2p} \prod_{k=0}^{p-1} [s-z+k]_q [s+z+m+\mu-k]_q.$

2. $\nabla_s [x_m(s) - x_m(z)]^{(p)} = [p]_q [x_{m-1}(s) - x_{m-1}(z)]^{(p-1)} \nabla x_m(s).$

3. $[x_m(s) - x_m(z)]^{(p+1)} = [x_m(s) - x_m(z)][x_m(s) - x_m(z-1)]^{(p)}.$

4. $[x_m(s) - x_m(z)]^{(p+1)} = [x_m(s) - x_m(z)]^{(p)} [x_m(s) - x_m(z-p)].$

5. $[x_m(s) - x_m(z)]^{(p+1)} = [x_{m-1}(s+1) - x_{m-1}(z)]^{(p)} [x_{m-p}(s) - x_{m-p}(z)].$

6. $[x_m(s) - x_m(z)]^{(p+1)} = [x_{m-p}(s+p) - x_{m-p}(z)][x_{m-1}(s) - x_{m-1}(z)]^{(p)}.$

---

encontrar en [190]). Así, se tiene

$$P_n(s)_q = B_n \left(\frac{-A}{c_1(q) q^{\frac{\mu}{2}} (q^{\frac{1}{2}} - q^{-\frac{1}{2}})^2} \right)^n \frac{\prod_{i=1}^{4} (s-s_i+1-n|q)_n}{(2s+\mu+1-n|q)_n} \sum_{m=0}^{n} \frac{(s+\frac{\mu-n}{2}+1|q)_k}{(s+\frac{\mu-n}{2}|q)_k} \times$$

$$\frac{(-n|q)_k (s+\frac{\mu-n}{2}+\frac{i\pi}{\log q}+1|q)_k}{(s+\frac{\mu-n}{2}+\frac{i\pi}{\log q}|q)_k} \frac{(2s+\mu-n|q)_k}{(2s+\mu+1|q)_k} \prod_{i=1}^{4} \frac{(s-s_i+\mu|q)_k}{(s-s_i+1-n|q)_k}$$

La expresión anterior es, básicamente, una función q-hipergeométrica ${}_8\mathrm{F}_7$ o ${}_8\varphi_7$ [190, Fórmula (39)], de la cual, utilizando transformaciones análogas a las de Watson y Sears para las series básicas [105], se obtiene la representación de los $P_n(s)_q$ en términos de las q-funciones hipergeométricas.

Demostración: Para probar la primera propiedad basta sustituir la identidad

$$
\begin{aligned}
x_m(s)-x_m(z) &= [s-z]_q\Big\{x_m(\tfrac{s}{2}+\tfrac{z}{2}+\tfrac{1}{2})-x_m(\tfrac{s}{2}+\tfrac{z}{2}-\tfrac{1}{2})\Big\}\\
&= c_1q^{-\mu/2}\varkappa_q^2[s-z]_q[s+z+m+\mu]_q,
\end{aligned}
\tag{5.100}
$$

en (5.99). Para probar la segunda usamos la propiedad 1 del lema 5.9.1

$$
\begin{aligned}
\nabla_s\left[x_m(s)-x_m(z)\right]^{(p)} &= \Big([s-z+p-1]_q[s+z+m+\mu]_q-[s-z-1]_q[s+z+m+\mu-p]_q\Big)\times\\
&\qquad c_1^{p-1}q^{-(p-1)\mu/2}\varkappa_q^{2p-2}\prod_{k=0}^{p-2}[s-z+k]_q[s+z+m-1+\mu-k]_q\\
&= [p]_qc_1q^{-\mu/2}\varkappa_q^2\left[2s+m-1+\mu\right]_q[x_{m-1}(s)-x_{m-1}(z)]^{(p-1)},
\end{aligned}
$$

de donde obtenemos el resultado deseado gracias a las identidades

$$
\Delta x_m(s)=c_1q^{-\mu/2}\varkappa_q^2\left[2s+m+\mu+1\right]_q,\quad \nabla x_m(x)=c_1q^{-\mu/2}\varkappa_q^2\left[2s+m+\mu-1\right]_q.
\tag{5.101}
$$

La tercera y la cuarta se deducen trivialmente de la definición (5.99).

Para probar las dos restantes usamos nuevamente la propiedad 1 del lema 5.9.1. Así,

$$
\frac{[x_m(s)-x_m(z)]^{(p+1)}}{[x_{m-1}(s+1)-x_{m-1}(z)]^{(p)}}=c_1q^{-\mu/2}\varkappa_q^2[s-z]_q[s+z+m+\mu-p]_q=[x_{m-p}(s)-x_{m-p}(z)],
$$

$$
\frac{[x_m(s)-x_m(z)]^{(p+1)}}{[x_{m-1}(s)-x_{m-1}(z)]^{(p)}}=c_1q^{-\mu/2}\varkappa_q^2[s-z+p]_q[s+z+m+\mu]_q=[x_{m-p}(s+p)-x_{m-p}(z)],
$$

donde, en ambos casos, hemos hecho uso de la identidad (5.100). ∎

Proposición 5.9.1 *Para todo $m\in\mathbb{C}$ y $p\in\mathbb{N}$, $p\geq 0$ se cumple que*

$$
\begin{aligned}
&\Delta_s\Big\{\sigma(s)\rho_m(s)\left[x_{m+1}(s-1)-x_{m+1}(z)\right]^{(p)}\Big\}=\\
&\qquad=\pi_2(s)[x_m(s)-x_m(z)]^{(p-1)}\rho_m(s)\nabla x_{m+1}(s),
\end{aligned}
\tag{5.102}
$$

donde

$$
\pi_2(s)=[p]_q\sigma(s)+\tau_m(s)[x_{m-p}(s+p)-x_{m-p}(z+1)],
\tag{5.103}
$$

es un polinomio en $x_m(s)$ de grado a lo más dos.

Demostración: Comenzamos calculando

$$
\begin{aligned}
&\Delta_s\Big\{\sigma(s)\rho_m(s)\left[x_{m+1}(s-1)-x_{m+1}(z)\right]^{(p)}\Big\}=\\
&=\Delta\left(\sigma(s)\rho_m(s)\right)\left[x_{m+1}(s)-x_{m+1}(z)\right]^{(p)}+\sigma(s)\rho_m(s)\nabla\Big\{\left[x_{m+1}(s)-x_{m+1}(z)\right]^{(p)}\Big\}.
\end{aligned}
$$

Usando la ecuación de Pearson (5.31) así como la propiedad 2 del lema 5.9.1 tenemos que el segundo miembro se transforma en

$$\rho_m(s)\tau_m(s)\nabla x_{m+1}(s)\,[x_{m+1}(s)-x_{m+1}(z)]^{(p)} + [p]_q\sigma(s)\rho_m(s)\nabla x_{m+1}(s)\,[x_m(s)-x_m(z)]^{(p-1)}.$$

Si ahora usamos la propiedad 2 del lema 5.9.1 obtenemos

$$\rho_m(s)\tau_m(s)\nabla x_{m+1}(s)[x_{m-p+2}(s+p-1)-x_{m-p+2}(z)]\,[x_m(s)-x_m(z)]^{(p-1)}+$$
$$+[p]_q\sigma(s)\rho_m(s)\nabla x_{m+1}(s)\,[x_m(s)-x_m(z)]^{(p-1)},$$

de donde se sigue la expresión (5.103) para π_2 pues

$$[x_{m-p+2}(s+p-1)-x_{m-p+2}(z)] = [x_{m-p}(s+p)-x_{m-p}(z+1)].$$

Nos resta probar que $\pi_2(s)$ es un polinomio en $x_m(s)$ de grado a lo más 2. Para ello vamos a reescribir la fórmula (5.8) para $\tau_m(s)$ en la forma

$$\tau_m(s)\nabla x_{m+1}(s)+\sigma(s) = \sigma(s+1)+\tau_{k-1}(s+1)\nabla x_k(s+1). \tag{5.104}$$

Definamos ahora la función

$$\tilde{\sigma}_m(s) = \sigma(s)+\frac{1}{2}\tau_m(s)\nabla x_{m+1}(s). \tag{5.105}$$

Comenzaremos probando el siguiente

Lema 5.9.2

$$\begin{aligned}\tilde{\sigma}_m(s) = {} & \frac{\tilde{\sigma}_{m-1}(s+1)+\tilde{\sigma}_{m-1}(s)}{2}+\frac{1}{8}\left\{\frac{\Delta\tau_{m-1}(s)}{\Delta x_{m-1}(s)}\left[\frac{\Delta x_m(s)+\nabla x_m(s)}{\Delta x_{m-1}(s)}\right][\Delta x_{m-1}(s)]^2\right.\\ & \left.+[\tau_{m-1}(s+1)+\tau_{m-1}(s)][\Delta x_m(s)-\nabla x_m(s)]\right\}.\end{aligned} \tag{5.106}$$

Demostración:

$$\begin{aligned}\tilde{\sigma}_m(s) = {} & \frac{1}{2}\left[\sigma(s)+\sigma(s)+\tau_m(s)\nabla x_{m+1}(s)\right]\\ = {} & \frac{1}{2}\left[\sigma(s+1)+\sigma(s)+\tau_{m-1}(s+1)\nabla x_m(s+1)\right]\\ = {} & \frac{1}{2}\left[\tilde{\sigma}_{m-1}(s+1)+\frac{1}{2}\tau_{m-1}(s+1)\nabla x_m(s+1)+\tilde{\sigma}_{m-1}(s)-\frac{1}{2}\tau_{m-1}(s)\nabla x_m(s)\right]\\ = {} & \frac{\tilde{\sigma}_{m-1}(s+1)+\tilde{\sigma}_{m-1}(s)}{2}+\frac{1}{4}\left[\tau_{m-1}(s+1)\nabla x_m(s+1)-\frac{1}{2}\tau_{m-1}(s)\nabla x_m(s)\right]\end{aligned}$$

donde en la primera igualdad usamos (5.104) y, en la segunda, la definición (5.105) para $\tilde{\sigma}_{m-1}$. Pero,

$$\tau_{m-1}(s+1)\nabla x_m(s+1) - \tfrac{1}{2}\tau_{m-1}(s)\nabla x_m(s) = \frac{1}{2}\Bigg\{\Delta\tau_{m-1}(s)\left[\Delta x_m(s) + \nabla x_m(s)\right]$$
$$+[\tau_{m-1}(s+1) + \tau_{m-1}(s)][\Delta x_m(s) - \nabla x_m(s)]\Bigg\},$$

de donde se deduce trivialmente el resultado multiplicando y dividiendo por $[\Delta x_{m-1}(s)]^2$ el primero de los dos sumandos anteriores. ∎

Del lema anterior se sigue que $\tilde{\sigma}_m(s)$ es un polinomio de grado a lo más dos en $x_m(s)$. Para demostrarlo procederemos por indución. Para $m = 0$ es evidente pues en este caso $\tilde{\sigma}_0(s) = \tilde{\sigma}(s)$ que es un polinomio de grado a lo sumo dos en $x(s)$ (ver (5.3)). Supongamos ahora que $\tilde{\sigma}_{m-1}(s)$ es un polinomio de grado a lo más dos en $x_{m-1}(s)$. Un cálculo directo nos confirma que $(\Delta x_m(s) + \nabla x_m(s))/\Delta x_{m-1}(s)$ es constante, que $x^2_{m-1}(s+1) + x^2_{m-1}(s)$ y $[\Delta x_{m-1}(s)]^2$ son polinomios de grado a lo sumo dos en $x_m(s)$ y que $\Delta x_m(s) - \nabla x_m(s)$ es un polinomio de grado a lo sumo uno en $x_m(s)$. Por tanto, $\tilde{\sigma}_m(s)$ es de grado a lo sumo dos en $x_m(s)$ ya que como hemos visto $\tau_m(s)$ es un polinomio de grado uno en $x_m(s)$. Así pues,

$$\begin{aligned}
\pi_2(s) = {} & [p]_q\sigma(s) + \tau_m(s)[x_{m-p}(s+p) - x_{m-p}(z+1)] \\
= {} & [p]_q\tilde{\sigma}_m(s) + \tau_m(s)\left[x_{m-p}(s+p) - x_{m-p}(z+1) - \frac{1}{2}[p]_q\nabla x_{m+1}(s)\right] \qquad (5.107) \\
= {} & [p]_q\tilde{\sigma}_m(s) + \tau_m(s)\left[\frac{x_{m-p}(s+p) - x_{m-p}(s)}{2} - x_{m-p}(z+1)\right].
\end{aligned}$$

Ahora bien, usando (5.11) y (5.20) comprobamos que

$$\frac{1}{2}\left[x\left(s+\frac{m+p}{2}\right) + x\left(s+\frac{m-p}{2}\right)\right] = \alpha_p x_m(s) + \beta_p,$$

es un polinomio de grado a lo más uno en $x_m(s)$ por lo que efectivamente $\pi_2(s)$ es un polinomio de grado a lo más uno en $x_m(s)$ lo que prueba nuestra proposición. ∎

Por comodidad vamos a escribir el polinomio $\pi_2(s)$ de la siguiente forma

$$\pi_2(s) = D_0 + D_1[x_m(s) - x_m(z-p+1)] + D_2[x_m(s) - x_m(z-p+1)][x_m(s) - x_m(z+1)], \qquad (5.108)$$

siendo D_0, D_1 y D_2 ciertas constantes independientes de s que pasaremos a calcular a continuación. Comenzaremos por D_0, para lo que evaluamos (5.103) y (5.108) en $s = z - p + 1$, de forma que

$$D_0 = \pi_2(z-p+1) = [p]_q\sigma(z-p+1) + \tau_m(z-p+1)[x_{m-p}(z-p+1+p) - x_{m-p}(z+1)]$$
$$= [p]_q\sigma(z-p+1).$$

Para calcular D_1 tomamos $s = z + 1$,

$$\pi_2(z+1) = D_0 + D_1[x_m(z+1) - x_m(z-p+1)],$$

y usamos la identidad (5.68) reescrita en la forma $x(s+t) - x(s) = [t]_q \nabla x(s + \frac{t+1}{2})$ que nos permite deducir

$$x_m(z+1) - x_m(z-p+1) = [p]_q \nabla x_m\left(z - p + 1 + \tfrac{p+1}{2}\right) = [p]_q \Delta x_{m-p+1}(z).$$

Luego $\pi_2(z+1) = [p]_q \sigma(z-p+1) + D_1 [p]_q \Delta x_{m-p+1}(z)$. Por otro lado, si evaluamos ahora (5.103) en $z+1$ y usamos nuevamente la identidad (5.68) obtenemos

$$\begin{aligned} \pi_2(z+1) = &\ [p]_q \sigma(z+1) + \tau_m(z+1)\left[x_{m-p}(z+1+p) - x_{m-p}(z+1)\right] \\ = &\ [p]_q \sigma(z+1) + \tau_m(z+1)[p]_q \nabla x_{m-p}\left(z + 1 + \tfrac{p+1}{2}\right) \\ = &\ [p]_q \sigma(z+1) + \tau_m(z+1)[p]_q \nabla x_{m+1}(z+1) \end{aligned}$$

de donde deducimos que

$$\sigma(z-p+1) + D_1 \Delta x_{m-p+1}(z) = \sigma(z+1) + \tau_m(z+1) \nabla x_{m+1}(z+1).$$

Por consiguiente

$$D_1 = \frac{\sigma(z+1) + \tau_m(z+1)\nabla x_{m+1}(z+1) - \sigma(z-p+1)}{\Delta x_{m-p+1}(z)},$$

de donde, usando la expresión (5.7) para $\tau_m(s)$ en la forma

$$\tau_m(s) \nabla x_{m+1}(s) = \sigma(s+m) - \sigma(s) + \tau(s+m) \nabla x_1(z+m), \tag{5.109}$$

concluimos

$$D_1 = \frac{\sigma(z+m+1) + \tau(z+m+1)\nabla x_1(z+m+1) - \sigma(z-p+1)}{\Delta x_{m-p+1}(z)}.$$

Finalmente, para calcular D_2 igualamos los coeficientes de las potencias de grado dos en $x_m(s)$ en (5.107) y (5.108) lo cual nos conduce directamente a $D_2 = [p]_q \widetilde{\sigma}''_m/2 + \alpha_p \widetilde{\tau}'_m$. En la expresión anterior $\widetilde{\sigma}''_m/2$ y $\widetilde{\tau}'_m$ denotan los coeficientes de los siguientes desarrollos

$$\widetilde{\sigma}_m(s) = \frac{\widetilde{\sigma}''_m}{2} x_m^2(s) + \widetilde{\sigma}'_m(0) x_m(s) + \widetilde{\sigma}_m(0) \quad \text{y} \quad \widetilde{\tau}_m(s) = \widetilde{\tau}'_m x_m(s) + \widetilde{\tau}_m(0),$$

respectivamente.

Vamos a definir los *momentos generalizados discretos* como

$$C_{m,p}(z) = \sum_{s=a}^{b-m-1} [x_m(s) - x_m(z)]^{(p)} \rho_m(s) \nabla x_{m+1}(s), \tag{5.110}$$

siendo $(a, b-1)$ el intervalo de ortogonalidad de la correspondiente familia de q-polinomios.

Teorema 5.9.1 *Si*

$$\sigma(s)\rho_m(s)\left[x_{m+1}(s-1)-x_{m+1}(z)\right]^{(p)}\Big|_a^{b-m}=0, \qquad \forall p\in\mathbb{N}, p\geq 0, \tag{5.111}$$

entonces, los momentos generalizados $C_{m,p}(z)$ satisfacen la siguiente relación de recurrencia a tres términos

$$D_0(z)C_{m,p-1}(z)+D_1(z)C_{m,p}(z)+D_2(z)C_{m,p+1}(z+1)=0.$$

Si además a es un cero de σ, i.e., $\sigma(a)=0$, entonces la relación anterior se reduce a

$$\begin{aligned}&\frac{\sigma(a+p+m)+\tau(a+p+m)\nabla x_1(a+p+m)}{\nabla x_{p+m+1}(a)}C_{m,p}(a+p-1)+\\ &\left[\alpha_p\widetilde{\tau}'_m+\frac{1}{2}[p]_q\widetilde{\sigma}''_m\right]C_{m,p+1}(a+p)=0.\end{aligned} \tag{5.112}$$

Demostración: Usando la proposición 5.9.1 y la notación (5.108) tenemos

$$\Delta_s\left\{\sigma(s)\rho_m(s)\left[x_{m+1}(s-1)-x_{m+1}(z)\right]^{(p)}\right\}=\rho_m(s)\nabla x_{m+1}(s)\times$$

$$\left\{D_0[x_m(s)-x_m(z)]^{(p-1)}+D_1[x_m(s)-x_m(z-p+1)][x_m(s)-x_m(z)]^{(p-1)}+\right.$$

$$\left.+D_2[x_m(s)-x_m(z-p+1)][x_m(s)-x_m(z+1)][x_m(s)-x_m(z)]^{(p-1)}\right\}.$$

Ahora bien, usando el lema 5.9.1

$$[x_m(s)-x_m(z-p+1)][x_m(s)-x_m(z)]^{(p-1)}=[x_m(s)-x_m(z)]^{(p)},$$

$$[x_m(s)-x_m(z-p+1)][x_m(s)-x_m(z+1)][x_m(s)-x_m(z)]^{(p-1)}$$

$$=[x_m(s)-x_m(z+1)][x_m(s)-x_m(z)]^{(p)}=[x_m(s)-x_m(z+1)]^{(p+1)}.$$

Luego,

$$\Delta_s\left\{\sigma(s)\rho_m(s)\left[x_{m+1}(s-1)-x_{m+1}(z)\right]^{(p)}\right\}=\rho_m(s)\nabla x_{m+1}(s)\times$$

$$\left\{D_0[x_m(s)-x_m(z)]^{(p-1)}+D_1[x_m(s)-x_m(z)]^{(p)}+D_2[x_m(s)-x_m(z+1)]^{(p+1)}\right\}.$$

Si ahora sumamos en s desde $s=a$ hasta $b-m-1$, obtenemos

$$\sum_{s=a}^{b-m-1}\Delta_s\left\{\sigma(s)\rho_m(s)\left[x_{m+1}(s-1)-x_{m+1}(z)\right]^{(p)}\right\}=\sum_{s=a}^{b-m-1}\rho_m(s)\nabla x_{m+1}(s)\times$$

$$\left\{D_0[x_m(s)-x_m(z)]^{(p-1)}+D_1[x_m(s)-x_m(z)]^{(p)}+D_2[x_m(s)-x_m(z+1)]^{(p+1)}\right\}$$

$$=D_0C_{m,p-1}(z)+D_1C_{m,p}(z)+D_2C_{m,p+1}(z+1),$$

de donde se deduce la relación de recurrencia a tres términos ya que la suma de la izquierda se anula en virtud de la condición de contorno 5.111.

Para probar (5.112) tomamos $z = a + p - 1$ con a tal que $\sigma(a) = 0$. Entonces,

$$D_0 = [p]_q\sigma(a+p-1-p+1) = [p]_q\sigma(a) = 0, \quad D_2 = \alpha_p\widetilde{\tau}'_m + [p]_q\frac{\widetilde{\sigma}''_m}{2},$$

$$D_1 = \frac{\sigma(a+p+m)+\tau(a+p+m)\nabla x_1(a+p+m)}{\nabla x_{p+m+1}(a)} = \frac{\sigma(-a-p-m-\mu)}{\nabla x_{p+m+1}(a)}.$$

■

Nota 5.9.1 *El teorema anterior es cierto también en los casos de ortogonalidad continua con los correspondientes cambios. En este caso los* momentos generalizados continuos *se definirán como*

$$C_{m,p}(z) = \int_\Gamma [x_m(s) - x_m(z)]^{(p)}\rho_m(s)\nabla x_{m+1}(s)ds, \tag{5.113}$$

siendo Γ *cierta curva del plano complejo tal que*

$$\int_\Gamma \Delta_s\left\{\rho_m(z)\sigma(z)\left[x_{m+1}(s-1) - x_{m+1}(z)\right]^{(p)}\right\}dz = 0, \qquad \forall p = 0,1,2,\dots\,.$$

5.9.1. Los momentos generalizados "*clásicos*"

Para terminar este apartado vamos a calcular los momentos generalizados "*clásicos*" definidos por

$$C_p \equiv C_{0,p}(a+p-1) = \sum_{s=a}^{b-1}\rho(s)[x(s) - x(a+p-1)]^{(p)}\nabla x_1(s).$$

Asumiremos, por simplicidad, que a es un cero de σ. Entonces, usando la relación (5.112) y haciendo $m = 0$, deducimos la expresión

$$\frac{\sigma(a+p)+\tau(a+p)\nabla x_1(a+p)}{\nabla x_{p+1}(a)}C_p + \left[\alpha_p\widetilde{\tau}' + \frac{1}{2}[p]_q\widetilde{\sigma}''\right]C_{p+1} = 0,$$

cuya solución es

$$C_p = (-1)^p\left(\prod_{k=0}^{p-1}\frac{\sigma(a+k)+\tau(a+k)\nabla x_1(a+k)}{\nabla x_{k+1}(a)\left[\alpha_k\widetilde{\tau}' + \frac{1}{2}[k]_q\widetilde{\sigma}''\right]}\right)C_0. \tag{5.114}$$

Si ahora usamos que

$$\lambda_n = -[n]_q\left\{\alpha_{n-1}\widetilde{\tau}' + \frac{1}{2}[n-1]_q\widetilde{\sigma}''\right\},$$

obtenemos

$$C_p = \left(\prod_{k=0}^{p-1}\frac{[k+1]_q\sigma(-a-k-\mu)}{\Delta x_k\left(a-\frac{1}{2}\right)\lambda_{k+1}}\right)C_0.$$

Consideremos el caso más general cuando σ tiene cuatro raíces distintas

$$\sigma(s) = Cq^{2s}(1-q^{s_1-s})(1-q^{s_2-s})(1-q^{s_3-s})(1-q^{s_4-s}).$$

En este caso λ_n se expresa por (5.84)

$$\lambda_n = \frac{Cq^{-n/2+1/2}}{c_1^2(q)\varkappa_q}[n]_q\left(1-q^{2\mu+n-1+s_1+s_2+s_3+s_4}\right).$$

Además,

$$\Delta x_k\,(a-1/2) = -c_1(q)q^{-a-\frac{k}{2}-\frac{\mu}{2}}\varkappa_q\,(1-q^{2a+\mu+k}).$$

Sustituyendo lo anterior en la expresión para C_p obtenemos

$$C_p = (-c_1)^p q^{-p(a+3\mu/2)-\frac{p(p-1)}{2}}\frac{(q^{s_1+a+\mu};q)_p(q^{s_2+a+\mu};q)_p(q^{s_3+a+\mu};q)_p(q^{s_4+a+\mu};q)_p}{(q^{s_1+s_2+s_3+s_4+2\mu};q)_p(q^{2a+\mu};q)_p}C_0.$$

5.10. Los teoremas de caracterización para los q-polinomios

En este apartado vamos a probar un teorema análogo al 3.6.1, es decir veremos qué propiedades caracterizan a los $q-$polinomios ortogonales. En la prueba vamos a necesitar la siguiente fórmula de suma por partes

$$\sum_{s=a}^{b} f(s)\Delta g(s) = f(s)g(s)\Big|_a^{b+1} - \sum_{s=a}^{b}\Big(\Delta f(s)\Big)g(s+1), \tag{5.115}$$

que se deduce fácilmente de la fórmula $\Delta\{f(s)g(s)\} = g(s)\{\Delta f(s)\} + f(s+1)\{\Delta g(s)\}$.

Definición 5.10.1 *Sea σ y τ dos polinomios de grado a lo sumo 2 y exactamente 1 en $x(s)$, respectivamente, y sea ρ una función tal que*

$$\frac{\Delta}{\Delta x(s-\frac{1}{2})}[\sigma(s)\rho(s)] = \tau(s)\rho(s). \tag{5.116}$$

Diremos que una familia de q-polinomios ortogonales es clásica si es ortogonal respecto a la función $\rho(s)\Delta x(s-\frac{1}{2})$, donde ρ es solución de la ecuación (5.116), es decir

$$\sum_{s=a}^{b-1} P_n(s)_q P_m(s)_q \rho(s)\Delta x(s-\tfrac{1}{2}) = \delta_{nm}d_n^2, \qquad \Delta s = 1, \tag{5.117}$$

Definición 5.10.2 *Diremos que la red $x(s)$ es una red lineal si cualquiera sea $z\in\mathbb{C}$ existen dos constantes A y B tales que $x(s+z) = A(z)x(s)+B(z)$.*

Lema 5.10.1 *Sea $x(s)$ una red lineal y $Q_m(x(s))$ un polinomio de grado m en $x(s)$. Entonces*

$$\frac{\Delta Q_m(x(s+\alpha))}{\Delta x(s+\beta)} = R_{m-1}(x(s)), \qquad \forall\alpha,\beta\in\mathbb{C},$$

donde $R_{m-1}(x(s))$ es otro polinomio de grado $m-1$ en $x(s)$.

Demostración: Para probarlo basta notar que si la red es lineal entonces

$$\frac{\Delta x^n(s+\alpha)}{\Delta x(s+\beta)} = \frac{\Delta(A\,x(s)+B)^n}{\Delta x(s)} = \sum_{k=0}^{n}\binom{n}{k}A^kB^{n-k}\frac{\Delta x^k(s)}{\Delta x(s)}.$$

Pero $\Delta x^k(s)/\Delta x(s)$ es un polinomio de grado $k-1$ en $x_1(s) = x(s+\frac{1}{2})$, de donde deducimos, por la linealidad, que $\Delta x^k(s)/\Delta x(s)$ es un polinomio de grado $k-1$ en $x(s)$ así que $\Delta x^n(s+\alpha)/\Delta x(s+\beta)$ es un polinomio de grado $n-1$ en $x(s)$. ■

Nótese que si la red es lineal entonces $Q_m(x(s+\alpha)$ es un polinomio de grado m en $x(s)$, i.e., $Q_m(x(s+\alpha) = \widetilde{Q}_m(x(s))$.

Teorema 5.10.1 *Sea una red lineal $x(s)$. Si $(P_n)_n$ es una familia clásica de polinomios ortogonales respecto de una función ρ solución de la ecuación de tipo Pearson (5.116) y tal que*

$$\sigma(a)\rho(a) = \sigma(b)\rho(b) = 0, \tag{5.118}$$

entonces la sucesión[10] $\left(\Delta^{(1)}P_n(s)\right)_n$ *es una familia de polinomios ortogonales respecto a $\rho_1(s)$ $\Delta x_1(s-\frac{1}{2})$, con $\rho_1(s) = \sigma(s+1)\rho(s+1)$.*

Demostración: Sea $Q_k(s)$ un polinomio en $x(s)$ de grado k. Por la ortogonalidad de $(P_n)_n$, se sigue que

$$\begin{aligned}
0 &= \sum_{s=a}^{b-1} P_n(s)Q_{k-1}(s)\tau(s)\rho(s)\Delta x(s-\tfrac{1}{2}) \qquad \text{(de (5.118))}\\
&= \sum_{s=a}^{b-1} P_n(s)Q_{k-1}(s)\Delta(\sigma(s)\rho(s)) \quad \text{(de (5.115) y (5.118))}\\
&= -\sum_{s=a}^{b-1} \Delta(P_n(s)Q_{k-1}(s))\sigma(s+1)\rho(s+1)\\
&= -\sum_{s=a}^{b-1}(\Delta P_n(s))Q_{k-1}(s)\sigma(s+1)\rho(s+1)\\
&\qquad\qquad + \sum_{s=a}^{b-1} P_n(s+1)(\Delta Q_{k-1}(s))\sigma(s+1)\rho(s+1) \text{ (de (5.115))}\\
&= -\sum_{s=a}^{b-2}\Big(\frac{\Delta P_n(s)}{\Delta x(s)}\Big)Q_{k-1}(s)\sigma(s+1)\rho(s+1)\Delta x_1(s-\tfrac{1}{2})\\
&\quad + \sum_{s=a+1}^{b} P_n(s)\Big(\frac{\Delta Q_{k-1}(s-1)}{\Delta x(s-\frac{1}{2})}\Big)\sigma(s)\rho(s)\Delta x(s-\tfrac{1}{2}) \text{ (de (5.118) y el lema 5.10.1)}
\end{aligned}$$

[10]Recordar que $\Delta^{(1)}P_n(s) = \dfrac{\Delta P_n(s)}{\Delta x(s)}$.

$$
\begin{aligned}
&= -\sum_{s=a}^{b-2}\Big(\frac{\Delta P_n(s)}{\Delta x(s)}\Big)Q_{k-1}(s)\sigma(s+1)\rho(s+1)\Delta x_1(s-\tfrac12)\\
&\qquad +\sum_{s=a+1}^{b} P_n(s)\Big(R_{k-2}(s)\Big)\sigma(s)\rho(s)\Delta x(s-\tfrac12) \qquad \text{(de (5.117))}\\
&= -\sum_{s=a}^{b-2}\Big(\frac{\Delta P_n(s)}{\Delta x(s)}\Big)Q_{k-1}(s)\sigma(s+1)\rho(s+1)\Delta x_1(s-\tfrac12).
\end{aligned}
$$

Luego $\Delta P_n(s)/\Delta x(s)$ es ortogonal respecto a $\rho_1(s)=\sigma(s+1)\rho(s+1)\Delta x_1(s-\frac12)$. ■

Corolario 5.10.1 *Sea una red lineal $x(s)$. Si $(P_n)_n$ es una familia clásica de polinomios ortogonales, entonces $\Delta^{(1)}P_n(s)$ también es clásica.*

Demostración: En efecto, para probarlo basta probar que $\Delta^{(1)}P_n(s)$ es ortogonal respecto a cierta función peso que sea solución de una ecuación de tipo Pearson (5.116). Ahora bien, hemos probado antes que

$$
0=\sum_{s=a}^{b-1}\frac{\Delta P_n(s)}{\Delta x(s)}\frac{\Delta P_m(s)}{\Delta x(s)}\sigma(s+1)\rho(s+1)\Delta x_1(s-\tfrac12)=\sum_{s=a}^{b-2}\frac{\Delta P_n(s)}{\Delta x(s)}\frac{\Delta P_m(s)}{\Delta x(s)}\rho_1(s)\Delta x(s-\tfrac12),
$$

donde la última igualdad es consecuencia de la linealidad de la red y las condiciones de contorno (5.118). Es decir, las diferencias son ortogonales respecto a la función peso $\rho_1(s)$, pero dicha función satisface la ecuación (5.31)

$$
\frac{\Delta}{\Delta x_1(s-\frac12)}[\sigma(s)\rho_1(s)]=\tau_1(s)\rho_1(s) \quad\Longleftrightarrow\quad \frac{\Delta}{\Delta x(s)}[\sigma(s)\rho_1(s)]=\tau_1(s)\rho_1(s),
$$

donde τ_1 es un polinomio de grado uno en $x(s)$ y, por lo tanto, la sucesión $\Delta^{(1)}P_n(s)$ es una sucesión de polinomios clásica. ■

Corolario 5.10.2 *Sea una red lineal $x(s)$. Si $(P_n)_n$ es una familia clásica de polinomios ortogonales, entonces las k-ésimas diferencias $\Delta^{(k)}P_n(s)$ (ver definición (5.5)) también son clásicas.*

Demostración: La prueba es inmediata usando el corolario anterior y la inducción.

Teorema 5.10.2 *Si las sucesiones de polinomios $(P_n)_n$ y $\big(\Delta^{(1)}P_n\big)_n$ son clásicas, entonces $(P_n)_n$ es solución de la ecuación en diferencias de tipo hipergeométrico (5.2), i.e.,*

$$
\sigma(s)\frac{\Delta}{\Delta x(s-\frac12)}\frac{\nabla P_n(s)}{\nabla x(s)}+\tau(s)\frac{\Delta P_n(s)}{\Delta x(s)}+\lambda P_n(s)=0.
$$

Demostración: Sea $k<n$. Tenemos

$$
\begin{aligned}
0 &= \sum_{s=a}^{b-2}\frac{\Delta P_n(s)}{\Delta x(s)}\frac{\Delta Q_k(s)}{\Delta x(s)}\sigma(s+1)\rho(s+1)\Delta x_1(s-\tfrac12) \qquad \text{(por (5.118))}\\
&= \sum_{s=a}^{b-1}\frac{\Delta P_n(s)}{\Delta x(s)}\frac{\Delta Q_k(s)}{\Delta x(s)}\sigma(s+1)\rho(s+1)\Delta x_1(s-\tfrac12)
\end{aligned}
$$

$$= -\sum_{s=a}^{b-1} Q_k(s)\Delta\Big(\frac{\Delta P_n(s-1)}{\Delta x(s-1)}\sigma(s)\rho(s)\Big) \qquad \text{(por (5.115), (5.118))}$$
$$= -\sum_{s=a}^{b-1} Q_k(s)\Delta\Big(\frac{\nabla P_n(s)}{\nabla x(s)}\sigma(s)\rho(s)\Big) \qquad (\Delta f(s) = \nabla f(s+1))$$
$$= -\sum_{s=a}^{b-1} Q_k(s)\Big(\sigma(s)\Delta\Big(\frac{\nabla P_n(s)}{\nabla x(s)}\Big)\rho(s) + \frac{\nabla P_n(s+1)}{\nabla x(s+1)}\Delta(\sigma(s)\rho(s))\Big)$$
$$= -\sum_{s=a}^{b-1} Q_k(s)\left(\sigma(s)\frac{\Delta}{\Delta x(s-\frac{1}{2})}\frac{\nabla P_n(s)}{\nabla x(s)} + \tau(s)\frac{\Delta P_n(s)}{\Delta x(s)}\right)\rho(s)\Delta x(s-\tfrac{1}{2}).$$

Pero
$$\sigma(s)\frac{\Delta}{\Delta x(s-\frac{1}{2})}\frac{\nabla P_n(s)}{\nabla x(s)} + \tau(s)\frac{\Delta P_n(s)}{\Delta x(s)}$$
es un polinomio[11] de grado n en $x(s)$, así que por la ortogonalidad deducimos que ha de ser proporcional a $P_n(s)$ ya que es ortogonal a cualquier polinomio de grado menor que n. ■

Además, como ya hemos visto en los apartados **5.1** y **5.3** de la ecuación de tipo hipergeométrico (5.2) se deduce una ecuación similar para las las k-ésimas diferencias $\Delta^{(k)}P_n(s)$ (5.6), y de ésta se deduce la fórmula de Rodrigues (5.34) y (5.36). Ahora bien, de la fórmula de Rodrigues es fácil deducir la ecuación de Pearson (ver (5.60) del apartado **5.6**), pues para $n = 1$ tenemos
$$P_1(s) = \frac{B_1}{\rho(s)}\frac{\Delta}{\Delta x(s)}[\sigma(s)\rho(s)] = B_1\tau(s),$$
o equivalentemente,
$$\frac{\Delta}{\Delta x(s)}[\sigma(s)\rho(s)] = \rho(s)\tau(s),$$
es decir, la ecuación de Pearson (5.116). De esta forma hemos probado el siguiente teorema

Teorema 5.10.3 *Sea $x(s)$ una red lineal, y sean $\sigma(s)$ y $\rho(s)$ funciones tales que $\sigma(a)\rho(a) = \sigma(b)\rho(b) = 0$. Las siguientes propiedades son equivalentes:*

1. *$(P_n)_n$ es una familia de q-polinomios clásicos*
2. *$(P_n)_n$ es ortogonal y la sucesión de sus diferencias $\big(\Delta^{(1)}P_n\big)_n$ también es ortogonal*
3. *$(P_n)_n$ es ortogonal y la sucesión de sus k-ésimas diferencias $(\Delta^{(k)}P_n)_n$ también lo es*
4. *$(P_n)_n$ es solución de la ecuación en diferencias de tipo hipergeométrico (5.2)*
5. *$(P_n)_n$ se expresa mediante la fómula de Rodrigues (5.34).*

Corolario 5.10.3 *Los polinomios de variable discreta en la red lineal $x(s) = s$ estudiados en el capítulo 4 son polinomios clásicos. Los q-polinomios en la red exponencial $x(s) = c_1q^s + c_3$ son q-polinomios clásicos.*

[11] Ver los apartados **5.1** y **5.2**.

Demostración: Basta comprobar que las redes $x(s)=s$ y $x(s)=c_1q^s+c_3$ son lineales. En el primer caso tenemos que $x(s)=x$, luego $x(s+z)=s+z$, o sea la red es lineal. En el caso de la red $x(s)=c_1q^s+c_3$ tenemos

$$x(s+z)=A(z)x(s)+B(z), \quad \text{con} \quad A(z)=q^z, \quad B(z)=c_3(1-q^z),$$

luego también es lineal. ■

5.11. Clasificación de las familias de q-polinomios

La familia más general de q-polinomios, como hemos visto, viene expresada mediante la fórmula

$$P_n(s)_q = D_n\, {}_4\varphi_3\left(\begin{array}{c} q^{-n}, q^{2\mu+n-1+s_1+s_2+s_3+s_4}, q^{s_1-s}, q^{s_1+s+\mu} \\ q^{s_1+s_2+\mu}, q^{s_1+s_3+\mu}, q^{s_1+s_4+\mu} \end{array}\middle|\, q\,,\, q\right), \tag{5.119}$$

siendo D_n el coeficiente de normalización dado por (5.83). Además, para este caso tenemos las expresiones

$$\begin{aligned} \sigma(s) &= Cq^{-2s}(q^s-q^{s_1})(q^s-q^{s_2})(q^s-q^{s_3})(q^s-q^{s_4}), \\ \lambda_n &= -\frac{C\,q^{-n+\frac{1}{2}}}{\varkappa_q^2 c_1^2(q)}\,(1-q^n)\left(1-q^{s_1+s_2+s_3+s_4+2\mu+n-1}\right). \end{aligned} \tag{5.120}$$

La fórmula anterior es equivalente a la siguiente representación

$$P_n(s)_q = \widehat{D}_n\, q^{ns}\, {}_4\varphi_3\left(\begin{array}{c} q^{-n}, q^{1-\mu-n-s_3-s_4}, q^{s_1+s+\mu}, q^{s_2+s+\mu} \\ q^{s_1+s_2+\mu}, q^{s-s_3-n+1}, q^{s-s_4-n+1} \end{array}\middle|\, q\,,\, q\right), \tag{5.121}$$

con

$$\widehat{D}_n = B_n\left(\frac{-C}{c_1(q)\varkappa_q}\right)^n q^{-\frac{3(n-1)}{4}}(q^{s_1+s_2+\mu};q)_n(q^{s_3-s};q)_n(q^{s_4-s};q)_n.$$

Para probarlo podemos aplicar la transformación de Watson (5.87) a (5.86), o bien deshacer la transformación de Sears (5.88) en (5.89).

Veamos las distintas familias que se obtienen a partir de (5.119) y (5.121).

El primer caso es cuando $q^{s_4}\to 0$ en (5.119). Ello nos conduce directamente a

$$\sigma(s)=Cq^{-s}(q^s-q^{s_1})(q^s-q^{s_2})(q^s-q^{s_3}), \qquad \lambda_n=-\frac{C\,q^{-n+\frac{1}{2}}}{\varkappa_q^2c_1^2(q)}\,(1-q^n), \tag{5.122}$$

$$P_n(s)_q = D_n\, {}_3\varphi_2\left(\begin{array}{c} q^{-n}, q^{s_1-s}, q^{s_1+s+\mu} \\ q^{s_1+s_2+\mu}, q^{s_1+s_3+\mu} \end{array}\middle|\, q\,,\, q\right), \tag{5.123}$$

con D_n el coeficiente de normalización dado por

$$D_n = B_n\left(\frac{-C}{c_1(q)q^{\mu}\varkappa_q}\right)^n q^{-ns_1-\frac{3(n-1)}{4}}(q^{s_1+s_2+\mu};q)_n(q^{s_1+s_3+\mu};q)_n. \tag{5.124}$$

La segunda posibilidad es cuando $q^{s_3} \to 0$ y $q^{s_4} \to 0$ en (5.119). Este caso se transforma en

$$P_n(s)_q = D_n\, {}_3\varphi_2 \left(\begin{array}{c} q^{-n}, q^{s_1-s}, q^{s_1+s+\mu} \\ q^{s_1+s_2+\mu}, 0 \end{array} \Bigg| \, q \,, q \right), \tag{5.125}$$

$$D_n = B_n \left(\frac{-C}{c_1(q) q^{\mu} \varkappa_q} \right)^n q^{-ns_1 - \frac{3(n-1)}{4}} (q^{s_1+s_2+\mu}; q)_n \tag{5.126}$$

$$\sigma(s) = C(q^s - q^{s_1})(q^s - q^{s_2}) \qquad \lambda_n = -\frac{C\, q^{-n+\frac{1}{2}}}{\varkappa_q^2 c_1^2(q)} (1 - q^n). \tag{5.127}$$

La otra posibilidad corresponde a $q^{s_2} \to 0$, $q^{s_3} \to 0$ y $q^{s_4} \to 0$ en (5.119). Entonces,

$$P_n(s)_q = D_n\, {}_3\varphi_2 \left(\begin{array}{c} q^{-n}, q^{s_1-s}, q^{s_1+s+\mu} \\ 0,\ 0 \end{array} \Bigg| \, q \,, q \right), \tag{5.128}$$

$$D_n = B_n \left(\frac{-C}{c_1(q) q^{\mu} \varkappa_q} \right)^n q^{-ns_1 - \frac{3(n-1)}{4}}, \tag{5.129}$$

$$\sigma(s) = C q^s (q^s - q^{s_1}), \qquad \lambda_n = -\frac{C\, q^{-n+\frac{1}{2}}}{\varkappa_q^2 c_1^2(q)} (1 - q^n). \tag{5.130}$$

El último caso ($q^{s_1} \to 0$, $q^{s_2} \to 0$, $q^{s_3} \to 0$ y $q^{s_4} \to 0$) es más complicado a partir de (5.119), así que usaremos (5.121) de donde obtenemos

$$P_n(s)_q = D_n\, q^{ns}\, {}_2\varphi_0 \left(\begin{array}{c} q^{-n}, 0 \\ - \end{array} \Bigg| \, q \,, q^{n-\mu-2s} \right), \tag{5.131}$$

$$D_n = B_n \left(\frac{-C}{c_1(q) \varkappa_q} \right)^n q^{-\frac{3(n-1)}{4}}, \tag{5.132}$$

$$\sigma(s) = C q^{2s}, \qquad \lambda_n = -\frac{C\, q^{-n+\frac{1}{2}}}{\varkappa_q^2 c_1^2(q)} (1 - q^n). \tag{5.133}$$

Finalmente, consideremos el límite $q^{-\mu} \to 0$. Puesto que $\lim_{q^{-\mu}\to 0} c_1(q^s + q^{-s-\mu}) + c_3 = c_1 q^s + c_3$, obtendremos los correspondientes polinomios de la red exponencial. Comenzaremos tomando el límite $\mu \to \infty$ en

$$\sigma(s) = C q^{-2s} \prod_{i=1}^{4} (q^s - q^{s_i}), \quad \sigma(s) + \tau(s)\Delta x(s - \tfrac{1}{2}) = \sigma(-s-\mu) = C q^{2s+2\mu} \prod_{i=1}^{4} (q^{-s-\mu} - q^{s_i}),$$

escogiendo los parámetros $s_i = s_i(\mu)$, $i = 1, 2, 3, 4$, y $A = A(\mu)$ de la forma $s_1(\mu) = s_1$, $s_2(\mu) = s_2$, $s_3(\mu) = -\bar{s}_1 - \mu$, $s_4(\mu) = -\bar{s}_2 - \mu$, lo que nos conduce a las expresiones

$$\sigma(s) = C(q^s - q^{s_1})(q^s - q^{s_2}), \qquad \sigma(s) + \tau(s)\Delta x(s - \tfrac{1}{2}) = C q^{s_1+s_2} (1 - q^{s-\bar{s}_1})(1 - q^{s-\bar{s}_2}).$$

A continuación usamos las relaciones límites

$$\lim_{q^{-\mu}\to 0} \frac{(q^{s_1+s+\mu}; q)_k}{(q^{s_1+s_2+\mu}; q)_k} = q^{(s-s_2+1)k}, \qquad \lim_{q^{-\mu}\to 0} q^{-n\mu} (q^{s_1+s_2+\mu}; q)_n = (-1)^n q^{n(s_1+s_2)} q^{\frac{n(n-1)}{2}},$$

Figura 5.3: Clasificación de las familias de q-polinomios en la red general

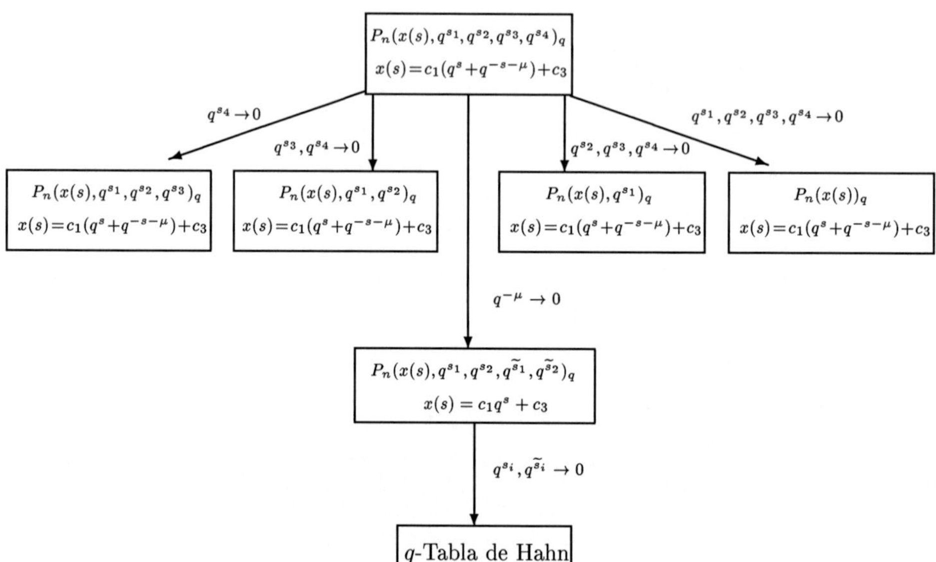

y comprobamos que la expresión (5.82) se transforma en

$$P_n(s)_q = D_n\, {}_3\varphi_2 \left(\begin{array}{c} q^{-n}, q^{s_1+s_2-\bar{s}_1-\bar{s}_2+n-1}, q^{s_1-s} \\ q^{s_1-\bar{s}_1}, q^{s_1-\bar{s}_2} \end{array} \middle| \, q\,,\, q^{s-s_2+1} \right), \tag{5.134}$$

$$D_n = B_n \left(\frac{C}{c_1 \varkappa_q}\right)^n q^{ns_2-\frac{n(n-1)}{4}} (q^{s_1-\bar{s}_1}; q)_n (q^{s_1-\bar{s}_2}; q)_n,$$

y (5.84) nos da

$$\lambda_n = -\frac{Cq^{-n+\frac{3}{2}}}{c_1^2(1-q)^2}(1-q^n)(1-q^{s_1+s_2-\bar{s}_1-\bar{s}_2+n-1}). \tag{5.135}$$

Las fórmulas anteriores corresponden a la solución más general de la ecuación (5.3) en la red exponencial y a partir de ella se pueden obtener un sinnúmero de familias de q-polinomios: Los q-polinomios de la conocida tabla de Hahn. Estas familias serán en objetivo de nuestro próximo capítulo.

5.12. Ejemplos

En este apartado consideraremos algunas de las familias clásicas de q-polinomios y cómo se obtienen a partir del caso más general (5.82). Dichas familias fueron introducidas y estudiadas por diferentes autores [6, 18, 167, 216]. En nuestro trabajo vamos a deducir sus principales características —en particular la ecuación en diferencias de tipo hipergeométrico y su representación como series hipergeométricas básicas— a partir del caso más general completando de esta manera los trabajos antes mencionados. Como caso particular de los polinomios (5.98) y (5.82) se obtienen los polinomios de Askey-Wilson [42] ampliamente estudiados en la literatura (para un estudio siguiendo el método aquí descrito ver [49]). Otras familias de q-polinomios pueden encontrarse en [43, 138, 185].

5.12.1. Los q-polinomios "clásicos" de Racah $R_n^{\beta,\gamma}(x(s),N,\delta)_q$

Vamos ahora a escoger la siguiente red

$$x(s) = q^{-s} + \delta q^{-N} q^s = \delta q^{-N}(q^s + q^{-s-\mu}), \qquad q^\mu = \delta q^{-N} \tag{5.136}$$

y la función σ

$$\sigma(s) = Cq^{-2s}(q^s - 1)\Big(q^s - \frac{\gamma}{\delta} q^{N+1}\Big)\Big(q^s - \beta q^{N+1}\Big)\Big(q^s - \frac{1}{\delta}\Big), \qquad C = \delta^2 \varkappa_q^2 q^{-2N}.$$

Calculemos el polinomio $\tau(s)$. Para ello usamos (5.76) de donde deducimos

$$\tau(s) = \varkappa_q(1-\beta\gamma q^2)x(s) - \frac{\sigma(-1) - \varkappa_q(1-\beta\gamma q^2)(1+\delta q^{-N})}{\varkappa_q q^{-N}(\delta - q^N)}.$$

Para calcular λ_n usamos la fórmula (5.84) que en nuestro caso, como $q^{s_1}=1$, $q^{s_2} = (\gamma/\delta)q^{N+1}$, $q^{s_3} = \beta q^{N+1}$, $q^{s_4} = 1/\delta$ y $C = \delta^2\varkappa_q^2 q^{-2N}$ nos da

$$\lambda_n = q^{-n+\frac{1}{2}}(1-q^n)(1-\gamma\beta q^{n+1}).$$

Además, usando la expresión (5.82) tenemos, para los polinomios mónicos,

$$R_n^{\beta,\gamma}(x(s),N,\delta) = \frac{(\gamma q, \beta\delta q, q^{1-N};q)_n}{(\beta\gamma q^{n+1};q)} \, {}_4\varphi_3\left(\begin{matrix} q^{-n}, \beta\gamma q^{n+1}, \delta\, q^{-N}q^s, q^{-s} \\ \gamma q, \beta\delta q, q^{-N}\end{matrix} \,\middle|\, q\,,\, q\right), \tag{5.137}$$

que coinciden con los q-polinomios de Racah introducidos por Askey y Wilson (ver [42, 138, 190]). Si usamos ahora la fórmula (5.78) para este caso tenemos

$$\rho(s) = (\gamma\beta)^{-s} \frac{(\delta q^{-N}, \gamma q, \beta\delta q, q^{-N};q)_s}{(q, \frac{\delta}{\gamma}q^{-N}, \frac{1}{\beta}q^{-N}, \delta q;q)_s}, \tag{5.138}$$

donde $(a,b;q)_n = (a;q)_n\ (b;q)_n$. En efecto, si calculamos el cociente $\rho(s+1)/\rho(s)$ y tenemos en cuenta la identidad $(a;q)_{s+1}/(a;q)_s = (1-aq^s)$, obtenemos el valor $\sigma(-s-\mu)/\sigma(s+1)$.

Para probar que que los q-polinomios de Racah $R_n^{\beta,\gamma}(x(s),N,\delta)$ son ortogonales basta comprobar que se cumplen las condiciones de contorno

$$x^k(s-\tfrac{1}{2})\sigma(s)\rho(s)\Big|_a^b = 0, \tag{5.139}$$

para todo $k \geq 0$. Pero de la expresión de $\sigma(s)$ es evidente que $\sigma(0) = 0$ y $\rho(s)$ es acotada en cero, así que $\sigma(0)\rho(0) = 0$. Por otro lado, $\sigma(N+1)\rho(N+1) = 0$ lo cual se deduce de que $(q^{-N};q)_{N+1} = 0$, excepto si $\beta = 1$ y $\gamma/\delta = 1$, pero entonces σ se anula. Así que $\sigma(N+1)\rho(N+1) = 0$, luego se cumplen las condiciones de contorno, así que tenemos

$$\sum_{s=0}^{N} R_n^{\beta,\gamma}(x(s),N,\delta)R_m^{\beta,\gamma}(x(s),N,\delta)\rho(s)\Delta x\Big(s-\frac{1}{2}\Big) = \delta_{nm}d_n^2. \tag{5.140}$$

Vamos ahora a calcular la norma. Para ello usaremos la fórmula (5.52) así como el siguiente resultado de series hipergeométricas básicas *muy bien balanceadas* (very-well-poised)

$${}_6\varphi_5\left(\begin{matrix} a,\ qa^{\frac{1}{2}},\ -qa^{\frac{1}{2}},\ b,\ c,\ d \\ a^{\frac{1}{2}},\ -a^{\frac{1}{2}}, aq/b,\ aq/c, aq/d \end{matrix}\,\middle|\, q, \frac{aq}{bcd}\right) = \frac{(aq,aq/bc,aq/bd,aq/cd;q)_\infty}{(aq/b,aq/c,aq/d,aq/bcd;q)_\infty},$$

que en el caso particular cuando $d = q^{-k}$ se transforma en

$${}_6\varphi_5\left(\begin{matrix} a,\ qa^{\frac{1}{2}},\ -qa^{\frac{1}{2}},\ b,\ c,\ q^{-k} \\ a^{\frac{1}{2}},\ -a^{\frac{1}{2}}, aq/b,\ aq/c, aq^{k+1} \end{matrix}\,\middle|\, q, \frac{aq^{k+1}}{bc}\right) = \frac{(aq,aq/bc;q)_k}{(aq/b,aq/c;q)_k}. \tag{5.141}$$

Comenzaremos calculando la suma $S_n = \sum_{s=0}^{N-n} \rho_n(s)\, \Delta x_n\,(s-1/2)$, para $n \in \mathbb{N}$. Usando (5.32) tenemos

$$\rho_n(s) = C^n\Big(\frac{\beta}{\delta^2}q^{N-n}\Big)^n(\beta\gamma q^{2n})^{-s}(\delta q^{-N},\gamma q,\beta\delta q,q^{-N};q)_n \frac{(\delta q^{-N+n},\gamma q^{n+1},\beta\delta q^{n+1},q^{-N+n};q)_s}{(q,\frac{\delta}{\gamma}q^{-N},\frac{1}{\beta}q^{-N},\delta q;q)_s}.$$

Además,

$$\Delta x_n\Big(s-\frac{1}{2}\Big) = -\varkappa_q\ q^{-(s+\frac{n}{2})}\ (1-\delta q^{-N+n})\frac{((\delta q^{-N+n})^{\frac{1}{2}}q,-(\delta q^{-N+n})^{\frac{1}{2}}q;q)_s}{((\delta q^{-N+n})^{\frac{1}{2}},-(\delta q^{-N+n})^{\frac{1}{2}};q)_s}.$$

Sustituyendo las dos expresiones anteriores en la expresión de S_n y teniendo en cuenta que $(q^{-N+n};q)_j = 0$ para $j > N-n$ obtenemos

$$\begin{aligned} S_n = &\ -\varkappa_q C^n\Big(\frac{\beta}{\delta^2}q^{N-n-\frac{1}{2}}\Big)^n(1-\delta q^{-N+n})(\delta q^{-N},\gamma q,\beta\delta q,q^{-N};q)_n\times \\ &\sum_{s=0}^{N-n}\frac{(\delta q^{-N+n},(\delta q^{-N+n})^{\frac{1}{2}}q,-(\delta q^{-N+n})^{\frac{1}{2}}q,\gamma q^{n+1},\beta\delta q^{n+1},q^{-N+n};q)_s}{(q,(\delta q^{-N+n})^{\frac{1}{2}},-(\delta q^{-N+n})^{\frac{1}{2}},\frac{\gamma}{\gamma}q^{-N},\frac{1}{\beta}q^{-N},\delta q;q)_s}(\beta\gamma q^{2n+1})^{-s} \\ = &\ -\varkappa_q C^n\Big(\frac{\beta}{\delta^2}q^{N-n-\frac{1}{2}}\Big)^n(1-\delta q^{-N+n})(\delta q^{-N},\gamma q,\beta\delta q,q^{-N};q)_n\times \\ &{}_6\varphi_5\left(\begin{matrix}\delta q^{-N+n},(\delta q^{-N+n})^{\frac{1}{2}}q,-(\delta q^{-N+n})^{\frac{1}{2}}q,\gamma q^{n+1},\beta\delta q^{n+1},q^{-N+n} \\ (\delta q^{-N+n})^{\frac{1}{2}},-(\delta q^{-N+n})^{\frac{1}{2}},\frac{\gamma}{\gamma}q^{-N},\frac{1}{\beta}q^{-N},\delta q\end{matrix}\,\middle|\, q,\frac{1}{\beta\gamma q^{2n+1}}\right). \end{aligned}$$

La serie ${}_6\varphi_5$ se puede sumar usando (5.141) con $a = \delta q^{-N+n}$, $b = \gamma q^{n+1}$, $c = \beta\delta q^{n+1}$ y $q^{-k} = q^{-N+n}$,

$$S_n = -\varkappa_q\, C^n\Big(\frac{\beta}{\delta^2}q^{N-n-\frac{1}{2}}\Big)^n(1-\delta q^{n-N})(\delta q^{-N},\gamma q,\beta\delta q,q^{-N};q)_n\frac{(\delta q^{n-N+1},\frac{1}{\gamma\beta}q^{-(N+n+1)};q)_{N-n}}{(\frac{\delta}{\gamma}q^{-N},\frac{1}{\beta}q^{-N};q)_{N-n}}.$$

Transformemos la expresión anterior usando las identidades

$$(aq^n;q)_{N-n}=\frac{(a;q)_N}{(a;q)_n},\qquad (aq^{-n};q)_k=\frac{(a;q)_k(q/a;q)_n}{(q^{1-k}/a;q)_n}q^{-nk}, \tag{5.142}$$

$$(a;q)_{n-k}=\frac{(a;q)_n}{(q^{1-n}/a;q)_k}\left(-\frac{q}{a}\right)^k q^{\binom{k}{2}-nk}. \tag{5.143}$$

Entonces,

$$\frac{(\delta q^{-N+n+1},\frac{1}{\gamma\beta}q^{-(N+n+1)};q)_{N-n}}{(\frac{\delta}{\gamma}q^{-N},\frac{1}{\beta}q^{-N};q)_{N-n}} = (-1)^n\,(\delta q^{-2N+1})^n\,q^{2n^2-\binom{n}{2}}\,\frac{(\delta q^{-N+1},\frac{1}{\gamma\beta}q^{-N-1};q)_N}{(\frac{\delta}{\gamma}q^{-N},\frac{1}{\beta}q^{-N};q)_N}\times \frac{(\frac{\gamma}{\delta}q,\beta q,\gamma\beta q^{N+2};q)_n}{(\delta q^{-N+1},\gamma\beta q^{n+2},\gamma\beta q^2;q)_n}.$$

Luego

$$S_n=\ (-1)^{n+1}\varkappa_q\,C^n\Big(\frac{\beta}{\delta}q^{-N}\Big)^n q^{\frac{n^2}{2}+n}(1-\delta q^{-N+n})\frac{(\delta q^{-N+1},\frac{1}{\gamma\beta}q^{-N-1};q)_N}{(\frac{\delta}{\gamma}q^{-N},\frac{1}{\beta}q^{-N};q)_N}\times \frac{(\delta q^{-N},\gamma q,\beta\delta q,q^{-N},\frac{\gamma}{\delta}q,\beta q,\gamma\beta q^{N+1};q)_n}{(\delta q^{-N+1},\gamma\beta q^{n+2},\gamma\beta q^2;q)_n}.$$

Para calcular el factor $(-1)^nA_{nn}B_n^2$ usamos la expresión (5.93), que nos da

$$(-1)^nA_{nn}B_n^2=(-1)^n(q;q)_nq^{-\frac{5n(n-1)}{4}}(\gamma\beta q^{n+1};q)_nB_n^2$$

Por tanto,

$$d_n^2=\ -B_n^2\varkappa_q^{2n+1}\Big(\beta\delta q^{-3N}\Big)^n q^{-\frac{3}{4}n^2+\frac{5}{4}n}(1-\delta q^{-N+n})\frac{(\delta q^{-N+1},\frac{1}{\gamma\beta}q^{-N-1};q)_N}{(\frac{\delta}{\gamma}q^{-N},\frac{1}{\beta}q^{-N};q)_N}\times \frac{(q,\delta q^{-N},\gamma q,\beta\delta q,q^{-N},\frac{\gamma}{\delta}q,\beta q,\gamma\beta q^{n+1},\gamma\beta q^{N+1};q)_n}{(\delta q^{-N+1},\gamma\beta q^{n+2},\gamma\beta q^2;q)_n}.$$

Ahora bien, usando (5.57) tenemos

$$a_n=B_n(-1)^n\varkappa_q^nq^{-\frac{3}{4}n(n-1)}(\gamma\beta q^{n+1};q)_n.$$

Si los polinomios son mónicos, entonces $a_n=1$, por lo que

$$B_n=\frac{(-1)^n}{\varkappa_q^nq^{-\frac{3}{4}n(n-1)}(\gamma\beta q^{n+1};q)_n}.$$

Usando lo anterior tenemos

$$d_n^2=\ -\varkappa_q\Big(\beta\delta q^{-3N}\Big)^n q^{\frac{3}{4}n^2-\frac{n}{4}}(1-\delta q^{-N+n})\frac{(\delta q^{-N+1},\frac{1}{\gamma\beta}q^{-N-1};q)_N}{(\frac{\delta}{\gamma}q^{-N},\frac{1}{\beta}q^{-N};q)_N}\times \frac{(q,\delta q^{-N},\gamma q,\beta\delta q,q^{-N},\frac{\gamma}{\delta}q,\beta q,\gamma\beta q^{N+1};q)_n}{(\delta q^{-N+1},\gamma\beta q^{n+1},\gamma\beta q^{n+2},\gamma\beta q^2;q)_n}.$$

Aunque el signo menos tiende a confundir, pues estamos en presencia de un caso definido positivo para $0 < q < 1$, hay que tener en cuenta que con la elección de la red tenemos

$$\Delta x(s - \tfrac{1}{2}) = -\varkappa_q q^{-s}(1 - \delta q^{-N} q^{2s}).$$

Así pues la relación de ortogonalidad se escribe

$$\sum_{s=0}^{N} R_n^{\beta,\gamma}(x(s), N, \delta) R_m^{\beta,\gamma}(x(s), N, \delta) \rho(s) q^{-s}(1 - \delta q^{-N} q^{2s}) = \delta_{n,m} \widetilde{d}_n^2, \tag{5.144}$$

donde

$$\widetilde{d}_n^2 = \left(\frac{\beta\delta}{q^{3N-n}}\right)^n (1 - \delta q^{n-N}) \frac{(\delta q^{1-N}, \frac{1}{\gamma\beta} q^{-N-1}; q)_N}{(\frac{\delta}{\gamma} q^{-N}, \frac{1}{\beta} q^{-N}; q)_N} \frac{(q, \delta q^{-N}, \gamma q, \beta\delta q, q^{-N}, \frac{\gamma}{\delta} q, \beta q, \gamma\beta q^{N+1}; q)_n}{(\delta q^{-N+1}, \gamma\beta q^{n+1}, \gamma\beta q^{n+2}, \gamma\beta q^2; q)_n}.$$

Usando las expresiones (2.8), (2.9) y (2.10) podemos obtener los coeficientes α_n, γ_n y β_n de la RRTT. Tenemos $\alpha_n = 1$,

$$\gamma_n = \frac{\beta\delta(1-q^n)(1-\beta q^n)(1-q^{n-N-1})(1-\gamma q^n)(1-\beta\delta q^n)(1-\beta\gamma q^n)(1-\gamma/\delta q^n)(1-\beta\gamma q^{N+n})}{q^{-(3n-1)/2+3N}(1 - \beta\gamma q^{2n-1})(1 - \beta\gamma q^{2n})^2(1 - \beta\gamma q^{2n+1})}.$$

Para calcular β_n usamos (2.10) y los valores

$$R_m^{\beta,\gamma}(x(0), N, \delta) = \frac{(\gamma q, \beta\delta q, q^{1-N}; q)_n}{(\beta\gamma q^{n+1}; q)}.$$

Antes de continuar notemos que los q-polinomios de Racah $R_n^{\beta,\gamma}(x(s), N, \delta)$ están definidos en una red muy incómoda ya que esta red depende de los parámetros de los propios polinomios, concretamente de δ y γ. Esto hace muy complicado trabajar con ellos, sobre todo si necesitamos variar los parámetros. Por esta razón vamos a introducir una nueva familia de q-polinomios de Racah, los $u_n^{\alpha,\beta}(x(s), a, b)_q$ en la red $x(s) = [s]_q[s+1]_q$, que es independiente de los parámetros.

5.12.2. Los q-polinomios de Racah $u_n^{\alpha,\beta}(x(s), a, b)_q$

Consideremos los q-polinomios de Racah $u_n^{\alpha,\beta}(x(s), a, b)_q$ en la red $x(s) = [s]_q[s+1]_q$, introducidos en [185] y estudiados en [5, 167]. Para ellos tenemos $s_1 = a$, $s_2 = -b$, $s_3 = \beta - a$, $s_4 = b + \alpha$ y la red $x(s) = [s]_q[s+1]_q$ es tal que $c_1 = q^{\frac{1}{2}} \varkappa_q^{-2}$, $\mu = 1$, $c_3 = -(q^{\frac{1}{2}} + q^{-\frac{1}{2}})\varkappa_q^{-2}$. Escogiendo $C = q^{-\frac{1}{2}(\alpha+\beta)} \varkappa_q^{-4}$, o lo que es igual $A = -1$, tenemos

$$\sigma(s) = -\frac{q^{-2s}}{\varkappa_q^4 q^{\frac{\alpha+\beta}{2}}}(q^s - q^a)(q^s - q^{-b})(q^s - q^{\beta-a})(q^s - q^{b+\alpha}) = [s-a]_q[s+b]_q[s+a-\beta]_q[b+\alpha-s]_q,$$

luego

$$u_n^{\alpha,\beta}(x(s), a, b)_q = \frac{q^{-\frac{n}{2}(2a+\alpha+\beta+n+1)}(q^{a-b+1}; q)_n (q^{\beta+1}; q)_n (q^{a+b+\alpha+1}; q)_n}{\varkappa_q^{2n}(q; q)_n} \times$$

$$ {}_4\varphi_3\left(\begin{array}{c} q^{-n}, q^{\alpha+\beta+n+1}, q^{a-s}, q^{a+s+1} \\ q^{a-b+1}, q^{\beta+1}, q^{a+b+\alpha+1} \end{array} \,\middle|\, q, q \right), \tag{5.145}$$

donde hemos tomado $B_n = \dfrac{(-1)^n}{[n]_q!}$ [167]. Además utilizando (5.84) y (5.76) obtenemos los valores de λ_n y τ

$$\lambda_n = q^{-\frac{1}{2}(\alpha+\beta+2n+1)}\varkappa_q^{-2}(1-q^n)(1-q^{\alpha+\beta+n+1}) = [n]_q[n+\alpha+\beta+1]_q,$$

$$\tau(s) = -[2+\alpha+\beta]_q x(s) + [\sigma(-1)-\sigma(0)].$$

Si ahora usamos (5.98) deducimos la representación equivalente

$$u_n^{\alpha,\beta}(x(s),a,b)_q = \frac{(a-b+1|q)_n(\beta+1|q)_n(a+b+\alpha+1|q)_n}{[n]_q!}\times$$

$$ {}_4\mathrm{F}_3\left(\begin{array}{c} -n, \alpha+\beta+n+1, a-s, a+s+1 \\ a-b+1, \beta+1, a+b+\alpha+1 \end{array}\,\middle|\, q\,,\,1\right).$$

Es fácil comprobar que los q-polinomios de Racah $u_n^{\alpha,\beta}(x(s),a,b)_q$ satisfacen la propiedad de ortogonalidad

$$\sum_{s=a}^{b-1} u_n^{\alpha,\beta}(x(s),a,b)_q u_m^{\alpha,\beta}(x(s),a,b)_q \rho(s)[2s+1]_q = 0, \qquad n \neq m,$$

donde $(-\frac{1}{2} < a \leq b-1, \alpha > -1, -1 < \beta < 2a+1\ )$

$$\rho(s) = \frac{\widetilde{\Gamma}_q(s+a+1)\widetilde{\Gamma}_q(s-a+\beta+1)\widetilde{\Gamma}_q(s+\alpha+b+1)\widetilde{\Gamma}_q(b+\alpha-s)}{\widetilde{\Gamma}_q(s-a+1)\widetilde{\Gamma}_q(s+b+1)\widetilde{\Gamma}_q(s+a-\beta+1)\widetilde{\Gamma}_q(b-s)}.$$

Para ello basta ver que $\sigma(a)\rho(a) = \sigma(b)\rho(b) = 0$. Vamos a calcular la norma de los mismos. Comenzaremos calculando la función $\rho_n(s)$ mediante la fórmula (5.32)

$$\rho_n(s) = \frac{\widetilde{\Gamma}_q(s+n+a+1)\widetilde{\Gamma}_q(s+n-a+\beta+1)\widetilde{\Gamma}_q(s+n+\alpha+b+1)\widetilde{\Gamma}_q(b+\alpha-s)}{\widetilde{\Gamma}_q(s-a+1)\widetilde{\Gamma}_q(s+b+1)\widetilde{\Gamma}_q(s+a-\beta+1)\widetilde{\Gamma}_q(b-s-n)}.$$

Usando (5.35) tenemos

$$A_{n,n} = [n]_q!(-1)^n\frac{\widetilde{\Gamma}_q(\alpha+\beta+2n+1)}{\widetilde{\Gamma}_q(\alpha+\beta+n+1)}, \quad \text{y} \quad \Lambda_n = (-1)^n A_{n,n}B_n^2 = \frac{\widetilde{\Gamma}_q(\alpha+\beta+2n+1)}{[n]_q!\widetilde{\Gamma}_q(\alpha+\beta+n+1)}.$$

Si ahora sustituimos $\nabla x_{n+1}(s) = [2s+n+1]_q$ en la fórmula (5.52) obtenemos

$$d_n^2 = \Lambda_n \sum_{s=a}^{b-n-1} \frac{\widetilde{\Gamma}_q(s+n+a+1)\widetilde{\Gamma}_q(s+n-a+\beta+1)\widetilde{\Gamma}_q(s+n+\alpha+b+1)\widetilde{\Gamma}_q(b+\alpha-s)}{\widetilde{\Gamma}_q(s-a+1)\widetilde{\Gamma}_q(s+b+1)\widetilde{\Gamma}_q(s+a-\beta+1)\widetilde{\Gamma}_q(b-s-n)}\nabla x_{n+1}(s)$$

$$= \Lambda_n \sum_{s=0}^{b-a-n-1} \frac{\widetilde{\Gamma}_q(s+n+2a+1)\widetilde{\Gamma}_q(s+n+\beta+1)\widetilde{\Gamma}_q(s+n+\alpha+b+a+1)\widetilde{\Gamma}_q(b-a+\alpha-s)}{\widetilde{\Gamma}_q(s+1)\widetilde{\Gamma}_q(s+b+a+1)\widetilde{\Gamma}_q(s+2a-\beta+1)\widetilde{\Gamma}_q(b-a-s-n)[2s+2a+n+1]_q^{-1}}$$

$$= \frac{\widetilde{\Gamma}_q(\alpha+\beta+2n+1)\widetilde{\Gamma}_q(2a+n+1)\widetilde{\Gamma}_q(n+\beta+1)\widetilde{\Gamma}_q(a+b+n+\alpha+1)\widetilde{\Gamma}_q(b+\alpha-a)}{[n]_q!\widetilde{\Gamma}_q(\alpha+\beta+n+1)\widetilde{\Gamma}_q(a+b+1)\widetilde{\Gamma}_q(2a-\beta+1)\widetilde{\Gamma}_q(b-a-n)}\times$$

$$\sum_{s=0}^{b-a-n-1} \frac{(n+2a+1, n+\beta+1, n+a+\alpha+b+1, 1-b+a+n|q)_s}{(1, a+b+1, 2a-\beta+1, 1-b+a-\alpha|q)_s}[2s+2a+n+1]_q,$$

donde en la última igualdad hemos usado la identidad

$$\tilde{\Gamma}_q(A-s) = \frac{\tilde{\Gamma}_q(A)(-1)^s}{(1-A|q)_s}. \tag{5.146}$$

En adelante denotaremos por S_n la suma anterior. Reescribamos el factor $[2s+2a+n+1]_q$ de la forma

$$[2s+2a+n+1]_q = q^{-s}[2a+n+1]_q \frac{(q^{a+\frac{n+1}{2}+1};q)(-q^{a+\frac{n+1}{2}+1};q)_s}{(q^{a+\frac{n+1}{2}};q)(-q^{a+\frac{n+1}{2}};q)}.$$

Luego, usando la relación $(a|q)_n = (-1)^n(q^a;q)_n\, q^{-\frac{n}{4}(n+2a-1)}\varkappa_q^{-n}$ deducimos

$$S_n = \sum_{s=0}^{b-a-n-1} \frac{(q^{2a+n+1}, q^{n+\beta+1}, q^{n+\alpha+b+a+1}, q^{1-b+a+n}, q^{\frac{1}{2}(2a+n+3)}, -q^{\frac{1}{2}(2a+n+3)};q)_s[2a+n+1]_q}{(q, q^{a+b+1}, q^{2a-\beta+1}, q^{1-b-\alpha+a}, q^{\frac{1}{2}(2a+n+1)}, -q^{\frac{1}{2}(2a+n+1)};q)_s q^{s(1+2n+\beta+\alpha)}}$$

$$= [2a+n+1]_q\, {}_6\varphi_5\left(\begin{matrix} q^{2a+n+1}, q^{n+\beta+1}, q^{n+a+\alpha+b+1}, q^{1-b+a+n}, q^{\frac{1}{2}(2a+n+3)}, -q^{\frac{1}{2}(2a+n+3)} \\ q^{a+b+1}, q^{2a-\beta+1}, q^{1-b-\alpha+a}, q^{\frac{1}{2}(2a+n+1)}, -q^{\frac{1}{2}(2a+n+1)} \end{matrix} \,\middle|\, q, \frac{q^{-\beta-\alpha}}{q^{2n+1}} \right).$$

La serie ${}_6\varphi_5$ anterior es una serie muy bien balanceada, por tanto la podemos sumar usando la fórmula (5.141) con $k=b-a-n-1$, $a=q^{2a+n+1}$, $b=q^{n+\beta+1}$ y $c=q^{n+a+\alpha+b+1}$. Así

$$\begin{aligned} S_n = &\ [2a+n+1]_q \frac{(q^{2a+n+2}, q^{-n+a-b-\alpha-\beta};q)_{b-a-n-1}}{(q^{2a-\beta+1}, q^{a-b-\alpha+1};q)_{b-a-n-1}} \\ = &\ [2a+n+1]_q \frac{(2a+n+2|q)_{b-a-n-1}(-n+a-b-\alpha-\beta|q)_{b-a-n-1}}{(2a-\beta+1|q)_{b-a-n-1}(a-b-\alpha+1|q)_{b-a-n-1}}. \end{aligned}$$

La expresión anterior para S_n se puede reescribir usando (5.146) y (5.94) en la forma

$$S_n = [2a+n+1]_q \frac{\tilde{\Gamma}_q(a+b+1)\tilde{\Gamma}_q(2a-\beta+1)\tilde{\Gamma}_q(b-a+\alpha+\beta+n+1)\tilde{\Gamma}_q(\alpha+n+1)}{\tilde{\Gamma}_q(n+2a+2)\tilde{\Gamma}_q(b+a-\beta-n)\tilde{\Gamma}_q(\alpha+\beta+2n+2)\tilde{\Gamma}_q(b-a+\alpha)}.$$

Luego, para el cuadrado de la norma obtenemos la expresión

$$\begin{aligned} d_n^2 &= \frac{\tilde{\Gamma}_q(\alpha+\beta+2n+1)\tilde{\Gamma}_q(2a+n+1)\tilde{\Gamma}_q(n+\beta+1)\tilde{\Gamma}_q(a+b+n+\alpha+1)\tilde{\Gamma}_q(b+\alpha-a)}{[n]_q!\tilde{\Gamma}_q(\alpha+\beta+n+1)\tilde{\Gamma}_q(a+b+1)\tilde{\Gamma}_q(2a-\beta+1)\tilde{\Gamma}_q(b-a-n)} S_n \\ &= \frac{\tilde{\Gamma}_q(\alpha+n+1)\tilde{\Gamma}_q(\beta+n+1)\tilde{\Gamma}_q(b-a+\alpha-\beta+n+1)\tilde{\Gamma}_q(a+b+\alpha+n+1)}{[\alpha+\beta+2n+1]_q\tilde{\Gamma}_q(n+1)\tilde{\Gamma}_q(\alpha+\beta+n+1)\tilde{\Gamma}_q(b-a-n)\tilde{\Gamma}_q(a+b-\beta-n)}. \end{aligned}$$

Usando la fórmula (5.72) es fácil deducir la siguiente fórmula explícita para los polinomios $u_n^{\alpha,\beta}(x(s),a,b)_q$

$$u_n^{\alpha,\beta}(x(s),a,b)_q = \frac{\tilde{\Gamma}_q(s-a+1)\tilde{\Gamma}_q(s+b+1)\tilde{\Gamma}_q(s+a-\beta+1)\tilde{\Gamma}_q(b-s)}{\tilde{\Gamma}_q(s+a+1)\tilde{\Gamma}_q(s-a+\beta+1)\tilde{\Gamma}_q(s+\alpha+b+1)\tilde{\Gamma}_q(b+\alpha-s)} \times$$

$$\sum_{k=0}^{n} \frac{(-1)^k[2s+2k-n]_q\tilde{\Gamma}_q(s+k+a+1)\tilde{\Gamma}_q(2s+k-n+1)}{\tilde{\Gamma}_q(k+1)\tilde{\Gamma}_q(n-k+1)\tilde{\Gamma}_q(2s+k+2)\tilde{\Gamma}_q(s-n+k-a+1)} \times$$

$$\frac{\tilde{\Gamma}_q(s+k-a+\beta+1)\tilde{\Gamma}_q(s+k+\alpha+b+1)\tilde{\Gamma}_q(b+\alpha-s+n-k)}{\tilde{\Gamma}_q(s-a+k+b+1)\tilde{\Gamma}_q(s-n+k+a-\beta+1)\tilde{\Gamma}_q(b-s-k)},$$

de donde se deducen los valores

$$u_n^{\alpha,\beta}(x(a),a,b)_q = \frac{(a-b+1|q)_n(\beta+1|q)_n(a+b+\alpha+1|q)_n}{[n]_q!},$$

$$u_n^{\alpha,\beta}(x(b),a,b)_q = \frac{(a-b+1|q)_n(\alpha+1|q)_n(a+b-\beta+1|q)_n(-2b|q)_n}{[n]_q!}.$$

Para calcular los coeficientes α_n, γ_n y β_n de la RRTT usamos las expresiones (2.8), (2.9) y (2.10), respectivamente.

Usando la fórmula de diferenciación (5.61) tenemos

$$\frac{\Delta u_n^{\alpha,\beta}(x(s),a,b)_q}{\Delta x(s)} = [\alpha+\beta+n+1]_q u_{n-1}^{\alpha+1,\beta+1}(x(s+\tfrac{1}{2}),a+\tfrac{1}{2},b-\tfrac{1}{2})_q.$$

Finalmente, una consecuencia inmediata de la representación hipergeométrica es la propiedad de simetría

$$u_n^{\alpha,\beta}(x(s),a,b)_q = u_n^{-b-a+\beta,b+a+\alpha}(x(s),a,b)_q.$$

Los q-polinomios de Racah $\widetilde{u}_n^{\alpha,\beta}(x(s),a,b)_q$

Existe otra posibilidad de definir los q-polinomios de Racah [168]. Para ello es preciso realizar el cambio $\alpha \to -2b-\alpha$, $\beta \to 2a-\beta$ en los polinomios $u_n^{\alpha,\beta}(x(s),a,b)_q$. Ello nos conduce a una nueva familia de polinomios: los q-polinomios de Racah $\widetilde{u}_n^{\alpha,\beta}(x(s),a,b)_q$. Estos q-polinomios $u_n^{\alpha,\beta}(x(s),a,b)_q$ son ortogonales respecto a la siguiente función peso

$$\rho(s) = \frac{\tilde{\Gamma}_q(s+a+1)\tilde{\Gamma}_q(s+a-\beta+1)}{\tilde{\Gamma}_q(s+\alpha+b+1)\tilde{\Gamma}_q(b+\alpha-s)\tilde{\Gamma}_q(s-a+1)\tilde{\Gamma}_q(s+b+1)\tilde{\Gamma}_q(s-a+\beta+1)\tilde{\Gamma}_q(b-s)}.$$

Todas las características de estos polinomios se obtienen a partir de las correspondientes características de los $u_n^{\alpha,\beta}(x(s),a,b)_q$ cambiando $\alpha \to -2b-\alpha$, $\beta \to 2a-\beta$ y utilizando las propiedades de las $\tilde{\Gamma}_q(s)$, $\Gamma_q(s)$ y los símbolos $(a|q)_n$, $(a;q)_n$.

5.12.3. Los q-polinomios duales de Hahn $W_n^{(c)}(x(s),a,b)_q$

Como hemos visto, a partir de la fórmula general (5.82) se pueden obtener distintas familias de q-polinomios mediante distintos procesos límites (ver el apartado **5.11**). Como ejemplo consideraremos el caso de los q-polinomios duales de Hahn que corresponden al límite $q^{s_4} \to 0$, y $s_1 = a$, $s_2 = -b$ y $s_3 = c$, $C = q\varkappa_q^{-3}$. Por tanto, las fórmulas (5.123) y (5.122) nos dan las siguientes expresiones para la representación hipergeométrica de los polinomios

$$W_n^{(c)}(x(s),a,b)_q = \frac{(-1)^n(q^{a-b+1};q)_n(q^{a+c+1};q)_n}{q^{\frac{n}{2}(3a-b+c+1+n)}\varkappa_q^n(q;q)_n}\, {}_3\varphi_2\left(\begin{matrix} q^{-n}, q^{a-s}, q^{a+s+1} \\ q^{a-b+1}, q^{a+c+1} \end{matrix}\,\middle|\, q, q\right), \tag{5.147}$$

Tabla 5.1: Principales características de los q-polinomios de Racah $u_n^{\alpha,\beta}(x(s),a,b)_q$

$P_n(s)$	$u_n^{\alpha,\beta}(x(s),a,b)_q\,, \quad x(s)=[s]_q[s+1]_q$
(a,b)	$[a,b-1]$
$\rho(s)$	$\dfrac{\tilde{\Gamma}_q(s+a+1)\tilde{\Gamma}_q(s-a+\beta+1)\tilde{\Gamma}_q(s+\alpha+b+1)\tilde{\Gamma}_q(b+\alpha-s)}{\tilde{\Gamma}_q(s-a+1)\tilde{\Gamma}_q(s+b+1)\tilde{\Gamma}_q(s+a-\beta+1)\tilde{\Gamma}_q(b-s)}$ $-\frac{1}{2}<a\leq b-1, \alpha>-1, -1<\beta<2a+1$
$\sigma(s)$	$[s-a]_q[s+b]_q[s+a-\beta]_q[b+\alpha-s]_q$
$\tau(s)$	$[\alpha+1]_q[a]_q[a-\beta]_q+[\beta+1]_q[b]_q[b+\alpha]_q-[\alpha+1]_q[\beta+1]_q-[\alpha+\beta+2]_q x(s)$
λ_n	$[n]_q[\alpha+\beta+n+1]_q$
B_n	$\dfrac{(-1)^n}{[n]_q!}$
d_n^2	$\dfrac{\tilde{\Gamma}_q(\alpha+n+1)\tilde{\Gamma}_q(\beta+n+1)\tilde{\Gamma}_q(b-a+\alpha+\beta+n+1)\tilde{\Gamma}_q(a+b+\alpha+n+1)}{[\alpha+\beta+2n+1]_q\tilde{\Gamma}_q(n+1)\tilde{\Gamma}_q(\alpha+\beta+n+1)\tilde{\Gamma}_q(b-a-n)\tilde{\Gamma}_q(a+b-\beta-n)}$
$\rho_n(s)$	$\dfrac{\tilde{\Gamma}_q(s+n+a+1)\tilde{\Gamma}_q(s+n-a+\beta+1)\tilde{\Gamma}_q(s+n+\alpha+b+1)\tilde{\Gamma}_q(b+\alpha-s)}{\tilde{\Gamma}_q(s-a+1)\tilde{\Gamma}_q(s+b+1)\tilde{\Gamma}_q(s+a-\beta+1)\tilde{\Gamma}_q(b-s-n)}$
a_n	$\dfrac{[\alpha+\beta+2n]_q!}{[n]_q![\alpha+\beta+n]_q!}$
α_n	$\dfrac{[n+1]_q[\alpha+\beta+n+1]_q}{[\alpha+\beta+2n+1]_q[\alpha+\beta+2n+2]_q}$
β_n	$[a]_q[a+1]_q-\dfrac{[\alpha+\beta+n+1]_q[a-b+n+1]_q[\beta+n+1]_q[a+b+\alpha+n+1]_q}{[\alpha+\beta+2n+1]_q[\alpha+\beta+2n+2]_q}$ $-\dfrac{[\alpha+n]_q[b-a+\alpha+\beta+n]_q[a+b-\beta-n]_q[n]_q}{[\alpha+\beta+2n]_q[\alpha+\beta+2n+1]_q}$
γ_n	$\dfrac{[a+b+\alpha+n]_q[a+b-\beta-n]_q[\alpha+n]_q[\beta+n]_q[b-a+\alpha+\beta+n]_q[b-a-n]_q}{[\alpha+\beta+2n]_q[\alpha+\beta+2n+1]_q}$

y las funciones σ y λ_n

$$\sigma(s) = q\varkappa_q^{-3} q^{-s}(q^s - q^a)(q^s - q^{-b})(q^s - q^c) = q^{\frac{1}{2}(s+c+a-b+2)}[s-a]_q[s+b]_q[s-c]_q,$$

$$\lambda_n = q^{\frac{1}{2}(-n+1)}[n]_q,$$

respectivamente, y donde hemos escogido $B_n = \dfrac{(-1)^n}{[n]_q!}$ [18].

También podemos obtener para esta familia la correspondiente representación en términos de las funciones ${}_3\mathrm{F}_2$ a partir de (5.98). En efecto, es fácil comprobar que

$$\lim_{q^t\to 0} \frac{[a+t]_q}{[t]_q} = q^{-\frac{1}{2}a}, \quad \lim_{q^t\to 0} \frac{[a-t]_q}{[t]_q} = -q^{-\frac{1}{2}a}, \tag{5.148}$$

y

$$\lim_{q^t\to 0} \frac{(a+t|q)_k}{[t]_q^k} = q^{-\frac{k}{2}\left(a+\frac{k}{2}-\frac{1}{2}\right)}, \quad \lim_{q^t\to 0} \frac{(a-t|q)_k}{[t]_q^k} = (-1)^k q^{-\frac{k}{2}\left(a+\frac{k}{2}-\frac{1}{2}\right)}. \tag{5.149}$$

En nuestro caso, tenemos $s_1 = a$, $s_2 = -b$, $s_3 = c$, por tanto $A = -\dfrac{q^{\frac{1}{2}(a+c-b+2)}}{[s_4]_q}$. Tomemos ahora el límite $q^{s_4} \to 0$. Utilizando (5.148) y (5.149) obtenemos

$$\lim_{q^{s_4}\bar{t}0} A^n(a+s_4+1|q)_k = q^{\frac{1}{2}n(c-b+1-\frac{1}{2}(n-1))},$$

$$\lim_{q^{s_4}\to 0} \frac{(n+1+a-b+c+s_4|q)_k}{(a+s_4+1|q)_k} = q^{-\frac{k}{2}(b-c-n)}.$$

Luego,

$$W_n^{(c)}(x(s),a,b)_q = \frac{(a-b+1|q)_n(a+c+1|q)_n}{q^{\frac{n}{2}(b-c-1+\frac{1}{2}(n-1))}[n]_q!}\, {}_3\mathrm{F}_2\left(\begin{array}{c} -n, a-s, a+s+1 \\ a-b+1, a+c+1 \end{array}\middle| q, q^{\frac{1}{2}(b-c-n)}\right),$$

donde, como antes, $B_n = \dfrac{(-1)^n}{[n]_q!}$. Obviamente la fórmula anterior también se deduce de la representación (5.147) usando la relación (5.97).

Los polinomios $W_n^{(c)}(x(s),a,b)_q$ satisfacen una propiedad de ortogonalidad discreta

$$\sum_{s=a}^{b-1} W_n^{(c)}(x(s),a,b)_q W_m^{(c)}(x(s),a,b)_q \rho(s)[2s+1]_q = 0, \qquad n \neq m,$$

donde

$$\rho(s) = \frac{q^{-\frac{1}{2}s(s+1)}\tilde{\Gamma}_q[s+a+1]\tilde{\Gamma}_q[s+c+1]}{\tilde{\Gamma}_q[s-a+1]\tilde{\Gamma}_q[s-c+1]\tilde{\Gamma}_q[s+b+1]\tilde{\Gamma}_q[b-s]}, \quad -\tfrac{1}{2} \leq a \leq\!< b-1, \quad |c| < a+1,$$

lo que es fácil de comprobar usando las condiciones de contorno (5.45). Usandlo lo anterior deducimos en valor de $\rho_n(s)$

$$\rho_n(s) = \frac{q^{-s(s+1+n)-\frac{n^2}{2}+n(a+c-b+\frac{3}{2})}\tilde{\Gamma}_q(s+a+n+1)\tilde{\Gamma}_q(s+c+n+1)}{\tilde{\Gamma}_q(s-a+1)\tilde{\Gamma}_q(s-c+1)\tilde{\Gamma}_q(s+b+1)\tilde{\Gamma}_q(b-s-n)}. \tag{5.150}$$

Para calcular la norma usamos la fórmula (5.52) que, en este caso, se transforma en

$$d_n^2 = \frac{q^{-\frac{3}{2}n^2+\frac{3}{2}n}}{[n]_q!} S_n, \tag{5.151}$$

donde, por S_n, denotaremos la suma

$$S_n = \sum_{s_i=a}^{b-n-1} \rho_n(s_i)\Delta x_n(s_i - \tfrac{1}{2}). \tag{5.152}$$

Para calcular S_n usaremos la identidad ($N = b - a - 1 \in \mathbb{N}$)

$$S_n = \frac{S_n}{S_{n+1}} \frac{S_{n+1}}{S_{n+2}} \cdots \frac{S_{N-2}}{S_{N-1}} S_{N-1}. \tag{5.153}$$

De (5.150) y (5.152) tenemos

$$S_{N-1} = \frac{\tilde{\Gamma}_q(a+c+N)}{\tilde{\Gamma}_q(a-c+1)} q^{-a^2-aN-\frac{(N-1)^2}{2}+(N-1)(a+c-b+\frac{3}{2})}.$$

Para encontrar el valor del cociente S_n/S_{n+1} usaremos el algoritmo propuesto en [185, págs. 105-106] que nos da $S_n/S_{n+1} = 1/\sigma(x^*_{n-1})$, siendo x^*_{n-1} la solución de la ecuación $\tau_{n-1}(x^*_{n-1}) = 0$, donde, usando (5.7) o (5.22) obtenemos

$$\begin{aligned}\tau_k(s) = {} & -q^{2k}[s+\tfrac{k}{2}]_q[s+\tfrac{k}{2}+1]_q + q^{c-b+k+1}[c+\tfrac{k}{2}]_q[b-\tfrac{k}{2}]_q + \\ & + q^{a+c-b+1-\frac{k}{2}}[a+\tfrac{k}{2}+1]_q[b-c-k-1]_q.\end{aligned} \tag{5.154}$$

Unos cálculos directos nos dan

$$\sigma(x^*_{n-1}) = q^{-2a+2c-2b+n+2}[a+c+n]_q[b-a-n]_q[b-c-n]_q.$$

Usando las expresiones (5.151), (5.152) y (5.153), finalmente obtenemos el valor

$$d_n^2 = q^{\frac{1}{2}(ac-ab-bc+a+c-b+1+2n(a+c-b)-n^2+5n)} \frac{\tilde{\Gamma}_q[a+c+n+1]_q}{[n]_q\tilde{\Gamma}_q[b-c-n]_q\tilde{\Gamma}_q[b-a-n]_q}.$$

Los coeficientes de la RRTT se obtienen de la misma forma que en los dos casos anteriores.

En este caso tenemos la fórmula explícita

$$\begin{aligned}W_n^{(c)}(x(s),a,b)_q = {} & \frac{\tilde{\Gamma}_q[s-a+1]\tilde{\Gamma}_q[s+b+1]\tilde{\Gamma}_q[s-c+1]\tilde{\Gamma}_q[b-s]}{q^{\frac{1}{2}(\frac{n^2}{2}-sn-n(a+c-b+\frac{5}{2}))}\tilde{\Gamma}_q[s+a+1]\tilde{\Gamma}_q[s+c+1]} \times \\ & \sum_{m=0}^{n} \frac{(-1)^m[2s-n+2m+1]_q q^{\frac{1}{2}(-m^2-2sm+nm-m)}[2s+m-n]_q!}{[m]_q![n-m]_q![2s+m+1]_q!\tilde{\Gamma}_q[s-a-n+m+1]} \times \\ & \frac{\tilde{\Gamma}_q[s+a+m+1]\tilde{\Gamma}_q[s+c+m+1]}{\tilde{\Gamma}_q[s+b-n+m+1]\tilde{\Gamma}_q[s-c-n+m+1]\tilde{\Gamma}_q[b-s-m]},\end{aligned}$$

Tabla 5.2: Principales características de los q-polinomios duales de Hahn $W_n^c(x(s),a,b)_q$

$P_n(s)$	$W_n^c(x(s),a,b)_q\,,\quad x(s)=[s]_q[s+1]_q$
(a,b)	$[a,b-1]$
$\rho(s)$	$\dfrac{q^{-\frac{1}{2}s(s+1)}\tilde{\Gamma}_q[s+a+1]\tilde{\Gamma}_q[s+c+1]}{\tilde{\Gamma}_q[s-a+1]\tilde{\Gamma}_q[s-c+1]\tilde{\Gamma}_q[s+b+1]\tilde{\Gamma}_q[b-s]}$ $-\frac{1}{2}\leq a<b-1,\quad \lvert c\rvert<a+1$
$\sigma(s)$	$q^{\frac{1}{2}(s+c+a-b+2)}[s-a]_q[s+b]_q[s-c]_q$
$\tau(s)$	$-x(s)+q^{\frac{1}{2}(a-b+c+1)}[a+1]_q[b-c-1]_q+q^{\frac{1}{2}(c-b+1)}[b]_q[c]_q$
λ_n	$q^{-\frac{1}{2}(n-1)}[n]_q$
B_n	$\dfrac{(-1)^n}{[n]_q!}$
d_n^2	$q^{\frac{1}{2}(ac-ab-bc+a+c-b+1+2n(a+c-b)-n^2+5n)}\dfrac{\tilde{\Gamma}_q[a+c+n+1]_q}{[n]_q\tilde{\Gamma}_q[b-c-n]_q\tilde{\Gamma}_q[b-a-n]_q}$
$\rho_n(s)$	$\dfrac{q^{-\frac{1}{2}s(s+1+n)-\frac{n^2}{4}+\frac{n}{2}(a+c-b+\frac{3}{2})}\tilde{\Gamma}_q[s+a+n+1]\tilde{\Gamma}_q[s+c+n+1]}{\tilde{\Gamma}_q[s-a+1]\tilde{\Gamma}_q[s-c+1]\tilde{\Gamma}_q[s+b+1]\tilde{\Gamma}_q[b-s-n]}$
a_n	$\dfrac{q^{-\frac{3}{4}n(n-1)}}{[n]_q!}$
α_n	$q^{\frac{3}{2}n}[n+1]_q$
β_n	$q^{\frac{1}{2}(2n-b+c+1)}[b-a-n+1]_q[a+c+n+1]_q+$ $+q^{\frac{1}{2}(2n+2a+c-b+1)}[n]_q[b-c-n]_q+[a]_q[a+1]_q$
γ_n	$q^{\frac{1}{2}(n+3+2(c+a-b))}[n+a+c]_q[b-a-n]_q[b-c-n]_q$

de donde se deducen fácilmente los valores

$$W_n^{(c)}(x(a),a,b)_q = \frac{(-1)^n q^{-\frac{n^2}{4}+\frac{1}{2}n(c-b+\frac{3}{2})}\tilde{\Gamma}_q[b-a]\tilde{\Gamma}_q[a+c+n+1]}{[n]_q!\tilde{\Gamma}_q[a+c+1]\tilde{\Gamma}_q[b-a-n]},$$

$$W_n^{(c)}(x(b-1),a,b)_q = \frac{q^{-\frac{n^2}{4}+\frac{1}{2}n(c+a+\frac{3}{2})}\tilde{\Gamma}_q[b-a]\tilde{\Gamma}_q[b-c]}{[n]_q!\tilde{\Gamma}_q[b-c-n]\tilde{\Gamma}_q[b-a-n]}.$$

Finalmente, tenemos las fórmulas de diferenciación

$$W_n^{(c)}(x(s+\tfrac{1}{2}),a,b)_q - W_n^{(c)}(x(s-\tfrac{1}{2}),a,b)_q = q^{-\frac{3}{2}n+\frac{3}{2}}[2s+1]_q W_{n-1}^{(c+\frac{1}{2})}(x(s),a+\tfrac{1}{2},b-\tfrac{1}{2})_q,$$

$$q^{\frac{1}{2}(2n-a-c+b+s)}[n+1]_q[2s]_q W_{n+1}^{(c-\frac{1}{2})}(x(s-\tfrac{1}{2}),a-\tfrac{1}{2},b+\tfrac{1}{2})_q$$

$$= q^s[s-a]_q[s-c]_q[s+b]_q W_n^{(c)}(x(s-1),a,b)_q - [s+a]_q[s+c]_q[b-s]_q W_n^{(c)}(x(s),a,b)_q.$$

5.12.4. Los q-polinomios de Askey-Wilson $p_n(x(s),a,b,c,d)$

Finalmente veamos los q-polinomios *de Askey-Wilson* [42]. Para dichos polinomios $x(s) = \frac{1}{2}(q^s+q^{-s})$, $q^s = e^{i\theta}$, $\mu = 0$, $a = q^{s_1}$, $b = q^{s_2}$, $c = q^{s_3}$ y $d = q^{s_4}$. Escojamos las constantes A y B_n en (5.98), (5.82) de la forma $A = -(q^{\frac{1}{2}}-q^{-\frac{1}{2}})^6(abcdq)^{\frac{1}{2}}$, $B_n = 2^{-n}(q^{\frac{1}{2}}-q^{-\frac{1}{2}})^{-n}q^{\frac{n(3n-5)}{4}}$. Entonces (5.82) nos da

$$p_n(x(s),a,b,c,d) = \frac{(ab;q)_n(ac;q)_n(ad;q)_n}{a^n}\,{}_4\varphi_3\left(\begin{matrix} q^{-n}, q^{n-1}abcd, a\,e^{-i\theta}, a\,e^{i\theta} \\ ab, ac, ad \end{matrix}\,\middle|\, q,q\right), \tag{5.155}$$

y que coinciden con los q-ánalogos de los polinomios introducidos por Askey y Wilson (ver [42, 138, 190]). Utilizando (5.84) obtenemos $\lambda_n = 4q^{-n+1}(1-q^n)(1-abcdq^{n-1})$. En este caso (5.98) se transforma en

$$\begin{aligned} p_n(x(s),a,b,c,d) &= (-1)^n(abcd)^{\frac{n}{2}}\varkappa_q^{3n}q^{\frac{3n(n-1)}{4}}(\log_q ab|q)_n(\log_q ac|q)_n\times \\ &(\log_q ad|q)_n\,{}_4\mathrm{F}_3\left(\begin{matrix} -n, n-1+\log_q(abcd), \log_q a - s, \log_q a + s \\ \log_q ab, \log_q ac, \log_q ad \end{matrix}\,\middle|\, q,1\right). \end{aligned} \tag{5.156}$$

Estos polinomios satisfacen una propiedad de ortogonalidad *continua* de la forma

$$\int_{-1}^{1} p_n(x,a,b,c,d)p_m(x,a,b,c,d)\rho(x)dx = 0, \qquad m \neq n, \tag{5.157}$$

donde

$$\rho(x) = \frac{1}{\sqrt{1-x^2}}\,\frac{\displaystyle\prod_{k=0}^{\infty}[1+2(1-2x^2)q^k+q^{2k}]}{\displaystyle\prod_{\alpha=a,b,c,d}\prod_{k=0}^{\infty}[1-2\alpha q^k+\alpha^2q^{2k}]}.$$

Para comprobarlo calculamos

$$\frac{\rho(z+1)}{\rho(z)} = \left(\frac{q^z-q^{-z}}{q^{z+1}-q^{-(z+1)}}\right)\times$$

$$\frac{(q^{z+1},q^{-(z+1)},-q^{z+1},-q^{-(z+1)},q^{z+1+\frac12},q^{-(z+1)+\frac12},-q^{z+1+\frac12},-q^{-(z+1)+\frac12};q)_\infty}{(aq^{z+1},aq^{-(z+1)},bq^{z+1},bq^{-(z+1)},cq^{z+1},cq^{-(z+1)},dq^{z+1},dq^{-(z+1)};q)_\infty}\times$$

$$\frac{(aq^z,aq^{-z},bq^z,bq^{-z},cq^z,cq^{-z},dq^z,dq^{-z};q)_\infty}{(q^z,q^{-z},-q^z,-q^{-z},q^{z+\frac12},q^{-z+\frac12},-q^{z+\frac12},-q^{-z+\frac12};q)_\infty}$$

$$= \left(\frac{q^z-q^{-z}}{q^{z+1}-q^{-(z+1)}}\right)\frac{(1-q^{-z-1})(1+q^{-z-1})(1-q^{-z-1+\frac12})(1+q^{-z-1+\frac12})}{(1-q^z)(1+q^z)(1-q^{z+\frac12})(1+q^{z+\frac12})}\times$$

$$\frac{(1-aq^z)(1-bq^z)(1-cq^z)(1-dq^z)}{(1-aq^{-z-1})(1-bq^{-z-1})(1-cq^{-z-1})(1-dq^{-z-1})}$$

$$= \left(\frac{q^z-q^{-z}}{q^{z+1}-q^{-(z+1)}}\right)\frac{(1-q^{-z-1})(1+q^{-z-1})(1-q^{-z-1+\frac12})(1+q^{-z-1+\frac12})}{(1-q^z)(1+q^z)(1-q^{z+\frac12})(1+q^{z+\frac12})}\times$$

$$\frac{q^{4z}(q^{-z}-a)(q^{-z}-b)(q^{-z}-c)(q^{-z}-d)}{q^{-4z-4}(q^{z+1}-a)(q^{z+1}-b)(q^{z+1}-c)(q^{z+1}-d)} = \frac{\sigma(-z)}{\sigma(z+1)},$$

donde hemos usado las identidades

$$\frac{(q^z;q)_\infty}{(q^{z+1};q)_\infty} = (q^z;q)_1 = (1-q^z), \qquad \frac{(q^{-z};q)_\infty}{(q^{-z-1};q)_\infty} = (q^{-z};q)_{-1} = (1-q^{-z-1})^{-1},$$

$$\frac{(aq^z;q)_\infty}{(aq^{z+1};q)_\infty} = (aq^z;q)_1 = (1-aq^z), \qquad \frac{(aq^{-z};q)_\infty}{(aq^{-z-1};q)_\infty} = (aq^{-z};q)_{-1} = (1-aq^{-z-1})^{-1},$$

$$\frac{1}{2\pi\sqrt{1-x^2}} = \frac{i}{\pi(q^z-q^{-z})}, \qquad x=\cos\theta = \frac12(q^z+q^{-z}).$$

Para demostrar (5.157) basta con encontrar la curva cerrada Γ tal que se cumpla (5.49). Dicha curva cerrada está descrita explícitamente en [49]. Procederemos del siguiente modo; encontraremos una curva R cerrada tal que la integral (5.49), cuando z recorre R, se anula, para lo cual basta que los polos del integrando estén fuera de R, y uno de los lados de R sea Γ.

Comenzaremos escribiendo la función peso de la siguiente forma

$$\rho(z)\equiv\omega(x) = \frac{1}{2\pi\sqrt{1-x^2}}\frac{h(x,1)h(x,-1)h(x,q^{\frac12})h(x,-q^{\frac12})}{h(x,a)h(x,b)h(x,c)h(x,d)}, \qquad x=\cos\theta,$$

donde

$$h(x,\alpha) = \prod_{k=0}^{\infty}[1-2\alpha x q^k+\alpha^2q^{2k}] = (\alpha e^{i\theta})_\infty(\alpha e^{-i\theta})_\infty. \tag{5.158}$$

Nótese que ρ es una función periódica de período $2\pi i/\log(q)$, por tanto bastará calcular los polos de $h(x,\alpha)$ para $k=0$ siendo $\alpha=a,b,c,d$. Así,

$$1-2\alpha x+\alpha^2=0 \quad\Longleftrightarrow\quad x=\frac12\left(\alpha+\frac1\alpha\right)$$

pero como $x = \cos\theta = \frac{1}{2}(q^z + q^{-z})$, se tiene que $z = \log(\alpha)/\log(q)$. Además, ρ es una función impar, $\rho(-z) = -\rho(z)$ y los posibles polos de ρ son los ceros de las expresiones del tipo $(\nu q^z; q)_\infty = 0$ y $(\nu q^{-z}; q)_\infty = 0$, por tanto $z = \pm\big(k + \log(\nu)/\log(q)\big)$. Así, si z_1, z_2 son ceros de $(\nu q^z; q)_\infty = 0$, o $(\nu q^{-z}; q)_\infty = 0$, tenemos $|z_1 - z_2| \geq 1$. Por otro lado si z_1 es un cero de la primera y z_2 de la segunda (el caso contrario es análogo) entonces $z_1 = -m - \log(\nu_1)/\log(q)$ y $z_2 = n + \log(\nu_2)/\log(q)$, y

$$|z_1 - z_2| = \left| n + \frac{\log(\nu_2)}{\log(q)} + m + \frac{\log(\nu_1)}{\log(q)} \right| \geq n + m \geq 1.$$

Lo anterior nos indica que podemos escoger como curva cerrada R un rectángulo cuya arista horizontal sea de longitud igual a 1.

Sea $\theta \in [-\pi, \pi]$ y sea[12] $z_c = i\theta/\log(q)$ el conjunto de los puntos del plano que definirá el lado derecho del rectángulo R. Como $q > 0$ entonces la curva cerrada R que usaremos es la representada en la figura 5.4.

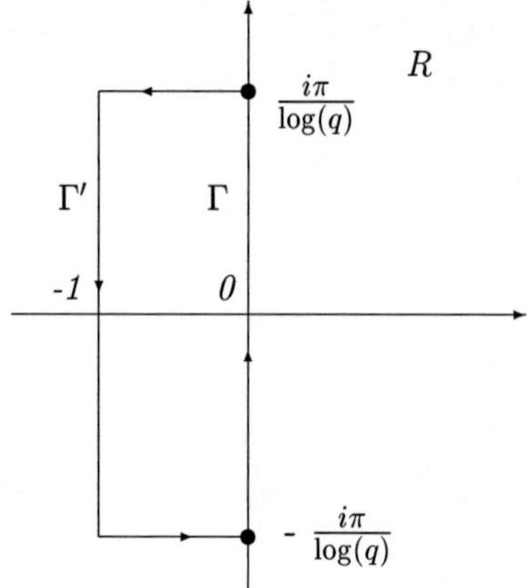

Figura 5.4: Recintos de integración R y Γ

Si imponemos $0 < q < 1$ entonces $\log q < 0$. Por tanto si $\theta_1 < \theta_2$ con $\theta_i \in [-\pi, \pi]$ se cumple que $\theta_1/\log(q) > \theta_2/\log(q)$, así que los polos son $z_\nu = \log(\nu)/\log(q)$, $\nu = a, b, c, d$ y tenemos que si $\Im z_\nu = \Im z_c$ entonces $\Re z_c < \Re z_\nu$, y, por tanto, los polos están fuera del rectángulo R. En efecto, si $0 < q < 1$, puesto que $0 < |\nu|, |q| < 1$, se verifica

$$\Re(z_\nu) = \Re\left(\frac{\log(\nu)}{\log(q)}\right) = \Re\left(\frac{\log|\nu| + i\theta_\nu}{\log|q|}\right) = \frac{\log|\nu|}{\log|q|} > 0$$

En consecuencia todos los polos z_ν, $\nu = a, b, c, d$ están fuera de R.

[12]En adelante asumiremos que $q > 0$.

Comprobemos ahora que se tiene la condición de contorno (5.49)

$$\int_\Gamma \Delta[\rho(z)\sigma(z)x^k(z-\tfrac{1}{2})]dz = 0 \qquad k=0,1,2,\ldots \tag{5.159}$$

donde $\Gamma = \{it:\ t\in[\pi/\log(q), -\pi/\log(q)]\}$, o, equivalentemente,

$$\int_\Gamma \rho(z)\sigma(z)x^k(z-\tfrac{1}{2})dz = \int_{\Gamma'} \rho(z+1)\sigma(z+1)x^k(z+\tfrac{1}{2})dz$$

con $\Gamma' = \{-1+it : t\in[\pi/\log(q), -\pi/\log(q)]\}$. Tomando el rectángulo R, $q\in(0,1)$, definido en la figura 5.4 todas las singularidades (polos) de la función integrando $\rho(z)\sigma(z)x^k(z-\frac{1}{2})$ están fuera de R. Del teorema de Cauchy se sigue que

$$\int_R \Delta[\rho(z)\sigma(z)x^k(z-\tfrac{1}{2})]dz = 0 \qquad \forall k=0,1,2,\ldots, \tag{5.160}$$

o, equivalentemente,

$$\int_{-1+\zeta_q}^{-1-\zeta_q} F(z)dz + \int_{-1-\zeta_q}^{-\zeta_q} F(z)dz + \int_{-\zeta_q}^{\zeta_q} F(z)dz + \int_{\zeta_q}^{-1+\zeta_q} F(z)dz = 0,$$

donde $F(z) = \rho(z)\sigma(z)x^k(z-\frac{1}{2})$ y $\zeta_q = i\pi/\log(q)$. Pero, $\Delta x(z-\frac{1}{2}) = -\Delta x(-z-\frac{1}{2})$, $\rho(z) = -\rho(-z)$ y si $z\in\mathbb{R}$, $q^z = e^{i\theta}$ es real y, por tanto, $x(z) = \frac{1}{2}(q^z+q^{-z}) = \cos(\theta) = x$ y la función $F(z) = \rho(z)\sigma(z)x^k(z-\frac{1}{2})$ es periódica de período $2\pi i/\log(q)$ y $F(-z) = -F(z)$, luego

$$\begin{aligned}\int_{-1-\zeta_q}^{-\zeta_q} F(z)dz + \int_{\zeta_q}^{-1+\zeta_q} F(z)dz &= \int_{-1-\zeta_q+2\zeta_q}^{-\zeta_q+2\zeta_q} F(z)dz + \int_{\zeta_q}^{-1+\zeta_q} F(z)dz \\ &= \int_{-1+\zeta_q}^{\zeta_q} F(z)dz + \int_{\zeta_q}^{-1+\zeta_q} F(z)dz = 0.\end{aligned}$$

Así que tiene lugar (5.159) y en consecuencia

$$\int_\Gamma P_n[x(z)]P_m[x(z)]\rho(z)\Delta x(z-\tfrac{1}{2})dz = 0 \qquad (m\neq n). \tag{5.161}$$

Ahora bien, teniendo en cuenta la expresión de $x(z)$ y el segmento Γ escogido, la fórmula anterior se transforma en

$$\int_{-\pi}^{\pi} P_n[x(z)]P_m[x(z)]\rho(z)\Delta x(z-\tfrac{1}{2})dz = 0,$$

donde $x(z) = \cos(\theta)$, $\theta\in[-\pi,\pi]$. Pero

$$\Delta x(z-\tfrac{1}{2}) = i\big(q^{\frac{1}{2}} - q^{-\frac{1}{2}}\big)\operatorname{sen}\theta, \qquad dx = d(\cos\theta) = -\operatorname{sen}\theta,$$

por tanto

$$\int_{-1}^{1} P_n(x)P_m(x)\rho(x)dx = 0$$

y se tiene la ortogonalidad de los polinomios de Askey-Wilson. Cuando $n = m$ obtenemos

$$\int_{-1}^{1} P_n(x)P_n(x)\rho(x)dx = \frac{(abcdq^{n-1};q)_n(abcdq^{2n})_\infty}{(q^{n+1}, abq^n, acq^n, adq^n, bcq^n, bdq^n, cdq^n; q)_\infty} = d_n^2.$$

El cálculo de la norma de estos polinomios es algo más complicada y la omitiremos, el lector interesado puede consultar el trabajo original [42] o [105]. Más detalles sobre estos polinomios se pueden encontrar en [42, 49, 105, 138].

Capítulo 6

Los q-polinomios en la red $x(s) = c_1 q^s + c_3$

Continua, ...y la confianza volverá rápidamente.

J.R.L Laplace

En *"The Mathematical Experience" de P.J. Davis y R. Hersh*

AQUI Como ya vimos en el apartado **5.10** los q-polinomios en la red $x(s) = c_1 q^s + c_3$ son "clásicos" lo cual es consecuencia de la linealidad de la red,

$$x(s+z) = A(z)x(s) + B(z), \quad \text{con} \quad A(z) = q^z, \quad B(z) = c_3(1-q^z), \tag{6.1}$$

por ello le vamos a dedicar una atención especial. Así, en este capítulo vamos a considerar en detalle los $q-$polinomios de la denominada clase de Hahn [119, 142, 175] o polinomios q-clásicos. Obviamente todas las propiedades vistas hasta el momento son ciertas para este caso, no obstante la linealidad de la red nos permite profundizar mucho más en el estudio de éstas tal y como veremos a continuación.

6.1. Propiedades de los polinomios q-clásicos

Comenzaremos escribiendo algunas de las fórmulas válidas en general y particularizadas para el caso de la red exponencial. La primera es la ecuación en diferencias (5.3), que en la red exponencial, gracias a la identidad $\Delta x(s-\frac{1}{2}) = q^{-\frac{1}{2}}\Delta x(s)$, se puede escribir de la forma

$$q^{\frac{1}{2}}\sigma(s)\frac{\Delta}{\Delta x(s)}\frac{\nabla y(s)}{\nabla x(s)} + \tau(s)\frac{\Delta y(s)}{\Delta x(s)} + \lambda y(s) = 0. \tag{6.2}$$

Antes de continuar, notemos que para la red exponencial, a diferencia de la red general, σ si constituye un polinomio de grado a lo sumo dos en $x(s)$ lo cual es consecuencia de la linealidad. Más aún, σ es un polinomio de grado, a lo sumo, 2 en q^s; por lo tanto, σ y $\sigma(s)+\tau(s)\Delta x(s-\frac{1}{2})$ son polinomios de grado, a lo sumo, 2 en q^s. Como $\Delta x(s-\frac{1}{2}) = c_1\varkappa_q q^s$, los términos independientes de σ y $\sigma(s)+\tau(s)\Delta x(s-\frac{1}{2})$ coinciden[1]. Por tanto, se pueden escribir de la siguiente forma

$$\begin{aligned}\sigma(s) &= \bar{A}(q^{s-s_1}-1)(q^{s-s_2}-1),\\ \phi(s) = \sigma(s)+\tau(s)\Delta x(s-\tfrac{1}{2}) &= \bar{A}(q^{s-\bar{s}_1}-1)(q^{s-\bar{s}_2}-1).\end{aligned} \tag{6.3}$$

Estos son los valores más generales posibles para las funciones $\sigma(s)$ y $\sigma(s)+\tau(s)\Delta x(s-\frac{1}{2})$ que determinan nuestra ecuación en diferencias (5.77) y, por tanto, en ellas está contenida toda la información sobre las correspondientes familias.

En la red exponencial la fórmula de Rodrigues (3.13) se puede escribir como

$$P_n(s)_q = \frac{q^{-\frac{n(n+1)}{4}}B_n}{\rho(s)}\left[\frac{\nabla}{\nabla x(s)}\right]^n[\rho_n(s)], \quad \left[\frac{\nabla}{\nabla x(s)}\right]^n = \overbrace{\frac{\nabla}{\nabla x(s)}\cdots\frac{\nabla}{\nabla x(s)}}^{n \text{ veces}}, \tag{6.4}$$

lo cual es una simple consecuencia de la linealidad del operador $\nabla^{(n)}$ y de la identidad $\nabla x_k(s) = q^{\frac{k}{2}}\nabla x(s)$.

Fórmula explícita

Para obtener la expresión explícita utilizamos (5.73) que reescribiremos de la siguiente manera

$$P_n(s)_q = \frac{B_n q^{-ns+\frac{n}{4}(n+1)}}{c_1^n(q-1)^n}\sum_{m=0}^{n}\frac{(-1)^{m+n}[n]_q!q^{-\frac{m}{2}(n-1)}}{[m]_q![n-m]_q!}\frac{\rho_n(s-n+m)}{\rho(s)}, \tag{6.5}$$

o, usando la ecuación de tipo Pearson (5.78) en la forma

$$\begin{aligned}P_n(s)_q = \frac{B_n q^{-ns+\frac{n}{4}(n+1)}}{c_1^n(q-1)^n}\sum_{m=0}^{n}\frac{[n]_q!q^{-\frac{m}{2}(n-1)}(-1)^{m+n}}{[m]_q![n-m]_q!}\times\\ \prod_{l=0}^{n-m-1}[\sigma(s-l)]\prod_{l=0}^{m-1}[\sigma(s+l)+\tau(s+l)\Delta x(s+l-\tfrac{1}{2})],\end{aligned} \tag{6.6}$$

donde, como antes, asumiremos que $\displaystyle\prod_{l=0}^{-1} f(l) \equiv 1$.

Representación mediante $q-$series hipergeométricas

Aunque sustituyendo estas expresiones en la fórmula (6.6) y haciendo una serie de cálculos [15] sencillos se puede obtener la representación mediante $q-$series hipergeométricas en la red exponencial, vamos aquí a vamos a explotar una propiedad que ya hemos comentado en el apartado **5.11**: la relación límite[2] $\lim_{q^{-\mu}\to 0} c_1(q^s+q^{-s-\mu})+c_3 = c_1q^s+c_3$. Es decir, vamos a obtener

[1]Nótese que esto no es cierto en el caso de la red lineal $x(s) = s$.

[2]Fue precisamente de esta manera como Nikiforov y Uvarov introdujeron los q-polinomios en la red exponencial lineal [190] (ver además [43, 185]).

la representación hipergeométrica en el caso de la red exponencial tomando el correspondiente límite en (5.82).

Comenzaremos recordando que las funciones $\sigma(s)$ y $\sigma(s) + \tau(s)\Delta x(s - \frac{1}{2})$ anteriores (6.3) se pueden obtener a partir del caso general

$$\sigma(s) = Cq^{-2s}\prod_{i=1}^{4}(q^s - q^{s_i}), \quad \sigma(s)+\tau(s)\Delta x(s-\tfrac{1}{2}) = \sigma(-s-\mu) = Cq^{2s+2\mu}\prod_{i=1}^{4}(q^{-s-\mu}-q^{s_i}),$$

tomando el límite $\mu \to \pm\infty$ de forma que $q^{-\mu} \to 0$. Dicho límite transforma la red general en la red exponencial $x(s) = c_1 q^s + c_3$. Si escogemos los parámetros $s_i = s_i(\mu)$, $i = 1, 2, 3, 4$, y $A = A(\mu)$ de la forma

$$s_1(\mu) = s_1, \quad s_2(\mu) = s_2, \quad s_3(\mu) = -\bar{s}_1 - \mu, \quad s_4(\mu) = -\bar{s}_2 - \mu,$$

y tomamos el límite $\mu \to \pm\infty$ ($q^{-\mu} \to 0$) obtenemos

$$\sigma(s) = C(q^s - q^{s_1})(q^s - q^{s_2}), \qquad \sigma(s) + \tau(s)\Delta x(s - \tfrac{1}{2}) = Cq^{s_1+s_2}(1 - q^{s-\bar{s}_1})(1 - q^{s-\bar{s}_2}).$$

Vamos a definir una nueva constante $\overline{C}$ tal que $Cq^{s_1+s_2} = \overline{C}q^{\bar{s}_1+\bar{s}_2}$, de forma que

$$\sigma(s) + \tau(s)\Delta x(s - \tfrac{1}{2}) = \overline{C}(x - q^{\bar{s}_1})(x - q^{\bar{s}_2}).$$

Es evidente que si definimos $\bar{A}$ en (6.3) como $\bar{A} = Cq^{s_1+s_2} = \overline{C}q^{\bar{s}_1+\bar{s}_2}$ obtenemos el límite buscado. Finalmente, utilizamos las relaciones límites

$$\lim_{q^{-\mu}\to 0} \frac{(q^{s_1+s+\mu}; q)_k}{(q^{s_1+s_2+\mu}; q)_k} = q^{(s-s_2+1)k}, \qquad \lim_{q^{-\mu}\to 0} q^{-n\mu}(q^{s_1+s_2+\mu}; q)_n = (-1)^n q^{n(s_1+s_2)} q^{\frac{n(n-1)}{2}},$$

la expresión (5.82) se transforma en

$$P_n(s)_q = D_n\, {}_3\varphi_2\left(\begin{matrix} q^{-n}, q^{s_1+s_2-\bar{s}_1-\bar{s}_2+n-1}, q^{s_1-s} \\ q^{s_1-\bar{s}_1}, q^{s_1-\bar{s}_2} \end{matrix}\,\middle|\, q\,,\, q^{s-s_2+1}\right), \tag{6.7}$$

$$D_n = B_n \left(\frac{C}{c_1\varkappa_q}\right)^n q^{ns_2-\frac{n(n-1)}{4}}(q^{s_1-\bar{s}_1}; q)_n(q^{s_1-\bar{s}_2}; q)_n,$$

y (5.84) nos da

$$\lambda_n = -\frac{Cq^{-n+\frac{3}{2}}}{c_1^2(1-q)^2}(1 - q^n)(1 - q^{s_1+s_2-\bar{s}_1-\bar{s}_2+n-1}). \tag{6.8}$$

En lugar de la expresión anterior se pueden obtener otras equivalentes. Por ejemplo, si antes de considerar los límites realizamos el cambio: $s_3 \to s_1$, $s_4 \to s_2$, $s_1 \to s_3$, $s_2 \to s_4$, se sigue

$$P_n(s)_q = D'_n\, {}_3\varphi_2\left(\begin{matrix} q^{-n}, q^{s_1+s_2-\bar{s}_1-\bar{s}_2+n-1}, q^{s-\bar{s}_1} \\ q^{s_1-\bar{s}_1}, q^{s_2-\bar{s}_1} \end{matrix}\,\middle|\, q\,,\, q\right). \tag{6.9}$$

Si en la fórmula anterior intercambiamos $\bar{s}_1$ y $\bar{s}_2$ obtenemos

$$P_n(s)_q = D''_n\, {}_3\varphi_2 \left(\begin{array}{c} q^{-n}, q^{s_1+s_2-\bar{s}_1-\bar{s}_2+n-1}, q^{s-\bar{s}_2} \\ q^{s_1-\bar{s}_2}, q^{s_2-\bar{s}_2} \end{array} \middle| q\,,\, q \right). \tag{6.10}$$

En las dos fórmulas anteriores D'_n y D''_n son los correspondientes factores de normalización que omitiremos ya que más adelante los escogeremos para que los polinomios sean mónicos.

Es evidente que podemos obtener expresiones análogas para la representación como $q-$funciones hipergeométricas. Así, por ejemplo, si utilizamos las relaciones

$$\lim_{q^\mu \to 0} q^{-\frac{1}{2}\mu n}(s_1+s_2+\mu|q)_n = q^{\frac{1}{2}n(s_1+s_2)}q^{\frac{1}{4}n(n-1)}, \qquad \lim_{q^\mu \to 0} \frac{(s+s_1+\mu|q)_k}{(s_1+s_2+\mu|q)_k} = q^{\frac{k}{2}(s-s_2)},$$

la expresión (5.98) se transforma, en el límite $\mu \to \pm\infty$ ($q^{-\mu} \to 0$), en

$$\begin{aligned} P_n(s)_q = {}& \left(\frac{\bar{A}\varkappa_q}{c_1}\right)^n B_n q^{-\frac{n}{2}(\bar{s}_1+\bar{s}_2-\frac{n-1}{2})}(s_1-\bar{s}_1|q)_n(s_1-\bar{s}_2|q)_n \times \\ & {}_3\mathrm{F}_2 \left(\begin{array}{c} -n, s_1+s_2-\bar{s}_1-\bar{s}_2+n-1, s_1-s \\ s_1-\bar{s}_1, s_1-\bar{s}_2 \end{array} \middle| q, q^{\frac{1}{2}(s-s_2)} \right), \end{aligned} \tag{6.11}$$

6.1.1. Las relaciones de estructura para los polinomios q-clásicos

A diferencia del caso general, los polinomios q-clásicos satisfacen relaciones de estructura análogas a las de los polinomios clásicos continuos y discretos.

Existen varias formas de probar las relaciones de estructura en la red exponencial $x(s) = c_1 q^s + c_3$. Una de ellas consiste en sustituir el desarrollo de $\tau_n(s)$

$$\tau_n(s) = \tau'_n x_n(s) + \tau_n(0) = \tau'_n q^{\frac{n}{2}} x(s) + \tau_n(0) - \tau'_n c_3(q^{\frac{n}{2}} - 1),$$

en (5.65) y usar la relación de recurrencia (5.53). Eso nos conduce directamente a la primera relación de estructura

$$\sigma(s)\frac{\nabla P_n(s)_q}{\nabla x(s)} = \widetilde{\alpha}_n P_{n+1}(s)_q + \widetilde{\beta}_n P_n(s)_q + \widetilde{\gamma}_n P_{n-1}(s)_q, \tag{6.12}$$

donde

$$\begin{aligned} \widetilde{\alpha}_n = \frac{\lambda_n}{[n]_q}\left[q^{\frac{n}{2}}\alpha_n - \frac{B_n}{\tau'_n B_{n+1}}\right], \quad \widetilde{\beta}_n = \frac{\lambda_n}{[n]_q}\left[q^{\frac{n}{2}}\beta_n + \frac{\tau_n(0)}{\tau'_n} - c_3(q^{\frac{n}{2}}-1)\right], \\ \widetilde{\gamma}_n = \frac{\lambda_n q^{\frac{n}{2}}\gamma_n}{[n]_q}. \end{aligned} \tag{6.13}$$

Otra posibilidad de probar la fórmula anterior es usar el hecho de que $\sigma(s)\nabla P_n(s)_q/\nabla x(s)$ es un polinomio de grado $n+1$ en $x(s)$, lo cual es consecuencia de la linealidad de la red (6.1). Entonces desarrollando $\nabla P_n(s)_q/\nabla x(s)$ en la base $(P_n(s)_q)_n$

$$\sigma(s)\frac{\nabla P_n(s)_q}{\nabla x(s)} = \sum_{k=0}^{n+1} c_{n,k} P_k(s)_q,$$

y usando la ortogonalidad de $P_n(s)_q$ se puede probar que $c_{n,k} = 0$ para todo $k < n-1$.

Para obtener la segunda relación de estructura vamos a trasformar (6.12) usando la identidad (5.66) y la ecuación en diferencias (3.1) o bien la ecuación equivalente (5.77) que junto la identidad $\Delta x(s-\frac{1}{2}) = \varkappa_q x(s) - c_3\varkappa_q$, y la relación de recurrencia nos da

$$[\sigma(s) + \tau(s)\Delta x(s-\tfrac{1}{2})]\frac{\Delta P_n(s)_q}{\Delta x(s)} = \widehat{\alpha}_n P_{n+1}(s)_q + \widehat{\beta}_n P_n(s)_q + \widehat{\gamma}_n P_{n-1}(s)_q, \tag{6.14}$$

siendo

$$\widehat{\alpha}_n = \widetilde{\alpha}_n - \alpha_n\lambda_n\varkappa_q, \quad \widehat{\beta}_n = \widetilde{\beta}_n - \beta_n\lambda_n\varkappa_q + c_3\lambda_n\varkappa_q, \quad \widehat{\gamma}_n = \widetilde{\gamma}_n - \gamma_n\lambda_n\varkappa_q, \tag{6.15}$$

o, equivalentemente, usando (6.13),

$$\begin{gathered}\widehat{\alpha}_n = \frac{\lambda_n}{[n]_q}\left[q^{-\frac{n}{2}}\alpha_n - \frac{B_n}{\tau_n' B_{n+1}}\right], \quad \widehat{\beta}_n = \frac{\lambda_n}{[n]_q}\left[q^{-\frac{n}{2}}\beta_n + \frac{\tau_n(0)}{\tau_n'} - c_3(q^{-\frac{n}{2}} - 1)\right], \\ \widehat{\gamma}_n = \frac{\lambda_n q^{-\frac{n}{2}}\gamma_n}{[n]_q}.\end{gathered} \tag{6.16}$$

Vamos a probar otra relación estructural. Concretamente probaremos que los $q-$polinomios en la red exponencial satisfacen la relación

$$P_n(s)_q = L_n\frac{\Delta P_{n+1}(s)_q}{\Delta x(s)} + M_n\frac{\Delta P_n(s)_q}{\Delta x(s)} + N_n\frac{\Delta P_{n-1}(s)_q}{\Delta x(s)}, \tag{6.17}$$

con L_n, M_n y N_n ciertas constantes independientes de s.

Ante todo aplicaremos el operador $\Delta/\Delta x(s)$ a la ecuación (6.12), y usaremos la ecuación en diferencias que satisfacen los $q-$polinomios (6.2)

$$\begin{aligned}&\left[q^{\frac{1}{2}}\frac{\Delta\sigma(s)}{\Delta x(s)} - \tau(s)\right]\frac{\Delta P_n(s)_q}{\Delta x(s)} - \lambda_n P_n(s)_q = \\ &\quad = q^{\frac{1}{2}}\widetilde{\alpha}_n\frac{\Delta P_{n+1}(s)_q}{\Delta x(s)} + q^{\frac{1}{2}}\widetilde{\beta}_n\frac{\Delta P_n(s)_q}{\Delta x(s)} + q^{\frac{1}{2}}\widetilde{\gamma}_n\frac{\Delta P_{n-1}(s)_q}{\Delta x(s)}.\end{aligned} \tag{6.18}$$

Usando el desarrollo de $\sigma(s)$ y $\tau(s)$

$$\sigma(s) = \frac{\sigma''}{2}x^2(s) + \sigma'(0)x(s) + \sigma(0), \quad \text{and } \tau(s) = \tau' x(s) + \tau(0), \tag{6.19}$$

así como la identidad $x(s+1) = q\,x(s) - c_3(q-1)$, deducimos que $\Delta\sigma(s)/\Delta x(s)$ es un polinomio de grado a lo sumo uno en $x(s)$, es decir

$$\left[q^{\frac{1}{2}}\frac{\Delta\sigma(s)}{\Delta x(s)} - \tau(s)\right] = Ax(s) + B,$$

con

$$A = \frac{\sigma''}{2}(1+q)q^{\frac{1}{2}} - \tau', \quad \text{y} \quad B = q^{\frac{1}{2}}\sigma'(0) - \frac{\sigma''}{2}c_3 q^{\frac{1}{2}}(q-1) - \tau(0). \tag{6.20}$$

Por tanto, (6.18) se convierte en

$$\begin{aligned} &Ax(s)\frac{\Delta P_n(s)_q}{\Delta x(s)} - \lambda_n P_n(s)_q = \\ &= q^{\frac{1}{2}}\widetilde{\alpha}_n\frac{\Delta P_{n+1}(s)_q}{\Delta x(s)} + q^{\frac{1}{2}}\widetilde{\beta}_n\frac{\Delta P_n(s)_q}{\Delta x(s)} + q^{\frac{1}{2}}\widetilde{\gamma}_n\frac{\Delta P_{n-1}(s)_q}{\Delta x(s)} - B\frac{\Delta P_n(s)_q}{\Delta x(s)}. \end{aligned} \tag{6.21}$$

Ahora usamos la RRTT (5.53) para eliminar el término $x(s)\Delta P_n(s)_q/\Delta x(s)$. En efecto, aplicando el operador $\Delta/\Delta x(s)$ a los dos miembros de (5.53) y usando nuevamente la identidad $x(s+1) = q\,x(s) - c_3(q-1)$, tenemos

$$qx(s)\frac{\Delta P_n(s)_q}{\Delta x(s)} = \alpha_n\frac{\Delta P_{n+1}(s)_q}{\Delta x(s)} + [\beta_n + c_3(q-1)]\frac{\Delta P_n(s)_q}{\Delta x(s)} + \gamma_n\frac{\Delta P_{n-1}(s)_q}{\Delta x(s)} - P_n(s)_q.$$

Si ahora multiplicamos (6.21) por q y usamos la ecuación anterior obtenemos

$$\begin{aligned} &[A + q\lambda_n]\,P_n(s)_q = \left[\alpha_n A - q^{\frac{3}{2}}\widetilde{\alpha}_n\right]\frac{\Delta P_{n+1}(s)_q}{\Delta x(s)} + \\ &+ \left[\beta_n A + c_3 A(q-1) + qB - q^{\frac{3}{2}}\widetilde{\beta}_n\right]\frac{\Delta P_n(s)_q}{\Delta x(s)} + \left[\gamma_n A - q^{\frac{3}{2}}\widetilde{\gamma}_n\right]\frac{\Delta P_{n-1}(s)_q}{\Delta x(s)}, \end{aligned} \tag{6.22}$$

que nos conduce a (6.17) cuando $A + q\lambda_n \neq 0$.[3]

Por completitud vamos a incluir un breve esbozo de una demostración alternativa de (6.17).

Definamos la sucesión $Q_n(s)_q = \Delta P_{n+1}(s)_q/\Delta x(s)$. Es evidente que los polinomios Q_n son de grado n en $x_1(s)$ luego, usando la linealidad de la red exponencial, también lo son en $x(s)$. Vamos a desarrollar $P_n(s)_q$ en la base $(Q_k)_n$

$$P_n(s)_q = \sum_{n=0}^{n} c_{n,k}Q_k(s)_q.$$

Supongamos que la ortogonalidad de P_n es discreta (el caso continuo se puede realizar de forma análoga). Entonces usando (5.51)

$$c_{n,k} = \frac{\left(\displaystyle\sum_{s=a}^{b-2} P_n(s)_q Q_k(s)_q \rho(s+1)\sigma(s+1)\Delta x_1(s-\tfrac{1}{2})\right)}{d_{1\,k}^2}.$$

[3]Desarrollando esta expresión vemos que es equivalente a la condición de regularidad.

Usando la condición de contorno (5.50) el numerador resulta ser

$$\sum_{s=a-1}^{b-2} P_n(s)_q Q_k(s)_q \rho(s+1)\sigma(s+1)\Delta x_1(s-\tfrac{1}{2}) = \sum_{s=a-1}^{b-2} P_n(s)_q \Delta[P_{k+1}(s)_q]\rho(s+1)\sigma(s+1),$$

y sumando por partes obtenemos

$$P_n(s)_q P_{k+1}(s)_q \rho(s+1)\sigma(s+1)\Big|_{a-1}^{b-1} - \sum_{s=a-1}^{b-2} P_{k+1}(s+1)_q \Delta[P_n(s)_q \rho(s+1)\sigma(s+1)]$$

$$= -\sum_{s=a-1}^{b-2} P_{k+1}(s+1)_q P_n(s+1)_q \Delta[\rho(s+1)\sigma(s+1)] - \sum_{s=a-1}^{b-2} P_{k+1}(s+1)_q \Delta[P_n(s)_q]\rho(s+1)\sigma(s+1)$$

$$= -\sum_{s=a}^{b-1} P_{k+1}(s)_q P_n(s)_q \tau(s)\rho(s)\Delta x(s-\tfrac{1}{2}) - \sum_{s=a}^{b-2} P_{k+1}(s+1)_q \frac{\Delta P_n(s)_q}{\Delta x(s)} \rho(s+1)\sigma(s+1)\Delta x(s).$$

donde hemos usado nuevamente la condición de contorno, la fórmula de diferencias de un producto así como la ecuación de Pearson (5.31). Obviamente la primera suma vale cero siempre que $k < n-2$ por la ortogonalidad de P_n. Para calcular la segunda, usamos nuevamente la linealidad de la red, que implica que $P_{k+1}(s+1)_q$ es un polinomio de grado $k+1$ en $x_1(s)$. Por tanto, la ortogonalidad de las diferencias $\Delta P_n(s)_q/\Delta x(s)$ nos indica que esta suma vale cero si $k+1 < n$. La unión de ambas desigualdades implica que

$$P_n(s)_q = c_{n,n} Q_n(s)_q + c_{n,n-1} Q_{n-1}(s)_q + c_{n,n-2} Q_{n-2}(s)_q, \tag{6.23}$$

que es equivalente a (6.17). Nótese que otra forma de calcular los coeficientes $c_{n,n}$, $c_{n,n-1}$ y $c_{n,n-2}$ de la relación de estructura anterior es igualar los coeficientes de q^s, q^{s-1} y q^{s-2}, respectivamente.

6.2. Clasificación de los polinomios q−clásicos.

6.2.1. Clasificación de las familias q−clásicas

Como hemos visto, los polinomios más generales en la red exponencial son solución de la ecuación en diferencias de tipo hipergeométrico (5.77) en la forma

$$\big(\sigma(s) + \tau(s)\Delta x(s-\tfrac{1}{2})\big)\frac{\Delta P_n(s)_q}{\Delta x(s)} - \sigma(s)\frac{\nabla P_n(s)_q}{\nabla x(s)} + \lambda_n \Delta x(s-\tfrac{1}{2}) P_n(s)_q = 0. \tag{6.24}$$

La ecuación anterior nos permite clasificar todas las soluciones de la ecuación de tipo hipergeométrico en términos de las funciones $\sigma(s) + \tau(s)\Delta x(s-\frac{1}{2})$ y $\sigma(s)$. Reescribamos (6.3) de la forma

$$\begin{aligned} &\sigma(x) \equiv \sigma(s) = C(x - q^{s_1})(x - q^{s_2}), \qquad x \equiv q^s \\ &\phi(x) \equiv \sigma(s) + \tau(s)\Delta x(s-\tfrac{1}{2}) = \overline{C}(x - q^{\bar{s}_1})(x - q^{\bar{s}_2}), \qquad C q^{s_1} q^{s_2} = \overline{C} q^{\bar{s}_1} q^{\bar{s}_2}. \end{aligned} \tag{6.25}$$

Con esta notación es fácil comprobar que $\sigma(s)$ se anula en $x = 0$ si y sólo si $\phi(x)$ se anula en $x = 0$. Por tanto es natural clasificar en una primera instancia los polinomios en la red exponencial en función de si $x = 0$ (o lo que el lo mismo $q^s = 0$) anula o no a la función σ. En el primer caso diremos que los polinomios pertenecen a una $0-$familia y en el segundo a una $\emptyset-$familia. El próximo paso consiste en clasificar ambos subgrupos en dependencia del número de ceros de los polinomios $\phi(x)$ y $\sigma(x)$. Así, por ejemplo, si $\phi(x)$ tiene dos ceros simples y $\sigma(s)$ tiene un único cero simple, diremos que los polinomios pertenecen a la familia de los $\emptyset-$Jacobi/Laguerre (por analogía con el caso de los polinomios clásicos). Asimismo, si $\phi(x)$ tiene un cero simple en 0 y σ un cero múltiple en 0, diremos que los polinomios son de la familia $0-$Laguerre/Bessel. Ello, nos indica que tenemos las siguientes posibilidades [15, 175]

Figura 6.1: Clasificación de los q-polinomios en la red $x(s) = c_1 q^s + c_3$

$$\emptyset\text{-familias}\begin{cases}\emptyset\text{-Jacobi/Jacobi}\\ \emptyset\text{-Jacobi/Laguerre}\\ \emptyset\text{-Jacobi/Hermite}\\ \\ \emptyset\text{-Laguerre/Jacobi}\\ \\ \emptyset\text{-Hermite/Jacobi}\end{cases}\qquad 0\text{-familias}\begin{cases}0\text{-Bessel/Jacobi}\\ 0\text{-Bessel/Laguerre}\\ \\ 0\text{-Jacobi/Jacobi}\\ 0\text{-Jacobi/Laguerre}\\ 0\text{-Jacobi/Bessel}\\ \\ 0\text{-Laguerre/Jacobi}\\ 0\text{-Laguerre/Bessel}\end{cases}$$

Nótese que en este esquema no aparecen las familias[4] $\emptyset-$Laguerre/Laguerre, $\emptyset-$Laguerre/Hermite $\emptyset-$Hermite/Laguerre y $\emptyset-$Hermite/Hermite debido a la mencionada relación entre ϕ y σ y tampoco los $0-$Bessel/Bessel pues en este caso la solución de la ecuación se transforma simplemente en la potencia q^{ns}.

Gracias a la linealidad de la ecuación (6.24) podemos restringirnos al caso $x(s) = c_1 q^s$. En este caso podemos reescribir la ecuación (6.2) usando la notación clásica introducida por Jackson para las $q-$derivadas,

$$\Theta f(x) = \frac{f(qx) - f(x)}{(q-1)x}.$$

Por comodidad definiremos también las $q^{-1}-$derivadas mediante la expresión

$$\Theta^\star f(x) = \frac{f(q^{-1}x) - f(x)}{(q^{-1}-1)x}.$$

Usando las definiciones anteriores podemos ver que en la red $x(s) = c_3 q^s \equiv x$

$$\frac{\Delta P_n[x(s)]}{\Delta x(s)} = \Theta P_n(x)_q \quad \text{y} \quad \frac{\nabla P_n[x(s)]}{\nabla x(s)} = \Theta^\star P_n(x)_q, \qquad P_n(x)_q \equiv P_n[x(s)],$$

[4]Por ejemplo, en el caso $\emptyset-$Lagerre/Laguerre tenemos: $\sigma(x) = ax + b$, $\phi(x) = cx + b$, luego como $\phi(x) = \sigma(x) + \tau(x)\varkappa_q x$, se deduce que $\tau(x) = const.$ lo cual es imposible como ya hemos visto.

por lo que (6.2) se transforma en

$$\sigma(x)\Theta\Theta^\star P_n(x)_q + q^{-\frac{1}{2}}\tau(x)\Theta P_n(x)_q + \lambda_n q^{-\frac{1}{2}} P_n(x)_q = 0, \qquad P_n(x)_q \in \mathbb{P},$$

Usando que $\Theta = x(q-1)\Theta\Theta^\star + \Theta^\star$ finalmente obtenemos la siguiente ecuación en diferencias

$$[\sigma(x) + q^{-\frac{1}{2}}\tau(x)x(q-1)]\Theta\Theta^\star P_n(x)_q + q^{-\frac{1}{2}}\tau(x)\Theta^\star P_n(x)_q + \lambda_n q^{-\frac{1}{2}} P_n(x)_q = 0,$$

que podemos escribir como

$$\phi(x)\Theta\Theta^\star P_n(x)_q + \psi(x)\Theta^\star P_n(x)_q = \widehat{\lambda}_n P_n(x)_q, \tag{6.26}$$

y que constituye una $q-$ecuación de Sturm-Liouville, donde tenemos además la relación

$$\sigma(x) = \phi(x) + x(1-q)\psi, \qquad \tau(x) = q^{\frac{1}{2}}\psi(x), \qquad \lambda_n = -q^{\frac{1}{2}}\widehat{\lambda}_n. \tag{6.27}$$

Con esta notación la ecuación (6.24) se escribe en la forma

$$\phi(x)\Theta P_n(x)_q - \sigma(x)\Theta^\star P_n(x)_q + x(1-q)\widehat{\lambda}_n P_n(x)_q = 0. \tag{6.28}$$

Vamos ahora a comparar esta clasificación con las conocidas de Nikiforov y Uvarov [190] y la $q-$tabla de Askey [138]. Por simplicidad, y sin pérdida de generalidad, vamos a considerar el caso cuando $c_3 = 0$ y $x(s) \equiv x = c_1 q^s$. Para ello comparamos la ecuación (6.24) con la ecuación

$$\phi(x)P_n(qx)_q - (\phi(x) + q^2\phi^\star(x))P_n(x)_q + q^2\phi^\star(x)P_n(q^{-1}x)_q = (q-1)^2 x^2 \widehat{\lambda}_n P_n(x)_q,$$

donde $\phi^\star(x) = q^{-1}\sigma(s)$ y $\lambda_n = -q^{\frac{1}{2}}\widehat{\lambda}_n$. Los resultados de dicha comparación están resumidos en la tabla 6.1. En la primera columna hemos escrito nuestra clasificación de las familias en función de los polinomios σ y ϕ, en la segunda están representadas las correspondientes familias del esquema de Nikiforov y Uvarov [190] y tercera las familias del q-anánálogo del esquema de Askey [138] correspondiente a la q-tabla de Hahn. Podemos descubrir que en este último esquema no aparecen las familias 0$-$Jacobi/Bessel y 0$-$Laguerre/Bessel que fueron descubiertas en [15].

6.2.2. Cálculo de las principales características

En este apartado vamos a dar una expresión explícita para el cálculo de los coeficientes de la relación de recurrencia a tres términos (5.53) y las relaciones de estructura (6.14) y (6.17) para los polinomios en a red exponencial así como los coeficientes de la relación de recurrencia para la sucesión de $q-$derivadas. Como podemos comprobar fácilmente de la representación hipergeométrica (6.7) la función ${}_3\varphi_2$ es independiente de los parámetros c_1 y c_3 de la red, lo cual es una simple consecuencia de la linealidad, por ello podemos sin pérdida de generalidad centrarnos en el caso de la red $x(s) = q^s$, ya que los resultados en la red general se obtienen fácilmente a partir de esta sin más que multiplicar y dividir por el correspondiente factor D_n que es donde único aparecen los parámetros de la red -y sólamente c_1-. Por comodidad consideraremos polinomios *mónicos*, es decir el coeficiente principal será uno.

Tabla 6.1: Comparación de tabla de Nikiforov y Uvarov (NU) y la $q-$tabla de Askey

familia $q-$clásica		Tabla de NU [190]		$q-$Tabla de Askey [138]
$\emptyset-$Jacobi/Jacobi	$\Leftrightarrow$	Ec. (86) pág. 242	$\Rightarrow$	Big $q-$Jacobi $q-$Hahn
$\emptyset-$Jacobi/Laguerre	$\Leftrightarrow$	Nº6 [190, pág. 244]	$\Rightarrow$	$q-$Meixner Quantum $q-$Kravchuk
$\emptyset-$Jacobi/Hermite	$\Leftrightarrow$	Nº12 [190, pág. 244]	$\Rightarrow$	Al-Salam-Carlitz II Discrete $q^{-1}-$Hermite II
$\emptyset-$Laguerre/Jacobi	$\Leftrightarrow$	Nº1 [190, pág. 244]	$\Rightarrow$	Big $q-$Laguerre Affine $q-$Kravchuk
$\emptyset-$Hermite/Jacobi	$\Leftrightarrow$	Nº2 [190, pág. 244]	$\Rightarrow$	Al-Salam-Carlitz I Discrete $q-$Hermite
0$-$Bessel/Jacobi	$\Leftrightarrow$	Nº4 [190, pág. 244]	$\Rightarrow$	Alternative $q-$Charlier
0$-$Bessel/Laguerre	$\Leftrightarrow$	Nº11 [190, pág. 244]	$\Rightarrow$	Stieltjes-Wigert
0$-$Jacobi/Jacobi	$\Leftrightarrow$	Nº3 [190, pág. 244]	$\Rightarrow$	The Little $q-$Jacobi $q-$Kravchuk
0$-$Jacobi/Laguerre	$\Leftrightarrow$	Nº10 [190, pág. 244]	$\Rightarrow$	$q-$Laguerre $q-$Charlier
0$-$Jacobi/Bessel	$\Leftrightarrow$	Nº7 [190, pág. 244]	$\Rightarrow$	familia nueva
0$-$Laguerre/Jacobi	$\Leftrightarrow$	Nº5 [190, pág. 244]	$\Rightarrow$	Little $q-$Laguerre (Wall)
0$-$Laguerre/Bessel	$\Leftrightarrow$	Nº9 [190, pág. 244]	$\Rightarrow$	familia nueva
—		Nº8 [190, pág. 244]		—

Los coeficientes del polinomio $P_n(x)_q$

Comenzaremos expresando los coeficientes b_n y c_n del desarrollo

$$P_n(x)_q = x^n + b_n x^{n-1} + c_n x^{n-2} + \cdots ,$$

de manera conveniente en función de los polinomios σ y τ de la ecuación en diferencias, o mejor, en función de los coeficientes de los polinomios ϕ y ψ de la ecuación (6.26)[5], lo cual haremos comparando los coeficientes de x^n, x^{n-1} y x^{n-2} en la $q-$ecuación de Sturm-Liouville (6.26), pero antes necesitamos introducir algunas notaciones estándares del $q-$cálculo.

[5]Lo mismo obtendríamos si usasemos la ecuación original (6.24) pero los cálculos resultarían más engorrosos.

Primero definiremos los $q-$números clásicos que usualmente se denotan por[6] $[n]$ y se definen por

$$[n] = \frac{1-q^n}{1-q} = q^{\frac{n-1}{2}}[n]_q, \tag{6.29}$$

y los $q^{-1}-$números clásicos que denotaremos por $[n]^\star$ y son

$$[n]^\star = \frac{1-q^{-n}}{1-q^{-1}} = q^{\frac{-n+1}{2}}[n]_q.$$

Con esta notación tenemos que

$$\Theta x^n = [n]x^{n-1} \qquad \text{y} \qquad \Theta^\star x^n = [n]^\star x^{n-1}.$$

Por comodidad, usaremos el siguiente desarrollo de los polinomios ϕ y ψ en (6.26)[7]

$$\phi(x) = \widehat{a}x^2 + \overline{a}x + \tilde{a}, \qquad \psi(x) = \widehat{b}x + \bar{b}, \qquad \widehat{b} \neq 0, \quad \forall n \geq 0. \tag{6.30}$$

Si ahora igualamos los coeficientes de las potencias en x^n en (6.26) tenemos que

$$\widehat{\lambda}_n = [n]^\star\Big([n-1]\widehat{a} + \widehat{b}\Big). \tag{6.31}$$

Sea

$$\overline{\lambda}_n = [n]^\star\Big([n-1]\overline{a} + \overline{b}\Big), \quad \widetilde{\lambda}_n = [n]^\star[n-1]\tilde{a}. \quad n \geq 0\,,$$

Entonces, al igualar los coeficientes de x^{n-1} y x^{n-2} tendremos

$$b_n = \frac{\overline{\lambda}_n}{\widehat{\lambda}_n - \widehat{\lambda}_{n-1}}, \quad n \geq 1 \quad , \qquad c_n = \frac{\overline{\lambda}_n\overline{\lambda}_{n-1} + \widetilde{\lambda}_n(\widehat{\lambda}_n - \widehat{\lambda}_{n-1})}{(\widehat{\lambda}_n - \widehat{\lambda}_{n-1})(\widehat{\lambda}_n - \widehat{\lambda}_{n-2})}, \quad n \geq 2\,, \tag{6.32}$$

respectivamente. La expresión anterior nos conduce a las siguientes expresiones para los coeficientes b_n y c_n del polinomio de grado n en función de ϕ y ψ

$$\begin{aligned}
b_n &= \frac{q\left(q^n-1\right)\left(\overline{b}\left(q-1\right)q + \overline{a}q\left(q^{n-1}-1\right)\right)}{\left(q-1\right)\Big(\widehat{b}\left(q-1\right)q^2 + \widehat{a}q^2\left(q^{2n-2}-1\right)\Big)},\\
c_n &= \frac{q^3(q^n-1)\big(q^{n-1}-1\big)\Big(\big(\overline{a}^2+\tilde{a}\widehat{a}(q-1)\big)q^{2n}-\overline{a}q^{n+1}(1+q)\big(\overline{a}+\bar{b}-\bar{b}q\big)+q^2\Big(q\big(\overline{a}+\bar{b}-\bar{b}q\big)^2-\tilde{a}(q-1)\big(\widehat{a}+\widehat{b}-\widehat{b}q\big)\Big)\Big)}{(q-1)^2(1+q)\Big(\widehat{a}q^{2n}-q^2\big(\widehat{a}+\widehat{b}-\widehat{b}q\big)\Big)\Big(\widehat{a}q^{2n}-q^3\big(\widehat{a}+\widehat{b}-\widehat{b}q\big)\Big)}.
\end{aligned}$$

---

[6]No confundir con los $[n]_q$ que hemos usado hasta ahora. A lo largo de este apartado y el siguiente, sin que sirva de precedente, abusaremos de la paciencia del lector y usaremos la notación estándar del $q-$cálculo, no obstante evitaremos su uso en los ejemplos concretos. En particular, en los capítulos posteriores usaremos una notación diferente: $(n)_q$.

[7]La notación esta tomada de [175].

Los coeficientes de la relación de recurrencia a tres términos

Vamos a comenzar por los coeficientes de la relación de recurrencia para los polinomios mónicos

$$xP_n(x)_q = P_{n+1}(x)_q + \beta_n P_n(x)_q + \gamma_n P_{n-1}(x)_q. \tag{6.33}$$

Como ya hemos visto en el apartado **2.4**, si $P_n(x)_q = x^n + b_n x^{n-1} + c_n x^{n-2} + \cdots$, entonces los coeficientes de la relación de recurrencia se expresan como

$$\alpha_n = 1, \quad \beta_n = b_n - b_{n+1}, \quad \gamma_n = c_n - c_{n+1} - b_n\beta_n. \tag{6.34}$$

Así, sustituyendo en (6.34) tenemos para β_n la expresión

$$\begin{aligned}\beta_n &= \frac{\overline{\lambda}_n}{\widehat{\lambda}_n - \widehat{\lambda}_{n-1}} - \frac{\overline{\lambda}_{n+1}}{\widehat{\lambda}_{n+1} - \widehat{\lambda}_n} = \frac{[n]\Big([n-1]\overline{a} + \overline{b}\Big)}{[2n-2]\widehat{a} + \widehat{b}} - \frac{[n+1]\Big([n]\overline{a} + \overline{b}\Big)}{[2n]\widehat{a} + \widehat{b}} = \\ &= \frac{[n]\Big([n-1]\overline{a} + \overline{b}\Big)\Big([2n]\widehat{a} + \widehat{b}\Big) - [n+1]\Big([n]\overline{a} + \overline{b}\Big)\Big([2n-2]\widehat{a} + \widehat{b}\Big)}{\Big([2n-2]\widehat{a} + \widehat{b}\Big)\Big([2n]\widehat{a} + \widehat{b}\Big)}, \quad n \geq 1\,,\end{aligned}$$

o, equivalentemente,

$$\beta_n = -\frac{q^{n-1}[2][n]\Big([n-1]\widehat{a} + \widehat{b}\Big)\overline{a} + q^n\left(\Big([n-2] - q^{n-1}[n]\Big)\widehat{a} + \widehat{b}\right)\overline{b}}{\Big([2n-2]\widehat{a} + \widehat{b}\Big)\Big([2n]\widehat{a} + \widehat{b}\Big)}, \quad n \geq 1\,. \tag{6.35}$$

Para encontrar β_0 usamos la relación de recurrencia para $n = 1$ $p_1 = x - \beta_0$, y la ecuación en diferencias (6.26) para $n = 1$ escrita de la forma $\psi(x) = \widehat{\lambda}_1 p_1$, que nos conduce a

$$p_1 = x + \frac{\overline{b}}{\overline{\overline{b}}} = x - \beta_0, \quad \beta_0 = -\frac{\widehat{b}}{\overline{\overline{b}}}\,. \tag{6.36}$$

Para encontrar γ_n usamos nuevamente la expresión (6.34) que nos da

$$\gamma_n = \frac{\overline{\lambda}_n\overline{\lambda}_{n-1} + \widetilde{\lambda}_n(\widehat{\lambda}_n - \widehat{\lambda}_{n-1})}{(\widehat{\lambda}_n - \widehat{\lambda}_{n-1})(\widehat{\lambda}_n - \widehat{\lambda}_{n-2})} - \frac{\overline{\lambda}_{n+1}\overline{\lambda}_n + \widetilde{\lambda}_{n+1}(\widehat{\lambda}_{n+1} - \widehat{\lambda}_n)}{(\widehat{\lambda}_{n+1} - \widehat{\lambda}_n)(\widehat{\lambda}_{n+1} - \widehat{\lambda}_{n-1})} - \frac{\overline{\lambda}_n}{\widehat{\lambda}_n - \widehat{\lambda}_{n-1}} d_n\,, \quad n \geq 2,$$

que mediante un "sencillo" cálculo[8]

$$\gamma_n = -\frac{q^{n-1}[n]\Big([n-2]\widehat{a} + \widehat{b}\Big)}{\Big([2n-1]\widehat{a} + \widehat{b}\Big)\Big([2n-2]\widehat{a} + \widehat{b}\Big)^2\Big([2n-3]\widehat{a} + \widehat{b}\Big)} \times$$

$$\left(q^{n-1}\Big([n-1]\overline{a} + \overline{b}\Big)\Big(q^{n-1}\widehat{a}\overline{b} - \overline{a}([n-1]\widehat{a} + \widehat{b})\Big) + \tilde{a}\Big([2n-2]\widehat{a} + \widehat{b}\Big)^2\right), \quad n \geq 2\,. \tag{6.37}$$

En el caso $n = 1$ la expresión anterior también es cierta y se transforma en

$$\gamma_1 = -\frac{\overline{b}(\widehat{a}\overline{b} - \widehat{b}\overline{a}) + \widehat{a}\widehat{b^2}}{\widehat{b^2}(\widehat{a} + \widehat{b})}.$$

[8]Tanto en este caso, como en muchas de las expresiones que vendrán a continuación hemos utilizado *Mathematica* 3.0 [242] para simplificar la expresión.

Las relaciones de estructura

Comenzaremos por la relación de estructura (6.14) que escribiremos de la forma

$$\phi(x)\Theta P_n(x) = \widehat{\alpha}_n P_{n+1}(x)_q + \widehat{\beta}_n P_n(x)_q + \widehat{\gamma}_n P_{n-1}(x)_q. \tag{6.38}$$

Sustituyendo en la misma los polinomios e igualando coeficientes obtenemos

$$\widehat{\alpha}_n = [n]\widehat{a}, \qquad [n-1]\widehat{a}b_n + [n]\overline{a} = \widehat{\alpha}_n b_{n+1} + \widehat{\beta}_n \ ,$$

$$[n-2]\widehat{a}c_n + [n-1]\overline{a}b_n + [n]\tilde{a} = \widehat{\alpha}_n c_{n+1} + \widehat{\beta}_n b_n + \widehat{\gamma}_n,$$

que nos conducen a

$$\widehat{\alpha}_n = [n]\widehat{a}, \quad \widehat{\beta}_n = -\frac{[n]([n-1]\widehat{a}+\widehat{b})\{\widehat{a}\overline{b}q^{n-1}[2] - \overline{a}\widehat{b} - \widehat{a}\overline{a}[n](1-q^{n-1})\}}{([2n]\widehat{a}+\widehat{b})([2n-2]\widehat{a}+\widehat{b})}, \tag{6.39}$$

$$\widehat{\gamma}_n = \frac{[n]\left\{q^{n-1}\left([n-1]\overline{a}+\overline{b}\right)\left(q^{n-1}\widehat{a}\overline{b} - \overline{a}([n-1]\widehat{a}+\widehat{b})\right) + \tilde{a}\left([2n-2]\widehat{a}+\widehat{b}\right)^2\right\}}{\left([n-2]\widehat{a}+\widehat{b}\right)^{-1}\left([n-1]\widehat{a}+\widehat{b}\right)^{-1}\left([2n-1]\widehat{a}+\widehat{b}\right)\left([2n-2]\widehat{a}+\widehat{b}\right)^2\left([2n-3]\widehat{a}+\widehat{b}\right)}. \tag{6.40}$$

Para obtener las expresiones de la relación de estructura (6.12) basta usar la interrelación entre los coeficientes (6.15)

$$\widetilde{\alpha}_n = \widehat{\alpha}_n + \alpha_n(1-q)\widehat{\lambda}_n, \quad \widetilde{\beta}_n = \widehat{\beta}_n + \beta_n(1-q)\widehat{\lambda}_n, \quad \widetilde{\gamma}_n = \widehat{\gamma}_n + \gamma_n(1-q)\widehat{\lambda}_n, \tag{6.41}$$

o igualar coeficientes como antes.

Vamos ahora a obtener los coeficientes de la tercera relación de estructura (6.17) que escribiremos convenientemente. Vamos a introducir la sucesión de derivadas Q_n de forma que

$$Q_n(x)_q = \frac{1}{[n+1]}\Theta P_{n+1}(x)_q \equiv \frac{1-q}{1-q^{n+1}}\,\Theta P_{n+1}(x)_q,$$

es decir, si P_n es una sucesión de polinomios mónicos, Q_n también lo es. Usando esto, la relación (6.17), o su equivalente (6.23), se transforma en

$$P_n(x)_q = Q_n(x)_q + \delta_n Q_{n-1}(x)_q + \epsilon_n Q_{n-2}(x)_q. \tag{6.42}$$

Nuevamente igualamos coeficientes y obtenemos

$$\delta_n = b_n - \frac{[n]}{[n+1]}b_{n+1}, \qquad \epsilon_n = c_n - \frac{[n-1]}{[n+1]}c_{n+1} - \frac{[n-1]}{[n]}b_n\delta_n,$$

que nos conducen a

$$\delta_n = \frac{q^{n-1}\{\widehat{a}\overline{b}q^{n-1}[2] - \overline{a}\widehat{b} - \widehat{a}\overline{a}[n](1-q^{n-1})\}}{([2n]\widehat{a}+\widehat{b})([2n-2]\widehat{a}+\widehat{b})}, \tag{6.43}$$

$$\epsilon_n = \frac{\widehat{a}q^{2n-3}[n-1][n]\left\{q^{n-1}([n-1]\overline{a}+\overline{b})(q^{n-1}\widehat{a}\overline{b} - \overline{a}([n-1]\widehat{a}+\widehat{b})) + \tilde{a}([2n-2]\widehat{a}+\widehat{b})^2\right\}}{([2n-1]\widehat{a}+\widehat{b})([2n-2]\widehat{a}+\widehat{b})^2([2n-3]\widehat{a}+\widehat{b})}. \tag{6.44}$$

Una relación de recurrencia para las q−derivadas

Finalmente, calculamos los coeficientes de la relación de recurrencia para la sucesión de las q−derivadas $(Q_n)_n$

$$xQ_n(x)_q = Q_{n+1}(x)_q + \beta'_n Q_n(x)_q + \gamma'_n Q_{n-1}(x)_q. \tag{6.45}$$

Igualando coeficientes tenemos

$$\beta'_n = \frac{[n]}{[n+1]}b_{n+1} - \frac{[n+1]}{[n+2]}b_{n+2}, \qquad \gamma'_n = \frac{[n-1]}{[n+1]}c_{n+1} - \frac{[n]}{[n+2]}c_{n+2} - \frac{[n]}{[n+1]}b_{n+1}\beta'_n,$$

que nos conduce a las expresiones

$$\beta'_n = -\frac{q^n\left\{\overline{b}\widehat{b} + \overline{b}\widehat{a}\,(1-q^n)\,[n+1] + 2\overline{a}\widehat{a}[n][n+1] + \overline{a}\widehat{b}\,([n]+[n+1])\right\}}{\left(\widehat{a}[2n]+\widehat{b}\right)\left(\widehat{a}[2n+2]+\widehat{b}\right)}. \tag{6.46}$$

$$\gamma'_n = -\frac{q^{n-1}[n]\left([n]\widehat{a}+\widehat{b}\right)\left\{q^n\left([n]\overline{a}+\overline{b}\right)\left(q^n\widehat{a}\overline{b} - \overline{a}([n]\widehat{a}+\widehat{b})\right) + \tilde{a}\left([2n]\widehat{a}+\widehat{b}\right)^2\right\}}{\left([2n+1]\widehat{a}+\widehat{b}\right)\left([2n]\widehat{a}+\widehat{b}\right)^2\left([2n-1]\widehat{a}+\widehat{b}\right)}. \tag{6.47}$$

6.3. La q-Tabla de Hahn

A continuación vamos a obtener todas las familias q−clásicas a partir de la solución general de (6.24) incluyendo algunos casos particulares correspondientes a los q−polinomios de la denominada q-tabla de Hahn [15, 142]. En las tablas podemos encontrar las principales características de muchas de las familias de q−polinomios conocidas como son los q−polinomios grandes de Jacobi, Stieljest-Wigert, Al-Salam y Chihara, etc. Los coeficientes que aparecen en la tabla corresponden a las fórmulas (6.26) (ϕ, ψ, $\widehat{\lambda}_n$), (6.28) (ϕ, σ, $\widehat{\lambda}_n$), (6.33) (β_n, γ_n), (6.38) ($\widehat{\alpha}_n$, $\widehat{\beta}_n$, $\widehat{\gamma}_n$), (6.42) (δ_n, ϵ_n) y (6.45) (β'_n, γ'_n).

6.3.1. $\emptyset$−Jacobi/Jacobi: q−polinomios grandes de Jacobi y Hahn

En adelante vamos a considerar que σ y ϕ se expresan mediante la fórmula (6.25) en vez de (6.3), es decir, consideraremos que

$$\begin{aligned} &\sigma(x) = C(x-q^{s_1})(x-q^{s_2}), \\ &\phi(x) = \overline{C}(x-q^{\overline{s}_1})(x-q^{\overline{s}_2}), \qquad Cq^{s_1}q^{s_2} = \overline{C}q^{\overline{s}_1}q^{\overline{s}_2}, \end{aligned} \tag{6.48}$$

y reescribiremos la fórmula (6.7) en la siguiente forma

$$\begin{aligned} P_n(s)_q = {} & \frac{(-1)^n q^{ns_2+\binom{n}{2}}(q^{s_1-\overline{s}_1};q)_n(q^{s_1-\overline{s}_2};q)_n}{(q^{s_1+s_2-\overline{s}_1-\overline{s}_2+n-1};q)_n}\times \\ & {}_3\varphi_2\left(\begin{matrix} q^{-n}, q^{s_1+s_2-\overline{s}_1-\overline{s}_2+n-1}, q^{s_1}/x \\ q^{s_1-\overline{s}_1}, q^{s_1-\overline{s}_2} \end{matrix}\,\middle|\, q\,,\, xq^{-s_2+1}\right), \end{aligned} \tag{6.49}$$

donde hemos escogido la constante de normalización B_n de forma que los polinomios resultantes sean mónicos. El valor λ_n en este caso lo reescribiremos de la forma

$$\lambda_n = -\frac{C\,q^{-n+\frac{3}{2}}}{c_1^2(1-q)^2}(1-q^n)(1-q^{s_1+s_2-\bar{s}_1-\bar{s}_2+n-1}). \tag{6.50}$$

Finalmente, (6.9) y (6.10) se transforman en

$$P_n(s)_q = \frac{q^{n\bar{s}_1}(q^{s_1-\bar{s}_1};q)_n(q^{s_2-\bar{s}_1};q)_n}{(q^{s_1+s_2-\bar{s}_1-\bar{s}_2+n-1};q)_n}\,{}_3\varphi_2\left(\begin{matrix} q^{-n}, q^{s_1+s_2-\bar{s}_1-\bar{s}_2+n-1}, x\,q^{-\bar{s}_1} \\ q^{s_1-\bar{s}_1}, q^{s_2-\bar{s}_1} \end{matrix}\,\middle|\, q\,,\,q\right), \tag{6.51}$$

y

$$P_n(s)_q = \frac{q^{n\bar{s}_2}(q^{s_1-\bar{s}_2};q)_n(q^{s_2-\bar{s}_2};q)_n}{(q^{s_1+s_2-\bar{s}_1-\bar{s}_2+n-1};q)_n}\,{}_3\varphi_2\left(\begin{matrix} q^{-n}, q^{s_1+s_2-\bar{s}_1-\bar{s}_2+n-1}, x\,q^{-\bar{s}_2} \\ q^{s_1-\bar{s}_2}, q^{s_2-\bar{s}_2} \end{matrix}\,\middle|\, q\,,\,q\right). \tag{6.52}$$

Escojamos $\phi = aq(x-1)(bx-c)$ y $\sigma = q^{-1}(x-aq)(x-cq)$, entonces (6.52) nos da

$$p_n(x;a,b,c;q) = \frac{(aq;q)_n(cq;q)_n}{(abq^{n+1};q)_n}\,{}_3\varphi_2\left(\begin{matrix} q^{-n}, abq^{n+1}, x \\ aq, cq \end{matrix}\,\middle|\, q;q\right).$$

El caso particular $c = q^{-N-1}$ conduce a los $q-$polinomios de Hahn $Q_n(x;a,b,N|q)$.[9] Obviamente si usamos (6.51) o (6.49) en vez de (6.52) obtenemos otras representaciones equivalentes para los $q-$polinomios grandes de Jacobi.

Más recientemente se han considerado unos $q-$análogos de los polinomios de Hahn ligeramente diferentes [190, 216] correspondientes a la parametrización

$$\sigma = (x-1)(q^{N+\alpha}-x), \qquad \phi = q^{\alpha+\beta+2}(x-q^{-\beta-1})(x-q^{N-1}),$$

de forma que tenemos

$$\begin{aligned} h_n^{\alpha,\beta}(x,N;q) &= \frac{(-1)^n q^{n(\alpha+N)+\binom{n}{2}}(q^{\beta+1};q)_n(q^{1-N};q)_n}{(q^{\alpha+\beta+n+1};q)_n}\,{}_3\varphi_2\left(\begin{matrix} q^{-n}, x^{-1}, q^{n+\alpha+\beta+1} \\ q^{\beta+1}, q^{1-N} \end{matrix}\,\middle|\, q, \frac{qx}{q^{N+\alpha}}\right) \\ &= \frac{q^{-n(\beta+1)}(q^{\beta+1};q)_n(q^{N+\alpha+\beta+1};q)_n}{(q^{\alpha+\beta+n+1};q)_n}\,{}_3\varphi_2\left(\begin{matrix} q^{-n}, x\,q^{\beta+1}, q^{n+\alpha+\beta+1} \\ q^{\beta+1}, q^{N+\alpha+\beta+1} \end{matrix}\,\middle|\, q, q\right). \end{aligned} \tag{6.53}$$

y $\widehat{\lambda}_n$ viene dada por

$$\widehat{\lambda}_n = -q^{\frac{1}{2}(\alpha+\beta+2)}[n]_q[n+\alpha+\beta+1]_q.$$

Las características de estos polinomios se pueden encontrar en la tabla 6.3.

[9] Usualmente estos polinomios se escriben como polinomios en $x = q^{-s}$, ver e.g. [138, 175].

Tabla 6.2: Los polinomios grandes de $q-$Jacobi.

P_n	$p_n(x;a,b,c;q)$
ϕ	$aq(x-1)(bx-c)$
σ	$q^{-1}(x-aq)(x-cq)$
ψ	$\frac{1-abq^2}{(1-q)q}x+\frac{a(bq-1)+c(aq-1)}{1-q}$
$\widehat{\lambda}_n$	$q^{-n}\frac{1-q^n}{1-q}\frac{1-abq^{n+1}}{1-q}$
β_n	$\frac{q^{1+n}\left\{c+a^2bq^n\left((1+b+c)q^{1+n}-q-1\right)+a\left(1+c-cq^n-cq^{1+n}+b\left(1-q^n-cq^n-q^{1+n}-cq^{1+n}+cq^{1+2n}\right)\right)\right\}}{(1-abq^{2n})(1-abq^{2n+2})}$
γ_n	$-\frac{aq^{n+1}(1-q^n)(1-aq^n)(1-bq^n)(1-abq^n)(c-abq^n)(1-cq^n)}{(1-abq^{2n})^2(1-abq^{2n-1})(1-abq^{2n+1})}$
$\widehat{\alpha}_n$	$abq\frac{1-q^n}{1-q}$
$\widehat{\beta}_n$	$-\frac{aq(1-q^n)\left(1-abq^{n+1}\right)\left\{c+ab^2q^{2n+1}+b\left(1-cq^n-cq^{n+1}-aq^n\left(1+q-cq^{n+1}\right)\right)\right\}}{(1-q)(1-abq^{2n})(1-abq^{2n+2})}$
$\widehat{\gamma}_n$	$\frac{aq(1-q^n)(1-aq^n)(1-bq^n)(1-abq^n)(c-abq^n)(1-cq^n)\left(1-abq^{n+1}\right)}{(1-q)(1-abq^{2n})^2(1-abq^{2n-1})(1-abq^{2n+1})}$
δ_n	$\frac{aq^{n+1}(1-q^n)\left\{c+ab^2q^{2n+1}+b\left(1-cq^n-cq^{n+1}-aq^n\left(1+q-cq^{n+1}\right)\right)\right\}}{(1-abq^{2n})(1-abq^{2n+2})}$
ϵ_n	$\frac{a^2bq^{2n+1}\left(1-q^{n-1}\right)(1-q^n)(1-aq^n)(1-bq^n)(c-abq^n)(1-cq^n)}{(1-abq^{2n})^2(1-abq^{2n-1})(1-abq^{1+2n})}$
β'_n	$\frac{q^{n+1}\left\{c+a^2bq^{n+2}\left((1+qb+qc)q^{n+1}-q-1\right)+a\left(1+cq-cq^{n+1}-cq^{n+2}+bq\left(1-q^n-q^{n+1}-cq^{n+1}+cq^{2n+2}-cq^{n+2}\right)\right)\right\}}{(1-abq^{2n+2})(1-abq^{2n+4})}$
γ'_n	$-\frac{aq^{n+1}(1-q^n)\left(1-aq^{n+1}\right)\left(1-bq^{n+1}\right)\left(c-abq^{n+1}\right)\left(1-cq^{n+1}\right)\left(1-abq^{n+2}\right)}{(1-abq^{2n+2})^2(1-abq^{2n+1})(1-abq^{2n+3})}$

6.3.2. $\emptyset-$Jacobi/Laguerre: $q-$polinomios de Meixner y polinomios de Kravchuk "cuánticos"

Para obtener esta familia tomaremos el límite $q^{s_2}\to\infty$. Así, usado que $\overline{C}q^{\bar{s}_1}q^{\bar{s}_2}=Cq^{s_1}q^{s_2}$, tenemos $\phi=\overline{C}(x-q^{\bar{s}_1})(x-q^{\bar{s}_2})$ y

$$\sigma=C(x-q^{s_1})(x-q^{s_2})=Cq^{s_2}(x-q^{s_1})(x/q^{s_2}-1)=\frac{\overline{C}q^{\bar{s}_1}q^{\bar{s}_2}}{q^{s_1}}(x-q^{s_1})(x/q^{s_2}-1),$$

de donde, tomando el límite $q^{s_2}\to\infty$ obtenemos la expresión $\sigma=-\overline{C}q^{\bar{s}_1+\bar{s}_2-s_1}(x-q^{s_1})$. Si usamos ahora que

$$\lim_{q^{s_2}\to\infty}\frac{(q^{s_1+s_2-\bar{s}_1-\bar{s}_2+n-1};q)_k}{(q^{s_2-\bar{s}_2};q)_k}=q^{(n-1)k}q^{(s_1-\bar{s}_1)k},$$

Tabla 6.3: Los $q-$polinomios de Hahn $h_n^{\alpha,\beta}(x,N;q)$.

P_n	$h_n^{\alpha,\beta}(x,N;q)$
ϕ	$-q^{\alpha+\beta+2}\left(x-q^{N-1}\right)\left(x-q^{-1-\beta}\right)$
σ	$(x-1)(q^{N+\alpha}-x)$
ψ	$-\frac{1-q^{2+\alpha+\beta}}{1-q}x+\frac{1-q^{\alpha}\left(q-q^{N}+q^{1+\beta+N}\right)}{1-q}$
$\widehat{\lambda}_n$	$-\frac{q^{1-n}(1-q^n)\left(1-q^{1+\alpha+\beta+n}\right)}{(1-q)^2}$
β_n	$\frac{q^n\left(1+q^{\alpha}-q^{n+\alpha}-q^{1+n+\alpha}+q^{N+\alpha}+q^{1+2n+N+2\alpha+2\beta}+q^{\alpha+\beta}\left(q^N-q^n(1+q)\left(1+q^N+q^{N+\alpha}\right)+q^{1+2n}\left(1+q^{\alpha}+q^{N+\alpha}\right)\right)\right)}{\left(1-q^{2n+\alpha+\beta}\right)\left(1-q^{2+2n+\alpha+\beta}\right)}$
γ_n	$\frac{q^{\alpha+n}(1-q^n)\left(1-q^{\alpha+n}\right)\left(1-q^{\beta+n}\right)\left(1-q^{\alpha+\beta+n}\right)\left(q^n-q^N\right)\left(1-q^{\alpha+\beta+n+N}\right)}{\left(1-q^{\alpha+\beta+2n}\right)^2\left(q-q^{\alpha+\beta+2n}\right)\left(1-q^{1+\alpha+\beta+2n}\right)}$
$\widehat{\alpha}_n$	$-\frac{q^{2+\alpha+\beta}(1-q^n)}{1-q}$
$\widehat{\beta}_n$	$\frac{q^{1+\alpha}(1-q^n)\left(1-q^{1+\alpha+\beta+n}\right)\left(1-q^{\beta+n}\left(1+q-q^{1+\alpha+n}\right)+q^{\beta+N}\left(1-q^{\alpha+n}\left(1+q-q^{1+\beta+n}\right)\right)\right)}{(1-q)\left(1-q^{\alpha+\beta+2n}\right)\left(1-q^{2+\alpha+\beta+2n}\right)}$
$\widehat{\gamma}_n$	$\frac{q^{\alpha}(1-q^n)\left(1-q^{\alpha+n}\right)\left(1-q^{\beta+n}\right)\left(1-q^{\alpha+\beta+n}\right)\left(1-q^{1+\alpha+\beta+n}\right)\left(q^n-q^N\right)\left(1-q^{\alpha+\beta+n+N}\right)}{(1-q)\left(1-q^{\alpha+\beta+2n}\right)^2\left(1-q^{\alpha+\beta+2n-1}\right)\left(1-q^{1+\alpha+\beta+2n}\right)}$
δ_n	$\frac{q^{\alpha+n}(1-q^n)\left(1-q^{\beta+n}\left(1+q-q^{1+\alpha+n}\right)+q^{\beta+N}\left(1-q^{\alpha+n}\left(1+q-q^{1+\beta+n}\right)\right)\right)}{\left(1-q^{\alpha+\beta+2n}\right)\left(1-q^{2+\alpha+\beta+2n}\right)}$
ϵ_n	$\frac{q^{2\alpha+\beta+2n-1}(1-q^n)\left(1-q^{n-1}\right)\left(1-q^{\alpha+n}\right)\left(1-q^{\beta+n}\right)\left(q^N-q^n\right)\left(1-q^{\alpha+\beta+n+N}\right)}{\left(1-q^{\alpha+\beta+2n}\right)^2\left(1-q^{\alpha+\beta+2n-1}\right)\left(1-q^{1+\alpha+\beta+2n}\right)}$
β'_n	$\frac{q^n\left(1+q^{1+\alpha}-q^{1+n+\alpha}-q^{2+n+\alpha}+q^{N+\alpha}+q^{2n+N+2(2+\alpha+\beta)}+q^{1+\alpha+\beta}\left(q^N-q^n(1+q)\left(q+q^N+q^{1+N+\alpha}\right)+q^{2(1+n)}\left(1+q^{\alpha}\left(q+q^N\right)\right)\right)\right)}{\left(1-q^{2+2n+\alpha+\beta}\right)\left(1-q^{4+2n+\alpha+\beta}\right)}$
γ'_n	$-\frac{q^{\alpha+n-1}(1-q^n)\left(1-q^{\alpha+n+1}\right)\left(1-q^{\beta+n+1}\right)\left(1-q^{\alpha+\beta+n+2}\right)\left(q^{n+1}-q^N\right)\left(1-q^{\alpha+\beta+n+N+1}\right)}{\left(1-q^{\alpha+\beta+2n+1}\right)\left(1-q^{\alpha+\beta+2n+2}\right)^2\left(1-q^{\alpha+\beta+2n+3}\right)}$

obtenemos, a partir de (6.52), la representación

$$P_n(x)_q = \left(\frac{q^{\bar{s}_1}q^{\bar{s}_2}}{q^{s_1}}\right)^n (q^{s_1-\bar{s}_2};q)_n q^{-n(n-1)} {}_2\varphi_1\left(\begin{array}{c} q^{-n}, x\, q^{-\bar{s}_2} \\ q^{s_1-\bar{s}_2} \end{array}\middle| q;\, q^{s_1-\bar{s}_1+n}\right), \tag{6.54}$$

para los correspondientes polinomios mónicos. Si ahora escogemos $\phi = (x-1)(x+bc)$ y $\sigma = q^{-1}c(x-bq)$, obtenemos los $q-$polinomios de Meixner

$$M_n(x;b,c;q) = (-c)^n (bq;q)_n q^{-n^2} {}_2\varphi_1\left(\begin{array}{c} q^{-n}, x \\ bq \end{array}\middle| q;\, -\frac{q^{n+1}}{c}\right).$$

Sus principales características se encuentran en la tabla 6.4. Si sustituimos en la fórmula anterior $b = q^{-N-1}$ y $c = -p^{-1}$ obtenemos los $q-$polinomios cuánticos de Kravchuk (quantum $q-$Kravchuk) $K_n^{qtm}(x;p,N;q)$.

6.3.3. $\emptyset$–Jacobi/Hermite: $q-$polinomios de Al-Salam y Carlitz II y de Hermite discretos II

Tomemos ahora el límite $q^{s_1}, q^{s_2} \to \infty$. Ello nos conduce a $\phi = \overline{C}(x-q^{\bar{s}_1})(x-q^{\bar{s}_2})$ y $\sigma = \overline{C}q^{\bar{s}_1}q^{\bar{s}_2}$ y (6.52) se transforma en

$$P_n(x)_q = (-1)^n q^{n\bar{s}_1 - \binom{n}{2}} {}_2\varphi_0\left(\begin{array}{c} q^{-n}, xq^{-\bar{s}_2} \\ — \end{array}\middle| q;\, q^{\bar{s}_2-\bar{s}_1+n}\right). \tag{6.55}$$

Escogiendo $\phi = (x-a)(x-1)$ y $\sigma = a$ obtenemos los $q-$polinomios de Al-Salam y Carlitz II

$$V_n^{(a)}(x;q) = (-a)^n q^{-\binom{n}{2}} {}_2\varphi_0\left(\begin{array}{c} q^{-n}, x \\ 0 \end{array}\middle| q;\, \frac{q^n}{a}\right),$$

cuyas principales características se encuentran en la tabla 6.5.

Si ahora escogemos $\phi = (x-i)(x+i)$, siendo $i = \sqrt{-1}$ y $\sigma = 1$, obtenemos los $q-$polinomios de Hermite discretos II $\widetilde{h}_n(x;q)$

$$\widetilde{h}_n(x;q) = i^{-n} {}_2\varphi_0\left(\begin{array}{c} q^{-n}, ix \\ — \end{array}\middle| q;\, -q^{-n}\right) = x^n {}_2\varphi_1\left(\begin{array}{c} q^{-n}, q^{-n+1} \\ 0 \end{array}\middle| q^2;\, -\frac{q^2}{x^2}\right).$$

Sus principales características se pueden encontrar en la tabla 6.6.

Tabla 6.4: Los $q-$polinomios de Meixner y de $q-$Kravchuk

P_n	$M_n(x;b,c;q)$	$K_n(x;p,N;q)$
ϕ	$(x-1)(x+bc)$	$px(1-x)$
σ	$q^{-1}c(x-bq)$	$q^{-1}x(x-q^{-N})$
ψ	$-\frac{1}{1-q}x+\frac{c+q(1-bc)}{(1-q)q}$	$\frac{1+pq}{(1-q)q}x-\frac{p+q^{-N-1}}{1-q}$
$\widehat{\lambda}_n$	$-\frac{1-q^n}{(1-q)^2}$	$-\frac{q^{-n}(1-q^n)(1+pq^n)}{(1-q)^2}$
β_n	$q^{-n}+cq^{-2n-1}\left(1+q-(1+b)\,q^{n+1}\right)$	$\frac{1-pq^N(1-q^n)+pq^{n+N}(q+pq^n)+pq^{n-1}(1+q(1-q^n))}{q^{N-n}(1+pq^{2n-1})(1+pq^{2n+1})}$
γ_n	$cq^{-4n+1}\,(1-q^n)\,(c+q^n)\,(1-bq^n)$	$\frac{pq^{2n-2N-2}\left(1+pq^{n-1}\right)(1-q^n)\left(q^n-q^{N+1}\right)\left(1+pq^{n+N}\right)}{(1+pq^{2n})(1+pq^{2n-2})(1+pq^{2n-1})^2}$
$\widehat{\alpha}_n$	$\frac{1-q^n}{1-q}$	$-p\frac{1-q^n}{1-q}$
$\widehat{\beta}_n$	$q^{-1-2n}\left(\frac{1-q^n}{1-q}\right)\left(q^{n+1}+c\left(1+q-bq^{n+1}\right)\right)$	$-\frac{p[n](1+pq^n)\left\{q^n(1+q)-q^{N+1}\left(1-pq^{2n}\right)\right\}}{q^{N+1}(1+pq^{2n-1})(1+pq^{2n+1})}$
$\widehat{\gamma}_n$	$cq^{-4n+1}\frac{1-q^n}{1-q}\,(c+q^n)\,(1-bq^n)$	$-\frac{pq^{n-2N-2}\left(1+pq^{n-1}\right)(1+pq^n)\left(q^n-q^{N+1}\right)\left(1+pq^{n+N}\right)}{(1+pq^{2n})(1+pq^{2n-2})(1+pq^{2n-1})^2}$
δ_n	$q^{-2n-1}\,(1-q^n)\left(q^{n+1}+c\left(1+q-bq^{n+1}\right)\right)$	$\frac{pq^{n-N-1}(1-q^n)\left(q^n+q^{n+1}-q^{N+1}+pq^{2n+N+1}\right)}{(1+pq^{2n-1})(1+pq^{2n+1})}$
ϵ_n	$cq^{-4n}\,(1-q^n)\,(1-q^n)\,(c+q^n)\,(1-bq^n)$	$\frac{p^2q^{3n-2N-3}\left(1-q^{n-1}\right)(1-q^n)\left(q^n-q^{N+1}\right)\left(1+pq^{n+N}\right)}{(1+pq^{2n})(1+pq^{2n-2})(1+pq^{2n-1})^2}$
β'_n	$q^{-2n-3}\left(q^{n+2}+c\left(1+q-q^{n+1}-bq^{n+2}\right)\right)$	$\frac{1+p^2q^{2n+N+3}+pq\left(q^n+q^{n+1}-q^{2n+1}-q^N+q^{n+N}+q^{n+N+1}\right)}{q^{N-n}(1+pq^{2n+1})(1+pq^{2n+3})}$
γ'_n	$cq^{-4n-3}\,(1-q^n)\left(c+q^{n+1}\right)\left(1-bq^{n+1}\right)$	$\frac{pq^{2(n-N)}(1-q^n)\left(1+pq^{n+1}\right)\left(q^n-q^N\right)\left(1+pq^{n+N+1}\right)}{(1+pq^{2n})(1+pq^{2n+1})^2(1+pq^{2n+2})}$

Tabla 6.5: Los $q-$ polinomios de Al-Salam y Carlitz y de Stieltjes-Wigert

P_n	$U_n^{(a)}(x;q)$	$V_n^{(a)}(x;q)$	$S_n(x;q)$
ϕ	a	$(x-1)(x-a)$	x^2
σ	$(1-x)(a-x)$	a	$q^{-1}x$
ψ	$\frac{1}{1-q}x - \frac{1+a}{1-q}$	$-\frac{1}{1-q}x + \frac{1+a}{1-q}$	$-\frac{1}{1-q}x + \frac{1}{q(1-q)}$
$\widehat{\lambda}_n$	$\frac{q^{1-n}(1-q^n)}{(1-q)^2}$	$-\frac{1-q^n}{(1-q)^2}$	$-\frac{1-q^n}{(1-q)^2}$
β_n	$(1+a)q^n$	$(1+a)q^{-n}$	$q^{-2n-1}(1+q-q^{n+1})$
γ_n	$aq^{n-1}(q^n-1)$	$aq^{-2n+1}(1-q^n)$	$q^{-4n+1}(1-q^n)$
$\widehat{\alpha}_n$	0	$\frac{1-q^n}{1-q}$	$\frac{1-q^n}{1-q}$
$\widehat{\beta}_n$	0	$(1+a)\frac{1-q^n}{1-q}q^{-n}$	$\frac{1-q^n}{1-q}q^{-2n+1}(1+q)$
$\widehat{\gamma}_n$	$a\frac{1-q^n}{1-q}$	$aq^{-2n+1}\frac{1-q^n}{1-q}$	$q^{-4n+1}\frac{1-q^n}{1-q}$
δ_n	0	$(1+a)q^{-n}(1-q^n)$	$q^{-2n-1}(1+q)(1-q^n)$
ϵ_n	0	$aq^{-2n+1}(1-q^n)(1-q^{n-1})$	$q^{-4n+1}(1-q^n)(1-q^{n-1})$
β_n'	$(1+a)q^n$	$(1+a)q^{-n-1}$	$q^{-2n-3}(1+q-q^{n+1})$
γ_n'	$aq^{n-1}(q^n-1)$	$aq^{-2n-1}(1-q^n)$	$q^{-4n-3}(1-q^n)$

Tabla 6.6: Los q−polinomios de Charlier "alternativos", de Laguerre y de Hermite discretos II

P_n	$K_n(x;a,;q)$	$L_n^\alpha(x;q)$, $a=q^\alpha$	$\widetilde{h}_n(x;q)$
ϕ	ax^2	$ax(x+1)$	$1+x^2$
σ	$q^{-1}x(1-x)$	$q^{-1}x$	1
ψ	$-\frac{1+aq}{(1-q)q}x+\frac{1}{(1-q)q}$	$-\frac{a}{(1-q)}x+\frac{1-aq}{(1-q)q}$	$-\frac{1}{1-q}x$
$\widehat{\lambda}_n$	$\frac{(1-q^{-n})(1+aq^n)}{(1-q)^2}$	$-a\frac{1-q^n}{(1-q)^2}$	$-\frac{1-q^n}{(1-q)^2}$
β_n	$\frac{q^n\left(1+aq^{n-1}+aq^n-aq^{2n}\right)}{(1+aq^{2n-1})(1+aq^{2n+1})}$	$\frac{q^{-2n}}{aq}\left(1+q-(1+a)\,q^{n+1}\right)$	0
γ_n	$\frac{aq^{3n-2}(1-q^n)\left(1+aq^{n-1}\right)}{(1+aq^{2n})(1+aq^{2n-1})^2(1+aq^{2n-2})}$	$a^{-2}q^{-4n+1}\left(1-q^n\right)\left(1-aq^n\right)$	$q^{-2n+1}(1-q^n)$
$\widehat{\alpha}_n$	$a\frac{1-q^n}{1-q}$	$a\frac{1-q^n}{1-q}$	$\frac{1-q^n}{1-q}$
$\widehat{\beta}_n$	$\frac{aq^{n-1}(1-q^n)(1+q)(1+aq^n)}{(1-q)(1+aq^{2n-1})(1+aq^{2n+1})}$	$q^{-2n-1}\frac{1-q^n}{1-q}\left(1+q-aq^{n+1}\right)$	0
$\widehat{\gamma}_n$	$\frac{aq^{2n-2}(1-q^n)(1+aq^n)\left(1+aq^{n-1}\right)}{(1-q)(1+aq^{2n})(1+aq^{2n-1})^2(1+aq^{2n-2})}$	$\frac{q^{1-4n}}{a}\frac{1-q^n}{1-q}\left(1-aq^n\right)$	$q^{1-2n}\frac{1-q^n}{1-q}$
δ_n	$\frac{aq^{2n-1}(1+q)(1-q^n)}{(1+aq^{2n-1})(1+aq^{2n+1})}$	$\frac{q^{-2n}}{aq}\left(1-q^n\right)\left(1+q-aq^{n+1}\right)$	0
ϵ_n	$\frac{a^2q^{4n-3}\left(1-q^{n-1}\right)(1-q^n)}{(1+aq^{2n})(1+aq^{2n-2})(1+aq^{2n-1})^2}$	$\frac{q^{-4n}}{qa^2}\left(1-q^{n-1}\right)\left(1-q^n\right)\left(1-aq^n\right)$	$q^{1-2n}(1-q^n)(1-q^{n-1})$
β_n'	$\frac{q^n\left(1+aq^{n+1}\left(1+q-q^{n+1}\right)\right)}{(1+aq^{2n+1})(1+aq^{2n+3})}$	$\frac{q^{-2n}}{aq^3}\left(1+q-(1+aq)\,q^{n+1}\right)$	0
γ_n'	$\frac{aq^{3n}(1-q^n)\left(1+aq^{n+1}\right)}{(1+aq^{2n})(1+aq^{2n+1})^2(1+aq^{2n+2})}$	$\frac{q^{-4n}}{a^2q^3}\left(1-q^n\right)\left(1-aq^{n+1}\right)$	$q^{-2n-1}(1-q^n)$

6.3.4. $\emptyset$–Laguerre/Jacobi: q–polinomios grandes de Laguerre y de Kravchuk "afínes"

En este caso hacemos $q^{\bar{s}_2} \to \infty$, luego $\phi = -Cq^{s_1+s_2-\bar{s}_1}(x - q^{\bar{s}_1})$, $\sigma = C(x - q^{s_1})(x - q^{s_2})$, y de (6.49) obtenemos

(6.56)
$$\begin{aligned} P_n(x)_q &= (-q^{s_2})^n q^{\binom{m}{2}} (q^{s_1-\bar{s}_1}; q)_n \, {}_2\varphi_1 \left(\begin{array}{c} q^{-n}, q^{s_1}/x \\ q^{s_1-\bar{s}_1} \end{array} \middle| q; \, xq^{1-s_2} \right) \\ &= q^{n\bar{s}_1} (q^{s_1-\bar{s}_1}; q)_n (q^{s_2-\bar{s}_1}; q)_n \, {}_3\varphi_2 \left(\begin{array}{c} q^{-n}, xq^{-\bar{s}_1}, 0 \\ q^{s_1-\bar{s}_1}, q^{s_2-\bar{s}_1} \end{array} \middle| q; \, q \right). \end{aligned}$$

La última igualdad se obtiene aplicando la fórmula de transformación de Jackson (ver [105, Ec. (III.5), pág. 241]), o, bien tomando el límite en (6.51).

Escogiendo $\phi = -acq(x-1)$ y $\sigma = q^{-1}(x - aq)(x - cq)$, obtenemos los q–polinomios grandes de Laguerre

$$\begin{aligned} p_n(x; a, c; q) &= (aq; q)_n (cq; q)_n \, {}_3\varphi_2 \left(\begin{array}{c} q^{-n}, 0, x \\ aq, cq \end{array} \middle| q; q \right) \\ &= (aq; q)_n (-cq)^n q^{\binom{m}{2}} {}_2\varphi_1 \left(\begin{array}{c} q^{-n}, aqx^{-1} \\ aq \end{array} \middle| q; \frac{x}{c} \right). \end{aligned}$$

Nótese que estos polinomios coinciden con los q–polinomios grandes de Jacobi con $b = 0$. A esta clase también pertenecen los q–polinomios "afines" de Kravchuk [138]

$$\begin{aligned} K_n^{aff}(x; p, N; q) &= (q^{-N}; q)_n (pq; q)_n \, {}_3\varphi_2 \left(\begin{array}{c} q^{-n}, 0, x \\ pq, q^{-N} \end{array} \middle| q; q \right) \\ &= (-pq)^n (q^{-N}; q)_n q^{\frac{n(n-1)}{2}} {}_2\varphi_1 \left(\begin{array}{c} q^{-n}, q^{-N}x^{-1} \\ q^{-N} \end{array} \middle| q; \frac{x}{p} \right), \end{aligned}$$

que no son más que un "caso particular" de los q–polinomios grandes de Laguerre con los parámetros $a = q^{-N-1}$ y $c = p$. Para ambos casos podemos obtener sus principales características sustituyendo los correspondientes valores de los parámetros a, b, y c en la tabla 6.2.

6.3.5. $\emptyset$–Hermite/Jacobi: q–polinomios de Al-Salam y Carlitz I y de Hermite discretos I

Tomemos ahora los límites $q^{\bar{s}_1}, q^{\bar{s}_2} \to \infty$, de forma que $\phi = Cq^{s_1+s_2}$ y $\sigma = C(x-q^{s_1})(x-q^{s_2})$. Además (6.49) se convierte en

(6.57)
$$P_n(x)_q = q^{\binom{m}{2}} (-q^{s_2})^n {}_2\varphi_1 \left(\begin{array}{c} q^{-n}, q^{s_1}/x \\ 0 \end{array} \middle| q; \, xq^{1-s_2} \right).$$

Escojamos $\phi = a$ y $\sigma = (x-1)(x-a)$, entonces (6.57) nos conduce a los $q-$polinomios de Al-Salam y Carlitz I

$$U_n^{(a)}(x;q) = (-a)^n q^{\binom{n}{2}} {}_2\varphi_1 \left(\begin{matrix} q^{-n}, x^{-1} \\ 0 \end{matrix} \middle| q; \frac{x\,q}{a} \right).$$

Si ahora ponemos $a = -1$ estos polinomios se convierten en los $q-$polinomios de Hermite discretos I $h_n(x;q)$. Las principales características para estas familias de $q-$polinomios se pueden encontrar en la tabla 6.5.

6.3.6. 0−Bessel/Jacobi: $q-$polinomios de Charlier alternativos

Veamos a continuación las 0−familias. Para ellas la situación se complica y se precisa de un nuevo parámetro δ a la hora de tomar los límites.

Comencemos por el primer caso cuando $q^{\bar{s}_1}, q^{\bar{s}_2}, q^{s_2} \to 0$. Obviamente para este caso tenemos $\phi = \overline{C}x^2$ y $\sigma = C(x - q^{s_1})x$, pero ahora se presenta un problema con la expresión $(q^{s_1+s_2-\bar{s}_1-\bar{s}_2+n-1};q)_k$, que queda indeterminada. Por tanto, al tomar el límite anterior vamos a obligar a los parámetros $q^{\bar{s}_1}, q^{\bar{s}_2}, q^{s_2}$ que lo hagan de forma que la combinación $q^{s_2-\bar{s}_1-\bar{s}_2} = q^\delta$ sea constante, siendo δ cierta constante prefijada de antemano tal que[10] $q^\delta = \overline{C}/(Cq^{s_1})$. Así, al tomar el límite en la expresión (6.52) obtenemos

$$P_n(x)_q = \frac{q^{\binom{n}{2}}(-q^{s_1})^n}{(q^{n+s_1+\delta-1};q)_n} {}_2\varphi_1 \left(\begin{matrix} q^{-n}, q^{n+s_1+\delta-1} \\ 0 \end{matrix} \middle| q; xq^{1-s_1} \right), \qquad q^\delta = \frac{\overline{C}}{Cq^{s_1}}. \tag{6.58}$$

Escogiendo $\phi = ax^2$ y $\sigma = q^{-1}x(1-x)$, de forma que $q^\delta = -aq$, obtenemos los $q-$polinomios "alternativos" de Charlier (alternative $q-$Charlier) $K_n(x;a,q)$

$$K_n(x;a;q) = \frac{(-1)^n q^{\binom{n}{2}}}{(-aq^n;q)_n} {}_2\varphi_1 \left(\begin{matrix} q^{-n}, -aq^n \\ 0 \end{matrix} \middle| q; qx \right),$$

cuyas características se pueden encontrar en la tabla 6.6.

6.3.7. 0−Bessel/Laguerre: $q-$polinomios de Stieltjes-Wigert

Para obtener esta familia tomaremos los límites $q^{\bar{s}_1}, q^{\bar{s}_2}, q^{s_1} \to 0$ y $q^{s_2} \to \infty$. Ello nos conduce a que $\phi = \overline{C}x^2$ y para σ tenemos

$$\sigma = C(x-q^{s_1})(x-q^{s_2}) = Cq^{s_2}(x/q^{s_2}-1)(x-q^{s_1}) = \overline{C}q^{\bar{s}_1+\bar{s}_2-s_1}(x/q^{s_2}-1)(x-q^{s_1}).$$

[10]Esta condición se deduce de la condición (6.48) $Cq^{s_1+s_2} = \overline{C}q^{\bar{s}_1+\bar{s}_2}$, pues de ella se sigue que $q^{s_2-\bar{s}_1-\bar{s}_2} = \overline{C}/Cq^{s_1}$

Exijamos ahora que al tomar el límite $q^{s_1-\bar{s}_1-\bar{s}_2} = -q^\delta$, entonces $\sigma = \overline{C}q^{-\delta}x$. En este caso la ecuación (6.49) nos da

$$P_n(x)_q = q^{-n(n+\delta-1)}(-1)^n {}_1\varphi_1 \left(\begin{array}{c} q^{-n} \\ 0 \end{array} \middle| q;\ -q^{n+\delta}x \right). \tag{6.59}$$

Es preciso destacar que este límite no es trivial. En su cálculo hemos usado que

$$\lim_{q^{\bar{s}_1}, q^{\bar{s}_2}, q^{s_1}\to 0, q^{s_2}\to\infty} q^{-ks_2}(q^{s_1+s_2-\bar{s}_1-\bar{s}_2+n-1};q)_k = \lim_{q^{s_2}\to\infty} q^{-ks_2}(-q^{s_2+\delta+n-1};q)_k = q^{k(n+\delta-1)+\binom{k}{2}},$$

y que

$$\lim_{q^{\bar{s}_1}, q^{\bar{s}_2}, q^{s_1}\to 0, q^{s_2}\to\infty} (q^{s_1-\bar{s}_1};q)_k(q^{s_1-\bar{s}_2};q)_k = \lim_{q^{\bar{s}_1}, q^{\bar{s}_2}\to 0} (-q^{s_2+\delta};q)_k(-q^{s_1+\delta};q)_k = 1,$$

Poniendo ahora $\phi = x^2$ y $\sigma = q^{-1}x$, de forma que $q^\delta = q$ obtenemos los $q-$polinomios de Stieltjes-Wigert

$$S_n(x;q) = (-1)^n q^{-n^2} {}_1\varphi_1 \left(\begin{array}{c} q^{-n} \\ 0 \end{array} \middle| q; -xq^{n+1} \right).$$

Este caso corresponde a un problema de momentos indeterminado. Las principales características de estos polinomios están en la tabla 6.5.

6.3.8. 0−Jacobi/Jacobi: $q-$polinomios pequeños de Jacobi y de Kravchuk

El próximo límite que tomaremos será $q^{\bar{s}_2}, q^{s_2} \to 0$ imponiendo que $q^{s_2-\bar{s}_2} = q^\delta$. Ello nos conduce a $\phi = \overline{C}x(x-q^{\bar{s}_1})$, $\sigma = Cx(x-q^{s_1})$ y, usando (6.52), obtenemos

$$P_n(x)_q = \frac{q^{\binom{n}{2}}(-q^{s_1})^n(q^\delta;q)_n}{(q^{s_1-\bar{s}_1+\delta+n-1};q)_n} {}_2\varphi_1 \left(\begin{array}{c} q^{-n}, q^{s_1-\bar{s}_1+n+\delta-1} \\ q^\delta \end{array} \middle| q; xq^{1-s_1} \right), \quad q^\delta = \frac{\overline{C}q^{\bar{s}_1}}{Cq^{s_1}}. \tag{6.60}$$

Fijando $\phi = ax(bqx-1)$ y $\sigma = q^{-1}x(x-1)$, $q^\delta = aq$, obtenemos

$$p_n(x;a,b|q) = \frac{(-1)^n q^{\binom{n}{2}}(aq;q)_n}{(abq^{n+1};q)_n} {}_2\varphi_1 \left(\begin{array}{c} q^{-n}, abq^{n+1} \\ aq \end{array} \middle| q; qx \right), \tag{6.61}$$

que son los $q-$polinomios pequeños de Jacobi $p_n(x;a,b|q)$ cuyas principales características están en la tabla 6.7.

Si ahora tomamos $\phi = px(1-x)$, $\sigma = q^{-1}x(x-q^{-N})$ obtenemos, a partir de (6.52), los $q-$polinomios de Kravchuk

$$K_n(x;p,N;q) = \frac{(-1)^n q^{-nN+\binom{m}{2}}(-pq^{N+1};q)_n}{(-pq^n;q)_n} {}_2\varphi_1 \left(\begin{array}{c} q^{-n}, -pq^n \\ -pq^{N+1} \end{array} \middle| q; xq^{N+1} \right),$$

que, usualmente, se suelen escribir en la forma

$$K_n(x;p,N;q) = \frac{(q^{-N};q)_n}{(-pq^n;q)_n} {}_3\varphi_2 \left(\begin{array}{c} q^{-n}, x, -pq^n \\ q^{-N}, 0 \end{array} \middle| q;q \right),$$

la cual se obtiene usando la fórmula de transformación (III.7) de [105, pág. 241]. Las principales características de esta familia se pueden encontrar en la tabla 6.4.

También en [66, 190] se introdujeron dos análogos a los polinomios de Meixner y Kravchuk que son casos particulares de los q-polinomios 0$-$Jacobi/Jacobi.

El primer caso corresponde a un $q-$análogo de los polinomios de Meixner, y está definido por las funciones $\sigma = x(x-1)$ y $\phi = q\mu x(xq^\gamma - 1)$. Nótese que estos análogos de los polinomios son equivalentes a los $q-$polinomios pequeños de Jacobi $p_n(x;a,b|q)$ con $a = \mu$ y $b = q^{\gamma-1}$. Así,

$$m_n^{\gamma,\mu}(s,q) = \frac{(-1)^n q^{\binom{n}{2}} (q\mu;q)_n}{(\mu q^{\gamma+n};q)_n} {}_2\varphi_1 \left(\begin{array}{c} q^{-n}, \mu q^{\gamma+n} \\ q\mu \end{array} \middle| q;qx \right), \tag{6.62}$$

y

$$\lambda_n = -q^{-n+\frac{1}{2}}(1-q^n)(1-\mu q^{n+\gamma})\varkappa_q^{-2}.$$

Estos polinomios también se pueden representar mediante una serie ${}_3\varphi_1$ [6]

$$m_n^{\gamma,\mu}(s,q) = D_n \, {}_3\varphi_1 \left(\begin{array}{c} q^{-n}, \mu q^{\gamma+n}, x^{-1} \\ q^\gamma \end{array} \middle| q, \mu^{-1}x \right),$$

que se puede obtener de la anterior mediante las correspondientes transformaciones.

El otro caso es un $q-$análogo de los polinomios de Kravchuk donde $\sigma = x(1-x)$ y $\phi = \frac{pq}{1-p}x(x-q^N)$, y corresponde a los $q-$polinomios pequeños de Jacobi $p_n(x;a,b|q)$ con $a = -\frac{pq^N}{1-p}\mu$ y $b = q^{-N-1}$,

$$k_n^{(p)}(s,q) = \frac{(-1)^n q^{\binom{n}{2}} \left(\frac{pq^{N+1}}{p-1};q\right)_n}{\left(\frac{pq^n}{p-1};q\right)_n} {}_2\varphi_1 \left(\begin{array}{c} q^{-n}, \frac{pq^n}{p-1} \\ \frac{pq^{N+1}}{p-1} \end{array} \middle| q, qx \right), \tag{6.63}$$

y

$$\lambda_n = q^{-n+\frac{1}{2}}(1-q^n)(1+\tfrac{pq^n}{1-p})\varkappa_q^{-2}.$$

Usualmente, estos polinomios se suelen representar mediante la serie ${}_3\varphi_1$ [6]

$$k_n^{(p)}(s,q) = D_n \, {}_3\varphi_1 \left(\begin{array}{c} q^{-n}, \frac{p}{p-1}q^n, x^{-1} \\ q^{-N} \end{array} \middle| q, x\frac{p-1}{p}q^N \right),$$

que se puede obtener de la anterior mediante las correspondientes transformaciones como el caso de los polinomios de Meixner. En ambos casos las correspondientes características se pueden obtener a partir de las de los $q-$polinomios pequeños de Jacobi haciendo los correspondientes cambios en la tabla 6.7.

6.3.9. 0–Jacobi/Laguerre: q–polinomios de Laguerre y Charlier

Tomemos ahora los límites $q^{\bar{s}_2}, q^{s_2} \to 0$ y $q^{s_1} \to \infty$ de forma que $q^{s_2-\bar{s}_2} = -q^{\delta}$. Ello nos conduce a las funciones $\phi = \overline{C}x(x - q^{\bar{s}_1})$, $\sigma = \overline{C}q^{\bar{s}_1}q^{-\delta}x = \overline{B}x$, y (6.51) nos da

$$P_n(x)_q = (-q^{\bar{s}_1})^n q^{-n(n+\delta-1)} {}_2\varphi_1 \left(\begin{array}{c} q^{-n}, x/q^{\bar{s}_1} \\ 0 \end{array} \middle| q; -q^{n+\delta} \right), \qquad q^{\delta} = \frac{\overline{C}q^{\bar{s}_1}}{\overline{B}}. \tag{6.64}$$

Escogiendo $\phi = ax(x+1)$ y $\sigma = q^{-1}x$, tenemos $q^{\delta} = -aq$, y la fórmula anterior nos conduce a los q–polinomios de Laguerre $L_n^{\alpha}(x;q) \equiv L_n(x;a;q)$

$$L_n(x;a;q) = (-1)^n q^{-n^2} a^{-n} \, {}_2\varphi_1 \left(\begin{array}{c} q^{-n}, -x \\ 0 \end{array} \middle| q; aq^{n+1} \right),$$

cuyas principales características encontramos en la tabla 6.6.

Si, en vez de la parametrización anterior, escogemos $\phi = x(x-1)$ y $\sigma = q^{-1}ax$, de forma que $q^{\delta} = q/a$, entonces obtenemos los q–polinomios de Charlier

$$C_n(x;a;q) = (-1)^n q^{-n^2} a^n \, {}_2\varphi_1 \left(\begin{array}{c} q^{-n}, x \\ 0 \end{array} \middle| q; -\frac{q^{n+1}}{a} \right),$$

Obviamente, los q–polinomios de Charlier $C_n(x;a;q)$ y los q–Laguerre $L_n^{\alpha}(x;q)$ están interrelacionados mediante la fórmula

$$C_n(x;a;q) = L_n(-x; -a^{-1}; q).$$

Por tanto las características de los primeros se pueden obtener a partir de la de los segundos realizando el correspondiente cambio en los parámetros y la variable x aunque por comodidad los incluiremos en la tabla 6.7.

6.3.10. 0–Jacobi/Bessel: q–polinomios $j_n(x;a,b)$

Tomemos los límites $q^{\bar{s}_2}, q^{s_1}, q^{s_2} \to 0$ de forma que $q^{s_1+s_2-\bar{s}_2} = q^{\delta}$. Luego, $\phi = \overline{C}x(x - q^{\bar{s}_1})$, $\sigma = Cx^2 = \overline{C}q^{\bar{s}_1}q^{-\delta}x^2$, y (6.52) nos da

$$P_n(x)_q = q^{n(n+\delta-1)} (q^{n+\delta-1-\bar{s}_1}; q)_n^{-1} {}_2\varphi_0 \left(\begin{array}{c} q^{-n}, q^{n+\delta-1-\bar{s}_1} \\ - \end{array} \middle| q; xq^{1-\delta} \right), \qquad q^{\delta} = \frac{\overline{C}q^{\bar{s}_1}}{C}. \tag{6.65}$$

Esta familia no aparece en la q–tabla de Askey y fue estudiada por primera vez en [15]. Para ella escogeremos la parametrización $\phi = ax(x-b)$ y $\sigma = q^{-1}x^2$. Así, $q^{\delta} = abq$ y la familia, que denominaremos q–polinomios de 0–Jacobi/Bessel y denotaremos por $j_n(x;a,b)$, se expresa mediante las series básicas por la fórmula

$$j_n(x;a,b) = (ab)^n q^{n^2} (aq^n;q)_n^{-1} {}_2\varphi_0 \left(\begin{array}{c} q^{-n}, aq^n \\ - \end{array} \middle| q; x/(ab) \right),$$

Sus principales características están descritas en la tabla 6.8.

Tabla 6.7: Los $q-$polinomios pequeños de Jacobi y Charlier

P_n	$p_n(x;a,b\|q)$	$C_n(x;a;q)$
ϕ	$ax(bqx-1)$	$x(x-1)$
σ	$q^{-1}x(x-1)$	$q^{-1}ax$
ψ	$\frac{1-abq^2}{(1-q)q}x + \frac{aq-1}{(1-q)q}$	$-\frac{1}{1-q}x + \frac{a+q}{(1-q)q}$
$\widehat{\lambda}_n$	$q^{-n}\frac{1-q^n}{1-q}\frac{1-abq^{n+1}}{1-q}$	$-\frac{1-q^n}{(1-q)^2}$
β_n	$\frac{q^n\left\{1+a^2bq^{2n+1}+a\left(1-(1+b)q^n-(1+b)q^{n+1}+bq^{2n+1}\right)\right\}}{(1-abq^{2n})(1-abq^{2n+2})}$	$-q^{-2n-1}\left\{(a-1)\,q^{n+1}-a\,(1+q)\right\}$
γ_n	$\frac{aq^{2n-1}(1-q^n)(1-aq^n)(1-bq^n)(1-abq^n)}{(1-abq^{2n})^2(1-abq^{2n-1})(1-abq^{2n+1})}$	$aq^{-4n+1}(1-q^n)(a+q^n)$
$\widehat{\alpha}_n$	$abq\frac{1-q^n}{1-q}$	$\frac{1-q^n}{1-q}$
$\widehat{\beta}_n$	$-\frac{a(1-q^n)\left(1-abq^{n+1}\right)\left(1-bq^n\left(1+q-aq^{n+1}\right)\right)}{(1-q)(1-abq^{2n})(1-abq^{2n+2})}$	$q^{-2n-1}\frac{1-q^n}{1-q}(a+aq+q^{n+1})$
$\widehat{\gamma}_n$	$-\frac{aq^{n-1}(1-q^n)(1-aq^n)(1-bq^n)(1-abq^n)\left(1-abq^{n+1}\right)}{(1-q)(1-abq^{2n})^2(1-abq^{2n-1})(1-abq^{2n+1})}$	$aq^{-4n+1}\frac{1-q^n}{1-q}(a+q^n)$
δ_n	$\frac{aq^n(1-q^n)\left\{1-bq^n\left(1+q-aq^{n+1}\right)\right\}}{(1-abq^{2n})(1-abq^{2n+2})}$	$q^{-2n-1}(1-q^n)(a+aq+q^{n+1}$
ϵ_n	$-\frac{a^2bq^{3n-1}\left(1-q^{n-1}\right)(1-q^n)(1-aq^n)(1-bq^n)}{(1-abq^{2n})^2(1-abq^{2n-1})(1-abq^{2n+1})}$	$aq^{-4n+1}(1-q^n)(1-q^{n-1})(a+q^n)$
β'_n	$\frac{q^n\left\{1+a^2bq^{2n+4}+aq\left(1-(1+q)(1+bq)q^n+bq^{2n+2}\right)\right\}}{(1-abq^{2n+2})(1-abq^{2n+4})}$	$q^{-2n-3}\left\{q^{n+2}+a\left(1+q-q^{n+1}\right)\right\}$
γ'_n	$\frac{aq^{2n}(1-q^n)\left(1-aq^{n+1}\right)\left(1-bq^{n+1}\right)\left(1-abq^{n+2}\right)}{(1-abq^{2n+1})(1-abq^{2n+2})^2(1-abq^{2n+3})}$	$aq^{-4n-3}\,(1-q^n)\,\left(a+q^{n+1}\right)$

Tabla 6.8: Los polinomios q−clásicos $j_n(x;a,b)$ y $l_n(x;a)$

P_n	$j_n(x;a,b)$	$l_n(x;a)$
ϕ	$ax(x-b)$	ax
σ	$q^{-1}x^2$	$q^{-1}x^2$
ψ	$\frac{abq+(1-aq)x}{q(1-q)}$	$\frac{aq-x}{(q-1)q}$
$\widehat{\lambda}_n$	$-\frac{q^{-n}(1-q^n)(1-aq^n)}{(1-q)^2}$	$\frac{q^{-n}(1-q^n)}{(1-q)^2}$
β_n	$\frac{abq^n\left(1-q^n+aq^{2n}-q^{n+1}\right)}{(1-aq^{2n-1})(1-aq^{2n+1})}$	$aq^n\left(q^n+q^{n+1}-1\right)$
γ_n	$-\frac{a^2b^2q^{3n-1}(1-q^n)\left(1-aq^{n-1}\right)}{(1-aq^{2n-1})^2(1-aq^{2n})(1-aq^{2n-2})}$	$a^2q^{3n-1}\left(q^n-1\right)$
$\widehat{\alpha}_n$	$a\frac{1-q^n}{1-q}$	0
$\widehat{\beta}_n$	$-\frac{ab(1-q^n)(1-aq^n)\left(1+aq^{2n}\right)}{(1-q)(1-aq^{2n-1})(1-aq^{2n+1})}$	$a\frac{1-q^n}{1-q}$
$\widehat{\gamma}_n$	$\frac{a^2b^2q^{2n-1}(1-q^n)(1-aq^n)\left(1-aq^{n-1}\right)}{(1-q)(1-aq^{2n-1})^2(1-aq^{2n})(1-aq^{2n-2})}$	$a^2q^{2n-1}\frac{1-q^n}{1-q}$
δ_n	$\frac{abq^n(1-q^n)\left(1+aq^{2n}\right)}{(1-aq^{2n-1})(1-aq^{1+2n})}$	$aq^n(q^n-1)$
ϵ_n	$\frac{a^3b^2q^{4n-2}(1-q^n)\left(1-q^{n-1}\right)}{(1-aq^{2n-1})^2(1-aq^{2n})(1-aq^{2n-2})}$	0
β_n'	$\frac{abq^{n+1}\left(1-q^n-q^{n+1}+aq^{2n+2}\right)}{(1-aq^{2n+1})(1-aq^{2n+3})}$	$aq^{n+1}\left(q^n+q^{n+1}-1\right)$
γ_n'	$-\frac{a^2b^2q^{3n+1}(1-q^n)\left(1-aq^{n+1}\right)}{(1-aq^{2n})(1-aq^{2n+1})^2(1-aq^{2n+2})}$	$a^2q^{3n+1}\left(q^n-1\right)$

6.3.11. 0−Laguerre/Jacobi: q−polinomios pequeños de Laguerre o de Wall

Este caso se obtiene tomando los límites $q^{\bar{s}_2}, q^{s_2} \to 0$, $q^{\bar{s}_1} \to \infty$, con $q^\delta = -q^{s_2-\bar{s}_2}$. Las funciones ϕ y σ son $\phi = \overline{B}x = Cq^{s_1+\delta}x$, $\sigma = Cx(x-q^{s_1})$, y (6.51) nos da

$$P_n(x)_q = (-q^{s_1})^n q^{\binom{m}{2}}(-q^\delta;q)_n {}_2\varphi_1\left(\begin{array}{c} q^{-n}, 0 \\ -q^\delta \end{array}\middle| q;\, xq^{1-s_1}\right), \qquad q^\delta = \frac{\overline{B}}{Cq^{s_1}}. \tag{6.66}$$

Escogiendo $\phi = -ax$ y $\sigma = q^{-1}x(x-1)$, tenemos $q^\delta = -aq$, que son los q−polinomios pequeños de Laguerre o q−polinomios de Wall

$$p_n(x;a|q) = (-1)^n q^{\binom{n}{2}}(aq;q)_n {}_2\varphi_1\left(\begin{array}{c} q^{-n}, 0 \\ aq \end{array}\middle| q;\, qx\right).$$

Notemos que estos polinomios se pueden considerar como un caso particular de los $q-$polinomios pequeños de Jacobi si tomamos en estos últimos $b = 0$, i.e., $p_n(x; a|q) = p_n(x; a, 0|q)$, por lo que todas sus características se obtienen a partir de las de los $q-$polinomios pequeños de Jacobi sustituyendo $b = 0$ en los valores correspondientes de la tabla 6.7.

Estos polinomios también definen un $q-$análogo de los polinomios de Charlier [6, 190] correspondiente a la parametrización $a = (1-q)\mu$, de forma que tenemos los polinomios

$$c_n^{(\mu)}(x, q) = (-1)^n q^{\binom{n}{2}} (aq; q)_n {}_2\varphi_1 \left(\begin{matrix} q^{-n}, 0 \\ q(1-q)\mu \end{matrix} \middle| q; qx \right) \tag{6.67}$$

o, equivalentemente [6],

$$c_n^{(\mu)}(s, q) = \ q^{n(n+1)} \mu^n (1-q)^n \, {}_2\varphi_0 \left(\begin{matrix} q^{-n}, x^{-1} \\ - \end{matrix} \middle| q, -\frac{x}{(q-1)\mu} \right),$$

siendo

$$\sigma = x(x-1), \quad \phi = \mu(q-1)q\,x \quad \text{y} \quad \lambda_n = -q^{-n+\frac{1}{2}} \varkappa_q^{-2}(1-q^n).$$

Con esta normalización tenemos $B_n = \mu^{-n}$.

6.3.12. 0−Laguerre/Bessel: Los $q-$polinomios $l_n(x; a)$

Finalmente, consideraremos el límite $q^{\bar{s}_1}, q^{s_1}, q^{s_2} \to 0$ y $q^{\bar{s}_2} \to \infty$ suponiendo que $q^{s_1+s_2-\bar{s}_1} = -q^\delta$. Entonces, $\phi = \overline{B}x = Cq^\delta x$, $\sigma = Cx^2$ y (6.51) se transforma en

$$P_n(x)_q = (-1)^n q^{n(n+\delta-1)} {}_2\varphi_0 \left(\begin{matrix} q^{-n}, 0 \\ — \end{matrix} \middle| q; -xq^{1-\delta} \right), \qquad q^\delta = \frac{\overline{B}}{C}. \tag{6.68}$$

Nuevamente estamos en presencia de una nueva familia de polinomios [15] que no aparece en la $q-$tabla de Askey. En este caso usaremos la parametrización $\phi = \overline{B}x = ax$, $\sigma = q^{-1}x^2$, $q^\delta = aq$, luego

$$P_n(x)_q \equiv l_n(x; a) = (-a)^n q^{n^2} {}_2\varphi_0 \left(\begin{matrix} q^{-n}, 0 \\ — \end{matrix} \middle| q; -x/a \right).$$

Es importante destacar que, para todo $0 < q < 1$, los polinomios $l_n(x; a)$ nunca constituyen una familia definida positiva de acuerdo con el teorema de Favard 2.4.2 (para ellos $\gamma_n < 0$). No ocurre lo mismo para los polinomios $j_n(x; a, b)$ que sí pueden ser considerados como un caso definido positivo. Por ejemplo, si escogemos $a = q^{-2N}$ es fácil comprobar que los $j_n(x; a, b)$ son una familia finita similar a la de los $q-$polinomios de Hahn que es definida positiva para $n = 0, 1, \ldots, N$.

Tabla 6.9: Los $q-$polinomios de Charlier en la red $x(s) = \frac{q^s-1}{q-1}$.

$P_n(s)_q$	$c_n^{(\mu)}(s)_q\,, \quad x(s) = \frac{q^s-1}{q-1}$
(a,b)	$[0,\infty)$
$\rho(s)$	$\dfrac{\mu^s}{e_q[(1-q)\mu]\Gamma_q(s+1)}, \quad \mu > 0, \quad 0 < (1-q)\mu < 1$
$\sigma(s)$	$q^s x(s)$
$\tau(s)$	$\mu q^{\frac{3}{2}} - q^{\frac{1}{2}} x(s)$
λ_n	$[n]_q q^{-\frac{(n-2)}{2}}$
d_n^2	$(\{1-q\}\mu; q)_{n+1} \dfrac{[n]_q!}{q^{\frac{n}{4}(n-7)+\frac{1}{2}}\mu^n} = \dfrac{e_q[(1-q)q^{n+1}\mu]}{e_q[(1-q)\mu]} \dfrac{[n]_q!}{q^{\frac{n}{4}(n-7)+\frac{1}{2}}\mu^n}$
a_n	$\dfrac{(-1)^n}{\mu^n} q^{-\frac{3n}{4}(n-1)+\frac{n}{2}}$
α_n	$-\mu q^{\frac{3}{2}n-\frac{1}{2}}$
β_n	$\mu q^{2n+1} + [n]_q \{1-\mu(1-q)q^n\} q^{\frac{n}{2}-1}$
γ_n	$-q^n [n]_q \{1-\mu(1-q)q^n\}$
$\widetilde{\alpha}_n$	$\mu q^{\frac{1}{2}(n+1)}(1-q^n)$
$\widetilde{\beta}_n$	$[n]_q q^{\frac{n}{2}} \{1-\mu(1-q)q^n\} - \mu q^{n+2}(1-q^n)$
$\widetilde{\gamma}_n$	$-q^{n+1}[n]_q \{1-\mu(1-q)q^n\}$
$\widehat{\alpha}_n$	0
$\widehat{\beta}_n$	$[n]_q q^{-\frac{n}{2}} \left(1 - q^{-\frac{1}{2}} - \mu q^n(1-q)\right)$
$\widehat{\gamma}_n$	$-q\,[n]_q \{1-\mu(1-q)q^n\}$
L_n	$-\dfrac{\mu q^{n-\frac{1}{2}}}{[n+1]_q}$
M_n	$\dfrac{\mu q^{\frac{n}{2}}(q^{n+1}-1)}{[n+1]_q}$
N_n	0

6.3.13. Los $q-$polinomios de Charlier en la red $x(s) = \frac{q^s-1}{q-1}$

Un caso de especial importancia es el caso de los $q-$polinomios de Charlier en la red $x(s) = \frac{q^s-1}{q-1}$ definidos por

$$
\begin{aligned}
c_n^{(\mu)}(s,q) &= q^{\frac{n}{4}(n+5)} {}_2\varphi_0\left(\begin{matrix} q^{-n}, q^{-s} \\ - \end{matrix} \middle| q\,, -\frac{q^s}{(q-1)\mu} \right) \\
&= q^{\frac{n}{4}(n+5)} \sum_{k=0}^{n} \frac{(q^{-n};q)_k}{(q;q)_k\ \mu^k}(s)_q^{[k]}, \quad 1<q<1,\ 0<\mu<1.
\end{aligned} \tag{6.69}
$$

Estos polinomios, estudiados en [6], están estrechamente ligados a los polinomios de Wall ($q-$Laguerre pequeños) pero vamos a considerarlos por separado ya que más adelante lo usaremos. Obviamente $c_n^{(\mu)}(s,q)$ son polinomios de grado exactamente n en cualquier red $x(s) = c_1 q^s + c_3$. Hemos escogido $c_1 = -c_3 = 1/(q-1)$ para que se cumpla la relación límite $\lim_{q\to 1} x(s) = s$, de forma que estos se conviertan en los polinomios de Charlier clásicos, es decir se tiene

$$
\lim_{q\to 1} c_n^{(\mu)}(s,q) = c_n^{(\mu)}(s) = (-\mu)^n C_n^{(\mu)}(s), \tag{6.70}
$$

donde $C_n^{(\mu)}(s)$ son los polinomios mónicos de Charlier definidos en (4.48) y estudiados en el capítulo **4**. Sus principales características están reflejadas en la tabla 6.9[11].

6.4. La q-tabla de Nikiforov y Uvarov

Para finalizar el estudio de las familias de q-polinomios vamos a incluir en el esquema representado en la figura 6.2, que constituye un fragmento de la q-tabla de Nikiforov y Uvarov [190], las familias de q-polinomios que hemos considerado en los capítulos **5** y **6**.

Este esquema constituye una clasificación alternativa a la q-tabla de Askey [138] y la cual se ha estudiado muy poco. Como hemos visto, un estudio sistemático de la tabla de NU nos ha permitido descubrir dos familias que no aparecían en [138]. Es muy probable que el estudio sistemático de la tabla de NU nos permita descubrir otras nuevas familias de q-polinomios en la red "no lineal" $x(s) = c_1 q^s + c_2 q^{-s} + c_3$ así como familias con una ortogonalidad continua (de las que se conocen muchos menos ejemplos). El esquema representado en la figura 6.2 junto a los esquemas 5.3 y 4.2 prácticamente constituyen la tabla completa que presentaron Nikiforov y Uvarov en 1991 [185, 190].

[11]Las constantes L_n, M_n y N_n reflejadas en dicha tabla son las constantes de la relación de estructura (6.17)

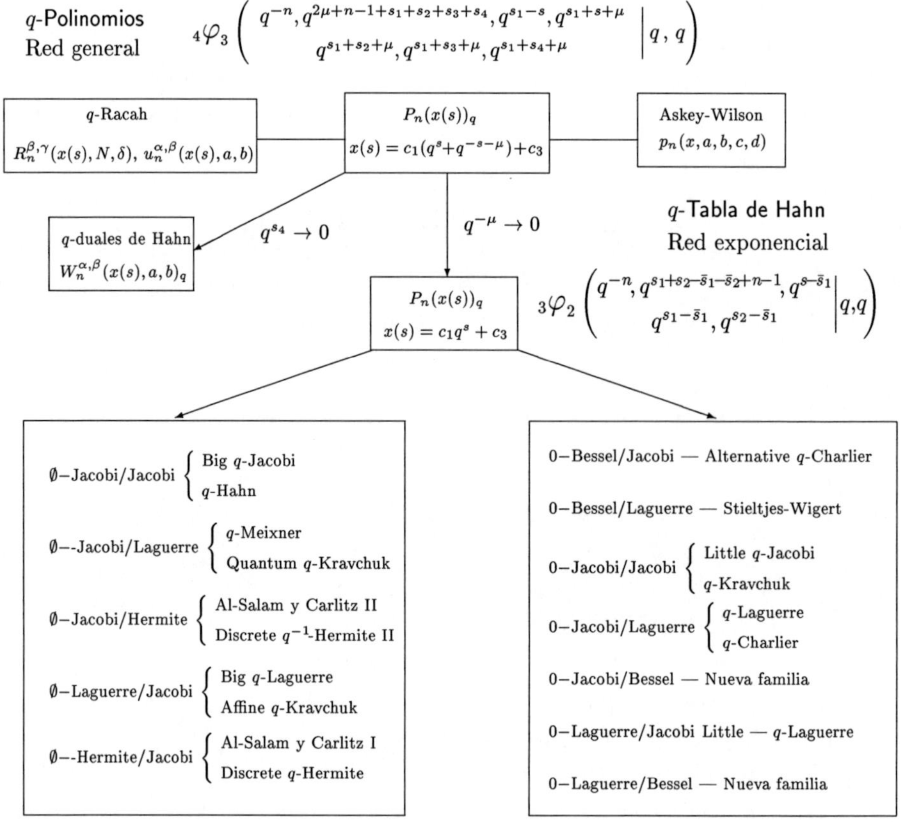

Figura 6.2: Fragmento de la q-tabla de Nikiforov y Uvarov de los q-polinomios

Capítulo 7

Distribución de ceros de los q-polinomios

Todo debe hacerse de forma sencilla
pero no simplista.

A. Einstein

En *"Reader Digest" octubre de 1977*

En este capítulo estudiaremos la distribución de los ceros de los $q-$polinomios.

7.1. Los momentos de los ceros de los q-polinomios

Para el estudio de los momentos de ceros de las familias de $q-$polinomios podemos utilizar el lema general 2.7.1, tal y como se hizo en los trabajos [9, 76] donde se obtuvieron por primera vez resultados generales sobre los momentos asintóticos de los ceros para muchas de las familias clásicas de q-polinomios. Siguiendo la idea expuesta en [9] vamos a estudiar las propiedades medias y medias asintóticas de los q-polinomios ortogonales generalizados mónicos que satisfacen una relación de recurrencia a tres términos (5.53) que escribiremos como

$$\begin{gathered} P_n(s)_q = (x(s) - a_n)P_{n-1}(s)_q - b_{n-1}^2 P_{n-2}(s)_q \\ P_{-1}(x) = 0, \quad P_0(x) = 1, \quad n \geq 1, \end{gathered} \tag{7.1}$$

donde los coeficientes de recurrencia a_n y b_n^2 están definidos mediante las expresiones (q real y, sin pérdida de generalidad, mayor de 1)

$$a_n = \frac{\displaystyle\sum_{m=0}^{A}\left(\sum_{i=0}^{g_m}\alpha_i^{(m)}n^{g_m-i}\right)q^{d_m n}}{\displaystyle\sum_{m=0}^{A'}\left(\sum_{i=0}^{h_m}\beta_i^{(m)}n^{h_m-i}\right)q^{e_m n}}, \quad b_n^2 = \frac{\displaystyle\sum_{m=0}^{B}\left(\sum_{i=0}^{k_m}\theta_i^{(m)}n^{k_m-i}\right)q^{f_m n}}{\displaystyle\sum_{m=0}^{B'}\left(\sum_{i=0}^{l_m}\gamma_i^{(m)}n^{l_m-i}\right)q^{s_m n}}. \tag{7.2}$$

En adelante denotaremos por a_n^{num} y $(b_n^{num})^2$ a los numeradores de a_n y b_n^2 respectivamente, y por a_n^{den} y $(b_n^{den})^2$ a los denominadores de a_n y b_n^2 respectivamente.

La relación de recurrencia anterior es extremadamente general y en ella están contenidos todos los polinomios clásicos (tanto clásicos como los $q-$polinomios) mencionados en los apartados anteriores. Si ahora exigimos a los coeficientes de la relación de recurrencia las siguientes condiciones adicionales

1. Los $\{\beta_i^{(m)};\ 0 \le i \le h_m\}_{m=0}^{A'}$, $\{\gamma_i^{(m)};\ 0 \le i \le l_m\}_{m=0}^{B'}$ no se anulan simultáneamente, o sea, a_n y b_n^2 están definidos para todo n,
2. los $\{\theta_i^{(m)};\ 0 \le i \le k_m\}_{m=0}^{B}$, $\{\gamma_i^{(m)};\ 0 \le i \le l_m\}_{m=0}^{B'}$ son tales que $b_n^2 \neq 0$ para $n \ge 1$ —o sea, tiene lugar el ya mencionado teorema de Favard— es decir, la relación de recurrencia (7.1) tiene asociada una sucesión de polinomios ortogonales $(P_n(x)_q)_{n=0}^{N}$, y
3.
$$\begin{array}{c} q^{d_0} > q^{d_1} > \ldots > q^{d_A};\ \ q^{e_0} > q^{e_1} > \ldots > q^{e_{A'}} \\ q^{f_0} > q^{f_1} > \ldots > q^{f_B};\ \ q^{s_0} > q^{s_1} > \ldots > q^{s_{B'}} \end{array} \tag{7.3}$$

   y

$$\begin{array}{c} g_0 > g_1 > \ldots > g_m;\ \ h_0 > h_1 > \ldots > h_m \\ k_0 > k_1 > \ldots > k_m;\ \ l_0 > l_1 > \ldots > l_m \end{array} \tag{7.4}$$

entonces se cumple el siguiente teorema [1]

Teorema 7.1.1 *Sea $P_N(x)_q$, con N suficientemente grande, un polinomio definido mediante las expresiones (7.1)-(7.4). Los momentos $(\mu_m'^{(N)})_{m=1}^{N}$ de la* densidad no normalizada de los ceros $\rho_N(x) = \sum_{i=1}^{N} \delta(x - x_{N,i})$ *del polinomio $P_N(x)_q$ tienen el siguiente comportamiento:*

1. Si $d_0 - e_0 = (f_0 - s_0)/2 = 0$, aparecen los siguientes tres casos:

a) *Si $g_0 - h_0 > (k_0 - l_0)/2$, entonces,*

$$\mu_m'^{(N)} \sim \left[\frac{\alpha_0^{(0)}}{\beta_0^{(0)}}\right]^m N^{(g_0-h_0)m+1}. \tag{7.5}$$

b) *Si $g_0 - h_0 = (k_0 - l_0)/2$, entonces,*

$$\mu_m'^{(N)} \sim \sum_{(m)} F(r_1', r_1, \ldots, r_{j+1}') \left[\frac{\alpha_0^{(0)}}{\beta_0^{(0)}}\right]^{R'} \left[\frac{\theta_0^{(0)}}{\gamma_0^{(0)}}\right]^{R} N^{\frac{1}{2}(k_0-l_0)m+1}. \tag{7.6}$$

[1] Estas dos series de desigualdades (7.3) y (7.4) evidentemente no son ninguna restricción o pérdida de generalidad del problema.

c) *Si* $g_0 - h_0 < (k_0 - l_0)/2$, *entonces,*

$$\mu_m'^{(N)} \sim \left[\frac{\theta_0^{(0)}}{\gamma_0^{(0)}} \right]^{\frac{m}{2}} N^{\frac{1}{2}(k_0-l_0)m+1}. \tag{7.7}$$

2. Si $d_0 - e_0 \neq 0$ *y/o* $f_0 - s_0 \neq 0$, *pueden ocurrir los siguientes dos casos:*

a) *Si* $d_0 - e_0 \leq 0$ *y* $f_0 - s_0 \leq 0$, *pueden ocurrir los siguientes tres subcasos:*

1) Si $d_0 - e_0 < 0$ *y* $f_0 - s_0 < 0$ *de forma que* $\Omega_1 \neq 0$, *entonces,*

$$\mu_m'^{(N)} \sim \sum_{(m)} \frac{F(r_1', r_1, \ldots, r_{j+1}')}{q^{-\Omega_2}(\log q)^M} \left[\frac{\alpha_0^{(0)}}{\beta_0^{(0)}} \right]^{R'} \left[\frac{\theta_0^{(0)}}{\gamma_0^{(0)}} \right]^{R} \frac{d^M}{d\Omega_1^M} \left(\frac{q^{\Omega_1}}{1 - q^{\Omega_1}} \right), \tag{7.8}$$

donde $\dfrac{d^M}{d\Omega_1^M}$ *denota la* M-ésima derivada respecto a Ω_1.

2) Si $d_0 - e_0 = 0$ *y* $f_0 - s_0 < 0$ *y* $g_0 - h_0 = k_0 - l_0 = 0$, *entonces,*

$$\mu_m'^{(N)} \sim \sum_{(m)} F(r_1', 0, \ldots, 0, r_{j+1}') \left[\frac{\alpha_0^{(0)}}{\beta_0^{(0)}} \right]^{R'} N. \tag{7.9}$$

3) Si $d_0 - e_0 < 0$ *y* $f_0 - s_0 = 0$ *y* $g_0 - h_0 = k_0 - l_0 = 0$, *entonces,*

$$\mu_m'^{(N)} \sim \sum_{(m)} F(0, r_1, \ldots, r_j, 0) \left[\frac{\theta_0^{(0)}}{\gamma_0^{(0)}} \right]^{R} N. \tag{7.10}$$

b) *Si* $d_0 - e_0 > 0$ *y/o* $f_0 - s_0 > 0$, *tienen lugar los siguientes tres subcasos:*

1) Si $d_0 - e_0 > (f_0 - s_0)/2$, *entonces,*

$$\mu_m'^{(N)} \sim \left[\frac{\alpha_0^{(0)}}{\beta_0^{(0)}} \right]^{m} \frac{q^{m(N+1)(d_0-e_0)}}{q^{m(d_0-e_0)} - 1} N^{(g_0-h_0)m}. \tag{7.11}$$

2) Si $d_0 - e_0 = (f_0 - s_0)/2$. *Entonces, tres diferentes situaciones pueden ocurrir.*

a′ *Si* $g_0 - h_0 > (k_0 - l_0)/2$, *entonces,*

$$\mu_m'^{(N)} \sim \left[\frac{\alpha_0^{(0)}}{\beta_0^{(0)}} \right]^{m} \frac{q^{m(N+1)(d_0-e_0)}}{q^{m(d_0-e_0)} - 1} N^{(g_0-h_0)m}. \tag{7.12}$$

b′ *Si* $g_0 - h_0 = (k_0 - l_0)/2$, *entonces,*

$$\begin{aligned} \mu_m'^{(N)} \sim & \sum_{(m)} F(r_1', r_1, \ldots, r_{j+1}') \left[\frac{\alpha_0^{(0)}}{\beta_0^{(0)}} \right]^{R'} \left[\frac{\theta_0^{(0)}}{\gamma_0^{(0)}} \right]^{R} \times \\ & \frac{q^{\Omega_2 + m(N+1-t)(d_0-e_0)}}{q^{m(d_0-e_0)} - 1} N^{m(g_0-h_0)}. \end{aligned} \tag{7.13}$$

c′ *Si* $g_0 - h_0 < (k_0 - l_0)/2$, *entonces,*

$$\mu_m'^{(N)} \sim \left[\frac{\theta_0^{(0)}}{\gamma_0^{(0)}}\right]^{\frac{m}{2}} \frac{q^{(d_0-e_0)mN}}{q^{(d_0-e_0)m}-1} N^{\frac{1}{2}(k_0-l_0)m}. \tag{7.14}$$

3) $d_0 - e_0 < (f_0 - s_0)/2$. *Entonces,*

$$\mu_m'^{(N)} \sim \left[\frac{\theta_0^{(0)}}{\gamma_0^{(0)}}\right]^{\frac{m}{2}} \frac{q^{\frac{1}{2}(f_0-s_0)mN}}{q^{\frac{1}{2}(f_0-s_0)m}-1} N^{\frac{1}{2}(f_0-s_0)m}. \tag{7.15}$$

La suma $\sum_{(m)}$ *y el parámetro t están definidos como en el teorema 2.7.1 (ver página 47). Además, los parámetros* Ω_1, Ω_2 *y M están definidos mediante las expresiones*

$$\Omega_1 = [(d_0 - e_0) - \frac{1}{2}(f_0 - s_0)]R' + \frac{m}{2}(f_0 - s_0), \tag{7.16}$$

$$\Omega_2 = (d_0 - e_0)\sum_{k=1}^{j} kr'_{k+1} + (f_0 - s_0)\sum_{k=1}^{j-1} kr_{k+1}, \tag{7.17}$$

$$M = [(g_0 - h_0) - \frac{1}{2}(k_0 - l_0)]R' + \frac{m}{2}(k_0 - l_0). \tag{7.18}$$

También a partir de la RRTT (7.1) con coeficientes (7.2) se pueden estudiar [9] las propiedades medias asintóticas de los q-polinomios, las cuales se deducen del teorema anterior. Además, como consecuencia del teorema anterior se obtiene una clasificación de los q-polinomios generalizados en función de sus propiedades espectrales medias obtenidas a partir de los coeficientes de la relación de recurrencia (7.1) que estos satisfacen. Pasemos ahora a estudiar las correspondientes densidades asintóticas.

Teorema 7.1.2 *Sea* $P_N(x)_q$ *un polinomio definido como en el teorema 7.1.1 con la condición adicional* $(d_0 - e_0) = (f_0 - s_0)/2 = 0$ *(caso 1). Sean* $\rho(x)$, $\rho_1^*(x)$ *y* $\rho_2^*(x)$ *las densidades asintóticas (cuando* $N \to \infty$*) de los ceros del polinomio* $P_N(x)_q$ *definidas por*

$$\rho(x) = \lim_{N\to\infty} \rho_N(x), \quad \rho_1^*(x) = \lim_{N\to\infty} \frac{1}{N}\rho_N\left(\frac{x}{N^{(g_0-h_0)}}\right), \quad \rho_2^*(x) = \lim_{N\to\infty} \frac{1}{N}\rho_N\left(\frac{x}{N^{\frac{1}{2}(k_0-l_0)}}\right),$$

y sus correspondientes momentos

$$\mu_m' = \lim_{N\to\infty} \mu_m'^{(N)}, \quad \mu_m^*(1) = \lim_{N\to\infty} \frac{\mu_m'^{(N)}}{N^{(g_0-h_0)m}}, \quad \mu_m^*(2) = \lim_{N\to\infty} \frac{\mu_m'^{(N)}}{N^{(k_0-l_0)\frac{m}{2}}},$$

para $m = 0, 1, 2, \ldots$ *respectivamente. En adelante denotaremos por* $\rho_N(x)$ *la densidad discreta de los ceros del polinomio* $P_N(x)_q$. *Entonces,* $\mu_m' = \infty$, $m \geq 0$, *y*

1. *Si $g_0 - h_0 > (k_0 - l_0)/2$, entonces,*

$$\mu^*_m(1) = \left[\frac{\alpha_0^{(0)}}{\beta_0^{(0)}}\right]^m, \quad m \geq 0. \tag{7.19}$$

2. *Si $g_0 - h_0 = (k_0 - l_0)/2$, entonces,*

$$\mu^*_m(2) = \sum_{(m)} F(r'_1, r_1, \ldots, r'_{j+1}) \left[\frac{\alpha_0^{(0)}}{\beta_0^{(0)}}\right]^{R'} \left[\frac{\theta_0^{(0)}}{\gamma_0^{(0)}}\right]^{R}, \quad m \geq 0. \tag{7.20}$$

3. *Si $g_0 - h_0 < (k_0 - l_0)/2$, entonces,*

$$\mu^*_m(2) = \left[\frac{\theta_0^{(0)}}{\gamma_0^{(0)}}\right]^{\frac{m}{2}}, \quad m \geq 0. \tag{7.21}$$

Los coeficientes F y el símbolo $\sum_{(m)}$ están definidos como en el teorema 7.1.1.

Teorema 7.1.3 *Sea $P_N(x)_q$ un polinomio definido como en el teorema 7.1.1 con la condición adicional $(d_0 - e_0) \leq 0$ y $(f_0 - s_0)/2 \leq 0$ (subcaso 2*a*). Sean $\rho(x)$ y $\rho_1(x)$ las densidades asintóticas de los ceros de $P_N(x)_q$ definidas por*

$$\rho(x) = \lim_{N\to\infty} \rho_N(x); \qquad \rho_1(x) = \lim_{N\to\infty} \frac{1}{N}\rho_N(x), \tag{7.22}$$

y sus correspondientes momentos

$$\mu'_m = \lim_{N\to\infty} \mu'^{(N)}_m; \qquad \mu'_m(1) = \lim_{N\to\infty} \frac{\mu'^{(N)}_m}{N}, \tag{7.23}$$

para $m \geq 0$, respectivamente. Entonces,

1. *Si $d_0 - e_0 < 0$ y $f_0 - s_0 < 0$ de forma que $\Omega_1 \neq 0$, entonces,*

$$\mu'_m = \sum_{(m)} \frac{F(r'_1, r_1, \ldots, r'_{j+1})}{q^{-\Omega_2}(\log q)^M} \left[\frac{\alpha_0^{(0)}}{\beta_0^{(0)}}\right]^{R'} \left[\frac{\theta_0^{(0)}}{\gamma_0^{(0)}}\right]^{R} \frac{d^M}{d\Omega_1^M}\left(\frac{q^{\Omega_1}}{1 - q^{\Omega_1}}\right), \tag{7.24}$$

y

$$\mu'_0(1) = 1, \quad \mu'_m(1) = 0, \quad m \geq 1. \tag{7.25}$$

2. *Si $d_0 - e_0 = 0$ y $f_0 - s_0 < 0$ y $g_0 - h_0 = k_0 - l_0 = 0$, entonces, $\mu'_m = \infty$, $m \geq 0$*

$$\mu'_0(1) = 1, \quad \mu'_m(1) = \sum_{(m)} F(r'_1, 0, \ldots, 0, r'_{j+1}) \left[\frac{\alpha_0^{(0)}}{\beta_0^{(0)}}\right]^{R'}, \tag{7.26}$$

3. Si $d_0 - e_0 < 0$ y $f_0 - s_0 = 0$ y $g_0 - h_0 = k_0 - l_0 = 0$, entonces, $\mu'_m = \infty$, $m \geq 0$.

$$\mu'_0(1) = 1, \quad \sum_{(m)} F(0, r_1, 0, \ldots, r_j, 0) \left[\frac{\theta_0^{(0)}}{\gamma_0^{(0)}} \right]^R, \quad m \geq 1. \tag{7.27}$$

Los coeficientes F, el símbolo $\sum_{(m)}$ y los parámetros Ω_1, Ω_2 y M están definidos como en el teorema 7.1.1.

Teorema 7.1.4 *Sea $P_N(x)_q$ un polinomio definido como en el teorema 7.1.1 con la condición adicional $(d_0 - e_0) > 0$ y/o $(f_0 - s_0)/2 > 0$ (subcaso 2*b*). Sean $\rho(x)$, $\rho_1^{**}(x)$, $\rho_2^{**}(x)$, $\rho_3^{**}(x)$, $\rho_1^{++}(x)$, $\rho_2^{++}(x)$ y $\rho_3^{++}(x)$ las densidades asintóticas de los ceros de $P_N(x)_q$ definidas por*

$$\rho(x) = \lim_{N\to\infty} \rho_N(x), \tag{7.28}$$

$$\begin{gathered} \rho_1^{**}(x) = \lim_{N\to\infty} \rho_N\left(\frac{xq^{-(d_0-e_0)N}}{N^{(g_0-h_0)}} \right), \qquad \rho_2^{**}(x) = \lim_{N\to\infty} \rho_N\left(\frac{xq^{-(d_0-e_0)N}}{N^{\frac{1}{2}(k_0-l_0)}} \right), \\ \rho_3^{**}(x) = \lim_{N\to\infty} \rho_N\left(\frac{xq^{-\frac{1}{2}(f_0-s_0)N}}{N^{\frac{1}{2}(k_0-l_0)}} \right), \end{gathered} \tag{7.29}$$

$$\begin{aligned} \rho_1^{++}(x) &= \lim_{N\to\infty} \frac{(m)_q}{(mM)_q} \rho_N\left(\frac{xq^{-(d_0-e_0-1)N}}{N^{(g_0-h_0)}} \right), \\ \rho_2^{++}(x) &= \lim_{N\to\infty} \frac{(m)_q}{(mM)_q} \rho_N\left(\frac{xq^{-(d_0-e_0-1)N}}{N^{\frac{1}{2}(k_0-l_0)}} \right), \\ \rho_3^{++}(x) &= \lim_{N\to\infty} \frac{(m)_q}{(mM)_q} \rho_N\left(\frac{xq^{-\frac{1}{2}(f_0-s_0-2)N}}{N^{\frac{1}{2}(k_0-l_0)}} \right), \end{aligned} \tag{7.30}$$

y sus correspondientes momentos

$$\mu'_m = \lim_{N\to\infty} \mu'^{(N)}_m, \tag{7.31}$$

$$\begin{gathered} \mu_m^{**}(1) = \lim_{N\to\infty} \frac{\mu'^{(N)}_m}{N^{(g_0-h_0)} q^{(d_0-e_0)mN}}, \quad \mu_m^{**}(2) = \lim_{N\to\infty} \frac{\mu'^{(N)}_m}{N^{\frac{1}{2}(k_0-l_0)} q^{(d_0-e_0)mN}}, \\ \mu_m^{**}(3) = \lim_{N\to\infty} \frac{\mu'^{(N)}_m}{N^{\frac{1}{2}(k_0-l_0)} q^{\frac{1}{2}(f_0-s_0)mN}}, \end{gathered} \tag{7.32}$$

$$\begin{aligned} \mu_m^{++}(1) &= \lim_{N\to\infty} \frac{(m)_q}{(mM)_q} \frac{\mu'^{(N)}_m}{N^{(g_0-h_0)} q^{(d_0-e_0-1)mN}}, \\ \mu_m^{++}(2) &= \lim_{N\to\infty} \frac{(m)_q}{(mM)_q} \frac{\mu'^{(N)}_m}{N^{\frac{1}{2}(k_0-l_0)} q^{(d_0-e_0-1)mN}}, \\ \mu_m^{++}(3) &= \lim_{N\to\infty} \frac{(m)_q}{(mM)_q} \frac{\mu'^{(N)}_m}{N^{\frac{1}{2}(k_0-l_0)} q^{\frac{1}{2}(f_0-s_0-2)mN}}, \end{aligned} \tag{7.33}$$

para $m \geq 0$, respectivamente, y donde $(n)_q$ denota al q-número *clásico* [2]

$$(n)_q = \frac{q^n - 1}{q - 1}. \tag{7.34}$$

[2]Este es el mismo número introducido en (6.29). No confundir con el q-número $[n]_q = \frac{q^{\frac{n}{2}} - q^{-\frac{n}{2}}}{\varkappa_q}$ definido en el capítulo **5**.

Entonces, $\mu'_m = \infty$, $m \geq 0$ *y*

1. $d_0 - e_0 > (f_0 - s_0)/2$. *Entonces,*

$$\mu_0^{**}(1) = \infty, \quad \mu_m^{**}(1) = \left[\frac{\alpha_0^{(0)}}{\beta_0^{(0)}}\right]^m \frac{q^{m(d_0-e_0)}}{q^{m(d_0-e_0)} - 1}, \quad m \geq 1. \tag{7.35}$$

Además,

$$\mu_0^{++}(1) = 1, \quad \mu_m^{++}(1) = (q^m - 1)\mu_m^{**}(1), \quad m \geq 1. \tag{7.36}$$

2. *Si* $d_0 - e_0 = (f_0 - s_0)/2$, *pueden ocurrir los siguientes tres casos:*

   a) $g_0 - h_0 > (k_0 - l_0)/2$. *Entonces, los momentos* $\mu_m^{**}(1)$ *y* $\mu_m^{++}(1)$ *coinciden con los del caso anterior, o sea, se expresan mediante las fórmulas (7.35) y (7.36).*

   b) $g_0 - h_0 = (k_0 - l_0)/2$. *Entonces,* $\mu_0^{**}(1) = \infty$, *y si* $m \geq 1$,

$$\mu_m^{**}(1) = \sum_{(m)} F(r'_1, r_1, \ldots, r'_{j+1}) \left[\frac{\alpha_0^{(0)}}{\beta_0^{(0)}}\right]^{R'} \left[\frac{\theta_0^{(0)}}{\gamma_0^{(0)}}\right]^{R} \frac{q^{\Omega_2 + m(1-t)(d_0-e_0)}}{q^{m(d_0-e_0)} - 1}, \tag{7.37}$$

   Además,

$$\mu_0^{++}(1) = 1, \qquad \mu_m^{++}(1) = (q^m - 1)\mu_m^{**}(1), \quad m \geq 1. \tag{7.38}$$

   c) $g_0 - h_0 < (k_0 - l_0)/2$. *Entonces,*

$$\mu_0^{**}(2) = \infty, \quad \mu_m^{**}(2) = \left[\frac{\theta_0^{(0)}}{\gamma_0^{(0)}}\right]^{\frac{m}{2}} \frac{1}{q^{(d_0-e_0)m} - 1}, \ m \geq 1. \tag{7.39}$$

   Además,

$$\mu_0^{++}(2) = 1, \qquad \mu_m^{++}(2)(q^m - 1)\mu_m^{**}(2), \quad m \geq 1 \tag{7.40}$$

3. $d_0 - e_0 < (f_0 - s_0)/2$. *Entonces,*

$$\mu_0^{**}(3) = \infty, \quad \mu_m^{**}(3) = \left[\frac{\theta_0^{(0)}}{\gamma_0^{(0)}}\right]^{\frac{m}{2}} \frac{1}{q^{\frac{1}{2}(f_0-s_0)m} - 1}, \quad m \geq 1 \tag{7.41}$$

Además,

$$\mu_0^{++}(3) = 1, \qquad \mu_m^{++}(3) = (q^m - 1)\mu_m^{**}(3), \quad m \geq 1. \tag{7.42}$$

Los coeficientes F, *el símbolo* $\sum_{(m)}$ *y los parámetros* Ω_1, Ω_2 *y* M *están definidos como en el teorema 7.1.1.*

Demostración del teorema 7.1.1: Sea $P_N(x)_q$, con $N >> 1$ el polinomio definido por (2.21)–(7.4), esto es,

$$P_N(x)_q = (x - a_N)P_{N-1}(x)_q - b_{N-1}^2 P_{N-2}(x)_q, \tag{7.43}$$

$$1.\quad d_0 - e_0 = \tfrac{1}{2}(f_0 - s_0) \begin{cases} 1a)\ g_0 - h_0 > \tfrac{1}{2}(k_0 - l_0) \\ 1b)\ g_0 - h_0 = \tfrac{1}{2}(k_0 - l_0) \\ 1c)\ g_0 - h_0 < \tfrac{1}{2}(k_0 - l_0) \end{cases}$$

$$2.\quad \begin{matrix} d_0 - e_0 \neq 0 \\ f_0 - s_0 \neq 0 \end{matrix} \begin{cases} 2a)\ \begin{matrix} d_0 - e_0 \leq 0 \\ f_0 - s_0 \leq 0 \end{matrix} \begin{cases} 2a1) \begin{cases} d_0 - e_0 < 0 \\ f_0 - s_0 < 0 \end{cases} & \Omega_1 \neq 0 \\ 2a2) \begin{cases} d_0 - e_0 = 0 \\ f_0 - s_0 < 0 \end{cases} & g_0 - h_0 = k_0 - l_0 = 0 \\ 2a3) \begin{cases} d_0 - e_0 < 0 \\ f_0 - s_0 = 0 \end{cases} & g_0 - h_0 = k_0 - l_0 = 0 \end{cases} \\ 2b)\ \begin{matrix} d_0 - e_0 > 0 \\ \text{y/o} \\ f_0 - s_0 > 0 \end{matrix} \begin{cases} 2b1)\ d_0 - e_0 > \tfrac{1}{2}(f_0 - s_0) \\ 2b2)\ d_0 - e_0 = \tfrac{1}{2}(f_0 - s_0) \begin{cases} 2b2a)\ g_0 - h_0 > \tfrac{1}{2}(k_0 - l_0) \\ 2b2b)\ g_0 - h_0 = \tfrac{1}{2}(k_0 - l_0) \\ 2b2c)\ g_0 - h_0 < \tfrac{1}{2}(k_0 - l_0) \end{cases} \\ 2b3)\ d_0 - e_0 < \tfrac{1}{2}(f_0 - s_0) \end{cases} \end{cases}$$

Figura 7.1: Clasificación de los q-polinomios generalizados en función de sus propiedades espectrales medias

donde a_N y b_N^2 son los valores a_n y b_n^2 definidos en (3.93) para $n = N$. Ante todo, encontremos los términos dominantes (en N) en las expresiones (3.93) para a_N y b_{N-1}^2. Sustituyendo n por N en (3.93) y teniendo en cuenta que

$$\begin{aligned} &\sum_{m=0}^{A}\left(\sum_{i=0}^{g_m}\alpha_i^{(m)}N^{g_m-i}\right)q^{d_mN} \sim \left(\sum_{i=0}^{g_0}\alpha_i^{(0)}N^{g_0-i}\right)q^{d_0N} \sim \alpha_0^{(0)}N^{g_0}q^{d_0N}, \\ &\sum_{m=0}^{A'}\left(\sum_{i=0}^{h_m}\beta_i^{(m)}N^{h_m-i}\right)q^{e_mN} \sim \left(\sum_{i=0}^{h_0}\beta_i^{(0)}N^{h_0-i}\right)q^{e_0N} \sim \beta_0^{(0)}N^{h_0}q^{e_0N}, \end{aligned} \tag{7.44}$$

no es difícil comprobar que

$$a_N \sim \frac{\alpha_0^{(0)}}{\beta_0^{(0)}}N^{g_0-h_0}q^{(e_0-d_0)N}, \tag{7.45}$$

y de manera análoga obtenemos

$$b_N^2 \sim \frac{\theta_0^{(0)}}{\gamma_0^{(0)}}N^{k_0-l_0}q^{(f_0-s_0)N}. \tag{7.46}$$

Para deducir (7.44) hemos utilizado las condiciones (7.3) y (7.4). Usando (7.45)-(7.46), (3.93) puede ser reescrita como

$$(7.47)\qquad \begin{aligned} a_n &= \frac{\alpha_0^{(0)}}{\beta_0^{(0)}} n^{g_0-h_0} q^{(e_0-d_0)n} + O(n^{g_0-h_0-1} q^{(e_0-d_0)n}),\\ b_n^2 &= \frac{\theta_0^{(0)}}{\gamma_0^{(0)}} n^{(k_0-l_0)} q^{(f_0-s_0)n} + O(n^{k_0-l_0-1} q^{(f_0-s_0)n}), \end{aligned}$$

para $n \geq 1$. Para calcular la densidad discreta de ceros de $P_N(x)_q$, supondremos que dicha densidad puede ser caracterizada por el conocimiento de todos los momentos $(\mu_m'^{(N)})_{m=0}^N$ definidos por

$$(7.48)\qquad \mu_0 = N, \quad \mu_m'^{(N)} = \int_a^b x^m \rho_N(x)\, dx, \quad m = 1, 2, \ldots, N.$$

Sustituyendo (7.47) en (2.22), obtenemos para los momentos $\mu_m'^{(N)}$ los valores:

$$(7.49)\qquad \begin{aligned} \mu_m'^{(N)} \sim & \sum_{(m)} F(r_1', r_1, \ldots, r_j, r_{j+1}') \left[\frac{\alpha_0^{(0)}}{\beta_0^{(0)}}\right]^{R'} \left[\frac{\theta_0^{(0)}}{\gamma_0^{(0)}}\right]^{R} \times \\ & \sum_{i=1}^{N-t} \left[\prod_{k=0}^{j-1} (i+k)^{(g_0-h_0)r_{k+1}' - (k_0-l_0)r_{k+1}}\right] (i+j)^{(g_0-h_0)r_{j+1}'} q^{\Omega_2 + i\Omega_1}. \end{aligned}$$

Pero

$$\left[\prod_{k=0}^{j-1} (i+k)^{(g_0-h_0)r_{k+1}' - (k_0-l_0)r_{k+1}}\right] (i+j)^{(g_0-h_0)r_{j+1}'} \sim i^M.$$

Luego, la fórmula (7.49) se reduce a

$$(7.50)\qquad \mu_m'^{(N)} \sim \sum_{(m)} F(r_1', r_1, \ldots, r_j, r_{j+1}') \left[\frac{\alpha_0^{(0)}}{\beta_0^{(0)}}\right]^{R'} \left[\frac{\theta_0^{(0)}}{\gamma_0^{(0)}}\right]^{R} q^{\Omega_2} \sum_{i=1}^{N-t} i^M q^{i\Omega_1},$$

con la siguiente notación:

$$(7.51)\qquad \begin{aligned} & R = \sum_{i=1}^{j} r_i, \quad R' = \sum_{i=1}^{j-1} r_i', \quad \Omega_1 = (d_0 - e_0)R' + (f_0 - s_0)R, \\ & \Omega_2 = (d_0 - e_0) \sum_{k=1}^{j} k r_{k+1}' + 2(f_0 - s_0) \sum_{k=1}^{j-1} k r_{k+1}, \quad M = (g_0 - h_0)R' + (k_0 - l_0)R\,. \end{aligned}$$

Nótese que, como consecuencia de (2.23), $(R' + 2R = m)$ los parámetros Ω_1 y M se pueden reescribir de la forma

$$(7.52)\qquad \Omega_1 = [(d_0 - e_0) - \frac{1}{2}(f_0 - s_0)]R' + \frac{m}{2}(f_0 - s_0),$$

$$(7.53)\qquad M = [(g_0 - h_0) - \frac{1}{2}(k_0 - l_0)]R' + \frac{m}{2}(k_0 - l_0),$$

que coinciden con las expresiones (7.16) y (7.18) del enunciado del teorema.

Para continuar la demostración es preciso *calcular* la suma en (7.50). Un análisis de la expresión (7.52) para Ω_1 nos conduce a dos diferentes posibilidades:

1. $d_0 - e_0 = (f_0 - s_0)/2 = 0$,
2. $d_0 - e_0 \neq 0$ y/o $1/2(f_0 - s_0) \neq 0$.

Veamos ahora cómo (7.50) se simplifica en cada caso.

Caso 1: $d_0 - e_0 = (f_0 - s_0)/2 = 0.$

En este caso $\Omega_1 = \Omega_2 = 0$ y como $\sum_{i=1}^{N-t} i^M \sim (N-t)^{M+1}$, $N >> 1$, entonces, (7.50) se reduce a

$$\mu_m'^{(N)} \sim \sum_{(m)} F(r_1', r_1, \ldots, r_j, r_{j+1}') \left[\frac{\alpha_0^{(0)}}{\beta_0^{(0)}}\right]^{R'} \left[\frac{\theta_0^{(0)}}{\gamma_0^{(0)}}\right]^{R} N^{M+1}. \tag{7.54}$$

Para continuar simplificando esta expresión examinaremos la fórmula (7.53) para M. Ello nos conduce a los siguientes tres subcasos correspondientes a: $g_0 - h_0 > (k_0 - l_0)/2$, $g_0 - h_0 = (k_0 - l_0)/2$ y $g_0 - h_0 < (k_0 - l_0)/2$, respectivamente.

Veamos qué ocurre en cada uno de ellos.

1. *a*) $g_0 - h_0 > (k_0 - l_0)/2$. Nótese que

$$M = \underbrace{\left[(g_0 - h_0) - \frac{1}{2}(k_0 - l_0)\right]}_{\text{positivo}} R' + \frac{m}{2}(k_0 - l_0).$$

Luego el término dominante se obtiene cuando $R' = m$ y $R = 0$, que corresponde a la partición $(m, 0, 0, \ldots, 0)$. Por tanto, $M = (g_0 - h_0)m$ y (7.54) se reduce a

$$\mu_m'^{(N)} \sim \sum_{(m)} F(m, 0, 0, \ldots, 0) \left[\frac{\alpha_0^{(0)}}{\beta_0^{(0)}}\right]^{m} N^{(g_0 - h_0)m+1}.$$

Como $F(m, 0, 0, \ldots, 0) = 1$ (ver (2.24)), la expresión anterior coincide con la expresión (7.5) del teorema 7.1.1.

b) $g_0 - h_0 = (k_0 - l_0)/2$. Entonces, $M = m(k_0 - l_0)/2$ y (7.54) se transforma en

$$\mu_m'^{(N)} \sim \sum_{(m)} F(r_1', r_1, \ldots, r_j, r_{j+1}') \left[\frac{\alpha_0^{(0)}}{\beta_0^{(0)}}\right]^{R'} \left[\frac{\theta_0^{(0)}}{\gamma_0^{(0)}}\right]^{R} N^{\frac{m}{2}(k_0 - l_0)+1}.$$

Esta expresión coincide con la expresión (7.6) del teorema 7.1.1.

c) $g_0 - h_0 < (k_0 - l_0)/2$. Nótese que

$$M = \underbrace{\left[(g_0 - h_0) - \frac{1}{2}(k_0 - l_0)\right]}_{\text{negativo}} R' + \frac{m}{2}(k_0 - l_0).$$

Luego, el término dominante se obtiene cuando $2R = m$ y $R' = 0$, o sea, para las particiones $(0, m, 0, \ldots, 0)$. Por tanto, $M = (k_0 - l_0)/2$ y (7.54) se reduce a

$$\mu_m'^{(N)} \sim \sum_{(m)} F(0, m, 0, 0, \ldots, 0) \left[\frac{\theta_0^{(0)}}{\gamma_0^{(0)}}\right]^{\frac{m}{2}} N^{\frac{1}{2}(k_0 - l_0)+1},$$

que coincide con la expresión (7.7) del teorema 7.1.1 pues $F(0, m, 0, \ldots, 0) = 1$.

Caso 2: $d_0 - e_0 \neq 0$ y/o $1/2(f_0 - s_0) \neq 0$.

Aquí sólo podemos calcular la *suma en i* de (7.50)

$$\sum_{i=1}^{N-t} i^M q^{i\Omega_1} = \frac{1}{(\log q)^M} \sum_{i=1}^{N-t} \frac{d^M}{d\Omega_1^M} q^{i\Omega_1} = \frac{1}{(\log q)^M} \frac{d^M}{d\Omega_1^M} \sum_{i=1}^{N-t} q^{i\Omega_1} =$$

$$= \frac{1}{(\log q)^M} \frac{d^M}{d\Omega_1^M} \left[\frac{q^{\Omega_1} - q^{\Omega_1(N-t+1)}}{1 - q^{\Omega_1}}\right].$$

Dependiendo de si q^{Ω_1} es mayor o menor que 1, la suma anterior tendrá un comportamiento u otro. Así tenemos

$$q^{\Omega_1} - q^{\Omega_1(N-t+1)} \sim \begin{cases} q^{\Omega_1} & \text{si } q^{\Omega_1} < 1 \\ -q^{\Omega_1(N-t+1)} & \text{si } q^{\Omega_1} > 1 \end{cases}. \tag{7.55}$$

Entonces

$$\sum_{i=1}^{N-t} i^M q^{i\Omega_1} \sim \frac{1}{(\log q)^M} \frac{d^M}{d\Omega_1^M} \left[\frac{q^{\Omega_1}}{1 - q^{\Omega_1}}\right] \quad \text{si } q^{\Omega_1} < 1, \tag{7.56}$$

y

$$\sum_{i=1}^{N-t} i^M q^{i\Omega_1} \sim \left[\frac{q^{\Omega_1(N-t+1)}}{q^{\Omega_1} - 1} N^M\right] \quad \text{si } q^{\Omega_1} > 1. \tag{7.57}$$

Por tanto, de (7.55) está claro que, para reducir lo más posible la expresión (7.50) de los momentos $\mu_m'^{(N)}$, tenemos, necesariamente, que distinguir los siguientes dos casos: $q^{\Omega_1} < 1$ ($\Omega_1 < 0$) para todas las particiones de m y $q^{\Omega_1} > 1$ ($\Omega_1 > 0$) para al menos una partición de m. Utilizando (7.52), dichos casos tienen lugar si:

1. *a*) $d_0 - e_0 < 0$ y $f_0 - s_0 < 0$,

   b) $d_0 - e_0 = 0$ y $f_0 - s_0 < 0$,

   c) $d_0 - e_0 < 0$ y $f_0 - s_0 = 0$,

2. $d_0 - e_0 > 0$ y/o $f_0 - s_0 > 0$,

respectivamente. Veamos cómo los momentos $\mu_m'^{(N)}$ en (7.50) se simplifican en cada uno de ellos:

1. Subcaso (2*a*):

   a) $d_0 - e_0 < 0$ y $f_0 - s_0 < 0$ de tal manera que $\Omega_1 \neq 0$. Sustituyendo la *suma en i* (7.56) en (7.50) obtenemos:

$$\mu_m'^{(N)} \sim \sum_{(m)} \frac{F(r_1', r_1, \ldots, r_{j+1}')}{q^{-\Omega_2}(\log q)^M} \left[\frac{\alpha_0^{(0)}}{\beta_0^{(0)}}\right]^{R'} \left[\frac{\theta_0^{(0)}}{\gamma_0^{(0)}}\right]^{R} \frac{d^M}{d\Omega_1^M}\left(\frac{q^{\Omega_1}}{1-q^{\Omega_1}}\right),$$

   que coincide con la expresión (7.8) del teorema 7.1.1.

   b) $d_0 - e_0 = 0$ y $f_0 - s_0 < 0$ y $g_0 - h_0 = k_0 - l_0 = 0$. Como

$$M = [(g_0 - h_0) - \frac{1}{2}(k_0 - l_0)]R' + \frac{m}{2}(k_0 - l_0) = 0,$$

   entonces,

$$\sum_{i=1}^{N-t} i^M q^{i\Omega_1} = \sum_{i=1}^{N-t} q^{i\Omega_1} = q^{\Omega_1}\left[\frac{1 - q^{\Omega_1(N-t)}}{1 - q^{\Omega_1}}\right],$$

   donde $\Omega_1 = (f_0 - s_0)R$ (ver (7.51)). Si $N >> 1$ la expresión anterior nos indica que la suma en i es una función decreciente y cóncava (hacia arriba) que tiene un máximo cuando $\Omega_1 = 0$, o sea, cuando $R = 0$ y $R' = m$, e igual a N. Ello corresponde a todas las particiones $(r_1', 0, \ldots, 0, r_{j+1}')$. Nótese que (ver (7.51))

$$\Omega_2 = \underbrace{(d_0 - e_0)}_{=0} \sum_{k=1}^{j} k r_{k+1}' + 2(f_0 - s_0) \sum_{k=1}^{j-1} k \underbrace{r_{k+1}}_{=0} = 0.$$

   Entonces, (7.50) se transforma en

$$\mu_m'^{(N)} \sim \sum_{(m)} F(r_1', 0, \ldots, 0, r_{j+1}') \left[\frac{\alpha_0^{(0)}}{\beta_0^{(0)}}\right]^{R'} N,$$

   que coincide con la expresión (7.9) del teorema 7.1.1.

   c) $d_0 - e_0 < 0$ y $f_0 - s_0 = 0$ y $g_0 - h_0 = k_0 - l_0 = 0$. Para este caso $\Omega_1 = (d_0 - e_0)R' \leq 0$. Luego, como en el caso anterior, tenemos

$$\Omega_1 = 0, \quad \Omega_2 = 0, \quad \sum_{i=1}^{N-t} q^{i\Omega_1} = N$$

   y (7.50) se reduce a la expresión (7.10) del teorema 7.1.1.

2. Subcaso (2*b*): $d_0 - e_0 > 0$ y/o $f_0 - s_0 > 0$. Utilizando (7.57) y (7.50) tenemos

$$\mu_m'^{(N)} \sim \sum_{(m)} F(r_1', r_1, \ldots, r_j, r_{j+1}') \times \tag{7.58}$$
$$\left[\frac{\alpha_0^{(0)}}{\beta_0^{(0)}}\right]^{R'} \left[\frac{\theta_0^{(0)}}{\gamma_0^{(0)}}\right]^{R} \frac{q^{\Omega_2+(1-t)\Omega_1}}{q^{i\Omega_1}-1} q^{i\Omega_1 N} N^M.$$

Para seguir adelante en el análisis de la dependencia en N de $\mu_m'^{(N)}$ tendremos que analizar la expresión (7.52) que define a Ω_1. Ello nos conduce a considerar los siguientes tres casos:

a) $d_0 - e_0 > (f_0 - s_0)/2$,

b) $d_0 - e_0 = (f_0 - s_0)/2$,

c) $d_0 - e_0 < (f_0 - s_0)/2$.

Examinemos cómo se simplifica (7.58) en cada uno de ellos.

a) $d_0 - e_0 > (f_0 - s_0)/2$. De (7.52) y (7.58) deducimos que el término dominante en la suma corresponde a $R' = m$ ya que

$$\Omega_1 = \underbrace{\left[(d_0 - e_0) - \frac{1}{2}(f_0 - s_0)\right]}_{\text{positivo}} R' + \frac{m}{2}(f_0 - s_0).$$

Entonces, $R = 0$, $\Omega_1 = m(d_0 - e_0)$, $M = (g_0 - h_0)$, la partición correspondiente es $(m, 0, \ldots, 0)$ y, por tanto, $\Omega_2 = 0$ y $t = 0$. Luego,

$$\mu_m'^{(N)} \sim \sum_{(m)} F(m, 0, 0, \ldots, 0) \left[\frac{\alpha_0^{(0)}}{\beta_0^{(0)}}\right]^m \frac{q^{m(N+1)(d_0-e_0)}}{q^{m(d_0-e_0)}-1} N^{(g_0-h_0)m}.$$

Como $F(m, 0, 0, \ldots, 0) = 1$ (ver (2.24)) la expresión anterior coincide con la expresión (7.11) del teorema 7.1.1.

b) $d_0 - e_0 = (f_0 - s_0)/2$. Aquí, $\Omega_1 = (f_0 - s_0)m/2 = (d_0 - e_0)m$, y es un número fijo para todas las particiones m. Luego, para encontrar el término dominante en N en la *suma (m)* de (7.58), debemos estudiar el parámetro M definido por (7.53). Analizando (7.53) encontramos que existen tres diferentes posibilidades:

1) $g_0 - h_0 > (k_0 - l_0)/2$,

2) $g_0 - h_0 = (k_0 - l_0)/2$,

3) $g_0 - h_0 < (k_0 - l_0)/2$.

Para el caso $g_0 - h_0 > (k_0 - l_0)/2$ el término dominante es el correspondiente a la condición N^M máximo. Esto ocurre cuando $R' = m$, $R = 0$ puesto que

$$M = \underbrace{\left[(g_0 - h_0) - \frac{1}{2}(k_0 - l_0)\right]}_{\text{positivo}} R' + \frac{m}{2}(k_0 - l_0).$$

Luego, la partición correspondiente es $(m, 0, \dots, 0)$, y $F(m, 0, 0, \dots, 0) = 1$, $t = 0$, $\Omega_2 = 0$, $M = (g_0 - h_0)m$. En consecuencia, (7.58) se reduce a

$$\mu_m^{\prime(N)} \sim \left[\frac{\alpha_0^{(0)}}{\beta_0^{(0)}}\right]^m \frac{q^{m(N+1)(d_0-e_0)}}{q^{m(d_0-e_0)}-1} N^{(g_0-h_0)m},$$

que coincide con la expresión (7.12) del teorema 7.1.1.

Para el caso $g_0 - h_0 = (k_0 - l_0)/2$ tenemos $M = (g_0 - h_0)m$, $\Omega_1 = (d_0 - e_0)$ y la expresión (7.58) se transforma fácilmente en la expresión (7.13) del teorema 7.1.1.

Para el caso $g_0 - h_0 < (k_0 - l_0)/2$ tenemos, como antes, $\Omega_1 = (d_0 - e_0)m$ y el término dominante corresponde a la partición $(0, m, 0, \dots, 0)$. Esto es debido a que

$$M = \underbrace{\left[(g_0 - h_0) - \frac{1}{2}(k_0 - l_0)\right]}_{\text{negativo}} R' + \frac{m}{2}(k_0 - l_0).$$

Luego, el máximo de N^M ocurre para $R' = 0$, $R = m/2$. Por tanto, $t = 1$, $\Omega_2 = 0$, $M = (k_0 - l_0)/2$ y (7.58) se reduce a

$$\mu_m^{\prime(N)} \sim F(0, m, 0, \dots, 0) \left[\frac{\theta_0^{(0)}}{\gamma_0^{(0)}}\right]^{\frac{m}{2}} \frac{q^{(d_0-e_0)mN}}{q^{(d_0-e_0)m}-1} N^{\frac{1}{2}(k_0-l_0)m},$$

que es la expresión (7.14) del teorema 7.1.1 ($F(0, m, 0, \dots, 0) = 1$).

c) $d_0 - e_0 < (f_0 - s_0)/2$. Nótese que

$$M = \underbrace{\left[(g_0 - h_0) - \frac{1}{2}(k_0 - l_0)\right]}_{\text{negativo}} R' + \frac{m}{2}(k_0 - l_0).$$

Luego, el término dominante en la *suma en (m)* de la expresión (7.58) es el correspondiente a la partición $(0, m, 0, \dots, 0)$. Por tanto, $R' = 0$, $R = m/2$, $t = 1$, $\Omega_2 = 0$, $M = (k_0 - l_0)/2$ y

$$\mu_m^{\prime(N)} \sim F(0, m, 0, \dots, 0) \left[\frac{\theta_0^{(0)}}{\gamma_0^{(0)}}\right]^{\frac{m}{2}} \frac{q^{\frac{1}{2}(f_0-s_0)mN}}{q^{\frac{1}{2}(f_0-s_0)m}-1} N^{\frac{1}{2}(f_0-s_0)m},$$

que coincide con (7.15) pues $F(0, m, 0, \dots, 0) = 1$.

Esto prueba completamente el teorema 7.1.1. ∎

Demostración de los teoremas 7.1.2-7.1.4: En este punto debemos hacer la siguiente importante observación. Para obtener la mayor información posible acerca de la distribución asintótica de los ceros del polinomio $P_N(x)_q$ cuando los momentos μ'_m de la densidad *convencional* de los ceros $\rho(x) = \text{lím}_{N\to\infty} \rho_N(x)$ divergen se introduce un factor de normalización D, o sea, se define la densidad asintótica de los ceros del polinomio $P_N(x)_q$ de la forma

$$\widetilde{\rho}(x) = \lim_{N\to\infty} C\rho_N(Dx). \tag{7.59}$$

donde los factores C y D son tales que los momentos μ_m de $\widetilde{\rho}(x)$, expresados mediante la fórmula

$$\mu_m = \lim_{N\to\infty} CD^m \mu_m'^{(N)}, \tag{7.60}$$

sean finitos [135, pág. 68]. En esto radica la gran utilidad de las densidades del tipo $\widetilde{\rho}(x)$. Además, el factor de escala D deberá ser una función de N y/o q^N.

Un análisis del teorema 7.1.1 nos indica que los momentos $\mu_m'^{(N)}$ de la densidad (no normalizada) de los ceros $\rho_N(x)$ dependen de N de la siguiente forma

$$\begin{array}{ll} N^{am+1} & \text{en el caso } 1, \\ Constante & \text{en los subcasos } 2a1, \\ N & \text{en los subcasos } 2a2\text{-}2a3, \\ N^{am}q^{bmN} & \text{en el caso } 2b, \end{array} \tag{7.61}$$

donde las constantes a y b son conocidas y distintas en cada caso. Por ello, es evidente la necesidad de definir una densidad *normalizada* de ceros $\rho_N^{norm}(x)$. La normalización más común es imponer que el *momento de orden cero* sea igual a 1, lo que nos conduce a la expresión para la densidad de ceros

$$\rho_N^{norm}(x) = \frac{1}{N}\rho_N(x), \tag{7.62}$$

cuyos momentos $\widetilde{\mu'}_m^{(N)}$ están relacionados con los correspondientes momentos de $\rho_N(x)$ mediante la fórmula

$$\widetilde{\mu'}_m^{(N)} = \frac{1}{N}\mu_m'^{(N)}, \quad m \geq 0. \tag{7.63}$$

Es claro de (7.61) y (7.63) que la dependencia en N de los momentos de la densidad de ceros *normalizada a la unidad* vendrá dada por

$$\begin{array}{ll} N^{am} & \text{en el caso } 1, \\ N^{-1} & \text{en los subcasos } 2a1, \\ Constante & \text{en los subcasos } 2a2\text{-}2a3, \\ N^{am-1}q^{bmN} & \text{en el caso } 2b, \end{array} \tag{7.64}$$

Como ya hemos dicho anteriormente, estamos interesados en la densidad asintótica de los ceros. Si definimos dicha densidad de la forma

$$\rho(x) = \lim_{N\to\infty} \rho_N(x), \tag{7.65}$$

entonces, teniendo en cuenta que $\mu_m'^{(N)}$ depende de N de la forma (7.61), sus correspondientes momentos μ_m' definidos por

$$\mu_m' = \lim_{N\to\infty} \mu_m'^{(N)},$$

tenderán a infinito en el caso 1, los subcasos $2a2$ y $2a3$ y el caso $2b$; y a una constante dada por (7.8) en el subcaso $2a1$.

Si queremos obtener mayor información acerca de densidad asintótica de los ceros en los casos 1, subcasos $2a2$ y $2a3$ y el caso $2b$, debemos introducir, como ya hemos dicho anteriormente, un factor de normalización y/o de escala para la densidad $\rho_N(x)$ (fórmulas (7.59) y (7.60)). Estudiemos la densidad *reescalada*. Para el caso 1 ningún factor de escala D, excepto $D = N^{-a-1/m}$, nos da una densidad cuyos correspondientes momentos sean no nulos y finitos, pero este factor no nos interesa pues depende del orden del momento m y, por tanto, deberíamos definir una densidad asintótica diferente para cada momento. Sin embargo, para el caso $2b$ podemos considerar el factor de escala $D = N^{-a}q^{-bN}$ y definir la densidad discreta de ceros de la forma

$$\rho_N^{**}(x) = \rho_N\left(\frac{x}{q^{bN}N^a}\right),$$

y la densidad asintótica

$$\rho^{**}(x) = \lim_{N\to\infty} \rho_N\left(\frac{x}{q^{bN}N^a}\right), \tag{7.66}$$

cuyos momentos μ_m^{**} son, de acuerdo con (7.60), de la forma

$$\mu_m^{**} = \lim_{N\to\infty} \frac{\mu_m'^{(N)}}{q^{mbN}N^{am}}. \tag{7.67}$$

De (7.61) y (7.67), está claro que todos los μ_m^{**} son finitos. Ahora, sólo nos resta escoger los correspondientes parámetros a y b para los diferentes subcasos de $2b$. Siguiendo este razonamiento se demuestran los siguientes tres teoremas que nos dan las expresiones asintóticas buscadas.

Para los subcasos $2b1$, $2b2a$ y $2b2b$ tenemos que $a = g_0 - h_0$ y $b = d_0 - e_0$. Luego, como en (7.66), podemos definir la la densidad asintótica $\rho_1^{**}(x)$ de la forma

$$\rho_1^{**}(x) = \lim_{N\to\infty} \rho_N\left(\frac{xq^{-(d_0-e_0)N}}{N^{(g_0-h_0)}}\right), \tag{7.68}$$

cuyos momentos $\mu_m^{**}(1)$, definidos por la fórmula

$$\mu_m^{**}(1) = \lim_{N\to\infty} \frac{\mu_m'^{(N)}}{N^{(g_0-h_0)m}q^{(d_0-e_0)mN}}, \tag{7.69}$$

toman, de acuerdo con (7.11) y (7.12), los valores ($\forall m \geq 1$)

$$\mu_m^{**}(1) = \left[\frac{\alpha_0^{(0)}}{\beta_0^{(0)}}\right]^m \frac{q^{m(d_0-e_0)}}{q^{m(d_0-e_0)}-1}, \tag{7.70}$$

para los casos $2b1$ y $2b2a$ y, de acuerdo con (7.13), los valores

$$\mu_m^{**}(1) = \sum_{(m)} F(r_1', r_1, \ldots, r_{j+1}') \left[\frac{\alpha_0^{(0)}}{\beta_0^{(0)}}\right]^{R'} \left[\frac{\theta_0^{(0)}}{\gamma_0^{(0)}}\right]^{R} \frac{q^{\Omega_2+m(1-t)(d_0-e_0)}}{q^{m(d_0-e_0)}-1}, \tag{7.71}$$

en el subcaso $2b2b$. Nótese que la expresiones anteriores (7.70) y (7.71) coinciden con las expresiones (7.35) y (7.37) del teorema 7.1.4, respectivamente.

Análogamente, para el subcaso $2b2c$, $a = (k_0 - l_0)/2$ y $b = d_0 - e_0$. Luego, como en (7.66), podemos definir densidad asintótica de ceros $\rho_2^{**}(x)$ mediante la fórmula (7.29), cuyos momentos $\mu_m^{**}(2)$, expresados por (7.32) toman, de acuerdo con (7.14), los valores (7.39). Finalmente, para el caso $2b3$ tenemos la densidad $\rho_3^{**}(x)$ definida por (7.29), cuyos momentos $\mu_m^{**}(3)$, definidos por (7.32), toman, de acuerdo con (7.15), los valores (7.41). Para el caso $2b$, de acuerdo con (7.67), y teniendo en cuenta que $\mu_0'^{(N)} = N$, obtenemos la afirmación del teorema 7.1.4

$$\mu_0^{**} = \mu_0^{**}(1) = \mu_0^{**}(2) = \mu_0^{**}(3) = \infty.$$

Pasemos ahora a estudiar la densidad asintótica de ceros *normalizada a la unidad*. La manera más simple de definirla es la siguiente

$$\rho_1(x) = \lim_{N\to\infty} \rho_N^{norm}(x) = \lim_{N\to\infty} \frac{1}{N}\rho_N(x), \tag{7.72}$$

donde hemos utilizado la expresión (7.62). Los momentos correspondientes a la densidad (7.72), expresados mediante la fórmula

$$\mu_0'(1) = 1, \quad \mu_m'(1) = \lim_{N\to\infty} \frac{1}{N}\mu_m'^{(N)}, \quad m \geq 1, \tag{7.73}$$

toman, de acuerdo con (7.64), los siguientes valores

$$\mu_0'(1) = 1$$

$$\mu_m'(1) = \begin{cases} \infty, & \text{casos 1 y } 2b \\ 0, & \text{subcaso } 2a1 \\ \displaystyle\sum_{(m)} F(r_1', 0, \ldots, 0, r_{j+1}') \left[\frac{\alpha_0^{(0)}}{\beta_0^{(0)}}\right]^{R'}, & \text{subcaso } 2a2 \\ \displaystyle\sum_{(m)} F(0, r_1, 0, \ldots, r_j, 0) \left[\frac{\theta_0^{(0)}}{\gamma_0^{(0)}}\right]^{R}, & \text{subcaso } 2a3 \end{cases} \quad m \geq 1. \tag{7.74}$$

Luego, son válidas las expresiones (7.25)–(7.27) del teorema 7.1.3. El teorema 7.1.3 queda demostrado.

Intentemos, para el caso 1 y el subcaso $2b$, obtener más información que la que nos da (7.74) manteniendo la *normalización a la unidad* de la densidad $\rho_1(x)$ (7.72). Para ello, debemos *comprimir* el espectro de los ceros introduciendo un factor de escala. En el caso 1, la expresión (7.64) nos dice que dicho factor debe ser $D = N^{-a}$. Luego, podemos definir, utilizando (7.64) y (7.72), la densidad

$$\rho^*(x) = \lim_{N\to\infty} \rho_N^{norm}\left(\frac{x}{N^a}\right) = \lim_{N\to\infty} \frac{1}{N}\rho_N\left(\frac{x}{N^a}\right), \tag{7.75}$$

cuyos momentos son, de acuerdo con (7.60) y (7.73),

$$\mu_0^* = 1, \quad \mu_m^* = \lim_{N\to\infty} \frac{\mu_m'^{(N)}}{N^{am+1}}, \quad m \geq 1. \tag{7.76}$$

Utilizando (7.61) y (7.76) es claro que los μ_m^* son finitos. Ahora sólo nos resta escoger los correspondientes valores de a para cada uno de los diferentes subcasos del caso 1. Para el subcaso $1a$, $a = g_0 - h_0$; por tanto, es conveniente definir, de acuerdo con (7.75), la siguiente densidad asintótica de ceros

$$\rho_1^*(x) = \lim_{N\to\infty} \frac{1}{N}\rho_N\left(\frac{x}{N^{g_0-h_0}}\right),$$

cuyos momentos son, de acuerdo con (7.76) y (7.5),

$$\mu_0^*(1) = 1; \quad \mu_m^*(1) = \left[\frac{\alpha_0^{(0)}}{\beta_0^{(0)}}\right]^m, \quad m \geq 1,$$

y coinciden con los expresados por la fórmula (7.19) del teorema 7.1.2.

Para los subcasos $1b$ y $1c$, tenemos $a = (k_0 - l_0)/2$, y, por tanto, la siguiente densidad asintótica de ceros

$$\rho_2^*(x) = \lim_{N\to\infty} \frac{1}{N}\rho_N\left(\frac{x}{N^{\frac{1}{2}(k_0-l_0)}}\right),$$

cuyos momentos toman, de acuerdo con (7.76) y (7.6), los valores ($\mu_0^*(2) = 1$)

$$\mu_m^*(2) = \sum_{(m)} F(r_1', r_1, \ldots, r_{j+1}') \left[\frac{\alpha_0^{(0)}}{\beta_0^{(0)}}\right]^{R'} \left[\frac{\theta_0^{(0)}}{\gamma_0^{(0)}}\right]^R, \quad m \geq 1$$

en el subcaso $1b$, y, de acuerdo con (7.76) y (7.7), los valores

$$\mu_0^*(2) = 1; \quad \mu_m^*(2) = \left[\frac{\theta_0^{(0)}}{\gamma_0^{(0)}}\right]^{\frac{m}{2}}, \quad m \geq 1,$$

en el subcaso $1c$. Estas dos últimas expresiones coinciden con las expresiones (7.20) y (7.21) del teorema 7.1.2, respectivamente. Luego, hemos demostrado el teorema 7.1.2.

Para el subcaso $2b$ la densidad asintótica reescalada y *normalizada a la unidad* (7.75) podría ser tal que sus correspondientes momentos de orden mayor que cero fueran iguales a infinito.

Como ya hemos comentado antes, el único factor que posibilitaría que dichos momentos fuesen finitos es $D = N^{-a+1/m}q^{mN}$, pero éste no nos sirve. Por tanto, estamos obligados a cambiar nuestro factor de normalización para este subcaso. Escogeremos el factor de normalización para la densidad discreta de los ceros $\rho_N^+(x)$ de manera que los momentos se expresen mediante las fórmulas

$$\mu_m^{+(N)} = \frac{q^m - 1}{q^{mN} - 1}\mu_m'^{(N)}, \qquad m \geq 0,$$

o sea, $\rho_N^+(x)$ vendrá dada por

$$\rho_N^+(x) = \frac{(m)_q}{(mM)_q}\rho_N(x), \tag{7.77}$$

donde $(m)_q$ y $(mM)_q$ son los q-números definidos en (7.34). Este factor de normalización tiene la siguiente propiedad: tiende a N^{-1} si $m \to 0$ y $q \to 1$. En particular, $\mu_0^{+(N)} = 1$. Además, para el caso $2b$ en cuestión, la dependencia en N de $\mu_m^{+(N)}$ es $N^{am}q^{(b-1)mN}$. Esta dependencia nos sugiere que estudiemos el espectro asintótico de los ceros utilizando la función

$$\rho^{++}(x) = \lim_{N\to\infty} \rho_N\left(\frac{x}{N^a q^{(b-1)N}}\right), \tag{7.78}$$

cuyos momentos μ_m^{++} se expresan mediante la fórmula

$$\mu_m^{++} = \lim_{N\to\infty} \frac{\mu_m^{+(N)}}{N^{am}q^{(b-1)mN}} = \lim_{N\to\infty} \frac{(q^m - 1)\mu_m'^{(N)}}{(q^{mN} - 1)N^{am}q^{(b-1)mN}}. \tag{7.79}$$

Teniendo en cuenta la expresión anterior, así como los valores de $\mu_m'^{(N)}$ (7.11)–(7.15) descritos en el teorema 7.1.1, concluimos que, para los subcasos $2b1$, $2b2a$ y $2b2b$, los parámetros a y b toman los valores $a = g_0 - h_0$, $b = d_0 - e_0$ y la correspondiente densidad asintótica de ceros es, de acuerdo con (7.77)–(7.78), la función $\rho_1^{++}(x)$ (7.30) del teorema 7.1.4.

Para el subcaso $2b2c$ tenemos $a = (k_0 - l_0)/2$, $b = d_0 - e_0$. La correspondiente densidad asintótica de ceros es, de acuerdo con (7.77)–(7.78), la función $\rho_2^{++}(x)$ (7.30) del teorema 7.1.4. Finalmente, para el caso $2b3$ $a = (k_0 - l_0)/2$, $b = (f_0 - s_0)/2$ y la correspondiente densidad asintótica de ceros es, de acuerdo con (7.77)–(7.78), la función $\rho_3^{++}(x)$ (7.30) del teorema 7.1.4.

Ahora, la fórmula (7.79) y los valores (7.11)–(7.15) de $\mu_m'^{(N)}$ nos dan los correspondientes momentos $\mu_m^{++}(1)$, $\mu_m^{++}(2)$ y $\mu_m^{++}(3)$ de la densidad asintótica de ceros $\rho_1^{++}(x)$, $\rho_2^{++}(x)$ y $\rho_3^{++}(x)$. Además, los valores de dichos momentos están dados en (7.36) para los subcasos $2b1$, $2b2a$, (7.38) para el subcaso $2b2b$, (7.40) para el subcaso $2b2c$ y (7.42) para el subcaso $2b3$, respectivamente. Con esto se completa la demostración de los teoremas 7.1.2-7.1.4. ∎

7.2. Aplicaciones a algunas familias de q-polinomios

7.2.1. Los $q-$polinomios de Askey y Wilson $p_n(x,a,b,c,d)$

Como primera aplicación, encontremos los momentos asintóticos de los polinomios de Askey y Wilson [138], para $q>1$, $q\in\mathbb{R}$. Estos polinomios satisfacen la relación de recurrencia

$$\begin{aligned} xp_{n-1}(x,a,b,c,d) &= p_n(x,a,b,c,d)+B_{n-1}p_{n-2}(x,a,b,c,d)+ \\ &+\tfrac{1}{2}[a+a^{-1}-(A_{n-1}+C_{n-1})]p_{n-1}(x,a,b,c,d), \end{aligned} \tag{7.80}$$

donde $B_{n-1}=A_{n-2}C_{n-1}/4$, y

$$A_n=\frac{(1-abcdq^{-1+n})\,(1-abq^n)\,(1-acq^n)\,(1-adq^n)}{a\,(1-abcdq^{2n})\,(1-abcdq^{-1+2n})},$$

$$C_n=\frac{a\,(1-bcq^{-1+n})\,(1-bdq^{-1+n})\,(1-cdq^{-1+n})\,(1-q^n)}{(1-abcdq^{-2+2n})\,(1-abcdq^{-1+2n})}.$$

Si comparamos (7.80) con (7.1) obtenemos que

$$a_n^{num} = -\alpha_0^{(0)}q^{3n}=qabcd(abc+abd+acd+bcd+q(a+b+c+d))q^{3n},$$

$$a_n^{den} = -\beta_0^{(0)}q^{4n}=2a^2b^2c^2d^2q^{4n},$$

y

$$(b_n^{num})^2=\theta_0^{(0)}q^{8n}=a^4b^4c^4d^4q^{8n},\quad (b_n^{den})^2=\gamma_0^{(0)}q^{8n}=4a^4b^4c^4d^4q^{8n}.$$

Luego, $g_m=h_m=k_m=l_m=0$ para todo $m=0,1,\ldots N$ y $d_0=3$, $e_0=4$, $f_0=8$, $s_0=8$. O sea, el caso $d_0-e_0=-1<0$ y $f_0-s_0=0$ $2a3$. Por tanto, la ecuación (7.27) del teorema 7.1.3 nos da la siguiente expresión para los valores de los momentos correspondientes a la densidad normalizada a la unidad $\rho_1(x)$ (7.22)

$$\mu_0'(1)=1,\quad \mu_m'(1)=\sum_{(m)}F(0,r_1,0,\ldots,r_j,0)\left(\frac{1}{4}\right)^{\sum_{k=1}^{j}r_k},\quad m\geq 1. \tag{7.81}$$

7.2.2. Los $q-$polinomios grandes de Jacobi $P_n(x,a,b,c)$

Veamos ahora los q-polinomios grandes de Jacobi $P_n(x,a,b,c)$. Dichos polinomios satisfacen una relación de recurrencia de la forma (ver tabla 6.2)

$$P_n(x,a,b,c)=[x+1-A_{n-1}-C_{n-1}]P_{n-1}(x,a,b,c)+B_{n-1}P_{n-2}(x,a,b,c), \tag{7.82}$$

donde $B_{n-1}=A_{n-2}C_{n-1}$ y

$$A_n=\frac{(1-aq^{1+n})\,(1-abq^{1+n})\,(1-cq^{1+n})}{(1-abq^{1+2n})\,(1-abq^{2+2n})},$$

$$C_n = -\frac{acq^{1+n}(1-q^n)(1-bq^n)\left(1-\frac{abq^n}{c}\right)}{(1-abq^{2n})(1-abq^{1+2n})}.$$

Comparando (7.82) con (2.21) deducimos que

$$a_n^{num} = \alpha_0^{(0)}q^{3n} = -qab(b+1)(a+c)q^{3n}, \quad a_n^{den} = \beta_0^{(0)}q^{4n} = -a^2b^2q^{4n},$$

$$(b_n^{num})^2 = \theta_0^{(0)}q^{7n} = a^4b^3cqq^{7n}, \quad (b_n^{den})^2 = \gamma_0^{(0)}q^{8n} = a^4b^4q^{-1}q^{8n}.$$

Luego, $g_m = h_m = k_m = l_m = 0$ para todo $m = 0, 1, \ldots N$ y $d_0 = 3,\ e_0 = 4,\ f_0 = 7,\ s_0 = 8$. Éste es el caso $d_0 - e_0 = -1 < 0$ y $f_0 - s_0 = -1 < 0$, o sea, el caso $2a1$ $(M = 0)$. Luego, las ecuaciones (7.24) y (7.25) del teorema 7.1.3 nos dan los siguientes valores para los momentos de la densidad asintótica de ceros $\rho(x)$ (7.22)

$$\mu'_m = \sum_{(m)} F(r'_1, r_1, \ldots, r_j, r'_{j+1})q^{-\sum_{k=1}^{j} kr'_{k+1} - 2\sum_{k=1}^{j-1} k}\left[\frac{(b+1)(a+c)}{ab}\right]^{R'}\left[\frac{c}{b}\right]^{R}\frac{1}{q^{-R} - q^{-m}},$$

$R = \sum_{k=1}^{j} r_k$, y los valores $\mu'_m(1) = \delta_{m,0}$, correspondientes a la densidad asintótica $\rho_1(x)$ (7.22).

Como caso particular de estos tenemos los q-polinomios de Hahn $Q_n^{\alpha,\beta}(q^{-x}, N)$. Dichos polinomios satisfacen la RRTT

$$Q_n^{\alpha,\beta}(q^{-x}, N) = [q^{-x} - (1 - A_{n-1} - C_{n-1})]Q_{n-1}^{\alpha,\beta}(q^{-x}, N) + B_{n-1}Q_{n-2}^{\alpha,\beta}(q^{-x}, N), \tag{7.83}$$

donde $B_n = A_{n-1}C_n$, y los parámetros A y C se expresan mediante las fórmulas

$$A_n = \frac{(1-\alpha q^{1+n})(1-\alpha\beta q^{1+n})\left(1-q^{-N+n}\right)}{(1-\alpha\beta q^{1+2n})(1-\alpha\beta q^{2+2n})},$$

$$C_n = -\frac{\alpha q^n(1-q^n)(1-\beta q^n)\left(q^{-N}-\alpha\beta q^{1+n}\right)}{(1-\alpha\beta q^{2n})(1-\alpha\beta q^{1+2n})}.$$

Además, si a_n es el coeficiente principal del polinomio de grado n, tenemos $a_{n+1}A_n = a_n$. Comparando las ecuaciones (7.83) y (2.21) obtenemos

$$a_n^{num} = \alpha_0^{(0)}q^{3n} = \alpha^2\beta(1+\beta)q^{N+1}q^{3n}, \quad a_n^{den} = \beta_0^{(0)}q^{4n} = \alpha^2\beta^2q^Nq^{4n},$$

$$(b_n^{num})^2 = \theta_0^{(0)}q^{7n} = \alpha^4\beta^3q^{-N}q^{7n}, \quad (b_n^{den})^2 = \gamma_0^{(0)}q^{8n} = \alpha^4\beta^4q^{8n}.$$

Luego, $g_m = h_m = k_m = l_m = 0$ para todo $m = 0, 1, \ldots N$ y $d_0 = 3,\ e_0 = 4,\ f_0 = 7,\ s_0 = 8$. Éste corresponde al caso $d_0 - e_0 < 0$ y $f_0 - s_0 < 0$, o sea, el caso $2a1$ $(M = 0)$. Luego, las ecuaciones (7.24) y (7.25) del teorema 7.1.3 nos dan los siguientes valores para los momentos de la densidad asintótica de ceros $\rho(x)$ (7.22)

$$\mu'_m = \sum_{(m)} F(r'_1, r_1, \ldots, r_j, r'_{j+1})q^{-\sum_{k=1}^{j} kr'_{k+1} - 2\sum_{k=1}^{j-1} k}\left[\frac{q(1+\beta)}{\beta}\right]^{R'}\left[\frac{\alpha}{q^N(q+q^{-1})}\right]^{R}\frac{1}{q^{\frac{m}{2}-1}},$$

y los valores $\mu'_m(1) = \delta_{m,0}$, correspondientes a la densidad asintótica $\rho_1(x)$ (7.22).

7.2.3. Los $q-$polinomios de Al-Salam y Carlitz $U_n^a(x)$ y $V_n^a(x)$

Consideremos los polinomios de Al-Salam y Carlitz I cuya relación de recurrencia es

$$xU_{n-1}^a(x) = U_n^a(x) + (1+a)q^{n-1}U_{n-1}^a(x) + aq^{n-2}(q^{n-1}-1)U_{n-2}^a(x), \tag{7.84}$$

es decir, del tipo (2.21) con los coeficientes

$$a_n^{num} = \alpha_0^{(0)}q^n = (1+a)q^n, \quad a_n^{den} = 1, \quad (b_n^{num})^2 = \theta_0^{(0)}q^{2n} = -aq^{-1}q^{2n}, \quad (b_n^{den})^2 = 1.$$

Luego, $g_m = h_m = k_m = l_m = 0$ para todo $m = 0, 1, \dots N$ y $d_0 = 1$, $e_0 = 0$, $f_0 = 2$, $s_0 = 0$. Éste es el caso $d_0 - e_0 = 1$ y $f_0 - s_0 = 2$, o sea el caso $2b2b$. Luego, las ecuaciones (7.37) y (7.38) del teorema 7.1.4 nos dan los siguientes valores para los momentos correspondientes a las densidades asintóticas $\rho_1^{**}(x)$ y $\rho_1^{++}(x)$, respectivamente

$$\mu_0^{**}(1) = \infty, \quad \mu_m^{**}(1) = \sum_{(m)} F(r_1', r_1, \dots, r_{j+1}')\,(1+a)^{R'}\, a^R \frac{q^{\Omega_2}}{q^m - 1}, \quad m \geq 1, \tag{7.85}$$

$$\mu_0^{++}(1) = 1, \quad \mu_m^{++}(1) = \sum_{(m)} F(r_1', r_1, \dots, r_{j+1}')\,(1+a)^{R'}\, \mu^R q^{\Omega_2}, \quad m \geq 1, \tag{7.86}$$

con $\Omega_2 = \sum_{k=1}^{j} kr_{k+1}' + 4\sum_{k=1}^{j-1} kr_{k+1} - mt$.

Consideremos ahora los polinomios de Al-Salam y Carlitz II, $V_n^a(x)$, que satisfacen la relación de recurrencia

$$xV_{n-1}^a(x) = V_n^a(x) + (1+a)q^{-n-1}V_{n-1}^a(x) + aq^{-2n+3}(1-q^{-n-1})V_{n-2}^a(x). \tag{7.87}$$

Luego, $d_0 = -1$, $e_0 = 0$, $f_0 = -1$, $s_0 = 0$. O sea, corresponden al caso $2a1$. La expresión (7.25) del teorema 7.1.3 nos da los siguientes valores $\mu_m'(1) = \delta_{m,0}$, para los momentos correspondientes a la densidad asintótica $\rho(x)$. Además, como $\Omega_1 = -(R'+m)/2$, $\Omega_2 = -(\sum_{k=1}^{j} kr_{k+1}' - 2\sum_{k=1}^{j-1} kr_{k+1})$ y $M = 0$, la fórmula (7.24) del teorema 7.1.3 nos da la siguiente expresión para los momentos correspondientes a la densidad asintótica normalizada a la unidad $\rho_1(x)$ (7.22)

$$\mu_m' = \sum_{(m)} F(r_1', r_1, \dots, r_{j+1}')q^{-\Omega_2}\,(1+a)^{R'}\,(-a)^R \frac{q^{-m}}{q^{\frac{1}{2}(R'+m)} - 1}. \tag{7.88}$$

7.2.4. Los $q-$polinomios pequeños de Jacobi $p_n(x, a, b)$

Como último ejemplo consideremos los q-polinomios pequeños de Jacobi $p_n(x, a, b)$. Para dichos q-polinomios es válida la siguiente RRTT

$$p_n(x, a, b) = [x + A_{n-1} + C_{n-1}]p_{n-1}(x, a, b) + B_{n-1}p_{n-2}(x, a, b), \tag{7.89}$$

donde A_n y C_n son

$$A_n = \frac{q^n\,(1-aq^{1+n})\,(1-abq^{1+n})}{(1-abq^{1+2n})\,(1-abq^{2+2n})}, \quad C_n = \frac{aq^n\,(1-q^n)\,(1-bq^n)}{(1-abq^{2n})\,(1-abq^{1+2n})},$$

y $B_n = A_{n-1}C_n$. Ésta es una relación del tipo (2.21) con los coeficientes

$$a_n^{num} = \alpha_0^{(0)} q^{3n} = -ab(1+a)q^{3n}, \quad a_n^{den} = \beta_0^{(0)} q^{4n} = a^4 b^4 q^{4n},$$

$$(b_n^{num})^2 = \theta_0^{(0)} q^{6n} = a^3 b^2 q^{6n}, \quad (b_n^{den})^2 = \gamma_0^{(0)} q^{8n} = q a^4 b^4 q^{8n}.$$

Luego, $g_m = h_m = k_m = l_m = 0$ para todo $m = 0, 1, \ldots N$ y $d_0 = 3,\ e_0 = 4,\ f_0 = 6,\ s_0 = 8$. O sea, el caso $d_0 - e_0 = -1 < 0$ y $f_0 - s_0 = -2 < 0$ $2a1$. Por tanto, la ecuación (7.25) del teorema 7.1.3 nos da $\mu'_m(1) = \delta_{m,0}$, para los momentos correspondientes a la densidad asintótica de los ceros $\rho(x)$. Nuevamente, como $\Omega_1 = (f_0 - s_0)/2 = -m$, $\Omega_2 = -(\sum_{k=1}^{j} kr'_{k+1} - 4\sum_{k=1}^{j-1} kr_{k+1})$ y $M = 0$, la expresión (7.24) del teorema 7.1.3 nos conduce a

$$\mu'_m = \sum_{(m)} F(r'_1, r_1, \ldots, r'_{j+1}) q^{-\Omega_2} \left[\frac{1+a}{a}\right]^{R'} \left[\frac{-1}{aq}\right]^{R} \frac{1}{(q^m - 1)b^m}, \tag{7.90}$$

para los momentos correspondientes a la densidad asintótica $\rho(x)$.

Para el resto de las familias de la tabla de Nikiforov y Uvarov y q-Askey los resultados son similares.

Capítulo 8

Alguna aplicaciones

La teoría atrae a la práctica como un imán al hierro.
C. F. Gauss
En *Prólogo del texto de geometría de H. B Lübsen*

8.1. Aplicación a la Mecánica Cuántica

Veamos como el conocimiento de la teoría de los polinomios clásicos puede ser de gran utilidad para resolver, por ejemplo, algunos problemas de la Física-Matemática, y, en particular, de la Mecánica Cuántica.

8.1.1. Introducción

Uno de los modelos más utilizados en la física cuántica es el oscilador armónico. Este corresponde a la ecuación de Schrödinger

$$-\frac{\hbar^2}{2m}\Psi''(x) + \frac{1}{2}m\omega^2 x^2 \Psi(x) = E\Psi(x). \tag{8.1}$$

El cambio de variables $\xi = x/x_0$, $x_0 = \sqrt{\hbar/m\omega}$ nos conduce a la ecuación

$$\Psi''(\xi) + (\varepsilon - \xi^2)\Psi(\xi) = 0, \qquad \varepsilon = \frac{2E}{\hbar\omega}. \tag{8.2}$$

¿Cómo resolver esta ecuación?

Existen varias formas, pero nosotros vamos a dar una manera algorítmica sencilla para resolver este tipo de ecuaciones, o mejor, para reducirlas a la ecuación hipergeométrica que estudiamos en el apartado anterior.

Generalmente, si buscamos en los textos de Mecánica Cuántica se nos dice que debemos realizar el cambio $\Psi(\xi) = e^{-\xi^2/2}y(\xi)$ que nos conduce a la ecuación

$$y''(\xi) - 2\xi y'(\xi) + (\varepsilon - 1)y(\xi) = 0.$$

Un simple vistazo basta para reconocer la ecuación diferencial de los polinomios de Hermite, aunque allí —en los textos— prefieren calcular explícitamente la solución por el método de los coeficientes indeterminados de Euler. Es decir, se busca la solución en forma de serie

$$y(\xi) = \sum_{k=0}^{\infty} b_k \xi^k,$$

y se sustituye en la ecuación diferencial y se igualan coeficientes. Eso lleva a la relación

$$b_{k+1} = \frac{2k+1-\varepsilon}{(k+1)(k+2)} b_k,$$

luego, si imponemos que la serie sea finita —truncada—, es decir si ponemos $\varepsilon = 2n+1$, $n = 0, 1, 2, \ldots$, obtenemos los ya mencionados polinomios de Hermite. Finalmente, si consideramos que $\varepsilon \neq 2n+1$, es fácil descubrir que $b_{k+2}/b_2 \sim 1/k$, por tanto,

$$\sum_{k=0}^{\infty} b_k \xi^k \sim \sum_{k=0}^{\infty} \frac{1}{k!} \xi^{2k} \sim e^{\xi^2},$$

que no es integrable. No obstante, este método, aunque general, es incómodo pues requiere "adivinar" el cambio inicial y luego tratar cada ecuación por separado. Vamos a describir a continuación como, usando la teoría estudiada en el capítulo **3**, podemos resolver de manera general muchos de los problemas de la Mecánica Cuántica[1] a partir de una ecuación más general: la ecuación hipergeométrica generalizada

$$u''(z) + \frac{\widetilde{\tau}(z)}{\sigma(z)} u'(z) + \frac{\widetilde{\sigma}(z)}{\sigma^2(z)} u(z) = 0,$$

siendo $\tau(z)$ y $\widetilde{\tau}(z)$ polinomios de grado a lo más uno y $\sigma(z)$ y $\widetilde{\sigma}(z)$ polinomios de grado a lo más dos.

8.1.2. La ecuación hipergeométrica generalizada

La ecuación hipergeométrica generalizada es una ecuación lineal de segundo orden de la forma

$$u''(z) + \frac{\widetilde{\tau}(z)}{\sigma(z)} u'(z) + \frac{\widetilde{\sigma}(z)}{\sigma^2(z)} u(z) = 0, \tag{8.3}$$

siendo $\widetilde{\tau}(z)$ un polinomio de grado a lo más uno y $\sigma(z)$ y $\widetilde{\sigma}(z)$ polinomios de grado a lo más dos.

Hagamos el cambio $u(z) = \phi(z) y(z)$,

$$y''(z) + \left(2\frac{\phi'(z)}{\phi(z)} + \frac{\widetilde{\tau}(z)}{\sigma(z)} \right) y'(z) + \left(\frac{\phi''(z)}{\phi(z)} + \frac{\phi'(z)\widetilde{\tau}(z)}{\phi(z)\sigma(z)} + \frac{\widetilde{\sigma}(z)}{\sigma^2(z)} \right) y(z) = 0.$$

[1]Este método fue propuesto por Nikiforov y Uvarov (ver e.g. [189]) y constituye una de las principales aplicaciones de la teoría de los polinomios clásicos.

El objetivo del cambio es convertir la ecuación anterior en una más sencilla —o por lo menos menos complicada— que (8.3), así que al menos debemos tener

$$2\frac{\phi'(z)}{\phi(z)}+\frac{\widetilde{\tau}(z)}{\sigma(z)}=\frac{\tau(z)}{\sigma(z)},\quad \text{o}\quad \frac{\phi'(z)}{\phi(z)}=\frac{\tau(z)-\widetilde{\tau}(z)}{2\sigma(z)}=\frac{\pi(z)}{\sigma(z)}, \tag{8.4}$$

siendo τ un polinomio de grado a lo más uno y, por tanto, π polinomio de grado a lo más uno. Lo anterior transforma nuestra ecuación original (8.3) en la siguiente

$$\begin{gathered} y''(z)+\frac{\tau(z)}{\sigma(z)}y'(z)+\frac{\overline{\sigma}(z)}{\sigma^2(z)}y(z)=0,\\ \tau(z)=\widetilde{\tau}(z)+2\pi(z),\qquad \overline{\sigma}(z)=\widetilde{\sigma}(z)+\pi^2(z)+\pi[\widetilde{\tau}(z)-\sigma'(z)]+\pi'(z)\sigma(z). \end{gathered} \tag{8.5}$$

Como $\overline{\sigma}$ es un polinomio de grado dos a lo sumo, impongamos que sea proporcional al propio σ, es decir que $\overline{\sigma}(z)=\lambda\sigma(z)$. Ello es posible pues $\overline{\sigma}$ tiene dos coeficientes indeterminados —los coeficientes del polinomio π— y λ es una constante a determinar, lo que nos conduce a tres ecuaciones —al igualar los coeficientes de $\overline{\sigma}$ y σ— con tres incógnitas. Hecho esto, nuestra ecuación se transforma en la ecuación hipergeométrica (3.1) del capítulo **3**

$$\sigma(z)y''+\tau(z)y'+\lambda y=0. \tag{8.6}$$

Pasemos a calcular[2] π y λ. Como $\overline{\sigma}=\lambda\sigma(z)$, entonces

$$\widetilde{\sigma}(z)+\pi^2(z)+\pi[\widetilde{\tau}(z)-\sigma'(z)]+\pi'(z)\sigma(z)=\lambda\sigma(z),$$

o, equivalentemente,

$$\pi^2(z)+[\widetilde{\tau}(z)-\sigma(z)]\pi(z)+\{\widetilde{\sigma}(z)-[\lambda-\pi'(z)]\sigma(z)\}=0.$$

Supongamos que $k=\lambda-\pi'(z)$ es conocido, entonces tenemos una ecuación de segundo orden para $\pi(z)$, luego

$$\pi(z)=\frac{\sigma'(z)-\widetilde{\tau}(z)}{2}\pm\sqrt{\left(\frac{\sigma'(z)-\widetilde{\tau}(z)}{2}\right)^2-\widetilde{\sigma}(z)+k\sigma(z)}, \tag{8.7}$$

pero $\pi(z)$ ha de ser un polinomio de grado a lo sumo uno, por tanto el polinomio $\left(\frac{\sigma'(z)-\widetilde{\tau}(z)}{2}\right)^2$ $-\widetilde{\sigma}(z)+k\sigma(z)$ ha de ser un cuadrado perfecto, es decir su discriminante debe ser cero, lo que nos conduce a una ecuación para encontrar k. El k encontrado lo sustituimos en (8.7) y obtenemos $\pi(z)$, el cual nos conduce directamente a $\lambda=\pi'(z)+k$.

Obviamente el método anterior da distintas soluciones en función del k que escojamos y del convenio de signos en (8.7).

[2]En el caso de soluciones polinómicas, λ es una función de σ y τ (ver capítulo **3**).

8.1.3. Ejemplos

El oscilador armónico cuántico

Como ejemplo apliquemos la técnica anterior al caso del oscilador armónico cuántico.

Partimos de la ecuación (8.2),

$$\Psi''(\xi) + (\varepsilon - \xi^2)\Psi(\xi) = 0,$$

que obviamente es del tipo (8.3) con $\widetilde{\tau}(\xi) = 0$, $\sigma(\xi) = 1$ y $\widetilde{\sigma}(\xi) = \varepsilon - \xi^2$. Para $\pi(\xi)$, (8.7) nos da

$$\pi(\xi) = \pm\sqrt{\xi^2 + (k - \varepsilon)}.$$

Como el polinomio $\xi^2 + (k - \varepsilon)$ ha de ser un cuadrado perfecto, entonces $k = \varepsilon$ y, por tanto, $\pi(\xi) = \pm x$, luego

$$\pi(\xi) = x, \qquad \pi'(\xi) = 1, \qquad \lambda = \varepsilon + 1, \qquad \tau(\xi) = 2x,$$

$$\pi(\xi) = -x, \qquad \pi'(\xi) = -1, \qquad \lambda = \varepsilon - 1, \qquad \tau(\xi) = -2x,$$

que nos conducen a las ecuaciones

$$y''(\xi) + 2\xi y'(\xi) + (1 + \varepsilon)y(\xi) = 0, \qquad y''(\xi) - 2\xi y'(\xi) + (1 - \varepsilon)y(\xi) = 0,$$

respectivamente. En cada caso la función $\phi(\xi)$ es la solución de las ecuaciones $\phi'/\phi = \xi$ y $\phi'/\phi = -\xi$, que conducen a las funciones

$$\phi(\xi) = e^{\xi^2/2}, \qquad \text{y} \qquad \phi(\xi) = e^{-\xi^2/2},$$

respectivamente. Finalmente, la ecuación $y''(\xi) - 2\xi y'(\xi) + (1 - \varepsilon)y(\xi) = 0$ corresponde a la ecuación hipergeométrica de los polinomios de Hermite, por tanto tenemos $\varepsilon - 1 = 2n$, $n = 0, 1, 2, \ldots$ y las soluciones normalizadas de nuestra ecuación original serán

$$\Psi(\xi) = N_n e^{-\xi^2/2} H_n(\xi), \qquad \varepsilon = 2n + 1, \quad n = 0, 1, 2, \ldots. \tag{8.8}$$

Para calcular N_n notamos que

$$\int_{-\infty}^{\infty} \Psi(x)\overline{\Psi(x)}dx = N_n^2 \int_{-\infty}^{\infty} H_n^2(\xi)e^{-\xi^2}\, d\xi = N_n^2 d_n^2, \qquad d_n^2 = \frac{\sqrt{\pi}n!}{2^n},$$

luego $N_n = \sqrt{\dfrac{2^n}{\sqrt{\pi}n!}}$.

Es fácil ver que la otra ecuación tiene como soluciones los polinomios $H_n(-x)$, por lo que sus soluciones $\Psi(\xi) = e^{\xi^2/2}H_n(-\xi)$ no son de cuadrado integrable en $\mathbb{R}$, y por tanto no tienen sentido físico. De esta forma las únicas soluciones estacionarias del oscilador armónico son las funciones (8.8) anteriores.

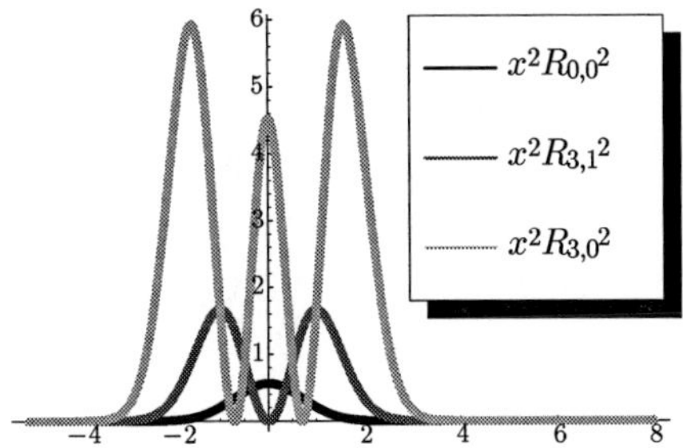

Figura 8.1: Estado fundamental (negro) y exitados $n = 1, 2$ (grises) del oscilador armónico.

El átomo de hidrógeno

La componente radial del átomo de hidrógeno, $F(r) = R(r)/r$, satisface la ecuación —la ecuación está en unidades adimensionales—

$$R''(r) + \left[2\left(E - \frac{1}{r}\right) - \frac{l(l+1)}{r^2}\right] R(r) = 0.$$

Luego, es del tipo (8.3) con

$$\sigma(r) = r, \qquad \widetilde{\sigma}(r) = 2Er^2 + 2r - l(l+1).$$

Por tanto, tenemos

$$\pi(r) = \frac{1}{2} \pm \sqrt{\frac{1}{4} - 2Er^2 - 2r + l(l+1) + kr}.$$

Como $1/4 - 2Er^2 - 2r + l(l+1) + kr$ a de ser un cuadrado perfecto (en la variable r), tenemos que $k = 2 \pm \sqrt{-2E}(2l+1)$, luego $\pi(r)$ se expresa por

$$\pi(r) = \frac{1}{2} \pm \sqrt{-2E}r \pm (l + \tfrac{1}{2}).$$

De las dos posibilidades para el polinomio $\tau(r)$ seleccionaremos la que corresponde a $k = 2 - \sqrt{-2E}(2l+1)$, luego —la otra posibilidad conduce a una función no integrable en $(0, +\infty)$—

$$\tau(r) = 2(l + 1 - \sqrt{-2E}r) \implies \lambda = k + \pi'(r) = 2(1 - (l+1)\sqrt{-2E}).$$

Usando (8.4) tenemos

$$\frac{\phi'(r)}{\phi(r)} = \frac{l + 1 - \sqrt{-2E}r}{r} \implies \phi(r) = r^{l+1}e^{-\sqrt{-2E}r}.$$

Entonces la solución de nuestra ecuación es del tipo $R(r) = r^{l+1}e^{-\sqrt{-2E}r}y(r)$, siendo y la solución de la ecuación

$$ry''(r) + [2(l+1) - \sqrt{-2E}r]y'(r) + \lambda y(r) = 0.$$

El cambio lineal $x = 2\sqrt{-2E}r$ nos transforma la ecuación anterior en la ecuación

$$xy''(x) + [(2l+1)+1-x]y'(x) + \widetilde{\lambda}y(x) = 0, \qquad \widetilde{\lambda} = \frac{\lambda}{2\sqrt{-2E}},$$

que corresponde a los polinomios de Laguerre $L_n^{2l+1}(x)$. Además, como $\widetilde{\lambda} = n$, entonces $\lambda = 2n\sqrt{-2E}$. Por otro lado, $\lambda = k + \pi'(r)$, luego

$$E = -\frac{1}{2(n+l+1)^2}$$

Así,

$$R(r) = N_{n,l}x^{l+1}e^{-x/2}L_n^{2l+1}(x), \qquad x = 2\sqrt{-2E}r,$$

con $N_{n,l}$ tal que

$$\int_0^\infty R^2(r)dr = 1 \qquad \Longrightarrow \qquad \frac{n+l+1}{2}\int_0^\infty R^2(x)dx = 1.$$

Ahora bien,

$$\int_0^\infty R^2(x)dx = N_{n,l}^2\int_0^\infty x^{2l+2}e^{-x}(L_n^{2l+1}(x))^2dx = N_{n,l}^2\int_0^\infty \rho(x)x(L_n^{2l+1}(x))^2dx =$$

$$= N_{n,l}^2\beta_n d_n^2 = N_{n,l}^2 2(n+l+1)n!(n+2l+2)!,$$

donde hemos usado la relación de recurrencia (2.5) para el producto $x\,L_n^{2l+1}(x)$ y luego la ortogonalidad. Por tanto

$$N_{n,l} = \sqrt{\frac{1}{(n+l+1)^2 n!(2n+l+1)!}}.$$

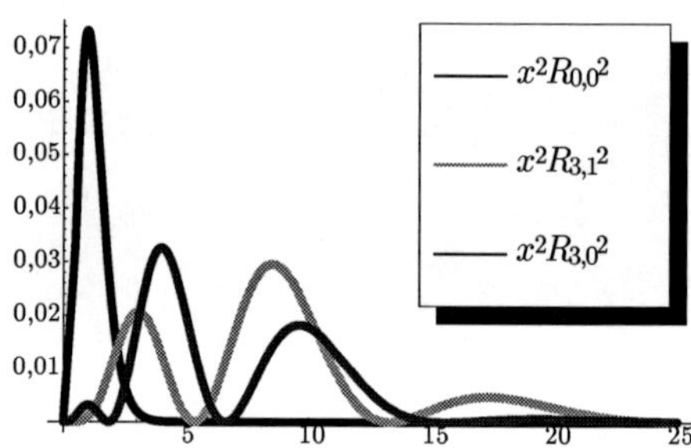

Figura 8.2: Estado fundamental (negro) y excitado $n = 1$, $l = 0, 1$ (grises) del átomo de Hidrógeno.

8.2. Los problemas de conexión y linealización

8.2.1. Introducción

En este apartado vamos a considerar el problema del desarrollo de una familia "arbitraria" de polinomios $q_m(x)$ mediante una determinada familia de polinomios hipergeométricos $(p_n)_n$. En particular, consideraremos el *problema de conexión* que consiste en encontrar expresiones explícitas o recursivas para los denominados *coeficientes de conexión* $c_n(m)$ definidos mediante la expresión

$$q_m(x) = \sum_{n=0}^{m} c_{mn} p_n(x). \tag{8.9}$$

El caso cuando en vez de q_m tenemos el producto de dos o más polinomios el problema se conoce como problema de linealización. Aquí consideraremos el caso más "sencillo"

$$q_m(x) r_j(x) = \sum_{n=0}^{m+j} c_{jmn} p_n(x). \tag{8.10}$$

Este problema es de gran importancia e interés (para una revisión ver [19, 29, 33, 104, 207, 210]). Usualmente, para su resolución se precisa un profundo conocimiento de las funciones especiales y grandes dosis de ingenio [29, 30, 31, 32, 35, 37, 87, 90, 102, 103, 104, 129, 154, 157, 177, 192, 226, 227, 241], aunque muy recientemente se han desarrollado varios algoritmos bastante generales basados en la teoría de los polinomios hipergoemétricos [19, 24, 27, 28, 52, 112, 128, 140, 158, 159, 164, 162, 163, 173, 207, 209, 210, 213, 246].

Una de las principales razones del interés por este problema se debe a las aplicaciones en distintas áreas de la Física y la Matemática. Por ejemplo, Gasper en [104] escribe

> *The solution to many problems can be shown to depend on the determination of when a specific function is positive or nonnegative. ...*
>
> *Sometime the problem can be reduced to a simpler one involving fewer parameters or it can be transformed into another problem that is easier to handle. For example, consider a two variable problem which consisting of proving*
>
> $$\sum_n a_n p_n(x) p_n(y) \geq 0, \tag{8.11}$$
>
> *where $p_n(x)$ is a sequence of functions and x and y satisfy appropriate restrictions. If there is an integral representation of the form*
>
> $$p_n(x)p_n(y) = \int p_n(z) d\mu_{x,y}(z), \qquad d\mu_{x,y}(z) \geq 0,$$
>
> *then the problem (8.11) can (at least formally) be reduced to the one variable problem*
>
> $$\sum_n a_n p_n(x) \geq 0, \qquad \dots$$

... it may be possible to simplify the problems of the type

$$\int p_n(x)p_m(x)d\phi(x) \geq 0$$

by using formulas of the forms

$$p_n(x)p_m(x) = \sum_k a(k,m,n)p_k(x), \qquad a(k,m,n) \geq 0, \tag{8.12}$$

$$p_k(x) = \sum_j b(j,k)q_j(x), \qquad b(j,k) \geq 0, \tag{8.13}$$

...

Como ejemplo de lo anterior podemos citar la famosa conjetura de Bieberbach –"*cualquiera sea la función univalente y analítica de la forma* $f(z) = z + \sum_{n=2}^{\infty} a_n z^n$*, en* $|z| < 1$ *se tiene que* $|a_n| \leq n$"–, resuelta por Louis de Branges quién uso de la desigualdad

$$\sum_{k=0}^{n} P_k^{\alpha,0}(t) = \frac{(\alpha+2)_n}{n!} {}_3\mathrm{F}_2\left(\begin{array}{c} -n, n+\alpha+2, \frac{\alpha+2}{2} \\ \frac{\alpha+3}{2}, \alpha+1 \end{array} \middle| t \right) \geq 0, \ 0 \leq t < 1, \ \alpha > -2, \tag{8.14}$$

probada por Askey y Gasper en 1976 [36][3] donde, como antes, $(a)_n$ denota al símbolo de Pochhammer y $P_n^{\alpha,\beta}(x)$ son los polinomios de Jacobi

$$P_n^{\alpha,\beta}(x) = \frac{(\alpha+1)_n}{n!} {}_2\mathrm{F}_1\left(\begin{array}{c} -n, n+\alpha+\beta+1 \\ \alpha+1 \end{array} \middle| \frac{1-x}{2} \right).$$

Un simple vistazo a (8.14) nos indica que esta expresión no es más que un problema de conexión del polinomio definido por la función ${}_3\mathrm{F}_2$ y los polinomios de Jacobi cuyos coeficientes de conexión son todos positivos (e iguales a uno en este ejemplo).

El caso cuando p_n y q_m son polinomios clásicos continuos (Jacobi, Laguerre, etc.) se ha considerado en numerosas ocasiones y usando los más diversos métodos [33]. El primer ejemplo "discreto" fue considerado en 1969 por Eagleson quien estudio el problema de linealización para los polinomios de Kravchuk [90]. Algo más tarde Gasper [104] considera la conexión entre dos familias de polinomios de Hahn $h^{\alpha,\beta}(x,N)$

$$h_j^{\gamma,\mu}(x,M) = \sum_{n=0}^{j} c_{jn}\, h_n^{\alpha,\beta}(x,N), \qquad j \leq \min\{N-1, M-1\},$$

encontrando una expresión explícita para los coeficientes c_{jn} (el caso particular $N = M$ para el cual $c_{jn} \geq 0$ lo había resuelto un año antes [103]) y a partir de la cual, tomando límites apropiados se pueden resolver muchos otros casos clásicos (ver por ejemplo, [103, 104]). En este contexto, la linealización fue abordada años más tarde por Askey y Gasper [37] donde se consideró el caso cuando q_m y r_j (8.10) pertenecían a la misma familia de polinomios discretos

[3] Para más detalles en relación con la conjetura de Bieberbach ver [38].

(Hahn, Meixner Kravchuk y Charlier). Debemos reiterar que en todos estos casos, tanto continuos como discretos, las demostraciones eran muy específicas para cada familia y requerían ingeniosas identidades hipergeométricas, el uso de funciones generatrices, etc.

Aunque muchas veces se llegaba a obtener una expresión explícita para los coeficientes de conexión y/o linealización, de ella no era sencillo probar la *positividad* de los coeficientes. Un intento de solucionar este problema condujo al *método recurrente*, es decir a obtener en vez de expresiones explícitas relaciones de recurrencias que involucraban a los coeficientes c_{mn} y c_{jmn}. El primer trabajo usando este método se debe a Hylleraas [129] quien en 1962 consideró el producto de dos polinomios de Jacobi resolviendo incluso algunos casos especiales y probando en otros la positividad. Este método también atrajo a Askey y Gasper que lo usaron en distintas ocasiones [29, 32, 35, 37] para probar la positividad de distintos coeficientes de linealización para algunas familias de polinomios ortogonales clásicos.

Mucho más recientemente, Ronveaux, Zarzo, Area y Godoy [24, 112, 209], desarrollaron un método denominado algoritmo de *NaViMa* para resolver el problema de conexión (8.9) entre familias clásicas de polinomios (tanto discretas como continuas) así como algunos casos especiales del problema de linealización aplicándolo a distintos problemas de otras areás de las funciones especiales (polinomios de Sobolev, tabla de Askey, etc.) [113, 114, 208]. Aunque estos autores sólo consideraron algunos casos particulares del problema de linealización (8.10), sus técnicas eran fácilmente generalizables [52, 164]. Es importante destacar que un algoritmo similar fue desarrollado en paralelo por Lewanowicz [158, 159, 161, 162]. El pilar básico en los dos algoritmos antes mencionados lo constituye las relaciones de estructura que los polinomios p_n (en los que se desarrolla) satisfacen.

En el caso de los $q-$polinomios la situación era muy distinta conociéndose muchos menos resultados. Unos de los primeros interesados en el tema fue Rogers [205, 206] que uso un $q-$análogo de la fórmula de conexión para los polinomios ultraesféricos

$$P_n^{\gamma,\gamma}(x) = \sum_{j=0}^{[n/2]} c_{j,n} P_{n-2j}^{\beta,\beta}(x), \quad c_{n,j} \geq 0,$$

para los $q-$polinomios ultraesféricos para probar algunas de las famosas identidades de Rogers-Ramanujan. También Rahman [200] se interesa por ellos encontrando una expresión general para los coeficientes de linealización entre familias de $q-$polinomios continuos de Jacobi, deduciendo a la vez una fórmula explícita para el caso clásico desconocida hasta ese momento. Nuevamente en las demostraciones se utiliza una ingente cantidad de identidades hipergeométricas nada fáciles de generalizar a otros casos y familias.

Mucho más recientemente han aparecido algoritmos "bastante" generales [16, 17, 160] para

$q-$polinomios en la red exponencial que permiten obtener relaciones de recurrencia para los correspondientes coeficientes en (8.9) y (8.10). El caso de la red general fué considerado años más tarde en [7] generalizando la idea del caso continuo [28, 213] y discreto [19].

Para finalizar esta breve introducción, hemos de destacar que los problemas de conexión y linealización son de extrema importancia en Física y otras áreas aplicadas. Como ejemplo podemos citar las transiciones 2^l-polares en los átomos hidrogenóides y otros sistemas similares. La probabilidad de estas transiciones son proporcionales a la integral

$$T_l^{1\,2} = \int_0^\infty [L_{n_1}^{2l_1+1}(\alpha_1 r) L_{n_2}^{2l_2+1}(\alpha_2 r)] r^m e^{-r} dr,$$

donde L_n^l son los polinomios de Laguerre. Estas integrales aparecen en la teoría de los osciladores de Morse y en muchos sistemas con simetrías esféricas [192]. En este último tipo de sistemas, gracias al teorema de Wigner-Ekkart [91, 235], muchos de los elementos matriciales de ciertos operadores irreducibles son proporcionales a productos de dos o más símbols $3j$ o $6j$ que como veremos en el próximo apartado están íntimamente relacionados con los polinomios discretos (polinomios de Hahn y Hahn duales) así como sus correspondientes $q-$análogos.

8.2.2. El algoritmo NaViMa

Comenzaremos esta sección considerando el algoritmo *NaViMa* para resolver el problema de conexión (8.9) en el caso de los polinomios clásicos continuos.

Usaremos las siguientes propiedades de los polinomios clásicos

1. la ecuación diferencial de segundo orden (3.1)

$$\sigma(x)p_n''(x) + \tau(x)p_n'(x) + \lambda_n p_n(x) = 0, \quad \deg\sigma \le 2, \ \deg\tau = 1, \tag{8.15}$$

2. La relación de estructura (3.27)

$$\sigma(x)p_n'(x) = \widetilde{\alpha}_n p_{n+1}(x) + \widetilde{\beta}_n p_n(x) + \widetilde{\gamma}_n p_{n-1}(x), \quad n \ge 0, \quad p_{-1} \equiv 0, \tag{8.16}$$

y la relación de recurrencia a tres términos

$$x p_n(x) = \alpha_n p_{n+1}(x) + \beta_n p_n(x) + \gamma_n p_{n-1}(x). \tag{8.17}$$

Asumiremos que la familia q_m satisface una ecuación del mismo tipo[4]

$$\overline{\sigma}(x)q_m''(x) + \overline{\tau}(x)q_m'(x) + \overline{\lambda}_m q_m(x) = 0, \ \deg\overline{\sigma} \le 2, \ \deg\overline{\tau} = 1. \tag{8.18}$$

[4]Basta que sea una ecuación diferencial lineal con coeficientes polinómicos.

Comenzaremos la descripción del algoritmo aplicando el operador $\mathcal{L}_2 : \mathbb{P} \to \mathbb{P}$ definido por

$$\mathcal{L}_2[\pi(x)] = \overline{\sigma}(x)\frac{d^2\pi(x)}{dx^2} + \overline{\tau}(x)\frac{d\pi(x)}{dx} + \overline{\lambda}_m\pi(x)$$

a ambos miembros de (8.9). Ahora bien, como se tiene (8.18), entonces

$$0 = \sum_{n=0}^{m} c_{mn}\left[\overline{\sigma}(x)p_n''(x) + \overline{\tau}(x)p_n'(x) + \overline{\lambda}_m p_n(x)\right].$$

Multiplicando la igualdad anterior por σ y usando la ecuación diferencial (8.15) así como (8.16) tenemos

$$0 = \sum_{n=0}^{m} c_{mn}\Big\{[\sigma(x)\overline{\lambda}_m - \overline{\sigma}(x)\lambda_n]p_n(x) \\ -\overline{\sigma}(x)\tau(x)p_n'(x) + \overline{\tau}(x)[\widetilde{\alpha}_n p_{n+1}(x) + \widetilde{\beta}_n p_n(x) + \widetilde{\gamma}_n p_{n-1}(x)]\Big\}.$$

A continuación eliminamos el término p_n' para lo cual volvemos a multiplicar σ y usamos (8.16). Esto nos conduce a la expresión

$$0 = \sum_{n=0}^{m} \Big\{c_{mn}\sigma(x)[\sigma(x)\overline{\lambda}_m - \overline{\sigma}(x)\lambda_n]p_n(x) \\ +[\overline{\tau}(x)\sigma(x) - \overline{\sigma}(x)\tau(x)][\widetilde{\alpha}_n p_{n+1}(x) + \widetilde{\beta}_n p_n(x) + \widetilde{\gamma}_n p_{n-1}(x)]\Big\}.$$

Como τ, $\overline{\tau}$, σ y $\overline{\sigma}$ son polinomios en x de grados uno o dos (a lo sumo) podemos usar la relación de recurrencia (8.17) para obtener la relación

$$0 = \sum_{n=0}^{M} F[c_{m0}, \ldots, c_{mn}]p_n(x),$$

que, puesto que $\deg \sigma \leq 2$, es equivalente a la relación de recurrencia de orden a lo más 9

$$\sum_{k=m-4}^{m+4} f[m, n, p_n, q_m]c_{mn} = 0.$$

Nótese que este algoritmo se puede fácilmente generalizar tanto al caso discreto como al $q-$clásico, es decir el caso de la red exponencial [17, 16]. Obviamente el algoritmo se puede optimizar. Por ejemplo, como hemos visto hemos tenido que multiplicar dos veces por σ lo cual ha incrementado artificialmente el orden de la relación de recurrencia. Una forma de conseguir la relación de recurrencia de mínimo orden consiste en usar la otra relación de estructura [24, 112]

$$p_n(x) = a_n p_{n+1}'(x) + b_n p_n'(x) + c_n p_{n-1}'(x).$$

Finalmente, nótese que el algoritmo sigue valiendo siempre que q_m satisfaga una ecuación diferencial lineal con coeficientes polinómicos. Tal es el caso de los productos de dos o más polinomios clásicos, por lo que el algoritmo anterior es factible para resolver el problema de linealización como ha sido puesto de manifiesto en [112].

8.2.3. El q-análogo de NaViMa en la red exponencial

El problema de conexión en la red exponencial

Sean dos familias de $q-$polinomios $P_n(x(s))_q$ y $Q_m(x(s))_q$ en la red exponencial $x(s) = c_1 q^s + c_3$ que en adelante denotaremos por $P_n(s)_q$ y $Q_m(s)_q$, respectivamente. Obviamente podemos representar cualquier polinomio $Q_m(s)_q$ como una combinación lineal de los polinomios $P_n(s)_q$

$$Q_m(s)_q = \sum_{n=0}^{m} C_n(m) P_n(s)_q. \tag{8.19}$$

Para la familia $P_n(s)_q$ usaremos la notación siguiente:

1. $\sigma(s)$, $\tau(s)$ y λ_n para la ecuación en diferencias,

$$\sigma(s)\frac{\Delta}{\Delta x(s-\frac{1}{2})}\left[\frac{\nabla P_n(s)_q}{\nabla x(s)}\right] + \tau(s)\frac{\Delta P_n(s)_q}{\Delta x(s)} + \lambda_n P_n(s)_q = 0, \tag{8.20}$$

   donde, como antes, $\nabla f(s) = f(s) - f(s-1)$ y $\Delta f(s) = f(s+1) - f(s)$.

2. α_n, β_n y γ_n para los coeficientes de la RRTT

$$x(s)P_n(s)_q = \alpha_n P_{n+1}(s)_q + \beta_n P_n(s)_q + \gamma_n P_{n-1}(s)_q, \tag{8.21}$$

   con las condiciones iniciales $P_{-1}(s)_q = 0$, $P_0(s)_q = 1$.

3. $\widehat{\alpha}_n$, $\widehat{\beta}_n$ y $\widehat{\gamma}_n$, para la relación de estructura (6.14)

$$[\sigma(s) + \tau(s)\Delta x(s-\tfrac{1}{2})]\frac{\Delta P_n(s)_q}{\Delta x(s)} = \widehat{\alpha}_n P_{n+1}(s)_q + \widehat{\beta}_n P_n(s)_q + \widehat{\gamma}_n P_{n-1}(s)_q, \tag{8.22}$$

4. $\widetilde{\alpha}_n$, $\widetilde{\beta}_n$ y $\widetilde{\gamma}_n$, para la relación de estructura (6.12)

$$\sigma(s)\frac{\nabla P_n(s)_q}{\nabla x(s)} = \widetilde{\alpha}_n P_{n+1}(s)_q + \widetilde{\beta}_n P_n(s)_q + \widetilde{\gamma}_n P_{n-1}(s)_q. \tag{8.23}$$

Vamos a suponer además que la familia $Q_m(s)_q$ satisface la ecuación

$$\bar{\sigma}(s)\frac{\Delta}{\Delta x(s-\frac{1}{2})}\left[\frac{\nabla Q_m(s)_q}{\nabla x(s)}\right] + \bar{\tau}(s)\frac{\Delta Q_m(s)_q}{\Delta x(s)} + \bar{\lambda}_m Q_m(s)_q = 0, \tag{8.24}$$

Como los polinomios de la familia $Q_m(s)_q$ son las soluciones de la ecuación en diferencias de segundo orden (8.24), al aplicar sobre la ecuación (8.19) el operador en diferencias de segundo orden $\mathcal{L}_2$, definido por[5]

$$\mathcal{L}_2 = \bar{\sigma}(s)\frac{\Delta}{\Delta x(s-\frac{1}{2})}\left[\frac{\nabla}{\nabla x(s)}\right] + \bar{\tau}(s)\frac{\Delta}{\Delta x(s)} + \bar{\lambda}_m \mathcal{I},$$

[5] Aquí hemos denotado por $\mathcal{I}$ al operador identidad, i.e., $\mathcal{I} : \mathbb{P} \mapsto \mathbb{P}$, $\mathcal{I}p(s) = p(s)$.

se obtiene

$$\sum_{n=0}^{m} C_n(m)\left[\bar{\sigma}(s)\frac{\Delta}{\Delta x(s-\frac{1}{2})}\left[\frac{\nabla P_n(s)_q}{\nabla x(s)}\right]+\bar{\tau}(s)\frac{\Delta P_n(s)_q}{\Delta x(s)}+\bar{\lambda}_m P_n(s)_q\right]=0. \tag{8.25}$$

Multiplicando la expresión anterior por $\sigma(s)$ y utilizando que

$$\sigma(s)\frac{\Delta}{\Delta x(s-\frac{1}{2})}\left[\frac{\nabla P_n(s)_q}{\nabla x(s)}\right]=-\tau(s)\frac{\Delta P_n(s)_q}{\Delta x(s)}-\lambda_n P_n(s)_q,$$

obtenemos

$$\sum_{n=0}^{m} C_n(m)\left[(\bar{\tau}(s)\sigma(s)-\tau(s)\bar{\sigma}(s))\frac{\Delta P_n(s)_q}{\Delta x(s)}+(\bar{\lambda}_m\sigma(s)-\bar{\sigma}(s)\lambda_n)P_n(s)_q\right]=0. \tag{8.26}$$

Para eliminar $\Delta P_n(s)_q/\Delta x(s)$, multiplicamos (8.26) por $\sigma(s)+\tau(s)\Delta x(s-\frac{1}{2})$ y utilizamos la segunda relación de estructura (8.22) para la familia $P_n(s)_q$. Esto nos conduce a la expresión

$$\begin{aligned}\sum_{n=0}^{m} C_n(m)\Big[(\bar{\tau}(s)\sigma(s)-\tau(s)\bar{\sigma}(s))\Big(\widehat{\alpha}_n P_{n+1}(s)_q+\widehat{\beta}_n P_{n-1}(s)_q+\widehat{\gamma}_n P_n(s)_q\Big)+\\ +(\sigma(s)+\tau(s)\Delta x(s-\tfrac{1}{2}))(\bar{\lambda}_m\sigma(s)-\bar{\sigma}(s)\lambda_n)P_n(s)_q\Big]=0.\end{aligned} \tag{8.27}$$

Finalmente, utilizamos repetidamente la RRTT (8.21) que nos permite desarrollar los términos $\sigma^2(s)P_n(s)_q$, $\bar{\sigma}(s)\sigma(s)P_n(s)_q$, $\sigma(s)\bar{\tau}(s)P_n(s)_q$ y $\bar{\sigma}(s)\tau(s)P_n(s)_q$ como combinación lineal de los $P_n(s)_q$. Todo lo anterior nos conduce a escribir (8.27) de la forma

$$\sum_{n=0}^{N} M_n\left[C_0(m),C_1(m),\ldots,C_n(m)\right]P_n(s)_q=0, \tag{8.28}$$

donde $N=\text{máx}\{n+2\text{grado}\,(\sigma),n+\text{grado}\,(\sigma)+\text{grado}\,(\bar{\sigma}),n+1+\text{grado}\,(\bar{\sigma}),n+\text{grado}\,(\bar{\tau})+\text{grado}\,(\sigma),n+\text{grado}\,(\sigma(s)+\tau(s)\Delta x(s-\frac{1}{2}))+\text{grado}\,(\sigma),n+\text{grado}\,(\sigma(s)+\tau(s)\Delta x(s-\frac{1}{2}))s+\text{grado}\,(\bar{\sigma})\}$. Teniendo en cuenta que los polinomios $P_n(s)_q$ constituyen una familia linealmente independiente, la expresión anterior nos conduce al sistema lineal

$$M_n\left[C_0(m),C_1(m),\ldots,C_n(m)\right]=0. \tag{8.29}$$

El sistema anterior nos permite encontrar diversas relaciones entre los coeficientes de conexión $C_i(m)$ que dependen del grado de los polinomios $\sigma(s)$ y $\bar{\sigma}(s)$. En nuestro caso, dichos polinomios son de grado, a lo más 2, en $x(s)=q^s$. Por tanto, (8.30) se reduce a la relación

$$M_n\left[C_{n+4}(m),\ldots,C_{n-4}(m)\right]=0, \tag{8.30}$$

que es válida para n mayor o igual que el número de condiciones iniciales necesarias para resolver la RR ($m\geq 8$). Nótese que para $n<8$ el sistema también tiene solución pero no se puede obtener de manera recurrente.

Para el caso de los $q-$polinomios de la tabla de Hahn, como hemos visto antes, las funciones $\sigma(s)$ correspondientes son polinomios de segundo grado en $x(s) = q^s$. Luego, las relaciones de recurrencia para los coeficientes de conexión entre dichas familias son, a lo más, de grado 9, o sea, de la forma (8.30).

Como en el caso clásico, el algoritmo se puede optimizar. Por ejemplo, como hemos visto hemos tenido que multiplicar σ y $\sigma(s)+\tau(s)\Delta x(s-\frac{1}{2})$ lo cual ha incrementado artificialmente el orden de la relación de recurrencia. También, como antes, se puede conseguir la relación de recurrencia de mínimo orden usando la otra relación de estructura (6.17). Obviamente, el algoritmo sigue siendo válido si q_m satisface una ecuación en diferencias lineal con coeficientes polinómicos. Tal es el caso de los productos de dos o más polinomios $q-$clásicos, por tanto el algoritmo anterior es factible para resolver el problema de linealización tal y como veremos a continuación.

El problema de linealización en la red exponencial

Vamos ahora a describir la versión del algoritmo anterior pero para un producto de dos q-polinomios clásicos [16], es decir vamos a encontrar la relación de recurrencia para los coeficientes de linealización L_{mjn} en el desarrollo

$$Q_m(s)_q R_j(s)_q = \sum_{n=0}^{m+j} L_{mjn} P_n(s)_q, \qquad x(s) = c_1 q^s + c_3, \tag{8.31}$$

donde $Q_m(x(s)) \equiv Q_m(s)_q$ y $R_j(x(s)) \equiv R_j(s)_q$ son polinomios en $x(s) = c_1q^s+c_3$ que satisfacen la ecuación en diferencias de orden dos

$$a(s)Q_m(s+1)_q + b(s)Q_m(s)_q + c(s)Q_m(s-1)_q = 0, \tag{8.32}$$

$$\alpha(s)R_j(s+1)_q + \beta(s)R_j(s)_q + \gamma(s)R_j(s-1)_q = 0, \tag{8.33}$$

respectivamente. Un caso especial de estos polinomios son los q-polinomios de tipo hipergeométrico que hemos estudiado en capítulos anteriores ya que la ecuación (5.3) es un caso particular de la ecuación (8.32) ($y \equiv Q_m$), con

$$a(s) = \sigma(s) + \tau(s)\Delta x(s-\tfrac{1}{2}), \quad c(s) = \frac{\sigma(s)}{\nabla x(s)}, \quad b(s) = \lambda\Delta x(s-\tfrac{1}{2}) - \frac{a(s)}{\Delta x(s)} - c(s)\,.$$

En lo que sigue denotaremos por $\mathcal{T}$ al operador $\mathcal{T}:\mathbb{P}\mapsto\mathbb{P}$, $\mathcal{T}p(s) = p(s+1)$.

Usando lo anterior vamos a reescribir las ecuaciones (8.32)-(8.33) en la forma

$$a(s+1)\mathcal{T}^2 Q_m(s)_q + b(s+1)\mathcal{T}Q_m(s)_q + c(s+1)\mathcal{I}Q_m(s)_q = 0, \tag{8.34}$$

y

$$\alpha(s+1)\mathcal{T}^2 R_j(s)_q + \beta(s+1)\mathcal{T}R_j(s)_q + \gamma(s+1)\mathcal{I}R_j(s)_q = 0. \tag{8.35}$$

Es fácil comprobar [16] el siguiente

Teorema 8.2.1 *Si $Q_m(s)_q$ y $R_j(s)_q$ satisfacen las ecuaciones lineales (8.34) y (8.35), entonces el producto $u(s)_q := Q_m(s)_q R_j(s)_q$, satisface una ecuación en diferencias de cuatro orden*

$$\mathcal{L}_4 u(s) = 0, \tag{8.36}$$

donde $\mathcal{L}_4$ es el operador en diferencias

$$\mathcal{L}_4 := p_4(s)\mathcal{T}^4 + p_3(s)\mathcal{T}^3 + p_2(s)\mathcal{T}^2 + p_1(s)\mathcal{T} + p_0(s)\mathcal{I}.$$

Demostración: Para probarlo comenzamos escribiendo (8.34)-(8.35) de la forma

$$\begin{aligned} &a(s+1)\alpha(s+1)\mathcal{T}^2 u(s) = \\ &\quad = \left[b(s+1)\mathcal{T}Q_m(s)_q + c(s+1)\mathcal{I}Q_m(s)_q\right]\left[\beta(s+1)\mathcal{T}R_j(s)_q + \gamma(s+1)\mathcal{I}R_j(s)_q\right], \end{aligned}$$

o, equivalentemente,

$$\begin{aligned} \mathsf{L}_2 u(s) := {} & a(s+1)\alpha(s+1)\mathcal{T}^2 u(s) - b(s+1)\beta(s+1)\mathcal{T}u(s) - c(s+1)\gamma(s+1)\mathcal{I}u(s) \\ = {} & b(s+1)\gamma(s+1)\left[\mathcal{T}Q_m(s)_q \mathcal{I}R_j(s)_q\right] + c(s+1)\beta(s+1)\left[\mathcal{I}Q_m(s)_q \mathcal{T}R_j(s)_q\right] \\ = {} & l_1(s)\left[\mathcal{T}Q_m(s)_q \mathcal{I}R_j(s)_q\right] + l_2(s)\left[\mathcal{I}Q_m(s)_q \mathcal{T}R_j(s)_q\right]. \end{aligned}$$

Luego cambiamos $s \to s+1$, y sustituimos en el segundo miembro los valores de $\mathcal{T}^2 Q_m(s)_q$ y $\mathcal{T}^2 R_j(s)_q$ usando las ecuaciones (8.34)–(8.35), respectivamente. Esto nos conduce a la ecuación

$$\mathsf{M}_3 u(s) = m_1(s)\left[\mathcal{T}Q_m(s)_q \mathcal{I}R_j(s)_q\right] + m_2(s)\left[\mathcal{I}Q_m(s)_q \mathcal{T}R_j(s)_q\right],$$

donde M_3 es un operador en diferencias de orden tres (pues es proporcional a $\mathcal{T}^3$), con m_1 y m_2 ciertas funciones conocidas de s. Repitiendo el proceso pero usando como ecuación de partida la última expresión tenemos

$$\mathsf{N}_4 u(s) = n_1(s)\left[\mathcal{T}Q_m(s)_q \mathcal{I}R_j(s)_q\right] + n_2(s)\left[\mathcal{I}Q_m(s)_q \mathcal{T}R_j(s)_q\right].$$

Luego, el siguiente determinante es nulo

$$\begin{vmatrix} \mathsf{L}_2 u(s) & l_1(s) & l_2(s) \\ \mathsf{M}_3 u(s) & m_1(s) & m_2(s) \\ \mathsf{N}_4 u(s) & n_1(s) & n_2(s) \end{vmatrix} = 0. \tag{8.37}$$

Si desarrollamos el determinante por la primera columna obtenemos una ecuación en diferencias del tipo (8.36). ■

Nótese que la prueba anterior es cierta para cualquier red $x(s)$ y no solamente para la red exponencial $x(s) = c_1 q^s + c_3$.

Como antes, supondremos que $Q_m(s)_q$ y $R_j(s)_q$ satisfacen las ecuaciones (8.34) y (8.35), respectivamente, $P_n(s)_q$ satisface la relación de recurrencia a tres términos y la relación de estructura (8.22) que escribiremos en la forma equivalente

$$\phi(s)\mathcal{T}P_n(s)_q = \sum_{k=n-2}^{n+2} A_k(n)P_k(s)_q, \quad \phi(s) = \sigma(s) + \tau(s)\Delta x(s - \tfrac{1}{2}), \tag{8.38}$$

lo cual se deduce de usar la relación de recurrencia (8.21) puesto que $\sigma(s) + \tau(s)\Delta x(s - \frac{1}{2})$ es un polinomio de grado dos en $x(s)$ y $\Delta x(s)$ es un polinomio de grado uno $x(s)$ (lo cual sólo es cierto en la red exponencial y no en la general $x(s) = c_q q^s + c_2 q^{-s} + c_3$).

Como consecuencia de (8.38) tenemos que

$$\begin{aligned}
\phi(s)\phi(s+1)\mathcal{T}^2 P_n(s)_q &= \sum_{k=n-4}^{n+4} \widetilde{A}_k(n)P_k(s)_q, \\
\phi(s)\phi(s+1)\phi(s+2)\mathcal{T}^3 P_n(s)_q &= \sum_{k=n-6}^{n+6} \widehat{A}_k(n)P_k(s)_q, \\
\phi(s)\phi(s+1)\phi(s+2)\phi(s+3)\mathcal{T}^4 P_n(s)_q &= \sum_{k=n-8}^{n+8} \bar{A}_k(n)P_k(s)_q.
\end{aligned} \tag{8.39}$$

Ahora usamos la misma idea que en caso anterior cuando estudiamos el problema de conexión: Partimos de (8.36), $\mathcal{L}_4 Q_m(s)_q R_j(s)_q = 0$, y aplicamos $\mathcal{L}_4$ a ambas partes de (8.31). Así

$$0 = \sum_{n=0}^{m+j} L_{mjn}\phi(s)\phi(s+1)\phi(s+2)\phi(s+3)\mathcal{L}_4 P_n(x(s)).$$

Como $\mathcal{L}_4$ es un operador en diferencias de orden cuatro, la relación de estructura (8.38) así como (8.39) nos conducen a la expresión

$$\begin{aligned}
0 = \sum_{n=0}^{m+j} L_{mjn}\Bigg\{ & p_4(s) \sum_{k=n-8}^{n+8} \bar{A}_k(n)P_k(s)_q + p_3(s)\phi(s+3) \sum_{k=n-6}^{n+6} \widehat{A}_k(n)P_k(s)_q + \\
& + p_2(s)\phi(s+2)\phi(s+3) \sum_{k=n-4}^{n+4} \widetilde{A}_k(n)P_k(s)_q + \\
& + p_1(s)\phi(s+1)\phi(s+2)\phi(s+3) \sum_{k=n-2}^{n+2} A_k(n)P_k(s)_q + \\
& + \phi(s)\phi(s+1)\phi(s+2)\phi(s+3)p_0(s)P_n(s)_q \Bigg\},
\end{aligned}$$

de donde, usando que $\phi(s+k)$, $k = 0, 1, 2, 3$, es un polinomio de grado dos en $x(s) = c_1 q^s + c_3$ así como la relación de recurrencia a tres términos (8.21), obtenemos la relación buscada para los coeficientes L_{mjn}

$$\sum_{k=0}^{r} c_k(i,j,n) L_{mj\,n+k} = 0. \tag{8.40}$$

Obviamente el algoritmo descrito no da, necesariamente, la relación de recurrencia de orden mínimo. Para obtener ésta es preciso un estudio más detallado del problema así como el uso de propiedades adicionales como por ejemplo la relación (6.17).

8.2.4. Ejemplos

Ejemplos de conexión

Como hemos visto en el apartado anterior, las relaciones de recurrencia para los coeficientes de conexión entre las diferentes familias de q-polinomios de la q-tabla de Hahn son, en general, de orden alto (8-términos). Por ello, para mostrar cómo funciona el algoritmo, vamos a analizar un ejemplo más sencillo. Ante todo, hemos de resaltar que en el algoritmo descrito no se ha usado en absoluto la ortogonalidad de la familia Q_m, ya que sólo hemos necesitado la ecuación en diferencias que dichos polinomios satisfacen. Por otra parte, para los P_n hemos utilizado la RRTT y la relación de estructura.

Consideremos el problema de desarrollar una familia de polinomios $Q_m(s)_q$ que satisfacen una ecuación en diferencias de primer orden en la red[6] $x(s) = q^s$ como combinación lineal de las familias de q-polinomios ortogonales $P_n(s)_q$ definidas sobre la misma red, o sea, los polinomios q-clásicos.

Sean las funciones[7].

$$(s)_q = \frac{q^s - 1}{q - 1} = q^{\frac{s-1}{2}} [s]_q \,. \tag{8.41}$$

Además definiremos el polinomio

$$[(s)_q]_n = \prod_{k=0}^{n-1} \frac{1 - q^{s+k}}{1 - q} = \frac{(q^s; q)_n}{(1 - q)^n}. \tag{8.42}$$

Nótese que $[(s)_q]_n$ es un polinomio de grado exactamente n en q^s y, por tanto, en $x(s) = c_1 q^s + c_3$ y que $\lim\limits_{q\to 0} [(s)_q]_n = (s)_n$ siendo $(s)_n = (s)(s+1)\cdots(s+n-1)$ el símbolo de Pochhammer.

Además los $[(s)_q]_n$ satisfacen la ecuación

$$(s)_q [(s+1)_q]_n - (s+n)_q [(s)_q]_n = 0\,, \tag{8.43}$$

[6]Por simplicidad vamos a considerar la red exponencial más sencilla.

[7]Para evitar confusiones vamos a usar aquí la notación $(s)_q$ para los q-números clásicos $[s]$ que definimos en (7.34) o en (6.29). No confundir con el q-número $[n]_q = \frac{q^{\frac{n}{2}} - q^{-\frac{n}{2}}}{\varkappa_q}$ definido en el capítulo **5**.

y la relación de recurrencia

$$(8.44)\qquad (s)_q[(s)_q]_n - q^{-n}[(s)_q]_{n+1} + q^{-n}(n)_q[(s)_q]_n = 0.$$

Obviamente los símbolos $(q^s;q)_n$ también son polinomios de grado n en $x(s) = c_1 q^s + c_3$. Además, para los $(q^s;q)_n$ tiene lugar la propiedad

$$(8.45)\qquad \frac{\Delta(q^s;q)_n}{\Delta x(s)} = -q^{\frac{n-1}{2}}[n]_q c_1^{-1}\,(q^{s+1};q)_{n-1},$$

de donde se deduce la la siguiente ecuación en diferencias en la red $x(s) = c_1 q^s + c_3$

$$(8.46)\qquad c_1(1-q^s)\frac{\Delta(q^s;q)_n}{\Delta x(s)} + q^{\frac{n-1}{2}}[n]_q(q^s;q)_n.$$

También usaremos los q-polinomios de Stirling[8] $(s)_q^{[n]}$, definidos por[9]

$$(8.47)\qquad (s)_q^{[n]} = \prod_{k=0}^{n-1}\frac{q^{s-k}-1}{q-1} = \frac{(q^s;q)^{[n]}}{(1-q)^n} = \frac{(a;q^{-1})_n}{(1-q)^n},$$

que satisfacen las ecuaciones

$$(8.48)\qquad (s)_q(s-1)_q^{[n]} - (s-n)_q(s)_q^{[n]} = 0\,,$$

y

$$(8.49)\qquad (s)_q(s)_q^{[n]} - q^n(s)_q^{[n+1]} - (n)_q[(s)_q]^{[n]} = 0.$$

Los polinomios $(a;q)^{[n]} = (a;q^{-1})_n$ satisfacen la propiedad

$$(8.50)\qquad \frac{\Delta(q^s;q)^{[n]}}{\Delta x(s)} = -q^{-\frac{n-1}{2}}[n]_q c_1^{-1}\,(q^s;q)^{[n-1]},$$

de donde se sigue la siguiente ecuación en diferencias en la red $x(s) = c_1 q^s + c_3$

$$(8.51)\qquad c_1(1-q^{s-n+1})\frac{\Delta(q^s;q)^{[n]}}{\Delta x(s)} + q^{-\frac{n-1}{2}}[n]_q\,(q^s;q)^{[n]}.$$

Desarrollo de $(q^s;q)_n$ en términos de un polinomio $P_n(s)_q$ de la tabla de Hahn

Como $(q^s;q)_n$ es un polinomio en q^s, éste se puede representar como una combinación lineal de los q-polinomios $P_n(s)_q$ en la red exponencial. En particular,

$$(8.52)\qquad (q^s;q)_n = \sum_{m=0}^{n} C_m(n)P_m(s)_q.$$

---

[8]Nótese que si $q\to 1$, $(s)_q^{[n]} \to s(s-1)\cdots(s-n+1) = (-1)^n(-s)_n$, o sea los $(s)_q^{[n]}$ pueden ser considerados como los q-análogos de los polinomios de Stirling (2.35).

[9]Como $(a;q^{-1})_n = (1-a)(1-aq^{-1})\cdots(1-aq^{-n+1})$, se tiene $(q^s;q)^{[n]} = (a;q^{-1})_n$.

Por concretar escojamos como base $P_n(s)_q$ los q-polinomios pequeños de Jacobi (6.61) cuyas principales características están descritas en la tabla 6.7. Para ellos tenemos $\sigma(s) = q^{-1}q^s(q^s-1)$. Comenzaremos aplicando el operador

$$\widetilde{\mathcal{L}} = (1 - q^s)\frac{\Delta}{\Delta x(s)} + (n)_q\mathcal{I}, \tag{8.53}$$

a ambos miembros de (8.52). Utilizando la fórmula (8.46), multiplicando por $-q^{s-1}$ obtenemos la siguiente expresión

$$0 = \sum_{m=0}^{n} C_m(n)\left\{q^{s-1}(q^s - 1)\frac{\Delta P_m(s)_q}{\Delta x(s)} - (n)_q q^{s-1}P_m(s)_q\right\}. \tag{8.54}$$

Teniendo en cuenta que para los q-polinomios pequeños de Jacobi $\sigma(s) = q^{-1}q^s(q^s - 1)$ y utilizando la relación de estructura (8.23) y la RRTT (8.21) en la expresión anterior encontramos que

$$0 = \sum_{m=0}^{n} C_m(n)\left\{A_m P_{m+1}(s)_q + B_m P_m(s)_q + \Gamma_m P_{m-1}(s)_q\right\}.$$

Esta relación nos conduce a la siguiente RRTT para los coeficientes de conexión $C_m(n)$

$$A_{m-1}C_{m-1}(n) + B_m C_m(n) + \Gamma_{m+1}C_{m+1}(n) = 0, \tag{8.55}$$

donde

$$A_{m-1} = \widehat{\alpha}_{m-1} - q^{-1}(n)_q\alpha_{m-1}, \quad B_m = \widehat{\beta}_m - q^{-1}(n)_q\beta_m, \qquad \Gamma_{m+1} = \widehat{\gamma}_{m+1} - q^{-1}(n)_q\gamma_{m+1}. \tag{8.56}$$

Usando los valores de la tabla 6.7 tenemos

$$A_{m-1} = -\frac{1 - q^n - a\,b\,q^2\,(1 - q^{m-1})}{(1 - q)\,q},$$

$$B_m = \frac{(1-q^m)\left(1-abq^{m+1}\right)\left(1-bq^m\left(1+q-aq^{m+1}\right)\right)+q^{m-1}(1-q^n)\left(1+a^2bq^{2m+1}+a\left(1-(1+b)q^m-(1+b)q^{m+1}+bq^{2m+1}\right)\right)}{(1-q)\,(1-a\,b\,q^{2\,m})\,(-1+abq^{2m+2})},$$

$$\Gamma_{m+1} = -\frac{aq^m\,(1-q^{m+1})\,(1-aq^{m+1})\,(1-bq^{m+1})\,(1-abq^{m+1})\,(1+q^m-abq^{m+2}-q^{m+n})}{(1-q)\,(1-abq^{2(m+1)})^2\,(1-abq^{2m+1})\,(1-abq^{2m+3})}.$$

Si sustituimos en las expresiones anteriores los valores $a = \mu$ y $b = q^{\gamma-1}$ obtenemos la conexión entre los q-polinomios de Meixner (6.62) y los símbolos $(q^s; q)_n$ y si particularizamos para $a = -\frac{pq^N}{1-p}\mu$ y $b = q^{-N-1}$, obtenemos las relaciones de recurrencia correspondiente a los polinomios de Kravchuk (6.63). Finalmente, un caso de especial interés en el de los polinomios de Charlier (6.67) los cuales corresponden al caso $a = (q-1)\mu$ y $b = 0$. En este caso las relaciones obtenidas se simplifican

$$A_{m-1} = -\frac{1 - q^n}{(1 - q)q},$$

$$B_m = -\frac{q^{m-1}\,(1-q^n) + \mu\,(1-q)\,(1 + q^{m-1} - q^{2m-1} - q^m - q^{2m} - q^{m+n-1}\,(1-q^m\,(1+q)))}{(1-q)},$$

$$\Gamma_{m+1} = -\mu q^m \left(1 - q^{m+1}\right) \left(1 - \mu (1-q) q^{m+1}\right) \left(1 + q^m (1 - q^n)\right).$$

Si ahora $P_m(s)_q$ son los q-polinomios de Hahn (6.53) (ver tabla 6.3), hacemos actuar el operador $\widetilde{\mathcal{L}}$ (8.53) en ambos miembros de (8.52). Teniendo en cuenta que, $\widetilde{\mathcal{L}}(q^s;q)_n = 0$ y multiplicando la expresión resultante por $-(q^{\alpha+N} - q^s)$ obtenemos

$$\sum_{m=0}^{n} C_m(n) \left\{ (q^{\alpha+N} - q^s)(q^s - 1) \frac{\nabla P_m(s)_q}{\nabla x(s)} - (n)_q (q^{\alpha+N} - q^s) P_m(s)_q \right\} = 0. \tag{8.57}$$

Pero para los q-polinomios de Hahn, $\sigma(s) = (q^{\alpha+N} - q^s)(q^s - 1)$. Luego, utilizando la relación de estructura (8.23) y la RRTT (8.21) obtenemos para los coeficientes de conexión la misma expresión (8.55) que antes, donde ahora

$$\begin{aligned} A_{m-1} &= \widehat{\alpha}_{m-1} + (n)_q \alpha_{m-1}, \quad B_m = \widehat{\beta}_m + (n)_q \beta_m - (n)_q q^{N+\alpha}, \\ \Gamma_{m+1} &= \widehat{\gamma}_{m+1} + (n)_q \gamma_{m+1}. \end{aligned} \tag{8.58}$$

Sustituyendo los correspondientes valores se obtienen los coeficientes correspondientes. Dado que sus expresiones son muy largas las omitiremos.

Un ejemplo de linealización

Consideremos el producto $[(s)_q]_i [(s)_q]_j$ que es un polinomio en q^s y expresémosle como una combinación lineal de los q-símbolos de Pochhammer $[(s)_q]_n$. En particular,

$$[(s)_q]_i [(s)_q]_j = \sum_{n=0}^{i+j} L_{ijn}(q) [(s)_q]_n. \tag{8.59}$$

Para obtener la relación de recurrencia de los coeficientes de linealización L_{ijn} en (8.59) aplicamos el operador

$$(s)_q^2 \mathcal{T} - (s+i)_q (s+j)_q \mathcal{I} \tag{8.60}$$

a ambos miembros de (8.59). Usando (8.43) tenemos

$$0 = \sum_{n=0}^{i+j} L_{ijn} \left[\left(\frac{q^s - 1}{q-1} \right)^2 \mathcal{T}[(s)_q]_n - \left(\frac{q^{s+i} - 1}{q-1} \right) \left(\frac{q^{s+j} - 1}{q-1} \right) [(s)_q]_n \right]. \tag{8.61}$$

De la ecuación (8.43) para los q-símbolos de Pochhammer obtenemos

$$\begin{aligned} 0 = & \sum_{n=0}^{i+j} L_{ijn} [(s)_q]_n \left[\left(\frac{q^s - 1}{q-1} \right) \left(\frac{q^{s+n} - 1}{q-1} \right) - \left(\frac{q^{s+i} - 1}{q-1} \right) \left(\frac{q^{s+j} - 1}{q-1} \right) \right] \\ = & \sum_{n=0}^{i+j} L_{ijn} [(s)_q]_n \left[(s)_q (s+n)_q - (s+i)_q (s+j)_q \right]. \end{aligned}$$

Usando la identidad $(s+n)_q = q^n(s)_q + (n)_q$, esta última expresión se transforma en

$$0 = \sum_{n=0}^{i+j} L_{ijn}[(s)_q]_n \left\{(s)_q^2[q^n - q^{i+j}] + (s)_q[(n)_q - q^i(j)_q - q^j(i)_q] - (i)_q(j)_q\right\},$$

a partir de la cual, usando (8.44), obtenemos

$$\sum_{n=0}^{i+j} L_{ijn}\Big\{q^{-2n-1}[q^n - q^{i+j}][(s)_q]_{n+2}+$$
$$+\left[\left((n)_q - q^i(j)_q - q^j(i)_q\right)q^{-n} - \left(q^n - q^{i+j}\right)\left(q^{-2n-1}(n+1)_q + q^{-2n}(n)_q\right)\right][(s)_q]_{n+1}+$$
$$+\left[(q^n - q^{i+j})q^{-2n}(n)_q^2 - \left((n)_q - q^i(j)_q - q^j(i)_q\right)q^{-n} - (i)_q(j)_q\right][(s)_q]_n\Big\} =$$

$$= \sum_{n=0}^{i+j} L_{ijn}\Big\{q^{-2n-1}[q^n - q^{i+j}][(s)_q]_{n+2}-$$
$$-\left\{q^{-n-1}(n+1)_q + q^{i+j-1-2n}\left[1 + q^{n+j+1}(j)_q + q^{n+i+1}(i)_q - 2(n+1)_q\right]\right\}[(s)_q]_{n+1}-$$
$$-q^{i+j-2n}\left[(n)_q - q^{n+j}(j)_q\right]\left[(n)_q - q^{n+i}(i)_q\right][(s)_q]_n\Big\} = 0\,.$$

Es decir, tenemos la siguiente relación a tres términos

$$A_n L_{ijn-2} + B_n L_{ijn-1} + C_n L_{ijn} = 0, \tag{8.62}$$

con

$$\begin{aligned} A_n &= q^{-2n+3}[q^{n-2} - q^{i+j}], \\ B_n &= -q^{-n}(n)_q - q^{i+j+1-n}\left[q^{-j}(j)_q + q^{-i}(i)_q - q^{-n}(n)_q - q^{-n+1}(n-1)_q\right], \\ C_n &= -q^{i+j}\left[q^{-n}(n)_q - q^{-j}(j)_q\right]\left[q^{-n}(n)_q - q^{-i}(i)_q\right], \end{aligned} \tag{8.63}$$

con las condiciones iniciales $L_{ij\,i+j+1} = 0$ y $L_{ij\,i+j} = q^{-ij}$.

Para resolverla usaremos el algoritmo `qHyper` [1, 2, 196] que la reduce a la ecuación

$$L_{ijn+1} = -\frac{q^{-k-1}(i+j-n)_q}{(i-n-1)_q(j-n-1)_q} L_{ijn}, \tag{8.64}$$

de donde deducimos que

$$L_{ijn} = (-1)^{i+j-n} q^{\frac{i(i+1)+j(j+1)-n(n+1)}{2}} \frac{[(-j)_q]_{i+j-n}[(-i)_q]_{i+j-n}}{(i+j-n)_q!}, \tag{8.65}$$

para $n \geq \text{máx}(i,j)$ y es cero en otro caso.

Obsérvese que en el límite $q \to 1$, las relaciones anteriores (8.55)-(8.64) se convierten en las siguientes fórmulas para los símbolos de de Pochhammer $(s)_n$

$$(k-i-j-1)L_{ijn-1} - (k^2-(i+j)k+ij)L_{ijn} = 0, \qquad L_{ij\,i+j+1} = 0, \quad L_{ij\,i+j} = 1,$$

cuya la solución es

$$L_{ijn} = \begin{cases} \dfrac{(-1)^{i+j+n}(-j)_{i+j-n}(-i)_{i+j-n}}{(i+j-n)!} & n \geq \max(i,j) \\ \\ 0 & \text{en otro caso} \end{cases},$$

que obviamente corresponde a la solución (8.65) en el límite $q \to 1$.

Análogamente se puede hacer para el caso de los $q-$polinomios de Stirling [16].

8.2.5. Un algoritmo analítico alternativo

En el apartado anterior vimos como resolver, de forma recurrente, el problema de conexión y linealización dentro de la q-tabla de Hahn, es decir, para los q-polinomios en la red exponencial lineal $x(s) = c_1q^s + c_3$. Obviamente el método descrito (NaViMa) no es válido para la red en general, ya que en ésta no tenemos las relaciones de estructura que son una pieza clave en dicho algoritmo. La respuesta en el caso de la red general fue resuelta en [7] para la ortogonalidad discreta. El caso continuo se puede resolver de manera análoga.

Así, en este apartado vamos a establecer el q-análogo descrito en [7] del método desarrollado en [19, 27, 28, 213] para el caso clásico (no q) que nos permite obtener directamente una fórmula explícita para los coeficientes de conexión y linealización c_{mn} y l_{jmn} en (8.9) y (8.10), respectivamente, en función de los coeficientes de la ecuación de tipo hipergeométrico (5.2) en la red general $x(s) = c_1q^s + c_2q^{-s} + c_3$. Nótese que como caso particular también obtendremos la solución del caso anterior, i.e., cuando $x(s) = c_1q^s + c_3$. A diferencia del algoritmo q-NaViMa, en este apartado vamos obtener fórmulas analíticas explícitas para los coeficientes c_{mn} y l_{jmn}. Una de las principales ventajas del presente método es que sólo se requiere el conocimiento de la ecuación en diferencias y de la propiedad de hipergeometricidad concretada en la fórmula de Rodrigues (5.34).

Teoremas generales para q-polinomios

Vamos a comenzar encontrando una expresión explícita para los coeficientes c_{mn} en el desarrollo de una familia de q-polinomios cualquiera $Q_m(x(s)) \equiv Q_m(s)_q$ en la red general $x(s)$ en serie de una familia de q-polinomios ortogonales hipergeométricos discretos $(P_n)_n$ en la misma red no uniforme, i.e.,

$$Q_m(s)_q = \sum_{n=0}^{m} c_{mn} P_n(s)_q \,. \qquad (8.66)$$

Nuestro principal resultado es el siguiente

Teorema 8.2.2 *[7] Los coeficientes c_{mn} del desarrollo (8.66) se expresan mediante la fórmula*

$$
(8.67)\qquad \begin{aligned} c_{mn} &= \frac{(-1)^n B_n}{d_n^2} \sum_{s=a}^{b-n-1} \Delta^{(n)} \left[Q_m(s)_q\right] \rho_n(s) \Delta x_n(s-\tfrac{1}{2}) \\ &= (-1)^n \frac{B_n}{d_n^2} \sum_{s=a}^{b-1} \frac{\nabla}{\nabla x(s-\frac{n-1}{2})} \cdots \frac{\nabla}{\nabla x(s)} [Q_m(s)_q] \rho_n(s-n) \Delta x(s-\tfrac{n+1}{2}). \end{aligned}
$$

Demostración: Multiplicamos ambos miembros de (8.66) por $P_k(s)_q \rho(x) \Delta x(s-\frac{1}{2})$, y sumamos desde a a $b-1$; la ortogonalidad (5.46) nos da

$$
(8.68)\qquad c_{mn} = \frac{1}{d_n^2} \sum_{s=a}^{b-1} Q_m(s)_q P_n(s)_q \rho(s) \Delta x(s-\tfrac{1}{2})\,.
$$

A continuación utilizamos la fórmula de Rodrigues (5.36) para $P_n(s)_q$ lo que nos da

$$
(8.69)\qquad c_{mn} = \frac{B_n}{d_n^2} \sum_{s=a}^{b-1} Q_m(s)_q \nabla^{(n)} \left[\rho_n(s)\right] \Delta x(s-\tfrac{1}{2}) = \frac{B_n}{d_n^2} \sum_{s=a}^{b-1} Q_m(s)_q \nabla \left[\nabla_1^{(n)} [\rho_n(s)]\right].
$$

Entonces, usando la fórmula de suma por partes (ver capítulo **4**)

$$
\sum_{x_i=a}^{b-1} f(x_i) \nabla g(x_i) = f(x_i) g(x_i) \Big|_{a-1}^{b-1} - \sum_{x_i=a}^{b-1} g(x_i - 1) \nabla f(x_i),
$$

obtenemos

$$
(8.70)\qquad c_{mn} = \frac{B_n}{d_n^2} Q_m(s)_q \nabla_1^{(n)} [\rho_n(s)] \Bigg|_{a-1}^{b-1} - \frac{B_n}{d_n^2} \sum_{s=a}^{b-1} \nabla [Q_m(s)_q] \nabla_1^{(n)} [\rho_n(t)] \Bigg|_{t=s-1}.
$$

Ahora bien, el primer término es proporcional a $\rho_1(s) = \sigma(s+1)\rho(s+1)$. Por tanto, usando las condiciones de contorno (5.45), se anula[10]. Hagamos el cambio $s \to s-1$ en el segundo término de la expresión anterior, entonces

$$
c_{mn} = -\frac{B_n}{d_n^2} \sum_{s=a-1}^{b-2} \Delta [Q_m(s)_q] \nabla_1^{(n)} [\rho_n(s)]\,.
$$

Pero

$$
\nabla_1^{(n)} [\rho_n(s)] = \frac{\nabla}{\nabla x_2(s)} \nabla_2^{(n)} [\rho_n(s)], \qquad \nabla x_2(s) = \nabla x(s+1) = \Delta x(s),
$$

así que la expresión para c_{mn} se transforma en

$$
c_{mn} = -\frac{B_n}{d_n^2} \sum_{s=a-1}^{b-2} \frac{\Delta}{\Delta x(s)} [Q_m(s)_q] \nabla \left[\nabla_2^{(n)} [\rho_n(s)]\right].
$$

[10]En adelante asumiremos que a es finito, aunque se puede comprobar que el caso general el resultado sigue siendo cierto

Repitiendo este proceso n veces y usando que $\nabla_n^{(n)}[\rho_n(s)] = \rho_n(s)$, así como que $\rho_n(a-k)=0$, $k=1,2,\ldots,n$ (véase (5.32)), obtenemos la expresión buscada (8.67) para c_{mn}.

La segunda expresión se puede obtener de manera análoga: Partimos de la identidad

$$\nabla_1^{(n)}[\rho_n(s-1)] = \frac{\nabla}{\nabla x_2(s-1)}\nabla_2^{(n)}[\rho_n(s-1)] = \frac{\nabla}{\nabla x(s)}\nabla_2^{(n)}[\rho_n(s-1)],$$

que nos permite reescribir (8.70) como

$$c_{mn} = -\frac{B_n}{d_n^2}\sum_{s=a}^{b-1}\frac{\nabla}{\nabla x(s)}[Q_m(s)_q]\nabla\left[\nabla_2^{(n)}[\rho_n(s)]\right].$$

Ahora aplicamos $k-$veces el mismo procedimiento que antes lo que nos conduce a

$$\begin{aligned} c_{mn} = \; & (-1)^k\frac{B_n}{d_n^2}\sum_{s=a}^{b-1}\frac{\nabla}{\nabla x(s-\frac{k-1}{2})}\frac{\nabla}{\nabla x(s-\frac{k}{2}+1)}\cdots\frac{\nabla}{\nabla x(s)}[Q_m(s)_q]\times \\ & \nabla_k^{(n)}[\rho_n(s-k)]\Delta x(s-\tfrac{k+1}{2}). \end{aligned}$$

Finalmente sustituimos $k=n$ y usamos que

$$\Delta^{(n)}Q_m(s-n) = \frac{\nabla}{\nabla x(s-\frac{n-1}{2})}\cdots\frac{\nabla}{\nabla x(s)}[Q_m(s)_q],$$

lo que nos lleva directamente al resultado. ■

Supongamos ahora que Q_m también es un q-polinomio de tipo hipergeométrico que satisface (5.2) pero con coeficientes distintos $\widetilde{\sigma}$, $\widetilde{\tau}$, y $\widetilde{\lambda}_m$. Entonces, la fórmula de Rodrigues (5.34) nos conduce al siguiente

Corolario 8.2.1 *Los coeficientes c_{mn} del desarrollo (8.66) cuando las dos familias de polinomios son de tipo hipergeométrico se expresan mediante la fórmula*

$$\begin{aligned} c_{mn} \; = \; & \frac{(-1)^n B_n\widetilde{B}_m\widetilde{A}_{mn}}{d_n^2}\sum_{l=0}^{m-n}(-1)^l\frac{[m-n]_q!}{[l]_q![m-n-l]_q!}\times \\ & \sum_{s=a}^{b-n-1}\frac{\widetilde{\rho}_m(s-l)\rho_n(s)}{\widetilde{\rho}_n(s)}\frac{\Delta x_m(s-l-\frac{1}{2})\Delta x_n(s-\frac{1}{2})}{\prod_{k=0}^{m-n}\Delta x_m(s-\frac{k+l+1}{2})}. \end{aligned} \tag{8.71}$$

Otra consecuencia trivial del teorema 8.2.2 es el siguiente resultado para el problema de linealización

$$R_j(s)_q Q_m(s)_q = \sum_{n=0}^{m+j} l_{jmn}P_n(s)_q\,, \tag{8.72}$$

donde $(P_n)_n$ es una familia de q-polinomios discretos solución de la ecuación (5.2) y Q_m y R_j son dos familias de q-polinomios cualesquiera en la misma red $x(s)$.

Corolario 8.2.2 *Los coeficientes l_{jmn} del desarrollo (8.72) se expresan mediante la fórmula*

$$l_{jmn} = \frac{(-1)^n B_n}{d_n^2} \sum_{s=a}^{b-n-1} \Delta^{(n)} \left[Q_m(s)_q R_j(s)_q\right] \rho_n(s) \Delta x_n(s-\tfrac{1}{2}). \tag{8.73}$$

Teorema 8.2.3 *Sea R_j un q-polinomio de grado j, solución de la ecuación*

$$\widetilde{\sigma}(s) \frac{\Delta}{\Delta x(s-\frac{1}{2})} \frac{\nabla y(s)}{\nabla x(s)} + \widetilde{\tau}(s) \frac{\Delta y(s)}{\Delta x(s)} + \widetilde{\lambda}_j y(s) = 0. \tag{8.74}$$

Entonces, los coeficientes l_{jmn} del desarrollo (8.72) se expresan mediante la fórmula

$$\begin{aligned} l_{jmn} = {} & \frac{(-1)^n B_n \widetilde{B}_j}{d_n^2} \sum_{k=0}^{n} \frac{[n]_q!}{[k]_q![n-k]_q!} \widetilde{A}_{j\,k} \times \\ & \sum_{s=a}^{b-n-1} \frac{\rho_n(s) \Delta x_n(s-\frac{1}{2})}{\widetilde{\rho}_k(s+n-k)} [\Delta^{(n-k)} Q_m(s)_q][\nabla_k^{(j)} \widetilde{\rho}_j(s+n-k)] \,, \end{aligned} \tag{8.75}$$

o, equivalentemente,

$$\begin{aligned} l_{jmn} = {} & \frac{(-1)^n B_n \widetilde{B}_j}{d_n^2} \sum_{k=0}^{n} \frac{[n]_q!}{[k]_q![n-k]_q!} \widetilde{A}_{j\,n-k} \times \\ & \sum_{s=a}^{b-n-1} \frac{\rho_n(s) \Delta x_n(s-\frac{1}{2})}{\widetilde{\rho}_{n-k}(s)} [\Delta^{(k)} Q_m(s+n-k)_q][\nabla_{n-k}^{(j)} \widetilde{\rho}_j(s)] \,. \end{aligned} \tag{8.76}$$

Demostración: Partiendo de la ecuación (8.73) y usando el análogo discreto de la fórmula de Leibniz en redes no uniformes (5.63)

$$\Delta^{(n)}[f(s)g(s)] = \sum_{k=0}^{n} \frac{[n]_q!}{[k]_q![n-k]_q!} \Delta^{(k)} f(s+n-k) \Delta^{(n-k)} g(s), \tag{8.77}$$

para desarrollar el factor $\Delta^{(n)} \left[Q_m(s)_q R_j(s)_q\right]$, así como la fórmula de Rodrigues (5.34) para $\Delta^{(k)} R_j(s+n-k)_q$

$$\Delta^{(k)} R_j(s+n-k)_q = \frac{\widetilde{A}_{j\,k} \widetilde{B}_j}{\widetilde{\rho}_k(s+n-k)} \nabla_k^{(j)} [\widetilde{\rho}_j(s+n-k)],$$

obtenemos el resultado deseado. La segunda expresión se obtiene de forma análoga. ■

Finalmente, sustituyendo el resultado de aplicar la fórmula (5.41) del lema 5.3.1 a $\nabla_k^{(j)} \widetilde{\rho}_j(s+n-k)$ en (8.75) obtenemos el siguiente

Corolario 8.2.3 *Sea R_j un q-polinomio de grado j, solución de la ecuación (8.74). Entonces, los coeficientes l_{jmn} del desarrollo (8.72) se expresan mediante la fórmula*

$$l_{jmn} = \frac{(-1)^n B_n \widetilde{B}_j}{d_n^2} \sum_{k=0}^{n} \frac{[n]_q!}{[k]_q![n-k]_q!} \widetilde{A}_{j\,k} \sum_{l=0}^{j-k} (-1)^l \frac{[j-k]_q!}{[l]_q![j-k-l]_q!} \times \tag{8.78}$$

$$\sum_{s=a}^{b-n-1} \frac{\rho_n(s)\Delta x_n(s-\frac{1}{2})\widetilde{\rho}_j(s+n-k-l)}{\widetilde{\rho}_k(s+n-k)} \frac{\Delta x_j(s+n-k-l-\frac{1}{2})}{\prod_{m=0}^{j-k} \Delta x_j(s+n-k-\frac{m+l+1}{2})} [\Delta^{(n-k)} Q_m(s)_q] \,,$$

Nótese que el corolario 8.2.1 también se puede probar fácilmente si en la fórmula anterior escogemos $m = 0$ pues $Q_0 \equiv 1$.

8.2.6. El caso clásico "discreto"

Supongamos ahora que $x(s) = s$. Entonces los teoremas 8.2.2 y 8.2.3 nos conducen a los siguientes resultados, obtenidos usando la teoría del capítulo **4** en [19]:

Teorema 8.2.4 *Sea $x(s)$ la red lineal $x(s) = s$. Entonces, los coeficientes c_{mn} del desarrollo (8.66) se expresan mediante la fórmula*

$$\begin{aligned} c_{mn} &= \frac{(-1)^n B_n}{d_n^2} \sum_{s=a}^{b-n-1} \Delta^n Q_m(s) \rho(s+n) \prod_{k=1}^{n} \sigma(s+k) \\ &= \frac{(-1)^n B_n}{d_n^2} \sum_{s=a}^{b-1} \nabla^n Q_m(s) \rho(s) \prod_{k=0}^{n-1} \sigma(s-k). \end{aligned} \tag{8.79}$$

Si Q_m es también un polinomio hipergeométrico con coeficientes distintos, en general, $\widetilde{\sigma}$, $\widetilde{\tau}$, y $\widetilde{\lambda}_m$, entonces

$$\begin{aligned} c_{mn} &= \frac{(-1)^n B_n \widetilde{B}_m \widetilde{A}_{mn}}{d_n^2} \sum_{s=a}^{b-n-1} \sum_{k=0}^{m-n} \frac{\rho_n(s)}{\widetilde{\rho_n}(s)} \binom{m-n}{k} (-1)^k \widetilde{\rho_m}(s-k) \\ &= \frac{(-1)^n B_n \widetilde{B}_m \widetilde{A}_{mn}}{d_n^2} \sum_{s=a}^{b-1} \sum_{k=0}^{m-n} \frac{\rho_n(s-n)}{\widetilde{\rho_n}(s-n)} \binom{m-n}{k} (-1)^k \widetilde{\rho_m}(s-n-k)\,. \end{aligned} \tag{8.80}$$

Corolario 8.2.4 *Sea $(x)_n$ el símbolo de Pochhammer y $(x)^{[m]}$ los polinomios de Stirling (ver apartado **2.10**). Entonces*

$$(x)_m = \sum_{n=0}^{m} a_{mn} p_n(x), \qquad a_{mn} = \frac{(-1)^n m!}{(m-n)!} \frac{B_n}{d_n^2} \sum_{x=a}^{b-1} (x)_{m-n} \rho_n(x-n)\,, \tag{8.81}$$

$$x^{[m]} = \sum_{n=0}^{m} d_{mn} p_n(x), \qquad d_{mn} = \frac{(-1)^n m!}{(m-n)!} \frac{B_n}{d_n^2} \sum_{x=a}^{b-1} (x-n)^{[m-n]} \rho_n(x-n)\,. \tag{8.82}$$

Teorema 8.2.5 *Sea $x(s)$ la red lineal $x(s) = s$. En las mismas condiciones del teorema anterior los coeficientes l_{jmn} del desarrollo (8.72) se expresan mediante la fórmula*

$$c_{jmn} = \frac{(-1)^n B_n \widetilde{B}_j}{d_n^2} \sum_{k=k_-}^{k_+} \binom{n}{k} \widetilde{A}_{jk} \times$$

$$\sum_{s=a}^{b-n-1} \sum_{l=0}^{j-k} (-1)^l \binom{j-k}{l} \frac{\rho_n(s)}{\widetilde{\rho}_k(s+n-k)} \widetilde{\rho}_j(s+n-k-l) [\nabla^{n-k} Q_m(s+n-k)] =$$

$$= \frac{(-1)^n B_n \widetilde{B}_j}{d_n^2} \sum_{k=k_-}^{k_+} \binom{n}{k} \widetilde{A}_{jk} \sum_{s=a}^{b-1} \sum_{l=0}^{j-k} (-1)^l \binom{j-k}{l} \frac{\rho_n(s-n)}{\widetilde{\rho}_k(s-k)} \widetilde{\rho}_j(s-k-l)[\nabla^{n-k} Q_m(s-k)] ,$$

donde $k_- = \text{máx}(0, n-m)$ *y* $k_+ = \text{mín}(n, j)$.

Por completitud, mostremos una alternativa para resolver el problema de conexión en el caso de la red lineal $x(s) = s$. Como hemos visto, las soluciones polinómicas de la ecuación en diferencias (5.2) para esta red, es decir, la ecuación (4.3), son de la forma (4.36) (ver teorema 4.4.2). Entonces, la solución del problema de conexión

$$q_j(x) = \sum_{k=0}^{j} a_{jk} x^{[k]}, \tag{8.83}$$

es

$$a_{jk} = \frac{(-1)^k (-\bar{x}_1)_j (-\bar{x}_2)_j (x_2 - \bar{x}_1 - \bar{x}_2 + j - 1)_k (-n)_k}{(-\bar{x}_1)_k (-\bar{x}_2)_k (x_2 - \bar{x}_1 - \bar{x}_2 + j - 1)_j k!}, \tag{8.84}$$

lo cual es una consecuencia directa de la identidad $x^{[k]} = (-1)^k (-x)_k$ y de la definición de ${}_3\mathrm{F}_2$ (3.49). Entonces,

$$q_j(x) = \sum_{k=0}^{j} a_{jk} x^{[k]} = \sum_{k=0}^{j} a_{jk} \sum_{n=0}^{k} d_{kn} p_n(x) = \sum_{n=0}^{j} \underbrace{\left(\sum_{k=0}^{j-n} a_{j\,k+n} d_{k+n\,n} \right)}_{c_{jn}} p_n(x), \tag{8.85}$$

donde $a_{j\,k+n}$ y $d_{k+n\,n}$ vienen dados por (8.84) y (8.82), respectivamente. Nótese que los coeficientes de conexión c_{jn} dependen únicamente de los coeficientes σ y τ de la ecuación en diferencias (4.3).

8.2.7. El caso clásico "continuo"

Mostremos como del teorema 8.2.2 podemos formalmente recuperar el caso clásico, es decir el caso correspondiente a los polinomios de Jacobi, Laguerre, Hermite y Bessel estudiado en [27, 213].

Para ello haremos el cambio $x(s) = sh \to x$, entonces

$$\frac{P_n(x(s+1)) - P_n(x(s))}{x_k(s+1) - x_k(s)} = \frac{P_n(sh+h) - P_n(sh)}{h} = \frac{P_n(x+h) - P_n(x)}{h}.$$

Así que

$$\lim_{h\to 0} \frac{\Delta P_n(x(s))}{\Delta x_k(s)} = P_n'(x) \qquad \text{y} \qquad \lim_{h\to 0} \Delta^{(k)} P_n(s)_q = \frac{d^k P_n(x)}{dx^k}.$$

Luego, usando un proceso de paso al límite similar tenemos que la ecuación (5.2) se transforma en la ecuación clásica

$$\sigma(x) P_n''(x) + \tau(x) P_n'(x) + \lambda_n P_n(x) = 0.$$

donde $\sigma(x) = \text{lím}_{h\to 0}\bar\sigma(x(s))$, $\tau(x) = \text{lím}_{h\to 0}\bar\tau(x(s))$ con $x = sh$. Igualmente, la ecuación de Pearson (5.31) se convierte en $[\sigma(x)\rho(x)]' = \tau(x)\rho(x)$ y $\rho_n(s;h) \to \rho(x)\sigma^n(x)$. Finalmente, para la fórmula de Rodrigues tenemos

$$\Delta^{(k)} P_n(s)_q = \frac{A_{nk}B_n}{\rho_k(s)}\nabla_k^{(n)}[\rho_n(s)] \to \frac{d^k P_n(x)}{dx^k} = \frac{A_{nk}B_n}{\rho_k(x)}\frac{d^{n-k}}{dx^{n-k}}[\rho(x)\sigma^n(x)].$$

Sustituyamos entonces $x(s) = sh$ en (8.67)

$$c_{mn}(h) = \frac{(-1)^n B_n(h)}{d_n^2(h)} \sum_{x_i=ah}^{(b-1)h-nh} \Delta^{(n)}\left[Q_m(x_i)_q\right]\rho_n(x_i/h;h)h =$$

$$= \frac{(-1)^n B_n(h)}{d_n^2(h)} \sum_{x=A}^{B-nh} \Delta^{(n)}\left[Q_m(x_i)_q\right]\rho_n(x_i/h;h)h, \quad x_{i+1} = x_i + h.$$

Probemos que si tomamos el límite $h \to 0$, la suma anterior se transforma en una integral de la cual se deduce el resultado principal de [213, Teorema 3.1, pág. 163], es decir, que

$$\text{lím}_{h\to 0} c_{mn}(h) = \frac{(-1)^n B_n}{d_n^2}\int_A^B \frac{d^k Q_m(x)}{dx^k}\rho(x)\sigma^n(x)\,dx,$$

donde d_n es la norma de los polinomios ortogonales respecto a la función peso $\rho(x)$. Así, probaremos que la cantidad

$$I_n(Q_m,\rho_n) \equiv \left|\sum_{x=A}^{B-nh} \Delta^{(n)}\left[Q_m(sh)_q\right]\rho_n(x_i/h;h)h - \int_A^B Q_m^{(n)}(x)\rho(x)\sigma^n(x)\,dx\right|$$

se puede hacer tan pequeña como se quiera si escogemos h suficientemente pequeño.

$$|I_n(Q_m,\rho_n)| \leq \sum_{x_i=A}^{B-nh}\left|\Delta^{(n)}\left[Q_m(sh)_q\right] - Q_m^{(n)}(x_i)\right|\rho_n(x_i/h;h)h +$$

$$\sum_{x_i=A}^{B-nh}\left|Q_m^{(n)}(x_i)\left\{\rho_n(x_i/h;h) - \rho_n(x_i)\right\}\right|h + \left|\sum_{x_i=A}^{B-nh} Q_m^{(n)}(x_i)\rho_n(x_i)h - \int_A^B Q_m^{(n)}(x)\rho_n(x)\,dx\right|,$$

donde $Q_m^{(n)}$ denota la n-ésima derivada de Q_m y $\rho_n(x) = \rho(x)\sigma^n(x)$.

Supongamos que B es finito. En este caso, la primera suma se puede hacer tan pequeña como se quiera, digamos menor que $\epsilon/3$, escogiendo h suficientemente pequeño y suponiendo que $\rho_n(x_i/h;h)$ es una función acotada. En lo que sigue asumiremos que la función límite $\rho_n(x)$, $n \geq 1$ es una función continua en $[A,B]$. Para la segunda suma ocurre lo mismo pues Q_m es un polinomio y, por tanto, es una función acotada en cualquier intervalo acotado. Veamos el último sumando. Éste se puede reescribir de la forma

$$\left|\sum_{x_i=A}^{B} Q_m^{(n)}(x_i)\rho_n(x_i)h - \int_A^B Q_m^{(n)}(x)\rho_n(x)\,dx\right| + \left|\sum_{x_i=B-hn}^{B} Q_m^{(n)}(x_i)\rho_n(x_i)h\right|.$$

El primer sumando se puede hacer más pequeño que $\epsilon/6$ escogiendo h suficientemente pequeño pues la suma interior no es más que la correspondiente suma de Riemann de la integral $\int_A^B Q_m^{(n)}(x)\rho_n(x)\,dx$. Por último, la suma $\sum_{x_i=B-hn}^{B} Q_m^{(n)}(x_i)\rho_n(x_i)$ obviamente tiende a cero para h suficientemente pequeño por lo que la podemos hacer más pequeña que $\epsilon/6$. Por tanto, cualquiera sea $\epsilon > 0$, podemos escoger un h tal que $|I_n(Q_m, \rho_n)| \le \epsilon$.

Para terminar, consideremos el caso $B = +\infty$. Usando las correspondientes condiciones de contorno (3.14) y (4.17) o (5.45), observamos que, en este caso, las funciones $\rho_n(x_i/h;h)$ y $\rho_n(x_i)$ tienden a cero más rápidamente que cualquier polinomio hacia infinito cuando $x_i \to \infty$ tanto en la red $x(s)$ como el caso continuo. Luego,[11]

$$|I_n(Q_m, \rho_n)| \le$$

$$\sum_{x_i=A}^{\infty} \left|\Delta^{(n)}[Q_m(sh)_q] - Q_m^{(n)}(x_i)\right| \rho_n(x_i/h;h)h + \sum_{x_i=A}^{\infty} \left|Q_m^{(n)}(x_i)\left\{\rho_n(x_i/h;h) - \rho_n(x_i)\right\}\right| h +$$

$$+ \left|\sum_{x_i=A}^{\infty} Q_m^{(n)}(x_i)\rho_n(x_i)h - \int_A^{\infty} Q_m^{(n)}(x)\rho_n(x)\,dx\right| \le \frac{\epsilon}{3} + \frac{\epsilon}{3} + \frac{\epsilon}{3} = \epsilon.$$

De esta forma la solución del problema de conexión para los polinomios clásicos continuos es

$$q_m(x) = \sum_{n=0}^{m} c_{mn} p_n(x), \qquad c_{mn} = \frac{(-1)^n B_n}{d_n^2} \int_a^b \frac{d^k q_m(x)}{dx^k} \rho(x)\sigma^n(x)\,dx, \tag{8.86}$$

donde a y b son los extremos del intervalo de ortogonalidad [213].

Antes de pasar a considerar algunos ejemplos debemos recalcar que la prueba anterior es una prueba muy formal. De hecho cuando consideramos ejemplos concretos, digamos en el límite Hahn $\to$ Jacobi (ver figura 4.2 y al fórmula (4.62)), el parámetro $h = 1/N$ con N en número de puntos de la red y sabemos que los polinomios de Hahn dependen explícitamente de N (ver (4.45)). Por tanto, si queremos obtener a partir del caso "discreto" el caso continuo debemos ser muy cuidadosos. Información más detallada de como se han de tomar estos límites se puede encontrar en [105, 138, 185, 190].

8.2.8. Ejemplos

Conexión entre $(q^s;q)^{[m]}$ y $c_n^\mu(x,q)$

Apliquemos el teorema 8.2.2 para obtener explícitamente los coeficientes c_{mn}^q del desarrollo

$$(q^s;q)^{[m]} = \sum_{n=0}^{m} d_{m\,n}^q c_n^\mu(s,q), \tag{8.87}$$

[11] La prueba para este caso es algo más complicada, pues hay que partir las dos primeras sumas en dos, una finita desde A hasta B suficientemente grande y usar la convergencia uniforme (en h) de las series. Para el tercer sumando hay que proceder de forma similar pero teniendo en cuenta que la correspondiente integral impropia es convergente.

donde $(a;q)^{[k]}$ son los polinomios definidos en (8.47), y $c_n^{\mu}(s,q)$ son los q-polinomios de Charlier en la red $x(s)=\frac{q^s-1}{q-1}$ (6.69). En este caso, usando (8.50) tenemos

$$\Delta^{(n)}\left[(q^s;q)^{[m]}\right] = q^{-\frac{n}{4}(n-1)}\left[\frac{\Delta}{\Delta x(s)}\right]^n (q^s;q)^{[m]} = \frac{(1-q)^n[m]_q!q^{-\frac{n}{2}(m-1)}}{[m-n]_q!}(q^s;q)^{[m-n]}$$

$$= q^{\frac{n}{4}(n-1)-n(m-1)}\frac{(1-q)^n\Gamma_q[m+1]}{\Gamma_q[m-n+1]}(q^{s+n};q)_{m-n}.$$

A continuación, usando la fórmula (8.67), la identidad $\dfrac{(q^s;q)^{[m-n]}}{(q;q)_s}=\dfrac{1}{(q;q)_{s-m+n}}$, así como

$$\sum_{s=0}^{\infty}\frac{(q^s;q)^{[m-n]}z^s}{(q;q)_s}=\sum_{s=m-n}^{\infty}\frac{(q^s;q)^{[m-n]}z^s}{(q;q)_s}=z^{m-n}\sum_{s=0}^{\infty}\frac{z^s}{(q;q)_s}=z^{m-n}e_q(z),$$

obtenemos

(8.88) $$d_{m\,n}^q = q^{m+\frac{n}{4}(n-7)}\binom{m}{n}_q(1-q)^m(-1)^n\mu^m,$$

donde los q-coeficientes binomiales $\binom{m}{n}_q$ están definidos por

(8.89) $$\binom{m}{n}_q = \frac{(q;q)_m}{(q;q)_n(q;q)_{m-n}}.$$

La expresión (8.88) es el q-análogo de la fórmula de inversión para los polinomios clásicos discretos que veremos más adelante.

Si ahora escribimos (8.87) en la forma

(8.90) $$(s)_q^{[m]}=\sum_{n=0}^{m}\widetilde{d}_{mn}^q c_n^{\mu}(s,q), \qquad \widetilde{d}_{mn}^q = q^{m+\frac{n}{4}(n-7)}\binom{m}{n}_q(-1)^n\mu^m,$$

y usamos que $\lim\limits_{q\to1}\dfrac{(q^s;q)^{[m]}}{(1-q)^m}=(s)^{[m]}$, tenemos, en el límite $q\to1$

$$(s)^{[m]}=\sum_{n=0}^{m}d_{m\,n}c_n^{\mu}(s), \quad d_{m\,n}=\binom{m}{n}_q(-1)^n(\mu)^m.$$

Teniendo en cuenta que $c_n^{\mu}(s)$ no son mónicos (ver (6.70)), entonces la fórmula anterior coincide con la fórmula clásica (ver (8.109)).

Conexión entre $(q^s;q)_m$ y $c_n^{\mu}(x,q)$.

Resolvamos ahora el problema

(8.91) $$(q^s;q)_m=\sum_{n=0}^{m}c_{m\,n}^q c_n^{\mu}(s,q),$$

donde $(a;q)_k$ son los símbolos de Pochhammer (5.94), y $c_n^\mu(s,q)$ son nuevamente los q-polinomios Charlier (6.69).

Para ello notamos que en la red $x(s)=\frac{q^s-1}{q-1}$, tenemos

$$\begin{aligned}\Delta^{(n)}\left[(q^s;q)_m\right] &= q^{-\frac{n}{4}(n-1)}\left[\frac{\Delta}{\Delta x(s)}\right]^n (q^s;q)_m = \frac{(1-q)^n[m]_q!q^{\frac{n}{2}(m-1)}}{[m-n]_q!}(q^{s+n};q)_{m-n}\\ &= q^{\frac{n}{4}(n-1)}\frac{(1-q)^n\Gamma_q[m+1]}{\Gamma_q[m-n+1]}(q^{s+n};q)_{m-n}.\end{aligned}$$

Así que la ecuación (8.67) nos da

$$c_{mn}^q=\frac{q^{\frac{n}{4}(5n-7)}(q-1)^n\mu^n}{e_q[(1-q)\mu q^{n+1}]}\binom{m}{n}_q\sum_{s=0}^{\infty}\frac{(q^{s+n};q)_{m-n}\,[(1-q)\mu q^{n+1}]^s}{(q;q)_s},$$

donde los q-coeficientes binomiales $\binom{m}{n}_q$ están definidos en (8.89). Para poder calcular la suma anterior usamos la identidad [105, Ec. (1.2.34) pág. 6]

$$(a\,q^s;q)_k=\frac{(a;q)_k(a\,q^k;q)_s}{(a;q)_s}, \tag{8.92}$$

así como la expresión [105, Ec. (1.5.2) pág. 11]

$$\frac{(q^m;q)_s}{(q^n;q)_s}=\sum_{k=0}^{s}\frac{(q^{-s};q)_k(q^{n-m};q)_k}{(q^n;q)_k}\frac{q^{m+s}}{(q;q)_k}. \tag{8.93}$$

Entonces, usando la notación $z=(1-q)\mu q^{n+1}$, tenemos

$$\begin{aligned}\sum_{s=0}^{\infty}\frac{(q^{s+n};q)_{m-n}\;z^s}{(q;q)_s} &= \sum_{s=0}^{\infty}\frac{(q^n;q)_{m-n}(q^m;q)_s}{(q^n;q)_s(q;q)_s}z^s=\\ &=(q^n;q)_{m-n}\sum_{k=0}^{\infty}\frac{(q^{n-m};q)_kq^{mk}}{(q^n;q)_k(q;q)_k}\sum_{s=0}^{\infty}\frac{(q^{-s};q)_kq^{sk}}{(q;q)_s}z^s=\\ &=(q^n;q)_{m-n}\sum_{k=0}^{\infty}\frac{(q^{n-m};q)_kq^{mk}z^k}{(q^n;q)_k(q;q)_k}\left[(-1)^kq^{\frac{k}{2}(k-1)}\right]\sum_{s=k}^{\infty}\frac{z^{s-k}}{(q;q)_{s-k}}=\\ &=(q^n;q)_{m-n}e_q[(1-q)\mu q^{n+1}]{}_1\varphi_1\left(\begin{matrix}q^{n-m}\\ q^n\end{matrix}\middle|\,q,\mu q^{n+m+1}(1-q)\right).\end{aligned}$$

La tercera igualdad es consecuencia de la identidad [105, Ec. (1.2.32) pág. 6]

$$\frac{(q^{-s};q)_k}{(q;q)_s}=\frac{(-1)^kq^{\frac{k}{2}(k-1)-ks}}{(q;q)_{s-k}}. \tag{8.94}$$

De esta forma obtenemos para los coeficientes c_{mn}^q la expresión

$$c_{mn}^q=(q^n;q)_{m-n}\mu^n(q-1)^nq^{\frac{n}{4}(5n-7)}\binom{m}{n}_q{}_1\varphi_1\left(\begin{matrix}q^{n-m}\\ q^n\end{matrix}\middle|\,q,\mu q^{n+m+1}(1-q)\right). \tag{8.95}$$

Si ahora usamos que

$$\frac{(q^s;q)_m}{(1-q)^m} = \sum_{n=0}^{m} \frac{c^q_{m\,n}}{(1-q)^m} c^\mu_n(x,q),$$

y

$$\lim_{q\to 1} \frac{(q^s;q)_m}{(1-q)^m} = (s)_m, \quad \lim_{q\to 1} c^\mu_n(x,q) = c^\mu_n(s),$$

entonces, al tomar el límite $q \to 1$ obtenemos

$$(s)_m = \sum_{n=0}^{m} c_{m\,n} c^\mu_n(s), \quad c_{m\,n} = \binom{m}{n} \frac{(m-1)!}{(n-1)!} (-\mu)^n \, {}_1\mathrm{F}_1\left(\begin{matrix} n-m \\ n \end{matrix} \,\middle|\, -\mu \right),$$

siendo nuevamente $c^\mu_n(s)$ los polinomios (no mónicos) de Charlier (ver (6.70)) que coincide con la fórmula clásica (ver (8.107)).

La conexión entre los q-polinomios de Charlier

Resolvamos ahora el problema de conexión

$$c^\gamma_m(s,q) = \sum_{n=0}^{m} c^q_{m\,n} c^\mu_n(s,q). \tag{8.96}$$

Usando la fórmula (8.71) del corolario (8.2.1) con $Q_m(s)_q = c^\gamma_m(s,q)$ y $P_n(s)_q = c^\mu_n(s,q)$, respectivamente, obtenemos

$$c^q_{m\,n} = \left(\frac{\mu}{\gamma}\right)^n \binom{m}{n}_q \frac{q^{\frac{1}{4}(m-n)(m-n+5)}}{e_q[(1-q)q^{n+1}\mu]} \sum_{l=0}^{m-n} \frac{(-1)^l q^{\frac{l}{2}(l-2m-1)}}{(1-q)^l \gamma^l} \binom{m-n}{l}_q \sum_{s=l}^{\infty} \frac{[(1-q)\mu q^{n+1}]^{s-l}}{(q;q)_{s-l}} =$$

$$= \left(\frac{\mu}{\gamma}\right)^n \binom{m}{n}_q q^{\frac{1}{4}(m-n)(m-n+5)} \sum_{l=0}^{m-n} (-1)^l \left(\frac{\mu}{\gamma} q^{n-m+1}\right)^l \binom{m-n}{l}_q q^{\frac{l(l-1)}{2}}.$$

En las fórmulas anteriores hemos usado que

$$\sum_{s=0}^{\infty} \frac{z^k}{\Gamma_q(s-k)} = \sum_{s=k}^{\infty} \frac{z^k}{\Gamma_q(s-k)} = \sum_{s=k}^{\infty} \frac{z^k\,(1-q)^{s-k}}{(q;q)_{s-k}}.$$

Si ahora usamos la identidad (8.94) para desarrollar $(q;q)_{m-n-l}$ $(k=l)$, así como el q-análogo del teorema del binomio [105, §1.3, Ec. (1.3.14) pág. 9],

$$\sum_{l=0}^{k} \frac{(q^{-k};q)_l}{(q;q)_l} z^l = {}_1\varphi_0\left(\begin{matrix} q^{-k} \\ - \end{matrix} \,\middle|\, q, z \right) = (zq^{-k};q)_k\,, \tag{8.97}$$

obtenemos

$$c^q_{m\,n} = \left(\frac{\mu}{\gamma}\right)^n \binom{m}{n}_q q^{\frac{1}{4}(m-n)(m-n+5)} (q^{n-m+1}\,\mu\gamma^{-1};q)_{m-n}. \tag{8.98}$$

Nótese que si en la fórmula (8.96) tomamos el límite $q \to 1$ obtenemos (ver (6.70))

$$c^\gamma_m(s) = \sum_{n=0}^{m} \binom{m}{n} \left(\frac{\mu}{\gamma}\right)^n \left(1-\frac{\mu}{\gamma}\right)^{m-n} c^\mu_n(s),$$

donde, como antes, $c^\mu_n(s)$ son los polinomios (no mónicos) de Charlier, por lo que la fórmula anterior coincide con la correspondiente expresión para el caso clásico (ver (8.110)).

Conexión entre q-polinomios de Racah

Como último ejemplo de conexión vamos a resolver los problemas

$$(q^{-s};q)_m(q^{s+1};q)_m = \sum_{n=0}^{m} d_{mn} u_n^{\alpha,\beta}(x,0,b), \quad u_n^{\gamma,\delta}(x,0,d) = \sum_{n=0}^{m} c_{mn} u_n^{\alpha,\beta}(x,0,b),$$

donde $u_n^{\alpha,\beta}(x,0,b)$ son los $q-$polinomios de Racah introducidos en el capítulo anterior

$$u_n^{\alpha,\beta}(x,0,b) = {}_4\varphi_3\left(\begin{array}{c} q^{-n}, q^{\alpha+\beta+n+1}, q^{-s}, q^{s+1} \\ q^{-b+1}, q^{\beta+1}, q^{b+\alpha+1} \end{array}; q\,,\,q\right). \tag{8.99}$$

Para estos polinomios tenemos (ver tabla 5.1)

$$\begin{aligned} \rho(s) = &\ \frac{q^{\frac{(b-\beta)(-1+b+\beta+2s)}{4}} \Gamma_q(s+\beta+1)\Gamma_q(s+\alpha+b+1)\Gamma_q(b+\alpha-s)}{\Gamma_q(s+b+1)\Gamma_q(s+-\beta+1)\Gamma_q(b-s)}, \\ d_n^2 = &\ q^{-\frac{\alpha(\alpha-1)}{2}-(\alpha+1)b+\frac{\beta}{2}+\alpha\beta+2n(\beta-\alpha-b)} \times \\ &\ \frac{\Gamma_q(\alpha+n+1)\Gamma_q(\beta+n+1)\Gamma_q(b+\alpha-\beta+n+1)\Gamma_q(b+\alpha+n+1)}{[\alpha+\beta+2n+1]_q\Gamma_q(n+1)\Gamma_q(\alpha+\beta+n+1)\Gamma_q(b-n)\Gamma_q(b-\beta-n)}. \end{aligned}$$

En el primer caso, usando la identidad

$$\begin{aligned} &\frac{\Delta}{\Delta x(s)}(q^{s_1-s};q)_m(q^{s_1+s+\mu};q)_m \\ &\quad = -q^{s_1+\mu+\frac{-k+1}{2}}[k]_q c_1^{-1}(q^{s_1-s};q)_{m-1}(q^{s_1+s+\mu+1};q)_{m-1}, \end{aligned}$$

válida para la red $x(s) = c_1(q)[q^s + q^{-s-\mu}] + c_3(q)$, así como la expresión (8.67) obtenemos

$$d_{mn} = \left(\begin{array}{c} m \\ n \end{array}\right)_q \frac{(-1)^n q^{\frac{n(n-1)}{2}}(q^{-b+1};q)_m(q^{\beta+1};q)_m(q^{b+\alpha+1};q)_m}{(q^{\alpha+\beta+n+1};q)_n(q^{\alpha+\beta+2+n+1};q)_n}.$$

Finalmente, usando (8.71), y tras una serie de engorrosos cálculos llegamos a la siguiente expresión para el segundo caso

$$\begin{aligned} c_{mn} = &\ \frac{(-1)^n q^{\frac{n(n+1)}{2}}(q^{-m};q)_n(q^{\alpha+\beta+m+1};q)_n(q^{-d+1};q)_n(q^{\delta+1};q)_n(q^{d+\gamma+1};q)_n}{(q;q)_n(q^{-b+1};q)_n(q^{\beta+1};q)_n(q^{b+\alpha+1};q)_n(q^{\gamma+\delta+n+1};q)_n} \times \\ &\ {}_5\varphi_4\left(\begin{array}{c} q^{n-m}, q^{\alpha+\beta+n+m+1}, q^{n-d+1}, q^{\delta+n+1}, q^{d+\gamma+n+1} \\ q^{\gamma+\delta+2n+1}, q^{n-b+1}, q^{n+\beta+1}, q^{b+\alpha+n+1} \end{array}; q\,,\,q\right). \end{aligned}$$

Nótese que si asumimos que $q \in (0,1)$ y tomamos el límite $\gamma \to \infty$, podemos obtener una fórmula para resolver el problema de conexión entre los $q-$polinomios de Racah y los $q-$polinomios duales de Hahn definidos por (ver apartado **5.12.3**)

$$W_n^{(\delta)}(x(s),0,d)_q = {}_3\varphi_2\left(\begin{array}{c} q^{-n}, q^{-s}, q^{s+1} \\ q^{-b+1}, q^{\delta+1} \end{array}\middle| q, q\right).$$

En efecto, tomando el límite tenemos $W_n^{(\delta)}(x(s),0,d)_q = \sum_{m=0}^n c_{mn} u_n^{\alpha,\beta}(x,0,b)$, donde

$$c_{mn} = \frac{(-1)^n q^{\frac{n(n+1)}{2}}(q^{-m};q)_n(q^{\alpha+\beta+m+1};q)_n(q^{-d+1};q)_n(q^{\delta+1};q)_n}{(q;q)_n(q^{-b+1};q)_n(q^{\beta+1};q)_n(q^{b+\alpha+1};q)_n} \times$$

$$ {}_4\varphi_3\left(\begin{matrix} q^{n-m}, q^{\alpha+\beta+n+m+1}, q^{n-d+1}, q^{\delta+n+1}, \\ q^{n-b+1}, q^{n+\beta+1}, q^{b+\alpha+n+1} \end{matrix} ; q\,,\, q\right).$$

Análogamente, de la expresión anterior tomando el límite α, $\gamma \to \infty$, podemos deducir una fórmula para los coeficientes de conexión entre dos familias de $q-$polinomios duales de Hahn.

Algunos ejemplos de linealización

La combinación de los resultados anteriores con los obtenidos por el método de NaViMa nos permite resolver muchos problemas de linealización. Por ejemplo, calculemos los coeficientes $\widetilde{L}_{ijn}$ del desarrollo

$$(s)_q^{[i]}(s)_q^{[j]} = \sum_{n=0}^{i+j} \widetilde{L}_{ijn}(q)(s)_q^{[n]}. \tag{8.100}$$

Para ello usaremos la identidad $(s)_q^{[n]} = (-1)^n q^{-n}[(-s)_{q^{-1}}]_n$, de donde, (8.59) y (8.65) nos conducen a la expresión

$$\widetilde{L}_{ijn}(q) = (-1)^{i+j-n} q^{n-i-j} L_{ijn}(q^{-1})\,, \tag{8.101}$$

luego

$$\widetilde{L}_{ijn} = q^{i+j+ij-n}\frac{[(-j)_q]_{i+j-n}[(-i)_q]_{i+j-n}}{(i+j-n)_q!}, \quad \text{para} \quad n \ge \text{máx}(i,j), \tag{8.102}$$

y 0 en el resto de los casos. En el límite $q \to 1$

$$\widetilde{L}_{ijn} = \begin{cases} \dfrac{(-j)_{i+j-n}(-i)_{i+j-n}}{(i+j-n)!} & n \ge \text{máx}(i,j) \\ \\ 0 & \text{en otro caso} \end{cases}, \tag{8.103}$$

Usando lo anterior podemos resolver el problema de linealización

$$(s)_q^{[m]}(s)_q^{[j]} = \sum_{n=0}^{m+j} c_{m,j,n}^q c_n^\mu(s,q), \tag{8.104}$$

pues,

$$c_{m,j,n}^q = \sum_{k=0}^{m+j-n} \widetilde{L}_{mj\;k+n}(q) c_{k+n\;n}^q,$$

donde $\widetilde{L}_{mj\;k+n}(q)$ vienen dados por (8.102) y $c_{k+n\;n}^q$ por (8.90), respectivamente. Unos cálculos directos en los cuales hay que usar distintas identidades de los símbolos $(a;q)_n$ y $(a;q)^{[n]}$ conducen a la expresión

$$c_{m,j,n}^q = \frac{q^{m+j+mj-\frac{n}{2}(n+1)}\mu^{m+j-n}}{(q-1)^n}\binom{m+j}{n}_q {}_3\widehat{\varphi}_1\left(\begin{matrix} q^{-m},\; q^{-j}\; q^{n-m-j} \\ q^{-m-j} \end{matrix}\,\middle|\, q,\, \frac{1}{(1-q)q^{n+1}\mu}\right),$$

donde la función ${}_r\widehat{\varphi}_p$ está definida por

$$(8.105)\qquad {}_r\widehat{\varphi}_p\left(\begin{array}{c} a_1, a_2, \dots, a_r \\ b_1, b_2, \dots, b_p \end{array}\middle| q\,,\,z\right) = \sum_{k=0}^{\infty} \frac{(a_1;q)_k \cdots (a_r;q)_k}{(b_1;q)_k \cdots (b_p;q)_k} \frac{z^k}{(q;q)_k}.$$

Las familias clásicas discretas

Si usamos el teorema 8.2.4 y el corolario 8.2.4 podemos obtener expresiones analíticas para los coeficientes de conexión entre todas las familias de polinomios clásicos discretos, así como el problema de inversión. En este apartado consideraremos que todas las familias son mónicas.

El problema de inversión para los polinomios discretos

Usando la fórmula de inversión (8.81) para $(x)_m$ y las principales características de los polinomios mónicos de Charlier (ver tablas 4.1 y 4.2), la identidad [120, p. 431]

$$(8.106)\qquad {}_1\mathrm{F}_1\left(\begin{array}{c} a \\ c \end{array}\middle| x\right) = e^x {}_1\mathrm{F}_1\left(\begin{array}{c} c-a \\ c \end{array}\middle| -x\right).$$

obtenemos

$$(8.107)\qquad a_{mn} = \begin{cases} 1, & m=n=0, \\ \mu m!\ {}_1\mathrm{F}_1\left(\begin{array}{c} 1-m \\ 2 \end{array}\middle| -\mu\right), & m\neq 0, n=0, \\ \binom{m}{n}\dfrac{\Gamma(m)}{\Gamma(n)} {}_1\mathrm{F}_1\left(\begin{array}{c} n-m \\ n \end{array}\middle| -\mu\right), & m\neq 0, n\neq 0. \end{cases}$$

Para obtener el desarrollo del polinomio $x^{[m]}$, usamos las ecuaciones (8.82) y

$$(8.108)\qquad {}_1\mathrm{F}_1\left(\begin{array}{c} a \\ a \end{array}\middle| x\right) = e^x, \qquad \forall a \in \mathbb{R}.$$

de forma que tenemos

$$(8.109)\qquad d_{mn} = \binom{m}{n}\mu^{m-n}.$$

Análogamente, para los polinomios mónicos de Meixner encontramos

$$a_{mn} = \begin{cases} 1, & m=n=0, \\ \dfrac{\mu\gamma m!}{1-\mu} {}_2\mathrm{F}_1\left(\begin{array}{c} 1-m\,,\ 1+\gamma \\ 2 \end{array}\middle| \dfrac{\mu}{\mu-1}\right), & m\neq 0, n=0, \\ \binom{m}{n}\dfrac{\Gamma(m)}{\Gamma(n)} {}_2\mathrm{F}_1\left(\begin{array}{c} n-m\,,\ n+\gamma \\ n \end{array}\middle| \dfrac{\mu}{\mu-1}\right), & m\neq 0, n\neq 0, \end{cases}$$

y

$$d_{mn} = \binom{m}{n} (\gamma + n)_{m-n} \left(\frac{\mu}{1-\mu} \right)^{m-n}.$$

En el caso de los polinomios mónicos de Meixner tenemos

$$a_{mn} = \begin{cases} 1, & m = n = 0, \\ Npm! \, {}_2F_1 \left(\begin{matrix} 1-m \, , \, 1-N \\ 2 \end{matrix} \middle| p \right), & m \neq 0, n = 0, \\ \binom{m}{n} \frac{\Gamma(m)}{\Gamma(n)} {}_2F_1 \left(\begin{matrix} n-m \, , \, n-N \\ n \end{matrix} \middle| p \right), & m \neq 0, n \neq 0, \end{cases}$$

y

$$d_{mn} = \binom{m}{n} p^{m-n} (N - m + 1)_{m-n}.$$

Finalmente, para los polinomios de Hahn se tiene

$$a_{mn} = \begin{cases} 1, & m = n = 0, \\ \frac{m!(\beta+1)(N-1)}{\alpha+\beta+2} \, {}_3F_2 \left(\begin{matrix} m+1, 2-N, 2+\beta \\ 2, 2-N-\alpha \end{matrix} \middle| 1 \right), & m \neq 0, n = 0, \\ \binom{m}{n} \frac{\Gamma(m)}{\Gamma(n)} \, {}_3F_2 \left(\begin{matrix} n-m, 1+n-N, n+\beta+1 \\ n, 2n+\alpha+\beta+2 \end{matrix} \middle| 1 \right), & m \neq 0, n \neq 0, \end{cases}$$

y

$$d_{mn} = \binom{m}{n} \frac{(N-m)_{m-n} (n+\beta+1)_{m-n}}{(2n+\alpha+\beta+2)_{m-n}}.$$

Muchas de las fórmulas anteriores habían sido obtenidas en [52, 103, 140, 210, 246], entre otros.

El problema de conexión para los polinomios discretos

Por completitud vamos a incluir la solución de los 16 problemas de conexión entre familias discretas los cuales eran conocidos por muchos autores, e.g., [19, 24, 103, 140, 158, 210]. Para su cálculo usaremos, en los 8 primeros casos la fórmula (8.80) y en resto, por comodidad (8.85).

1. Caso Charlier-Charlier. A partir de la fórmula (8.80) y las tablas 4.1 y 4.2 tenemos que los coeficientes c_{jn} en el desarrollo

$$C_j^{\mu}(x) = \sum_{n=0}^{j} c_{jn} C_n^{\gamma}(x), \qquad c_{jn} = \binom{j}{n} (\gamma - \mu)^{j-n}. \tag{8.110}$$

2. En el caso Meixner-Meixner

$$M_j^{\gamma,\mu}(x) = \sum_{n=0}^{j} c_{jn} M_n^{\alpha,\beta}(x),$$

los c_{jn} vienen dados por

$$c_{jn} = \binom{j}{n} \frac{(1-\beta)^{n+\alpha}\mu^{j-n}\Gamma(j+\gamma)}{\Gamma(\alpha+n)(\mu-1)^{j-n}} \times$$
$$\sum_{k=0}^{j-n}(-1)^k \binom{j-n}{k} \left(\frac{\beta}{\mu}\right)^k \frac{\Gamma(n+k+\alpha)}{\Gamma(n+k+\gamma)} {}_2\mathrm{F}_1\left(\begin{matrix} n+k+\alpha\ ,\ j+\gamma \\ n+k+\gamma \end{matrix} \middle| \beta \right).$$

Si usamos la fórmula de transformación [120, p. 425]

$$(8.111)\quad \begin{aligned} {}_2\mathrm{F}_1\left(\begin{matrix} a \quad b \\ c \end{matrix} \middle| x \right) &= (1-x)^{-a} {}_2\mathrm{F}_1\left(\begin{matrix} a \quad c-b \\ c \end{matrix} \middle| \frac{x}{x-1} \right) \\ &= (1-x)^{c-a-b} {}_2\mathrm{F}_1\left(\begin{matrix} c-a \quad c-b \\ c \end{matrix} \middle| x \right), \end{aligned}$$

la identidad $\binom{j-n}{k} = (-1)^k \frac{(n-j)_k}{k!}$ así como la fórmula [120, Ec. 65.2.2, p. 426]

$$(8.112)\quad \sum_{k=0}^{\infty} \frac{(a)_k(b)_k}{k!(c)_k} y^k {}_2\mathrm{F}_1\left(\begin{matrix} c-a \quad c-b \\ c+k \end{matrix} \middle| x \right) = (1-x)^{a+b-c} {}_2\mathrm{F}_1\left(\begin{matrix} a \quad b \\ c \end{matrix} \middle| x+y-xy \right).$$

obtenemos

$$(8.113)\quad c_{jn} = \binom{j}{n} \left(\frac{\mu}{\mu-1}\right)^{j-n} (\gamma+n)_{j-n}\ {}_2\mathrm{F}_1\left(\begin{matrix} n-j\ ,\ n+\alpha \\ n+\gamma \end{matrix} \middle| \frac{\beta(1-\mu)}{\mu(1-\beta)} \right).$$

En particular, en el caso especial cuando $\alpha = \gamma$, (8.113) nos da

$$c_{jn} = \binom{j}{n} (\gamma+n)_{j-n} \left(\frac{\beta-\mu}{(\beta-1)(\mu-1)} \right)^{j-n},$$

Otra posibilidad es cuando $\beta = \mu$, entonces (8.113) nos conduce a la expresión

$$c_{jn} = \binom{j}{n} \left(\frac{\mu}{\mu-1}\right)^{j-n} (\gamma-\alpha)_{j-n}.$$

3. El caso Kravchuk-Kravchuk es completamente análogo al caso anterior, así

$$K_j^p(x,N) = \sum_{n=0}^{j} c_{jn} K_n^q(x,M), \qquad j \le \text{mín}\{N, M\},$$

siendo

$$(8.114)\quad c_{jn} = \binom{j}{n} (M-j+1)_{j-n}(-p)^{j-n}\ {}_2\mathrm{F}_1\left(\begin{matrix} n-j\ ,\ n-N \\ n-M \end{matrix} \middle| \frac{q}{p} \right).$$

Si $p = q$ la expresión anterior se reduce a

$$c_{jn} = \binom{j}{n} p^{j-n} (N-M)_{j-n},$$

y si $M = N$

$$c_{jn} = \binom{j}{n}\left(\frac{p}{q}\right)^{j-n}(q-p)^{j-n}(N-j+1)_{j-n}.$$

4. En el caso Meixner-Charlier tenemos

$$M_j^{\gamma,\mu}(x) = \sum_{n=0}^{j} c_{jn}\, C_n^{\alpha}(x),$$

con

$$c_{jn} = \binom{j}{n}\frac{e^{-\alpha}\mu^{j-n}\Gamma(j+\gamma)}{(\mu-1)^{j-n}}\sum_{k=0}^{j-n}\frac{(-1)^k}{\Gamma(\gamma+n+k)}\binom{j-n}{k}\left(\frac{\alpha}{\mu}\right)^k {}_1\mathrm{F}_1\left(\begin{matrix} j+\gamma \\ m+k+\gamma \end{matrix}\,\middle|\,\alpha\right).$$

Si ahora usamos la transformación (8.106) y la suma [120, Ec. (66.2.5), p. 431]

$$\sum_{k=0}^{\infty}\frac{(c-a)_k}{k!(c)_k}y^k {}_1\mathrm{F}_1\left(\begin{matrix} a \\ c+k \end{matrix}\,\middle|\,x\right) = e^y {}_1\mathrm{F}_1\left(\begin{matrix} a \\ c \end{matrix}\,\middle|\,x-y\right). \tag{8.115}$$

obtenemos

$$c_{jn} = \binom{j}{n}\left(\frac{\mu}{\mu-1}\right)^{j-n}(\gamma+n)_{j-n}\, {}_1\mathrm{F}_1\left(\begin{matrix} n-j \\ n+\gamma \end{matrix}\,\middle|\,\frac{\alpha(1-\mu)}{\mu}\right). \tag{8.116}$$

5. El problema del desarrollo Charlier-Meixner

$$C_j^{\alpha}(x) = \sum_{n=0}^{j} c_{jn}\, M_n^{\gamma,\mu}(x),$$

se resuelve usando la fórmula (8.80) que nos da

$$c_{jn} = \binom{j}{n}(-\alpha)^{j-n}\, {}_2\mathrm{F}_0\left(\begin{matrix} n-j\ ,\ \gamma+n \\ - \end{matrix}\,\middle|\,\frac{\mu}{\alpha(1-\mu)}\right). \tag{8.117}$$

6. En el caso Meixner-Kravchuk tenemos

$$M_j^{\gamma,\mu}(x) = \sum_{n=0}^{j} c_{jn}\, K_n^{p}(x,N), \qquad j \le N$$

con

$$c_{jn} = \binom{j}{n}(n+\gamma)_{j-n}\left(\frac{\mu}{\mu-1}\right)^{j-n}{}_2\mathrm{F}_1\left(\begin{matrix} n-j\ ,\ n-N \\ n+\gamma \end{matrix}\,\middle|\,\frac{p(\mu-1)}{\mu}\right). \tag{8.118}$$

7. Análogamente para el problema Kravchuk-Meixner

$$K_j^{p}(x,N) = \sum_{n=0}^{j} c_{jn}\, M_n^{\alpha,\beta}(x), \qquad j \le N$$

obtenemos

$$c_{jn} = \binom{j}{n}(N+1-j)_{j-n}(-p)^{j-n}\, {}_2\mathrm{F}_1\left(\begin{matrix} n-j\ ,\ n+\alpha \\ n-N \end{matrix}\,\middle|\,\frac{\beta}{(\beta-1)p}\right). \tag{8.119}$$

8. La solución del problema de conexión Kravchuk-Charlier

$$K_j^p(x,N) = \sum_{n=0}^{j} c_{jn}\, C_n^{\mu}(x), \qquad j \le N,$$

es

(8.120) $$c_{jn} = \binom{j}{n}(N+1-j)_{j-n}(-p)^{j-n}\, {}_1\mathrm{F}_1\left(\begin{matrix} n-j \\ n-N \end{matrix} \middle| -\frac{\mu}{p} \right).$$

9. En el caso Charlier-Kravchuk tenemos las fórmulas

$$C_j^{\mu}(x) = \sum_{n=0}^{j} c_{jn}\, K_n^p(x,N), \qquad j \le N,$$

(8.121) $$c_{jn} = \binom{j}{n}(-\mu)^{j-n}\, {}_2\mathrm{F}_0\left(\begin{matrix} n-j\,,\, n-N \\ - \end{matrix} \middle| -\frac{p}{\mu} \right).$$

10. Los cálculos para el caso Hahn-Hahn son algo más complicados si queremos usar la fórmula (8.80) pero si en vez de ésta usamos (8.85) estos se simplifican notablemente obteniendo para el problema

$$h_j^{\gamma,\mu}(x,M) = \sum_{n=0}^{j} c_{jn}\, h_n^{\alpha,\beta}(x,N), \qquad j \le \text{mín}\{N-1, M-1\},$$

la solución

(8.122) $$\begin{aligned} c_{jn} = \binom{j}{n} & \frac{(1+n-M)_{j-n}(1+n+\mu)_{j-n}}{(1+n+j+\gamma+\mu)_{j-n}} \times \\ & {}_4\mathrm{F}_3\left(\begin{matrix} n-j\,,\, 1+n-N\,,\, n+\beta+1\,,\, 1+j+n+\gamma+\mu \\ 1+n-M\,,\, n+\mu+1\,,\, 2n+\alpha+\beta+2 \end{matrix} \middle| 1 \right). \end{aligned}$$

Un caso de especial importancia es cuando $N = M$, entonces (8.122) se simplifica aún más para dar

$$c_{jn} = \binom{j}{n}\frac{(n-N+1)_{j-n}(n+\mu+1)_{j-n}}{(1+n+j+\gamma+\mu)_{j-n}}\, {}_3\mathrm{F}_2\left(\begin{matrix} n-j\,,\, n+\beta+1\,,\, 1+j+n+\gamma+\mu \\ n+\mu+1\,,\, 2n+\alpha+\beta+2 \end{matrix} \middle| 1 \right).$$

11. El problema Hahn-Charlier

$$h_j^{\alpha+\beta}(x,N) = \sum_{n=0}^{j} c_{jn}\, C_n^{\alpha}(x), \qquad j \le M-1,$$

tiene como soulción la ecuación

(8.123) $$\begin{aligned} c_{jn} = \binom{j}{n} & \frac{(1+n-N)_{j-n}(1+n+\beta)_{j-n}}{(1+n+j+\alpha+\beta)_{j-n}} \times \\ & {}_2\mathrm{F}_2\left(\begin{matrix} n-j\,,\, 1+j+n+\alpha+\beta \\ 1+n-N\; n+\beta+1 \end{matrix} \middle| -\alpha \right). \end{aligned}$$

12. Para el problema Charlier-Hahn

$$C_j^{\mu}(x)=\sum_{n=0}^{j} c_{jn}\, h_n^{\alpha,\beta}(x,N), \qquad j\le N-1,$$

tenemos

$$c_{jn}=\binom{j}{n}(-\mu)^{j-n}\,{}_3\mathrm{F}_1\left(\begin{matrix} n-j\,,\,1+n-N\,,\,n+\beta+1 \\ 2n+\alpha+\beta+2 \end{matrix}\,\middle|\,-\frac{1}{\mu}\right). \tag{8.124}$$

13. En el caso Hahn-Meixner

$$h_j^{\alpha,\beta}(x,N)=\sum_{n=0}^{j} c_{jn}\, M_n^{\gamma,\mu}(x), \qquad j\le N-1,$$

se obtiene

$$\begin{aligned} c_{jn}=\binom{j}{n}\frac{(1+n-N)_{j-n}(1+n+\mu)_{j-n}}{(1+n+j+\gamma+\mu)_{j-n}}\times \\ {}_3\mathrm{F}_2\left(\begin{matrix} n-j\,,\,\alpha+\beta+j+n+1\,,\,\gamma+n \\ 1+n-N\,,\,n+\beta+1 \end{matrix}\,\middle|\,\frac{\mu}{\mu-1}\right). \end{aligned} \tag{8.125}$$

14. En el caso Meixner-Hahn

$$M_j^{\gamma,\mu}(x)=\sum_{n=0}^{j} c_{jn}\, h_n^{\alpha,\beta}(x,N), \qquad j\le N-1,$$

los cálculos nos conducen a la expresión

$$c_{jn}=\binom{j}{n}\left(\frac{\mu}{\mu-1}\right)^{j-n}(\gamma+n)_{j-n}\,{}_3\mathrm{F}_2\left(\begin{matrix} n-j,1+n-N,n+\beta+1 \\ \alpha+\beta+2n+2\,,\,\gamma+n \end{matrix}\,\middle|\,\frac{\mu-1}{\mu}\right). \tag{8.126}$$

15. Para el problema Hahn-Kravchuk

$$h_j^{\alpha,\beta}(x,N)=\sum_{n=0}^{j} c_{jn}\, K_n^{p}(x,M), \qquad j\le \min\{M-1,N\},$$

se tiene que

$$\begin{aligned} c_{jn}=\binom{j}{n}\frac{(1+n-N)_{j-n}(1+n+\mu)_{j-n}}{(1+n+j+\gamma+\mu)_{j-n}}\times \\ {}_3\mathrm{F}_2\left(\begin{matrix} n-j\,,\,\alpha+\beta+j+n+1\,,\,n-M \\ 1+n-N\,,\,n+\beta+1 \end{matrix}\,\middle|\,p\right). \end{aligned} \tag{8.127}$$

16. Finalmente, el caso Kravchuk-Hahn

$$K_j^{p}(x,M)=\sum_{n=0}^{j} c_{jn}\, h_n^{\alpha,\beta}(x,N), \qquad j\le \min\{N-1,M\},$$

tiene como solución la expresión

$$c_{jn}=\binom{j}{n}\, p^{j-n}(n-M)_{j-n}\,{}_3\mathrm{F}_2\left(\begin{matrix} n-j\,,\,1+n-N\,,\,n+\beta+1 \\ \alpha+\beta+2n+2\,,\,n-M \end{matrix}\,\middle|\,\frac{1}{p}\right). \tag{8.128}$$

Un ejemplo de linealización para los polinomios discretos

Apliquemos el teorema 8.2.4 cuando Q_m es el producto de dos polinomios de Stirling $x^{[m]}x^{[j]}$ y P_n son los polinomios mónicos de Charlier, es decir, el problema

$$x^{[m]}x^{[j]} = \sum_{n=0}^{m+j} c_{m,j,n} C_n^{\mu}(x), \tag{8.129}$$

Unos cálculos directos nos dan

$$c_{m,j,n} = \binom{m}{p-j}\binom{p}{n}\frac{j!}{(p-m)!}\,\mu^{p-n}{}_3\mathrm{F}_3\left(\begin{matrix} p-m-j, \;\; p+1, \;\; 1 \\ p-j+1, p-m+1, p-n+1 \end{matrix}\,\middle|\, -\mu\right), \tag{8.130}$$

donde $p = \text{máx}(n, m, j)$.

Con ayuda del teorema 8.2.5, podemos resolver también el problema

$$x^{[m]}C_j^{\gamma}(x) = \sum_{n=0}^{m+j} c_{m,j,n} C_n^{\mu}(x), \tag{8.131}$$

obteniendo la fórmula explícita

$$\begin{aligned} c_{m,j,n} = & \sum_{k=\text{máx}(0,n-m)}^{j} \binom{j}{k}\binom{m}{p-k}\binom{p}{n}\frac{k!\,(-\gamma)^{j-k}\mu^{p-n}}{(p-m)!}\times \\ & {}_3\mathrm{F}_3\left(\begin{matrix} p-m-k, \;\; p+1, \;\; 1 \\ p-k+1, p-m+1, p-n+1 \end{matrix}\,\middle|\, -\mu\right), \qquad p = \text{máx}(n, m, k)\,. \end{aligned} \tag{8.132}$$

Obviamente este resultado también se puede obtener combinando las ecuaciones (8.129) y (8.130) con (4.48) y la definición $x^{[n]} = x(x-1)\cdots(x-n+1) \equiv (-1)^n(-x)_n$.

Usando los resultados anteriores es fácil obtener toda una colección de expresiones similares a (8.131) correspondientes a todas las demás familias discretas.

Algunos ejemplos del caso continuo

Usando la fórmula (8.86) es fácil comprobar que para los polinomios de Hermite y Laguerre se tienen las fórmulas

$$x^m = \sum_{n=0}^{m} c_{mn} H_n(x), \qquad c_{mn} = \begin{cases} \dfrac{m!}{2^{m-n} n!\,((m-n)/2)!}\,, & m-n \;\text{ par}, \\ 0 & m-n \;\text{ impar}, \end{cases} \tag{8.133}$$

$$x^m = \sum_{n=0}^{m} c_{mn} L_n^{\alpha}(x), \qquad c_{mn} = \frac{m!\,\Gamma(m+\alpha+1)}{(m-n)!n!\,\Gamma(n+\alpha+1)}\,, \tag{8.134}$$

respectivamente. El caso Jacobi es algo más complicado y hay que usar la integral

$$\int_a^b (x-a)^{\mu-1}(b-x)^{\nu-1}(cx+d)^\gamma dx = (b-a)^{\mu+\nu-1}(ac+d)^\gamma \frac{\Gamma(\mu)\Gamma(\nu)}{\Gamma(\mu+\nu)}\, {}_2\mathrm{F}_1\left(\begin{matrix} -\gamma,\ \mu \\ \mu+\nu \end{matrix} \,\middle|\, \frac{c(a-b)}{ac+d} \right).$$

Así, (8.86) nos da

$$(8.135) \qquad x^m = \sum_{n=0}^m c_{mn} P_n^{\alpha,\beta}(x), \quad c_{mn} = (-1)^{m-n}\binom{m}{n}\, {}_2\mathrm{F}_1\left(\begin{matrix} n-m,\ n+\beta+1 \\ \alpha+\beta+2n+2 \end{matrix} \,\middle|\, 2 \right).$$

En el caso de los Bessel (8.86) se transforma en

$$(8.136) \qquad x^m = \sum_{n=0}^m c_{mn} y_n(x,a), \qquad c_{mn} = (-2)^{m-n}\binom{m}{n} \frac{\Gamma(2n+a+2)}{\Gamma(n+m+a+2)}.$$

Las fórmulas anteriores corresponden a las fórmulas de inversión para los polinomios ortogonales mónicos clásicos.

Análogamente se pueden obtener distintas fórmulas de conexión y linearización como por ejemplo las siguientes —para más detalle consúltese los trabajos [27, 28, 213]—.

Comencemos por los polinomios de Hermite

$$x^m H_j(x) = \sum_{n=0}^{m+j} c_{jmn} H_n(x)\ ,$$

$$(8.137) \qquad c_{jmn} = \frac{2^{n-m} m!}{n!((m-n-j)/2)!}\, {}_2\mathrm{F}_1\left(\begin{matrix} -n,\ -j \\ \frac{m-n-j}{2}+1 \end{matrix} \,\middle|\, \frac{1}{2} \right), \qquad m-n-j \ \text{par}\ ,$$

y 0 si $m-n-j$, impar. Nótese que el caso particular cuando $m=0$, lo anterior se transforma en el problema de conexión y obtenemos como es de esperar $c_{jn} := c_{j0n} = \delta_{j,n}$.

Veamos ahora el caso Laguerre:

$$(8.138) \qquad x^m L_j^{(\beta)}(x) = \sum_{n=0}^{m+j} c_{jmn} L_n^{(\alpha)}(x)\ ,$$

donde

$$c_{jmn} = \frac{m!\,\Gamma(m+\alpha-\beta+1)\Gamma(m+\alpha+1)}{n!(m-n)!\,\Gamma(n+\alpha+1)\Gamma(m+\alpha-\beta-j+1)}\, {}_3\mathrm{F}_2\left(\begin{matrix} -n,\ -j,\ m+\alpha+1 \\ m-n+1,\ m+\alpha-\beta-j+1 \end{matrix} \,\middle|\, 1 \right).$$

En el caso $m=0$ la expresión anterior nos da para los coeficientes de conexión la expresión

$$(8.139) \qquad c_{jn} := c_{j0n} = \binom{j}{n} \frac{\Gamma(\alpha-\beta+1)}{\Gamma(\alpha-\beta-j+n+1)}.$$

Para los polinomios de Jacobi el caso general del desarrollo $x^m P_j^{(\gamma,\delta)}(x) = \sum_{n=0}^{m+j} c_{jmn} P_n^{(\alpha,\beta)}(x)$ es mucho más complicado así que consideraremos el problema de conexión, o sea, $m = 0$. En este caso (8.86) se simplfica en

$$P_j^{(\gamma,\delta)}(x) = \sum_{n=0}^{m+j} c_{jn} P_n^{(\alpha,\beta)}(x) \,, \tag{8.140}$$

con

$$c_{jn} = \binom{j}{n} \frac{\Gamma(2n+\alpha+\beta+2)\,\Gamma(j+\alpha+1)\,\Gamma(j+\delta+1)}{\Gamma(n+\alpha+1)\,\Gamma(n+\delta+1)\,\Gamma(2j+\gamma+\delta+1)} \frac{\Gamma(n+j+\gamma+\delta+1)}{\Gamma(n+j+\alpha+\beta+2)} \times$$
$${}_3F_2\left(\begin{matrix} n-j,\ -j-\gamma,\ n+\beta+1 \\ -j-\alpha,\ n+\delta+1 \end{matrix} \,\middle|\, 1 \right).$$

Finalmente, para los polinomios de Besel

$$x^m y_j(x,\beta) = \sum_{n=0}^{m+j} c_{jmn} y_n(x,\alpha) \,, \tag{8.141}$$

$$c_{jmn} = \binom{m}{n} \frac{(-1)^{m+n} 2^{m-n+j}\, \Gamma(2n+\alpha+1)\Gamma(\beta+j+1)\,\Gamma(m+n+\alpha-\beta+1)}{\Gamma(\beta+2j+1)\Gamma(m+n-j+\alpha-\beta+1)\,\Gamma(m+n+j+\alpha+2)} \times$$
$${}_3F_2\left(\begin{matrix} -n,\ -j,\ j+\beta+1 \\ m-n+1,\ -m-n-\alpha+\beta \end{matrix} \,\middle|\, 1 \right),$$

que en el caso $m = 0$ se reduce a

$$c_{jn} := c_{j0n} = \binom{j}{n} \frac{2^{j-n}\Gamma(2n+\alpha+1)\,\Gamma(n+j+\beta+1)\,\Gamma(\alpha-\beta+1)}{\Gamma(2j+\beta+1)\,\Gamma(n-j+\alpha-\beta+1)\,\Gamma(n+j+\alpha+2)} \,. \tag{8.142}$$

8.2.9. El método q-hipergeométrico para el problema de conexión

Para términar con la exposición del problema de conexión vamos a ver una tercera forma de resolver el problema que consiste en usar la conocida fórmula de Verma [105, Ec. (3.7.9)]

$$\begin{aligned} {}_{r+t}\varphi_{s+u}\left(\begin{matrix} A_R, C_T \\ B_S, D_U \end{matrix} \,\middle|\, q\,,\, xw \right) &= \sum_{j=0}^{\infty} \frac{(C_T, E_K; q)_j}{(q, D_U, \gamma q^j; q)_j} x^j \left[(-1)^j q^{\frac{j}{2}(j-1)} \right]^{u+3-t-k} \times \\ {}_{t+k}\varphi_{u+1}\left(\begin{matrix} C_T q^j, E_K q^j \\ \gamma q^{2j+1}, D_U q^j \end{matrix} \,\middle|\, q\,,\, x q^{j(u+2-t-k)} \right) &\cdot {}_{r+2}\varphi_{s+k}\left(\begin{matrix} q^{-j}, \gamma q^j, A_R \\ B_S, E_K \end{matrix} \,\middle|\, q\,,\, wq \right), \end{aligned} \tag{8.143}$$

donde hemos usado la siguiente notación [105] $(A_R; q)_n = (a_1, a_2, \ldots, a_r; q)_n$ y

$${}_r\varphi_p\left(\begin{matrix} A_R \\ B_P \end{matrix} \,\middle|\, q\,,\, z \right) = {}_r\varphi_p\left(\begin{matrix} a_1, a_2, \ldots, a_r \\ b_1, b_2, \ldots, b_p \end{matrix} \,\middle|\, q\,,\, z \right).$$

Además, vamos a asumir que todas las series básicas incluidas en la fórmula anterior están bien definidas.

El problema de conexión para los $q-$polinomios hipergeométricos

Supongamos que $P_n(s)_q \equiv P_n(s,s_1,s_2,s_3,s_4,\mu)$ y $P_n(s)_q \equiv P_n(s,s_1,\widetilde{s}_2,\widetilde{s}_3,\widetilde{s}_4,\mu)$ son dos q-polinomios hipergeométricos que admiten, por tanto, las representaciones (5.82)

$$P_n(s)_q = D_n\, {}_4\varphi_3\left(\begin{array}{c} q^{-n}, q^{2\mu+n-1+s_1+s_2+s_3+s_4}, q^{s_1-s}, q^{s_1+s+\mu} \\ q^{s_1+s_2+\mu}, q^{s_1+s_3+\mu}, q^{s_1+s_4+\mu} \end{array} \middle| q\,,\, q\right),$$

y

$$P_n(s)_q = \widetilde{D}_n\, {}_4\varphi_3\left(\begin{array}{c} q^{-n}, q^{2\mu+n-1+s_1+\widetilde{s}_2+\widetilde{s}_3+\widetilde{s}_4}, q^{s_1-s}, q^{s_1+s+\mu} \\ q^{s_1+\widetilde{s}_2+\mu}, q^{s_1+\widetilde{s}_3+\mu}, q^{s_1+\widetilde{s}_4+\mu} \end{array} \middle| q\,,\, q\right).$$

Entonces, si en la fórmula de Verma (8.143) escogemos $w=1$, $x=q$,

$$(A_R) = (q^{s_1-s}, q^{s_1+s+\mu}), \quad (C_T) = (q^{-n}, q^{2\mu+n-1+s_1+s_2+s_3+s_4}), \quad \gamma = q^{2\mu-1+s_1+\widetilde{s}_2+\widetilde{s}_3+\widetilde{s}_4},$$

$$(B_S) = (-),\ (D_U) = (q^{s_1+s_2+\mu}, q^{s_1+s_3+\mu}, q^{s_1+s_4+\mu}),\ (E_K) = (q^{s_1+\widetilde{s}_2+\mu}, q^{s_1+\widetilde{s}_3+\mu}, q^{s_1+\widetilde{s}_4+\mu}),$$

i.e., $r=2$, $t=2$, $s=0$, $u=3$, $k=3$, tenemos el siguiente teorema

Teorema 8.2.6

$$P_n(s,s_1,s_2,s_3,s_4,\mu) = \sum_{j=0}^{n} c_{nj} P_j(s,s_1,\widetilde{s}_2,\widetilde{s}_3,\widetilde{s}_4,\mu)$$

donde

$$c_{nj} = (-1)^j q^{\frac{j}{2}(j+1)} \frac{(q^{-n}, q^{2\mu+n-1+s_1+s_2+s_3+s_4}, q^{s_1+\widetilde{s}_2+\mu}, q^{s_1+\widetilde{s}_3+\mu}, q^{s_1+\widetilde{s}_4+\mu}; q)_j}{(q, q^{s_1+s_2+\mu}, q^{s_1+s_3+\mu}, q^{s_1+s_4+\mu}, q^{2\mu+j-1+s_1+\widetilde{s}_2+\widetilde{s}_3+\widetilde{s}_4}; q)_j} \frac{D_n}{\widetilde{D}_j} \times$$

$${}_5\varphi_4\left(\begin{array}{c} q^{j-n}, q^{2\mu+n+j-1+s_1+s_2+s_3+s_4}, q^{s_1+\widetilde{s}_2+\mu+j}, q^{s_1+\widetilde{s}_3+\mu+j}, q^{s_1+\widetilde{s}_4+\mu+j} \\ q^{2\mu+2j+s_1+\widetilde{s}_2+\widetilde{s}_3+\widetilde{s}_4}, q^{s_1+s_2+\mu+j}, q^{s_1+s_3+\mu+j}, q^{s_1+s_4+\mu+j} \end{array} \middle| q\,,\, q\right).$$

Usando el teorema anterior es fácil obtener expresiones generales para cualquiera de las familias de $q-$polinomios en la red exponencial lineal, o sea, la clase de q-Hahn. Para ello, si tomamos el límite $\mu \to \pm\infty$ ($q^{\pm\mu} \to 0$, con $|q|<1$ o $|q|>1$, respectivamente) y usamos la fórmula (6.7) obtenemos el siguiente teorema que resuelve el problema de conexión entre dos familias de q-polinomios en la red $x(s) = c_1 q^s + c_3$, $P_n(s,s_1,s_2,\bar{s}_1,\bar{s}_2)$ y $P_n(s,t_1,t_2,\bar{t}_1,\bar{t}_2)$, siendo $\bar{s}_1 = \bar{t}_1$

Corolario 8.2.5

$$P_n(s,s_1,s_2,\bar{s}_1,\bar{s}_2) = \sum_{j=0}^{n} c_{nj} P_j(s,t_1,t_2,\bar{t}_1,\bar{t}_2,), \qquad \bar{s}_1 = \bar{t}_1,$$

con

$$c_{nj} = (-1)^j q^{\frac{j}{2}(j+1)} \frac{(q^{-n}, q^{n-1+s_1+s_2-\bar{s}_1-\bar{s}_2}, q^{t_1-\bar{s}_1}, q^{t_2-\bar{s}_1}; q)_j}{(q, q^{s_1-\bar{s}_1}, q^{s_2-\bar{s}_1}, q^{j-1+t_1+t_2-\bar{s}_1-\bar{t}_2}; q)_j} \times$$

(8.144)

$${}_4\varphi_3\left(\begin{array}{c} q^{j-n}, q^{s_1+s_2-\bar{s}_1-\bar{s}_2+n+j-1}, q^{t_1-\bar{s}_1+j}, q^{t_2-\bar{s}_1+j} \\ q^{t_1+t_2-\bar{s}_1-\bar{t}_2+2j}, q^{s_1-\bar{s}_1+j}, q^{s_2-\bar{s}_1+j} \end{array} \middle| q\,,\, q\right).$$

Ejemplos

Los q-polinomios de Askey-Wilson

Si definimos los polinomios de Askey-Wilson mediante (comparar con la definición (5.155))

$$p_n(x(s),a,b,c,d) = {}_4\varphi_3\left(\begin{array}{c} q^{-n}, q^{n-1}abcd, a\,e^{-i\theta}, a\,e^{i\theta} \\ ab, ac, ad \end{array} \middle| q\,,\,q \right), \tag{8.145}$$

i.e., $x(s) = \frac{1}{2}(q^s + q^{-s})$, $q^s = e^{i\theta}$, $\mu = 0$, $a = q^{s_1}$, $b = q^{s_2}$, $c = q^{s_3}$, $d = q^{s_4}$. Entonces,

$$p_n(x(s),a,b,c,d) = \sum_{j=0}^{n} c_{nj}\, p_j(x(s),a,\beta,\gamma,\delta) \tag{8.146}$$

donde

$$c_{nj} = (-1)^j q^{\frac{j}{2}(j+1)} \frac{(q^{-n}, abcdq^{n-1}, a\beta, a\gamma, a\delta; q)_j}{(q, ab, ac, ad, a\beta\gamma\delta q^{j-1}; q)_j} \times$$
$${}_5\varphi_4\left(\begin{array}{c} q^{j-n}, abcdq^{n+j-1}, a\beta q^j, a\gamma q^j, a\delta q^j \\ a\beta\gamma\delta q^{2j}, abq^j, acq^j, adq^j \end{array} \middle| q\,,\,q \right).$$

Este resultado fue obtenido por primera vez por Askey y Wilson [42] (ver además [25]).

Los q-polinomios de Racah

Para los $q-$polinomios de Racah clásicos tenemos que

$$R_n(x(s),a,b,c,d) = {}_4\varphi_3\left(\begin{array}{c} q^{-n}, q^{n+1}ab, q^{-s}, cd\,q^{s+1} \\ aq, bdq, cq \end{array} \middle| q\,,\,q \right), \tag{8.147}$$

por tanto

$$x(s) = q^{-s} + cdq^{s+1}, \qquad \mu = 1,\ q^{s_1} = 1,\ q^{s_2} = a/(cd),\ q^{s_3} = 1/d,\ q^{s_4} = b/c.$$

Si imponemos que $cd = \gamma\delta$, tenemos

$$R_n(x(s),a,b,c,d) = \sum_{j=0}^{n} c_{nj}\, R_j(x(s),\alpha,\beta,\gamma,\delta), \qquad cd = \gamma\delta,$$

donde

$$c_{nj} = (-1)^j q^{\frac{j}{2}(j+1)} \frac{(q^{-n}, abq^{n+1}, \alpha q, \gamma q, \beta\delta q; q)_j}{(q, aq, cq, bdq, \alpha\beta q^{j+1}; q)_j} \times$$
$${}_5\varphi_4\left(\begin{array}{c} q^{j-n}, abq^{n+j+1}, \alpha q^{j+1}, \gamma q^{j+1}, \beta\delta q^{j+1} \\ \alpha\beta q^{2j+2}, aq^{j+1}, cq^{j+1}, bdq^{j+1} \end{array} \middle| q\,,\,q \right).$$

Si ahora usamos la otra familia de $q-$polinomios de Racah definidos en (5.145)

$$u_n^{\alpha,\beta}(x(s),a,b) = {}_4\varphi_3\left(\begin{array}{c} q^{-n}, q^{\alpha+\beta+n+1}, q^{a-s}, q^{a+s+1} \\ q^{a-b+1}, q^{\beta+1}, q^{a+b+\alpha+1} \end{array} \middle| q\,,\,q \right), \tag{8.148}$$

para los cuales

$$x(s) = [s]_q[s+1]_q, \quad s_1 = a,\ s_2 = -b,\ s_3 = \beta - a,\ s_4 = b + \alpha, \quad \mu = 1,$$

tenemos, usando el teorema 8.2.6 la expresión

$$u_n^{\alpha,\beta}(x(s), a, b) = \sum_{j=0}^{n} c_{nj}\, u_j^{\gamma,\delta}(x(s), a, d),$$

donde

$$c_{nj} = (-1)^j q^{\frac{j}{2}(j+1)} \frac{(q^{-n}, q^{\alpha+\beta+n+1}, q^{a-d+1}, q^{\delta+1}, q^{a+d+\gamma+1}; q)_j}{(q, q^{a-b+1}, q^{\beta+1}, q^{a+b+\alpha+1}, q^{\gamma+\delta+j+1}; q)_j} \times$$

$${}_5\varphi_4\left(\begin{array}{c} q^{j-n}, q^{\alpha+\beta+n+j+1}, q^{a-d+j+1}, q^{\delta+j+1}, q^{a+d+\gamma+j+1} \\ q^{\gamma+\delta+2j+2}, q^{a-b+j+1}, q^{\beta+j+1}, q^{a+b+\alpha+j+1}\alpha\beta q^{2j+2}, aq^{j+1}, cq^{j+1}, bdq^{j+1} \end{array} \middle| q\,,\, q \right).$$

La q-tabla de Hahn

Consideremos ahora la familia mas amplia de la $q-$tabla de Hahn, es decir los q-polinomios grandes de Jacobi, definidos por

$$p_n(x; a, b, c; q) = {}_3\varphi_2\left(\begin{array}{c} q^{-n}, abq^{n+1}, x \\ aq, cq \end{array} \middle| q, q \right),$$

Entonces, el corolario 8.2.5 con $x \equiv q^s$, $q^{s_1} = aq$, $q^{s_2} = cq$ y $q^{\bar{s}_2} = c/b$ nos conduce a

$$p_n(x; a, b, c; q) = \sum_{j=0}^{n} c_{nj} p_j(x; \alpha, \beta, \gamma; q),$$

donde

$$c_{nj} = (-1)^j q^{\frac{j}{2}(j+1)} \frac{(q^{-n}, abq^{n+1}, \alpha q, \gamma q; q)_j}{(q, aq, cq, \alpha\beta q^{j+1}; q)_j}\, {}_4\varphi_3\left(\begin{array}{c} q^{j-n}, abq^{n+j+1}, \alpha q^{j+1}, \gamma q^{j+1} \\ \alpha\beta q^{2j+2}, aq^{j+1}, cq^{j+1} \end{array} \middle| q\,,\, q \right).$$

Obviamente, usando los diferentes límites entre las familias de polinomios q-clásicos, tal y como mostramos en el capítulo **6** nos conduce a numerosas fórmulas para los correspondientes problemas de conexión.

Como ejemplo consideraremos el problema de conexión entre dos familias de q-polinomios de Laguerre correspondientes a la clase 0$-$Jacobi/Laguerre. Dichos polinomios están definidos mediante la fórmula

$$\begin{aligned} \widetilde{L}_n^{(\alpha)}(x, q) &= (-1)^n q^{-n(n+\alpha)} (q^{\alpha+1}; q)_n\, {}_1\phi_1\left(\begin{array}{c} q^{-n} \\ q^{\alpha+1} \end{array} \middle| q, -q^{n+\alpha+1}x \right) \\ &= (-1)^n q^{-n^2} a^{-n}\, {}_2\varphi_1\left(\begin{array}{c} q^{-n}, -x \\ 0 \end{array} \middle| q; aq^{n+1} \right). \end{aligned} \tag{8.149}$$

Como ya hemos visto, los q-polinomios de Laguerre se pueden obtener a partir de la fórmula (6.7) tomando el límite

$$q^{s_1} \to 0, \quad q^{\bar{s}_2} \to 0, \quad q^{s_2} \to \infty$$

de forma que $q^{s_1-\bar{s}_2} = -q^{\delta}$, con δ cierta constante. En este caso, (6.7) se transforma en (ver (6.64))

$$P_n(s)_q = A_n \, {}_2\varphi_1 \left(\begin{array}{c} q^{-n}, q^{s-\bar{s}_1} \\ 0 \end{array} \middle| q; -q^{\delta+n} \right).$$

Escojamos ahora $A_n = (-1)^n q^{n^2+\alpha n}$, $q^{\bar{s}_1} = -1$ y $q^{\delta} = -q^{\alpha+1}$ y tenemos entonces los q-polinomios mónicos de Laguerre.

Tomemos ahora el límite

$$q^{s_1} \to 0, \quad q^{\bar{s}_2} \to 0, \quad q^{s_2} \to \infty, \quad q^{t_1} \to 0, \quad q^{\bar{t}_2} \to 0, \quad q^{t_2} \to \infty$$

en (8.144) asumiendo que $q^{s_1-\bar{s}_2} = -q^{\delta}$, $q^{t_1-\bar{t}_2} = -q^{\xi}$ y $q^{s_2-t_2} = 1$. Esto nos da

$$\begin{aligned} {}_2\varphi_1 \left(\begin{array}{c} q^{-n}, q^{s-\bar{s}_1} \\ 0 \end{array} \middle| q; -q^{\delta+n} \right) &= \sum_{j=0}^{n} (-1)^j q^{-j(j-1)/2+j(n+\delta-\xi)} \frac{(q^{-n};q)_j}{(q;q)_j} \times \\ & {}_1\varphi_0 \left(\begin{array}{c} q^{j-n} \\ - \end{array} \middle| q; q^{\delta-\xi+n-j} \right) {}_2\varphi_1 \left(\begin{array}{c} q^{-j}, q^{s-\bar{s}_1} \\ 0 \end{array} \middle| q; -q^{\xi+j} \right). \end{aligned}$$

Si ahora usamos el q-análogo del teorema del binomio (8.97) la fórmula anterior se transforma en

$$\begin{aligned} {}_2\varphi_1 \left(\begin{array}{c} q^{-n}, q^{s-\bar{s}_1} \\ 0 \end{array} \middle| q; -q^{\delta+n} \right) &= \sum_{j=0}^{n} (-1)^j q^{-j(j-1)/2+j(n+\delta-\xi)} \frac{(q^{-n};q)_j (q^{\delta-\xi};q)_{n-j}}{(q;q)_j} \times \\ & {}_2\varphi_1 \left(\begin{array}{c} q^{-j}, q^{s-\bar{s}_1} \\ 0 \end{array} \middle| q; -q^{\xi+j} \right). \end{aligned}$$

Sustituyendo $q^s = x$, $q^{\bar{s}_1} = -1$, $q^{\delta} = -q^{\alpha+1}$ y $q^{\xi} = -q^{\beta+1}$ y teniendo en cuenta los factores de normalización finalmente obtenemos

$$\widetilde{L}_n^{(\alpha)}(x|q) = \sum_{j=0}^{n} (-1)^j q^{j(j+1)/2-n^2+jn+\alpha(j-n)} \frac{(q^{-n};q)_j (q^{\alpha-\beta};q)_{n-j}}{(q;q)_j} \widetilde{L}_j^{(\beta)}(x|q).$$

El resto de los casos se puede obtener de forma análoga.

Para concluir debemos mencionar que la conjunción de todos los métodos reunidos aquí permite resolver una gran cantidad de problemas. Por ejemplo, la combinación de las fórmulas de inversión obtenidas para las diferentes familias junto con las expresiones explícitas de los polinomios permite generalizar muchas fórmulas obtenidas en la literatura. A ese respecto el lector puede consultar el trabajo [25].

8.3. Los polinomios clásicos y la teoría de representación de grupos

En este apartado vamos a estudiar la conexión entre algunas de las familias de polinomios clásicos y q-polinomios con la teoría de representación de grupos y q-álgebras.

Las álgebras cuánticas o q-álgebras han sido introducidas en los últimos años al estudiar el problema inverso de dispersión cuántica [95] y las ecuaciones de Yang-Baxter [150]. Dichos objetos son, desde el punto de vista matemático, álgebras de Hopf [86], y tienen una gran importancia en diversos problemas de la física matemática: *sistemas integrables, teoría cuántica de campos conformes, física estadística*, entre otros (ver [236] y las referencias contenidas en el mismo). Sus aplicaciones en física se han incrementado en la última década debido a la introducción de los q-osciladores cuánticos [53, 166] (ver además [39, 40, 34, 47, 48]). También han sido utilizadas para describir el espectro *rotacional y vibracional* de los núcleos atómicos [60], de las moléculas diatómicas [8, 61, 58], etc. (véase el magnífico "survey" [59]).

En este apartado vamos a estudiar la conexión entre los polinomios clásicos de Hahn y los coeficientes de Clebsch-Gordan para el grupo de rotaciones del espacio $O(3)$ así como la relación de los q-polinomios de Hahn definidos en (6.53) y los coeficientes de Clebsch-Gordan ($3j$ símbolos) de las q-álgebras $SU_q(2)$ y $SU_q(1,1)$. Un estudio más detallado de las álgebras $SU_q(2)$ y $SU_q(1,1)$ se puede encontrar en [136, 139, 141, 142, 216, 217, 218, 219, 220, 238], entre otros. Para la conexión entre las diferentes familias de q-polinomios y las álgebras cuánticas, véase [18, 139, 141, 168, 167, 216, 238], entre otros.

Comenzaremos con algunas definiciones e ideas propias de la teoría de grupos. Para una introducción más rigurosa recomendamos al lector consultar algún texto específico de teoría de grupos —e.g. [51, 237, 238, 240]—.

8.3.1. Breve introducción a la teoría de grupos

Un conjunto de elementos $\mathfrak{G}$ es un grupo si a todo par ordenado (g_1, g_2) de $\mathfrak{G}$ le corresponde un elemento $g = g_1 * g_2$ y se cumple que:

1. $(g_1 * g_2) * g_3 = g_1 * (g_2 * g_3)$ para todos g_1, g_2, g_3 de $\mathfrak{G}$, i.e., $*$ es una operación asociativa,

2. existe un elemento e tal que $e * g = g * e = g$ para todo g de $\mathfrak{G}$, i.e., existe el elemento neutro respecto a $*$.

3. para todo g de $\mathfrak{G}$ existe un elemento g' de $\mathfrak{G}$, que denotaremos por g^{-1}, y llamaremos inverso de g tal que $g * g' = g' * g = e$.

Si la operación $*$, denominada comúnmente como *multiplicación*, es tal que para todos g_1 y g_2 de $\mathfrak{G}$ se cumple $g_1 * g_2 = g_2 * g_1$, diremos que el grupo es conmutativo.

Por ejemplo, el conjunto de los números reales $\mathbb{R}$ es un grupo conmutativo respecto a la adición estándar. Un ejemplo de grupo no conmutativo es el conjunto de las matrices cuadradas con determinante no nulo respecto a la operación "multiplicación de matrices".

Dentro de la teoría de grupos juegan un papel importante las clases de elementos conjugados. Dos elementos g y g' de $\mathfrak{G}$ se denominan conjugados si $g' = \tilde{g}g\tilde{g}^{-1}$. Si $\tilde{g}$ recorre todo el grupo, entonces puede ocurrir que aparezcan elementos iguales. Supongamos que g_1 y g_2 son dos elementos distintos conjugados a g. Entonces g_1 y g_2 son conjugados uno del otro ya que si

$$g_1 = \tilde{g}g\tilde{g}^{-1}, \quad g_2 = \bar{g}g\bar{g}^{-1} \qquad \Longrightarrow \quad g_2 = (\bar{g}\tilde{g}^{-1})g_1(\bar{g}\tilde{g}^{-1})^{-1}.$$

De esta forma se definen las *clases de elementos conjugados* de un grupo $\mathfrak{G}$ como los conjuntos constituidos por todos los elementos mutuamente conjugados.

Un grupo $\mathcal{A}$ conmutativo que tiene la "adición" (suma) como operación $*$ se denomina *anillo* si en $\mathcal{A}$ está definida la "multiplicación" y satisface la propiedad distributiva

$$g_1 * (g_2 + g_3) = g_1 * g_2 + g_1 * g_3, \qquad (g_1 + g_2) * g_3 = g_1 * g_3 + g_3 * g_3.$$

Un anillo se dice asociativo (conmutativo) si tiene un elemento unidad respecto a la multiplicación y dicha operación tiene la propiedad asociativa (conmutativa). Un anillo conmutativo se denomina campo. Como ejemplos de campos tenemos el conjunto de los números reales $\mathbb{R}$ y complejos $\mathbb{C}$.

Dado un anillo $\mathcal{A}$ y un campo $\mathbb{K}$, se dice que $\mathcal{A}$ es un álgebra sobre $\mathbb{K}$ si, definida la operación externa "$\cdot$", se cumple que para todos a, b de $\mathcal{A}$ y α, 1 de $\mathbb{K}$, los elementos $\alpha \cdot a$, $\alpha \cdot b$ pertenecen a $\mathcal{A}$ y

$$\alpha \cdot (a + b) = \alpha \cdot a + \alpha \cdot b, \quad 1 \cdot a = a, \quad \alpha \cdot (a * b) = (\alpha \cdot a) * b = a * (\alpha \cdot b).$$

Un álgebra compleja asociativa es un álgebra sobre $\mathbb{C}$ donde la operación multiplicación es asociativa.

La teoría de representación

Definición 8.3.1 *Sea $\mathfrak{R}$ un espacio lineal cualquiera sobre $\mathbb{C}$, el campo de los números complejos, y $\mathrm{T} : \mathfrak{R} \mapsto \mathfrak{R}$ un operador lineal sobre dicho espacio. Diremos que* T *es una representación de $\mathfrak{G}$ sobre $\mathfrak{R}$ si a cada $g \in \mathfrak{G}$ le corresponde un $\mathrm{T}(g)$ de forma que*[12]

$$\forall g_1, g_2 \in \mathfrak{G}, \quad g = g_1 * g_2 \quad \Longrightarrow \quad \mathrm{T}(g_1)\mathrm{T}(g_2) = T(g_1 * g_2) = T(g), \quad \mathrm{T}(e) = \mathrm{I},$$

[12]Por $\mathrm{T}(g)$ denotaremos el operador asociado al elemento $g \in \mathfrak{G}$. Además, $\mathrm{T}(g)$ es un operador que actúa sobre $\mathfrak{R}$.

donde I *denota el operador indentidad*[13].

El espacio $\mathfrak{R}$ se denomina espacio de la representación de $\mathfrak{G}$. Si $\mathfrak{R}$ es de dimensión finita, entonces se dice que la representación T es una representación finita, en caso contrario se dice que es infinita.

En general, en $\mathfrak{R}$ todo operador $\mathrm{T}:\mathfrak{R}\mapsto\mathfrak{R}$ se puede representar mediante matrices cuadradas, en este caso se dice que T es una representación matricial de $\mathfrak{G}$. Cualquier base de $\mathfrak{R}$ se denomina base de la representación, además, el mayor número de vectores linealmente independientes de $\mathfrak{R}$ determina la dimensión de $\mathfrak{R}$ y por tanto la dimensión de la representación. Así, $\dim\mathrm{T}=\dim\mathfrak{R}$.

Cuando los elementos de la matriz asociada a T son funciones continuas de uno o más parámetros, se dice que la representación $\mathrm{T}(g)$ es continua.

Definición 8.3.2 *Sea* T *una representación de* $\mathfrak{G}$ *en el espacio* $\mathfrak{R}$. *Diremos que un subespacio* $\mathfrak{R}'\subset\mathfrak{R}$ *es invariante respecto a* T *(y por tanto respecto a la acción del grupo) si*

$$\forall g\in\mathfrak{G},\quad \forall r\in\mathfrak{R}'\quad\Longrightarrow\quad \mathrm{T}(g)r\in\mathfrak{R}'.$$

Definición 8.3.3 *Una representación* T *de* $\mathfrak{G}$ *en el espacio* $\mathfrak{R}$ *se llama irreducible si en* $\mathfrak{R}$ *no existe ningún otro subespacio invariante excepto el nulo y el mismo.*

En otras palabras, $T(g)$ es irreducible si no existe ningún cambio de base en $\mathfrak{R}$ tal que en la nueva base la representación matricial de T sea diagonal por bloques. Si denotamos por A la matriz de cambio de base en $\mathfrak{R}$, entonces T es irreducible si y sólo si no existe A tal que

$$\forall g\in\mathfrak{G},\qquad A\mathrm{T}(g)A^{-1}=\begin{pmatrix} M_1 & 0 & \cdots & 0 & 0\\ 0 & M_2 & \cdots & 0 & 0\\ \vdots & \vdots & \ddots & \vdots & \vdots\\ 0 & 0 & \cdots & 0 & M_k\end{pmatrix},$$

donde $M_1,\ldots M_k$ denotan ciertas matrices cuadradas no nulas y 0 son matrices de ceros.

Supongamos ahora que $\mathfrak{R}$ está dotado de un producto escalar $\langle\cdot,\cdot\rangle$. En general, puesto que $\mathfrak{R}$ está definido sobre el campo de los números complejos $\mathbb{C}$, el producto escalar involucrará números complejos. Por ejemplo, en el caso del producto escalar estándar de vectores $r_1=(x_1,\ldots,x_k)$ y $r_2=(x'_1,\ldots x'_k)$, tendremos $\langle r_1,r_2\rangle=\sum_{j=1}^k\overline{x_j}\,x'_j$.

Definición 8.3.4 *Una representación* T *de* $\mathfrak{G}$ *en el espacio* $\mathfrak{R}$ *se llama unitaria si el operador* T *es unitario, o sea,*

$$\forall g\in\mathfrak{G},\quad\forall r_1,r_2\in\mathfrak{R},\qquad\langle\mathrm{T}(g)r_1,\mathrm{T}(g)r_2\rangle=\langle r_1,r_2\rangle.$$

[13]Es decir para todo $r\in\mathfrak{R}$, $\mathrm{I}r=r$.

Definición 8.3.5 *Dado un operador* $\mathrm{T}:\mathfrak{R}\mapsto\mathfrak{R}$, *se dice que* T^* *es el conjugado de* T *si*

$$\forall r_1,r_2\in\mathfrak{R},\qquad \langle \mathrm{T}^* r_1,r_2\rangle=\langle r_1,\mathrm{T}r_2\rangle.$$

Si el operador T es unitario entonces

$$\langle r_1,r_2\rangle=\langle \mathrm{T}r_1,\mathrm{T}r_2\rangle=\langle r_1,\mathrm{T}^*\mathrm{T}r_2\rangle \quad\Longrightarrow\quad \mathrm{T}^*=\mathrm{T}^{-1},$$

de donde deducimos que para nuestra representación se tiene

$$\mathrm{T}^*(g)=\mathrm{T}^{-1}(g)=\mathrm{T}(g^{-1}).$$

Cuando T es una representación matricial unitaria, entonces las matrices T han de ser hermíticas, es decir $\mathrm{T}^*_{ij}:=\overline{\mathrm{T}_{ij}}^T=\overline{\mathrm{T}_{ji}}=\mathrm{T}_{ij}$.

8.3.2. El grupo de rotaciones del espacio $O(3)$.

Vamos a estudiar el grupo formado por las rotaciones del espacio $\mathbb{R}^3$ respecto al origen. Obviamente cualquier rotación del espacio está totalmente determinada mediante un eje de rotación o dirección, y un ángulo ϕ. El eje lo determinamos mediante un vector unitario $\vec{n}$, así cada elemento del grupo lo representaremos mediante $g(\vec{n},\phi)$. Es fácil comprobar que el conjunto de las rotaciones del espacio forman un grupo que además es no conmutativo —basta ver que un giro de 90 grados respecto al eje $0x$ seguido de uno de 90 grados respecto al eje Oy no coincide con un giro de 90 grados respecto al eje $0y$ seguido de uno de 90 grados respecto al eje Ox—.

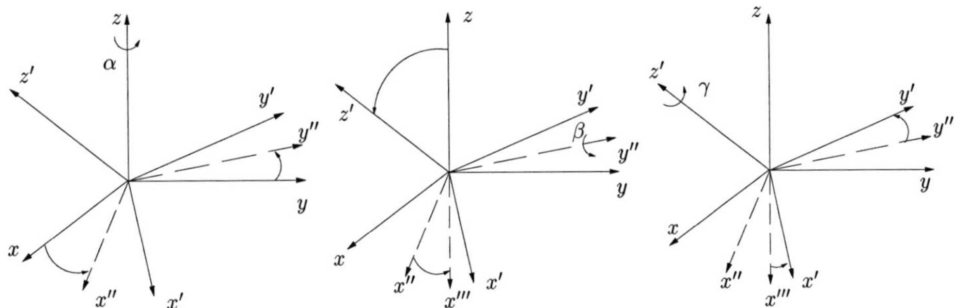

Figura 8.3: Ángulos de Euler

Existe una parametrización más sencilla de cualquier giro espacial debida a Euler y que se basa en tres rotaciones consecutivas alrededor de los ejes coordenados. Imaginemos que hemos hecho cierta rotación después de la cual los ejes xyz se transforman en $x'y'z'$. Para obtener dicho giro haremos consecutivamente tres giros respecto a los ejes coordenados. El primero será de un ángulo α respecto al eje $0z$ (ver figura 8.3 izquierda) de forma que los ejes $0x$ y $0y$ se transforman en $0x''$ y $0y''$. La magnitud del giro α será tal que podamos, mediante un único giro de magnitud β respecto al nuevo eje $0y''$ hacer coincidir el eje $0z$ en el $0z'$ buscado (ver figura 8.3 central) —mediante este segundo giro el eje $0x''$ se transformará en el $0x'''$—, y finalmente, mediante un giro de magnitud γ hacemos coincidir los ejes $0x'''$ y $0y''$ con los ejes $0x'$ y $0y'$ ver figura 8.3 derecha).

Así pues, los elementos el grupo $O(3)$ quedan determinados por tres parámetros continuos α, β y γ que además varían en los intervalos $\alpha \in [0, 2\pi)$, $\beta \in [0, \pi]$ y $\gamma \in [0, 2\pi)$. Los grupos que dependen de parámetros continuos se suelen denominar grupos continuos[14]. Además, como la región de variación de los parámetros es acotada, el grupo se denomina *compacto*.

Sea $O(3)$ el grupo de las rotaciones del espacio $\mathbb{R}^3$ respecto al origen. Obviamente cualquier elemento de $O(3)$ quedará completamente determinado por tres parámetros reales que determinen el correspondiente giro. Entonces, la acción de cualquier elemento de $O(3)$ en $\mathbb{R}^3$ se puede representar mediante una matriz 3×3 que actúa sobre cualquier vector $\vec{x} = (x, y, z)^T$ de $\mathbb{R}^3$. Sean $g_{ij}(\phi_1, \phi_2, \phi_3)$ los elementos de dicha matriz.

Definiremos los generadores de $O(3)$ como las matrices A_k cuyos elementos son

$$(A_k)_{ij} = \left.\frac{\partial g_{ij}(\phi_1, \phi_2, \phi_3)}{\partial \phi_k}\right|_{\phi_1=\phi_2=\phi_3=0},$$

de donde tenemos que si hacemos un giro infinitesimal

$$g(\phi_1, \phi_2, \phi_3) = \mathrm{I} + \sum_{k=1}^{3} \alpha_k A_k + o(\|\alpha\|),$$

es decir los generadores definen, en primera aproximación, a los elementos del grupo.

Consideremos, por ejemplo, dos rotaciones consecutivas alrededor de un eje fijo (digamos el Oz) entonces tenemos

$$g(\alpha_1, 0, 0) g(\alpha_2, 0, 0) = g(\alpha_1 + \alpha_2, 0, 0) = g(\alpha, 0, 0), \qquad g(0, 0, 0) = \mathrm{I}.$$

Derivemos la expresión anterior respecto a α_1 y pongamos $\alpha_1 = 0$, $\alpha_2 = \alpha$, entonces tenemos

$$\frac{\partial g(\alpha, 0, 0)}{\partial \alpha} = \left(\left.\frac{\partial g(\alpha, 0, 0)}{\partial \alpha}\right|_{\alpha=0} \right) g(\alpha, 0, 0) = A_1 g(\alpha, 0, 0),$$

[14]Un estudio detallado de los grupos continuos se puede encontrar en el magnífico libro de L. C. Pontriaguin, "*Grupos Continuos*".

de donde se deduce que $g(\alpha, 0, 0) = \exp(\alpha A_1)$. Para el resto de las rotaciones se procede de forma análoga. Es decir, en general tenemos

$$g(\vec{n}, \phi) = \exp(\phi A_{\vec{n}}), \tag{8.150}$$

donde $A_{\vec{n}}$ representa el operador infinitesimal (generador) del giro de magnitud infinitesimal respecto al eje definido por $\vec{n}$.

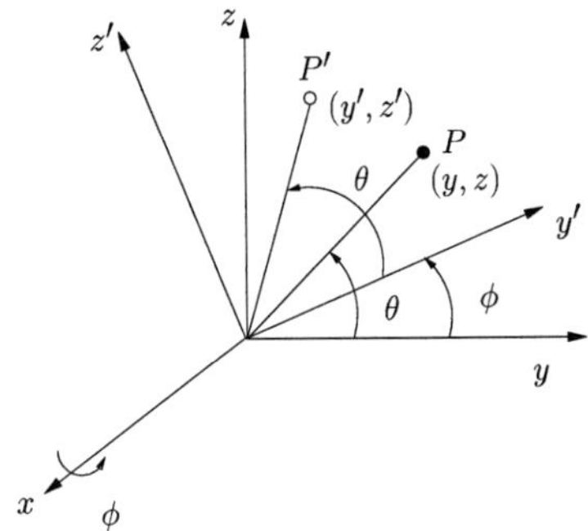

Figura 8.4: Rotación del eje $0x$

Encontremos a continuación los generadores de $O(3)$. Comenzaremos encontrando la matriz de giro respecto al eje $0x$. Para ello realizamos un giro ϕ alrededor de eje $0x$.

Sean las coordenadas de cierto punto P en el plano Oyz antes de girar y sean (y', z') las coordenadas después del giro. Entonces tenemos (ver figura 8.4)

$$(y, z) = (r\cos\theta, r\,\mathrm{sen}\,\theta),$$

$$(y', z') = (r\cos(\theta + \phi), r\,\mathrm{sen}(\theta + \phi)),$$

de donde

$$y' = y\cos\phi - z\,\mathrm{sen}\,\phi, \qquad z' = y\,\mathrm{sen}\,\phi + z\cos\phi,$$

es decir la matriz g_1 correspondiente a este giro es

$$g(\vec{n}_x, \phi) = \begin{pmatrix} 1 & 0 & 0 \\ 0 & \cos\phi & -\mathrm{sen}\,\phi \\ 0 & \mathrm{sen}\,\phi & \cos\phi \end{pmatrix}.$$

Entonces,

$$A_1 = \left(\frac{\partial g(\vec{n}_x, \phi)}{\partial \phi}\right)\Bigg|_{\phi=0} = \begin{pmatrix} 0 & 0 & 0 \\ 0 & 0 & -1 \\ 0 & 1 & 0 \end{pmatrix}.$$

Análogamente, para los giros $g(\vec{n}_y, \phi)$ y $g(\vec{n}_z, \phi)$ respecto a los ejes Oy y Oz, respectivamente, tenemos

$$g(\vec{n}_y, \phi) = \begin{pmatrix} \cos\phi & 0 & \mathrm{sen}\,\phi \\ 0 & 1 & 0 \\ -\mathrm{sen}\,\phi & 0 & \cos\phi \end{pmatrix}, \qquad A_2 = \left(\frac{\partial g(\vec{n}_y, \phi)}{\partial \phi}\right)\Bigg|_{\phi=0} = \begin{pmatrix} 0 & 0 & 1 \\ 0 & 0 & 0 \\ -1 & 0 & 0 \end{pmatrix}.$$

$$g(\vec{n}_z, \phi) = \begin{pmatrix} \cos\phi & -\mathrm{sen}\,\phi & 0 \\ \mathrm{sen}\,\phi & \cos\phi & 0 \\ 0 & 0 & 1 \end{pmatrix}, \qquad A_3 = \left(\frac{\partial g(\vec{n}_z, \phi)}{\partial \phi}\right)\Bigg|_{\phi=0} = \begin{pmatrix} 0 & -1 & 0 \\ 1 & 0 & 0 \\ 0 & 0 & 0 \end{pmatrix}.$$

Un sencillo cálculo nos indica que

$$A_1A_2 - A_2A_1 = A_3, \qquad [A_1, A_2] = A_3$$
$$A_2A_3 - A_3A_2 = A_1 \qquad [A_2, A_3] = A_1$$
$$A_3A_1 - A_1A_3 = A_2 \qquad [A_3, A_1] = A_2,$$

donde $[A, B]$ denota al conmutador $[A, B] = AB - BA$. Además, las matrices A_i, $i = 1, 2, 3$, son antihermíticas, es decir $A^*_{ij} = \overline{A_{ji}} = -A_{ij}$.

En vez de los operadores A_1, A_2 y A_3 se suele trabajar con los operadores hermíticos J_x, J_y y J_z definidos por $J_x = iA_1$, $J_y = iA_2$, $J_z = iA_3$, y los operadores $J_z = iA_3$, $J_+ = iA_1 - A_2$, $J_- = iA_1 + A_2$, de forma que se tiene

$$[J_+, J_-] = 2J_z, \qquad [J_z, J_\pm] = \pm J_\pm. \tag{8.151}$$

Además,

$$J_z^* = J_z, \qquad J_\pm^* = J_\mp. \tag{8.152}$$

Usando lo anterior y los ángulos de Euler tenemos que cualquier rotación del espacio se define mediante el operador unitario

$$g(\alpha, \beta, \gamma) = e^{-i\gamma J_{z'}} e^{-i\beta J_{y''}} e^{-i\alpha J_z}, \tag{8.153}$$

donde J_z, $J_{y''}$ y $J_{z'}$ son los operadores infinitesimales correspondientes a las rotaciones de los ejes $0z$, $0y''$ y $0z'$ respectivamente (ver la figura 8.3).

Finalmente, usando inducción y las reglas de conmutación (8.151) es fácil comprobar que

$$[J_z, J_\pm^k] = kJ_\pm^k, \qquad [J_+, J_-^k] = kJ_-^{k-1}(2J_z - k + 1). \tag{8.154}$$

Las representaciones unitarias D^j de $O(3)$

Como cualquier representación T del grupo $O(3)$ sobre un espacio lineal $\mathfrak{R}$ debe respetar la regla de multiplicación del grupo, entonces si denotamos por $\mathrm{T}(g)$ a los elementos de cierta representación de $O(3)$, y sean $J_z : \mathfrak{R} \mapsto \mathfrak{R}$, $J_+ : \mathfrak{R} \mapsto \mathfrak{R}$ y $J_- : \mathfrak{R} \mapsto \mathfrak{R}$, los generadores (las matrices u operadores infinitesimales de la representación), entonces J_z y $J_\pm$ han de satisfacer las mismas relaciones de conmutación (8.151) y relaciones respecto a la operación $*$.

Vamos a restringirnos a encontrar los elementos matriciales de los generadores J_z y $J_\pm$ de cualquier representación finita y unitaria de $O(3)$ en la base Ψ de autovectores de J_z. Probaremos la siguiente

Proposición 8.3.1 *Si $J_z\Psi = \lambda\Psi$, entonces $J_\pm\Psi$ es un autovector de J_z correspondiente al autovalor $\lambda \pm 1$.*

Demostración: Usando las relaciones de conmutación (8.151)

$$J_z(J_\pm\Psi) = (J_\pm J_z \pm J_\pm)\Psi = (\lambda \pm 1)J_\pm\Psi,$$

por tanto $J_\pm\Psi$ es el autovector de J_z correspondiente a $\lambda \pm 1$. ■

Vamos a construir las representaciones irreducibles (RI) finitas[15] de $O(3)$ que denotaremos por D^j. Ante todo notemos que al ser los operadores (matrices) J_z hermíticas, entonces sus correspondientes autovalores son reales[16] y además, los autovectores correspondientes a autovalores distintos son ortogonales[17].

Sea j el mayor autovalor de J_z y Ψ_j el correspondiente autovector, es decir $J_z\Psi_j = j\Psi_j$. Impondremos que $\langle\Psi_j, \Psi_j\rangle = 1$. Como la representación es finita y j es el autovector más grande entonces $J_+\Psi_j = 0$. Sea $J_-\Psi_j = \alpha_j\Psi_{j-1}$, donde α_j lo escogeremos de forma que $\langle\Psi_{j-1}, \Psi_{j-1}\rangle = 1$. Además $J_z\Psi_{j-1} = (j-1)\Psi_{j-1}$, entonces

$$J_-(J_-\Psi_j) = J_-\alpha_j\Psi_{j-1} = \alpha_j\alpha_{j-1}\Psi_{j-2},$$

con $J_z\Psi_{j-2} = (j-2)\Psi_{j-2}$, y así sucesivamente podemos construir los vectores Ψ_j, Ψ_{j-1}, ..., Ψ_{j-k}, es decir

$$\Phi_m = N_{j,m}J_-^{j-m}\Phi_j.$$

Ahora bien, como estamos tratando las RI finitas, entonces sólo puede haber un número finito de autovalores para las correspondientes matrices $J_\pm$, así que existirá cierto k de forma que $J_-\Psi_{j-k} = 0$, así que $\alpha_{j-k} = 0$. En general tendremos

$$J_z\Psi_m = m\Psi_m, \qquad J_-\Psi_m = \alpha_m\Psi_{m-1}, \qquad m = j, j-1, \dots, j-k, \quad \alpha_{j-k} = 0.$$

Ahora bien,

$$J_+\Psi_j = 0, \quad J_+\Psi_{j-1} = \frac{1}{\alpha_j}J_+J_-\Psi_j = \frac{1}{\alpha_j}(J_-J_+ + 2J_z)\Psi_j = \frac{2j}{\alpha_j}\Psi_j,$$

entonces, por inducción tendremos que $J_+\Psi_m = \beta_m\Psi_{m+1}$. Ya hemos visto que es cierto para $m = j-1$. Supongamos que lo es para Ψ_j, ... Ψ_m, entonces

$$J_+\Psi_{m-1} = \frac{1}{\alpha_m}J_+J_-\Psi_m = \frac{1}{\alpha_m}(J_-J_+ + 2J_z)\Psi_m = \frac{\alpha_{m+1}\beta_m + 2m}{\alpha_m}\Psi_m = \beta_{m-1}\Psi_m,$$

[15] Es sabido que las representaciones irreducibles de un grupo compacto son finitas, no siendo así en general.

[16] En efecto, puesto que $J_z\Psi_j = j\Phi_j$, $J_z^*\overline{\Psi_j} = \overline{j\Phi_j}$, entonces

$$j\|\Psi_j\| = \langle\Psi_j, J_z\Psi_j\rangle = \langle J_z^*\Psi_j, \Psi_j\rangle = \langle J_z\Psi_j, \Psi_j\rangle = \overline{j}\,\|\Psi_j\| \implies j = \overline{j}.$$

[17] Ello es consecuancia de que $J_z^* = J_z$, y entoncs para $j \neq m$,

$$0 = \langle J_z\Psi_j, \Psi_m\rangle - \langle\Psi_j, J_z\Psi_m\rangle = (j-m)\langle\Psi_j, \Psi_m\rangle \implies \langle\Psi_j, \Psi_m\rangle = 0.$$

es decir, $\alpha_{m+1}\beta_m - \alpha_m\beta_{m-1} = -2m$, $\beta_j = 0$. Finalmente, como

$$\beta_m = \langle \Psi_{m+1}, J_+\Psi_m \rangle = \langle J_-\Psi_{m+1}, \Psi_m \rangle = \alpha_{m+1}$$

la ecuación anterior nos da

$$\alpha_m^2 - \alpha_{m+1}^2 = 2m \implies \alpha_m^2 - \alpha_{j+1}^2 = \sum_{k=m}^{j}(\alpha_k^2 - \alpha_{k+1}^2) = (j+m)(j-m+1),$$

de donde, al ser $\alpha_{j+1} = 0$, deducimos

$$\alpha_m = \sqrt{(j+m)(j-m+1)}, \qquad \beta_m = \sqrt{(j+m+1)(j-m)}.$$

Así pues

$$\begin{aligned} J_z\Psi_m &= m\Psi_m \\ J_+\Psi_m &= \sqrt{(j-m)(j+m+1)}\Psi_{m+1} = \sqrt{j(j+1)-m(m+1)}\Psi_{m+1} \\ J_-\Psi_m &= \sqrt{(j+m)(j-m+1)}\Psi_{m+1} = \sqrt{j(j+1)-m(m-1)}\Psi_{m-1}. \end{aligned} \tag{8.155}$$

Como $J_-\Psi_{-j} = 0$, tenemos que el menor autovector es $m = -j$, entonces, como número total de autovectores es $2j+1$, j sólo puede ser un número entero o semientero, por tanto en la fórmula (8.155) tenemos $j = 0, \frac{1}{2}, 1, \frac{3}{2}, 2 \ldots$, $m = -j, -j+1, \ldots, j-1, j$. Además, usando las relaciones generalizadas (8.154) es fácil comprobar que

$$\begin{aligned} \langle \Psi_m, \Psi_m \rangle &= N_{j,m}^2 \langle J_-^{j-m}\Psi_j, J_-^{j-m}\Psi_j \rangle = N_{j,m}^2 \langle \Psi_j, J_+^{j-m} J_-^{j-m}\Psi_j \rangle \\ &= N_{j,m}^2 (j-m)(j+m+1) \langle \Psi_j, J_+^{j-m-1} J_-^{j-m-1}\Psi_j \rangle, \end{aligned}$$

de donde se deduce que los autovectores normalizados son[18]

$$\Psi_m = \sqrt{\frac{(j+m)!}{(2j)!(j-m)!}} J_-^{j-m}\Psi_j, \tag{8.156}$$

donde $j = 0, \frac{1}{2}, 1, \frac{3}{2}, 2, \ldots, \quad m = -j, -j+1, \ldots, j-1, j$.

Probemos ahora que las representaciones D^j definidas sobre cualquiera de los espacios lineales $\mathfrak{R}$ generados por los vectores $\Psi_{-j}, \Psi_{-j+1} \ldots, \Psi_j$ son irreducibles. Para ello supondremos que en $\mathfrak{R}$ hay un subespacio invariante $\mathfrak{R}'$ respecto a todas las transformaciones $\mathrm{T}(g)$, y en particular a las transformaciones infinitesimales A_k, $k = 1, 2, 3$, o J_z y $J_\pm$. Sea Φ un vector propio correspondiente al mayor autovalor de la matriz de J_z en $\mathfrak{R}'$. Dado que $\Phi \in \mathfrak{R}' \subset \mathfrak{R}$, entonces podemos desarrollarlo en la base de $\mathfrak{R}$,

$$\Phi = \sum_{m=-j}^{j} c_m \Psi_m.$$

[18]Es más fácil verlo de la forma $\langle \Psi_j, J_+^k J_-^k \Psi_j \rangle = k(2j-k+1)\langle \Psi_j, J_+^{k-1} J_-^{k-1}\Psi_j \rangle$.

Como Φ corresponde al mayor autovalor de J_z, entonces $J_+\Phi = 0$, luego

$$J_+\Phi = \sum_{m=-j}^{j} c_m J_+ \Psi_m = \sum_{m=-j}^{j} c_m \sqrt{(j-m)(j+m+1)}\Psi_{m+1} = 0.$$

Ahora bien, los vectores $\Psi_{-j}, \Psi_{-j+1}, \dots, \Psi_j$ son linealmente independientes, de donde se tiene que

$$c_m\sqrt{(j-m)(j+m+1)} = 0, \qquad m = -j, -j+1, \dots j-1, j,$$

pero como $\sqrt{(j-m)(j+m+1)} \neq 0$, $m = -j, -j+1, \dots j-1$, entonces deducimos que $c_m = 0$ para $m = -j, -j+1, \dots j-1$. Así pues, $\Phi = c_j\Psi_j$ y por tanto $\Psi_j \in \mathfrak{R}'$. Pero como $\mathfrak{R}'$ es invariante respecto a todas las transformaciones $\mathrm{T}(g)$ entonces, los vectores Ψ_m, $m = -j, -j+1, \dots j-1, j$, pertenecen a $\mathfrak{R}'$, lo que implica que $\mathfrak{R}'$ coincide con $\mathfrak{R}$, lo que prueba que las representaciones de dimensión $2j+1$ anteriores son irreducibles.

Si usamos ahora los ángulos de Euler y la fórmula (8.153) tenemos

$$\mathrm{T}(g) = e^{-i\gamma J_{z'}} e^{-i\beta J_{y''}} e^{-i\alpha J_z}, \tag{8.157}$$

donde J_z, $J_{y''}$ y $J_{z'}$ son las representaciones infinitesimales correspondientes a las rotaciones de los ejes $0z$, $0y''$ y $0z'$ respectivamente (ver la figura 8.3).

Es fácil comprobar que las clases de elementos conjugados en $O(3)$ están constituídas por las rotaciones de la misma magnitud ϕ alrededor de cualquier eje $\vec{n}$. Para ello basta notar que si tenemos el giro $g(\vec{n}, \phi)$ y el $g'(\vec{n'}, \phi)$, entonces

$$g'(\vec{n'}, \phi) = \tilde{g} g(\vec{n}, \phi)\tilde{g}^{-1},$$

siendo $\tilde{g}$ el giro que lleva el eje $\vec{n'}$ a $\vec{n}$. Por tanto lo mismo ocurrirá para las correspondientes representaciones

$$\mathrm{T}\left(g'(\vec{n'}, \phi)\right) = \mathrm{T}\left(\tilde{g}\right)\mathrm{T}\left(g(\vec{n}, \phi)\right)\mathrm{T}\left(\tilde{g}^{-1}\right),$$

Usando lo anterior y la expresión (8.150) tenemos

$$e^{-i\gamma J_{z'}} = e^{-i\beta J_{y''}} e^{-i\gamma J_z} e^{i\beta J_{z''}},$$

ya que $\mathrm{T}\left(\tilde{g}\right)$ en este caso corresponde al giro que transforma el eje Oz en el Oz' que es precisamente la rotación mediante el ángulo β alrededor del eje Oy'' (ver la figura 8.3). Análogamente

$$e^{-i\beta J_{y''}} = e^{-i\alpha J_z} e^{-i\beta J_y} e^{i\alpha J_z}.$$

Sustituyendo ambas expresiones en (8.157) obtenemos

$$\mathrm{T}(g) = e^{-i\alpha J_z} e^{-i\beta J_y} e^{-i\gamma J_z}, \tag{8.158}$$

Sea $D^j_{mm'}(\alpha,\beta,\gamma)$ los elementos matriciales de $\mathrm{T}(g)$ en la base $\Psi_{-j}, \Psi_{-j+1}\dots, \Psi_j$ de $\mathfrak{R}$ anterior,

$$D^j_{mm'}(\alpha,\beta,\gamma) = \langle \Psi_m, \mathrm{T}(g)\Psi_{m'}\rangle = \langle e^{i\alpha J_z}\Psi_m, e^{-i\beta J_y}e^{-i\gamma J_z}\Psi_{m'}\rangle. \tag{8.159}$$

Entonces, como $J_z^k\Psi_m = m^k\Psi_m$ para todo $k \in \mathbb{N}$, tenemos

$$D^j_{mm'}(\alpha,\beta,\gamma) = e^{-i\alpha m}\langle \Psi_m, e^{-i\beta J_y}\Psi_{m'}\rangle e^{-i\gamma m'} = e^{i\gamma m}d^j_{mm'}(\beta)e^{-i\alpha m'}, \tag{8.160}$$

donde $d^j_{mm'}(\beta) = \langle \Psi_m, e^{-i\beta J_y}\Psi_{m'}\rangle$. Las funciones $D^j_{mm'}(\beta)$ se conocen como *armónicos esféricos generalizados* o *funciones de Wigner*. Una propiedad inmediata de las funciones de Wigner es la ortogonalidad

$$\sum_{k=-j}^{j} D^j_{mk}(\alpha,\beta,\gamma)\overline{D^j_{m'k}(\alpha,\beta,\gamma)} = \delta_{mm'}.$$

Ello es consecuencia de que las RI D^j son unitarias. Además, como $g^{-1}(\alpha,\beta,\gamma) = g(\pi - \gamma,\beta,-\pi-\alpha)$, tenemos,

$$\overline{D^j_{mm'}(\alpha,\beta,\gamma)^T} = \overline{D^j_{m'm}(\alpha,\beta,\gamma)} = D^j_{mm'}(\pi-\gamma,\beta,-\pi-\alpha).$$

De donde se deduce, en particular, que[19]

$$d^j_{mm'}(\beta) = (-1)^{m-m'}d^j_{m'm}(\beta) = d^j_{m'm}(-\beta).$$

Es fácil comprobar que si hacemos dos giros consecutivos $g_1(\alpha_1,\beta_1,\gamma_1)$ y $g_2(\alpha_2,\beta_2,\gamma_2)$, entonces si $g = g_1\, g_2 = g(\alpha,\beta,\gamma)$, entonces

$$D^j_{mm'}(\alpha,\beta,\gamma) = \sum_{k=-j}^{j} D^j_{mk}(\alpha_1,\beta_1,\gamma_1)D^j_{km'}(\alpha_2,\beta_2,\gamma_2).$$

Sea ahora el operador

$$J^2 = J_x^2 + J_y^2 + J_z^2 = J_+J_- + J_z^2 - J_z = J_-J_+ + J_z^2 + J_z. \tag{8.161}$$

El operador anterior se denomina operador de Casimir y tiene la propiedad de conmutar con los generadores $J_\pm$ y J_z, es decir,

$$[J^2, J_z] = [J^2, J_\pm] = 0.$$

Por ejemplo, usando las relaciones de conmutación (8.151)

$$\begin{aligned}[J^2, J_z] = {} & [J_-J_+, J_z] = J_-J_+J_z - J_zJ_-J_+ = J_-J_+J_z - J_-J_zJ_+ + J_-J_+ \\ = {} & J_-J_+J_z + J_-J_+ - J_-J_+J_z - J_-J_+ = 0.\end{aligned}$$

El resto es análogo.

[19] La última igualdad es algo más complicada de probar.

Ahora bien, usando (8.156) tenemos

$$\begin{aligned} J^2\Psi_m &= \sqrt{\frac{(j+m)!}{(2j)!(j-m)!}}J^2 J_-^{j-m}\Psi_j = \sqrt{\frac{(j+m)!}{(2j)!(j-m)!}}(J_-J_+ + J_z^2 + J_z)\Psi_j \\ &= j(j+1)\sqrt{\frac{(j+m)!}{(2j)!(j-m)!}}\Psi_j = j(j+1)\Psi_m. \end{aligned}$$

Así pues, los elementos de la base de cualquier RI de $O(3)$ quedan determinados por los autovalores de los operadores J^2 y J_z que a su vez determinan la dimensión j $(2j+1)$ y el valor de m, mediante las fórmulas

$$J^2\Psi_{jm} = j(j+1)\Psi_{jm}, \qquad J_z\Psi_{jm} = m\Psi_{jm}. \tag{8.162}$$

En la mécanica cuántica estos operadores corresponden al operador *momento angular* (J) y su proyección sobre el eje Oz (J_z). Veamos ahora la interpretación de las funciones de Wigner $D^j_{mm'}$. Supongamos que hemos fijado el espacio $\mathfrak{R}$ de la RI D^j. Obviamente al aplicar el operador $T(g)$ sobre $\mathfrak{R}$ obtendremos una nueva base que denotaremos por $\Psi'_{jm'}$, de forma que $\Psi'_{jm'} = T(g)\Psi_{jm}$, pero entonces

$$\Psi'_{jm'} = \sum_{m=-j}^{j} D^j_{mm'}(\alpha,\beta,\gamma)\Psi_{jm}, \qquad D^j_{mm'}(\alpha,\beta,\gamma) = \langle\Psi_{jm}, \mathrm{T}(g)\Psi_{jm'}\rangle, \tag{8.163}$$

es decir, las funciones de Wigner determinan a la matriz de cambio de la base Ψ_{jm} a la nueva base $\Psi'_{jm'}$ al realizar el giro $g(\alpha,\beta,\gamma)$. Existen varias formas para encontrar la expresión explícita de las funciones de Wigner aunque no nos vamos a detener en ellas[20].

Así, se tiene

$$\begin{aligned} d^j_{mm'}(\beta) &= (-1)^{j-m'}2^{-j}\sqrt{\frac{(j+m)!}{(j+m')!(j-m')!(j-m)!}}(1-s)^{-\frac{m-m'}{2}}(1+s)^{-\frac{m+m'}{2}}\times \\ &\times\frac{d^{j-m}}{d\,s^{j-m}}\left[(1-s)^{j-m'}(1+s)^{j+m'}\right], \qquad s=\cos\beta. \end{aligned} \tag{8.164}$$

Comparando esta fórmula con la fórmula de Rodrigues para los polinomios de Jacobi se deduce

$$\sqrt{\frac{2j+1}{2}}d^j_{mm'}(\beta) = (-1)^{m-m'}\sqrt{\frac{\rho(s)}{d_n^2}}P_n^{\mu,\nu}(s), \qquad s=\cos\beta,$$

con $n=j-m$, $\mu=m-m'$ y $\nu=m+m'$. De la expresión anterior se deduce en particular que

$$\int_0^\pi d^j_{mm'}(\beta)d^{j'}_{mm'}(\beta)\operatorname{sen}\beta\,d\beta = \frac{2}{2j+1}\delta_{jj'}.$$

[20]El lector puede remitirse a los textos clásicos de teoría de grupos como, por ejemplo [237, 238, 240], y especialmente a [185], donde hay una prueba muy sencilla.

Usando la ortogonalidad de las funciones de Wigner y la relación anterior (8.164), que nos indica que las funciones $d^j_{mm'}$ son reales, obtenemos la siguiente ortogonalidad discreta

$$\sum_{k=-j}^{j} d^j_{mk}(\beta)d^j_{m'k}(\beta) = \delta_{mm'}.$$

No es difícil comprobar que ésta corresponde a los polinomios de Kravchuk, así pues

$$(-1)^{m-m'}d^j_{mm'}(\beta) = \sqrt{\frac{\rho(s)}{d_n^2}}k_n^p(s,N), \qquad p = \cos\beta,$$

con $n = j - m$, $s = j - m'$ y $N = 2j$. A partir de las conexiones entre las funciones $d^j_{mm'}$ y los polinomios ortogonales se deducen una gran cantidad de propiedades de estos a partir de las de aquellos.

Los coeficientes de Clebsch-Gordan

Sean T_1 y T_2 dos representaciones cualesquiera de $O(3)$ y sean $\mathfrak{R}_1$ y $\mathfrak{R}_2$ los correspondientes espacios lineales. Sean $\Psi_{j_1m_1}$ y $\Psi_{j_2m_2}$ las bases de dichos espacios. Definamos el espacio $\mathfrak{R}$ formado por todas las combinaciones lineales del tipo

$$\Psi = \sum_{m_1,m_2} c_{m_1m_2}\Psi_{j_1m_1}\Psi_{j_2m_2}.$$

Dicho espacio se denomina producto tensorial de $\mathfrak{R}_1$ y $\mathfrak{R}_2$ y lo denotaremos $\mathfrak{R} = \mathfrak{R}_1 \times \mathfrak{R}_2$. Una base de $\mathfrak{R}$ es obviamente el conjunto de todos los pares $\Psi_{j_1m_1}\Psi_{j_2m_2}$. Obviamente el producto de cualquier función de $\mathfrak{R}_1$ y $\mathfrak{R}_2$, $\Psi_1 = \sum_{m_1} c_{m_1}\Psi_{j_1m_1}$ y $\Psi_2 = \sum_{m_2} c_{m_2}\Psi_{j_2m_2}$ pertenece a $\mathfrak{R}_1 \times \mathfrak{R}_2$.

Definamos una representación de $O(3)$ sobre $\mathfrak{R}_1 \times \mathfrak{R}_2$ de la siguiente forma: el giro g transforma la base $\Psi_{j_1m_1}$ en la nueva base $\mathrm{T}_1(g)\Psi_{j_1m_1}$ y la base $\Psi_{j_2m_2}$ en la nueva base $\mathrm{T}_2(g)\Psi_{j_2m_2}$, definamos el producto tensorial de dos representaciones $\mathrm{T}(g) = \mathrm{T}_1(g) \times \mathrm{T}_2(g)$ sobre $\mathfrak{R}_1 \times \mathfrak{R}_2$ de forma que

$$\mathrm{T}(g)(\Psi_{j_1m_1}\Psi_{j_2m_2}) = (\mathrm{T}_1(g)\Psi_{j_1m_1})(\mathrm{T}_2(g)\Psi_{j_2m_2}). \tag{8.165}$$

Es sencillo comprobar que los operadores T definidos de esta forma definen una representación de $\mathfrak{G}$ en $\mathfrak{R} = \mathfrak{R}_1 \times \mathfrak{R}_2$

$$\begin{aligned}
\mathrm{T}(g_1g_2)(\Psi_{j_1m_1}\Psi_{j_2m_2}) = {} & [\mathrm{T}_1(g_1g_2)\Psi_{j_1m_1}][\mathrm{T}_2(g_1g_2)\Psi_{j_2m_2}] \\
= {} & [\mathrm{T}_1(g_1)\mathrm{T}_1(g_2)\Psi_{j_1m_1}][\mathrm{T}_2(g_1)\mathrm{T}_2(g_2)\Psi_{j_2m_2}] \\
= {} & \mathrm{T}_1(g_1)\mathrm{T}_2(g_1)[\mathrm{T}_1(g_2)\Psi_{j_1m_1}\mathrm{T}_2(g_2)\Psi_{j_2m_2}] \\
= {} & \mathrm{T}(g_1)[(\mathrm{T}(g_2)\Psi_{j_1m_1})(\mathrm{T}_2(g)\Psi_{j_2m_2})] = [\mathrm{T}(g_1)\mathrm{T}(g_2)]\Psi_{j_1m_1}\Psi_{j_2m_2}
\end{aligned}$$

Dicha representación se denomina *producto tensorial de las representaciones* $\mathfrak{R}_1$ y $\mathfrak{R}_2$. Si ahora definimos el producto escalar en $\mathfrak{R}$ de la forma

$$\langle\Psi_{j_1m_1}\Psi_{j_2m_2},\Psi_{j_1m_1'}\Psi_{j_2m_2'}\rangle = \langle\Psi_{j_1m_1},\Psi_{j_1m_1'}\rangle\langle\Psi_{j_2m_2},\Psi_{j_2m_2'}\rangle,$$

entonces, si T_1 y T_2 son unitarias, $\mathrm{T} = \mathrm{T}_1 \times \mathrm{T}_2$ también lo es.

Sea $\mathrm{T}(g) = e^{\phi A_{\vec{n}}}$ el operador de la representación T que actúa sobre $\mathfrak{R}$, asociado al elemento g correspondiente a un giro de magnitud ϕ respecto al eje $\vec{n}$, donde como antes $A_{\vec{n}}$ denota al operador infinitesimal correspondiente a dicho giro que actúa en el espacio $\mathfrak{R}$. Entonces si $\mathrm{T}(g) = \mathrm{T}_1(g) \times \mathrm{T}_2(g)$, usando (8.165) tendremos

$$e^{\phi A_{\vec{n}}}(\Psi_{j_1m_1}\Psi_{j_2m_2}) = (e^{\phi A_{\vec{n},1}}\Psi_{j_1m_1})(e^{\phi A_{\vec{n},2}}\Psi_{j_2m_2}),$$

siendo $A_{\vec{n},k}$, $k = 1,2$ el operador infinitesimal correspondiente a dicho giro que actúa en el espacio $\mathfrak{R}_k$. Entonces, derivando respecto a ϕ y haciendo $\phi = 0$ obtenemos

$$A_{\vec{n}}(\Psi_{j_1m_1}\Psi_{j_2m_2}) = (A_{\vec{n},1}\Psi_{j_1m_1})\Psi_{j_2m_2} + (A_{\vec{n},2}\Psi_{j_2m_2})\Psi_{j_1m_1},$$

pero por definición

$$A_{\vec{n},1}(\Psi_{j_1m_1}\Psi_{j_2m_2}) = (A_{\vec{n},1}\Psi_{j_1m_1})\Psi_{j_2m_2}, \qquad A_{\vec{n},2}(\Psi_{j_1m_1}\Psi_{j_2m_2})(A_{\vec{n},2}\Psi_{j_2m_2})\Psi_{j_1m_1},$$

por tanto $A_{\vec{n}} = A_{\vec{n},1} + A_{\vec{n},2}$ y $[A_{\vec{n},1}, A_{\vec{n},2}] = 0$. En particular, se cumplirá para los operadores J_x, J_y y J_z definidos anteriormente y por tanto para los $J_\pm$.

Lo anterior nos indica que si $J_\pm(k)$ y $J_z(k)$, $k = 1,2$, son los generadores de las representaciones T_1 y T_2 en $\mathfrak{R}_1$ y $\mathfrak{R}_2$, respectivamente, entonces los generadores de $\mathrm{T} = \mathrm{T}_1 \times \mathrm{T}_2$ en $\mathfrak{R}_1 \times \mathfrak{R}_2$ son

$$J_\pm = J_\pm(1) + J_\pm(2), \qquad J_z = J_z(1) + J_z(2),$$

que cumplen las mismas relaciones de conmutación (8.151) que antes.

En adelante trabajaremos con las RI de $O(3)$, D^j. Obviamente en el espacio $\mathfrak{R} = \mathfrak{R}_1 \times \mathfrak{R}_2$ donde está definido el producto $\mathrm{D}_1 \times \mathrm{D}_2$ existe una base que denotaremos por Ψ_{jm} tal que se tiene (8.155), pero además tendremos

$$\Psi_{jm} = \sum_{m_1,m_2} \langle j_1m_1, j_2m_2|jm\rangle \Psi_{j_1m_1}\Psi_{j_2m_2}, \tag{8.166}$$

donde $\langle j_1m_1, j_2m_2|jm\rangle$ se denominan coeficientes de Clebsch-Gordan. Además, es conocido que dados los valores de j_1 y j_2 de las RI de $O(3)$, j toma los valores desde $|j_1 - j_2|$ hasta $j_1 + j_2$, lo que simbólicamente se representa por

$$\mathrm{D}^{j_1} \otimes \mathrm{D}^{j_2} = \sum_{j=|j_1-j_2|}^{j_1+j_2} \oplus D^j.$$

Además, como $J_z = J_z(1) + J_z(2)$, es fácil comprobar que $m = m_1 + m_2$.

Si ahora aplicamos el operador $J^2 = (J_1 + J_2)^2$ sobre (8.166) obtenemos la relación de recurrencia (ecuación en diferencias)

$$\begin{aligned} &\sqrt{[j_2 - m_2 + 1][j_2 + m_2][j_1 + m_1 + 1][j_1 - m_1]}\langle j_1 m_1 + 1, j_2 m_2 - 1|jm\rangle + \\ &\sqrt{[j_2 + m_2 + 1][j_2 - m_2][j_1 + m_1][j_1 - m_1 + 1]}\langle j_1 m_1 - 1, j_2 m_2 + 1|jm\rangle + \\ &\Big(j(j+1) - j_1(j_1+1) - j_2(j_2+1) - 2m_1 m_2\Big)\langle j_1 m_1, j_2 m_2|jm\rangle = 0\,. \end{aligned} \tag{8.167}$$

Esta ecuación se transforma directamente en la ecuación en diferencias (4.3) o, equivalentemente, en la ecuación (5.4) escrita en la red uniforme $x(s) = s$

$$[\sigma(s) + \tau(s)]y(s+1) + \sigma(s)y(s-1) + [\lambda - 2\sigma(s) + \tau(s)]y(s) = 0. \tag{8.168}$$

para los polinomios de Hahn mediante el cambio

$$\langle j_1 m_1, j_2 m_2|jm\rangle = (-1)^{s+n}\sqrt{\frac{\rho(s)}{d_n^2}}h_n^{\alpha\beta}(s, N), \tag{8.169}$$

donde $s = j_1 - m_1$, $N = j_1 + j_2 - m + 1$, $\alpha = m + j_1 - j_2$, $\beta = m - j_1 + j_2$, $n = j - m$, y $\rho(s)$, d_n denotan las funciones peso y la norma de los polinomios de Hahn $h_n^{(\alpha,\beta)}(s, N)$.

Otra posibilidad es la siguiente

$$\langle j_1 m_1 j_2 m_2|jm\rangle_q = (-1)^{N-s-1}\sqrt{\frac{\rho(s)}{d_n^2}}h_n^{\alpha\beta}(s, N)_q, \tag{8.170}$$

donde $s = j_2 - m_2$, $N = j_1 + j_2 - m + 1$, $\alpha = m - j_1 + j_2$, $\beta = m + j_1 - j_2$, $n = j - m$.

Ambas relaciones nos permiten traducir todas las propiedades estudiadas para los polinomios de Hahn en propiedades para los coeficientes de Gordan-Clebsch. Por ejemplo, la ortogonalidad de los polinomios de Hahn se transforma en la siguiente propiedad de ortogonalidad para los CCG

$$\sum_{m_1, m_2} \langle j_1 m_1, j_2 m_2|jm\rangle\langle j_1 m_1, j_2 m_2|j'm'\rangle = \delta_{jj'}\delta_{mm'}\,. \tag{8.171}$$

La propiedad de simetría de los polinomios de Hahn se transforma en la propiedad de simetría para los CCG

$$(-1)^{j_1+j_2-j}\langle j_1 - m_1, j_2 - m_2|j - m\rangle = \langle j_1 m_1, j_2 m_2|jm\rangle, \tag{8.172}$$

La relación de recurrencia a tres términos para los polinomios de Hahn se transforma en la siguiente relación de recurrencia en j para los CCG

$$0=\sqrt{\frac{[j-m][j+m][j_1+j_2+j+1][j_2-j_1+j][j-j_2+j_1][j_1+j_2-j+1]}{[2j+1][2j-1][2j]^2}}\langle j_1m_1,j_2m_2|j-1m\rangle$$

$$+\left(m_2-\frac{j(j+1)+j_2(j_2+1)-j_1(j_1+1)-jj_2}{2j(j+1)}\right)\langle j_1m_1,j_2m_2|jm\rangle+$$

$$+\sqrt{\frac{[j-m+1][j+m+1][j_1+j_2+j+2][j_2-j_1+j+1][j-j_2+j_1+1][j_1+j_2-j]}{[2j+3][2j][2j+2]^2}}\langle j_1m_1,j_2m_2|j+1m\rangle.$$

La fórmula de diferenciación de los polinomios de Hahn se transforma en la siguiente relación de recurrencia para los CCG

$$\sqrt{(j_1\pm m_1)(j_1\mp m_1+1)}\langle j_1m_1\mp 1,j_2m_2|jm\rangle$$

$$+\sqrt{(j_2\pm m_2)(j_2\mp m_2+1)}\langle j_1m_1,j_2m_2\mp 1|jm\rangle$$

$$=\sqrt{(j\mp m)(j\pm m+1)}\langle j_1m_1,j_2m_2|jm\pm 1\rangle.$$

Finalmente, usando la expresión explícita de los polinomios de Hahn tenemos

$$\langle j_1m_1,j_2m_2|jm\rangle=$$

$$=(-1)^{j_1-m_1}\sqrt{\frac{[2j+1][j-m]![j+m]![j_1-m_1]![j_2-m_2]![j_1+j_2-j]!}{[j_1+j_2+j+1]![j_1-j_2+j]![-j_1+j_2+j]![j_1+m_1]![j_2+m_2]!}}\times$$

$$\times\sum_z(-1)^z\frac{[j_1-m_1+z]![j+j_2-m_1-z]!}{[z]![j-m-z]![j_1-m_1-z]![j_2-j+m_1+z]!},$$

donde la suma recorre los valores de z para los cuales todos los factoriales tienen argumentos positivos.

Obviamente las representaciones en serie hipergeométrica de los polinomios de Hahn nos permiten escribir los CCG del grupo $O(3)$ como una serie ${}_3\mathrm{F}_2$.

8.3.3. El álgebra $U_q(\mathfrak{sl}_2)$

Pasemos a considerar un $q-$análogo del grupo $O(3)$. El candidato natural sería el grupo cuántico $O_q(3)$. Ahora bien, la teoría de grupos cuánticos requiere de técnicas de álgebras no conmutativas, álgebras de Hopf, etc. (ver [238]). Por ello vamos a simplificar el estudio estudiando una q-álgebra que es mucho más sencilla de definir (al menos formalmente) y trabajar.

En nuestro trabajo nos interesará el álgebra $U_q(\mathfrak{sl}_2)$. Dicha álgebra está constituida por las series finitas o infinitas de los productos de los operadores J_+, J_- y J_0 tales que

$$[J_0, J_\pm] = \pm J_\pm, \qquad [J_+, J_-] = [2J_0]_q,$$

donde, como antes, $[A, B]$ denota el conmutador $AB - BA$, y $[2J_0]_q$ denota la serie formal

$$[2J_0]_q = \frac{\operatorname{sh}\gamma J_0}{\operatorname{sh}\frac{\gamma}{2}} \equiv (q^{\frac{1}{2}} - q^{-\frac{1}{2}})^{-1}\Big(J_0 + \frac{\gamma^3 J_0^3}{3!} + \frac{\gamma^5 J_0^5}{5!} + \cdots\Big), \qquad e^\gamma = q.$$

Usualmente se suele "cambiar" el álgebra anterior por el álgebra constituida por los elementos J_+, J_-, $k = q^{J_0/2}$, $k^{-1} = q^{-J_0/2}$, tales que

$$kk^{-1} = k^{-1}k = 1, \quad kJ_\pm = q^{\pm 1}J_\pm k, \quad [J_+, J_-] = \frac{k^2 - k^{-2}}{q^{\frac{1}{2}} - q^{-\frac{1}{2}}}.$$

Con este cambio el álgebra estará constituida solamente por series finitas de los productos de los elementos $J_\pm$, k y k^{-1}. Obviamente una base de esta álgebra la constituyen cualesquiera de los sistemas

$$\{J_+^l k^m J_+^n\}, \qquad \{J_-^l k^m J_-^n\}, \qquad m \in \mathbb{Z},\ n, l \in \mathbb{N} \cup \{0\}.$$

El álgebra anterior, que denominaremos $q-$álgebra $U_q(\mathfrak{sl}_2)$, se puede equipar con la estructura de álgebra de Hopf. Para ello es suficiente introducir la co-multiplicación, la co-unidad y la antípode [141, 238]. Un hecho importante a destacar es que si bien la $q-$álgebra $U_q(\mathfrak{sl}_2)$ es invariante al cambio $q \to q^{-1}$, la correspondiente álgebra de Hopf, conocida como álgebra cuántica $U_q(\mathfrak{sl}_2)$, no lo es. En nuestro trabajo nos vamos a restringir a la $q-$álgebra aunque los resultados aquí presentados son válidos también para el álgebra cuántica.

Normalmente para distinguir las distintas formas reales de un álgebra se introduce la operación †. Así, si $q \in \mathbb{R}$, la secuencia

$$J_0^\dagger = J_0, \qquad J_+^\dagger = J_-, \qquad J_-^\dagger = J_+,$$

define una †-estructura que distingue las formas compactas [238] y que denotaremos por $U_q(\mathfrak{su}_2)$ o simplemente $SU_q(2)$. Por el contrario, si

$$J_0^\dagger = J_0, \qquad J_+^\dagger = -J_-, \qquad J_-^\dagger = -J_+,$$

entonces la †-operación define una †-estructura que distingue las formas reales no compactas [238] y que denotaremos por $U_q(\mathfrak{su}_{1,1})$ o simplemente $SU_q(1,1)$.

Al igual que en el caso clásico, las representaciones de una q-álgebra $\mathcal{A}$ no son más que los homomorfismos D (aplicaciones lineales) de $\mathcal{A}$ sobre un espacio lineal complejo $\mathbb{E}$. Si $\mathbb{E}$ es de dimensión finita diremos que la representación es finita, en caso contrario diremos que la representación es infinita. Para determinar las representaciones D de un álgebra es suficiente conocer como actúan sobre los "generadores" de dicha álgebra. Por ejemplo, en el caso del álgebra $U_q(\mathfrak{sl}_2)$ es suficiente conocer como actúan los operadores $\mathrm{D}(J_\pm)$ y $\mathrm{D}(J_0)$ imponiendo que se cumplan las condiciones

$$(8.173) \qquad [\mathrm{D}(J_0), \mathrm{D}(J_\pm)] = \pm \mathrm{D}(J_\pm), \qquad [\mathrm{D}(J_+), \mathrm{D}(J_-)] = [2\mathrm{D}(J_0)]_q.$$

En el caso de la forma real $U_q(\mathfrak{su}_2)$ dichas representaciones finitas se escogen de manera que $\mathrm{D}(J_0)^\dagger = \mathrm{D}(J_0)$ y tal que $\mathrm{D}(J_-J_+ + [J_0 + \frac{1}{2}]_q^2)$ sea proporcional a la unidad. El operador $C_2 = J_-J_+ + [J_0 + \frac{1}{2}]_q^2$ conmuta con los generadores $J_\pm$ y J_0 de $U_q(\mathfrak{su}_2)$ y se conoce como el operador de Casimir del álgebra $U_q(\mathfrak{su}_2)$.

Por simplicidad[21] vamos a denotar los operadores $\mathrm{D}(A)$ de la representación finita de $U_q(\mathfrak{su}_2)$ por A, con $A \in U_q(\mathfrak{su}_2)$. Sea $(|JM\rangle_q)_{M=-J}^{M=J}$ una base del espacio lineal $\mathbb{E}$ sobre el cual está definida nuestra representación finita D (se puede demostrar [238] que la dimensión de esta representación que es de dimensión $2J+1$, con $J = n/2$, $n \in \mathbb{N}$). Si ahora definimos

$$(8.174) \qquad \begin{aligned} \mathrm{D}(J_\pm)|JM\rangle_q &\equiv J_\pm |JM\rangle_q = \sqrt{[J \mp M]_q [J \pm M + 1]_q}\,|JM \pm 1\rangle_q, \\ \mathrm{D}(J_0)|JM\rangle_q &\equiv J_0|JM\rangle_q = M|JM\rangle_q, \end{aligned}$$

es fácil comprobar que las ecuaciones (8.173) tienen lugar. Además, la condición $\mathrm{D}(J_0)^\dagger = \mathrm{D}(J_0)$ indica que el operador J_0 es autoadjunto en cualquier representación finita de $U_q(\mathfrak{sl}_2)$. Más aún, puesto que para $U_q(\mathfrak{su}_2)$ $\mathrm{D}(J_\pm)^\dagger = \mathrm{D}(J_\mp)$, las representaciones finitas de $U_q(\mathfrak{sl}_2)$ restringidas a espacios lineales de dimensión finita son las representaciones de $U_q(\mathfrak{su}_2)$.

Para terminar con esta pequeña introducción a las $q-$álgebras mostraremos una construcción explícita de una representación para el álgebra $U_q(\mathfrak{su}_2)$ [238].

Vamos a suponer que $\mathbb{E}^J$ es el espacio lineal de los polinomios homogéneos de grado $2J$, $\mathbb{P}_{s,t}^{2J}$, en las variables s y t. Sea δ_x el operador definido por $\delta_x f(x) = f(q^{\frac{1}{2}}x) - f(q^{-\frac{1}{2}}x)$ y sean los operadores

$$(8.175) \qquad \mathrm{D}(J_+) = s\frac{\delta_t}{\delta_t t}, \quad \mathrm{D}(J_-) = t\frac{\delta_s}{\delta_s s}, \quad 2\mathrm{D}(J_0) = s\frac{\partial}{\partial s} - t\frac{\partial}{\partial t},$$

entonces como $\frac{\delta_t}{\delta_t t} t^n = [n]t^{n-1}$ y $\frac{\partial}{\partial t} t^n = nt^{n-1}$, es fácil comprobar que las funciones

$$|JM\rangle_q = \frac{s^{J+M} t^{J-M}}{\sqrt{[J+M]_q! [J-M]_q!}}, \qquad M = 0, \pm\tfrac{1}{2}, \ldots, \pm J,$$

[21] La razón de ello es que tanto los elementos del álgebra como los de su representación satisfacen las mismas relaciones de conmutación.

son una base ortonormal de $\mathbb{P}^{2J}_{s,t}$ definiendo como producto escalar en $\mathbb{P}^{2J}_{s,t}$ la forma bilineal

$$(f,g) = f\left(\frac{\delta_s}{\delta_s s}, \frac{\delta_t}{\delta_t t}\right)\Big(g(s,t)\Big)\Bigg|_{s=t=0}.$$

Además, la acción de $J_\pm$ y J_0 en $\mathbb{P}^{2J}_{s,t}$ definidos por (8.175) coinciden con (8.174).

Un estudio semejante se puede realizar para la particularización $U_q(\mathfrak{su}_{1,1})$ de $U_q(\mathfrak{sl}_2)$ [238].

8.3.4. El álgebra $SU_q(2)$ y los q-coeficientes de Clebsch-Gordan

Como ya hemos visto (ver además [217, 218, 219, 220], [136]) el álgebra $SU_q(2)$ está generada por los operadores J_+, J_-, J_0 que satisfacen las ecuaciones

$$(8.176)\qquad \begin{gathered}[J_0, J_\pm] = \pm J_\pm, \quad [J_+, J_-] = [2J_0]_q = \frac{\operatorname{sh}(2J_0\gamma)}{\operatorname{sh}\gamma}, \quad q = e^\gamma, \\ (J_\pm)^+ = J_\mp, \quad (J_0)^+ = J_0,\end{gathered}$$

donde $[A, B] = AB - BA$ denota el conmutador de A y B, $[n]_q$ los q-números (5.21) y $[2J_0]_q$ es el correspondiente desarrollo formal en serie de potencias. La teoría de representación de esta q-álgebra se puede construir de manera totalmente análoga a la teoría de representación del grupo $O(3)$ que hemos visto antes y por tanto las omitiremos.

En particular, las representaciones irreducibles (RI) unitarias y de dimensión finita D^J, con $J = 0, 1/2, 1, \ldots$, están determinadas por el vector de *máximo peso* $|JJ\rangle_q$ definido por las expresiones

$$(8.177)\qquad J_+|JJ\rangle_q = 0, \qquad J_0|JJ\rangle_q = J|JJ\rangle_q, \qquad \langle JJ|JJ\rangle_q = 1,$$

mediante la fórmula

$$(8.178)\qquad |JM\rangle_q = \sqrt{\frac{[J+M]_q!}{[2J]_q![J-M]_q!}}(J_-)^{J-M}|JJ\rangle_q, \qquad -J \le M \le J.$$

La RI de dimensión $(2J+1)$, se expresa explícitamente por las fórmulas

$$(8.179)\qquad \begin{gathered}\langle JM'|J_0|JM\rangle_q = M\delta_{M,M'}, \\ \langle JM'|J_\pm|JM\rangle_q = \sqrt{[J \mp M]_q[J \pm M + 1]_q}\,\delta_{M',M\pm 1}.\end{gathered}$$

El operador de Casimir (que es un invariante de dicha álgebra) se define mediante las expresiones

$$(8.180)\qquad C_2 = J_-J_+ + [J_0 + 1/2]_q, \qquad C_2|JM\rangle_q = [J + \tfrac{1}{2}]_q|JM\rangle_q.$$

El producto tensorial (o producto directo) de dos RI $D^{J_1} \otimes D^{J_2}$ se puede descomponer en la suma directa de sus componentes RI D^J

$$D^{J_1} \otimes D^{J_2} = \sum_{J=|J_1-J_2|}^{J_1+J_2} \oplus D^J,$$

donde los generadores (co-productos) de la nueva representación $\mathrm{D}^{J_1} \otimes \mathrm{D}^{J_2}$ son

$$\begin{aligned} J_0(1,2) &= J_0(1) + J_0(2), \\ J_\pm(1,2) &= J_\pm(1) q^{\frac{1}{2}J_0(2)} + q^{-\frac{1}{2}J_0(1)} J_\pm(2). \end{aligned} \tag{8.181}$$

Nótese la no conmutatividad de la operación $\mathrm{D}^{J_1} \otimes \mathrm{D}^{J_2}$. La definición de los coeficientes de Clebsch-Gordan (CCG) es similar a la de los CCG clásicos [54, 91, 235] ($q = 1$)

$$|J_1 J_2, JM\rangle_q = \sum_{M_1, M_2} \langle J_1 M_1 J_2 M_2 | JM\rangle_q |J_1 M_1\rangle_q |J_2 M_2\rangle_q \,, \tag{8.182}$$

$$C_2(12)|J_1 J_2, JM\rangle_q = [J + \tfrac{1}{2}]_q^2 |J_1 J_2 : JM\rangle_q, \tag{8.183}$$

donde $\langle J_1 M_1 J_2 M_2 | JM\rangle_q$ denota los coeficientes de Clebsch-Gordan (CGC) para la q-álgebra $SU_q(2)$ y $|J_1 J_2, JM\rangle_q$, $|J_1 M_1\rangle_q$ y $|J_2 M_2\rangle_q$ son los vectores de la base de las representaciones D^J, D^{J_1} y D^{J_2}, respectivamente. Los CCG satisfacen las propiedades de ortogonalidad

$$\sum_{M_1, M_2} \langle J_1 M_1 J_2 M_2 | JM\rangle_q \langle J_1 M_1 J_2 M_2 | J' M'\rangle_q = \delta_{JJ'} \delta_{MM'} \,, \tag{8.184}$$

$$\sum_{J,M} \langle J_1 M_1 J_2 M_2 | JM\rangle_q \langle J_1 M_1' J_2 M_2' | JM\rangle_q = \delta_{M_1 M_1'} \delta_{M_2 M_2'} \,, \tag{8.185}$$

así como las propiedades de simetría

$$(-1)^{J_1 + J_2 - J} \langle J_1 - M_1 J_2 - M_2 | J - M\rangle_{q^{-1}} = \langle J_1 M_1 J_2 M_2 | JM\rangle_q, \tag{8.186}$$

$$(-1)^{J_1 + J_2 - J} \langle J_2 M_2 J_1 M_1 | JM\rangle_{q^{-1}} = \langle J_1 M_1 J_2 M_2 | JM\rangle_q. \tag{8.187}$$

Si calculamos el elemento matricial $\langle J_1 M_1 J_2 M_2 | C_2(1,2) | J_1 J_2, JM\rangle_q$ del operador de Casimir directamente y luego utilizando (8.183) obtenemos la siguiente relación de recurrencia (RR) en M_1, M_2 para los CCG [217]

$$\begin{aligned} & q^{-1}\sqrt{[J_2 - M_2 + 1]_q [J_2 + M_2]_q [J_1 + M_1 + 1]_q [J_1 - M_1]_q} \langle J_1 M_1 + 1 J_2 M_2 - 1 | JM\rangle_q + \\ & \sqrt{[J_2 + M_2 + 1]_q [J_2 - M_2]_q [J_1 + M_1]_q [J_1 - M_1 + 1]_q} \langle J_1 M_1 - 1 J_2 M_2 + 1 | JM\rangle_q + \\ & \Big(q^{-M_1} [J_2 + M_2 + 1]_q [J_2 - M_2]_q + q^{M_2} [J_1 + M_1 + 1]_q [J_1 - M_1]_q + \\ & + [M + \tfrac{1}{2}]_q^2 - [J + \tfrac{1}{2}]_q^2 \Big) q^{-\frac{1}{2}(M_2 - M_1 + 1)} \langle J_1 M_1 J_2 M_2 | JM\rangle_q = 0 \,. \end{aligned} \tag{8.188}$$

Nótese que la expresión anterior es invariante respecto al cambio J_1 por J_2 y q por q^{-1}, gracias a la propiedad de simetría (8.186) válida para los $q-$CCG.

Repitiendo la misma estrategia con el elemento matricial $\langle J_1 M_1 J_2 M_2 | J_0(1) | J_1 J_2, JM\rangle_q$ obtenemos otra RR, pero en J

$$
\begin{aligned}
&\sqrt{\frac{[J-M]_q[J+M]_q[J_1+J_2+J+1]_q[J_2-J_1+J]_q[J-J_2+J_1]_q[J_1+J_2-J+1]_q}{[2J+1]_q[2J-1]_q[2J]_q^2}}\langle J_1M_1J_2M_2|J-1M\rangle_q- \\
&-\frac{(q^{\frac{1}{2}J}[J+M+1]_q-q^{-\frac{1}{2}J}[J-M+1]_q)([2J]_q[2J_2+2]_q-[2]_q[J_2+J_1-J+1]_q[J+J_1-J_2]_q)}{[2J+2]_q[2J]_q[2]_q}\langle J_1M_1J_2M_2|JM\rangle_q+ \\
&+\sqrt{\frac{[J-M+1]_q[J+M+1]_q[J_1+J_2+J+2]_q[J_2-J_1+J+1]_q[J-J_2+J_1+1]_q[J_1+J_2-J]_q}{[2J+3]_q[2J]_q[2J+2]_q^2}}\langle J_1M_1J_2M_2|J+1M\rangle_q+ \\
&+\frac{(q^{\frac{1}{2}(J_2+M_1)}[J_2+M_2+1]_q-q^{\frac{1}{2}(M_1-J_2)}[J_2-M_2+1]_q)}{[2]_q}\langle J_1M_1J_2M_2|JM\rangle_q=0\,.
\end{aligned}
\tag{8.189}
$$

Esta RR coincide con la obtenida en [220] si intercambiamos J_1 y J_2 y utilizamos la propiedad de simetría (8.186).

Finalmente, de (8.179) deducimos

$$
\langle J_1M_1,J_2M_2|J_{\pm}(1,2)|J_1J_2:JM\rangle_q=\sqrt{[J\mp M][J\pm M+1]}\langle J_1M_1J_2M_2|JM\rangle_q,
\tag{8.190}
$$

de donde se sigue la relación

$$
\begin{aligned}
&\sqrt{(J_1\pm M_1)(J_1\mp M_1+1)}q^{M_2/2}\langle J_1M_1\mp 1J_2M_2|JM\rangle_q+ \\
&\sqrt{(J_2\pm M_2)(J_2\mp M_2+1)}q^{-M_1/2}\langle J_1M_1J_2M_2\mp 1|JM\rangle_q \\
&=\sqrt{(J\mp M)(J\pm M+1)}\langle J_1M_1J_2M_2|JM\pm 1\rangle_q.
\end{aligned}
\tag{8.191}
$$

Los CCG del álgebra $SU_q(2)$ y los q-polinomios de Hahn

En este apartado estudiaremos la conexión entre los coeficientes de Clebsch-Gordan y los q-polinomios de Hahn (6.53) estudiados en el apartado **6.3.1**, es decir las soluciones de la ecuación q-hipergeométrica (5.3) donde

$$
\begin{aligned}
\sigma(s)&=q^{\frac{1}{2}(\alpha+N+2s)}\varkappa_q^2[s]_q[\alpha+N-s]_q, \\
\tau(s)&=\varkappa_q q^{\frac{1}{2}(\alpha+\beta+2)}\left\{q^{\frac{1}{2}(\alpha+N)}[\beta+1]_q[N-1]_q-q^{\frac{s}{2}}[s]_q[\alpha+\beta+2]_q\right\}, \\
\lambda_n&=q^{\frac{1}{2}(\alpha+\beta+2)}[n]_q[n+\alpha+\beta+1]_q.
\end{aligned}
$$

La correspondiente función peso es

$$
\rho(s)=q^{\frac{\alpha}{4}(\alpha+2N+2s-3)+\frac{\beta}{4}(\beta+2s-1)}\frac{\tilde{\Gamma}_q(\alpha+N-s)\tilde{\Gamma}_q(\beta+s+1)}{[N-s-1]_q![s]_q!},\qquad \alpha,\beta\geq -1\;\; n\leq N-1.
$$

Vamos a usar la misma normalización usada por Smirnov y del Sol [216] $B_n=\frac{(-1)^n}{q^n\varkappa_q^n[n]_q!}$ [216] (polinomios no mónicos). Para dicha normalización tenemos la siguiente expresión para la norma

$$
d_n^2=\frac{q^{\frac{1}{2}N(N-1)+\frac{1}{2}(N-1)(2\alpha+\beta+N)}}{q^{-\alpha-N-\frac{1}{4}\beta(\beta+1)-\frac{1}{2}n(\alpha+\beta-2)}}\frac{\varkappa_q\tilde{\Gamma}_q(\alpha+n+1)\tilde{\Gamma}_q(\beta+n+1)\tilde{\Gamma}_q(\alpha+\beta+N+n+1)}{[n]_q![N-n-1]_q!\tilde{\Gamma}_q(\alpha+\beta+n+1)\tilde{\Gamma}_q(\alpha+\beta+2n+2)},
$$

y los coeficientes de la RRTT

$$\alpha_n = \frac{\varkappa_q q^{-\frac{1}{2}(\alpha+\beta+1)}[n+1]_q[\alpha+\beta+n+1]_q}{[\alpha+\beta+2n+2]_q[\alpha+\beta+2n+1]_q}$$

$$\beta_n = \frac{q^{-\frac{1}{2}(\alpha+\beta+2)}}{[\alpha+\beta+2n]_q[\alpha+\beta+2n+2]_q}\Bigg\{ q^{\alpha+\frac{1}{2}N+\frac{1}{2}}\times \Bigg([N-n]_q[n]_q[\alpha+\beta+2n+2]_q - [N-n-1]_q[n+1]_q[\alpha+\beta+2n]_q\Bigg) + q^{\frac{1}{2}(\alpha+\beta+N+1)}\times \Bigg([\alpha+\beta+N+n!+1]_q[n+1]_q[\alpha+\beta+2n]_q - [\alpha+\beta+N+n]_q[n]_q[\alpha+\beta+2n+2]_q\Bigg)\Bigg\},$$

$$\gamma_n = \frac{\varkappa_q q^{\alpha+N-\frac{1}{2}}[\alpha+n]_q[\beta+n]_q[\alpha+\beta+N+n]_q[N-n]_q}{[\alpha+\beta+2n]_q[\alpha+\beta+2n+1]_q}.$$

Además, para esta normalización los q-polinomios (6.53) se escriben como

$$h_n^{\alpha,\beta}(s,N;q) = \frac{(-1)^n q^{n(\alpha+N)}(q^{\beta+1};q)_n(q^{1-N};q)_n}{\varkappa_q^n (q;q)_n}\, {}_3\varphi_2\left(\begin{array}{c} q^{-n}, q^{-s}, q^{n+\alpha+\beta+1} \\ q^{\beta+1}, q^{1-N} \end{array}\middle| q, q^{s-N-\alpha+1}\right)$$

o, equivalentemente,

$$h_n^{\alpha,\beta}(s,N;q) = \frac{(q^{\beta+1};q)_n(q^{N+\alpha+\beta+1};q)_n}{\varkappa_q^n q^{\frac{n}{2}(2\beta+n+1)}(q;q)_n}\, {}_3\varphi_2\left(\begin{array}{c} q^{-n}, q^{s+\beta+1}, q^{n+\alpha+\beta+1} \\ q^{\beta+1}, q^{N+\alpha+\beta+1} \end{array}\middle| q, q\right). \tag{8.192}$$

Comparando la RR (8.188) con la ecuación en diferencias de segundo orden (5.3) que satisfacen estos q-análogos de los polinomios de Hahn se concluye [216] que los $q-$CCG y los q-polinomios de Hahn están relacionados mediante una expresión completamente análoga a la relación clásica $(q=1)$[22]

$$\langle J_1 M_1 J_2 M_2 | JM\rangle_q = (-1)^{s+n}\sqrt{\frac{\rho(s)\Delta x(s-\frac{1}{2})}{d_n^2}}\, h_n^{\alpha\beta}(s,N)_{q^{-1}}, \tag{8.193}$$

donde $s = J_1 - M_1$, $N = J_1 + J_2 - M + 1$, $\alpha = M + J_1 - J_2$, $\beta = M - J_1 + J_2$, $n = J - M$, y $\rho(s)$, d_n denotan las funciones peso y la norma de los q-polinomios $h_n^{(\alpha,\beta)}(s,N)_{q^{-1}}$.

Usando la expresión anterior podemos obtener el valor $\langle J_1M_1J_2M_2|JJ\rangle_q$ para los CCG

$$\langle J_1 M_1 J_2 M_2 | JJ\rangle_q = (-1)^s\sqrt{\frac{\rho(s)\Delta x(s-\frac{1}{2})}{d_0^2}} = q^{-\frac{1}{2}(J+1)(J_1-M_1)+\frac{1}{4}(J_1+J_2-J)(J-J_1+J_2+1)}\times (-1)^{J_1-M_1}\sqrt{\frac{[J_1+M_1]_q![J_2+M_2]_q![2J+1]_q![J_1+J_2-J]_q!}{[J_1-M_1]_q![J_2-M_2]_q![J_1-J_2+J]_q![J-J_1+J_2]_q![J_1+J_2+J+1]_q!}}, \tag{8.194}$$

[22]Nótese que los q-polinomios de Hahn están definidos para $q \to q^{-1}$.

que coincide con el valor obtenido en [217].

Sustituyendo la fórmula explícita para los q-polinomios de Hahn, (ver apartado **6.3.1**), en (8.193) obtenemos el q-análogo de la fórmula de Racah para los CCG del álgebra $SU_q(2)$ [218]

$$\langle J_1 M_1 J_2 M_2 | JM \rangle_q = (-1)^{J_1 - M_1} q^{\frac{1}{2}M_1(M+1) - \frac{1}{4}(J(J+1)+J_1(J_1+1)-J_2(J_2+1))} \times$$

$$\sqrt{\frac{[2J+1]_q [J-M]_q! [J+M]_q! [J_1-M_1]_q! [J_2-M_2]_q! [J_1+J_2-J]_q!}{[J_1+J_2+J+1]_q! [J_1-J_2+J]_q! [-J_1+J_2+J]_q! [J_1+M_1]_q! [J_2+M_2]_q!}} \times \tag{8.195}$$

$$\sum_z (-1)^z \frac{[J_1-M_1+z]_q! [J+J_2-M_1-z]_q! q^{\frac{1}{2}z(J+M+1)}}{[z]_q! [J-M-z]_q! [J_1-M_1-z]_q! [J_2-J+M_1+z]_q!}.$$

La suma anterior recorre los valores de z para los cuales todos los $q-$factoriales tienen argumentos positivos. Utilizando la fórmula para los polinomios evaluados en $s=0$, la expresión anterior nos conduce a la fórmula [218]

$$\langle J_1 J_1 J_2 M_2 | JM \rangle_q = q^{-\frac{1}{2}J_1(J-M) + \frac{1}{4}(J_1+J_2-J)(J-J_1+J_2-1)} \times$$

$$\sqrt{\frac{[2J+1]_q [J+M]_q! [2J_1]_q! [J_2-M_2]_q! [j+J_2-J_1]_q!}{[J-M]_q! [J_2+M_2]_q! [J_1-J_2+J]_q! [J_1+J_2-J]_q! [J_1+J_2+J+1]_q!}}. \tag{8.196}$$

Otra consecuencia inmediata de la relación (8.193) es que la relación de ortogonalidad para los q-polinomios de Hahn es equivalente a la condición de ortogonalidad de los CCG (8.184). La segunda condición de ortogonalidad (8.185) de los CCG se transforma a su vez en la condición de *familia completa* para los q-polinomios de Hahn

$$\sum_n h_n^{\alpha\beta}(s,N,q) h_n^{\alpha\beta}(s',N,q)/d_n^2 = \delta_{s,s'} \{\rho(s)\Delta x(s-\tfrac{1}{2})\}^{-1}. \tag{8.197}$$

La propiedad de simetría de los CCG (8.186) es una consecuencia directa de la propiedad de simetría de los q-polinomios de Hahn

$$(-1)^n q^{n(\alpha+\beta+N)} h_n^{\beta\alpha}(N-s-1,N,q^{-1}) = h_n^{\alpha\beta}(s,N,q). \tag{8.198}$$

La relación de recurrencia en J para los CCG (8.189) se transforma en la RRTT de los q-polinomios de Hahn. Las fórmulas de diferenciación para los q-polinomios de Hahn (ver apartado **6.3.1**) se transforman en las RR de los CCG (8.191).

Antes de pasar a ver la relación de los CCG y los polinomios duales de Hahn es fácil comprobar que también tiene lugar la siguiente representación en función de los polinomios de Hahn $h_n^{\alpha\beta}$.

$$\langle J_1 M_1 J_2 M_2 | JM \rangle_q = (-1)^{N-s-1} \sqrt{\frac{\rho(s)\Delta x(s-\frac{1}{2})}{d_n^2}} h_n^{\alpha\beta}(s,N)_q, \tag{8.199}$$

donde $s = J_2 - M_2$, $N = J_1 + J_2 - M + 1$, $\alpha = M - J_1 + J_2$, $\beta = M + J_1 - J_2$, $n = J - M$, y $\rho(s)$, d_n denotan las funciones peso y la norma de los q-polinomios $h_n^{(\alpha,\beta)}(s,N)_q$. Para asegurarse de la veracidad de esta fórmula es suficiente comprobar, como en el caso $q=1$, que la ecuación en diferencias (5.3), escrita en la forma equivalente (5.4) para los polinomios de Hahn se transforma nuevamente en la relación (8.188) para los CCG.

Los CCG del álgebra $SU_q(2)$ y los q-polinomios duales de Hahn

Veamos ahora la relación de los CCG y los q-polinomios duales de Hahn definidos en el apartado **5.12.3**.

Comparando la RR (8.189) con la ecuación en diferencias de segundo orden que satisfacen los q-polinomios duales de Hahn (ver tabla 5.1) se concluye [18] que los $q-$CCG y los q-polinomios duales de Hahn están relacionados mediante una expresión completamente análoga a la relación clásica ($q = 1$)

$$(-1)^{J_1+J_2-J} < J_1M_1J_2M_2|JM\rangle_q = \sqrt{\frac{\rho(s)\Delta x(s-\frac{1}{2})}{d_n^2}}W_n^{(c)}(s,a,b)_{q^{-1}}\,. \tag{8.200}$$

$$|J_1 - J_2| < M,\ n = J_2 - M_2,\ s = J,\ a = M,\ c = J_1 - J_2,\ b = J_1 + J_2 + 1,$$

donde $\rho(s)$ y d_n denotan las funciones peso y la norma de los q-polinomios duales de Hahn $W_n^{(c)}(x(s),a,b)_{q^{-1}}$.[23] Debemos destacar que el *factor de fase* $(-1)^{J_1+J_2-J}$ en (8.200) se obtiene al comparar los valores de $W_n^{(c)}(s,a,b)$ en los extremos de del intervalo de ortogonalidad con los correspondientes valores de los CGC en $J = M$ y $J = J_1 + J_2 + 1$, respectivamente.

Utilizando (8.200) y la expresión explícita para los $W_n^{(c)}(x(s),a,b)_q$ obtenemos una fórmula análoga a la de Racah (8.195)

$$\langle J_1M_1J_2M_2|JM\rangle_q q^{-\frac{1}{4}\{J(J+1)-J_1(J_1+1)+J_2(J_2+1)\}+\frac{1}{2}(M+1)J_2+\frac{1}{2}J(J_2-M_2)}$$

$$= (-1)^{J_1+J_2-J}\sqrt{\frac{[J_2-M_2]_q![J_1-M_1]_q![J-M]_q![J_2+M_2]_q!}{[J+M]_q!}}\times$$

$$\sqrt{\frac{[J+J_1+J_2+1]_q![J_2-J_1+J]_q![J_2+J_1-J]_q![2J+1]_q}{[J_1+M_1]_q![J_1-J_2+J]_q!}}\times \tag{8.201}$$

$$\sum_{k=0}^{\infty}\frac{(-1)^k q^{\frac{1}{2}(k^2+2Jk-(J_2-M_2-1)k)}[J+J_1-J_2+k]_q![J+M+k]_q!}{[k]_q![2J+1+k]_q![J-M_1-J_2+k]_q![J-J_1+M_2+k]_q!}\times$$

$$\frac{[2J-J_2+M_2+k]_q![2J-J_2+M_2+2k+1]_q}{[J_2-M-2-k]_q![J+J_1+M_2+k+1]_q![J_1+J_2-J-k]_q!}.$$

[23]Nótese que los q-polinomios duales de Hahn están definidos para $q \to q^{-1}$. $W_n^{(c)}(s,a,b)_q \equiv W_n^{(c)}(x(s),a,b)_q$.

De la expresión (8.200) vemos que todas las propiedades de los q-polinomios se pueden interpretar en términos de las q-CCG y viceversa. Por ejemplo, la relación de ortogonalidad para los q-polinomios duales de Hahn se transforma en la relación de ortogonalidad de los CCG (8.185), mientras que la otra (8.184) se convierte en la condición de *familia completa* para los q-polinomios duales de Hahn

$$\sum_n W_n^{(c)}(s,a,b)_q W_n^{(c)}(s',a,b)_q/d_n^2 = \delta_{s,s'}\{\rho(s)\Delta x(s-\tfrac{1}{2})\}^{-1}. \tag{8.202}$$

La RRTT para los q-polinomios $W_n^{(c)}(x(s),a,b)_{q^{-1}}$ es equivalente a la relación de recurrencia de los CCG en M_1 y M_2 (8.188).

Utilizando (8.200) y las fórmulas de diferenciación para los q-polinomios duales de Hahn obtenemos las siguientes relaciones para los CCG

$$\begin{aligned}&\sqrt{\frac{[J-M+1]_q[J_1+J_2+J+2]_q[J_2-J_1+J+1]_q[2J+2]_q}{[2J+3]_q[J_2-M_2]_q}}\langle J_1M_1J_2M_2|J+1M\rangle_q+\\ &\qquad +q^{\frac{1}{2}(J+1)}\sqrt{\frac{[J+M+1]_q[J_1+J_2-J]_q[J-J_2+J_1+1]_q[2J+2]_q}{[2J+1]_q[J_2-M_2]_q}}\langle J_1M_1J_2M_2|JM\rangle_q\\ &= q^{\frac{1}{2}(-J_2-M_2+M+\frac{1}{2})}[2J+2]_q\langle J_1M_1J_2-\tfrac{1}{2}M_2+\tfrac{1}{2}|J+\tfrac{1}{2}M+\tfrac{1}{2}\rangle_q,\end{aligned} \tag{8.203}$$

y

$$\begin{aligned}&\sqrt{\frac{[J-M]_q[J_1+J_2+J+1]_q[J_2-J_1+J]_q[2J]_q}{[2J-1]_q[J_2-M_2+1]_q}}\langle J_1M_1J_2M_2|J-1M\rangle_q+\\ &\qquad +q^{\frac{1}{2}J}\sqrt{\frac{[J+M]_q[J_1+J_2-J+1]_q[J-J_2+J_1]_q[2J]_q}{[2J+1]_q[J_2-M_2+1]_q}}\langle J_1M_1J_2M_2|JM\rangle_q\\ &= q^{\frac{1}{2}(-J_2-M_2+M-\frac{1}{2})}[2J]_q\langle J_1M_1J_2+\tfrac{1}{2}M_2-\tfrac{1}{2}|J-\tfrac{1}{2}M-\tfrac{1}{2}\rangle_q.\end{aligned} \tag{8.204}$$

Ambas fórmulas (8.203) y (8.204) pueden obtenerse utilizando el q-análogo de la teoría cuántica del momento angular ([217, 218, 219, 220]). Para ello es necesario calcular el elemento matricial $\langle J_1M_1J_2M_2|T_\mu^{\frac{1}{2}}(2)|J_1'J_2';J'M'\rangle_q$; utilizando, por una parte el Teorema de Wigner-Eckart para el álgebra $SU_q(2)$ [217][24] y, por otra, calculándolo directamente (para más detalles ver [18]).

De la ecuación (8.200) también podemos ver que al polinomio $W_n^{(c)}(s,a,b)$ con $n=0$ le corresponde el CGC con el máximo valor de la *proyección del momento angular* J_2, o sea, $M_2=J_2$. Por tanto, denominaremos la relación (8.200) *la relación regresiva (backward)* (ya que para $n=0$ obtenemos el CGC en $M_2=J_2$, para $n=1$, el CCG en $M_2=J_2-1$, y así sucesivamente). Sin embargo, existe otra posibilidad correspondiente al caso contrario, o

[24] El operador $T_\mu^{\frac{1}{2}}(2)$ es un operador tensorial de rango $\frac{1}{2}$ que opera en las variables J_2,M_2.

Tabla 8.1: Los CCG y los $q-$análogos de los polinomios de Hahn.

$W_n^{(c)}(x(s),a,b)_q$ ó $h_n^{(\alpha,\beta)}(s,N)_q$	$\langle J_1M_1J_2M_2\|JM\rangle_q$
Ecuación en diferencias de los $W_n^{(c)}(x(s),a,b)_q$ y RRTT para los $h_n^{(\alpha,\beta)}(s,N)_q$	Relación de recurrencia (8.189) de los CCG
Ecuación en diferencias de los $h_n^{\alpha,\beta}(s,N)_q$ y RRTT para los $W_n^{(c)}(x(s),a,b)_q$	Relación de recurrencia (8.188) de los CCG
Fórmulas de diferenciación de los $h_n^{\alpha,\beta}(s,N)_q$	Relación de recurrencia (8.191) para los CCG
Fórmulas de diferenciación de los $W_n^{(c)}(x(s),a,b)_q$	Relaciones de recurrencias (8.203) y (8.204) de los CCG
Equivalencia de (8.200) y (8.205) para los $W_n^{(c)}(x(s),a,b)_q$	Simetría (8.187) de los CCG
Simetría (8.198) de los $h_n^{\alpha,\beta}(s,N)_q$	Simetría (8.186) de los CCG
Ortogonalidad y Completitud	Ortogonalidad (8.185) y (8.184)

sea, cuando el polinomio de grado $n=0$ es proporcional al CGC con el mínimo valor de la proyección del momento angular J_2, $M_2=-J_2$. Esta relación la denominaremos *la relación progresiva (forward)* (ya que para $n=0$ obtenemos el CGC en $M_2=-J_2$, para $n=1$ el CCG en $M_2=-J_2+1$, y así sucesivamente).

Si comparamos la RR (8.189) con la ecuación en diferencias de segundo orden que satisfacen los q-polinomios duales de Hahn (5.3) obtenemos que los $q-$CCG se pueden expresar mediante los q-polinomios duales de Hahn por la fórmula [18]

$$\langle J_1M_1J_2M_2|JM\rangle_q = \sqrt{\frac{\rho(s)\Delta x(s-\frac{1}{2})}{d_n^2}}W_n^{(c)}(s,a,b)_q\,, \tag{8.205}$$

$$|J_1-J_2|<-M, n=J_2+M_2, s=J, a=-M, c=J_1-J_2, b=J_1+J_2+1.$$

Como antes, $\rho(s)$ y d_n denotan las funciones peso y la norma de los q-polinomios duales de Hahn $W_n^{(c)}(x(s),a,b)_q$, respectivamente.

Nótese que, si en la relación anterior, realizamos el cambio de parámetros $M_1=-M_1$, $M_2=-M_2$, $M=-M$ y $q=q^{-1}$, el segundo miembro de (8.205) coincide con el segundo miembro de (8.200). Esto nos conduce a la relación de simetría de los CCG (8.187).

Antes de concluir este apartado vamos a resumir en la tabla 8.1 la interrelación entre las propiedades de los q-polinomios de Hahn $h_n^{(\alpha,\beta)}(s,N)_q$ – definidos en la red q^s mediante la fórmula (8.192) – y los q-polinomios duales de Hahn $W_n^{(c)}(x(s),a,b)_q$ – definidos en la red $x(s)=[s]_q[s+1]_q$ por (5.147) – con las correspondientes propiedades de los CCG del q-álgebra $SU_q(2)$. Esto, además, nos permitirá descubrir la interrelación entre ambas familias de q-polinomios.

En efecto, comparando (8.193) y (8.200) encontramos la siguiente interrelación entre los q-polinomios de Hahn $h_n^{(\alpha,\beta)}(s,N)_q$ en la red exponencial $x(s)=q^s$ (8.192) y los q-polinomios duales de Hahn $W_n^{(c)}(x(s),a,b)_q$ en la red $x(s)=[s]_q[s+1]_q$ (5.147)

$$(-1)^{s+n}q^{\delta(\alpha,\beta,N,n,s)}h_n^{(\alpha,\beta)}(s,N)_q=\frac{q^n[s]_q![N-s-1]_q![n+\beta]_q!}{[n]_q![N-n-1]_q![s+\beta]_q!}W_s^{(\frac{\beta-\alpha}{2})}\left(t_n,\tfrac{\beta+\alpha}{2},\tfrac{\beta+\alpha}{2}+N\right)_{q^{-1}},\tag{8.206}$$

donde $t_n=s_n(s_n+1)$, $s_n=\frac{\beta+\alpha}{2}+n$, $s,n=0,1,2,\dots,N-1$, y

$$\delta(\alpha,\beta,N,n,s)=\frac{\alpha^2}{4}-\frac{\alpha}{2}(1+2n-N)-\frac{\beta}{4}(7+4n+4s)-\frac{1}{2}(3-n+n^2-3N+2N^2+7s-2Ns-s^2).$$

Si tomamos el límite $q\to 1$, la relación anterior se transforma en la relación clásica entre los polinomios clásicos de Hahn $h_n^{(\alpha,\beta)}(s,N)$ y los polinomios clásicos duales de Hahn $W_n^{(c)}(x(s),a,b)$ [185, pág. 76, (3.5.14)]. Debemos destacar que la relación anterior se puede deducir directamente de la comparación de las relaciones de ortogonalidad para ambas familias de polinomios en el mismo sentido al expuesto en [185, pág. 38] —ver el el punto 2 del apartado **1.4**, pág. 18—.

Así mismo, comparando las ecuaciones en diferencias y las RRTT que satisfacen ambas familias de polinomios $h_n^{\alpha,\beta}(s,N)_q$ y $W_n^{(c)}(x(s),a,b)_q$, se deducen las siguientes relaciones de dualidad

Esquema 1: Dualidad de los polinomios de Hahn.

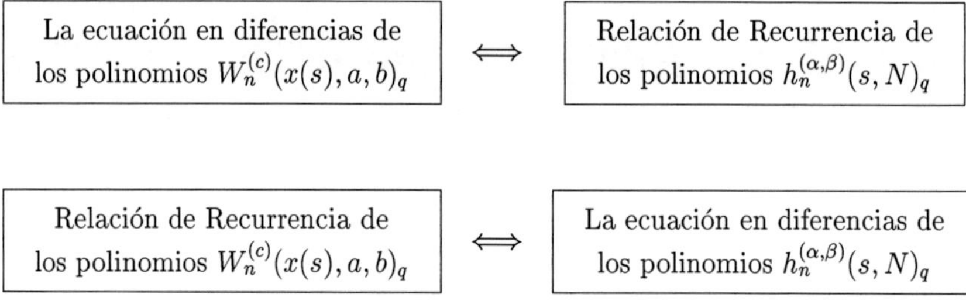

Representación como serie hipergeométrica de los CCG del álgebra $SU_q(2)$

Utilizando la expresión[25] (8.199) y la representación como q-serie hipergeométrica de los q-polinomios de Hahn obtenemos

$$(-1)^{J_2-M_2}\langle J_1M_1J_2M_2|JM\rangle_q =$$

$$= \sqrt{\frac{\rho(s)q^s\varkappa_q}{d_n^2}}\frac{(q^{\beta+1};q)_n(q^{N+\alpha+\beta+1};q)_n}{\varkappa_q^n q^{\frac{n}{2}(2\beta+N+1)}(q;q)_n}\,{}_3\varphi_2\left(\begin{array}{c} q^{-n}, q^{s+\beta+1}, q^{n+\alpha+\beta+1} \\ q^{\beta+1}, q^{N+\alpha+\beta+1}\end{array}\middle| q, q\right)$$

$$= \sqrt{\frac{\rho(s)q^s\varkappa_q}{d_n^2}}\frac{(-1)^n q^{\frac{n}{2}(\alpha+N)}(q^{\beta+1};q)_n(q^{1-N};q)_n}{\varkappa_q^n(q;q)_n}\,{}_3\varphi_2\left(\begin{array}{c} q^{-n}, q^{-s}, q^{n+\alpha+\beta+1} \\ q^{\beta+1}, q^{1-N}\end{array}\middle| q, q^{s-N-\alpha+1}\right),$$

donde $s = J_2 - M_2, N = J_1 + J_2 - M + 1, \alpha = M - J_1 + J_2, \beta = M + J_1 - J_2, n = J - M$, y $\rho(s)$, d_n denotan las funciones peso y la norma de los polinomios $h_n^{(\alpha,\beta)}(s, N)_q$.

Utilizando (8.200) y la representación como q-serie hipergeométrica de los polinomios duales de Hahn obtenemos otra representación equivalente

$$(-1)^{J_1+J_2-J}\langle J_1M_1J_2M_2|JM\rangle_{q^{-1}} = \sqrt{\frac{\rho(s)[2s+1]_q}{d_n^2}}\,q^{\frac{n}{2}(3a-b+c+1+n)}\times$$

$$\frac{(q^{a-b+1};q)_n(q^{a+c};q)_n}{\varkappa_q^n(q;q)_n}\,{}_3\varphi_2\left(\begin{array}{c} q^{-n}, q^{a-s}, q^{a+s+1} \\ q^{a-b+1}, q^{a+c+1}\end{array}\middle| q, q\right),$$

donde $|J_1 - J_2| < M, n = J_2 - M_2, s = J, a = M, c = J_1 - J_2, b = J_1 + J_2 + 1$ y $\rho(s)$, d_n denotan las funciones peso y la norma de los polinomios $W_n^{(c)}(x(s), a, b)_q$.

8.3.5. El álgebra $SU_q(1,1)$ y los q-coeficientes de Clebsch-Gordan

En este apartado consideraremos el álgebra $SU_q(1,1)$ (para más detalle ver [136, 238]).

Es conocido ([238, 136]) que el álgebra cuántica $SU_q(1,1)$ se genera por los operadores K_0, K_+ y K_- con las siguientes propiedades [136]

$$[K_0, K_\pm] = \pm K_\pm, \quad [K_+, K_-] = -[2K_0]_q, \quad K_0^\dagger = K_0, \quad K_\pm^\dagger = K_\mp.$$

Además, el álgebra $SU_q(1,1)$ es un álgebra no compacta y, por tanto, sus Representaciones Irreducibles (RI) unitarias no son de dimensión finita. Las RI se pueden clasificar en dos series: las series continuas y las discretas. En este apartado vamos a considerar solamente las series discretas y, en particular, las *series discretas positivas* D^{j+}. Los vectores base $|jm\rangle_q$, $m = j+1, j+2, \ldots$, de las RI D^{j+} se obtienen a partir del *vector mínimo* $|j\,j+1\rangle_q$, definido por

$$K_-|jj+1\rangle_q = 0, \quad K_0|jj+1\rangle_q = (j+1)|jj+1\rangle_q, \quad \langle jj+1|jj+1\rangle_q = 1,$$

[25]Obviamente la expresión (8.193) nos conduce a una representación equivalente.

mediante la fórmula

$$|\,jm\rangle_q = \sqrt{\frac{[2j+1]_q!}{[j+m]_q![m-j-1]_q!}}\,K_+^{m-j-1}|\,jj+1\rangle_q\,.$$

La forma explícita de la RI es

$$\langle jm'|K_0|jm\rangle_q = m\delta_{m',m}, \qquad \langle jm'|K_\pm|jm\rangle_q = \sqrt{[m\mp j]_q[m\pm j\pm 1]_q}\delta_{m',m\pm1}.$$

El operador de Casimir (que es un invariante de dicha álgebra) se define mediante las expresiones

$$C_2 = -K_+K_- + [K_0]_q[K_0-1]_q, \qquad C_2|jm\rangle_q = [j]_q[j+1]_q|jm\rangle_q. \tag{8.207}$$

El producto tensorial $\mathrm{D}^{j_1+}\otimes\mathrm{D}^{j_2+}$ de dos RI D^{j_1+} y D^{j_2+} se puede descomponer en la suma directa de sus componentes RI D^{j+}

$$\mathrm{D}^{j_1+}\otimes\mathrm{D}^{j_2+} = \sum_{j=j_1+j_2+1}^{\infty}\oplus\mathrm{D}^{j+}\,.$$

donde los generadores (co-productos) de la nueva representación $\mathrm{D}^{j_1+}\otimes\mathrm{D}^{j_2+}$ son

$$K_0(1,2) = K_0(1)+K_0(2), \quad K_\pm(1,2) = K_\pm(1)q^{\frac{1}{2}K_0(2)} + K_\pm(2)q^{-\frac{1}{2}K_0(1)}. \tag{8.208}$$

La definición de los coeficientes de Clebsch-Gordan (CCG) es similar a la de los CCG clásicos [54] $(q=1)$

$$|j_1j_2,jm\rangle_q = \sum_{m_1,m_2}\langle j_1m_1j_2m_2|jm\rangle_q|j_1m_1\rangle_q|j_2m_2\rangle_q\,, \tag{8.209}$$

$$C_2(12)|j_1j_2,jm\rangle_q = [j]_q[j+1]_q|j_1j_2,jm\rangle_q, \tag{8.210}$$

donde $\langle j_1m_1j_2m_2|jm\rangle_q$ denota los coeficientes de Clebsch-Gordan (CGC) para la q-álgebra $SU_q(1,1)$ y $|j_1j_2,jm\rangle_q$, $|j_1m_1\rangle_q$ y $|j_2m_2\rangle_q$ son los vectores de la base de las representaciones D^j, D^{j_1} y D^{j_2}, respectivamente.

Si calculamos el elemento matricial $\langle j_1m_1j_2m_2|C(1,2)|j_1j_2,jm\rangle_q$ directamente, y luego, utilizando (8.210), obtenemos para los CCG del álgebra $SU_q(1,1)$ la siguiente relación de recurrencia a tres términos (RRTT) en m_1, m_2 [215]

$$\begin{aligned}
&\sqrt{[m_2-j_2-1]_q[j_2+m_2]_q[m_1-j_1]_q[j_1+m_1+1]_q}\,\langle j_1m_1+1j_2m_2-1|jm\rangle_q+\\
&q\sqrt{[m_2-j_2]_q[j_2+m_2+1]_q[j_1+m_1]_q[m_1-j_1-1]_q}\,\langle j_1m_1-1j_2m_2+1|jm\rangle_q+\\
&\Big(q^{-m_1}[j_2+m_2+1]_q[m_2-j_2]_q + q^{m_2}[j_1+m_1+1]_q[m_1-j_1]_q+\\
&+[j+\tfrac{1}{2}]_q^2 - [m+\tfrac{1}{2}]_q^2\Big)q^{\frac{1}{2}(m_1-m_2+1)}\,\langle j_1m_1j_2m_2|jm\rangle_q = 0\,.
\end{aligned} \tag{8.211}$$

Comparando, por ejemplo, la RR (8.211) con la RRTT que satisfacen los q-polinomios duales de Hahn (5.3) concluimos [18] que los $q-$CCG para el álgebra $SU_q(1,1)$ y los q-polinomios duales de Hahn están relacionados mediante una expresión completamente análoga a la relación clásica ($q=1$): $n=m_1-j_1-1, s=j, a=j_1+j_2+1, c=j_1-j_2, b=m$,

$$(8.212) \qquad (-1)^{m-j-1}\langle j_1 m_1 j_2 m_2 | jm\rangle_q = \frac{\sqrt{\rho(s)\Delta x(s-\frac{1}{2})}}{d_n} W_n^{(c)}(x(s),a,b)_{q^{-1}}.$$

El factor $(-1)^{m-j-1}$ se obtiene al comparar los valores de $W_n^{(c)}(s,a,b)$ en los extremos del intervalo de ortogonalidad ($s=a$) con los correspondientes valores de los CCG. Nótese que si realizamos el cambio de variables

$$(8.213) \qquad \begin{array}{lll} J_1 = \dfrac{m+j_1-j_2-1}{2}, & M_1 = \dfrac{m_1-m_2+j_1+j_2+1}{2}, & J=j, \\ J_2 = \dfrac{m-j_1+j_2-1}{2}, & M_2 = \dfrac{m_2-m_1+j_1+j_2+1}{2}, & M=j_1+j_2+1, \end{array}$$

la RRTT (8.211) se transforma en la RRTT (8.188). Además, si comparamos los valores de los CCG para ambas q-álgebras expresados mediante las fórmulas (8.200) y (8.212), observamos que los segundos miembros de las mismas son idénticos. Luego, para los CCG de las q-álgebras $SU_q(2)$ y $SU_q(1,1)$ tiene lugar la siguiente identidad

$$(8.214) \qquad \langle J_1 M_1 J_2 M_2 | JM\rangle_{su_q(2)} = \langle j_1 m_1 j_2 m_2 | jm\rangle_{su_q(1,1)}.$$

Dicha relación fué obtenida en [215] mediante la simple comparación de las RRTT (8.211) y (8.188). La identidad anterior junto a (8.213) nos permiten obtener una gran cantidad de propiedades y relaciones de recurrencia de los CCG para el álgebra $SU_q(1,1)$ a partir de las propiedades y relaciones de recurrencia de los CCG del álgebra $SU_q(2)$. Nosotros nos limitaremos a escribir algunas de ellas.

Una fórmula explícita para los CCG del álgebra $SU_q(1,1)$

Utilizando la fórmula explícita para los q-polinomios duales de Hahn y la relación (8.212) obtenemos

$$(8.215) \qquad \begin{aligned} &(-1)^{m-j-1}\langle j_1 m_1 j_2 m_2 | jm\rangle_q q^{-\frac{1}{2}(j(j+1)+j_1(j_1+1)-j_2(j_2+1))} \\ &= q^{\frac{1}{2}(m-1)(j_1+1)-\frac{1}{2}j(m_1-j_1-1)} \sqrt{\frac{[j+m]_q![m-j-1]_q![m_2+j_2]_q!}{[j_1+m_1]_q!}} \times \\ &\sqrt{\frac{[j-j_1-j_2-1]_q![j_2-j_1+j]_q![m_1-j_1-1]_q![m_2-j_2-1]_q![2j+1]_q}{[j+j_1+j_2+1]_q![j_1-j_2+j]_q!}} \times \\ &\sum_{k=0}^{\infty} \frac{(-1)^k[2j+j_1+1-m+k]_q![j-1+j_2+j+k+1]_q!}{[k]_q![2J+1+k]_q![m_1-j_1-1-k]_q![j-m_1-j_2+k]_q!} \times \\ &\frac{[j+j_1-j_2+k]_q![2j+j_1-m_1+2k+2]_q q^{\frac{1}{2}(k^2+2jk-(m_1-j_1-2)k)}}{[m-j-1-k]_q![j-m_1+j_2+k]_q![j+j_1+m_2+k+1]_q!}. \end{aligned}$$

De (8.212) podemos obtener la representación de los CCG del álgebra $SU_q(1,1)$ como q-funciones hipergeométricas

$$(-1)^{m-j-1}\langle j_1 m_1 j_2 m_2 | jm\rangle_{q^{-1}} =$$

$$= \frac{\sqrt{\rho(s)[2s+1]_q}}{d_n} \frac{q^{\frac{n}{2}(3a-b+c+1+n)}!(q^{a-b+1};q)_n(q^{a+c};q)_n}{\varkappa_q^n(q;q)_n} {}_3\varphi_2\left(\begin{array}{c} q^{-n}, q^{a-s}, q^{a+s+1} \\ q^{a-b+1}, q^{a+c+1} \end{array} \middle| q, q\right),$$

donde $n = m_1 - j_1 - 1$, $s = j$, $a = j_1 + j_2 + 1$, $b = m$, $c = j_1 - j_2$ y $\rho(s)$, d_n denotan las funciones peso y la norma de los q-polinomios duales de Hahn $W_n^{(c)}(x(s), a, b)_q$.

Para finalizar este apartado debemos destacar que los resultados aquí obtenidos se pueden generalizar cuando se consideran las series negativas de RI D^{j-}. Además, todas las fórmulas de recurrencia, las diferentes fórmulas explícitas, representaciones hipergeométricas, etc, conocidas para los CCG del álgebra cuántica $SU_q(2)$ se pueden escribir, gracias a la identidad (8.214), para el q-álgebra $SU_q(1,1)$, obteniendo de esta forma una gran cantidad de nuevas relaciones para la misma. Por ejemplo, echando mano de la expresión (8.206) y la relación (8.212) se obtiene una expresión de los CGG del álgebra $SU_q(1,1)$ en términos de los polinomios de Hahn

$$\langle j_1 m_1 j_2 m_2 | jm\rangle_q = (-1)^{N-s-1}\sqrt{\frac{\rho(s)\Delta x(s-\frac{1}{2})}{d_n^2}}\, h_n^{\alpha\beta}(s,N)_q, \tag{8.216}$$

donde $s = m_1 - j_1 - 1$, $N = m - j_1 - j_2 - 1$, $\alpha = 2j_2 + 1$, $\beta = 2j_1 + 1$, $n = j - j_1 - j_2 - 1$, y $\rho(s)$, d_n denotan las funciones peso y la norma de los q-polinomios $h_n^{(\alpha,\beta)}(s,N)_q$. Para asegurarse de la veracidad de esta fórmula basta comprobar que la ecuación en diferencias (5.4) para los polinomios de Hahn se transforma nuevamente en la relación (8.211) para los CCG.

▬▬▬▬▬♦♦♦▬▬▬▬▬

Bibliografía

[1] S. A. Abramov, P. Paule y M. Petkovšek, q-Hypergeometric Solutions of q-Difference Equations. *Discrete Mathematics* **180** (1998), 3-22.

[2] S. A. Abramov y M. Petkovšek, Finding all q-Hypergeometric Solutions of q-Difference Equations. *Proc. FPSAC '95, Universite de Marne-la-Vallée.* Noisy-le-Grand, B. Leclerc, J.-Y. Thibon, eds., 1995, 1-10.

[3] M. Abramowitz y I. A. Stegun, *Handbook of Mathematical Functions.* Dover, Nueva York, 1964.

[4] W. A. Al-Salam, Characterization theorems for orthogonal polynomials. En: *Orthogonal Polynomials: Theory and Practice.* P. Nevai (Ed.), NATO ASI Series C, **Vol. 294**. Kluwer Acad. Publ., Dordrecht, 1990, 1-24.

[5] R. Álvarez-Nodarse, *Polinomios generalizados y q-polinomios: propiedades espectrales y aplicaciones.* Tesis Doctoral. Universidad Carlos III de Madrid. Madrid, 1996.

[6] R. Álvarez-Nodarse y J. Arvesú, On the $q-$polynomials on the exponential lattice $x(s) = c_1q^s + c_3$. *Integral Trans. and Special Funct.* **8** (1999), 299-324.

[7] R. Álvarez-Nodarse, J. Arvesú y R. J. Yáñez, On the connection and linearization problem for discrete hypergeometric q-polynomials. *J. Math. Anal. Appl.* **257** (2001), 52-78.

[8] R. N. Álvarez, D. Bonatsos y Yu. F. Smirnov, q-Deformed vibron model for diatomic molecules. *Phys. Rev. A* **50** (1994), 1088-1095.

[9] R. Álvarez-Nodarse, E. Buendía y J. S. Dehesa, On the distribution of zeros of the generalized q-orthogonal polynomials. *J. Phys. A: Math. Gen.* **30** (1997), 6743-6768.

[10] R. Álvarez-Nodarse y J. S. Dehesa, Zero distribution of discrete and continuous polynomials from their recurrence relation. *Appl. Math. Comput.* **128** (2002), 167-190.

[11] R. Álvarez-Nodarse y F. Marcellán, Difference equation for modifications of Meixner polynomials. *J. Math. Anal. Appl.* **194** (1995), 250-258.

[12] R. Álvarez-Nodarse y F. Marcellán, The modification of classical Hahn polynomials of a discrete variable. *Integral Transform. Spec. Funct.* **4** (1995), 243-262.

[13] R. Álvarez-Nodarse y F. Marcellán, The limit relations between generalized orthogonal polynomials. *Indag. Math. (N.S.)* **8** (1997), 295-316.

[14] R. Álvarez-Nodarse, F. Marcellán y J. Petronilho, WKB approximation and Krall-type orthogonal polynomials. *Acta Aplicandae Mathematicae* **54** (1998), 27-58.

[15] R. Álvarez-Nodarse y J. C. Medem, $q-$Classical polynomials and the $q-$Askey and Nikiforov-Uvarov Tableaus. *J. Comput. Appl. Math.* **135** (2001), 157-196.

[16] R. Álvarez-Nodarse, N. R. Quintero y A. Ronveaux, On the linearization problems involving Pochhammer symbols and their $q-$analogues. *J. Comput. Appl. Math.* **107** (1999), 133-146.

[17] R. Álvarez-Nodarse y A. Ronveaux, Recurrence relation for connection coefficients between q-orthogonal polynomials of discrete variables in the non-uniform lattice $x(s) = q^{2s}$. *J. Phys. A: Math. Gen* **29** (1996), 7165-7175.

[18] R. Álvarez-Nodarse y Yu. F. Smirnov, q-Dual Hahn polynomials on the non-uniform lattice $x(s) = [s]_q[s+1]_q$ and the q-algebras $SU_q(1,1)$ and $SU_q(2)$. *J. Phys. A: Math. Gen.* **29** (1996), 1435-1451.

[19] R. Álvarez-Nodarse, R. J. Yáñez y J. S. Dehesa, Modified Clebsch-Gordan-type expansions for products of discrete hypergeometric polynomials. *J. Comput. Appl. Math.* **89** (1997), 171-197.

[20] G. E. Andrews, *q-Series: Their Development and Application in Analysis, Number Theory, Combinatorics, Physics, and Computer Algebra.* Conference Series in Mathematics. Number 66. American Mathematical Society. Providence, Rhode Island, 1986.

[21] G. E. Andrews y R. Askey, Classical orthogonal polynomials. En: *Polynômes Orthogonaux et Applications.* C. Brezinski et al. (Eds.) Lecture Notes in Mathematics. **Vol. 1171**. Springer-Verlag, Berlín, 1985, 36-62.

[22] G. E. Andrews, R. Askey y R. Roy, *Special functions.* Encyclopedia of Mathematics and its Applications, Cambridge University Press, Cambridge, 1999.

[23] A. I. Aptekarev, V.S. Buyarov, W. Van Assche, J. S. Dehesa, Asymptotics of entropy integrals for orthogonal polynomials. *Dokl. Math.* **53** (1996), 47-49.

[24] I. Area, E. Godoy, A. Ronveaux y A. Zarzo, Minimal recurrence relations for connection coefficients between classical orthogonal polynomials: Discrete case. *J. Comp. Appl. Math.* **89** (1998), 309-325.

[25] I. Area, E. Godoy A. Ronveaux y A. Zarzo, Solving connection and linearization problems within the Askey scheme and its $q-$analogue via inversion formulas. *J. Comput. Appl. Math.* **133** (2001), 151-162.

[26] E. R. Arriola, A. Zarzo y J. S. Dehesa, Spectral properties of the biconfluent Heun differential equation. *J. Comput. Appl. Math.* **37** (1991), 161-169.

[27] P. L. Artes, J. Sánchez-Ruiz, A. Martínez-Finkelshtein y J. S. Dehesa, Linealization and connection coefficients for hypergeometric-type polynomials. *J. Comput. Appl. Math.* **99** (1998), 15-26.

[28] P. L. Artes, J. Sánchez-Ruiz, A. Martínez-Finkelshtein y J. S. Dehesa, General linearization formulas for products of continuous hypergeometric polynomials. *J. Phys. A: Math. Gen.* **32** (1999), 7345-7366.

[29] R. Askey, Orthogonal polynomials and positivity. En *Studies in Applied Mathematics* **6** Special Functions and Wave Propagation (D. Ludwing y F. W. J. Olver, Eds.), SIAM, Philadelphia, Pennsylvania, 1970, 64-85.

[30] R. Askey, Orthogonal expansions with positive coefficients. *Proc. Amer. Math. Soc.* **26** (1965), 1191-1194.

[31] R. Askey, Orthogonal expansions with positive coefficients II. *SIAM J. Math. Anal.* **26** (1971), 340-346.

[32] R. Askey, Jacobi polynomial expansions of Jacobi polynomials with non-negative coefficients. *Proc. Camb. Phil. Soc.* **70** (1971), 243-255.

[33] R. Askey, *Orthogonal Polynomials and Special Functions.* Regional Conferences in Applied Mathematics. **21**. SIAM, Filadelfia, Pennsylvania, 1975.

[34] R. Askey, N. M. Atakishiyev y S. K. Suslov, An analog of the Fourier transformation for a q-harmonic oscillator. *Symmetries in Science, VI* (Bregenz, 1992), Plenum, Nueva York, 1993, 57-63.

[35] R. Askey y G. Gasper, Linearization of the product of Jacobi polynomials III. *Can. J. Math.* **23** (1971), 332-338.

[36] R. Askey y G. Gasper, Positive Jacobi polynomials sum. II *Amer. J. Math.* **98** (1976), 709-737.

[37] R. Askey y G. Gasper, Convolution structures for Laguerre polynomials. *J. d'Analyse Math.* **31** (1977), 48-68.

[38] R. Askey y G. Gasper, Inequalities for polynomials. In *The Bieberbach Conjeture.* Proceedings of the Symposium on the occasion of the Proof. A. Baernstein II, D. D. Drazin, P. Duren y A. Marden (Eds.), Mathematical Surveys and Monographs **21** American Mathematical Society, Providence, Rhode Island, 1986, 7-32.

[39] R. Askey y S. K. Suslov, The q-harmonic oscillator and an analogue of the Charlier polynomials. *J. Phys. A: Math. Gen.* **26** (1993), L693-L698.

[40] R. Askey y S. K. Suslov, The q-harmonic oscillator and the Al-Salam and Carlitz polynomials. *Lett. Math. Phys.* **29** (1993), 123-132.

[41] R. Askey y R. Wilson, A set of orthogonal polynomials that generalize Racah coefficients or $6j$ symbols. *SIAM J. Math. Anal.* **10** (1979), 1008-1020.

[42] R. Askey y R. Wilson, Some basic hypergeometric orthogonal polynomials that generalize Jacobi polynomials. *Mem. Amer. Math. Soc.* **319**. Providence, Rhode Island, 1985.

[43] N. M. Atakishiyev, M. Rahman y S. K. Suslov, On classical orthogonal polynomials. *Constr. Approx.* **11** (1995), 181-226.

[44] N. M. Atakishiyev, A. Ronveaux y K. B. Wolf, Difference Equation for the Associated Polynomials on the linear lattice. *Theoret. and Math. Phys.* **106**(1) (1996), 76-83.

[45] N. M. Atakishiyev y S. K. Suslov, About one class of special functions. *Rev. Mexicana Fís.* **34**(2) (1988), 152-167.

[46] N. M. Atakishiyev y S. K. Suslov, Continuous orthogonality property for some classical polynomials of a discrete variable. *Rev. Mexicana Fís.* **34**(4) (1988), 541-563.

[47] N. M. Atakishiyev y S. K. Suslov, Difference analogs of the harmonic oscillator. *Theoret. and Math. Phys.* **85** (1991), 442-444.

[48] N. M. Atakishiyev y S. K. Suslov, A realization of the q-harmonic oscillator. *Theoret. and Math. Phys.* **87** (1991), 1055-1062.

[49] N. M. Atakishiyev y S. K. Suslov, On Askey-Wilson polynomials. *Constr. Approx.* **8** (1992), 1363-1369.

[50] N. M. Atakishiyev y S. K. Suslov, On the moments of classical polynomials and related problems, *Rev. Mexicana Física* **34**(2) (1988), 147-151.

[51] A. O. Barut, R. Rączka, *Theory of group representations and applications.* World Scientific Publishing Co., Singapur, 1986 (segunda edición).

[52] S. Belmehdi, S. Lewanowicz y A. Ronveaux, Linearization of products of orthogonal polynomials of a discrete variable. *Applicationes Mathematicae* **24** (1997), 445-455.

[53] L. C. Biedenharn, The quantum group $SU_q(2)$ and a q-analogue of the boson operators. *J. Phys. A: Math. Gen.* **22** (1989), L873-L878.

[54] L. C. Biedenharn y J. D. Louck, *Angular Momentum in Quantum Mechanics.* Addison Wesley, Reading, Mass, 1981.

[55] G. Birkhoff y G. Rota, *Ordinary Differential Equations.* John Wiley & Sons. Nueva York, 1989.

[56] S. Bochner, Über Sturm-Liouvillesche polynomsysteme. *Math. Zeit.* **29** (1929), 730-736.

[57] D. Bonatsos, E. N. Argyres, S. B. Drenska, P. P. Raychev, R. P. Roussev y Yu. F. Smirnov, The $SU_q(2)$ description of rotational Spectra and its relation to the variable moment of the inertia model. *Phys. Lett.* **251B** (1990), 477-482.

[58] D. Bonatsos, E. N. Argyres y P. P. Raychev, $SU_q(1,1)$ description of vibrational molecular spectra. *J. Phys. A: Math. Gen.* **24** (1991), L403-L408.

[59] D. Bonatsos y C. Daskaloyannis, Quantum Groups and Their Applications in Nuclear-Physics. *Review Progress in Particle and Nuclear Physics* **43** (1999), 537-618.

[60] D. Bonatsos, S. B. Drenska, P. P. Raychev, R. P. Roussev y Yu. F. Smirnov, Description of superdeformed bands by the quantum algebra $SU_q(2)$. *J. Phys. G* **17** (1991), L67-L74.

[61] D. Bonatsos, P. P. Raychev, R. P. Roussev y Yu. F. Smirnov, Description of rotational molecular spectra by the quantum algebra $SU_q(2)$. *Chem. Phys. Lett.* **175** (1990), 300-306.

[62] B. V. Bronk, Theorem relating the eigenvalue density for random matrices to the zeros of the classical polynomials. *J. Math. Phys.* **12** (1964), 1661-1663

[63] E. Buendía, S. J. Dehesa and M. A. Sánchez-Buendía, On the zeros of eigenfunctions of polynomial differential operators. *J. Math. Phys.* **26** (1985), 2729-2736.

[64] E. Buendía, S. J. Dehesa y F. J. Gálvez, The distribution of the zeros of the polynomial eigenfunction of ordinary differential operators of arbitrary order. *Orthogonal Polynomials and their Applications.* M. Alfaro et al. (Eds.), Lecture Notes in Mathematics. **Vol. 1329**, Springer Verlag, Berlín, 1988, 222-235.

[65] J. L. Burchnall y T. W. Chaundy, Commutative ordinary differential operators. II The identity $P^n = Q^m$. *Proc. Roy. Soc. A* **134** (1931), 471-485.

[66] C. Campigotto, Yu. F. Smirnov y S. G. Enikeev, q-Analogue of the Kravchuk and Meixner orthogonal polynomials. *J. Comput. Appl. Math.* **57** (1995), 87-97.

[67] K. M. Case, Sum rules for zeros of polynomials I. *J. Math. Phys.* **21** (1980), 702-708.

[68] E. A. Coddington y N. Levinson, *Theory of Ordinary Differential Equations.* Robert E. Krieger Publishing Company. Malabar, Florida, 1984.

[69] C. Coulston Gillispie (Editor), *Dictionary of Scientific Biography.* Charles Scribners's Sons, Nueva York, 8 Vols, 1981.

[70] C. W. Cryer, Rodrigues' formula and the classical orthogonal polynomials. *Boll. Un. Mat. Ital.* **25**(3) (1970), 1-11.

[71] C. V. L. Charlier, Über die darstellung willkürlicher funktionen. *Arkiv för Matematik, Astronomi och Fysik.* **2**(20) (1905-1906), 35.

[72] T. S. Chihara, *An Introduction to Orthogonal Polynomials.* Gordon and Breach Science Publishers, Nueva York, 1978.

[73] J. S. Dehesa, *Propiedades medias asintóticas de ceros de polinomios ortogonales y de autovalores de matrices de Jacobi.* Tesis Doctoral. Departamento de Teoría de funciones, Facultad de Ciencias, Universidad de Zaragoza, Zaragoza 1977.

[74] J. S. Dehesa, On the conditions for a Hamiltonian matrix to have an eigenvalue density with some prescribed characteristic. *J. Comput. Appl. Math.* **2** (1976), 249-254.

[75] J. S. Dehesa, The asymptotical spectrum of Jacobi matrices. *J. Comput. Appl. Math.* **3** (1977), 167-171.

[76] J. S. Dehesa, On a general system of orthogonal q-polynomials. *J. Comput. Appl. Math.* **5** (1979), 37-45.

[77] J. S. Dehesa, The eigenvalue density of rational Jacobi matrices. *J. Phys. A: Math. Gen.* **9** (1978), L223-L226.

[78] J. S. Dehesa, The eigenvalue density of rational Jacobi matrices. II. *Linear Algebra Appl.* **33** (1980), 41-55.

[79] J. S. Dehesa, A. Martínez-Finkelshtein y J. Sánchez-Ruiz, Quantum information entropies and orthogonal polynomials. *J. Comput. Appl. Math.* **133** (2001), 23-46.

[80] J. S. Dehesa y A. F. Nikiforov, The orthogonality properties of q-polynomials. *Integral Transform. Spec. Funct.* **4** (1996), 343-354.

[81] J. S. Dehesa, W. Van Assche, R. J. Yáñez, Information entropy of classical orthogonal polynomials and their application to the harmonic oscillator and Coulomb potentials. *Meth. Appl. Anal.* **4** (1997), 91-110.

[82] J. W. Dettman, *Applied Complex Variables.* Dover, Nueva York, 1984.

[83] V. K. Dobrev, P. Truini y L. C. Biedenharn, Representation theory approach to the polynomial solutions of $q-d$ifference equations: $U_q(sl(3))$ and beyond. *J. Math. Phys.* **35** (1994), 6058-6075.

[84] P. D. Dragnev y E. B. Saff, Constrained energy problems with applications to orthogonal polynomials of a discrete variable. *J. d'Analyse Math.* **72**, (1997), 223-259.

[85] P. D. Dragnev y E. B. Saff, A problem in potential theory and zero asymptotics of Krawtchouk polynomials. *J. Approx. Th.* **102** (2000), 120-140.

[86] V. G. Drinfel'd, Quantum Groups. *Proceedings of the International Congress of Mathematicians.* Berkeley 1986, 798-820. American Mathematical Society. Providence, Rhode Island 1987.

[87] C. F. Dunkl y D. E. Ramirez, Krawtchouk polynomials and the symmetrization of hypergroups. *SIAM J. Math. Anal.* **179** (1974), 351-366.

[88] C. F. Dunkl, Spherical functions on compact groups and applications to special functions. *Symposia Math.* **22** (1977), 145-161.

[89] A. J. Duran, Functions with given moments and weight functions for orthogonal polynomials. *Rocky Mountain J. Math.* **23** (1993), 87-104.

[90] G. K. Eagleson, A characterization theorem for positive definite sequence of Krawtchouk polynomials. *Austral. J. Statist.* **11** (1969), 28-38.

[91] A. R. Edmonds, *Angular Momentum in Quantum Mechanics.* Princenton Univ. Press, 1960.

[92] P. Erdös y P. Turán, On interpolation, III. *Ann. Math.* **41** (1940), 510-555.

[93] L. Elsgoltz, *Ecuaciones diferenciales y cálculo variacional.* Mir, Moscú, 1983.

[94] A. Erdélyi, A. Magnus, F. Oberhettinger y F. Tricomi, *Higher Transcendental Functions.* McGraw-Hill Book Co., Nueva York, **Vol 1,2**, 1953; **Vol 3**, 1955.

[95] L. D. Faddeev, Integrable Models in (1+1)-dimensional quantum field theory. *Les Houches Lectures.* Elsevier, Amsterdam, (1982), 563-573.

[96] J. A. Favard, Sur les polynômes de Tchebicheff. *C.R. Acad. Sci. Paris* **200** (1935), 2052-2053.

[97] N. J. Fine, *Basic Hypergeometric Series and Applications.* Mathematical Surveys and Monographs. Number 27. American Mathematical Society. Providence, Rhode Island, 1988.

[98] P. J. Forrester y J. B. Rogers, Electrostatic and the zeros of classical polynomials. *SIAM J. Math. Anal.* **17** (1986), 461-468.

[99] G. Freud, *Orthogonal Polynomials.* Pergamon Press, Oxford, 1971.

[100] F. Gálvez y J. S. Dehesa, Some open problems of generalized Bessel polynomials. *J. Phys. A: Math. Gen.* **17** (1984), 2759-2766.

[101] A. G. García, F. Marcellán y L. Salto, A distributional study of discrete classical orthogonal polynomials. *J. Comput. Appl. Math.* **57** (1995), 147-162.

[102] G. Gasper, Linearization of the product of Jacobi polynomials II. *Can. J. Math.* **22**, (1970), 582-593.

[103] G. Gasper, Projection formulas for orthogonal polynomials of a discrete variable, *J. Math. Anal. Appl.* **45** (1974), 176-198.

[104] G. Gasper, Positivity and Special Functions. In *Theory and Applications of Special Functions.* R. Askey, Ed., (Academic Press, N.Y., 1975), 375-433.

[105] G. Gasper y M. Rahman, *Basic Hypergeometric Series.* Encyclopedia of Mathematics and its Applications, Cambridge University Press, Cambridge, 1990.

[106] C. F. Gauss, Disquisitiones generales circa seriem infinitam ..., *Werke* **3** (1876), 207-229.

[107] C. F. Gauss, Disquisitiones generales circa seriem infinitam ..., *Comm. soc. reg. sci. Gött. rec.* **2** (1813) (reimpreso en *Werke* **3** (1876), 123-162.)

[108] W. Gawronski, On the asymptotic distribution of the zeros of Hermite, Laguerre and Jonquiére polynomials. *J. Approx. Th.* **50** (1985), 214-231.

[109] B. Germano, P. Natalini y P. E. Ricci, Computing the moments of the density of zeros for orthogonal polynomials. *Computers Math. Applic.* **30** (1995), 69-81.

[110] B. Germano y P. E. Ricci, Representation formulas for the moments of the density of zeros of orthogonal polynomial sets. *Le Matematiche* **48** (1993), 77-86.

[111] Ya. L. Geronimus, *Orthogonal Polynomials: Estimates, asymptotic formulas, and series of polynomials orthogonal on the unit circle and on an interval.* Consultants Bureau, Nueva York, 1961.

[112] E. Godoy, A. Ronveaux, A. Zarzo y I. Area, Minimal recurrence relations for connection coefficients between classical orthogonal polynomials: continuous case, *J. Comput. Appl. Math.* **84** (1997) 257-275.

[113] E. Godoy, A. Ronveaux, A. Zarzo y I. Area, On the limit relations between classical continuous and discrete orthogonal polynomials. *J. Comput. Appl. Math.* **91** (1998) 97-105

[114] E. Godoy, A. Ronveaux, A. Zarzo y I. Area, Connection problems for polynomial solutions of non-homogeneous differential and difference equations. *J. Comput. Appl. Math.* **99** (1998), 177-187.

[115] E. Grosswald, *Bessel Polynomials.* Lecture Notes in Mathematics **Vol. 698.** Springer-Verlag, Berlín, 1978.

[116] A. Grünbaum y L. Haine, The q-version of a theorem of Bochner. *J. Comput. Appl. Math.* **68** (1996), 103-114.

[117] W. Hahn, Über die Jacobischen polynome und zwei verwandte polynomklassen. *Math. Zeit.* **39** (1935), 634-638.

[118] W. Hahn, Über höhere ableintungen von orthogonalpolynomen. *Math. Zeit.* **43** (1937), 101.

[119] W. Hahn, Über orthogonalpolynomen die q-differentialgleichungen genügen. *Math. Nachr.* **2** (1949), 4-34.

[120] E. R. Hansen, *A Table of Series and Products.* Prentice Hall, Nueva Jersey, 1975.

[121] E. Heine, Über die Reihe... *J. Reine Angew. Math.* **32** (1846), 210-212.

[122] E. Heine, Untersuchungen über die Reihe... *J. Reine Angew. Math.* **34** (1847), 285-328.

[123] E. Hendriksen y H. van Rossum, Semi-classical orthogonal polynomials. En: *Polynômes orthogonaux et leurs applications.* C. Brezinski et al. (Eds.), Lecture Notes in Mathematics. **Vol. 1171**. Springer-Verlag, Berlín, 1985, 354-361.

[124] E. Hendriksen y H. van Rossum, Electrostatic interpretation of zeros. En: *Orthogonal Polynomials and their Applications.* M. Alfaro et al. (Eds.), *Lecture Notes in Mathematics.* Springer-Verlag, Berlín, 1988, 241-250.

[125] P. Hartman, *Ordinary Differential Equations.* Birkhäuser, Boston, 1982.

[126] E. H. Hildebrandt, Systems of polynomials connected with the Charlier expansion and the Pearson differential and difference equation. *Ann. Math. Statist.* **2** (1931), 379-439.

[127] H. Hochstadt, *The Functions of Mathematical Physics.* Dover, Nueva York, 1986.

[128] M. N. Hounkonnou, S. Belmehdi y A. Ronveaux, Linearization of arbitrary products of classical orthogonal polynomials. *Appl. Math. (Warsaw)* **27** (2000), 187-196.

[129] E. Hylleraas, Linealization of products of Jacobi polynomials. *Math. Scand.* **10** (1962), 189-200.

[130] D. Jackson, *Fourier Series and Orthogonal Polynomials.* Carus Monograph Series, no. 6. Mathematical Association of America, Oberlin, Ohio, 1941.

[131] N. L. Johnson, S. Kotz y N. Balakrishnan, *Continuous Univariate Distributions.* (2nd Edition) Wiley Series in Probability and Statistics. (John Wiley & Sons., N.Y., 1994).

[132] V. Kac y P. Cheung, *Quantum Calculus.* Springer-Verlag, Nueva York, 2002.

[133] S. Karlin y J. McGregor, The differential equations of birth and death processes and the Stieltjes moment problem. *Trans. Amer. Math. Soc.* **85** (1957), 489-546.

[134] S. Karlin y J. McGregor, The Hahn polynomials, formulas and applications. *Scripta Math.* **26** (1961), 33-46.

[135] M. G. Kendall y A. Stuart, *The Advanced Theory of Statistics.* **Vol. I**, Hafner, Nueva York, 1969 (tercera edición).

[136] A. U. Klimyk, Yu. F. Smirnov y B. Gruber, Representations of the quantum algebras $U_q(su(2))$ and $U_q(su(1,1))$ *Symmetries in Science V*, Edited by B. Gruber et al., Plenum Press, Nueva York, 1991.

[137] R. Koekoek y H. G. Meijer, A generalization of Laguerre polynomials. *SIAM J. Math. Anal.* **24**(3) (1993), 768-782.

[138] R. Koekoek y R. F. Swarttouw, The Askey-scheme of hypergeometric orthogonal polynomials and its q-analogue. *Reports of the Faculty of Technical Mathematics and Informatics* **No. 98-17**. Delft University of Technology, Delft, 1998.

[139] H. T. Koelink, Askey-Wilson polynomials and the quantum $SU(2)$ group: Survey and Applications. *Acta Applic. Math.* **44** (1996), 295-352.

[140] W. Koepf y D. Schmersau, Representation of orthogonal polynomials. *J. Comput. Appl. Math.* **90** (1998) 59-96.

[141] T. H. Koornwinder, Orthogonal polynomials in connection with quantum groups. En: *Orthogonal Polynomials. Theory and Practice.* P. Nevai (Ed.) NATO ASI Series C, **Vol. 294**. Kluwer Acad. Publ., Dordrecht, 1990, 257-292.

[142] T. H. Koornwinder, Compact quantum groups and q-special functions. En: *Representations of Lie groups and quantum groups.* V. Baldoni y M.A. Picardello (Eds.) Pitman Research Notes in Mathematics, Series 311, Longman Scientific & Technical (1994), 46-128.

[143] H. L. Krall, Certain differential equations for Tchebycheff polynomials. *Duke. Math.* **4** (1938), 705-718.

[144] H. L. Krall, On the derivatives of orthogonal polynomials II. *Bull. Amer. Math. Soc.* **47** (1941), 261-264.

[145] H. L. Krall, On orthogonal polynomials satisfying a certain fourth order differential equation. *The Pennsylvania State College Bulletin* **6** (1941), 1-24.

[146] H. L. Krall y O. Frink, A new class of orthogonal polynomials: the Bessel polynomials. *Trans. Amer. Math. Soc.* **65** (1949), 100-115.

[147] A. B. J. Kuijlaars y E. A. Rakhmanov, Zero distribution for discrete polynomials. *J. Comput. Appl. Math.* **99** (1998), 255-274.

[148] A. B. J. Kuijlaars y W. Van Assche, Extremal polynomials on discrete sets. *Proc. London Math. Soc. (3)* **79** (1999), 191-221.

[149] A. B. J. Kuijlaars y W. Van Assche, The asymptotic zero distribution of orthogonal polynomials with varying recurrence coefficients. *J. Approx. Theory* **99** (1999), 167-197.

[150] P. P. Kulish y E. K. Sklyanin, Quantum spectral transform method: recent developments. Lecture Notes in Physics. **151** Springer-Verlag, Berlín, 1982, 61-119.

[151] E. Kummer, Über die hypergeometrische Reihe... *J. für Math.*, **15** (1836), 39-83 y 127-172.

[152] W. Lang, On sums of powers of zeros of polynomials. *J. Comput. Appl. Math.* **89** (1998), 237-256.

[153] N. N. Lebedev, *Special Functions and its Applications.* Dover, Nueva York, 1972.

[154] P. A. Lee, An integral representation and some summation formulas for the Hahn polynomials. *SIAM J. Appl. Math.* **19** (1970), 266-272.

[155] P. Lesky, Über Polynomsysteme, die Sturm-Liouvilleschen differenzengleichungen genügen. *Math. Zeit.* **78** (1962), 439-445.

[156] D. C. Lewis, Polynomial least-squares approximations. *Amer. J. Math.* **69** (1947), 273-278.

[157] P. A. Lee, Explicit formula for the multiple generating function of product of generalized Laguerre polynomials. *J. Phys. A: Math. Gen.* **30** (1997), L183-L186.

[158] S. Lewanowicz, Recurrence relations for the connection coefficients of orthogonal polynomials of a discrete variable. *J. Comp. Appl. Math.* **76** (1996), 213-229.

[159] S. Lewanowicz, Second-order recurrence relations for the linearization coefficients of the classical orthogonal polynomials. *J. Comput. Appl. Math.* **69** (1996), 159-160.

[160] S. Lewanowicz, Recurrence relations for the connection coefficients of orthogonal polynomials of a discrete variable on the lattice $x(s) = \exp(2ws)$. *J. Comput. Appl. Math.* **99** (1998), 275-286.

[161] S. Lewanowicz, Construction of recurrences for the coefficients of expansions in q-classical orthogonal polynomials. *J. Comput. Appl. Math.* **153** (2003), 295-309.

[162] S. Lewanowicz, A general approach to the connection and linearization problems for the classical orthogonal polynomials. *Preprint.*

[163] S. Lewanowicz, The hypergeometric functions approach to the connection problem for the classical orthogonal polynomials. *Preprint.*

[164] S. Lewanowicz y A. Ronveaux, Linearization of powers of an orthogonal polynomial of a discrete variable. *Preprint.*

[165] Y. L. Luke, *Mathematical functions and their approximations.* Academic Press, Nueva York–Londres, 1975.

[166] A. J. Macfarlane, On q-analogues of the quantum harmonic oscillator and the quantum group $SU_q(2)$. *J. Phys. A: Math. Gen.* **22** (1989), 4581-4588.

[167] A. A. Malashin, *q-Ánalogo de los polinomios de Racah polynomials en la red* $x(s) = [s]_q[s+1]_q$ *y su conexión con los símbolos 6-j de las álgebras cuánticas* $SU_q(2)$ *y* $SU_q(1,1)$. Tesis de Master. Universidad Estatal de Moscú "M. V. Lomonosov", Moscú, (en ruso), 1992.

[168] A. A. Malashin y Yu. F. Smirnov, Irreducible representations of the $SU_q(3)$ quantum algebra: the connection between U and T bases. En: *Quantum Symmetries*, H. D. Doebner y V. K. Dobrev (Eds.) World Scientific, Singapur, 1993, 223-228.

[169] F. Marcellán, M. Alfaro y M. L. Rezola, Sobolev orthogonal polynomials: old and new directions. *J. Comput. Appl. Math.* **48** (1993), 113-131.

[170] F. Marcellán y R. Álvarez-Nodarse, On the Favard Theorem and their extensions. *Jornal of Computational and Applied Mathematics* **127**, (2001) 231-254.

[171] F. Marcellán y J. Petronilho, On the solutions of some distributional differential equations: existence and characterizations of the classical moment functionals. *Integral Transform. Spec. Funct.* **2** (1994), 185-218.

[172] P. Maroni, Une caractérisation des polynômes orthogonaux semi-classiques. *C. R. Acad. Sci. Paris Sér. I, Math.* **301** (1985), 269-272.

[173] C. Markett, Linearization of the product of symmetric orthogonal polynomials. *Constr. Approx.* **10** (1994), 317-338.

[174] J. C. Medem, *Polinomios q-semiclásicos.* Tesis Doctoral. Universidad Politécnica. Madrid, 1996.

[175] J. C. Medem, R. Álvarez-Nodarse y F. Marcellán, On the $q-$polynomials: A distributional study. *J. Comput. Appl. Math.* **135** (2001), 197-223.

[176] J. Meixner, Orthogonale polynomsysteme mit einem besonderen Gestalt der erzeugenden funktion. *J. London Math. Soc.* **9** (1934), 6-13.

[177] A. Messina y E. Paladino, An operator approach to the construction of generating function for products of associated Laguerre polynomials. *J. Phys. A: Math. Gen.* **29** (1996), L263-L270.

[178] J. A. Minahan, The q-Schrödinger equation. *Mod. Phys. Lett. A* **5** (1990), 2625-2632.

[179] P. Nevai, Orthogonal Polynomials. *Mem. Amer. Math. Soc.* **213**. Providence, Rhode Island, 1979.

[180] P. G. Nevai y J. S. Dehesa, On asymptotic average properties of zeros of orthogonal polynomials. *SIAM J. Math. Anal.* **10** (1979), 1184-1192.

[181] A. F. Nikiforov y S. K. Suslov, Classical orthogonal polynomials of a discrete variable on nonuniform lattices. *Lett. Math. Phys.* **11** (1986), 27-34.

[182] A. F. Nikiforov, S. K. Suslov y V. B. Uvarov, Racah polynomials and dual Hahn polynomials as generalized classical orthogonal polynomials of a discrete variable. *Preprint Inst. Prikl. Mat. Im. M. V. Keldysha Akad. Nauk SSSR*, Moscú, 1982, No. 165, (en ruso).

[183] A. F. Nikiforov, S. K. Suslov y V. B. Uvarov, Classical orthogonal polynomials of a discrete variable and representations of the three-dimensional rotation group. *Functional Anal. Appl.* **19** (1985), 182-193.

[184] A. F. Nikiforov, S. K. Suslov y V. B. Uvarov, Classical orthogonal polynomials in a discrete variable on nonuniform lattices. *Sov. Math. Dokl.* **34** (1987), 576-579 (traducción de *Dokl. Akad. Nauk SSSR* **291** (1986), 1056-1059).

[185] A. F. Nikiforov, S. K. Suslov y V. B. Uvarov, *Classical Orthogonal Polynomials of a Discrete Variable. Springer Series in Computational Physics.* Springer-Verlag, Berlín, 1991. (Edición en ruso, Nauka, Moscú, 1985).

[186] A. F. Nikiforov y V. B. Uvarov, On a new approach to the theory of special functions. *Math. USSR Sb.* **27** (1975), 515-525.

[187] A. F. Nikiforov y V. B. Uvarov, Classical orthogonal polynomials in a discrete variable on nonuniform lattices. *Preprint Inst. Prikl. Mat. Im. M. V. Keldysha Akad. Nauk SSSR*, Moscú, 1983, No. 17, (en ruso).

[188] A. F. Nikiforov y V. B. Uvarov, Classical orthogonal polynomials of a discrete variable. *Current problems of Applied Mathematics and Mathematical Physics, Collect. Sci. Works*, Moscú, 1988, 78-91, (en ruso).

[189] A. F. Nikiforov y V. B. Uvarov, *Special Functions of Mathematical Physics.* Birkhäuser Verlag, Basilea, 1988.

[190] A. F. Nikiforov y V. B. Uvarov, Polynomial Solutions of hypergeometric type difference Equations and their classification. *Integral Transform. Spec. Funct.* **1** (1993), 223-249.

[191] E. M. Nikishin y V. N. Sorokin, *Rational Approximations and Orthogonality.* American Mathematical Society, Providence, Rhode Island, 1991.

[192] A. W. Niukkanen, Clebsch-Gordan-type linearization relations for the products of Laguerre and hydrogen-like functions. *J. Phys. A: Math. Gen.* **18** (1985), 1399-1437.

[193] F. W. J. Olver, *Asymptotics and Special Functions.* Academic Press Inc., Nueva York, 1974.

[194] B. Osilenker, *Fourier Series in Orthogonal Polynomials.* World Scientific, Singapur, 1999.

[195] M. Petkovšek, Hypergeometric solutions of difference equations with polynomial coefficients. *J. Symb. Comput.* **14** (1992), 243-264.

[196] M. Petkovšek, H. S. Wilf y D. Zeilberger, *A=B.* A. K. Peters, Wellesley, Massachusetts, 1996.

[197] A. P. Prudnikov, Yu. A. Brychkov y O. I. Marichev, *Integrals and Series.* **Vol. I, II, III** Gordon and Breach Publ., Nueva York, 1989-1990.

[198] G. Racah, Theory of complex spectra I-III. *Phys. Rev.* **61** (1941), 186-197; **62** (1942), 438-462; **63** (1943), 367-382.

[199] I. V. V. Raghavacharyulu y A. R. Tekumalla, Solution of the difference equation of generalized Lucas polynomials. *J. Math. Phys.* **13** (1972), 321-234.

[200] M. Rahman, The linearization of the product of continuous $q-$Jacobi polynomials. *Canad. J. Math.* **33** (1981), 915-928.

[201] E. D. Rainville, *Special Functions.* Chelsea Publishing Company, Nueva York, 1971.

[202] E. A. Rakhmanov, Equilibrium measure y the distribution of zeros of the extremal polynomials of a discrete variable. *Math. Sb.* **187**:8 (1996), 109-124.

[203] P. P. Raychev, R. P. Roussev y Yu. F. Smirnov, The quantum algebra $SU_q(2)$ and rotational spectra of deformed nuclei. *J.Phys. G: Nucl. Part Phys.* **16**, (1990), L137-L142.

[204] J. Riordan, *An Introduction to Combinatorial Analysis.* Wiley, Nueva York, 1958.

[205] L. J. Rogers, Second memoir on the expansion of certain infinite products. *Proc. London Math. Soc.* **25** (1894), 318-343.

[206] L. J. Rogers, Third memoir on the expansion of certain infinite products. *Proc. London Math. Soc.* **26** (1895), 15-32.

[207] A. Ronveaux, I. Area, E. Godoy y A. Zarzo, Lectures on recursive approach to connection and linearization coefficients between polynomials. In *Proceedings Int. Workshop on Special Functions and Differential Equations* (Madras, India, 13-24 enero de 1997).

[208] A. Ronveaux E. Godoy y A. Zarzo, First associated and co-recursive of classical discrete polynomials. Difference equation and connection problems. *Preprint.*

[209] A. Ronveaux, A. Zarzo y E. Godoy, Recurrence relation for connection coefficients between two families of orthogonal polynomials. *J. Comput. Appl. Math.*, **62** (1995), 67-73.

[210] A. Ronveaux, S. Belmehdi, E. Godoy y A. Zarzo, Recurrence relation for connection coefficients. Applications to classical discrete orthogonal polynomials. In *Proceedings of the Workshop on Symmetries and Integrability of Difference Equations.* D. Levi, L. Vinet y P. Witerwitz, (Eds.), C.R.M. Proceed. Lecture Notes Series **9** (AMS, Providence, R.I., 1996), 321-337.

[211] E. B. Saff y V. Totik, *Logaritmic Potentials with External Fields.* Springer, Nueva York, 1997.

[212] L. Salto, *Polinomios D_w-semiclásicos.* Tesis Doctoral. Universidad de Alcalá de Henares. Madrid, 1995.

[213] J. Sánchez-Ruiz y J. S. Dehesa, Expansions in series of orthogonal hypergeometric polynomials. *J. Comput. Appl. Math.* **89** (1997), 155-170.

[214] J. A. Shohat, E. Hille y J. L. Walsh, *A bibliography on orthogonal polynomials.* Bulletin of the National Research Council (U.S.A.) Number 103, National Academy of Sciences, Washington D.C., 1940.

[215] A. del Sol Mesa, Yu. F. Smirnov, Clebsch-Gordan and Racah Coefficients for $U_q(1,1)$ quantum algebra (Discrete series). En *Scattering, Reactions, Transitions in Quantum Systems and Symmetry Methods.* (R. M. Asherova y Yu. F. Smirnov, Eds.), Obninsk 1991, 43.

[216] Yu. F. Smirnov y A. Del Sol Mesa, Orthogonal polynomials of the discrete variable associated with $SU_q(2)$ and $SU_q(1,1)$ quantum algebras. En: *International Workshop Symmetry Methods in Physics in Memory of Professor Ya. A. Smorodinsky.* A. N. Sissakian, G. S. Pogosyan y S. I. Vinitsky (Eds.), JINR, E2-94-447, **Vol. 2**, Dubna 1994, 479-486.

[217] Yu. F. Smirnov, V. N. Tolstoy y Yu. I. Kharitonov, Method of projection operators and the q-analog of the quantum theory of angular momentum. Clebsch-Gordan Coefficients and irreducible tensor operators. *Sov. J. Nucl. Phys.* **53** (1991), 593-605.

[218] Yu. F. Smirnov, V. N. Tolstoy y Yu. I. Kharitonov, Projection-operator Method and the $q-$analog of the quantum theory of angular momentum. Racah coefficients, $3j$ and $6j$ symbols, and their symmetry properties. *Sov. J. Nucl. Phys.* **53** (1991), 1069-1086.

[219] Yu. F. Smirnov, V. N. Tolstoy y Yu. I. Kharitonov, Tree technique and irreducible tensor operators for the $SU_q(2)$ quantum algebra. $9j$ symbols. *Sov. J. Nucl. Phys.* **55** (1992), 1599-1604.

[220] Yu. F. Smirnov, V. N. Tolstoy y Yu. I. Kharitonov, The tree technique and irreducible tensor operators for the $SU_q(2)$ quantum algebra. The algebra of irreducible tensor operators. *Physics Atom. Nucl.* **56** (1993), 690-700.

[221] H. Stahl y V. Totik, *General Orthogonal Polynomials.* Encyclopedia of Mathematics and its Applications **43**. Cambrige University Press, 1992.

[222] P. K. Suetin, *Классические Ортогональные Многочлены* (*Polinomios Ortogonales Clásicos.*) Nauka, Moscú, 1976 (en ruso).

[223] P. K. Suetin, *Orthogonal polynomials in two variables.* Analytical Methods and Special Functions, 3. Gordon and Breach Science Publishers, Amsterdam, 1999.

[224] S. K. Suslov, The theory of difference analogues of special functions of hypergeometric type. *Uspekhi Mat. Nauk.* **44:2** (1989), 185-226). (Russian Math. Survey **44:2** (1989), 227-278.)

[225] G. Szegő, *Orthogonal Polynomials.* Amer. Math. Soc. Coll. Pub. **23** AMS, Providence, Rhode Island, 1975 (cuarta edición).

[226] R. Szwarc, Linearization and connection coefficients of orthogonal polynomials. *Monatsh. Math.* **113** (1992), 319-329.

[227] R. Szwarc, Connection coefficients of orthogonal polynomials. *Canad. Math. Bull.* **35** (4) (1992) 548-556.

[228] N. M. Temme, *Special Functions. An Introduction to the Classical Functions of Mathematical Physics.* John Wiley & Sons Inc, Nueva York, 1996.

[229] F. Tricomi, *Vorlesungen über Orthogonalreihen.* Grundlehren der Mathematischen Wissenschaften 76, Springer-Verlag, Berlín-Gottinga-Heidelberg, 1955.

[230] W. Van Assche, Some results on the asymptotic distribution of the zeros of orthogonal polynomials. *J. Comput. Appl. Math.* **12** & **13** (1985), 615-623.

[231] W. Van Assche, *Asymptotic for Orthogonal Polynomials.* Lecture Notes in Mathematics **Vol. 1265**. Springer-Verlag, Berlín, 1987.

[232] W. Van Assche, Asymptotics properties of orthogonal polynomials from their recurrence relation II. *J. Approx. Th.* **52** (1988), 322-338.

[233] W. Van Assche, Orthogonal polynomials on non-compact sets. *Acad. Analecta, Koninkl. Akad. Wensch. Lett. Sch. Kunsten België* **51**(2) (1989), 1-36.

[234] W. Van Assche, The impact of Stieltjes' work on continued fractions and orthogonal polynomials. *T.J. Stieltjes Collected Papers.* G. van Dijk (Ed.), **Vol. I**. Springer-Verlag, Berlín, 1993.

[235] D. A. Varshalovich, A. N. Moskalev y V. K. Khersonsky, *Quantum Theory of Angular Momentum.* World Scientific, Singapur, 1989.

[236] H. J. de Vega, Yang-Baxter Algebras, Integrable Theories and Quantum Groups. *Int. J. of Mod. Phys.* (1989), 2371-2463.

[237] N. Ja. Vilenkin, *Special Functions and the Theory of Group Representations.* Trans. of Math. Monographs. **22** AMS, Providence, Rhode Island, 1986.

[238] N. Ja. Vilenkin y A.U. Klimyk, *Representations of Lie Groups and Special Functions.* **Vol. I, II, III**. Kluwer Academic Publishers. Dordrecht, 1992.

[239] E. T. Whittaker y G. N. Watson, *A Course of Modern Analysis.* Cambridge University Press, Cambridge, 1927 (4ta edición, reimpresión).

[240] E. P. Wigner, *Group Theory and its Application to the Quantum Mechanics of Atomic Spectra.* Academic Press, Nueva York, 1959.

[241] M. W. Wilson, Non-negative expansion of polynomials. *Proc. Amer. Math. Soc.* **24** (1970), 100-102.

[242] S. Wolfram, *The MATHEMATICA Book.* Wolfram Media & Cambridge University Press, 1996 (3ra edición).

[243] R. J. Yáñez, W. Van Assche, J. S. Dehesa, Position and momentum information entropies of the D-dimensional harmonic oscillator and hydrogen atom. *Phys. Rev. A* **50** (1994), 3065-3079.

[244] A. Zarzo, *Estudio de las densidades discreta y asintótica de ceros de polinomios ortogonales.* Tesina. Universidad de Granada, Granada, 1991.

[245] A. Zarzo, *Ecuaciones Diferenciales de Tipo Hipergemétrico.* Tesis Doctoral. Universidad de Granada, 1995.

[246] A. Zarzo, I. Area, E. Godoy y A. Ronveaux, Results on some inversion problems for classical continuous and discrete orthogonal polynomials. *J. Phys. A: Math. Gen.* **30** (1997), L35-L40.

[247] A. Zarzo y J. S. Dehesa, Spectral Properties of solutions of hypergeometric-type differential equations. *J. Comput. Appl. Math.* **50** (1994), 613-623.

[248] A. Zarzo, J. S. Dehesa y R. J. Yáñez, Distribution of zeros of Gauss and Kummer hypergeometric functions: a semiclassical approach. *Annals Numer. Math.* **2** (1995), 457-472.

[249] A. Zarzo y A. Martínez, The quantum relativistic harmonic oscillator: Spectrum of zeros of its wave functions. *J. Math. Phys.* **34**(4) (1993), 2926-2935.

[250] J. Zeng, The q-Stirling numbers, continued fractions and the q-Charlier and q-Laguerre polynomials. *J. Comput. and Appl. Math.* **57** (1995), 413-424.

Índice alfabético

MONOGRAFÍAS DEL SEMINARIO MATEMÁTICO "GARCÍA DE GALDEANO"

Desde 2001, el Seminario ha retomado la publicación de la serie *Monografías* en un formato nuevo y con un espíritu más ambicioso. El propósito es que en ella se publiquen tesis doctorales dirigidas o elaboradas por miembros del Seminario, actas de Congresos en cuya organización participe o colabore el Seminario y monografías en general. En todos los casos, se someten al sistema habitual de arbitraje anónimo.

Los manuscritos o propuestas de publicaciones en esta serie deben remitirse a alguno de los miembros del Comité editorial. Los trabajos pueden estar redactados en español, francés o inglés.

Las monografías son recensionadas en *Mathematical Reviews* y en *Zentralblatt MATH*.

Últimos volúmenes de la serie:

21. A. Elipe y L. Floría (eds.): *III Jornadas de Mecánica Celeste*, 2001, ii + 202 pp., ISBN: 84-95480-21-2.

22. S. Serrano Pastor: *Modelos analíticos para órbitas de satélites artificiales de tipo quasi-spot*, 2001, vi + 76 pp., ISBN: 84-95480-35-2.

23. M. V. Sebastián Guerrero: *Dinámica no lineal de registros electrofisiológicos*, 2001, viii + 251 pp., ISBN: 84-95480-43-3.

24. Pedro J. Miana: *Cálculo funcional fraccionario asociado al problema de Cauchy*, 2002, 171 pp., ISBN: 84-95480-57-3.

25. Miguel Romance del Río: *Problemas sobre Análisis Geométrico Convexo*, 2002, xvii + 214 pp., ISBN: 84-95480-76-X.